W0268759

Thomas Krist

Formeln und Tabellen
Grundwissen Technik

Thomas Krist

Formeln und Tabellen Grundwissen Technik

**Daten und Begriffe
für Techniker und Ingenieure**

13., verbesserte und erweiterte Auflage

Mit 698 Bildern

Mitarbeiter

Dipl.-Phys. Klaus Siebel	Physik, Technische Mechanik, Dynamik, Kinematik, Optik, Akustik, Größen/Einheiten
Dr. Walter B. Rüppel	Mathematik, Geometrie, Differential-/Integralrechnen, Funktionslehre
Dr.-Ing. Werner Hoffmann	Stoffe, Statik, Festigkeitslehre, Fertigfabrikate, Maschinenteile, Toleranzen und Passungen
Dipl.-Ing. Wolfgang Kayser	Konstruktionslehre, Darstellende Geometrie, Geometrische Konstruktionen
Dr.-Ing. Fritz Reusch	Wärmetechnik/Thermodynamik, Hydraulik, Pneumatik
Dipl.-Ing. Eberhard Büchner	Elektro-/Hochfrequenztechnik, Computertechnik/Mikroprozessoren
Dipl.-Ing. Roland Bachmann	Computertechnik, Numerische Steuerungen
Johannes Krist	Allgemeines

Bis zur 12. Auflage erschien das Buch unter dem Titel
„Handbuch für Techniker und Ingenieure" im Hoppenstedt Verlag, Darmstadt

13., verbesserte und erweiterte Auflage 1997

Alle Rechte vorbehalten
© Friedr. Vieweg & Sohn Verlagsgesellschaft mbH, Braunschweig/Wiesbaden, 1997
Softcover reprint of the hardcover 13th edition 1997

Der Verlag Vieweg ist ein Unternehmen der Bertelsmann Fachinformation GmbH.

Umschlaggestaltung: Klaus Birk, Wiesbaden

Gedruckt auf säurefreiem Papier

ISBN 978-3-528-14976-5   ISBN 978-3-322-89910-1 (eBook)
DOI 10.1007/978-3-322-89910-1

Vorwort

Grundlagen der Technik – Grundgesetze, Formeln, Begriffsdefinitionen und Kennwerte sowie Arbeitsrichtlinien – man braucht sie nicht nur während der *Ausbildung*, sondern im *Berufsleben* immer wieder und dann schnell.

Vom Fachbuch als *Handbuch und Nachschlagewerk* wird eine ganz bestimmte Ausrichtung und Gestalt gefordert. Es soll der heutigen Forderung entsprechen, Aufwand und Zeit zu sparen, aber trotzdem umfassend und gründlich informieren. Es soll verständlich und handlich, aber vor allem auf dem neuesten Stand sein.

Die 12. Auflage war wiederum schnell vergriffen. Für Verlag und Autor ist das die Bestätigung dafür, daß der eingeschlagene Weg bei der Neugliederung dieses Nachschlagebuches richtig war. Die Tabellen, Übersichten und zahlreichen Bilder ermöglichen eine schnelle Unterrichtung über technisch-wissenschaftliche Daten und Fakten.

Das vorliegende *Fachbuch* möchte auch mit dieser 13. Auflage den genannten Anforderungen entsprechen. Neu aufgenommen wurden die Kapitel 27 „Toleranzen und Passungen" und Kapitel 29 „Numerische Steuerungen".

Ein detailliertes Inhaltsverzeichnis und ein umfangreiches Stichwortverzeichnis ermöglichen es, die gesuchten *Daten* und *Informationen* schnell zu finden.

Das ausführliche Literaturverzeichnis verweist auf weiterführende Fach- und Lehrbücher der einzelnen Kapitel.

Relevante *DIN-Normblätter* werden in Kapitel 30 aufgeführt. Mit Hinweisen und Zitaten wird besonders die Beschäftigung mit den *DIN-Normen* und deren ständige Anwendung angestrebt. Das Wecken von Verständnis für die große Bedeutung der Normen im technisch-wissenschaftlichen Bereich wurde als eine der Hauptaufgaben gesehen.

Weitere *Anregungen* und *Hinweise* für Verbesserungen und Erweiterungen werden dankbar entgegengenommen.

Allen Mitarbeitern und Beratern gebührt besonderer Dank.

Darmstadt, im August 1996

Thomas Krist
und Mitarbeiter

V

Inhaltsverzeichnis

VI

VIII

X

1. Mathematische Zeichen (nach DIN 1302)

Gleichheit und Ungleichheit

$\sim$	proportional	$<$	kleiner als
$\approx$	etwa, ungefähr	$>$	größer als
$\triangleq$	entspricht	$\lessgtr$	kleiner oder gleich
$=$	gleich	$\gtreqless$	größer oder gleich
$\equiv$	identisch gleich	$\ll$	sehr klein gegen
$\neq$	nicht gleich, ungleich	$\gg$	sehr groß gegen
$\not\equiv$	nicht identisch gleich		

Geometrische Zeichen

$\parallel$	parallel	$\cong$	kongruent
$\nparallel$	nicht parallel	$\sim$	ähnlich
$\uparrow\uparrow$	gleichsinnig parallel	$\sphericalangle$	Winkel
$\uparrow\downarrow$	gegensinnig parallel	$\overline{AB}$	Strecke AB
$\perp$	rechtwinklig zu, senkr. auf	$\overset{\frown}{AB}$	Bogen AB
$\triangle$	Dreieck		

Algebra und Analysis

$\sum$	Summe	π	$= 3{,}141\,59\ldots$
$\prod$	Produkt	$(\ )$	Matrix
$\sqrt{}$	Quadratwurzel aus	$|\ |$ oder det	Determinante

$\|\mathfrak{z}\|$	Betrag von $\mathfrak{z}$
arc $\mathfrak{z}$	Arcus $\mathfrak{z}$
$\mathfrak{z}^*$	Konjugierte von $\mathfrak{z}$
Re $\mathfrak{z}$	Realteil von $\mathfrak{z}$, Re $\mathfrak{z} = \dfrac{1}{2}(\mathfrak{z} + \mathfrak{z}^*)$
Im $\mathfrak{z}$	Imaginärteil von $\mathfrak{z}$, Im $\mathfrak{z} = \dfrac{1}{2i}(\mathfrak{z} - \mathfrak{z}^*)$
$n!$	n Fakultät
$\dbinom{n}{p}$	n über p (Binomialkoeffizient)

Mathematische Zeichen (nach DIN 1302)

j oder i	Imaginäre Einheit, $j^2 = i^2 = -1$
$f(x)$	f von x, Funktion der Veränderlichen x
$f(x_1, x_2, \ldots, x_n)$	f von $x_1, x_2, \ldots, x_n$, Funktion der n Veränderlichen $x_1, x_2, \ldots, x_n$

Grenzwerte

∞	unendlich
(a, b)	offenes Intervall $a\,b$. (a, b) bedeutet: $a < x < b$
$[a, b]$ oder $\langle a, b \rangle$	abgeschlossenes Intervall $a\,b$ oder Segment $a\,b$, $[a, b]$ bedeutet: $a \leqq x \leqq b$
$\rightarrow$	gegen; nähert sich, strebt, konvergiert nach
lim	Limes
$\sim$	asymptotisch gleich
$f(x) = o\,[g(x)]$	$f(x)$ gleich klein o von $g(x)$. $f(x) = o\,[g(x)]$ entspricht $\lim\limits_{x \to a} \dfrac{f(x)}{g(x)} = 0$
$f(x) = O\,[g(x)]$	$f(x)$ gleich groß O von $g(x)$. $f(x) = O\,[g(x)]$, wenn der Quotient $f(x)/g(x)$ für $x \to a$ beschränkt bleibt

Differentialrechnung

$\varDelta f$	Delta f, Differenz zweier Funktionswerte
$f'(x), f''(x)$	f Strich x, f zwei Strich x. Ableitung erster, zweiter Ordnung der Funktion $f(x)$
$\dot{\varphi}(t), \ddot{\varphi}(t)$	φ Punkt t, φ zwei Punkt t. Erste, zweite Ableitung der Funktion $\varphi(t)$
y', y''	y Strich, y zwei Strich. Erste, zweite Ableitung von y
d	Differentialzeichen
$df(x)$	Differential der Funktion $f(x)$, $df(x) = f'(x)\,dx$
$\dfrac{dy}{dx}, \dfrac{d^2y}{dx^2}$	dy nach dx, d zwei y nach dx hoch zwei. Erster, zweiter Differentialquotient von y
f_x, f_y	f nach x, f nach y. Partielle Ableitungen der Funktion $f(x, y)$ nach x bzw. y; f'_x und f'_y ist auch gebräuchlich.
$\dfrac{\partial f}{\partial x}$	∂f partiell nach ∂x
$f_{xx}, f_{xy}, f_{yx}, f_{yy}$	f nach xx, f nach xy, f nach yx, f nach yy. Partielle Ableitung zweiter Ordnung. f''_{xx}, f''_{xy} usw ist auch gebräuchlich.

Mathematische Zeichen (nach DIN 1302)

Integralrechnung

$\int$	Integral
$\oint$	Randintegral, Hüllenintegral
$\iint$	Doppelintegral

Exponential- und Logarithmusfunktion

a^x	a hoch x
exp x	Exponentialfunktion von x. exp $x \equiv e^x$
log	Logarithmus (allgemein)
$\log_a$	Logarithmus zur Basis a
lg	Zehnerlogarithmus (gewöhnlicher oder Briggsscher Logarithmus). lg $x = \log_{10} x$
lb	Zweierlogarithmus, lb $x = \log_2 x$, (b binär)
ln	Natürlicher Logarithmus, ln $x = \log_e x$
M_a	Modul des Logarithmensystems zur Basis a, $M_a = 1/\ln a$, $M_{10} = 0{,}43429 \ldots = $ lg e $= 1/\ln 10$

Trigonometrische und Hyperbel-Funktionen

sin	Sinus	arcsin	Arcussinus
cos	Cosinus	sinh	Hyperbelsinus
tan	Tangens	arsinh	Areasinus
cot	Cotangens		

Die mathematischen Zeichen werden senkrechtstehend gedruckt

2. Griechisches Alphabet

A α Alpha (a)	B β Beta (b)	Γ γ Gamma (g)	Δ δ Delta (d)	E ϵ Epsilon (e)	Z ζ Zeta (z)
H η Eta (e)	Θ ϑ Theta (th)	I ι Iota (i)	K $\varkappa$ Kappa (k)	Λ λ Lambda (l)	M μ My (m)
N ν Ny (n)	Ξ ξ Xi (x)	O o Omikron (o)	Π π Pi (p)	P ρ Rho (r)	Σ σ Sigma (s)
T τ Tau (t)	Υ υ Ypsilon (ü)	Φ φ Phi (f)	X χ Chi (ch)	Ψ ψ Psi (ps)	Ω ω Omega (o)

3. Die 7 Rechnungsarten

Rechnungsart	Ausdruck	Zahl a	Zahl b	Ergebnis	Beispiel
1. Addition oder Zuzählen	$a + b = s$	Summanden Glieder		Summe	$16 + 2 = 18$
2. Subtraktion oder Abziehen	$a - b = d$	Minuend	Sub-trahend	Differenz Unterschied	$16 - 2 = 14$
3. Multiplikation od. Malnehmen	$a \cdot b = p$	Multi-plikand	Multi-plikator	Produkt	$16 \cdot 2 = 32$
		Faktoren			
4. Division oder Teilen	$a : b = q$	Dividend (Zähler)	Divisor (Nenner)	Quotient (Bruch)	$16 : 2 = 8$
5. Potenzieren	a^b	Grundzahl Basis	Hochzahl Exponent	Potenz	$16^2 = 256$
6. Radizieren Wurzelziehen	$\sqrt[b]{a}$	Radikand	Wurzel-Exponent	Wurzel	$\sqrt[2]{16} = 4$
7. Logarith-mieren	$^b\log a$	Numerus	Basis	Logarithmus	$\log_2 16 = 4$

4. Die Teilbarkeit der mehrstelligen Zahlen

Eine Zahl ist
durch 2 teilbar, wenn die letzte Stelle eine gerade Zahl ist,
durch 3 teilbar, wenn die Quersumme durch 3 teilbar ist,
durch 4 teilbar, wenn die letzten zwei Stellen durch 4 teilbar sind,
durch 5 teilbar, wenn die letzte Stelle eine 5 oder 0 ist,
durch 6 teilbar, wenn sie durch 2 und 3 teilbar ist,
durch 8 teilbar, wenn die letzten 3 Stellen durch 8 teilbar sind,
durch 9 teilbar, wenn die Quersumme durch 9 teilbar ist.

5. Römische Ziffern

I = 1	VII = 7	XL = 40	IC = 99	DC = 600
II = 2	VIII = 8	L = 50	C = 100	DCC = 700
III = 3	IX = 9	LX = 60	CC = 200	DCCC = 800
IV = 4	X = 10	LXX = 70	CCC = 300	CM = 900
V = 5	XX = 20	LXXX = 80	CD = 400	XM = 990
VI = 6	XXX = 30	XC = 90	D = 500	IM = 999

M = 1000   1927 = MCMXXVII   1930 = MCMXXX

1. Arithmetik: Zahlenrechnen, Grundregeln

a) Addition

$$5 \quad + \quad 4 \quad = \quad 9$$

Summand + Summand = Summe

b) Subtraktion

$$9 \quad - \quad 4 \quad = \quad 5$$

Minuend — Subtrahend = Differenz

c) Multiplikation

$$5 \quad \cdot \quad 4 \quad = \quad 20$$

Multiplikand · Multiplikator = Produkt
Faktor · Faktor = Produkt

d) Division

$$8 \quad : \quad 4 \quad = \quad 2$$

Dividend : Divisor = Quotient

e) Potenzieren

$$5^3 = 5 \cdot 5 \cdot 5 = 125$$

Potenzwert
Hochzahl (Exponent)
Grundzahl (Basis)

Die Hochzahl gibt an, wie oft die Grundzahl als Faktor zu
setzen ist.

Arithmetik: Zahlenrechnen, Grundregeln

f) Radizieren (Wurzelziehen)

$$\sqrt[3]{125} = 5$$

gesuchte Grundzahl oder Wurzel

Wurzelgrundzahl oder Radikand

3 = Wurzelhochzahl oder Wurzelexponent

M e r k e :

Multiplikation und Division geht vor Addition und Subtraktion.
Punktrechnung geht vor Strichrechnung, wenn keine K l a m m e r gesetzt ist.

B e i s p i e l 1 :

$$3 + 5 \cdot 2 + 4 = 3 + 10 + 4 = \underline{\underline{17}}$$

Punktrechnung geht vor.

B e i s p i e l 2 :

$$25 - 2 \cdot 5 + 15 : 3 = 25 - 10 + 5 = \underline{\underline{20}}$$

Punktrechnungen gehen vor.

B e i s p i e l 3 :

Soll die Summe 2 + 4 mit 5 multipliziert werden, so muß die Summe eingeklammert werden.

$$5 \cdot (2 + 4) = 5 \cdot 6 = \underline{\underline{30}}$$

der Wert in der Klammer ist zuerst auszurechnen.

2. Arithmetik: Formeln und Regeln

a) Grundgesetze

Vertauschung $\qquad a + b = b + a \qquad ab = ba$

Verbindung $\qquad a + (b + c) = (a + b) + c \qquad a\,(bc) = (ab)\,c$

Verteilung $\qquad ab + ac = a\,(b + c)$

b) Vorzeichenregeln

Multiplikation

$$(+\,a)\,(+\,b) = +\,ab$$
$$\left.\begin{array}{l}(+\,a)\,(-\,b) = \\ (-\,a)\,(+\,b) = \end{array}\right\} -\,ab$$
$$(-\,a)\,(-\,b) = +\,ab$$

Ausklammern

$$\pm\,ax \pm bx = \pm\,x\,(a + b)$$
$$\pm\,ax \mp bx = \pm\,x\,(a - b)$$

Division

$$\frac{+\,a}{+\,b} = +\,\frac{a}{b}$$
$$\frac{-\,a}{-\,b} = +\,\frac{a}{b}$$
$$\frac{+\,a}{-\,b} = \frac{-\,a}{+\,b} = -\,\frac{a}{b}$$

Ausmultiplizieren

$$a + (b - c + d) = a + b - c + d$$
$$a - (b - c + d) = a - b + c - d$$
$$a \cdot (b - c + d) = ab - ac + ad$$
$$(a + b - c) : d = \frac{a}{d} + \frac{b}{d} - \frac{c}{d}$$
$$(a + b)\,(c - d) = ac - ad + bc - bd$$
$$(2a^2 - ab - 6b^2) : (a - 2b) = 2a + 3b$$
$$\underline{-\,(2a^2 - 4ab)}$$
$$+\,3ab - 6b^2$$
$$\underline{-\,(3ab - 6b^2)}$$
$$0$$

Arithmetik: Formeln und Regeln

Rechnen mit Null

$$0 \cdot a = 0 \qquad\qquad 0 : a = 0$$

Durch Null darf nicht dividiert werden, d. h., die Division $a : 0$ ist nicht ausführbar.

c) Brüche

Erweitern $\quad \dfrac{a}{b} = \dfrac{ac}{bc}$ $\qquad\qquad$ Kürzen $\quad \dfrac{a}{b} = \dfrac{a : c}{b : c}$

Zusammenfassen $\qquad\qquad\qquad\qquad\qquad$ Multiplikation

$$\frac{a}{c} \pm \frac{b}{c} = \frac{a \pm b}{c} \qquad\qquad \frac{a}{b}\,\frac{c}{d} = \frac{ac}{bd}$$

$$\frac{a}{b} \pm \frac{c}{d} = \frac{ad \pm bc}{bd} \qquad\qquad \frac{a}{b}\,c = \frac{ac}{b}$$

Division

$$\frac{a}{b} : \frac{c}{d} = \frac{a}{b}\,\frac{d}{c} = \frac{ad}{bc} \qquad\qquad \frac{a}{b} : c = \frac{a}{b} : \frac{1}{c} = \frac{a}{bc}$$

d) Proportionen

Vertauschen der Glieder

$$a : b = c : d \text{ oder } \frac{a}{b} = \frac{c}{d} \qquad \frac{a}{c} = \frac{b}{d} \qquad \frac{d}{c} = \frac{b}{a}$$

$$\frac{d}{b} = \frac{c}{a} \qquad ad = bc$$

Durch korrespondierende Addition ergibt sich aus

$$\frac{a}{b} = \frac{c}{d}, \quad \frac{a}{a+b} = \frac{c}{c+d} \qquad\qquad \text{oder } \frac{a+b}{b} = \frac{c+d}{d}$$

Arithmetik: Formeln und Regeln

Durch korrespondierende Subtraktion ergibt sich aus

$$\frac{a}{b} = \frac{c}{d}, \quad \frac{a}{a-b} = \frac{c}{c-d}, \qquad \frac{a-b}{b} = \frac{c-d}{d}$$

Durch korrespondierende Addition und Subtraktion ergibt sich aus

$$\frac{a}{b} = \frac{c}{d}, \quad \frac{a+b}{a-b} = \frac{c+d}{c-d}$$

Mittelwerte $\quad a - x = x - b \quad$ ergibt arithmetisches Mittel

$$x = \frac{a+b}{2}$$

$a : x = x : b$ ergibt geometrisches Mittel $x = \sqrt{ab}$

$(a - x) : (x - b) = a : b$ ergibt harmonisches Mittel

$$x = \frac{2\,ab}{a+b}$$

e) Binomische Formeln, Polynome

$$(a + b)^2 = a^2 + 2ab + b^2$$
$$(a - b)^2 = a^2 - 2ab + b^2$$
$$a^2 - b^2 = (a + b)\,(a - b)$$
$$(a + b + c)^2 = a^2 + 2ab + 2ac + b^2 + 2bc + c^2$$
$$(a \pm b)^3 = a^3 \pm 3a^2b + 3ab^2 \pm b^3$$
$$a^3 + b^3 = (a + b)\,(a^2 - ab + b^2)$$
$$a^3 - b^3 = (a - b)\,(a^2 + ab + b^2)$$
$$(a + b)^n = a^n + \frac{n}{1}\,a^{n-1}b + \frac{n\,(n-1)}{1 \cdot 2}\,a^{n-2}b^2 +$$
$$+ \frac{n\,(n-1)\,(n-2)}{1 \cdot 2 \cdot 3}\,a^{n-3}b^3 + \cdots + b^n$$
$$(a - b)^n = (a - b)\,(a^{n-1} + a^{n-2}b + a^{n-3}b^2 +$$
$$+ \cdots + ab^{n-2} + b^{n-1})$$

Arithmetik: Formeln und Regeln

f) Potenzen

Definition

$$a^n = \underbrace{a \cdot a \cdot a \cdots a}_{n \text{ Faktoren}}$$

Vorzeichen
Spezielle Fälle

$$(\pm a)^{2n} = + a^{2n} \qquad (\pm a)^{2n-1} = \pm a^{2n-1}$$

$$a^1 = a \qquad 1^n = 1 \qquad 0^n = 0$$

Erweiterung der Definition

$$a^0 = 1 \qquad a^{-n} = \frac{1}{a^n} \qquad (\text{für } a \neq 0)$$

Potenzgesetze

$$a^m \cdot a^n = a^{m+n} \qquad \text{z. B.:} \quad a^4 \cdot a^3 = a^7$$

$$a^m : a^n = a^{m-n} \qquad\qquad a^4 : a^3 = a$$

$$a^n \cdot b^n = (ab)^n \qquad\qquad a^3 \cdot b^3 = (ab)^3$$

$$a^n : b^n = \left(\frac{a}{b}\right)^n \qquad\qquad a^3 : b^3 = \left(\frac{a}{b}\right)^3$$

$$(a^m)^n = (a^n)^m = a^{mn} \qquad (a^2)^3 = (a^3)^2 = a^6$$

g) Wurzeln

$$\left(\sqrt[n]{a}\right)^n = a$$

Definition

Das Multiplizieren, Dividieren, Potenzieren und Radizieren sowie Erweitern und Kürzen von Wurzeln kann auf das Rechnen mit Bruchpotenzen zurückgeführt werden:

$$\sqrt[n]{a} = a^{\frac{1}{n}}$$

Wurzelgesetze

$$\sqrt[n]{a} \cdot \sqrt[n]{b} = a^{\frac{1}{n}} \cdot b^{\frac{1}{n}} = (ab)^{\frac{1}{n}} = \sqrt[n]{ab}$$

$$\sqrt[n]{a} : \sqrt[n]{b} = a^{\frac{1}{n}} : b^{\frac{1}{n}} = \left(\frac{a}{b}\right)^{\frac{1}{n}} = \sqrt[n]{\frac{a}{b}}$$

$$\left(\sqrt[n]{a}\right)^m = \left(a^{\frac{1}{n}}\right)^m = a^{\frac{m}{n}} = \sqrt[n]{a^m}$$

$$\sqrt[m]{\sqrt[n]{a}} = \left(a^{\frac{1}{n}}\right)^{\frac{1}{m}} = a^{\frac{1}{mn}} = \sqrt[mn]{a}$$

$$\sqrt[np]{a^{mp}} = a^{\frac{mp}{np}} = a^{\frac{m}{n}} = \sqrt[n]{a^m}$$

Arithmetik: Formeln und Regeln

h) Logarithmen

Definition

$n = \log_a b$, wenn $a^n = b$

Systeme

Dekadische oder Briggssche Logarithmen.
Basis $a = 10$:
$\log_{10} b = \lg b = n$, wenn $10^n = b$;
natürliche Logarithmen, Basis $a = e$:
$\log_e b = \ln b = n$, wenn $e^n = b$.

Logarithmengesetze

$\log (b \cdot c) = \log b + \log c$

$\log \dfrac{b}{c} = \log b - \log c$

$\log c^n = n \cdot \log c$

$\log \sqrt[n]{c} = \dfrac{1}{n} \cdot \log c$

Spez. Fälle

$a^{\log_a b} = b$; $10^{\lg b} = b$; $e^{\ln b} = b$;

$\log_a (a^n) = n$; $\lg 10^n = n$; $\ln e^n = n$;

$\log_a a = 1$; $\lg 10 = 1$; $\ln e = 1$;

$\log_a 1 = 0$; $\lg 1 = 0$; $\ln 1 = 0$.

Umrechnung

dekadischer in natürliche Logarithmen

$\ln a = \ln 10 \cdot \lg a$; $\ln 10 = \dfrac{1}{M} \approx 2{,}3026$,

natürlicher in dekadische Logarithmen

$\lg a = \lg e \cdot \ln a$ $\lg e = M \approx 0{,}4343$.

Logarithmen

$\lg \quad 1 = 0$; $\lg 0{,}1 \quad = 0{,}00 - 1 = 9{,}00 - 10$
$\lg \quad 10 = 1$; $\lg 0{,}01 \quad = 0{,}00 - 2 = 8{,}00 - 10$
$\lg \quad 100 = 2$; $\lg 0{,}001 = 0{,}00 - 3 = 7{,}00 - 10$
$\lg 1000 = 3$;

3. Arithmet., geometr., unendliche Reihen

a) Arithmetische Reihe

$$s_n = a + (a + d) + (a + 2d) + \cdots + a_n$$

$$\text{Endglied} = a_n = a + (n - 1)\,d$$

$$\text{Differenz} = d = a_{k+1} - a_k$$

$$\text{Summe} = s_n = \frac{n}{2}\,(a + a_n)$$

Summe:

$$\text{Natürliche Zahlen:}\quad 1 + 2 + 3 + \cdots + n \qquad = \frac{n}{2}\,(n + 1)$$

$$\text{Gerade Zahlen:}\quad 2 + 4 + 6 + \cdots + 2n \qquad = n\,(n + 1)$$

$$\text{Ungerade Zahlen:}\quad 1 + 3 + 5 + \cdots + (2n - 1) = n^2$$

$$\text{Quadratzahlen:}\quad 1^2 + 2^2 + 3^2 + \cdots + n^2 = \frac{1}{6}\,n\,(n + 1)\,(2n + 1)$$

$$\text{Kubikzahlen:}\quad 1^3 + 2^3 + 3^3 + \cdots + n^3 = \frac{1}{4}\,n^2\,(n + 1)^2$$

b) Endliche geometrische Reihe

$$s_n = a + a \cdot q + a \cdot q^2 + \cdots + a_n$$

$$\text{Endglied} = a_n = a\,q^{n-1}$$

$$\text{Quotient} = q = \frac{a_k + 1}{a_k}$$

$$\text{Summe} = s_n = \frac{a\,(q^n - 1)}{q - 1}$$

Arithmet., geometr., unendliche Reihen

c) Unendliche geometrische Reihe

$$n \to \infty$$

$$\text{Summe} = s_\infty = \frac{a}{1-q} \text{ für } |q| < 1)$$

d) Unendliche Reihen

Binomische Reihe

$$(1 \pm x)^n = 1 \pm \binom{n}{1} x + \binom{n}{2} x^2 \pm \cdots + (-1)^k$$

$$\cdot \binom{n}{k} x^k \pm \cdots \text{in inf.}$$

Exponentialreihe

$$e = 1 + \frac{1}{1!} + \frac{1}{2!} + \frac{1}{3!} + \cdots = 2{,}718281828$$

Sinusreihe

$$\sin x = \frac{x}{1!} - \frac{x^3}{3!} + \frac{x^5}{5!} - \frac{x^7}{7!} + \cdots \text{in inf.}$$

Cosinusreihe

$$\cos x = 1 - \frac{x^2}{2!} + \frac{x^4}{4!} - \frac{x^6}{6!} + \cdots \text{in inf.}$$

Logarithmische Reihe z. B.

$$\ln (1 + x) = \frac{x}{1} - \frac{x^2}{2} + \frac{x^3}{3} - \frac{x^4}{4} + \cdots \text{in inf.}$$

Reihe für π

$$\frac{\pi}{4} = 1 - \frac{1}{3} + \frac{1}{5} - \frac{1}{7} + \frac{1}{9} - \frac{1}{11} + \cdots \text{in inf.}$$

4. Algebra: Lösen von Gleichungen

a) Identische Gleichungen (Rechengesetze, Formeln)

$$(a + b)(c + d) = ac + ad + bc + bd$$

$$(a + b)^2 = a^2 + 2\,ab + b^2 \qquad\qquad V = A \cdot h$$

b) Bestimmungsgleichungen (mathematische Formulierung von Rechenaufgaben)

I. Lineare Gleichungen (Gleichungen ersten Grades) mit **einer** Unbekannten Probe:

$$x - b = a \quad \text{gelöst} \quad x = a + b \quad (a + b) - b = a$$
$$a = a$$

$$x + b = a \quad \text{gelöst} \quad x = a - b \quad (a - b) + b = a$$
$$a = a$$

$$x \cdot b = a \quad \text{gelöst} \quad x = \frac{a}{b} \quad\quad \frac{a}{b}\,b = a$$
$$a = a$$

$$\frac{x}{b} = a \quad \text{gelöst} \quad x = a \cdot b \quad\quad \frac{ab}{b} = a$$
$$a = a$$

$$\frac{b}{x} = a \quad \text{gelöst} \quad x = \frac{b}{a} \quad\quad \frac{b}{\frac{b}{a}} = a$$
$$a = a$$

$$\frac{a}{x} = \frac{c}{b} \quad \text{gelöst} \quad x = \frac{ab}{c} \quad\quad \frac{a}{\frac{ab}{c}} = \frac{c}{b}$$
$$\frac{c}{b} = \frac{c}{b}$$

Zahlenbeispiele: a = 3, b = 4, d = 6

II. Lineare Gleichungen (Gleichungen ersten Grades) **mit zwei** oder mehr Unbekannten (die Zahl der voneinander unabhängigen sich nicht widersprechenden Gleichungen muß mit der Zahl der Unbekannten übereinstimmen)

$$\text{Gleichung I:} \; a\,x + b\,\gamma = c_1 \quad \text{z. B.} \; 3\,x + 4\,\gamma = 36$$
$$\text{Gleichung II:} \; d\,x - \gamma = c_2 \quad \text{z. B.} \; 6\,x - \gamma = 45$$

Algebra: Lösen von Gleichungen

1. Einsetzungsverfahren (Substitutionsmethode)

aus Gleichung II: $y = d\,x - c_2$ z. B. $\qquad y = 6\,x - 45$

eingesetzt in Gleichung I: $a\,x + b\,(d\,x - c_2) = c_1$

$$3\,x + 4\,(6\,x - 45) = 36$$
$$3\,x + 24\,x - 180 = 36$$
$$27\,x = 216$$
$$x = \frac{c_1 + b\,c_2}{a + b\,d} \qquad x = 8$$

diesen Wert in Gleichung I $\quad 3 \cdot 8 + 4\,y = 36$
$$4\,y = 12$$
$$y = 3$$

Probe: $\qquad$ Gleichung I $\quad 3 \cdot 8 + 4 \cdot 3 = 36$
$$36 = 36$$

$\qquad\qquad$ Gleichung II $\quad 6 \cdot 8 - 3 = 45$
$$45 = 45$$

2. Gleichsetzungsverfahren

Gleichung I nach y aufgelöst $\quad \dfrac{3x + 4y}{4} = \dfrac{36}{4}$

$$y = \frac{c_1 - a\,x}{b}$$
$$y = 9 - \frac{3}{4}\,x$$

Gleichung II nach y aufgelöst $\qquad y = 6\,x - 45$
$$y = d\,x - c_2$$

Gleichsetzung $\qquad\qquad 9 - \dfrac{3}{4}\,x = 6\,x - 45$

$$6\frac{3}{4}\,x = 54$$
$$x = \frac{c_1/b + c_2}{a/b + d} = \frac{c_1 + b\,c_2}{a + b\,d} \qquad x = 8$$

diesen Wert in Gleichung I

eingesetzt $\qquad\qquad y = 9 - \dfrac{3}{4}\,8$

$$y = 3$$

Probe s. Einsetzungsverfahren

Algebra: Lösen von Gleichungen

3. Additionsverfahren (Gleichung I mit b multipliziert)

Gleichung I mit 2 multipliziert $\qquad 6x + 8y = 72$

Gleichung II mit (—1) multipliziert $\quad -6x + y = -45$

Addition (z. B. a = 3, b = 4, d = 6)
$$9y = 27$$
$$y = 3$$

diesen Wert in Gleichung I
eingesetzt
$$3x + 4\cdot3 = 36$$
$$3x = 24$$
$$x = 8$$

Probe s. Einsetzungsverfahren

III. Quadratische Gleichungen (Gleichungen 2. Grades)

Beispiel: $x^2 = a$ $\qquad$ Lösung: $x_1 = +\sqrt{a}$

$$x_2 = -\sqrt{a}$$

Normalform der allgemeinen quadratischen Gleichung
$$x^2 + px + q = 0$$

Zeichnerische Lösung: $\qquad x_1 = -\dfrac{p}{2} + \sqrt{\dfrac{p^2}{4} - q}$

$$x_2 = -\dfrac{p}{2} - \sqrt{\dfrac{p^2}{4} - q}$$

Diskriminante $\qquad D = \left(\dfrac{p^2}{4} - q\right)$

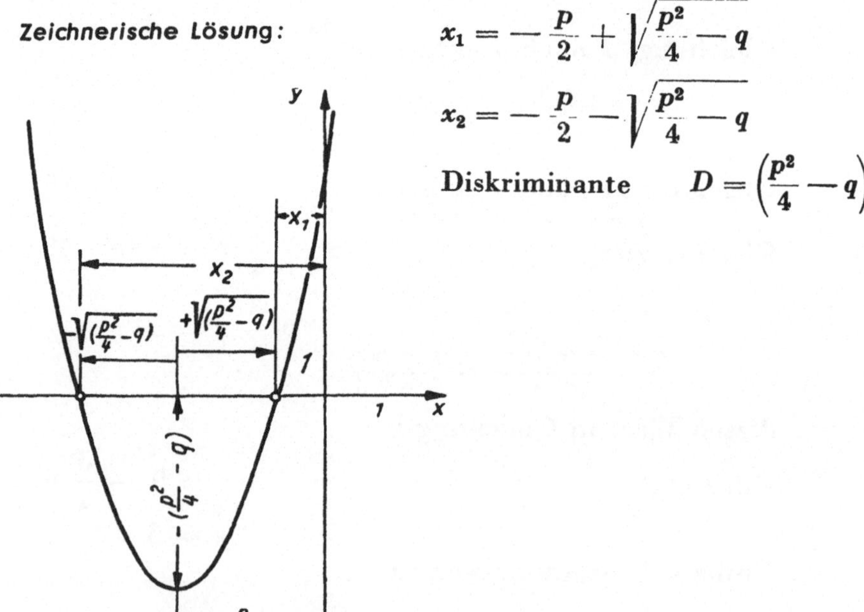

Algebra: Lösen von Gleichungen

Die quadratische Gleichung hat

2 verschiedene reelle Wurzeln, wenn $D = \left(\dfrac{p^2}{4} - q \right) > 0$

1 Doppelwurzel, wenn D $= 0$

keine reellen Wurzeln, wenn D < 0

Rechnerische Lösung:

ordnen $\quad x^2 + p\,x = -q$

quadratisch ergänzen durch $+ \left(\dfrac{p}{2} \right)^2 = + \dfrac{p^2}{4}$

$$x^2 + p\,x + \left(\dfrac{p}{2} \right)^2 = \dfrac{p^2}{4} - q$$

$$\left(x + \dfrac{p}{2} \right)^2 = \dfrac{p^2}{4} - q$$

Wurzel ziehen $\qquad x + \dfrac{p}{2} = \pm \sqrt{\left(\dfrac{p^2}{4} - q \right)}$

$$x_1 = -\dfrac{p}{2} + \sqrt{\left(\dfrac{p^2}{4} - q \right)}$$

$$x_2 = -\dfrac{p}{2} - \sqrt{\left(\dfrac{p^2}{4} - q \right)}$$

Vietascher Wurzelsatz

Zwischen den Wurzeln x_1 und x_2 und den Koeffizienten p und q
einer quadratischen Gleichung $\quad x^2 + p\,x + q = 0$
bestehen die Beziehungen:
$$x_1 + x_2 = -p$$
$$x_1 \cdot x_2 = q$$

Algebra: Lösen von Gleichungen

IV. Kubische Gleichungen (Gleichungen 3. Grades)

$$Ax^3 + Bx^2 + Cx + D = 0$$

Normalform $\qquad x^3 + ax^2 + bx + c = 0$

Substitution $\qquad x = y - \dfrac{a}{3}$

Reduzierte Gleichung $\quad y^3 - py + q = 0$

Diskriminante $\qquad D = \left(\dfrac{q}{2}\right)^2 - \left(\dfrac{p}{3}\right)^3$

$D > 0$: Cardanische Formeln

$$u = \sqrt[3]{-\dfrac{q}{2} + \sqrt{D}} \qquad v = \sqrt[3]{-\dfrac{q}{2} - \sqrt{D}}$$

Lösungen: $y_1 = u + v$

$$y_{2;3} = -\dfrac{u+v}{2} \pm \dfrac{u-v}{2}\, i\sqrt{3}$$

$D = 0$: 2 gleiche Wurzeln

$$u = v = \sqrt[3]{-\dfrac{q}{2}}$$

Lösungen: $\quad y_1 = 2u \qquad y_{2;3} = -u$

$D < B$: Casus irreducibilis

$$\cos\varphi = \dfrac{-\dfrac{q}{2}}{\sqrt{\left(\dfrac{p}{3}\right)^3}}$$

Lösungen:

$$y_1 = 2\sqrt{\dfrac{p}{3}}\cos\dfrac{\varphi}{3}$$

Algebra: Lösen von Gleichungen

$$y_2 = 2\sqrt{\frac{p}{3}}\cos\left(\frac{\varphi}{3} + 120°\right) = -2\sqrt{\frac{p}{3}}\cos\left(60° - \frac{\varphi}{3}\right)$$

$$y_3 = 2\sqrt{\frac{p}{3}}\cos\left(\frac{\varphi}{3} + 240°\right) = -2\sqrt{\frac{p}{3}}\cos\left(60° + \frac{\varphi}{3}\right)$$

Satz von Vietà

$$a = -(x_1 + x_2 + x_3)$$
$$b = x_1 x_2 + x_1 x_3 + x_2 x_3$$
$$c = -x_1 x_2 x_3$$

Linearfaktoren

$$x^3 + a x^2 + b x + c = (x - x_1)$$
$$\cdot (x - x_2)(x - x_3) = 0$$

---

5. Imaginäre Zahlen

Potenzen
der imaginären Einheit

$$i^1 = \sqrt{-1} = i \qquad i^{4n+1} = i$$
$$i^2 \qquad = -1 \quad i^{4n+2} = -1$$
$$i^3 \qquad = -i \quad i^{4n+3} = -i$$
$$i^4 \qquad = +1 \quad i^{4n} = +1$$

Imaginäre Zahlen

$$\sqrt{-a} = i\sqrt{a}$$
$$(\sqrt{-a})^2 = -a$$
$$\sqrt{-a}\,\sqrt{-b} = -\sqrt{ab}$$
$$\frac{\sqrt{-a}}{\sqrt{-b}} = \sqrt{\frac{a}{b}}$$

Komplexe Zahl $a + bi$ (a Realteil, b Imaginärteil)

Zwei komplexe Zahlen $a + bi$ und $a - bi$, die sich nur im Vorzeichen des Imaginärteiles unterscheiden, heißen konjugiert komplexe Zahlen.

$$(a + bi)(a - bi) = a^2 + b^2$$

Eulersche
Formel
$$(a \pm bi) = r(\cos\varphi \pm i\sin\varphi) = r\,e^{\pm i\varphi}$$

Beziehungen
$$a = r\cos\varphi \qquad\qquad r = \sqrt{a^2 + b^2}$$
$$b = r\sin\varphi \qquad\quad \tan\varphi = \frac{b}{a}$$

6. Rechnung mit Logarithmen (zu Zahlentafel)

Für das Rechnen mit Logarithmen gilt:

1. **Multiplizieren wird zurückgeführt auf Addieren;**
$$\lg (a\,b) = \lg a + \lg b$$

2. **Dividieren wird zurückgeführt auf Subtrahieren;**
$$\lg \frac{a}{b} = \lg a - \lg b$$

3. **Potenzieren wird zurückgeführt auf Multiplizieren;**
$$\lg a^n = n \cdot \lg a$$

4. **Wurzelziehen wird zurückgeführt auf Dividieren;**
$$\lg \sqrt[n]{a} = \frac{1}{n} \cdot \lg a$$

a) Aufschlagen der natürlichen Logarithmen:

$$
\begin{aligned}
\ln \quad 10 &= 2{,}3026 \\
\ln \quad 100 &= \ln 10^2 = 2 \cdot 2{,}3026 = 4{,}6052 \\
\ln \quad 1\,000 &= \ln 10^3 = 3 \cdot 2{,}3026 = 6{,}9078 \\
\ln \quad 10\,000 &= \ln 10^4 = 4 \cdot 2{,}3026 = 9{,}2103 \\
\ln \quad 100\,000 &= \ln 10^5 = 5 \cdot 2{,}3026 = 11{,}5129 \text{ usw.} \\
\ln 0{,}1 &= \ln 10^{-1} = -\,2{,}3026 \\
\ln 0{,}01 &= \ln 10^{-2} = -\,4{,}6052 \text{ usw.}
\end{aligned}
$$

(Die ersten drei Zeilen: in der Tafel enthalten)

Beispiele: 1. $\ln 45\,625 = \ln (456{,}25 \cdot 100) = \ln 456{,}25 + \ln 100$
$$= 6{,}1231 + 2 \cdot 2{,}3026 = 10{,}7282.$$

2. $\ln 0{,}00355 = \ln (355 : 10^5) = \ln (355 \cdot 10^{-5})$
$$= 5{,}8721 - 11{,}5129 = -\,5{,}6408.$$

b) Aufschlagen der Briggsschen Logarithmen:

$$\lg 2130 = \qquad\qquad 3{,}3284$$

↓ *Numerus*   *Kennziffer*   *Mantisse*

Regel: **Kennziffer = Stellenzahl des Numerus minus 1.**

Für gleiche Ziffern des Numerus ergibt sich stets dieselbe Mantisse; die Kennziffer richtet sich nach der Stellenzahl des Numerus.

Beispiel:			
lg 2130	= 3,3284	lg 2,13	= 0,3284
lg 213	= 2,3284	lg 0,213	= 0,3284 — 1
lg 21,3	= 1,3284	lg 0,0213	= 0,3284 — 2
		lg 2135	= 3,3294

Zu dem errechneten Logarithmus wird der Numerus aufgeschlagen, der das gesuchte Ergebnis darstellt.

7. Fakultäten (ab 10! gerundet)

$1! = 1$	$7! = 5\,040$	$13! = 6{,}227 \cdot 10^9$
$2! = 2$	$8! = 40\,320$	$14! = 87{,}178 \cdot 10^9$
$3! = 6$	$9! = 362\,880$	$15! = 1307{,}674 \cdot 10^9$
$4! = 24$	$10! = 3{,}629 \cdot 10^6$	$16! = 20{,}922 \cdot 10^{12}$
$5! = 120$	$11! = 39{,}912 \cdot 10^6$	$17! = 355{,}687 \cdot 10^{12}$
$6! = 720$	$12! = 479{,}002 \cdot 10^6$	$18! = 6402{,}374 \cdot 10^{12}$

8. Binominalkoeffizienten (Pascalsches Dreieck)

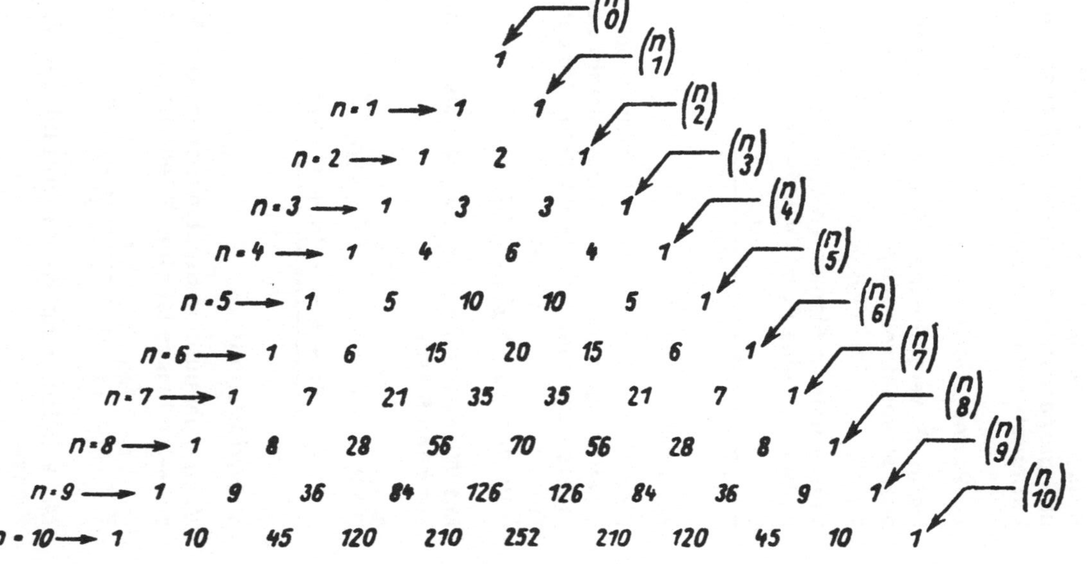

9. Kombinatorik

K. ist die Lehre von den verschiedenen Möglichkeiten zum Anordnen und gruppenweisen Zusammenfassen von Elementen. Hierzu gehören Permutationen, Kombinationen und Variationen.

a) Permutationen

Unter P. versteht man das Vertauschen aller Elemente. Die Anzahl aller P. von n verschiedenen Elementen ist

$$P\,(n) = 1 \cdot 2 \cdot 3 \cdot \,\cdots\, n = n!$$

Treten unter n Elementen a, b, $\cdots$ gleiche auf, z. B. α_1 mal a, α_2 mal b, so hat man eine P. mit Wiederholung. Dann ist

$$\tilde{P}\,(n;\alpha_1, \cdots \alpha_k) = \frac{n!}{\alpha_1!\,\alpha_2!\,\cdots\,\alpha_k!}$$

b) Kombinationen

Eine Auswahl von k aus n Elementen, bei der $k \leqq n$ ist, heißt eine Kombination zur k-ten Klasse. Die Anzahl der Kombinationen von n Elementen zur k-ten Klasse ist ohne Wiederholung

$$K\,(n;k) = \binom{n}{k} = \frac{n!}{k!\,(n-k)!}$$

Mit Wiederholung ist die Anzahl der Kombinationen von n Elementen zur k-ten Klasse

$$\tilde{K}\,(n;k) = \binom{n+k-1}{k} = \frac{(n+k-1)!}{k!\,(n-1)!}$$
$$= \frac{(n+k-1)\,(n+k-2)\,\cdots\,n}{k!}$$

c) Variationen

V. sind permutierte Kombinationen. Die Anzahl der V. von n Elementen zur k-ten Klasse ist ohne Wiederholung

$$V\,(n;k) = \binom{n}{k} k! = \frac{n!}{(n-k)!} = n\,(n-1)\,\cdots\,(n-k+1)$$

Mit Wiederholung ist die Anzahl der V. von n Elementen zur k-ten Klasse

$$\tilde{V}\,(n;k) = n^k.$$

1. Formeln für Flächenberechnung (Planimetrie)

Art der Fläche	Flächeninhalt A Umfang U Sonstige Angaben	Schwerpunkt S_0 Schwerpunktabstand e Bezeichnungen
1. Dreieck a) spitz- oder stumpf- winklig $(\gamma \neq 90°)$	$A = \dfrac{c\,h_c}{2} = \dfrac{a\,b\,c}{4\,r} = \varrho\,s$ $= \sqrt{s\,(s-a)\,(s-b)\,(s-c)}$ (Heron) $= \dfrac{1}{2}\,b\,c\sin\alpha$ $= \dfrac{1}{2}\,c^2 \cdot \dfrac{\sin\alpha\,\sin\beta}{\sin\gamma}$ $= 2\,r^2\sin\alpha\,\sin\beta\,\sin\gamma$ $a = \dfrac{2\,A}{h_a} \qquad h_a = \dfrac{2\,A}{a}$ $U = a + b + c; \quad s = \dfrac{U}{2}$	S_0 Schnittpunkt der Seitenhalbieren- den oder Schwerlinien (schneiden die Mitten der gegenüberliegenden Seiten) $e = {}^1/_3\,h_c$ $e_z = {}^1/_3\,(z_a + z_b + z_c)$ Abstand von einer beliebigen Achse $2\,m_c^2 = a^2 + b^2 - \dfrac{1}{2}\,c^2$ $m_c = \dfrac{1}{2}\,\sqrt{2\,(a^2 + b^2) - c^2}$ a, b, c Seiten h_a, h_b, h_c Höhen m_a, m_b, m_c Seitenhalbierende $\alpha + \beta + \gamma = 180°$ r Umkreishalbmesser ϱ Inkreishalbmesser m_c Seitenhalbierende von c
b) gleichschenklig	$A = \dfrac{a\,h_a}{2}$ $h_a = \sqrt{b^2 - \dfrac{a^2}{4}}$ $U = a + 2\,b$	a Grundlinie b Schenkel h_a Höhe
c) gleichseitig	$A = \dfrac{a^2}{4}\,\sqrt{3}$ $h = \dfrac{a}{2}\,\sqrt{3}$ $U = 3\,a$	a Seite h Höhe

Fortsetzung

Art der Fläche	Flächeninhalt A Umfang U Sonstige Angaben	Schwerpunkt S_0 Schwerpunktabstand e Bezeichnungen
d) rechtwinklig $(\gamma = 90°)$	$A = \dfrac{c\,h}{2} = \dfrac{a\,b}{2}$ (Pythagoras) $c^2 = a^2 + b^2;\ c = \sqrt{a^2 + b^2}$ $a = \sqrt{c^2 - b^2};\ b = \sqrt{c^2 - a^2}$ (Thales) $a = \sqrt{q\,c};\ b = \sqrt{p\,c}$ $h^2 = p\,q;\ c = p + q$ $U = a + b + c$	$e_1 = \dfrac{1}{3}\,h$ (a und b halbieren) S_0 siehe unter 1. a): Schwerlinien $m_c = \dfrac{c}{2}$ a, b Katheten c Hypotenuse $h_c = h;\ h_a = b;\ h_b = a$ p Projektion von b auf c q Projektion von a auf c m_c Seitenhalbierende von c
2. Trapez	$A = \dfrac{(a + b)}{2} \cdot h = m\,h$ $h = \dfrac{2A}{a + b};$ $a = \dfrac{2A}{h} - b;\ b = \dfrac{2A}{h} - a$ $U = a + b + c + d$	S_0 Schnittpunkt der Verbindungslinien GH und EF $e_1 = \dfrac{h}{3} \cdot \dfrac{a + 2b}{a + b}$ $x = \dfrac{p\,a + q\,b}{p + q}\quad a \| x \| b$ a, b Grundlinien c, d Schenkel h Höhe GH, EF Schwerlinien $MN = m$ (Mittellinie) $\quad = \dfrac{1}{2}(a + b)$
3. Rechteck	$A = a\,b$ $a = \dfrac{A}{b};\ b = \dfrac{A}{a}$ $U = 2a + 2b = 2(a + b)$	S_0 Schnittpunkt der Diagonalen; $e_1 = e_2 = b/2$ a, b Seiten d_1, d_2 Diagonalen $d_1 = d_2 = \sqrt{a^2 + b^2}$ $\alpha = \beta = \gamma = \delta = R$ $h = b$ Höhe
4. Parallelogramm **Rhomboid**	$A = a\,h$ $h = \sqrt{b^2 - g^2} = \dfrac{A}{a}$ $a = \dfrac{A}{h}$ $U = 2a + 2b = 2(a + b)$	S_0 Schnittpunkt der Diagonalen; $e_1 = e_2 = h/2$ a, b Seiten h Höhe d_1, d_2 Diagonalen $\alpha = \gamma \qquad \alpha + \beta = 180°$ $\beta = \delta \qquad \alpha + \delta = 180°$
5. Quadrat	$A = a\,a = a^2$ $\quad = \dfrac{1}{2}\,d^2$ $a = \sqrt{A} = \sqrt{d^2/2} = \dfrac{d}{2}\sqrt{2}$ $d = \sqrt{2\,a^2} = a\sqrt{2}$ $\quad = 1{,}4142\,a$ $U = 4a$	S_0 Schnittpunkt der Diagonalen; $e_1 = e_2 = a/2$ a Seite d_1, d_2 Diagonalen $\quad (d_1 \perp d_2)$ $\alpha = \beta = \gamma = \delta = 90°$

Fortsetzung

Art der Fläche	Flächeninhalt A Umfang U Sonstige Angaben	Schwerpunkt S_0 Schwerpunktabstand e Bezeichnungen
6. Rhombus **Raute**	$A = a\,h; h = \dfrac{A}{a}$ $a = \dfrac{F}{h}$ $c = \sqrt{a^2 - h^2}$ $U = 4\,a$	S_0 Schnittpunkt der Diagonalen; $e_1 = e_2 = h/2$ a Seite d_1, d_2 Diagonalen $\quad (d_1 \perp d_2)$ h Abstand der Seiten

7. Trapezoid
  a) unregelmäßiges
    Viereck
	$A = \dfrac{d_1}{2}\,(h_1 + h_2)$
	$U = a + b + c + d$
		S_0 Schwerpunkt (aus den vier Schwerpunkten der Teildreiecke zu bestimmen)
		a, b, c, d Seiten
		d_1, d_2 Diagonalen
		h_1, h_2 Höhen zu d_1
		$\quad$ G Schnittpunkt der Diagonalen

b) Sehnenviereck	$A = \dfrac{d_1}{2}\,(h_1 + h_2)$ $U = a + b + c + d$	S_0 Schwerpunkt (Bestimmung wie oben) a, b, c, d Seiten (Sehnen) d_1, d_2 Diagonalen $\alpha + \gamma = \beta + \delta = 2\,R$ R Rechter Winkel M Mittelpunkt des umschriebenen Kreises mit Halbmesser r E Schnittpunkt der Diagonalen
8. Unregelmäßiges **Vieleck**	$A = A_1 + A_2 + A_3 + \ldots$ Summe der Winkel $= (n-2)\,2\,R$ $U = a + b + c + d + e + \ldots$	S_0 Schwerpunkt (aus den Teildreiecken zu bestimmen) $a, b \ldots$ Seiten $h_1, h_2, h.$ Höhen der Teildreiecke $f, g \ldots$ Diagonalen Das unregelmäßige n-Eck läßt sich in $(n-2)$ Dreiecke teilen

Fortsetzung

Art der Fläche	Flächeninhalt A Umfang U Sonstige Angaben	Schwerpunkt S_0 Schwerpunktabstand e Bezeichnungen
9. Regelmäßiges Vieleck 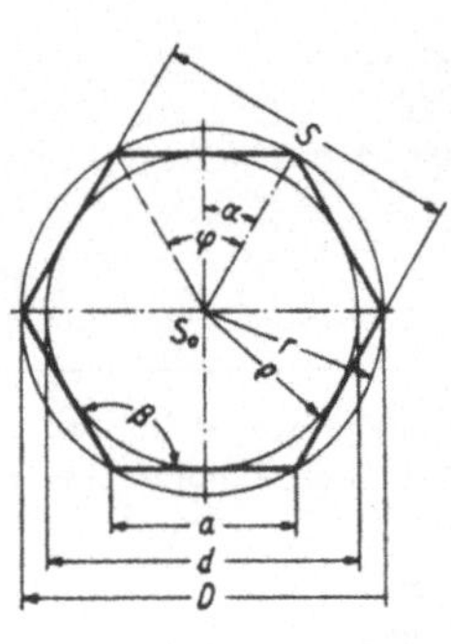	$A = \dfrac{1}{4}\, n\, a^2 \cot \dfrac{\varphi}{2}$ $= \dfrac{1}{4}\, n\, a^2 \cot \alpha$ $= \dfrac{1}{2}\, n\, r^2 \sin \varphi$ $= \dfrac{1}{8}\, n\, D^2 \sin$ $= n\, \varrho^2 \tan \alpha$ $= n\, \dfrac{a\,\varrho}{2}$ $\approx 0{,}866\, d^2$ (6 kant) $\approx 0{,}828\, d^2$ (8 kant) $U = n\, a$	n Seitenzahl; a Seite r Halbmesser des Umkreises $D =$ Umkreis-Durchmesser $\varrho =$ Halbmesser des Inkreises d Inkreis-Durchmesser $=$ Schlüsselweite S $\varphi = \dfrac{360°}{n}$ Zentriwinkel zur Seite $\alpha = \dfrac{180°}{n} = \dfrac{\varphi}{2}$ $180° - 2\alpha$ Eckwinkel des Vielecks S_0 im Mittelpunkt des Vielecks $a = 2\sqrt{r^2 - \varrho^2} = 2\,r \sin \dfrac{180°}{n}$ $\varrho = r \cos \dfrac{180°}{n}$
10. Kreis 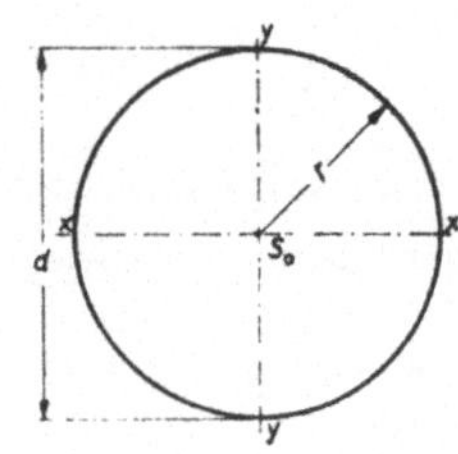	$A = \dfrac{\pi}{4}\, d^2 = n\, r^2$ $= 0{,}7854\, d^2 = 3{,}1416\, r^2$ $r = \sqrt{\dfrac{A}{\pi}}$ $d = \sqrt{\dfrac{4\,A}{\pi}}$ $U = \pi\, d = 2\,\pi\, r$	S_0 Zentrum (Mittelpunkt) r Halbmesser (Radius) d Durchmesser K Kreislinie (Peripherie)
11. Kreisausschnitt (Sektor) 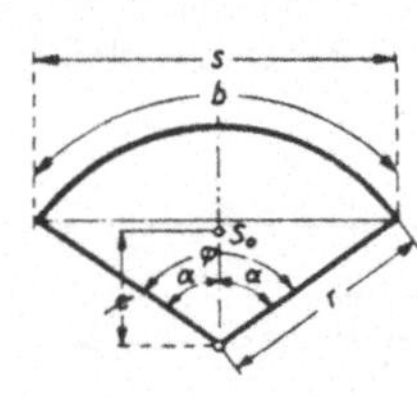	$A = \dfrac{1}{2}\, b\, r = \dfrac{\varphi}{360°}\, \pi\, r^2$ $\varphi = \dfrac{180°\, b}{\pi\, r} = 57{,}296\, \dfrac{b}{r}$ $b = \dfrac{\varphi}{180°}\, \pi\, r = 0{,}01745\, r\varphi$ $r = \sqrt{\dfrac{360°\, A}{\pi\, \varphi}} = \dfrac{180°\, b}{\pi\, \varphi}$ $U = 2\,r + b$	S_0 Schwerpunktlage $e = \dfrac{2\,r\,s}{3\,b} = \dfrac{r^2\,s}{3\,A} = \dfrac{2}{3}\, r \cdot \dfrac{\sin \alpha}{\alpha}$ für Sechstelkreis: $e = \dfrac{2\,r}{\pi} = 0{,}6366\, r$ für Viertelkreis: $e = \dfrac{4\,r}{3\,\pi}\sqrt{2} = 0{,}6002\, r$ für Halbkreis: $e = \dfrac{4\,r}{3\,\pi} = 0{,}4244\, r$ $s =$ Sehne; r Halbmesser (Radius) φ Zentriwinkel zur Sehne $\alpha = \varphi/2$; b Kreisbogenlänge

Fortsetzung

Art der Fläche	Flächeninhalt A Umfang U Sonstige Angaben	Schwerpunkt S_0 Schwerpunktabstand e Bezeichnungen
12. Kreisabschnitt **(Segment)** 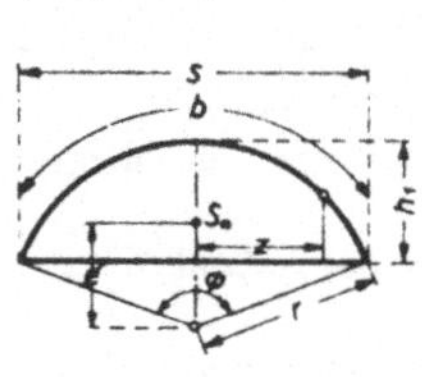	$A = \dfrac{1}{2}\,r^2\left(\dfrac{\pi\varphi}{180^\circ} - \sin\varphi\right)$ $= \dfrac{1}{2}\,[r(b-s)+sb] \approx \dfrac{2}{3}\,sh_1,$ wenn φ klein ist; $r \approx \dfrac{s^2+4\,h_1^2}{8\,h_1}$ $b = \pi r\,\dfrac{\varphi}{180^\circ} = 0{,}01745\,r\varphi$ $U = s+b$ $s = 2\,r\sin\dfrac{\varphi}{2} = 2\sqrt{h_1\,(2\,r-h_1)}$	e Schwerpunktabstand vom Kreismittelpunkt h_1 Pfeil-, Abschnitts-, Segmenthöhe $h_1 = r - r\cos\dfrac{\varphi}{2}$ $= r\left(1-\cos\dfrac{\varphi}{2}\right)$ $= r - \sqrt{r^2 - \dfrac{1}{4}\,s^2}$ $e = \dfrac{s^3}{12\,A} = \dfrac{2\,r^3\sin^3(\varphi/2)}{3\,A}$ s Sehne r Halbmesser n Zentriwinkel zur Sehne b Kreisbogenlänge
13. Kreisring 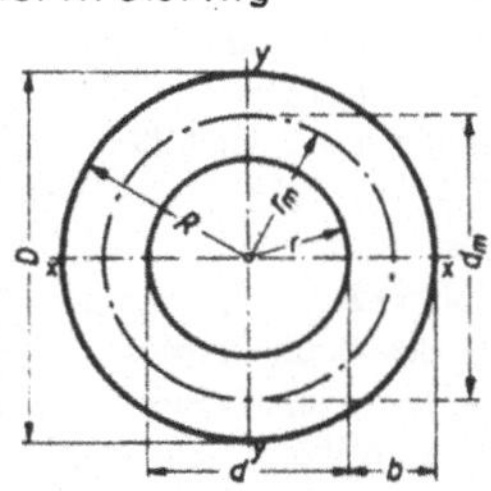	$A = A_1 - A_2$ $= \dfrac{1}{4}\,\pi\,(D^2 - d^2)$ $= 0{,}785\,(D^2 - d^2)$ $= \pi\,(R^2 - r^2)$ $= \pi\,d_m\,b; \approx 2\,\pi\,r_m\,b$ $r_m = \dfrac{1}{2}\,(R + r)$ $d_m = \dfrac{1}{2}\,(D + d)$ $U = 2\,\pi\,(R + r)$	S, Zentrum der beiden Kreise D Durchmesser R Halbmesser des großen Kreises d Durchmesser r Halbmesser des kleinen Kreises d_m mittlerer Durchmesser r_m mittlerer Halbmesser $b = \dfrac{1}{2}\,(D-d)$ Ringbreite A_1 Inhalt des großen Kreises A_2 Inhalt des kleinen Kreises
14. Halbkreis 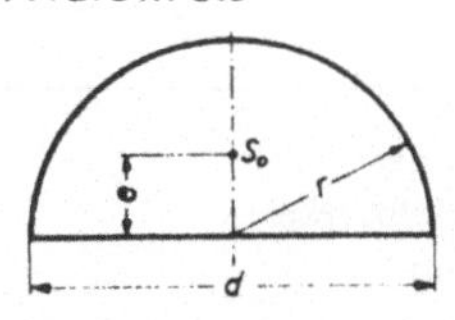	$A = \dfrac{\pi\,r^2}{2} = 1{,}571\,r^2$ $= 0{,}3927\,d^2$ $U = r\,(2 + \pi) = 5{,}14\,r$	S_0 im Abstande e vom Mittelpunkt auf der Mittelachse $e = \dfrac{4\,r}{3\,\pi} = 0{,}4244\,r$ d Durchmesser r Halbmesser (Radius)
15. Halbkreisring 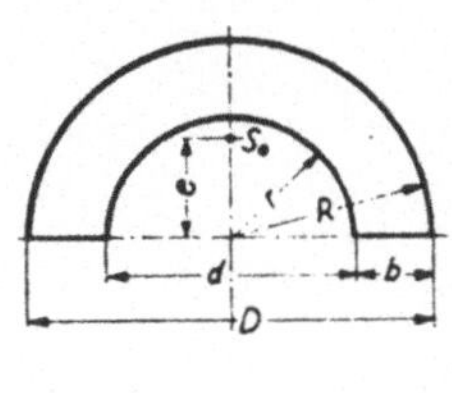	$A = \dfrac{\pi\,(R^2 - r^2)}{2}$ $= \dfrac{\pi}{8}\cdot(D^2 - d^2)$ $U = \pi\,(R + r) + 2\,(R - r)$	$e = \dfrac{2}{3}\,\dfrac{(D^3-d^3)}{\pi\,(D^2-d^2)}$ wenn $b < 0{,}2\,R$, ist $e \approx 0{,}32\,(R + r)$ Siehe „Kreisring" Punkt 13

Art der Fläche	Flächeninhalt A Umfang U Sonstige Angaben	Schwerpunkt S_0 Schwerpunktabstand e Bezeichnungen
16. Kreisringstück a) gleicher Dicke 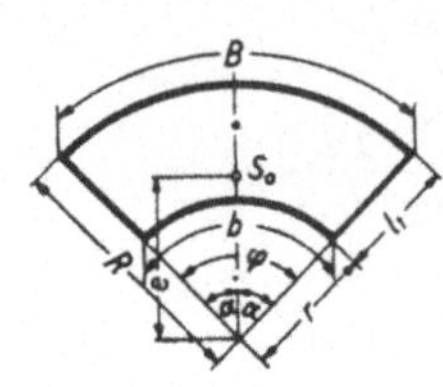	$A = \dfrac{\pi \, \varphi}{360} (R^2 - r^2)$ $= \dfrac{1}{2} (R\,B - r\,b)$ $= \dfrac{\pi \, \varphi}{180} r_m \, l_1$ $r_m = \dfrac{1}{2} (R + r)$ $U = 2(R - r) + B + b$	S_0 im Abstande e vom Mittelpunkt auf der Mittelachse $e = \dfrac{2}{3} \dfrac{R^3 - r^3}{R^2 - r^2} \sin \alpha \dfrac{180°}{\pi \, \alpha}$ r Radius, Halbmesser des Innenkreises R Halbmesser des Außenkreises l_1 Ringbreite φ Zentri-, Mittelpunktswinkel r_m mittlerer Halbmesser B Außenbogen b Innenbogen
b) ungleicher Dicke 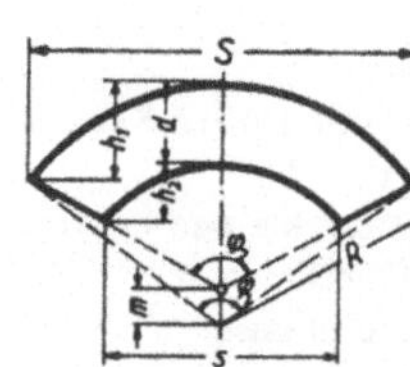	$A = \dfrac{\pi R^2 \varphi_1}{360°} - \dfrac{\pi r^2 \varphi_2}{360°} - \dfrac{m\,S}{2}$ $s = 2\sqrt{h_2(2r - h_2)}$ $S = 2\sqrt{h_1(2R - h_2)}$ $r = \dfrac{s^2}{8\,h_2} + \dfrac{1}{2} h_2$ $R = \dfrac{S^2}{8\,h_1} + \dfrac{1}{2} h_1$ $\sin \dfrac{1}{2} \varphi_2 = \dfrac{s}{2\,r} \; ; \; \sin \dfrac{1}{2} \varphi_1 = \dfrac{S}{2\,R}$ $h_1 = R - R \cos \dfrac{1}{2} \varphi_1$ $h_2 = r - r \cos \dfrac{1}{2} \varphi_2$	φ_1 Zentriwinkel des Außenkreises φ_2 Zentriwinkel des Innenkreises S Sehne des Außenkreises s Sehne des Innenkreises d Dicke des Ringes in der Mittelachse r Innenkreisradius R Außenkreisradius h_1 Stichhöhe des Außenkreises h_2 Stichhöhe des Innenkreises m Abstand der Mittelpunkte der Bögen
17. Ellipse 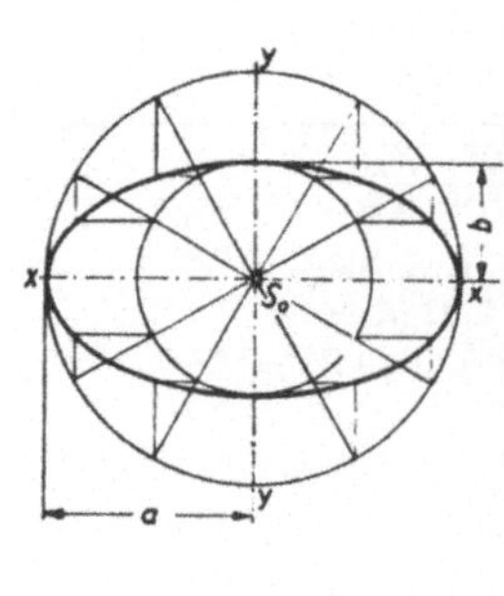	$A = \pi\,a\,b$	S_0 Mittelpunkt a große Halbachse b kleine Halbachse

Fortsetzung

Art der Fläche	Flächeninhalt A Umfang U Sonstige Angaben	Schwerpunkt S_0 Schwerpunktabstand e Bezeichnungen

18. Ellipsenabschnitt

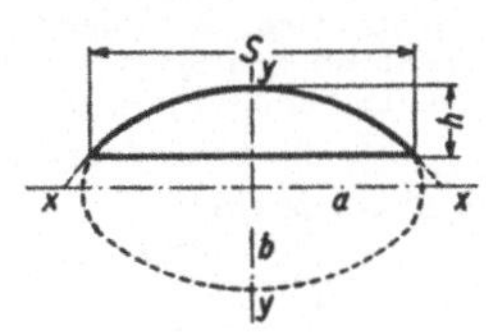

$A = \pi\,a\,b$ ganze Fläche
Fläche des Ellipsenabschnittes

$$A_1 = \frac{x\,y}{2} + \frac{a\,b}{2} \cdot \arcsin \frac{x}{a}$$

$$\bar{U} = \pi\,(a + b)\,c \approx k\,(a + b)\ \text{ist}$$
(angenähert)

$$\approx (a + b)\,\pi \left[1 + \frac{1}{4}\left(\frac{a-b}{a+b}\right)^2 + \right.$$
$$\left. + \frac{1}{64}\left(\frac{a-b}{a+b}\right)^4 + \ldots \right]$$
(genau)

a waagerechte (große) Halbachse
b senkrechte (kleine) Halbachse
x—x Abszissenachse
y—y Ordinatenachse
c y-Werte aus der Tafel
k Werte aus untenstehender Tafel

$\dfrac{a-b}{a+b}$	c	k
0,10	1,0025	3,1495
0,20	1,0100	3,1731
0,30	1,0226	3,2127
0,40	1,0404	3,2686
0,50	1,0635	3,3412
0,60	1,0922	3,4314
0,70	1,1269	3,5401
0,80	1,1679	3,6691
0,90	1,2162	3,8208

19. Kreissichelstück

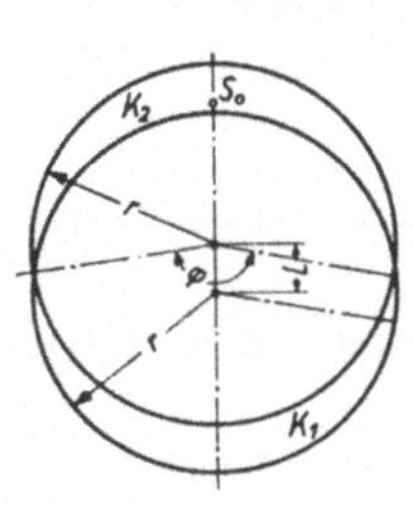

$$A = r^2 \left(\pi + \sin \varphi - \varphi^0\,\frac{\pi}{180°} \right)$$
$$= r^2\,\eta$$

l	n
$d/10$	0,40
$2\,d/10$	0,79
$3\,d/10$	1,18
$4\,d/10$	1,56
$5\,d/10$	1,91
$6\,d/10$	2,25
$7\,d/10$	2,55
$8\,d/10$	2,81
$9\,d/10$	3,02

S_0 Schwerpunkt
r Halbmesser
l Abstand der beiden Kreismittelpunkte
φ Zentriwinkel, gebildet aus den Verbindungslinien der Kreisschnittpunkte mit einem der Mittelpunkte. Kreis $K_1 = $ Kreis K_2

20. Parabel

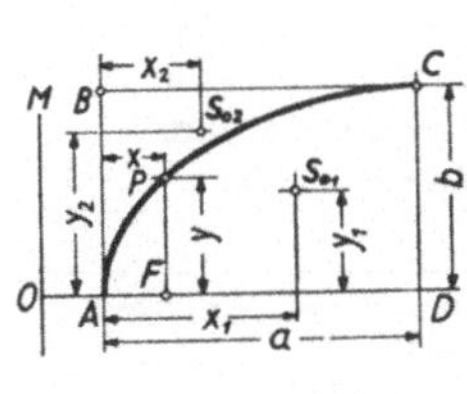

$$A_1 = \frac{2}{3}\,a\,b$$

$$A_2 = \frac{1}{3}\,a\,b$$

$$AC = \frac{1}{2}\,p\left(\frac{b}{p^2}\,\sqrt{p^2 + b^2} + \right.$$
$$\left. + \ln\left(b + \sqrt{p^2 + b^2}\right) - \ln p \right)$$

$$U = \text{Bogenlänge } L =$$
$$= \frac{s + 8\,h^2}{3\,s} \text{ (Faustformel)}$$

$$s = 1\,\frac{1}{2}\,\frac{A}{b}$$

Für S_{01}: $x_1 = \dfrac{3}{5}\,a$ $\qquad y_1 = \dfrac{3}{8}\,b$

Für S_{02}: $x_2 = \dfrac{3}{10}\,a$ $\qquad y_2 = \dfrac{3}{4}\,b$

Scheitelgleichung: $y^2 = 2\,p\,x$
Parameter: $\qquad = 2\,p$
A_1 Fläche ACD
A_2 Fläche ABC
AC Bogenlänge L
a Scheitelhöhe $= s$
b halbe Parabelweite $= h$
MN Leitlinie und $\perp OD$
A Scheitel
F Brennpunkt
P und C Parabelpunkte AB, $DC + OD$;
im Bild $x = \frac{1}{2}p = OA = FA$

Allgemein $x = \dfrac{y^2}{2\,p}$

Abstände der Schwerpunkte S_{01} u. S_{02}:
x_1, x_2 Abszissen
y_1, y_2 Ordinaten
p Halbparameter ist „$\overline{OF}$"

Fortsetzung

Art der Fläche	Flächeninhalt A Umfang U Sonstige Angaben	Schwerpunkt S_0 Schwerpunktabstand e Bezeichnungen
21. Beliebige Fläche 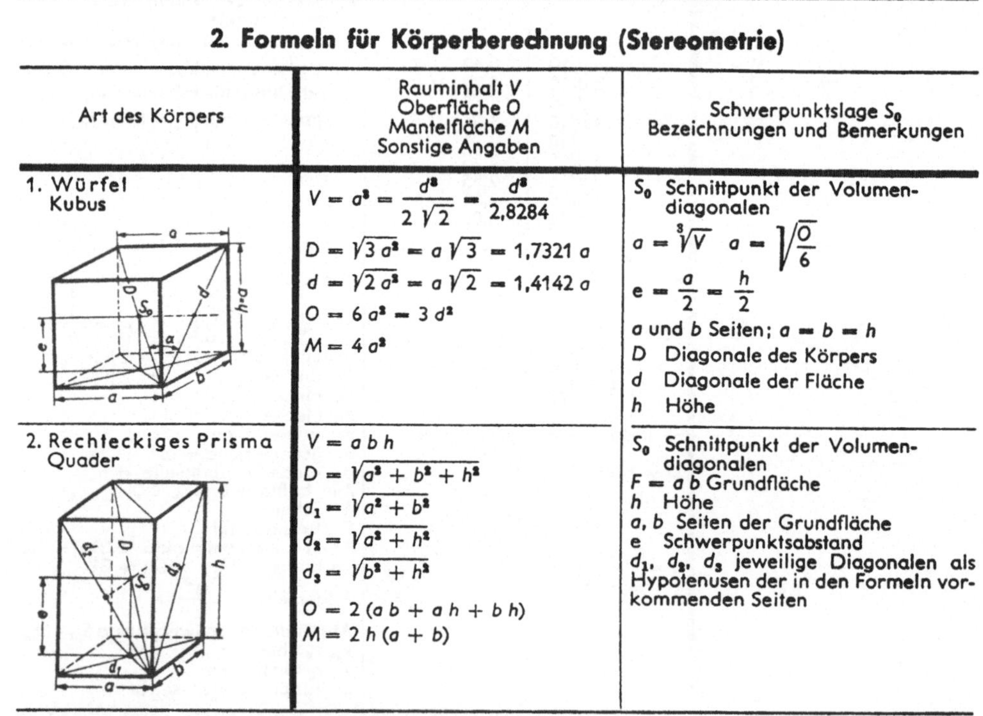	$A = \dfrac{x}{3}(y_1 + 4y_2 + 2y_3 + $ $+ 4y_4 + 2y_5 + \ldots + $ $+ 2y_{n-2} + $ $+ 4y_{n-1} + yn)$ (Simpsonsche Regel) $A = f_a + f_b + \ldots f_n$ Eine beliebige Fläche, die durch krumme Linien begrenzt ist, wird in eine gerade Anzahl gleichbreiter Streifen x mit den Senkrechten $y_1 \ldots y_n$ zerlegt (n also ungerade, im nebenstehenden Falle $n = 9$)	Schwerpunktermittlung Zerlegung der Gesamtfläche in Teilflächen, deren Schwerpunktslagen bekannt sind. Abstand von S_0 ist, wenn $f_a, f_b \ldots$ die Teilflächeninhalte, $a, b \ldots n$ und $x_a, x_b \ldots x_n$ die zugehörenden Schwerpunktabstände sind: $x_0 = \dfrac{f_a x_a + f_b x_b + \ldots + f_n x_n}{A}$ $y_0 = \dfrac{f_a a + f_b b + \ldots + f_n n}{A}$ $AC \perp AB$ Die Fläche ist in beliebig großen Streifen x zerlegt, die $\perp AB$ stehen. x_0 Abstand des Schwerpunkts von AC y_0 Abstand des Schwerpunkts von AB $x_a, x_b, x_c \ldots x_n$ Abstände der Teilschwerpunkte von AC $a, b, c \ldots n$ Abstände der Teilschwerpunkte von der Strecke AB

2. Formeln für Körperberechnung (Stereometrie)

Art des Körpers	Rauminhalt V Oberfläche O Mantelfläche M Sonstige Angaben	Schwerpunktslage S_0 Bezeichnungen und Bemerkungen
1. Würfel **Kubus**	$V = a^3 = \dfrac{d^3}{2\sqrt{2}} = \dfrac{d^3}{2{,}8284}$ $D = \sqrt{3a^2} = a\sqrt{3} = 1{,}7321\,a$ $d = \sqrt{2a^2} = a\sqrt{2} = 1{,}4142\,a$ $O = 6a^2 = 3d^2$ $M = 4a^2$	S_0 Schnittpunkt der Volumendiagonalen $a = \sqrt[3]{V}$ $a = \sqrt{\dfrac{O}{6}}$ $e = \dfrac{a}{2} = \dfrac{h}{2}$ a und b Seiten; $a = b = h$ D Diagonale des Körpers d Diagonale der Fläche h Höhe
2. Rechteckiges Prisma **Quader**	$V = a\,b\,h$ $D = \sqrt{a^2 + b^2 + h^2}$ $d_1 = \sqrt{a^2 + b^2}$ $d_2 = \sqrt{a^2 + h^2}$ $d_3 = \sqrt{b^2 + h^2}$ $O = 2(ab + ah + bh)$ $M = 2h(a + b)$	S_0 Schnittpunkt der Volumendiagonalen $F = ab$ Grundfläche h Höhe a, b Seiten der Grundfläche e Schwerpunktsabstand d_1, d_2, d_3 jeweilige Diagonalen als Hypotenusen der in den Formeln vorkommenden Seiten

Fortsetzung

Art des Körpers	Rauminhalt V Oberfläche O Mantelfläche M Sonstige Angaben	Schwerpunktslage S_0 Bezeichnungen und Bemerkungen
3. Dreiseitiges Prisma 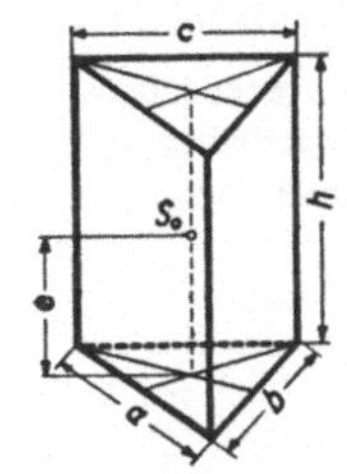	$V = G h \qquad h = \dfrac{V}{A}$ $O = (a + b + c)\,h + 2\,G$ $M = (a + b + c)\,h$	S_0 liegt auf der Verbindungslinie zwischen den Schwerpunkten der Dreiecksgrundflächen $e = \dfrac{h}{2}$ G Grundfläche h Höhe O und M gelten für das gerade dreiseitige Prisma
4. Dreiseitiges Prisma **schief abgeschnitten** 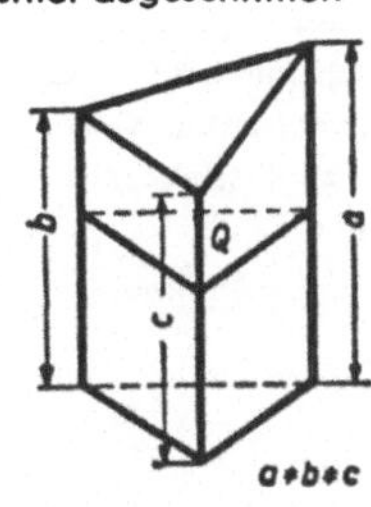	$V = \dfrac{1}{3}\,Q\,(a + b + c)$ $Q = \dfrac{3\,V}{a + b + c}$	G Grundfläche Q Querschnitt senkrecht zu den parallelen Kanten a, b, c Längen der parallelen Kante
5. Regelmäßiges **sechsseitiges Prisma** 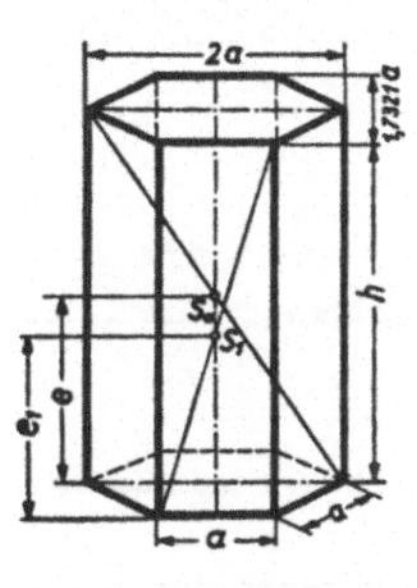	$V = G h = 2{,}598\,a^2\,h$ $D = \sqrt{4\,a^2 + h^2}$ $h = \dfrac{V}{2{,}598\,a^2}$ $O = U h + 2 F = M + 2 F$ $\quad = 5{,}196\,a^2 + 6\,a\,h$ $M = 6\,a\,h$	$e = \dfrac{h}{2}\;;\quad e_1 = \dfrac{h}{2}$ S_0 Schnittpunkt der Volumendiagonalen S_1 Schnittpunkt der Seitenflächendiagonalen G Grundfläche Q Normalschnitt D Diagonale des Körpers h Höhe e Schwerpunktsabstand des Körpers e_1 der Seitenflächen
6. Vielseitiges **gerades Prisma**	$V = G h$ $O = 2 F + n\,h\,a$ $M = n\,h\,a$	$e = \dfrac{h}{2}$ a Grundkantenlänge h Körperhöhe n Anzahl der Seiten

Fortsetzung

Art des Körpers	Rauminhalt V Oberfläche O Mantelfläche M Sonstige Angaben	Schwerpunktslage $S_\bullet$ Bezeichnungen und Bemerkungen
7. Vierseitiges Prisma mit rechteckiger Grundfläche schief abgeschnitten 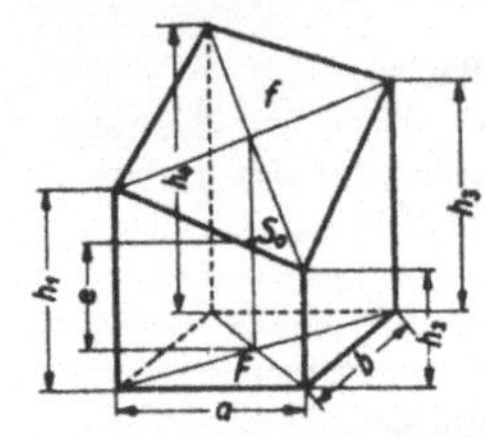	$V = \dfrac{1}{4}\,a\,b\,(h_1 + h_2 + h_3 + h_4)$ $F = a\,b$ $O = F + M + f$ $M = \dfrac{1}{2}\,(a+b)\,(h_1 + h_2 + h_3 + h_4)$	$e = \dfrac{1}{8}\,(h_1 + h_2 + h_3 + h_4)$ F Grundfläche f Inhalt des Vierecks (oben) e Schwerpunktsabstand h_1, h_2, h_3, h_4 Kantenhöhen
8. Beiderseits schief abgeschnittenes n-seitiges Prisma 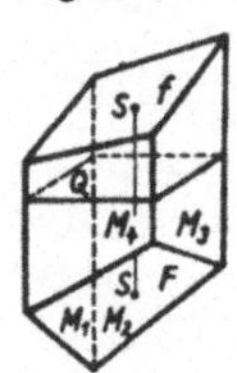	$V = Q\,L$ $O = F + M + f$ $M = M_1 + M_2 + M_3 + \ldots + M_n$ Die Seitenkanten und die Schwerkante L müssen senkrecht auf der Ebene des Querschnittes Q stehen	F, f Schnittflächen L Verbindungslinie der Schnittflächenschwerpunkte S—S Q Inhalt des zu L senkrecht stehenden Schnittes
9. Prismatoid (Körperstumpf) 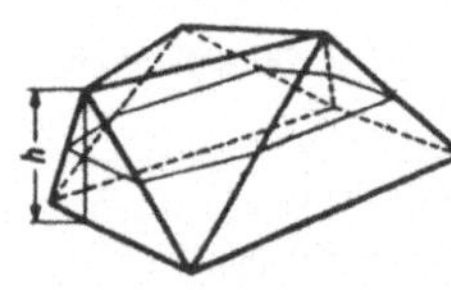	$V = \dfrac{h}{6}\,(G + 4F + g)$ $O = G + M + g$ M Summe aller Seitenflächen	G, g Grundflächen: beliebige n-Ecke F Mittelschnitt in Höhe von $h/2$
10. Regelmäßiger Vierflächner (Tetraeder) 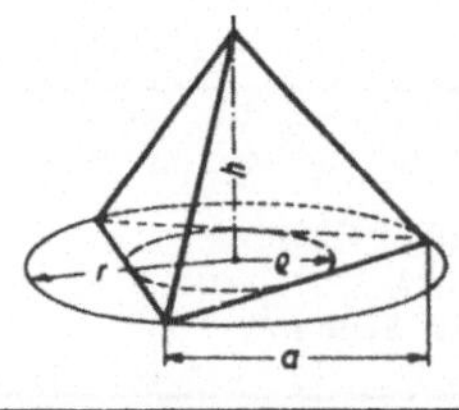	$V = \dfrac{1}{12}\,a^3\,\sqrt{2}$ $R_e = \dfrac{1}{4}\,a\,\sqrt{6}\,; \quad R_f = \dfrac{1}{12}\,a\,\sqrt{6}$ $O = a^2\,\sqrt{3}\,; \quad r = \dfrac{1}{3}\,a\,\sqrt{3}$ $\varrho = \dfrac{1}{6}\,a\,\sqrt{3} = \dfrac{r}{2}$ $h = \dfrac{1}{3}\,a\,\sqrt{6}$	a Kante; h Höhe r Radius des Umkreises einer Seitenfläche n Radius des Inkreises einer Seitenfläche R_e Radius der unbeschriebenen, R_f der einbeschriebenen Kugel

Fortsetzung

Art des Körpers	Rauminhalt V Oberfläche O Mantelfläche M Sonstige Angaben	Schwerpunktslage S_0 Bezeichnungen und Bemerkungen
11. Regelmäßiger Achtflächner (Oktaeder) 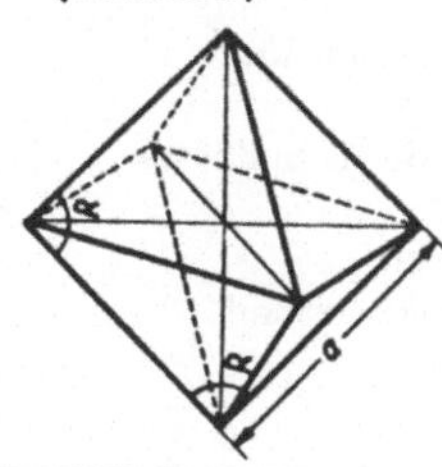	$V = \dfrac{1}{3} a^3 \sqrt{2}$ $R_e = \dfrac{1}{2} a \sqrt{2}$ $R_f = \dfrac{1}{6} a \sqrt{6}$ $O = a^2 \sqrt{3}$	a Körperkante R_e Halbmesser der umbeschriebenen R_f der einbeschriebenen Kugel
12. Obelisk, Ponton, Kasten abgestumpfter Keil, Fundament 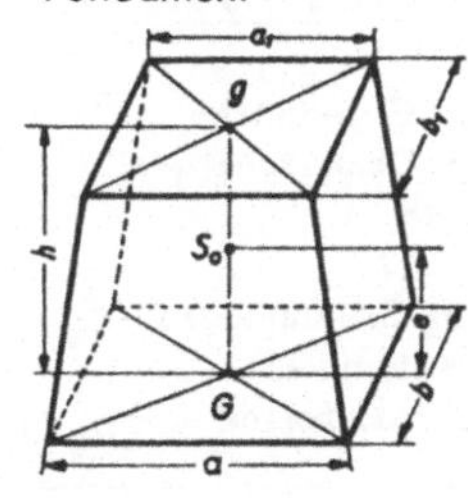	$V = \dfrac{1}{6} h \left[(2a + a_1) b + (2a_1 + a) b_1\right]$ $= \dfrac{1}{6} h \left[ab + (a + a_1) \cdot (b + b_1) + a_1 b_1\right]$ $h = \dfrac{6V}{(2a + a_1) b + (2a_1 + a) b_1}$ $O = G + M + g$ M Summe der Seitenflächen	G, g rechteckige, nur zueinander parallele Grundflächen
13. Keil symmetrisch 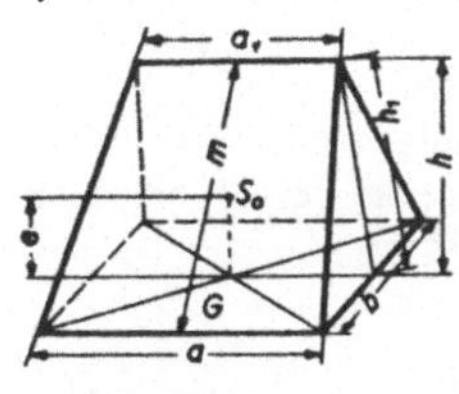	$V = \dfrac{1}{6} b h (2 + a_1)$ $h = \dfrac{6V}{b (2a + a_1)}$ $m = \sqrt{h^2 + \left(\dfrac{1}{2} b\right)^2}$ $O = G + M$ $\quad = G + 2\,\text{Trapezflächen} + 2\,\text{Dreiecksflächen}$ $M = (a + a_1) m + b h_1$	$e = \dfrac{1}{2} h \cdot \dfrac{(a + a_1)}{(2a + a_1)}$ m Trapezhöhe G Grundfläche h Keilhöhe h_1 Dreieckshöhe M Summe der beiden Trapez- und Dreiecksflächen
14. Wegrampe 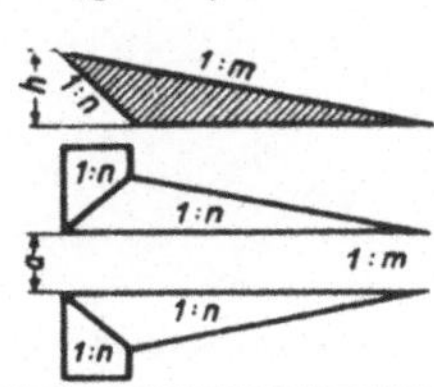	$V = \dfrac{1}{6} h^2 (m - n) \left[3a + 2hn \dfrac{m - n}{m}\right]$ Unter Anlehnung an eine lotrechte Mauer wird $V = \dfrac{1}{6} h^2 m (3a + 2hn)$	h Höhe Hauptdamm a Wegbreite der Rampe $1:m$ Neigungsverhältnis der Rampe $1:n$ Böschungsverhältnis von Hauptdamm und Rampe

Fortsetzung

Art des Körpers	Rauminhalt *V* Oberfläche *O* Mantelfläche *M* Sonstige Angaben	Schwerpunktslage S_0 Bezeichnungen und Bemerkungen

15. Regelmäßige Pyramide

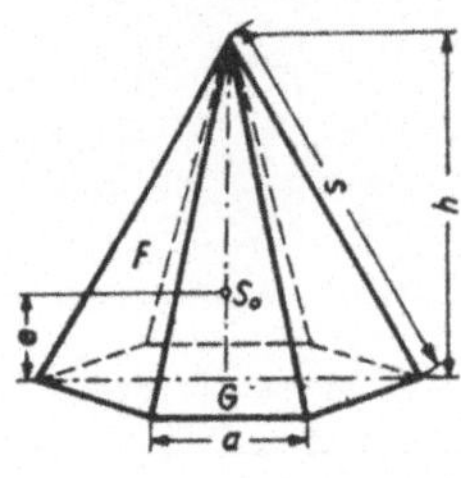

$$V = \frac{G\,h}{3}$$

$$h = 3\,\frac{V}{G}$$

$$O = G + M$$

$$e = \frac{h}{4}$$

a   Kante der Grundfläche
G   Grundfläche
n   Eckenzahl der Grundfläche
s   Seitenkante
F   Seitenflächen
e   Schwerpunktsabstand

---

16. Pyramidenstumpf

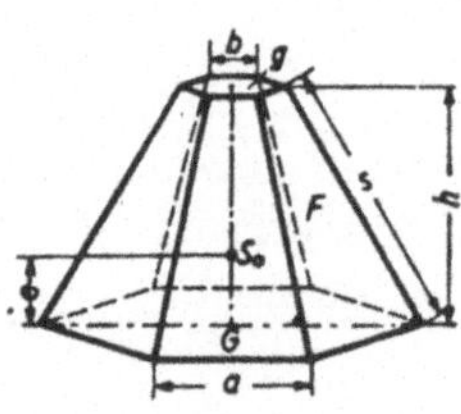

$$V = \frac{1}{3}\,h\,(G + g + \sqrt{G\,g})$$

$$h = \frac{3\,V}{G + g + \sqrt{G\,g}}$$

$$O = G + g + M$$

$$e = \frac{h}{4}\,\frac{(G + 2\sqrt{G\,g} + 3\,g)}{(G + \sqrt{G\,g} + g}$$

a   Kante der Grundfläche
b   Kante der Deckfläche
s   Seitenkante
F   Seitenflächen
G, g Parallele Grundflächen
h   Höhe des Stumpfes
e   Schwerpunktsabstand

---

17. Kreiskegel
gerade oder schief

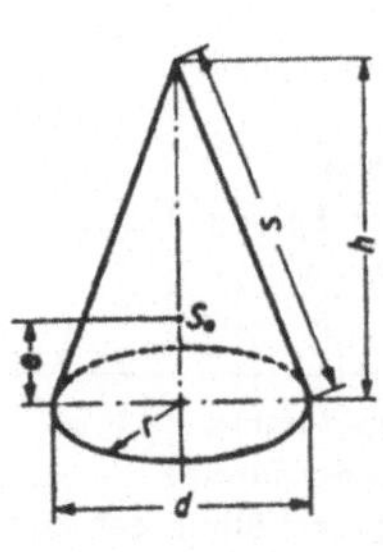

$$V = \frac{G\,h}{3} = \frac{\pi\,d^2\,h}{12} = \frac{1}{3}\,\pi\,r^2\,h$$

$$G = \pi\,r^2 = \frac{\pi}{4}\,d^2$$

$$s = \sqrt{r^2 + h^2}$$

$$O = G + M$$

Nur für gerade Kegel:

$$M = \pi\,r\,s = \frac{1}{2}\,\pi\,d\,s$$

$$= \pi\,r\,\sqrt{r^2 + h^2}$$

$$O = \pi\,r\,(r + s)$$

$$= \pi\,r\,(r + \sqrt{r^2 + h^2})$$

$$= \frac{1}{2}\,\pi\,d\,\frac{1}{2}\,d + s$$

$$e = \frac{h}{4}$$

r   Radius der Grundfläche
h   Kegelhöhe
s   Seitenlinie
d   Durchmesser des Grundkreises
G   Grundfläche

Fortsetzung

Art des Körpers	Rauminhalt V Oberfläche O Mantelfläche M Sonstige Angaben	Schwerpunktslage S_0 Bezeichnungen und Bemerkungen
18. Kreiskegelstumpf 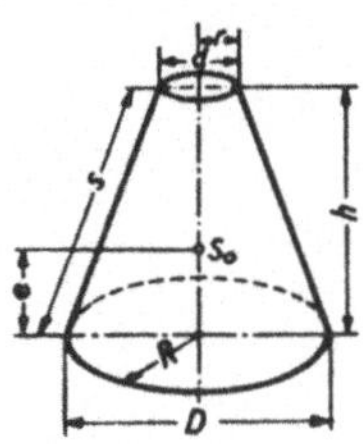	$V = \dfrac{1}{3}\,\pi h\,(R^2 + Rr + r^2)$ $\quad = \dfrac{1}{12}\,\pi h\,(D^2 + Dd + d^2)$ $\quad = \dfrac{1}{6}\,\pi h\,(R^2 + p^2 + r^2)$ $\quad = \dfrac{1}{4}\,\pi h\left(p^2 + \dfrac{q^2}{3}\right)$ $s = \sqrt{(R-r)^2 + h^2}$ $\quad = \sqrt{q^2 + h^2}$ $h = \dfrac{12\,V}{\pi\,(D^2 + Dd + d^2)}$ $O = \pi\,(R^2 + r^2) + M$ $\quad = F + f + M$ Nur für geraden Stumpf: $M = \dfrac{1}{2}\,\pi s\,(D + d)$ $\quad = \pi s\,(R + r) = \pi s p$	$e = \dfrac{h}{4}\,\dfrac{R^2 + 2Rr + 3r^2}{R^2 + Rr + r^2}$ R Radius der Grundfläche r der Deckfläche h Höhe e Schwerpunktsabstand F untere, f obere Fläche $p = R + r;\ q = R - r$ D Durchmesser des Grundkreises d des Deckkreises
19. Kreiszylinder **(Walze)** 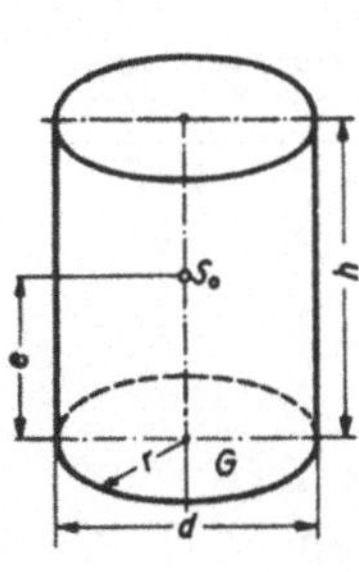	$V = G h = \pi r^2 h$ $\quad = \dfrac{\pi}{4}\,d^2 h = 0{,}785\,d^2 h$ Beim schiefen Zylinder: $V = Ql = G h = \pi r^2 h$ $G = \pi r^2 = \dfrac{\pi}{4}\,d^2$ $h = \dfrac{V}{G} = \dfrac{V}{\pi r^2} = \dfrac{4\,V}{\pi d^2}$ $O = M + 2G$ Nur für geraden Zylinder: $O = \pi d\left(h + \dfrac{1}{2}\,d\right)$ $M = \pi d h = 2\pi r h$	$e = \dfrac{h}{2}$ $Q = \pi r \cdot r\,\dfrac{h}{l} = \pi r^2\,\dfrac{h}{l}$ G Grundfläche h Höhe Beim schiefen Zylinder: Q Querschnitt, Fläche einer Ellipse mit den Halbachsen r und $r\,\dfrac{h}{l}$ l Länge der Achse 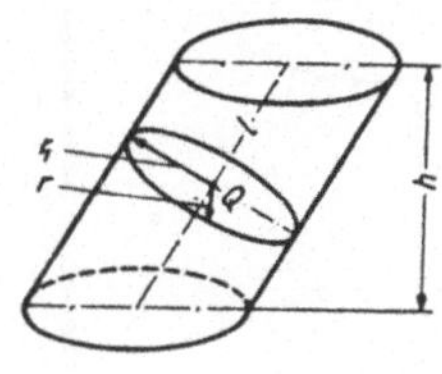

Art des Körpers	Rauminhalt V Oberfläche O Mantelfläche M Sonstige Angaben	Schwerpunktslage S_0 Bezeichnungen und Bemerkungen
20. Gerader Hohl- zylinder (Rohr) 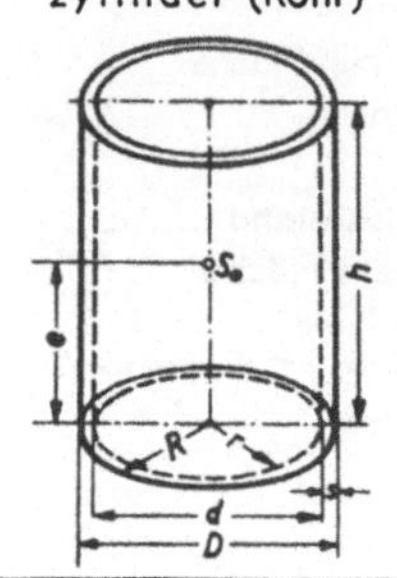	$V = \dfrac{\pi}{4} (D^2 - d^2)\, h$ $= \pi h (R^2 - r^2) = 2\pi h s\, r_m$ $= \pi h s (2R - s) =$ $= \pi h s (2r + 2s)$ $s = \dfrac{1}{2}(D - d) = R - r$ $h = \dfrac{V}{\pi (R^2 - r^2)} = \dfrac{4V}{\pi (D^2 - d^2)}$ $r_m = \dfrac{1}{2}(R + r)$ $M = 2\pi h (R + r)$ $O = 2\pi h (R + r) + 2\pi (R^2 - r^2)$	$e = \dfrac{h}{2}$ R, r Radien h Höhe des Zylinders s Wanddicke r_m Mittlerer Radius
21. Schief abgeschnit- tener Zylinder 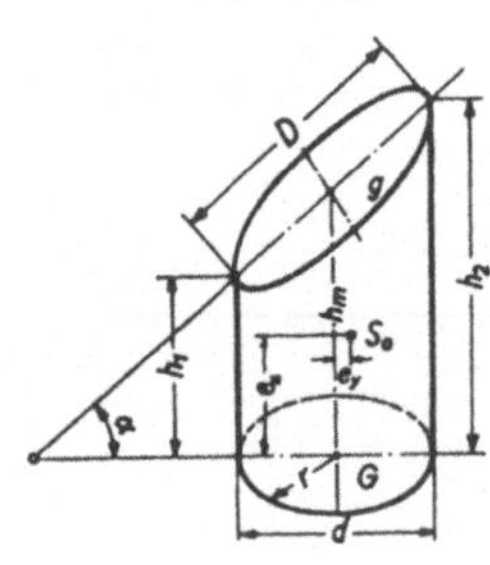	$V = \dfrac{1}{2}\pi r^2 (h_1 + h_2)$ $= \pi r^2 h_m$ $G = \pi r^2 = \dfrac{1}{4}\pi d^2$ $D = \sqrt{4r^2 + (h_2 - h_1)^2}$ $g = \pi r \dfrac{D}{2}$ $M = \pi r (h_1 + h_2)$ $= 2\pi r h_m$ $O = \pi r (h_1 + h_2) + G + g$ $= G + M + g$	$e_x = \dfrac{h_1 + h_2}{4} + \dfrac{(h_2 - h_1)^2}{16(h_2 + h_2)}$ $e_y = \dfrac{r(h_2 - h_1)}{4(h_1 + h)_2}$ h_1 kürzeste Seitenlinie h_2 längste Seitenlinie r Grundkreisradius D Hauptachse der Schnittfläche G Grundfläche g Schnittfläche h_m Mittlere Höhe α Neigung der Schnittfläche e_x Schwerpunktabstand von Grundfläche e_y Schwerpunktabstand von Mittelachse des Zylinders
22. Zylinderhut 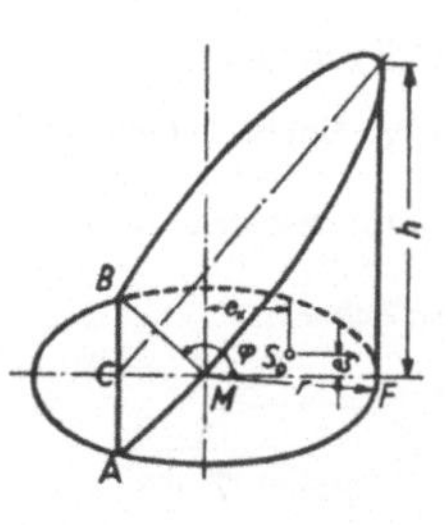	$V = \dfrac{h}{3a}[b(3r^2 - b^2) +$ $+ 3r^2(a - r)\varphi]$ Wenn der Grundriß ein Halbkreis ist: $V = \dfrac{2}{3} r^2 h$ $M = \dfrac{2rh}{a}[(a - r)\varphi + b]$ Wenn der Grundriß ein Halbkreis ist: $M = 2rh$ $O = 2rh + \dfrac{1}{2}\pi r^2 + g$ $g = \dfrac{1}{2}\pi r\, r_1$ $r_1 = \sqrt{a^2 + h^2}$	$e_x = \dfrac{3\pi h}{32}; \quad e_y = \dfrac{3\pi r}{16}$ h Seitenlinie $a = FC$ $b = AC = BC$ $r = AM_1 = BM_1 = FM_1$ φ im Bogenmaß $= \dfrac{\varphi^0 \pi}{180^\circ} = \sphericalangle FM_1 B$ $a = b = r$, wenn C mit M_1 zusammen- fällt, d. h. wenn Linie AB durch M_1 geht e_x und e_y siehe oben

Fortsetzung

Art des Körpers	Rauminhalt V Oberfläche O Mantelfläche M Sonstige Angaben	Schwerpunktslage S_0 Bezeichnungen und Bemerkungen
23. Vollkugel 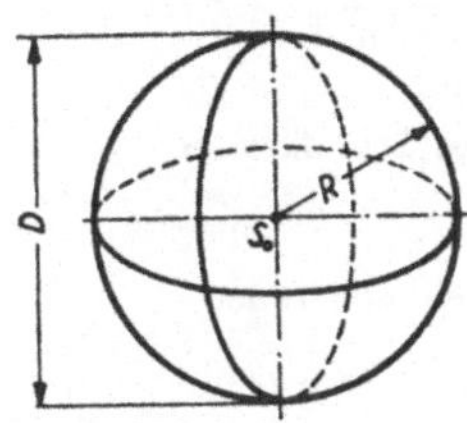	$V = \dfrac{4}{3}\,\pi\,R^3 = \dfrac{1}{6}\,\pi\,D^3$ $= 4{,}1888\,R^3 = 0{,}5236\,D^3$ $D = \sqrt[3]{\dfrac{6}{\pi}} \cdot \sqrt[3]{V} = 1{,}24\,\sqrt[3]{V}$ $R = \sqrt[3]{\dfrac{3\,V}{4\,\pi}} = 0{,}6204\,\sqrt[3]{V}$ $O = 4\,\pi\,R^2$ vierfacher Inhalt eines Groß- kreises der Kugel $= \pi\,D^2 = 12{,}566\,R^2$	S_0 Mittelpunkt R Radius D Durchmesser
24. Hohlkugel 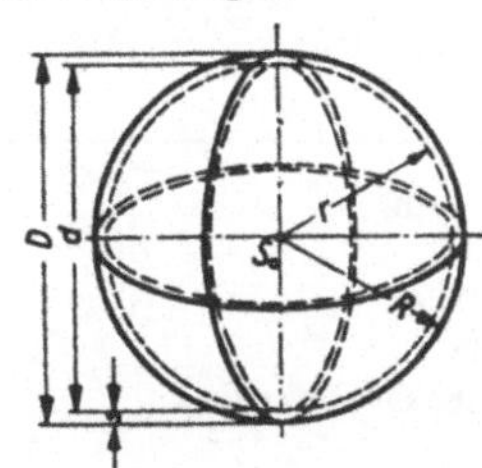	$V = \dfrac{4}{3}\,\pi\,(R^3 - r^3)$ $= \dfrac{1}{6}\,\pi\,(D^3 - d^3)$ $s = R - r$ $O = 4\,\pi\,(R^2 + r^2)$ $= \pi\,(D^2 + d^2)$	S_0 Mittelpunkt R äußerer Halbmesser r innerer Halbmesser D äußerer Durchmesser d innerer Durchmesser s Wanddicke
25. Vollhalbkugel 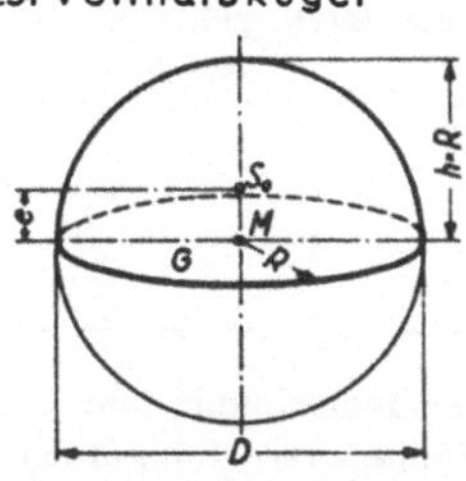	$V = \dfrac{2}{3}\,\pi\,R^3 = \dfrac{1}{12}\,\pi\,D^3$ $G = \pi\,R^2 = \dfrac{1}{4}\,\pi\,D^2$ $O = 3\,\pi\,R^2 = \dfrac{3}{4}\,\pi\,D^2$ $M = 2\,\pi\,R^2 = \dfrac{1}{2}\,\pi\,D^2$	$e = \dfrac{3}{8}\,R$ Radius $R = h = \dfrac{D}{2}$
26. Halbe Hohlkugel **(Halbkugelschale)** 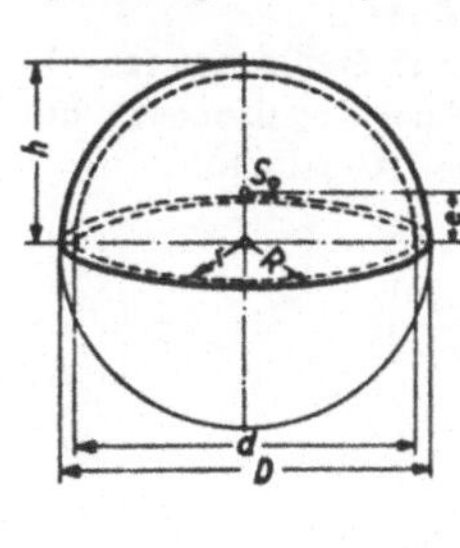	$V = \dfrac{2}{3}\,\pi\,(R^3 - r^3)$ $= \dfrac{1}{12}\,\pi\,(D^3 - d^3)$ $h = R = \dfrac{1}{2}\,D$ $O = \dfrac{1}{2}\,\pi\,(D^2 + d^2) +$ $+ \dfrac{1}{4}\,\pi\,(D^2 + d^2)$ $= 2\,\pi\,(R^2 + r^2) + \pi\,(R^2 - r^2)$ $M = 2\,\pi\,(R^2 + r^2)$ $= \dfrac{1}{2}\,\pi\,(D^2 + d^2)$	$e = \dfrac{3}{8} \cdot \dfrac{R^4 - r^4}{R^3 - r^3}$ Bezeichnungen s. u. Hohlkugel

Fortsetzung

Art des Körpers	Rauminhalt V Oberfläche O Mantelfläche M Sonstige Angaben	Schwerpunktslage S_0 Bezeichnungen und Bemerkungen
27. Kugelabschnitt (Segment) 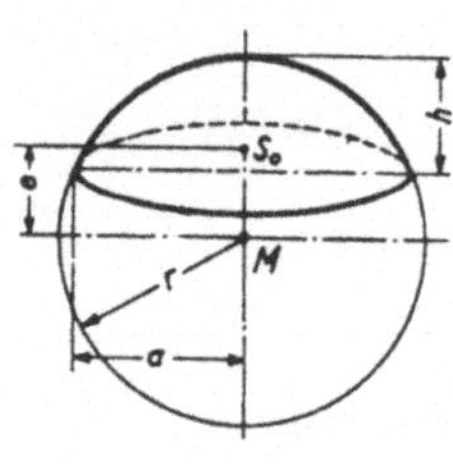	$V = \dfrac{1}{6}\pi h (3a^2 + h^2)$ $= \dfrac{1}{3}\pi h^2 (3r - h)$ $a^2 = h(2r - h)$ $a = \sqrt{h(2r-h)}$ $O = 2\pi r h + \pi(2rh - h^2)$ $= 2\pi r h + 2\pi r h - \pi h^2$ $= 4\pi r h - \pi h^2$ $= \pi h (4r - h)$ $M = 2\pi r h = \pi(a^2 + h^2)$	$e = \dfrac{3}{4} \cdot \dfrac{(2r - h)^2}{3r - h}$ r Kugelradius a Radius des Grundkreises h Höhe Sehne $s = 2a$ M_1 Mittelpunkt der Kugel
28. Kugelausschnitt (Kugelsektor) 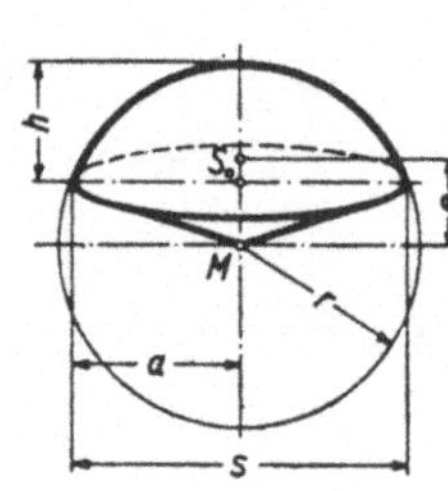	$V = \dfrac{2}{3}\pi r^2 h$ $= 2{,}0944\, r^2 h$ $a = \sqrt{h(2r - h)}$ $O = \pi r (2h + a)$ $M = \pi a r$	$e = \dfrac{3}{8}(2r - h)$ r Kugelradius h Pfeilhöhe a Radius des Grundkreises s Sehne e Schwerpunktsabstand M_1 Mittelpunkt der Kugel
29. Kugelzone (Kugelschicht) 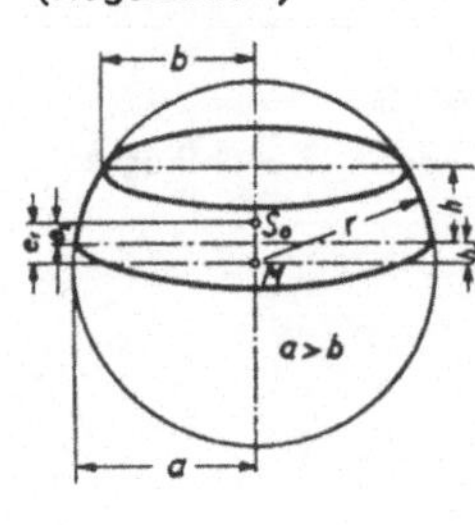	$V = \dfrac{1}{6}\pi h (3a^2 +$ $+ 3b^2 + h)$ Wenn die eine ebene Grenzfläche ein größter Kugelkreis ist $(a = r)$: $V = \pi h \left(r^2 - \dfrac{h^2}{3}\right)$ Allgemein: $r = a^2 + \left(\dfrac{a^2 - b^2 - h^2}{2h}\right)$ $O = \pi(a^2 + b^2 + 2rh)$ $M = 2\pi r h$	e_1, e_2 Schwerpunktsabstand von Kugelmitte bzw. Kugelzonengrundfläche r Kugelradius h Zonenhöhe a, b Radien der Endflächen $(a > b)$ h_1 Abstand der Kugelzonengrundfläche von Kugelmitte

1. Winkeleinheiten Grad, Gon, Radiant

Die Einheiten ebener Winkel sind Grad (Altgrad), Gon (Neugrad) und Radiant (früher als „Bogenmaß" bezeichnet).

Ein Grad (1°) ist der 90. Teil des rechten Winkels. Er wird dezimal unterteilt oder in 60 Minuten (60′) zu 60 Sekunden (60″).

Ein Gon (1^g) ist der 100. Teil des rechten Winkels. Er wird dezimal unterteilt. In manchen Fachgebieten, z. B. Geodäsie, wird 1^g auch in 100 Neuminuten (100^c) zu 100 Neusekunden (100^{cc}) unterteilt.

Ein Radiant (1 rad) ist die Einheit des Winkels, bei dem das Längenverhältnis „Kreisbogen zu Kreisradius" = 1 ist. Das ist der Fall bei $(180/\pi)° = 57{,}3°$ oder $(200/\pi)^g = 63{,}66^g$. Dementsprechend gilt: $360° = 400^g = 2\pi$ rad.

$$B = r$$
$$\alpha = \frac{B}{r} = 1 \text{ rad}$$
$$\alpha = 57{,}3° = 63{,}66^g$$

$$B = 2\pi \cdot r$$
$$\alpha = \frac{B}{r} = \frac{2\pi r}{r}$$
$$= 2\pi \text{ rad}$$
$$= 6{,}28 \text{ rad}$$
$$= 360° = 400^g$$

Veraltete und unkorrekte Schreibweise: α im Bogenmaß = 1,52 oder $\widehat{\alpha} = 1{,}52$. Richtig: $\alpha = 1{,}52$ rad.

2. Umrechnung der Winkeleinheiten

$1° \quad = (10/9)^g = 1{,}1111^g = (\pi/180) \text{ rad} = 0{,}017453 \text{ rad}$

$1′ \quad = 0{,}0185^g = 0{,}0002909 \text{ rad}$

$1″ \quad = 0{,}0003^g = 0{,}00000484 \text{ rad}$

$1^g \quad = (9/10)° = 0{,}9° = 54′ = (\pi/200) \text{ rad} = 0{,}015708 \text{ rad}$

$1^c \quad = 0{,}54′ = 32{,}4″ = 0{,}000157 \text{ rad}$

$1^{cc} \quad = 0{,}324″ = 0{,}00000157 \text{ rad}$

$1 \text{ rad} = (180/\pi)° = 57{,}2958° = 3437{,}75′ = 206265″ = (200/\pi)^g = 63{,}662^g$

$1 \text{ Rechter Winkel } (1^{\llcorner}) = 90° = 100^g = (\pi/2) \text{ rad} = 1{,}5708 \text{ rad}$

$\alpha/\text{Grad} = 0{,}9 \cdot \alpha/\text{Gon} = (180/\pi) \cdot \alpha/\text{rad} = 57{,}3 \cdot \alpha/\text{rad}$

$\alpha/\text{Gon} = 1{,}1111 \cdot \alpha/\text{Grad} = (200/\pi) \cdot \alpha/\text{rad} = 63{,}66 \cdot \alpha/\text{rad}$

$\alpha/\text{rad} = 0{,}0157 \cdot \alpha/\text{Gon} = (\pi/180) \cdot \alpha/\text{Grad} = 0{,}01745 \cdot \alpha/\text{Grad}$

3. Umwandlung einer gegebenen Kreisfläche in ein flächengleiches Quadrat

Bezeichnet d den Durchmesser und A den Flächeninhalt eines Kreises, dann ist $A = d^2 \frac{\pi}{4}$. Ist a die Seitenlänge des flächengleichen Quadrates, so daß

$$a^2 = d^2 \frac{\pi}{4} \text{, dann ist } a = \sqrt{d^2 \frac{\pi}{4}} = \frac{d}{2} \cdot \sqrt{\pi} = \frac{d}{2} \cdot 1{,}7724539 = 0{,}886 \cdot d$$

4. Formeln für das ebene Dreieck

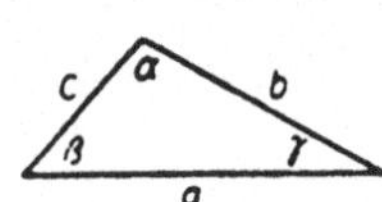
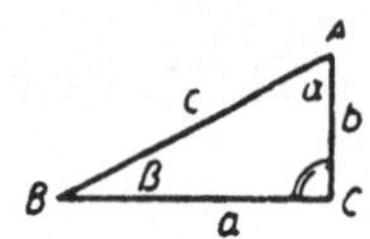

$\alpha + \beta + \gamma = 180° = 2$ Rechte
Der Sinussatz:
$a : b : c = \sin \alpha : \sin \beta : \sin \gamma$
Der Kosinussatz:
$a^2 = b^2 + c^2 - 2bc \cdot \cos \alpha$

Satz des Pythagoras für das rechtwinklige Dreieck: $c^2 = a^2 + b^2$

5. Trigonometrische Funktionen für das rechtwinklige Dreieck

	Seitenverhältnis		kurz geschrieben:
$b : c$	Gegenkathete : Hypotenuse	in bezug auf $\sphericalangle \beta$	$\sin \beta$
$a : c$	Ankathete : Hypotenuse	in bezug auf $\sphericalangle \beta$	$\cos \beta$
$b : a$	Gegenkathete : Ankathete	in bezug auf $\sphericalangle \beta$	$\tan \beta$
$a : b$	Ankathete : Gegenkathete	in bezug auf $\sphericalangle \beta$	$\cot \beta$

6. Funktionen im Einheitskreis

Sinus für Winkel im II. Quadranten
$\sin \alpha = \sin (180° - \alpha)$
Sinus für Winkel im III. Quadranten
$\sin (180° + \beta) = -\sin \beta$
Sinus für Winkel im IV. Quadranten
$\sin (360° - \beta) = -\sin \beta$
Kosinus für Winkel im II. Quadranten
$\cos \alpha = -\cos (180° - \alpha)$
Kosinus für Winkel im III. Quadranten
$\cos (180° + \beta) = -\cos \beta$
Kosinus für Winkel im IV. Quadranten
$\cos (360° - \beta) = \cos \beta$

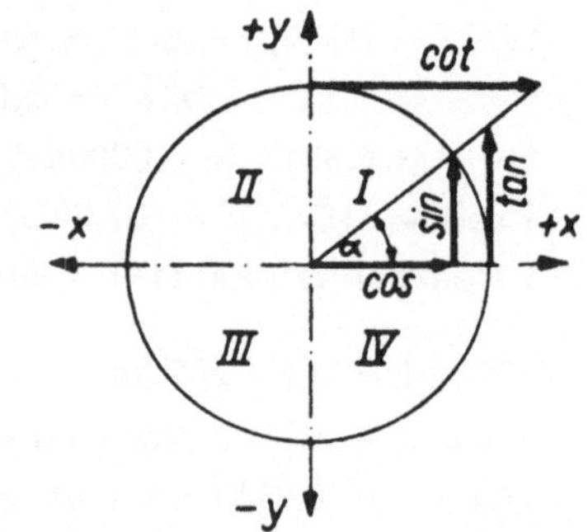

7. Vorzeichen der Winkelfunktionen in den Quadranten

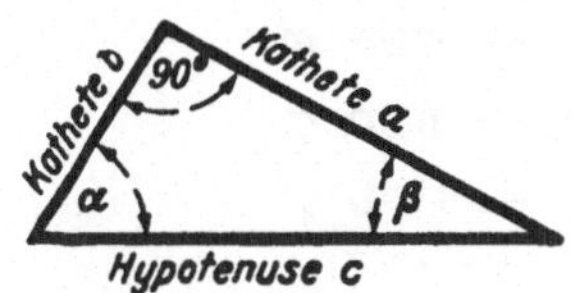

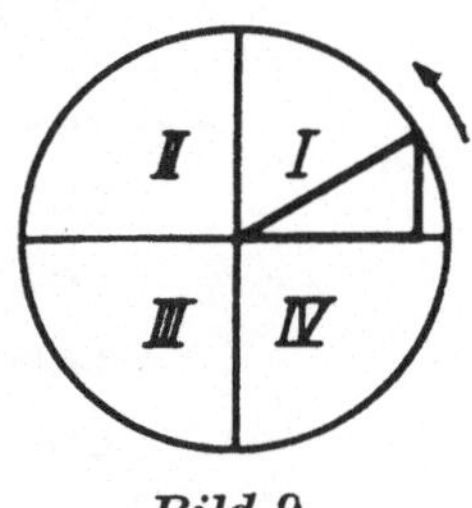

Bild 9

Winkel	Quadrant	sin	cos	tan	cot	
0°...90°	I	+	+	+	+	α
90°...180°	II	+	—	—	—	$180° - \alpha$
180°...270°	III	—	—	+	+	$180° + \alpha$
270°...360°	IV	—	+	—	—	$360° - \alpha$

8. Funktionswerte wichtiger Winkel

Grad	sin		cos		tan		cot	
0	0	0	1	1	0	0	∞	∞
30	0,500	$1/2$	0,866	$1/2\sqrt{3}$	0,577	$1/3\sqrt{3}$	1,732	$\sqrt{3}$
45	0,707	$1/2\sqrt{2}$	0,707	$1/2\sqrt{2}$	1	1	1	1
60	0,866	$1/2\sqrt{3}$	0,500	$1/2$	1,732	$\sqrt{3}$	0,577	$1/3\sqrt{3}$
90	1	1	0	0	∞	∞	0	0
120	0,866	$1/2\sqrt{3}$	-0,500	$-1/2$	-1,732	$-\sqrt{3}$	-0,577	$-1/3\sqrt{3}$
150	0,500	$1/2$	-0,866	$-1/2\sqrt{3}$	-0,577	$-1/3\sqrt{3}$	-1,732	$-\sqrt{3}$
180	0	0	-1	-1	0	0	∞	∞
210	-0,500	$-1/2$	-0,866	$-1/2\sqrt{3}$	0,577	$1/3\sqrt{3}$	1,732	$\sqrt{3}$
240	-0,866	$-1/2\sqrt{3}$	-0,500	$-1/2$	1,732	$\sqrt{3}$	0,577	$1/3\sqrt{3}$
270	-1	-1	0	0	∞	∞	0	0
300	-0,866	$-1/2\sqrt{3}$	0,500	$1/2$	-1,732	$-\sqrt{3}$	-0,577	$-1/3\sqrt{3}$
330	-0,500	$-1/2$	0,866	$1/2\sqrt{3}$	-0,577	$-1/3\sqrt{3}$	-1,732	$-\sqrt{3}$
360	0	0	1	1	0	0	∞	∞

9. Rückführen auf Winkel im I. Quadranten ($\gamma \leqq 90°$)

II. Quadrant

$$\sin (180° - \varphi) = + \sin \varphi$$
$$\cos (180° - \varphi) = - \cos \varphi$$
$$\tan (180° - \varphi) = - \tan \varphi$$
$$\cot (180° - \varphi) = - \cot \varphi$$

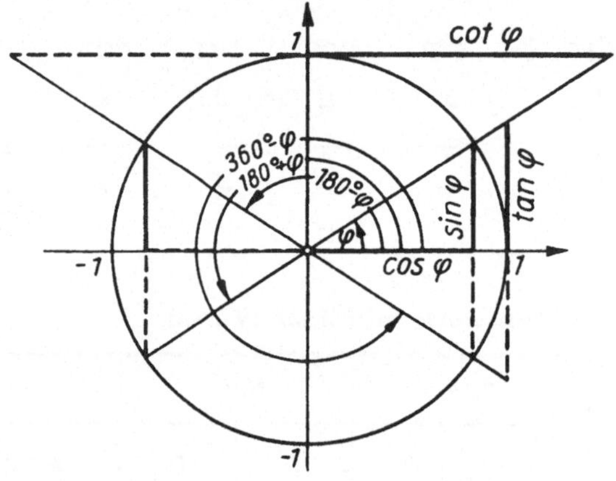

III. Quadrant

$$\sin (180° + \varphi) = - \sin \varphi$$
$$\cos (180° + \varphi) = - \cos \varphi$$
$$\tan (180° + \varphi) = + \tan \varphi$$
$$\cot (180° + \varphi) = + \cot \varphi$$

IV. Quadrant

$$\sin (360° - \varphi) = \sin (- \varphi) = - \sin \varphi$$
$$\cos (360° - \varphi) = \cos (- \varphi) = + \cos \varphi$$
$$\tan (360° - \varphi) = \tan (- \varphi) = - \tan \varphi$$
$$\cot (360° - \varphi) = \cot (- \varphi) = - \cot \varphi$$

10. Beziehungen zwischen den Funktionen des gleichen Winkels

$$\sin^2 \alpha + \cos^2 \alpha = 1 \qquad\qquad \tan \alpha \cdot \cot \alpha = 1$$

$$\tan \alpha = \frac{\sin \alpha}{\cos \alpha} = \frac{1}{\cot \alpha} \qquad\qquad \cot \alpha = \frac{\cos \alpha}{\sin \alpha} = \frac{1}{\tan \alpha}$$

$$1 + \tan^2 \alpha = \frac{1}{\cos^2 \alpha} \qquad\qquad 1 + \cot^2 \alpha = \frac{1}{\sin^2 \alpha}$$

11. Komplementbeziehungen

$$\sin (90° - \alpha) = \cos \alpha \qquad\qquad \cos (90° - \alpha) = \sin \alpha$$

$$\tan (90° - \alpha) = \cot \alpha \qquad\qquad \cot (90° - \alpha) = \tan \alpha$$

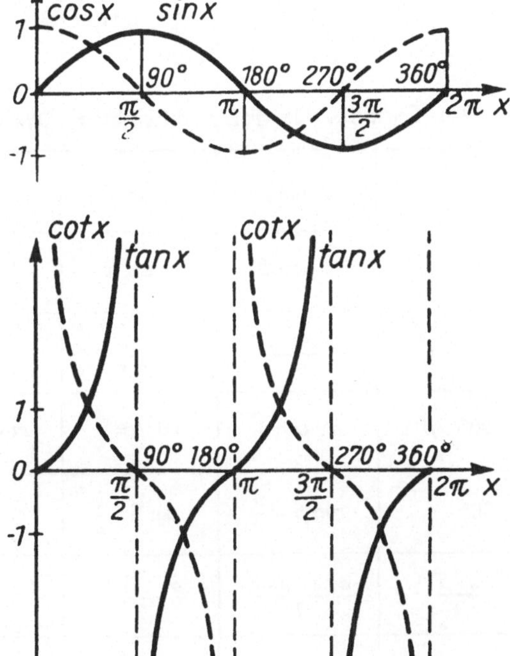

12. Beziehungen der Winkelfunktionen zueinander

$$\sin^2\alpha + \cos^2\alpha = 1 \qquad\qquad \sin\alpha = \cos(90 - \alpha)$$

$$\tan\alpha \cdot \cot\alpha = 1 \qquad\qquad \cos\alpha = \sin(90 - \alpha)$$

$$\tan\alpha = \frac{1}{\cot\alpha} \qquad\qquad \tan\alpha = \cot(90 - \alpha)$$

$$\cot\alpha = \frac{1}{\tan\alpha} \qquad\qquad \cot\alpha = \tan(90 - \alpha)$$

$$\tan\alpha = \frac{\sin\alpha}{\cos\alpha} \qquad\qquad \sin\alpha = \sin(180 - \alpha)$$

$$\cos\alpha = -\cos(180 - \alpha)$$

$$\cot\alpha = \frac{\cos\alpha}{\sin\alpha} \qquad\qquad \tan\alpha = -\tan(180 - \alpha)$$

$$\cot\alpha = -\cot(180 - \alpha)$$

13. Formeln für das rechtwinklige Dreieck

Kathete $a =$	$\sqrt{c^2 - b^2}$	$b \cdot \tan\alpha$	$b \cdot \cot\beta$	$c \cdot \sin\alpha$	$c \cdot \cos\beta$
Kathete $b =$	$\sqrt{c^2 - a^2}$	$a \cdot \tan\beta$	$a \cdot \cot\alpha$	$c \cdot \sin\beta$	$c \cdot \cos\alpha$
Hypotenuse $c =$	$\sqrt{a^2 + b^2}$	$\dfrac{a}{\sin\alpha}$	$\dfrac{a}{\cos\beta}$	$\dfrac{b}{\sin\beta}$	$\dfrac{b}{\cos\alpha}$
Winkel $\alpha =$	$90° - \beta$	$\sin\alpha = \dfrac{a}{c}$	$\tan\alpha = \dfrac{a}{b}$	$\cos\alpha = \dfrac{b}{c}$	$\cot\alpha = \dfrac{b}{a}$
Winkel $\beta =$	$90° - \alpha$	$\sin\beta = \dfrac{b}{c}$	$\tan\beta = \dfrac{b}{a}$	$\cos\beta = \dfrac{a}{c}$	$\cot\beta = \dfrac{a}{b}$
Fläche $A =$	$\dfrac{a \cdot b}{2}$	$\dfrac{a \cdot c \cdot \sin\beta}{2}$	$\dfrac{a^2 \cdot \tan\beta}{2}$	$\dfrac{b \cdot c \cdot \cos\beta}{2}$	$\dfrac{b^2 \cdot \cot\beta}{2}$
	$\dfrac{c^2 \cdot \sin\alpha \cdot \cos\alpha}{2}$	$\dfrac{b \cdot c \cdot \sin\alpha}{2}$	$\dfrac{b^2 \cdot \tan\alpha}{2}$	$\dfrac{a \cdot c \cdot \cos\alpha}{2}$	$\dfrac{a^2 \cdot \cot\alpha}{2}$

14. Trigonometrische Additionstheoreme

Funktionen von Winkelsummen und -differenzen:

$$\sin (\alpha \pm \beta) = \sin \alpha \cdot \cos \beta \pm \cos \alpha \cdot \sin \beta$$

$$\cos (\alpha \pm \beta) = \cos \alpha \cdot \cos \beta \mp \sin \alpha \cdot \sin \beta$$

$$\tan (\alpha \pm \beta) = \frac{\tan \alpha \pm \tan \beta}{1 \mp \tan \alpha \cdot \tan \beta}$$

$$\cot (\alpha \pm \beta) = \frac{\cot \alpha \cdot \cot \beta \mp 1}{\cot \beta \pm \cot \alpha}$$

Beziehungen zwischen doppelten und einfachen bzw. einfachen und halben Winkeln:

$$\sin 2\alpha = 2 \sin \alpha \cdot \cos \alpha \qquad\qquad \sin \alpha = 2 \sin \frac{\alpha}{2} \cos \frac{\alpha}{2}$$

$$\cos 2\alpha = \cos^2 \alpha - \sin^2 \alpha \qquad\qquad \cos \alpha = \cos^2 \frac{\alpha}{2} - \sin^2 \frac{\alpha}{2}$$

$$= 2 \cos^2 \alpha - 1 \qquad\qquad\qquad = 2 \cos^2 \frac{\alpha}{2} - 1$$

$$= 1 - 2 \sin^2 \alpha \qquad\qquad\qquad = 1 - 2 \sin^2 \frac{\alpha}{2}$$

$$\tan 2\alpha = \frac{2 \tan \alpha}{1 - \tan^2 \alpha} \qquad\qquad \tan \alpha = \frac{2 \tan \frac{\alpha}{2}}{1 - \tan^2 \frac{\alpha}{2}}$$

$$\cot 2\alpha = \frac{\cot^2 \alpha - 1}{2 \cot \alpha} \qquad\qquad \cot \alpha = \frac{\cot^2 \frac{\alpha}{2} - 1}{2 \cot \frac{\alpha}{2}}$$

Summe und Differenz zweier Funktionen

$$\sin \alpha + \sin \beta = 2 \sin \frac{\alpha + \beta}{2} \cos \frac{\alpha - \beta}{2}$$

$$\sin \alpha - \sin \beta = 2 \cos \frac{\alpha + \beta}{2} \sin \frac{\alpha - \beta}{2}$$

$$\cos \alpha + \cos \beta = 2 \cos \frac{\alpha + \beta}{2} \cos \frac{\alpha - \beta}{2}$$

$$\cos \alpha - \cos \beta = - 2 \sin \frac{\alpha + \beta}{2} \sin \frac{\alpha - \beta}{2}$$

15. Formeln für das schiefwinklige Dreieck

Sinussatz $\qquad a : b : c = \sin \alpha : \sin \beta : \sin \gamma$

Seite a	$a = \dfrac{b}{\sin \beta} \cdot \sin \alpha$	$a = \dfrac{c}{\sin \gamma} \cdot \sin \alpha$
Seite b	$b = \dfrac{a}{\sin \alpha} \cdot \sin \beta$	$b = \dfrac{c}{\sin \gamma} \cdot \sin \beta$
Seite c	$c = \dfrac{a}{\sin \alpha} \cdot \sin \gamma$	$c = \dfrac{b}{\sin \beta} \cdot \sin \gamma$
Winkel α	$\sin \alpha = \dfrac{\sin \beta}{b} \cdot a$	$\sin \alpha = \dfrac{\sin \gamma}{c} \cdot a$
Winkel β	$\sin \beta = \dfrac{\sin \alpha}{a} \cdot b$	$\sin \beta = \dfrac{\sin \gamma}{c} \cdot b$
Winkel γ	$\sin \gamma = \dfrac{\sin \alpha}{a} \cdot c$	$\sin \gamma = \dfrac{\sin \beta}{b} \cdot c$
Fläche A	$A = \dfrac{a \cdot b \cdot \sin \gamma}{2}$ $\quad$ $A = \dfrac{a \cdot c \cdot \sin \beta}{2}$	$A = \dfrac{b \cdot c \cdot \sin \alpha}{2}$

16. Winkelfunktionen im schiefwinkligen Dreieck

$$\frac{a}{\sin \alpha} = \frac{b}{\sin \beta} = \frac{c}{\sin \gamma} = 2\,r$$

Halbmesser des umschriebenen Kreises $= r$

Kosinussatz (Allgemeiner Pythagoras)

$$a^2 = b^2 + c^2 - 2\,bc \cdot \cos \alpha \qquad \cos \alpha = \frac{b^2 + c^2 - a^2}{2\,bc}$$

$$b^2 = a^2 + c^2 - 2\,ac \cdot \cos \beta \qquad \cos \beta = \frac{a^2 + c^2 - b^2}{2\,ac}$$

$$c^2 = a^2 + b^2 - 2\,ab \cdot \cos \gamma \qquad \cos \gamma = \frac{a^2 + b^2 - c^2}{2\,ab}$$

(Bei stumpfem Winkel wird der Kosinus negativ!)

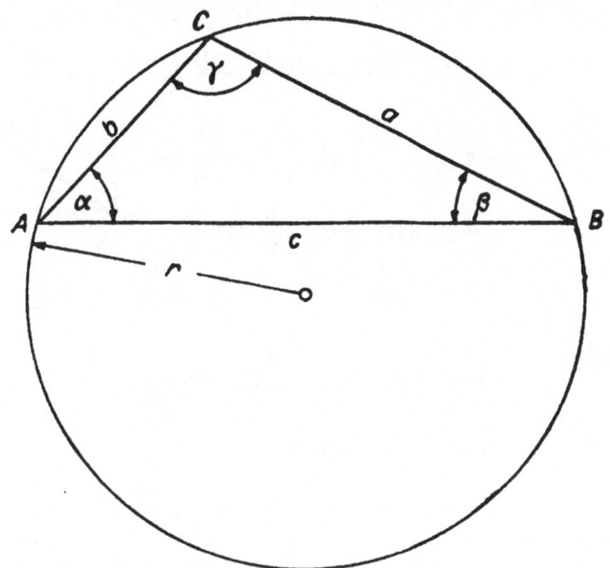

Tangenssatz

$$\frac{a-b}{a+b} = \frac{\tan\dfrac{\alpha-\beta}{2}}{\tan\dfrac{\alpha+\beta}{2}} \qquad \tan\frac{\alpha-\beta}{2} = \frac{a-b}{a+b}\cdot\tan\frac{\alpha+\beta}{2}$$

$$\frac{a-c}{a+c} = \frac{\tan\dfrac{\alpha-\gamma}{2}}{\tan\dfrac{\alpha+\gamma}{2}} \qquad \tan\frac{\alpha-\gamma}{2} = \frac{a-c}{a+c}\cdot\tan\frac{\alpha+\gamma}{2}$$

$$\frac{b-c}{b+c} = \frac{\tan\dfrac{\beta-\gamma}{2}}{\tan\dfrac{\beta+\gamma}{2}} \qquad \tan\frac{\beta-\gamma}{2} = \frac{b-c}{b+c}\cdot\tan\frac{\beta+\gamma}{2}$$

Halbwinkelsatz

$$\tan\frac{\alpha}{2} = \sqrt{\frac{(s-b)\,(s-c)}{s\,(s-a)}}$$

$$\tan\frac{\beta}{2} = \sqrt{\frac{(s-c)\,(s-a)}{s\,(s-b}}$$

$$\tan\frac{\gamma}{2} = \sqrt{\frac{(s-a)\,(s-b)}{s\,(s-c)}}$$

Halber Dreiecksumfang $\quad s = \dfrac{a+b+c}{2}$

Winkelfunktionen im schiefwinkligen Dreieck

Inkreisradius

$$r_i = \sqrt{\frac{(s-a)\,(s-b)\,(s-c)}{s}} =$$

$$= s \tan\frac{\alpha}{2}\, \tan\frac{\beta}{2}\, \tan\frac{\gamma}{2} =$$

$$= 4\,r_u \sin\frac{\alpha}{2}\, \sin\frac{\beta}{2}\, \sin\frac{\gamma}{2}$$

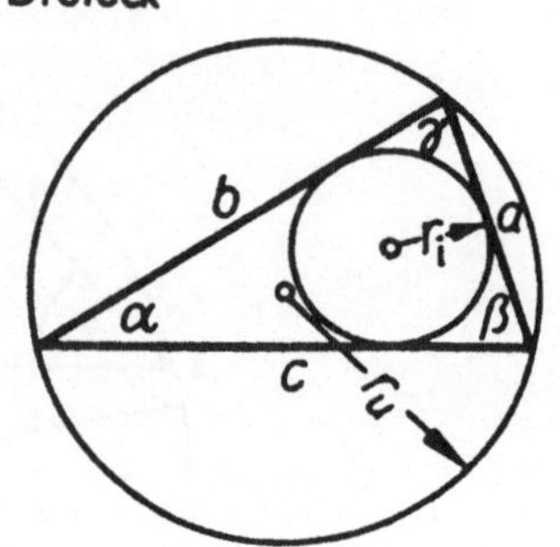

Umkreisradius

$$r_u = \frac{a}{2\sin\alpha} = \frac{b}{2\sin\beta} = \frac{c}{2\sin\gamma}$$

Flächeninhalt

$$A = \frac{1}{2}\,ab\sin\gamma = \frac{a^2\sin\beta\,\sin\gamma}{2\sin\alpha} =$$

$$= r_i\,s = \sqrt{s\,(s-a)\,(s-b)\,(s-c)} =$$

$$= \frac{a\,b\,c}{4\,r_u} = 2\,r_u^2 \sin\alpha\,\sin\beta\,\sin\gamma$$

17. Formeln für das sphärische Dreieck

Sphärisches Dreieck

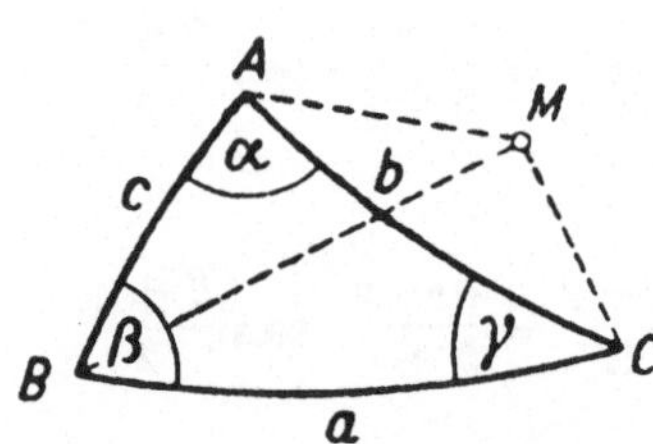

Sinussatz

$$\sin a : \sin b : \sin c = \sin\alpha : \sin\beta : \sin\gamma$$

Kosinussatz für die Seiten

$$\cos a = \cos b\,\cos c + \sin b\,\sin c\,\cos\alpha$$

Kosinussatz für die Winkel

$$\cos\alpha = -\cos\beta\,\cos\gamma + \sin\beta\,\sin\gamma\,\cos a$$

18. Zyklometrische (Arcus-)Funktionen

$$y = \arcsin x \qquad \text{Hauptwerte:} \quad -\frac{\pi}{2} \leqq y \leqq \frac{\pi}{2}$$

$$y = \arccos x \qquad\qquad\qquad\quad 0 \leqq y \leqq \pi$$

$$y = \arctan x \qquad\qquad\quad -\frac{\pi}{2} \leqq y \leqq \frac{\pi}{2}$$

$$y = \text{arccot } x \qquad\qquad\qquad 0 \leqq y \leqq \pi$$

$$\arcsin x + \arccos x = \frac{\pi}{2}$$

$$\arctan x + \text{arccot } x = \frac{\pi}{2}$$

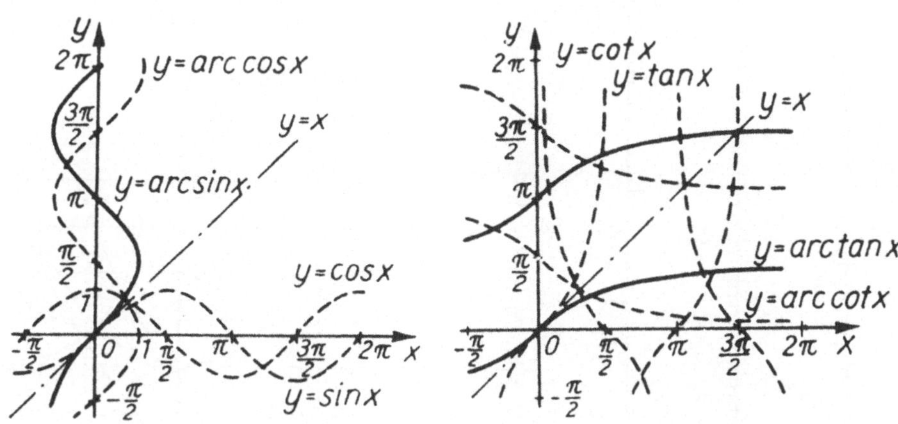

19. Hyperbelfunktionen (sinh wird gelesen „Sinus hyperbolicus" usw.)[1]

$\sinh x = (e^x - e^{-x})/2$	$\sinh x + \cosh x = e^x$	$\sinh 2x = 2 \sinh x \cosh x$
$\cosh x = (e^x + e^{-x})/2$		$\cosh 2x = \cosh^2 x + \sinh^2 x$
$\tanh x = \dfrac{e^x - e^{-x}}{e^x + e^{-x}}$	$\tanh x = \dfrac{\sinh x}{\cosh x}$	$\cosh^2 x - \sinh^2 x = 1$
$\coth x = \dfrac{e^x + e^{-x}}{e^x - e^{-x}}$	$\coth x = \dfrac{\cosh x}{\sinh x}$	

Ist $x = \sinh y$, dann ist $y = \text{ar sinh } x$ (ar wird gelesen „Area")

20. Grafische Darstellung von Kreis- und Hyperbelfunktionen

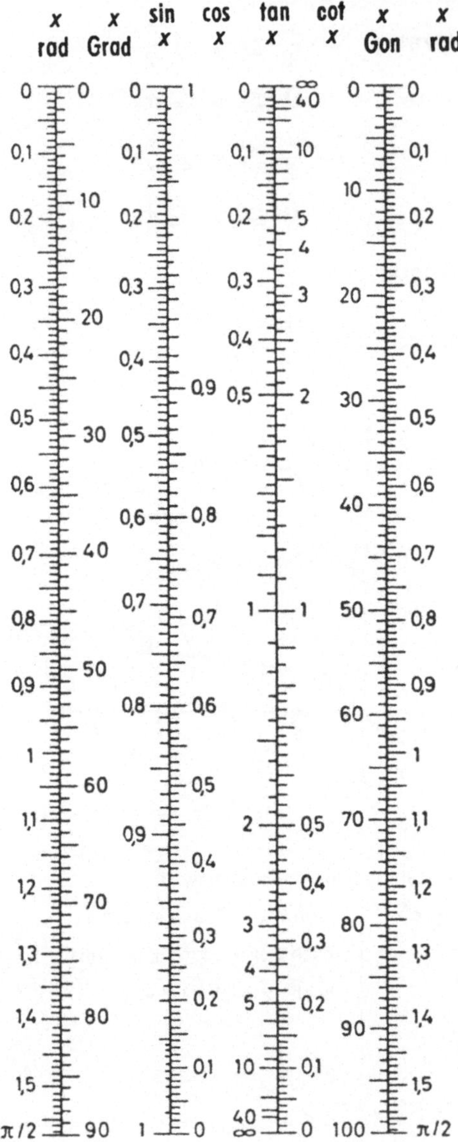

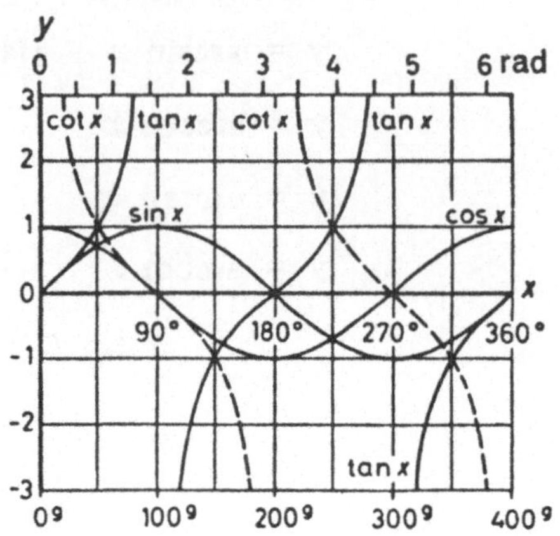

Hyperbelfunktionen, e^x, e^{-x}

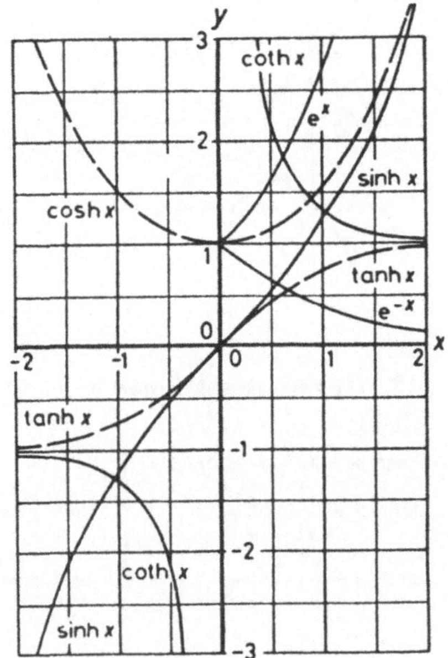

21. Zahlenwerte der Kreis- und Hyperbelfunktionen

x	e^x	e^{-x}	$\cos x$	$\sin x$	$\cosh x$	$\sinh x$
0	1	1	1	0	1	0
0,1	1,105171	0,9048374	0,99500	0,09983	1,00500	0,10017
0,2	1,221403	0,8187308	0,98007	0,19867	1,02007	0,20134
0,3	1,349859	0,7408182	0,95534	0,29552	1,04534	0,30452
0,4	1,491825	0,6703200	0,92106	0,38924	1,08107	0,41075
0,5	1,648721	0,6065307	0,87758	0,47943	1,12763	0,52110
0,6	1,822119	0,5488116	0,82534	0,56464	1,18547	0,63665
0,7	2,013753	0,4965853	0,76484	0,64422	1,25517	0,75858
0,8	2,225541	0,4493290	0,69671	0,71736	1,33743	0,88811
0,9	2,459603	0,4065697	0,62161	0,78333	1,43309	1,02652
1,0	2,718282	0,3578794	0,54030	0,84147	1,54308	1,17520
1,1	3,004166	0,3328711	0,45360	0,89121	1,66852	1,33565
1,2	3,320117	0,3011942	0,36236	0,93204	1,81066	1,50946
1,3	3,669297	0,2725318	0,26750	0,96356	1,97091	1,69838
1,4	4,055200	0,2465970	0,16997	0,98545	2,15090	1,90430
1,5	4,481689	0,2231302	0,07074	0,99749	2,35241	2,12928
1,6	4,953032	0,2018965	−0,02920	0,99957	2,57746	2,37557
1,7	5,473947	0,1826835	−0,12884	0,99166	2,82832	2,64563
1,8	6,049647	0,1652989	−0,22720	0,97385	3,10747	2,94217
1,9	6,685894	0,1495686	−0,32329	0,94630	3,41773	3,26816
2,0	7,389056	0,1353353	−0,41615	0,90930	3,76220	3,62686
2,1	8,166170	0,1224564	−0,50485	0,86321	4,14431	4,02186
2,2	9,025013	0,1108032	−0,58850	0,80850	4,56791	4,45711
2,3	9,974182	0,1002588	−0,66628	0,74571	5,03722	4,93696
2,4	11,023176	0,0907180	−0,73739	0,67546	5,55695	5,46623
2,5	12,182494	0,0820850	−0,80114	0,59847	6,13229	6,05020
2,6	13,463738	0,0742736	−0,85689	0,51550	6,76901	6,69473
2,7	14,879732	0,0672055	−0,90407	0,42738	7,47347	7,40626
2,8	16,444647	0,0608101	−0,94222	0,33499	8,25273	8,19192
2,9	18,174145	0,0550232	−0,97096	0,23925	9,11458	9,05956
3,0	20,085537	0,0497871	−0,98999	0,14112	10,06766	10,01787
3,1	22,197951	0,0450492	−0,99914	0,04158	11,12150	11,07645
3,2	24,532530	0,0407622	−0,99829	−0,05837	12,28665	12,24588
3,3	27,112639	0,0368832	−0,98748	−0,15775	13,57476	13,53788
3,4	29,964100	0,0333733	−0,96680	−0,25554	14,99874	14,96536
3,5	33,115452	0,0301974	−0,93646	−0,35078	16,57282	16,54263

x	e^x	e^{-x}	$\cos x$	$\sin x$	$\cosh x$	$\sinh x$
3,6	36,598255	0,0273237	−0,89676	−0,44252	18,31278	18,28546
3,7	40,447304	0,0247235	−0,84810	−0,52984	20,23601	20,21129
3,8	44,701185	0,0223708	−0,79097	−0,61186	22,36178	22,33941
3,9	49,402449	0,0202419	−0,72593	−0,68777	24,71135	24,69110
4,0	54,598150	0,0183156	−0,65364	−0,75680	27,30823	27,28992
4,1	60,340288	0,0165727	−0,57482	−0,81828	30,17843	30,16186
4,2	66,686331	0,0149956	−0,49026	−0,87158	33,35066	33,33567
4,3	73,699794	0,0135686	−0,40080	−0,91617	36,85668	36,84311
4,4	81,450869	0,0122773	−0,30733	−0,95160	40,73157	40,71930
4,5	90,017131	0,0111090	−0,21080	−0,97753	45,01412	45,00301
4,6	99,484316	0,0100518	−0,11215	−0,99369	49,74718	49,73713
4,7	109,947173	0,0090953	−0,01239	−0,99992	54,97813	54,96904
4,8	121,510418	0,0082297	0,08750	−0,99616	60,75932	60,75109
4,9	134,289780	0,0074466	0,18651	−0,98245	67,14861	67,14117
5,0	148,413159	0,0067379	0,28366	−0,95892	74,20995	74,20321
5,1	164,021907	0,0060967	0,37798	−0,92581	82,01400	82,00791
5,2	181,272242	0,0055166	0,46852	−0,88345	90,63888	90,63336
5,3	200,336810	0,0049916	0,55437	−0,83227	100,17090	100,16591
5,4	221,406417	0,0045166	0,63469	−0,77276	110,70547	110,70095
5,5	244,691932	0,0040868	0,70867	−0,70554	122,34801	122,34392
5,6	270,426407	0,0036979	0,77557	−0,63127	135,21505	135,21135
5,7	298,867401	0,0033460	0,83471	−0,55069	149,43537	149,43203
5,8	330,299560	0,0030276	0,88552	−0,46460	165,15129	165,14827
5,9	365,037468	0,0027394	0,92748	−0,37388	182,52010	182,51736
6,0	403,42879	0,002479	0,96017	−0,27942	201,71564	201,71316
6,1	445,85777	0,002243	0,98327	−0,18216	222,93001	222,92776
6,2	492,74904	0,002029	0,99654	−0,08309	246,37554	246,37351
6,3	544,57191	0,001836	0,99986	0,01681	272,28687	272,28504
6,4	601,84504	0,001662	0,99318	0,11655	300,94335	300,92169
6,5	665,14163	0,001503	0,97659	0,21512	332,57157	332,57006
6,6	735,09519	0,001360	0,95023	0,31154	367,54827	367,54691
6,7	812,40583	0,001231	0,91438	0,40485	406,20353	406,20230
6,8	897,84729	0,001114	0,86940	0,49411	448,92420	448,92309
6,9	992,27472	0,001008	0,81573	0,57844	496,13786	496,13685
7,0	1 096,63316	0,0009119	0,75390	0,65699	548,31704	548,31612

Zahlenwerte der Kreis- und Hyperbelfunktionen

x	e^x	e^{-x}	$\cos x$	$\sin x$	$\cosh x$	$\sinh x$
7,1	1211,96707	0,0008251	0,68455	0,72897	605,98395	605,98312
7,2	1339,43076	0,0007466	0,60835	0,79367	669,71576	669,71501
7,3	1480,29993	0,0006755	0,52608	0,85044	740,15030	740,14963
7,4	1635.98443	0,0006113	0,43855	0,89871	817,99252	817,99191
7,5	1808,04241	0,0005531	0,34664	0,93800	904,02148	904,02093
7,6	1998.19590	0,0005005	0,25126	0,96792	999,09820	999,09770
7,7	2208,34799	0,0004528	0,15337	0,98817	1104,17422	1104,17377
7,8	2440,60198	0,0004097	0,05396	0,99854	1220,30119	1220,30078
7,9	2697,28233	0,0003707	−0,04600	0,99894	1348,64135	1348,64098
8,0	2980,95799	0,0003355	−0,14550	0,98936	1490,47916	1490,47883
8,1	3294,46808	0,0003035	−0,24354	0,96989	1647,23419	1647,23389
8,2	3640,95031	0,0002747	−0,33915	0,94073	1820,47529	1820,47502
8,3	4023,87239	0,0002485	−0,43138	0,90217	2011,93632	2011,93607
8,4	4447,06675	0,0002249	−0,51929	0,85460	2223,53349	2223,53326
8,5	4914,76884	0,0002035	−0,60201	0,79849	2457,38452	2457,38432
8,6	5431,65959	0,0001841	−0,67872	0,73440	2715,82989	2715,82970
8,7	6002,91222	0,0001666	−0,74865	0,66297	3001,45619	3001,45603
8,8	6634,24401	0,0001507	−0,81109	0,58492	3317,12208	3317,12193
8,9	7331,97354	0,0001364	−0,86544	0,50102	3665,98684	3665,98670
9,0	8103,08393	0,0001234	−0,91113	0,41212	4051,54203	4051,54190
9,1	8955,29270	0,0001117	−0,94772	0,31910	4477,64641	4477,64306
9,2	9897,12906	0,0001010	−0,97484	0,22289	4948,56458	4948,56448
9,3	10938,01921	0,00009142	−0,99223	0,12445	5469,00965	5469,00956
9,4	12088,38073	0,00008272	−0,99969	0,02478	6044,19041	6044,19032
9,5	13359,72683	0,00007485	−0,99717	−0,07515	6679,86345	6679,86338
9,6	14764,78187	0,00006773	−0,98469	−0,17433	7382,39082	7382,39075
9,7	16317,60720	0,00006128	−0,96236	−0,27176	8158,80363	8158,80357
9,8	18033,74493	0,00005545	−0,93043	−0,36648	9016,87249	9016,87244
9,9	19930,37044	0,00005018	−0,88919	−0,45754	9965,18524	9965,18519
10,0	22026,46579	0,00004540	−0,83907	−0,54402	11013,23292	11013,23287

22. Evolventenfunktionen ev α (= tan − arc α) von α = 10° bis 30°

(Die Evolventenfunktion wird bei der Zahnradberechnung benötigt)

$\overline{QP} = \tan\alpha = \widehat{P_0RQ}$

$\widehat{RQ} = \text{arc } \alpha$

Evolventenfunktion:

$\widehat{P_0R} = \tan\alpha - \text{arc } \alpha = ev\alpha$

Beispiele.

Gegeben: $\alpha = 21° 52,8'$; gesucht $ev\alpha = 0,019583 + \frac{2,8}{5} \cdot 0,000234 = 0,019714$.

Gegeben: $ev\alpha = 0,021835$; gesucht: $\alpha = 22° 35' + 5' \cdot \frac{70}{253} = 22° 36,4'$.

α	0′	5′	10′	15′	20′	25′	30′	35′	40′	45′	50′	55′	60′	Differenz von	bis
10°	0,001794	001840	001886	001933	001981	002030	002079	002130	002181	002233	002286	002340	002394	46	54
11°	0,002394	002449	002506	002563	002621	002680	002739	002800	002862	002924	002988	003052	003117	55	65
12°	0,003117	003183	003250	003318	003388	003458	003528	003600	003673	003747	003822	003898	003975	66	77
13°	0,003975	004053	004132	004213	004294	004376	004459	004544	004629	004716	004803	004892	004982	78	90
14°	0,004982	005073	005165	005258	005353	005448	005545	005643	005742	005842	005943	006046	006150	91	104
15°	0,006150	006255	006361	006469	006577	006687	006798	006911	007025	007140	007256	007374	007493	105	119
16°	0,007493	007613	007735	007857	007982	008107	008234	008362	008492	008623	008756	008889	009025	120	136
17°	0,009025	009161	009299	009439	009580	009722	009866	010012	010158	010307	010456	010608	010760	136	152
18°	0,010760	010915	011071	011228	011387	011547	011709	011873	012038	012205	012373	012543	012715	155	172
19°	0,012715	012888	013063	013240	013418	013598	013779	013963	014148	014334	014522	014713	014904	173	191
20°	0,014904	015098	015293	015430	015689	015890	016092	016296	016502	016710	016920	017132	017345	194	213
21°	0,017345	017560	017777	017996	018217	018440	018665	018891	019120	019350	019583	019817	020054	215	237
22°	0,020054	020292	020533	020775	021019	021266	021514	021765	022018	022272	022529	022788	023049	238	261
23°	0,023049	023312	023577	023845	024114	024386	024660	024936	025214	025495	025778	026062	026350	263	288
24°	0,026350	026639	026931	027225	027521	027820	028121	028424	028729	029037	029348	029660	029975	289	315
25°	0,029975	030293	030613	030935	031260	031587	031916	032249	032583	032920	033260	033602	033947	318	345
26°	0,033947	034294	034644	034996	035352	035709	036069	036432	036798	037166	037537	037910	038286	347	376
27°	0,038286	038666	039047	039432	039819	040209	040602	040997	041395	041797	042201	042607	043017	380	410
28°	0,043017	043430	043845	044264	044685	045110	045537	045967	046400	046837	047276	047718	048164	413	446
29°	0,048164	048612	049063	049518	049976	050437	050901	051368	051838	052312	052788	053268	053751	448	483

1. Analytische Geometrie

a) Parallelverschiebung des Koordinatensystems (Bild 1)

$$u = x - x_0$$
$$v = y - y_0$$
$$x = u + x_0$$
$$y = v + y_0$$

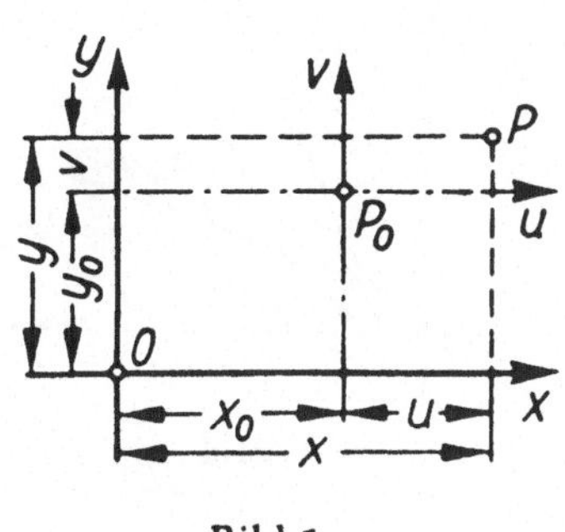

Bild 1

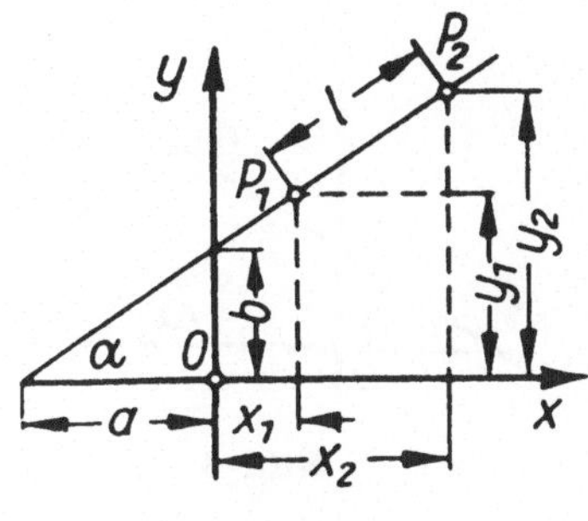

Bild 2

b) Strecke (Bild 2)

$$P_1 P_2 = l = \sqrt{(x_2 - x_1)^2 + (y_2 - y_1)^2}$$

c) Gleichung der Geraden

$$y = m x + b \qquad \text{Normalform}$$

$$m = \tan \alpha = \frac{y_2 - y_1}{x_2 - x_1} \qquad \text{Anstieg}$$

$$\frac{y - y_1}{x - x_1} = m \qquad \text{Punktrichtungsform}$$

$$\frac{y - y_1}{x - x_1} = \frac{y_2 - y_1}{x_2 - x_1} \qquad \text{Zweipunkteform}$$

$$\frac{x}{a} + \frac{y}{b} = 1 \qquad \text{Achsenabschnittsform}$$

Analytische Geometrie

d) Winkel zwischen 2 Geraden (Bild 3)

$$\tan \sigma = \frac{m_2 - m_1}{1 + m_1 m_2} \; ; \quad m_1 = \tan \alpha_1$$
$$m_2 = \tan \alpha_2$$

$$\sigma = 90°, \text{ wenn } g_2 \perp g_1 : \quad m_2 = -\frac{1}{m_1}$$

$$\sigma = 0°, \text{ wenn } g_2 \parallel g_1 : \quad m_2 = m_1$$

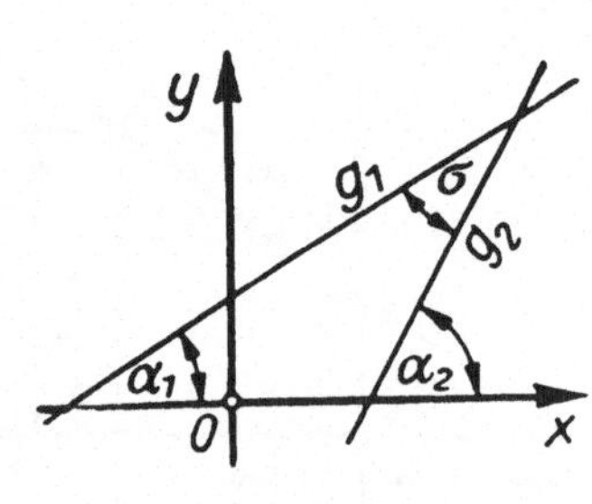

Bild 3

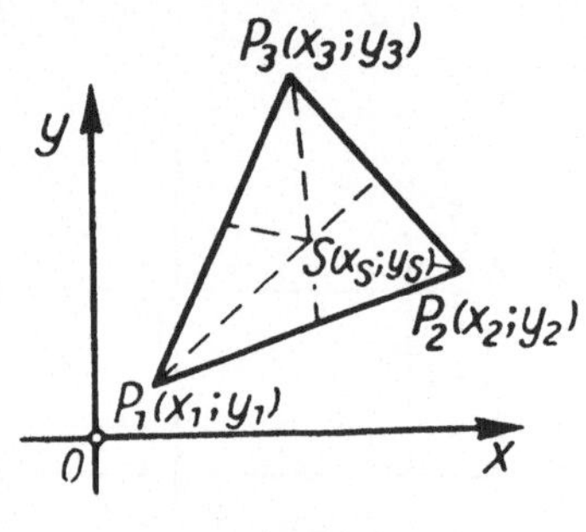

Bild 4

e) Dreieck (Bild 4)

$$A = \left| \frac{1}{2} \cdot [x_1(y_2 - y_3) + \right.$$
$$+ x_2(y_3 - y_1) +$$
$$\left. + x_3(y_1 - y_2)] \right.$$

Flächeninhalt

$$x_S = \frac{x_1 + x_2 + x_3}{3} \; ;$$

Schwerpunktskoordinaten

$$y_S = \frac{y_1 + y_2 + y_3}{3}$$

f) Kreis (Bild 5)

$$x^2 + y^2 = r^2$$

Mittelpunktsgleichung für $M(0; 0)$

$$x x_0 + y y_0 = r^2$$

Gleichung der Tangente (P_0 auf dem Kreis), bzw. der Berührungssehne (P_0 außerhalb des Kreises)

$$(x - x_m)^2 + (y - y_m)^2 = r^2$$

Gleichung des verschobenen Kreises mit $M(x_m; y_m)$

Analytische Geometrie

$$(x - x_m)(x_0 - x_m) +$$
$$+ (y - y_m)(y_0 - y_m) = r^2$$

Gleichung der Tangente bzw.
Berührungssehne für
$M(x_m; y_m)$

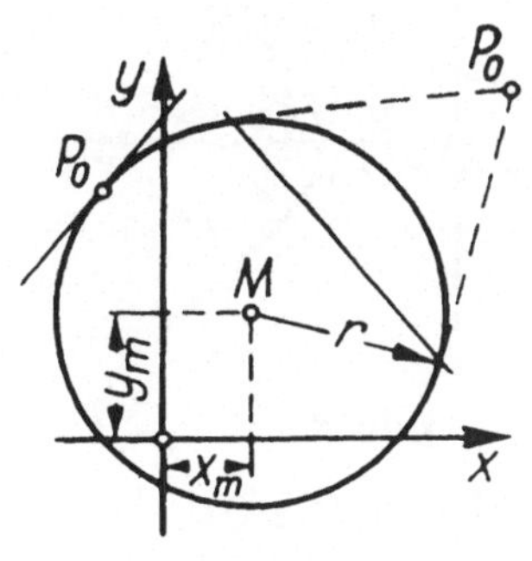

Bild 5

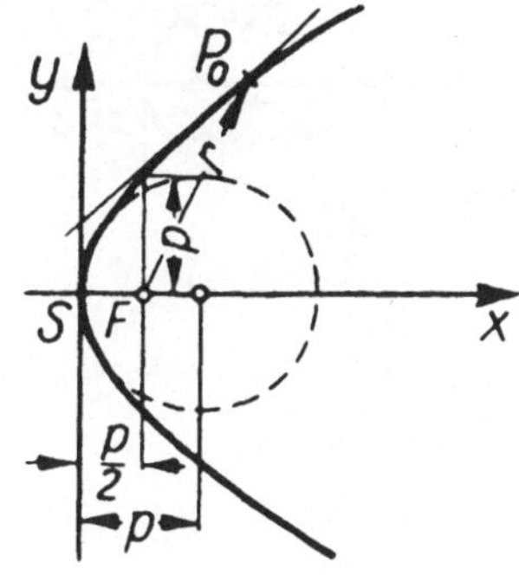

Bild 6

g) *Parabel* (Bild 6)

Scheitelgleichung

I	$y^2 = 2px$	(nach rechts geöffnet)
II	$x^2 = 2py$	(nach oben geöffnet)
III	$y^2 = -2px$	(nach links geöffnet)
IV	$x^2 = -2py$	(nach unten geöffnet)

Gleichung der Tangente (P_0 auf der Parabel) bzw. der Berührungssehne (P_0 außerhalb der Parabel)

I $\; y\,y_0 = p(x + x_0)$ $\qquad$ II $\; x\,x_0 = p(y + y_0)$

Gleichung der parallel verschobenen Parabel mit $S(x_s; y_s)$

I $(y - y_s)^2 = 2p(x - x_s)$ $\qquad$ II $(x - x_s)^2 = 2p(y - y_s)$

Halbparameter $p = $ Ordinate im Brennpunkt F; $FS = \dfrac{p}{2}$

Brennstrahl $r = FP_0 = x_0 + \dfrac{p}{2}$

Radius des Scheitelkrümmungskreises $\varrho_s = p$

5-3

Analytische Geometrie

h) Ellipse (Bild 7)

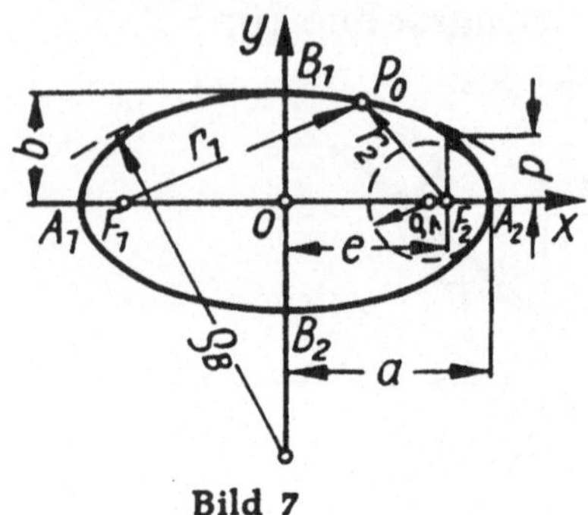

Bild 7

i) Hyperbel (Bild 8)

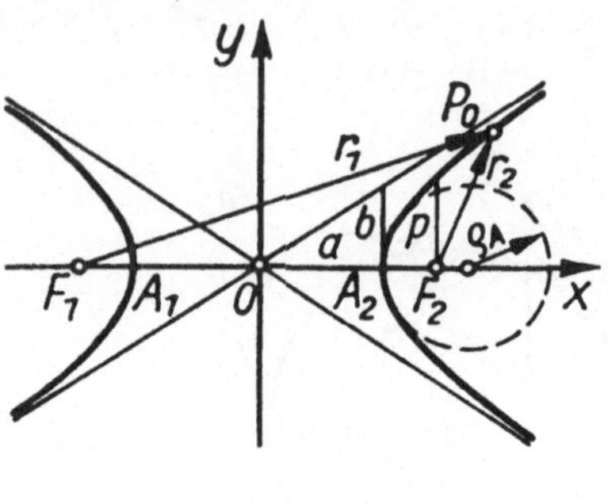

Bild 8

Mittelpunktsgleichung mit $M\,(0;0)$

$$\frac{x^2}{a^2} + \frac{y^2}{b^2} = 1 \qquad\qquad \frac{x^2}{a^2} - \frac{y^2}{b^2} = 1$$

Gleichung der Tangente (P_0 auf der Kurve) bzw. Gleichung der Berührungssehne (P_0 außerhalb der Kurve)

$$\frac{x\,x_0}{a^2} + \frac{y\,y_0}{b^2} = 1 \qquad\qquad \frac{x\,x_0}{a^2} - \frac{y\,y_0}{b^2} = 1$$

Gleichung der parallel verschobenen Kurve mit $M\,(x_m;\,y_m)$

$$\frac{(x-x_m)^2}{a^2} + \frac{(y-y_m)^2}{b^2} = 1 \qquad\qquad \frac{(x-x_m)^2}{a^2} - \frac{(y-y_m)^2}{b^2} = 1$$

Gleichung der Tangente bzw. Berührungssehne für $M\,(y_m;\,y_m)$

$$\frac{(x-x_m)(x_0-x_m)}{a^2} + \qquad\qquad \frac{(x-x_m)(x_0-x_m)}{a^2} -$$

$$+\,\frac{(y-y_m)(y_0-y_m)}{b^2} = 1 \qquad\qquad -\,\frac{(y-y_m)(y_0-y_m)}{b^2} = 1$$

Scheitelgleichung

$$y^2 = 2\,p\,x - \frac{p}{a}\,x^2 \qquad\qquad y^2 = 2\,p\,x + \frac{p}{a}\,x^2$$

$$[\text{Scheitel } A_1\,(0;0)] \qquad\qquad [\text{Scheitel } A_2\,(0;0)]$$

Analytische Geometrie

h) Ellipse $\qquad$ *i) Hyperbel*

Halbparameter

$$p = \frac{b^2}{a} \qquad\qquad p = \frac{b^2}{a}$$

Lineare Exzentrizität

$$e^2 = a^2 - b^2 \qquad\qquad e^2 = a^2 + b^2$$

Numerische Exzentrizität

$$\varepsilon = \frac{c}{a} < 1 \qquad\qquad \varepsilon = \frac{c}{a} > 1$$

Brennstrahlen

$$r_1 = a + \varepsilon\, x_0,\ r_2 = a - \varepsilon\, x_0 \qquad r_1 = \varepsilon\, x_0 + a,\ r_2 = \varepsilon\, x_0 - a$$

Ortseigenschaften

$$r_1 + r_2 = 2\,a \qquad\qquad r_1 - r_2 = 2\,a$$

Radien der Hauptkrümmungskreise

$$\varrho_A = \frac{b^2}{a},\ \varrho_B = \frac{a^2}{b} \qquad\qquad \varrho_A = \frac{b^2}{a}$$

Flächeninhalt $\qquad$ Gleichungen der Asymptoten

$$A = \pi\,a\,b \qquad\qquad y = \frac{b}{a}\,x,\ y = -\frac{b}{a}\,x$$

k) Allgemeine Gleichung der parallel verschobenen Kegelschnitte

$$A\,x^2 + B\,y^2 + C\,x + D\,y + E = 0$$

A gleich B	Kreis
A oder B gleich Null	Parabel
A und B gleiches Vorzeichen	Ellipse
A und B verschiedenes Vorzeichen	Hyperbel

2. Komplexe Zahlen und Vektoren

Im Gegensatz zu den realen Zahlen stehen die imaginären und die komplexen Zahlen. Imaginärzahlen sind Zahlen, denen die wirkliche Existenz abzusprechen ist. Um sie dennoch darstellen zu können, benützt man die „Gaußsche Zahlenebene".

Auf einer waagerechten Geraden werden die realen Zahlen maßstäblich dargestellt. Auf einer Geraden senkrecht dazu werden die imaginären Zahlen dargestellt.

Die Zahleneinheit der Imaginärzahlen ist die Einheit $i = \sqrt{-1}$.

Zwischen den beiden Geraden sind beliebig viele Zahlenwerte denkbar, die aus realen und imaginären Zahlen zusammengesetzt sind. Sie werden dargestellt durch gerichtete Größen, Vektoren. Man nennt sie komplexe Zahlen.

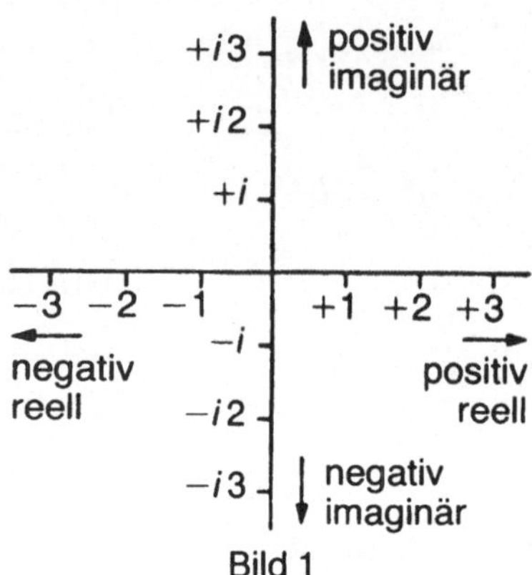

Bild 1

Imaginäre Zahlen (Regeln):

Potenzen der imaginären Einheit

$$i^1 = i \qquad i^{4n+1} = i \qquad i^{-1} = -i$$
$$i^2 = -1 \qquad i^{4n+2} = -1 \qquad i^{-2} = -1$$
$$i^3 = -i \qquad i^{4n+3} = -i \qquad i^{-3} = +i$$
$$i^4 = +1 \qquad i^{4n+4} = +1 \qquad i^{-4} = +1$$

usw.   usw.   usw.

Komplexe Zahlen:

$$\sqrt{-a} = i\sqrt{a}$$
$$(\sqrt{-a})^2 = -a$$
$$\sqrt{-a}\,\sqrt{-b} = -\sqrt{a\,b}$$
$$\frac{\sqrt{-a}}{\sqrt{-b}} = \sqrt{\frac{a}{b}}$$

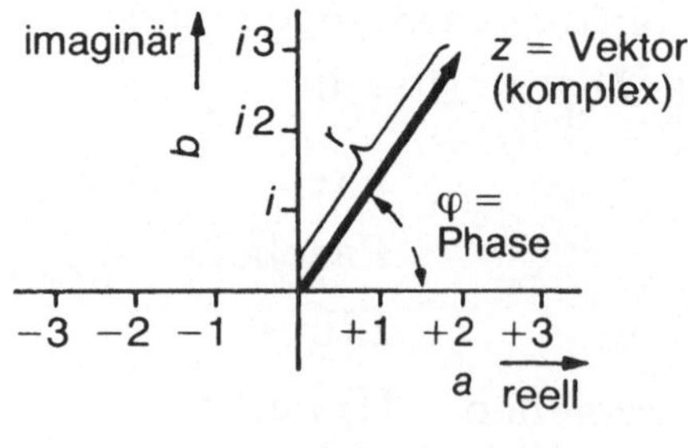

Bild 2

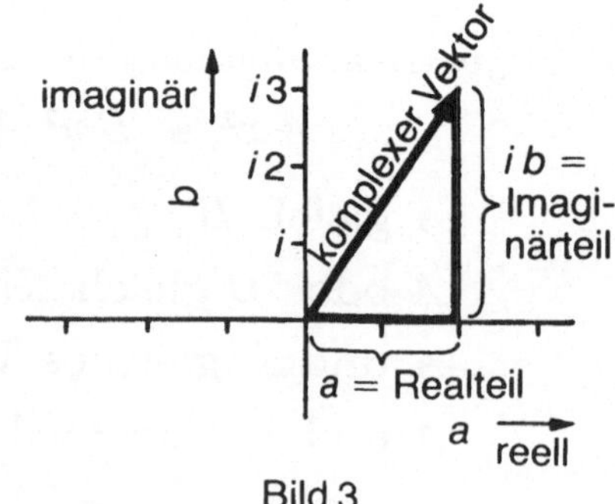

Bild 3

Komplexe Zahlen und Vektoren

Alle Zahlen in der Gaußschen Zahlenebene werden durch Vektoren dargestellt und sind bestimmt durch

den Betrag und die Richtung

oder durch den Realteil und Imaginärteil.

Schreibweise: $z = a + i\,b = r\,(\cos\varphi + i \cdot \sin\varphi)$

oder in der Exponentialform: $z = r \cdot e^{i\varphi}$ (in der Elektronik auch j statt i eingesetzt)

r = Betrag des Vektors (von z); $r = \sqrt{a^2 + b^2}$
z = Vektor; $|z|$ = absoluter Betrag (von r)
a = Realteil (-komponente) von z
$i\,b$ = Imaginärteil (-komponente) von z
φ = Phase, Argument des Vektors (z); $\varphi = \arg z$

Vektoren werden addiert, indem man jeden folgenden Vektor zeichnerisch an den vorhergehenden anträgt. Die geometrische Summe ist der Vektor, der den Anfang des ersten mit dem Ende des letzten Teilvektors verbindet (Bild 4).

$$(a + i\,b) + (c + i\,d) = (a + c) + i \cdot (b + d) = z_1 + z_2$$

Vektoren werden subtrahiert, indem man wiederum zeichnerisch zusammensetzt bzw. bei der Rechnung die Realteile und die Imaginärteile getrennt subtrahiert.

$$(a + i\,b) - (c + i\,d) = (a - c) + i \cdot (b - d) = z_1 - z_2$$

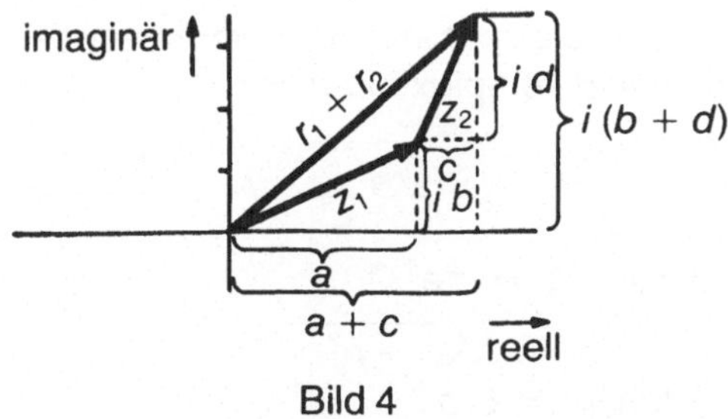

Bild 4

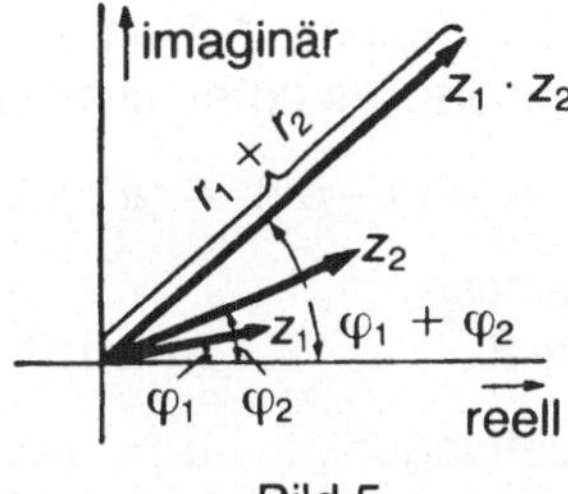

Bild 5

Vektoren (komplexe Zahlen) werden multipliziert, indem man ihre Beträge multipliziert und ihre Phasen addiert.

$$z_1 \cdot z_2 = r_1 \cdot r_2 \left[\cos(\varphi_1 + \varphi_2) + i\sin(\varphi_1 + \varphi_2)\right]$$
$$z_1 \cdot z_2 = r_1 \cdot r_2 \cdot e^{i\,\varphi_1} \cdot e^{i\,\varphi_2} = r_1 \cdot r_2 \cdot e^{i\,(\varphi_1 + \varphi_2)}$$

(Bild 5)

Komplexe Zahlen und Vektoren

Multiplikation eines Vektors mit i bedeutet eine positive Phasendrehung um $\pi/2$.

Komplexe Zahlen werden **dividiert**, indem man ihre Beträge dividiert und ihre Phasen subtrahiert.

$$\frac{z_1}{z_2} = \frac{r_1}{r_2} \cdot \cos(\varphi_1 - \varphi_2) + i\sin(\varphi_1 - \varphi_2) = \frac{r_1}{r_2} \cdot e^{i\,(\varphi_1 - \varphi_2)}$$

Die Division eines Vektors mit i bedeutet eine negative Drehung der Phase um $\pi/2$.

Komplexe Zahlen werden mit n **potenziert**, indem man den Betrag mit n potenziert und die Phase mit n multipliziert.

$$z^n = r^n (\cos n \cdot \varphi + i\sin n \cdot \varphi) = r^n \cdot e^{i\,n\,\varphi}$$

Komplexe Zahlen werden mit n **radiziert**, indem man den Betrag mit n radiziert und die Phase durch n dividiert.

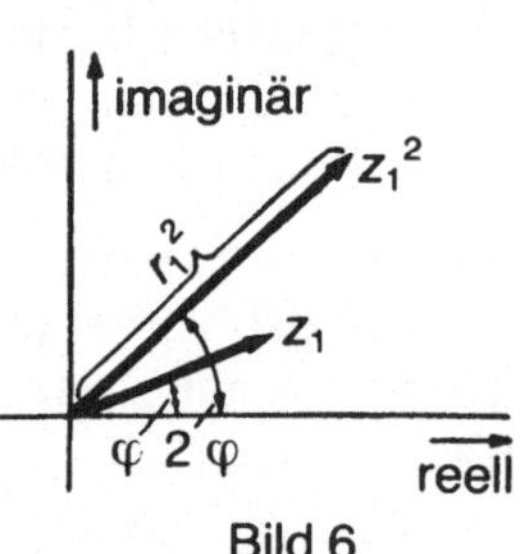

Bild 6

$$\sqrt[n]{z} = r^{\frac{1}{n}} \left(\cos\frac{1}{n}\cdot\varphi + i\sin\frac{1}{n}\cdot\varphi\right) = r^{\frac{1}{n}} \cdot e^{i\,\cdot\,\frac{1}{n}\cdot\varphi}$$

Komplexe Zahlen werden **logarithmiert**, indem man den Betrag logarithmiert und hierzu die imaginäre Phase addiert.

$$\ln z = \ln r + i\varphi$$

Zwei komplexe Zahlen $a + b\,i$ und $a - b\,i$, die sich nur im Vorzeichen des Imaginärteiles unterscheiden, heißen konjugiert komplexe Zahlen:

$$(a + b\,i)\,(a - b\,i) = a^2 + b^2$$

Eulersche
Formel
$$(a \pm i\,b) = r(\cos\varphi \pm i\sin\varphi) = r\,e^{\pm i\,\varphi}$$

Beziehungen
$$a = r\cos\varphi \qquad r = \sqrt{a^2 + b^2}$$
$$b = r\sin\varphi \qquad \tan\varphi = b/a$$

1. Differentialrechnung

a) Grenzwerte

$$\lim_{x \to 0} \frac{\sin x}{x} = 1, \qquad \lim_{x \to 0} \frac{\tan x}{x} = 1$$

$$\lim_{n \to \infty} \left(1 + \frac{1}{n}\right)^n = 2{,}71828 \cdots = e =$$

$$= 1 + 1 + \frac{1}{2!} + \frac{1}{3!} + \cdots$$

$$1! = 1,\ 2! = 1 \cdot 2 = 2,\ 3! = 1 \cdot 2 \cdot 3 = 6.$$

$$4! = 1 \cdot 2 \cdot 3 \cdot 4 = 24, \ldots, n! = 1 \cdot 2 \cdot 3 \cdots \cdot n$$

b) Differenzenquotient

Der Differenzenquotient

$$\frac{\Delta y}{\Delta x} = \frac{y_1 - y}{x_1 - x} = \frac{f(x + \Delta x) - f(x)}{\Delta x} = \tan \sigma$$

ist das Verhältnis von Ordinatenzuwachs zu Abszissenzuwachs und gibt den Anstieg der Sekante an, die durch die Kurvenpunkte P und P_1 geht **(Bild 1)**.

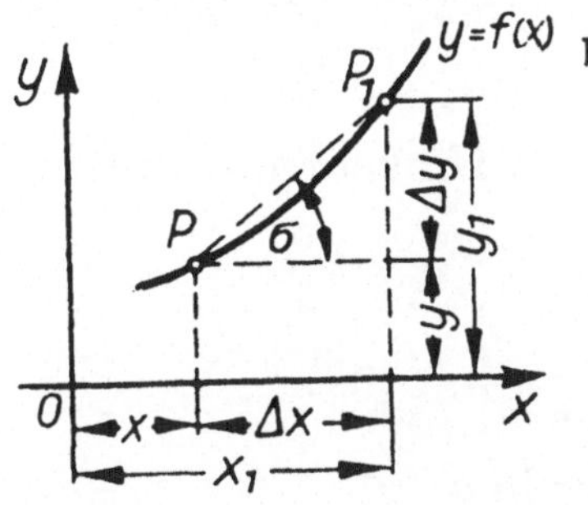

Bild 2

c) Ableitung, Differentialquotient

Die Ableitung (der Differentialquotient)

$$y' = f'(x) = \frac{dy}{dx} = \lim_{x_1 \to x} \frac{y_1 - y}{x_1 - x}$$

$$= \lim_{\Delta x \to 0} \frac{\Delta y}{\Delta x} = \lim_{\Delta x \to 0} \frac{f(x + \Delta x) - f(x)}{\Delta x} = \tan \alpha$$

Differentialrechnung

ist der Grenzwert des Differenzenquotienten und gibt den Anstieg der im Punkt $P(x; y)$ an die Kurve gelegten Tangente an (Bild 2).

d) Ableitungsregeln

$y = c\, f(x)$	$y' = c\, f'(x)$	Funktion mit konstantem Faktor
$y = x^n$	$y' = n\, x^{n-1}$	Potenzfunktion, z. B.
$y = \sqrt{x}$	$y' = \dfrac{1}{2\sqrt{x}}$	
$y = c$	$y' = 0$	Konstante
$y = u(x) \pm v(x)$	$y' = u'(x) \pm v'(x)$	Summe oder Differenz
$y = u(x) \cdot v(x)$	$y' = u'v + u v'$	Produkt
$y = \dfrac{u(x)}{v(x)}$	$y' = \dfrac{u'v - u v'}{v^2}$	Quotient
$y = f[u(x)]$	$y' = f'(u) \cdot u'(x) = \dfrac{dy}{du} \cdot \dfrac{du}{dx}$	Funktion von einer Funktion, Kettenregel, z. B.
$y = \sqrt{u(x)}$	$y' = \dfrac{u'(x)}{2\sqrt{u(x)}}$	
$x = \varphi(y)$	$y' = \dfrac{dy}{dx} = \dfrac{1}{\dfrac{dx}{dy}}$	Umkehrfunktion

e) Ableitungen elementarer Funktionen

$y = e^x$	$y' = e^x$
$y = a^x$	$y' = a^x \ln a$
$y = \ln x$	$y' = \dfrac{1}{x}$
$y = \lg x$	$y' = \dfrac{1}{x \ln 10} = \dfrac{1}{x} \lg e$
$y = \sin x$	$y' = \cos x$
$y = \cos x$	$y' = -\sin x$
$y = \tan x$	$y' = \dfrac{1}{\cos^2 x} = 1 + \tan^2 x$

Differentialrechnung

$$y = \cot x \qquad\qquad y' = -\frac{1}{\sin^2 x} = -(1 + \cot^2 x)$$

$$y = \text{arc sin } x \qquad\qquad y' = \frac{1}{\sqrt{1 - x^2}} \quad (|x| < 1)$$

$$y = \text{arc cos } x \qquad\qquad y' = -\frac{1}{\sqrt{1 - x^2}} \quad (|x| < 1)$$

$$y = \text{arc tan } x \qquad\qquad y' = \frac{1}{1 + x^2}$$

$$y = \text{arc cot } x \qquad\qquad y' = -\frac{1}{1 + x^2}$$

f) Graphische Differentiation

Ist eine Funktion nur durch ihre Kurve gegeben, so kann die abgeleitete Kurve nach Bild 3 konstruiert werden.

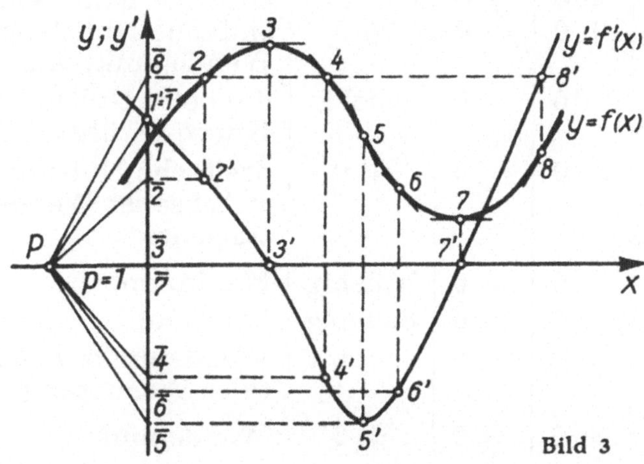

Bild 3

1. Festlegen eines Poles P im Abstande p vom Nullpunkt auf der negativen x-Achse (zweckmäßig $p = 1$).

2. Zeichnen der Tangenten an die Kurve (Punkte zweckmäßig wählen, z. B. Extremwerte, Wendepunkte).

3. Zeichnen der Polstrahlen, d. h. der Parallelen zu den Tangenten durch den Pol.

4. Schnittpunkte der Polstrahlen mit der y'-Achse sind die Werte der Ableitungen in den gewählten Kurvenpunkten.

Differentialrechnung

Maßstäbe:

$$p = \frac{E_x\, E_{y'}}{E_y} \quad \text{bzw.} \quad E_{y'} = \frac{p\, E_y}{E_x}$$

p Polabstand

E_x Einheitslänge auf der x-Achse

E_y Einheitslänge auf der y-Achse der Funktion $y = f(x)$

$E_{y'}$ Einheitslänge auf der y'-Achse der Funktion $y' = f'(x)$

g) Untersuchung von Kurven

y	y'	y''	y'''	
	$\neq 0$	$\neq 0$	beliebig	einfache Nullstelle
	$\neq 0$	$= 0$	$\neq 0$	einfache Nullstelle, Wendepunkt auf x-Achse
$= 0$	$= 0$	$\neq 0$	beliebig	doppelte Nullstelle, Kurve berührt x-Achse
	$= 0$	$= 0$	$\neq 0$	dreifache Nullstelle, x-Achse ist Wendetangente
	$= 0$	< 0	beliebig	Maximum
beliebig	$= 0$	> 0	beliebig	Minimum
	$= 0$	$= 0$	$\neq 0$	Wendepunkt mit horizontaler Wendetangente
beliebig	$\neq 0$	$= 0$	$\neq 0$	Wendepunkt

Die Kurve ist, von unten gesehen, konkav, d. h., sie besitzt Rechtskrümmung, wenn $\qquad y'' < 0$

Die Kurve ist, von unten gesehen, konvex, d. h., sie besitzt Linkskrümmung, wenn $\qquad y'' > 0$

Newtonsches Näherungsverfahren zur Nullstellenbestimmung (Bild 4)

$$x_1 = x_0 - \frac{f(x_0)}{f'(x_0)} \quad [\text{mit } f'(x_0) \neq 0]$$

Differentialrechnung

ist ein besserer Näherungswert als x_0, wenn

$$f(x_0) \cdot f''(x_0) > 0 \text{ ist.}$$

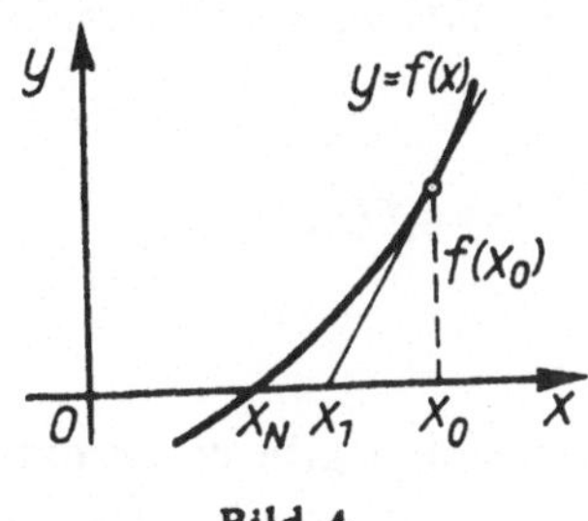

Bild 4

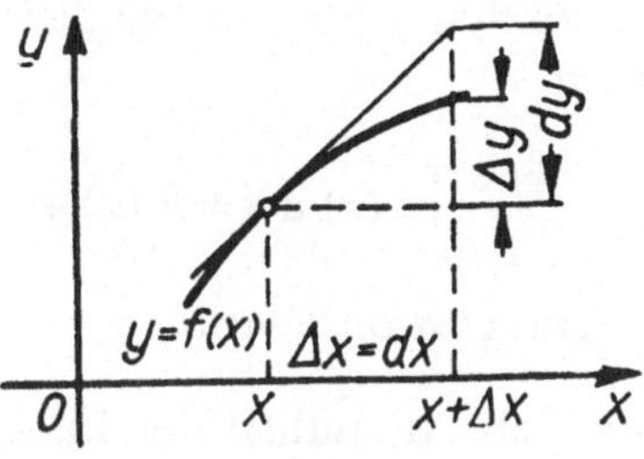

Bild 5

h) Fehlerrechnung

Absoluter Fehler	$\Delta a = \tilde{a} - a$	$\tilde{a}$ angenäherter Wert (Meß- wert)
		a genauer Wert

Relativer Fehler	$\dfrac{\Delta a}{a} \approx \dfrac{\Delta a}{\tilde{a}} \quad (\Delta a \ll a)$

Prozentualer Fehler	$\dfrac{\Delta a}{a} \cdot 100\,\%$

Bei einer Größe $y = f(x)$, die von einer mit einem Fehler Δx behafteten Größe (Meßwert) x abhängt, ist (unter der Bedingung $\Delta x \ll x$) der maximale Wert des absoluten Fehlers (Bild 5):

$$\Delta y \approx \mathrm{d}y$$

Absoluter Fehler	$\Delta y \approx y' \, \Delta x$

Relativer Fehler	$\dfrac{\Delta y}{y} \approx \dfrac{y'}{y} \, \Delta x$

$\dfrac{y'}{y}$ erhält man durch Logarithmieren und anschließendes Differenzieren der Funktion $y = f(x)$:

$$[\ln y]' = \frac{y'}{y}$$

2. Integralrechnung

a) Unbestimmtes Integral

Die Integration ist die Umkehrung der Differentiation. Das Integral einer vorgegebenen Funktion (des Integranden) ist die Funktion, deren Ableitung der Integrand ist:

$$\int f(x)\,\mathrm{d}x = F(x) + C, \text{ wenn } F'(x) = f(x) \text{ ist.}$$

C heißt die *Integrationskonstante*.

Wegen der Unbestimmtheit der Integrationskonstanten gibt es zu einem Integranden *unendlich viele Integralfunktionen,* die sich nur in einer additiven Konstanten unterscheiden und deren Kurven deshalb nur in y-Richtung parallel zueinander verschoben sind.

$$\text{Beispiel: } \int x^2\,\mathrm{d}x = \frac{x^3}{3} + C$$

b) Partikuläres Integral

Zu einem unbestimmten Integral erhält man ein partikuläres Integral, wenn der Integrationskonstanten durch eine Anfangsbedingung ein bestimmter Wert erteilt werden kann.

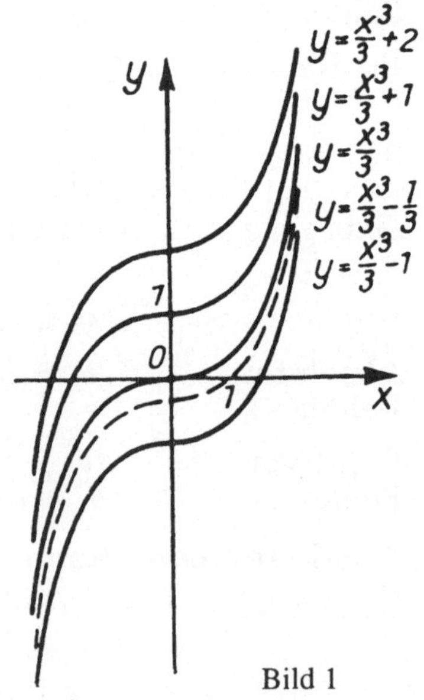

Bild 1

Beispiel $\quad \int x^2\,\mathrm{d}x \quad$ mit Anfangsbedingung

$$x = 1, \int x^2\,\mathrm{d}x = 0 \text{ (Bild 1)}$$

$$\int x^2\,\mathrm{d}x = \frac{x^3}{3} + C$$

Anfangsbedingung

$$0 = \frac{1}{3} + C$$

$$C = -\frac{1}{3}$$

$$\int x^2\,\mathrm{d}x = \frac{x^3}{3} - \frac{1}{3}$$

Integralrechnung

c) Bestimmtes Integral (Bilder 2 und 3)

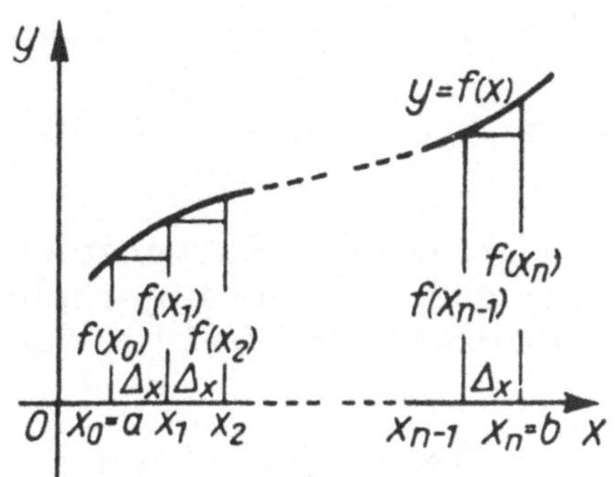

Bild 2

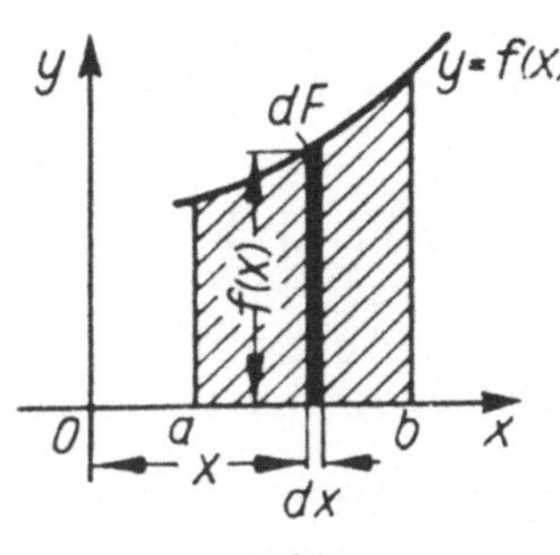

Bild 3

Das bestimmte Integral (für zwei Werte $x = a$ und $x = b$) erhält man aus dem unbestimmten Integral, indem man für x einmal den Wert der oberen Grenze b, dann den Wert der unteren Grenze a einsetzt und die erhaltenen Funktionswerte voneinander subtrahiert. Die Konstante C fällt hierbei weg.

$$\int_a^b f(x)\,\mathrm{d}x = F(x)\Big|_a^b = F(b) - F(a)$$

Das bestimmte Integral stellt den Grenzwert einer Summe dar:

$$\int_a^b f(x)\,\mathrm{d}x = \lim_{\Delta x \to 0} \sum_{x_k = a}^{x_k = b} f(x_k)\,\Delta x$$

Das bestimmte Integral gibt den Inhalt der von der Kurve $y = f(x)$, der x-Achse und den beiden Ordinaten $x = a$ und $x = b$ eingeschlossenen Fläche an:

$$A = \int_a^b \mathrm{d}A = \int_a^b f(x)\,\mathrm{d}x$$

Integralrechnung

Regeln für das Rechnen mit bestimmten Integralen

1. Ist der Integrand $f(x)$ innerhalb eines Bereiches von $x = a$ bis $x = b$ negativ, so ist auch das Integral $\int\limits_a^b f(x)\,\mathrm{d}x$ negativ, d. h., verläuft das begrenzende Kurvenstück unterhalb der x-Achse, so ergibt sich (für die unterhalb der x-Achse liegende Fläche) ein negativer Wert für den Flächeninhalt.

2. Der Integrationsbereich kann in Teile zerlegt und die Funktion über die einzelnen Teilbereiche integriert werden.

Aus 1. und 2. folgt

3. Soll der absolute Wert der Fläche unter der Kurve $f(x)$ in den Grenzen von a bis b berechnet werden und besitzt die Funktion $f(x)$ in diesem Bereich eine Nullstelle x_0, so ist der Flächeninhalt die Summe der absoluten Werte von

$$\int\limits_a^{x_0} f(x)\,\mathrm{d}x \quad \text{und} \quad \int\limits_{x_0}^b f(x)\,\mathrm{d}x$$

4. Für Integranden, die symmetrische Funktionen darstellen, gilt bei symmetrischer Lage der Grenzen:

$$\int\limits_{-a}^{+a} f(x)\,\mathrm{d}x = 2\int\limits_0^a f(x)\,\mathrm{d}x$$

5. Vertauscht man die Grenzen eines bestimmten Integrals untereinander, so muß das Vorzeichen des Integrals geändert werden:

$$\int\limits_a^b f(x)\,\mathrm{d}x = -\int\limits_0^a f(x)\,\mathrm{d}x$$

Integralrechnung

d) Integrationsregeln

Integrieren und Differenzieren heben einander auf:

$$\frac{\mathrm{d}\int f(x)\,\mathrm{d}x}{\mathrm{d}x} = \mathrm{d}\int f(x) = f(x),$$

$$\int f'(x)\,\mathrm{d}x = \int \mathrm{d}f(x) = f(x) + C$$

Ein konstanter Faktor des Integranden kann vor das Integral gesetzt werden:

$$\int a\,f(x)\,\mathrm{d}x = a\int f(x)\,\mathrm{d}x$$

Eine Summe wird gliedweise integriert:

$$\int [f(x) + g(x)]\,\mathrm{d}x = \int f(x)\,\mathrm{d}x + \int g(x)\,\mathrm{d}x$$

e) Grundintegrale

$$\int x^n\,\mathrm{d}x = \frac{x^{n+1}}{n+1} + C\,(n \neq -1) \qquad \int \mathrm{e}^x\,\mathrm{d}x = \mathrm{e}^x + C$$

$$\int \frac{1}{x}\,\mathrm{d}x = \ln x + C \qquad \int a^x\,\mathrm{d}x = \frac{a^x}{\ln a} + C$$

$$\int \sin x\,\mathrm{d}x = -\cos x + C \qquad \int \frac{\mathrm{d}x}{\sqrt{1-x^2}} = \begin{cases} \arcsin x + C_1 \\ -\arccos x + C_2 \end{cases}$$

$$\int \cos x\,\mathrm{d}x = \sin x + C \qquad \int \frac{\mathrm{d}x}{1+x^2} = \begin{cases} \arctan x + C_1 \\ -\operatorname{arccot} x + C_2 \end{cases}$$

$$\int \frac{\mathrm{d}x}{\sin^2 x} = \int (1 + \cot^2 x)\,\mathrm{d}x = -\cot x + C$$

$$\int \frac{\mathrm{d}x}{\cos^2 x} = \int (1 + \tan^2 x)\,\mathrm{d}x = \tan x + C$$

Integralrechnung

f) *Integrationsverfahren*

Integration durch Substitution

Der Integrand ist	Substitution	$\int f(x)\,\mathrm{d}x$	Beispiel
die Funktion einer linearen Funktion $f(x) = \varphi(ax + b)$	$ax + b = z$ $\mathrm{d}x = \dfrac{1}{a}\,\mathrm{d}z$	$= \dfrac{1}{a}\int \varphi(z)\,\mathrm{d}z$	$\int \sin(ax + b) =$ $= \dfrac{1}{a}\int \sin z\,\mathrm{d}z =$ $= -\dfrac{1}{a}\cos(ax + b) + C$
Funktion mal Ableitung $f(x) = \varphi(x)\,\varphi'(x)$	$\varphi(x) = z$ $\varphi'(x)\,\mathrm{d}x = \mathrm{d}z$	$= \int z\,\mathrm{d}z$ $= \dfrac{1}{2}[\varphi(x)]^2 + C$	$\int \sin x \cos x\,\mathrm{d}x =$ $= \int z\,\mathrm{d}z =$ $= \dfrac{1}{2}\sin^2 x + C$
Ableitung durch Funktion $f(x) = \dfrac{\varphi'(x)}{\varphi(x)}$	$\varphi(x) = z$ $\varphi'(x)\,\mathrm{d}x = \mathrm{d}z$	$= \int \dfrac{\mathrm{d}z}{z}$ $= \ln|\varphi(x)| + C$	$\int \cot x\,\mathrm{d}x =$ $= \int \dfrac{\cos x}{\sin x}\,\mathrm{d}x =$ $= \int \dfrac{\mathrm{d}z}{z} =$ $= \ln|\sin x| + C$

Partielle Integration

$$\int u(x) \cdot v'(x)\,\mathrm{d}x = u(x) \cdot v(x) - \int v(x) \cdot u'(x)\,\mathrm{d}x$$

Beispiel:

$$\int x \cos x\,\mathrm{d}x = \qquad\qquad u = x;\ v' = \cos x$$

$$= x \sin x - \int \sin x \cdot 1 \cdot \mathrm{d}x. \qquad u' = 1;\ v = \int \cos x\,\mathrm{d}x$$

$$= x \sin x + \cos x + C \qquad\qquad\qquad = \sin x$$

Integralrechnung

g) Integrale (bei allen Integralen ist **+ C** zu ergänzen)

$$\int (a + b\,x)^n\,\mathrm{d}\,x = \frac{(a + b\,x)^{n+1}}{b\,(n+1)} \qquad \int \frac{\mathrm{d}\,x}{a + b\,x} = \frac{1}{b}\,\ln|a + b\,x|$$

$$(n \neq -1)$$

$$\int \frac{\mathrm{d}\,x}{a^2 + b^2\,x^2} = \frac{1}{a\,b}\,\mathrm{arc}\,\tan\frac{b}{a}\,x \qquad \int \frac{\mathrm{d}\,x}{a^2 - b^2\,x^2} = \frac{1}{2\,a\,b}\,\ln\left|\frac{a + b\,x}{a - b\,x}\right|$$

$$\int \frac{\mathrm{d}\,x}{a + 2\,b\,x + c\,x^2} = \begin{cases} \dfrac{1}{\sqrt{a\,c - b^2}}\,\mathrm{arc}\,\tan\dfrac{b + c\,x}{\sqrt{a\,c - b^2}} & \text{für } a\,c > b^2 \\[2ex] \dfrac{1}{2\,\sqrt{b^2 - a\,c}}\,\ln\left|\dfrac{\sqrt{b^2 - a\,c} - b - c\,x}{\sqrt{b^2 - a\,c} + b + c\,x}\right| & \text{für } b^2 > a\,c \\[2ex] -\dfrac{1}{b + c\,x} & \text{für } b^2 = a\,c \end{cases}$$

$$\int \frac{x\,\mathrm{d}\,x}{a^2 \pm b^2\,x^2} = \pm\frac{1}{2\,b}\,\ln|a^2 \pm b^2\,x^2|$$

$$\int x\sqrt{a^2 \pm b^2\,x^2}\,\mathrm{d}\,x = \pm\frac{1}{3\,b^2}\,(a^2 \pm b^2\,x^2)^{\frac{3}{2}}$$

$$\int \sqrt{a^2 + b^2\,x^2}\,\mathrm{d}\,x = \frac{x}{2}\,\sqrt{a^2 + b^2\,x^2} + \frac{a^2}{2\,b}\,\ln\left|b\,x + \sqrt{a^2 + b^2\,x^2}\right|$$

$$\int \sqrt{a^2 - b^2\,x^2}\,\mathrm{d}\,x = \frac{a^2}{2\,b}\,\mathrm{arc}\,\sin\frac{b}{a}\,x + \frac{x}{2}\,\sqrt{a^2 - b^2\,x^2}$$

$$\int \frac{\mathrm{d}\,x}{\sqrt{a^2 + b^2\,x^2}} = \frac{1}{b}\,\ln\left|b\,x + \sqrt{a^2 + b^2\,x^2}\right|$$

$$\int \frac{\mathrm{d}\,x}{\sqrt{a^2 - b^2\,x^2}} = \frac{1}{b}\,\mathrm{arc}\,\sin\frac{b}{a}\,x$$

$$\int \frac{x\,\mathrm{d}\,x}{\sqrt{a^2 \pm b^2\,x^2}} = \pm\frac{1}{b^2}\,\sqrt{a^2 \pm b^2\,x^2}$$

$$\int e^{a\,x}\sin b\,x\,\mathrm{d}\,x = \frac{e^{a\,x}}{a^2 + b^2}\,(a\,\sin b\,x - b\,\cos b\,x)$$

$$\int e^{a\,x}\cos b\,x\,\mathrm{d}\,x = \frac{e^{a\,x}}{a^2 + b^2}\,(b\,\sin b\,x + a\,\cos b\,x)$$

Integrale (bei allen Integralen ist +C zu ergänzen)

$$\int x^n \ln x \, dx = \frac{x^{n+1}}{n+1} \ln x - \qquad \int \frac{\ln x}{x} \, dx = \frac{1}{2} (\ln x)^2$$

$$- \frac{x^{n+1}}{(n+1)^2} \; (n \neq -1)$$

$$\int \sin^2 x \, dx = \frac{1}{2} (x - \sin x \cos x) \qquad \int \tan x \, dx = - \ln |\cos x|$$

$$\int \cos^2 x \, dx = \frac{1}{2} (x + \sin x \cos x) \qquad \int \cot x \, dx = \ln |\sin x|$$

$$\int \frac{dx}{\cos x} = \ln \left| \tan \left(\frac{x}{2} + \frac{\pi}{4} \right) \right| \qquad \int \frac{dx}{\sin x} = \ln \left| \tan \frac{x}{2} \right|$$

$$\int \sin x \cos x \, dx = \frac{1}{2} \sin^2 x \qquad \int \frac{dx}{\sin x \cos x} = \ln \left| \tan x \right|$$

Rekursionsformeln ($n = 1, 2, 3, \ldots$)

$$\int x^n e^x \, dx = x^n e^x - n \int x^{n-1} e^x \, dx$$

$$\int x^n \sin x \, dx = - x^n \cos x + n \int x^{n-1} \cos x \, dx$$

$$\int x^n \cos x \, dx = x^n \sin x - n \int x^{n-1} \sin x \, dx$$

$$\int \sin^n x \, dx = - \frac{1}{n} \sin^{n-1} x \cos x + \frac{n-1}{n} \int \sin^{n-2} x \, dx$$

$$\int \cos^n x \, dx = \frac{1}{n} \cos^{n-1} x \sin x + \frac{n-1}{n} \int \cos^{n-2} x \, dx$$

$$\left. \begin{array}{l} \displaystyle\int \frac{dx}{\sin^n x} = - \frac{1}{n-1} \frac{\cos x}{\sin^{n-1} x} + \frac{n-2}{n-1} \int \frac{dx}{\sin^{n-2} x} \\[2ex] \displaystyle\int \frac{dx}{\cos^n x} = \frac{1}{n-1} \frac{\sin x}{\cos^{n-1} x} + \frac{n-2}{n-1} \int \frac{dx}{\cos^{n-2} x} \end{array} \right\} \; (n \neq 1)$$

$$\int \frac{x^n \, dx}{\sqrt{a^2 \pm x^2}} = \pm \frac{1}{n} x^{n-1} \sqrt{a^2 \pm x^2} \mp \frac{n-1}{n} a^2 \int \frac{x^{n-2}}{\sqrt{a^2 \pm x^2}} \, dx$$

$$\int x^n \sqrt{a^2 \pm x^2} \, dx = \frac{x^{n+1}}{n+2} \sqrt{a^2 \pm x^2} + \frac{a^2}{n+2} \int \frac{x^n}{\sqrt{a^2 \pm x^2}} \, dx$$

Integralrechnung

h) Integration durch Näherung (Numerische Integration)

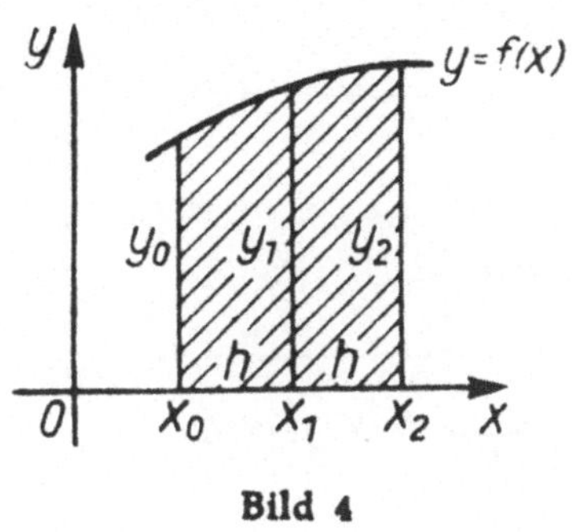

Bild 4

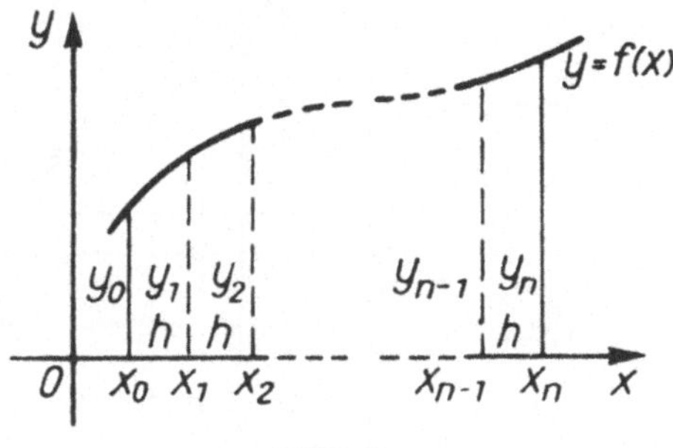

Bild 5

Keplersche Faßregel (Bild 4)

Der Flächeninhalt wird genau angegeben, wenn $y = f(x)$ eine ganze rationale Funktion von höchstens drittem Grade ist.

$$A \approx \frac{h}{3}\,(y_0 + 4\,y_1 + y_2), \text{ hierin } \left(h = \frac{x_2 - x_0}{2}\right)$$

Simpsonsche Regel (Bild 5)

$$A \approx \frac{h}{3}\,[y_0 + y_n + 2\,(y_2 + y_4 + \cdots + y_{n-2}) +$$
$$+ 4\,(y_1 + y_3 + \cdots + y_{n-1})]$$
$$\text{hierin, } \left(h = \frac{x_n - x_0}{n}, \, n \text{ gerade}\right)$$

i) Graphische Integration

Ist eine Funktion $y = f(x)$ nur durch ihre Kurve gegeben, so kann das bestimmte Integral $\int\limits_a^b f(x)\,\mathrm{d}x$ nach **Bild 6** ermittelt werden.

1. Festlegen von Kurvenpunkten $P_1, \ldots, P_n$ im Bereich von $x = a$ bis $x = b$, und zwar am dichtesten im Bereich größerer Funktionsänderungen.

Integralrechnung

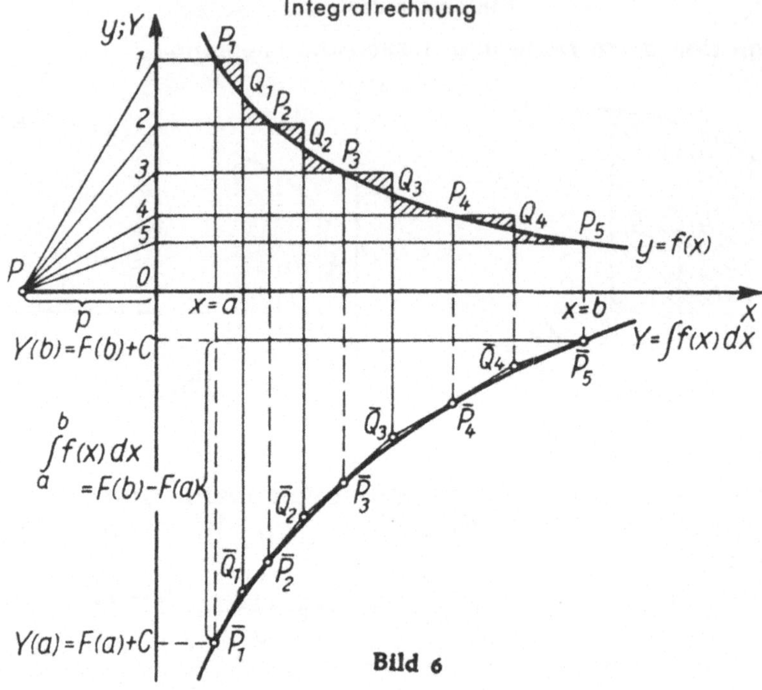

Bild 6

2. Ziehen der Waagerechten durch $P_1, \ldots, P_n$ bis zum Schnitt mit der y-Achse in $1, \ldots, n$.

3. Festlegen eines Poles P im Abstand p vom Nullpunkt auf der negativen x-Achse derart, daß die Polstrahlen $\overline{P1}, \ldots, \overline{Pn}$ nicht zu steil verlaufen.

4. Festlegen von Punkten $Q_1, \ldots, Q_{n-1}$ auf der Kurve derart, daß die rechts und links davon entstehenden schraffierten Flächen jeweils flächengleich werden.

5. Wählen eines Punktes $\overline{P_1}$.

6. Zeichnen der Parallelen zum Polstrahl $\overline{P1}$ durch $\overline{P_1}$ bis zum Schnitt mit der Ordinate durch Q_1 in $\overline{Q_1}$, dann der Parallelen zu $\overline{P2}$ durch $\overline{Q_1}$ bis zum Schnitt mit der Ordinate durch Q_2 in $\overline{Q_2}$, usw.

7. Die den Streckenzug $\overline{P_1}\overline{Q_1} \ldots \overline{P_n}$ in $\overline{P_1}, \overline{P_2}, \ldots, \overline{P_n}$ berührende Kurve Y ist eine Integralkurve.

Integralrechnung

8. Die Ordinatendifferenz $Y(b) - Y(a)$ gibt den Wert des gesuchten Integrals $\int\limits_{a}^{b} f(x)\, \mathrm{d}x$ an.

$$\text{Maßstäbe:} \qquad p = \frac{E_x\, E_y}{E_Y} \quad \text{bzw.} \quad E_Y = \frac{E_x\, E_y}{p}$$

p Polabstand

E_x Einheitslänge auf der x-Achse

E_y Einheitslänge auf der y-Achse der Funktion $y = f(x)$

E_Y Einheitslänge auf der Y-Achse der Funktion $Y = \int f(x)\, \mathrm{d}x$

k) Polarplanimeter (Bild 7)

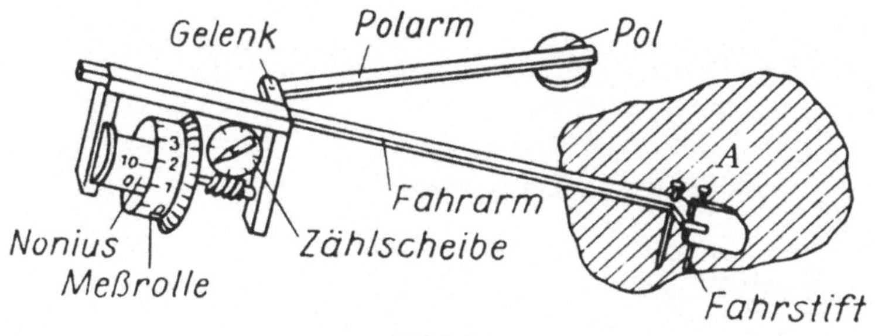

Bild 7

Das Polarplanimeter dient zum Bestimmen des Flächeninhalts einer geschlossenen Kurve. Der Pol wird außerhalb der Fläche gelegt, die Kurve mit dem Fahrstift umfahren, der Flächeninhalt durch Differenzbildung der am Meßwerk (Zählscheibe und Meßrolle) angezeigten und mit Hilfe des Nonius abgelesenen Anfangswerte N_1 und der Endwerte N_2 ermittelt.

$$A = k\,(N_2 - N_1)$$

Die Werte der Planimeterkonstanten k für verschiedene Längen des Fahrarms sind entweder dem Gerät beigegeben oder können durch Umfahren einer Fläche von bekanntem Flächeninhalt bestimmt werden.

Integralrechnung

I) Anwendungen der Integralrechnung

Kurven (Bild 8)

Bogenlänge

$$s = \int_a^b \mathrm{d}\,s = \int_a^b \sqrt{1 + y'^2}\ \mathrm{d}\,x$$

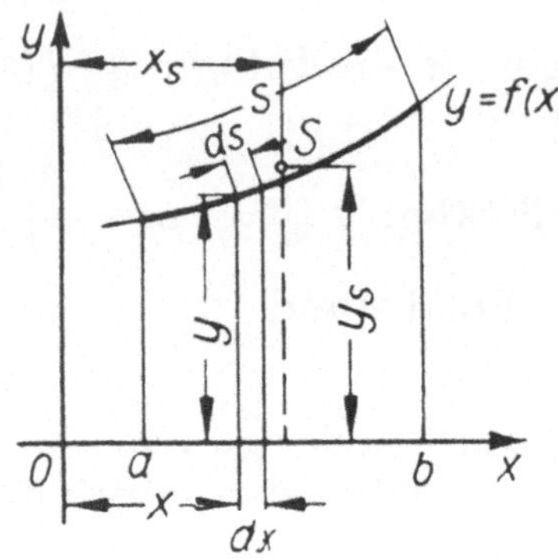

Bild 8

Stat. Moment ebener Kurven (Bild 8) bezogen auf

x-Achse

$$M_x = \int_a^b y \sqrt{1 + y'^2}\ \mathrm{d}\,x$$

y-Achse

$$M_y = \int_a^b x \sqrt{1 + y'^2}\ \mathrm{d}\,x$$

Schwerpunktabstände

$$x_s = \frac{M_y}{s} \qquad\qquad y_s = \frac{M_x}{s}$$

Flächen

Fläche zwischen zwei Kurven (Bild 9)

$$A = \int_a^b (y_2 - y_1)\,\mathrm{d}\,x$$

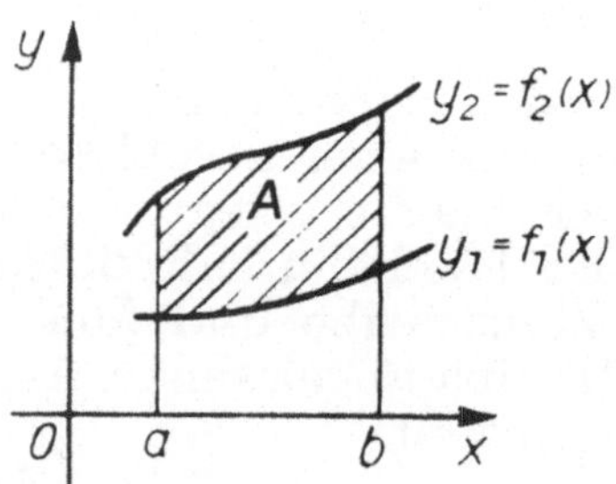

Bild 9

Mantelfläche von Rotationskörpern

$$A_M = 2\,\pi \int_a^b y\,\mathrm{d}\,s = 2\,\pi \int_a^b y \sqrt{1 + y'^2}\ \mathrm{d}\,x = 2\,\pi\,y_s\,s$$

1. Projektionslehre

Mit Hilfe der Projektion (lateinisch projectio = Entwurf) lassen sich Körper, Flächen und Strecken auf einer Ebene darstellen. Dabei bedient man sich der Zentralprojektion und im technischen Zeichnen der rechtwinkligen Parallelprojektion.

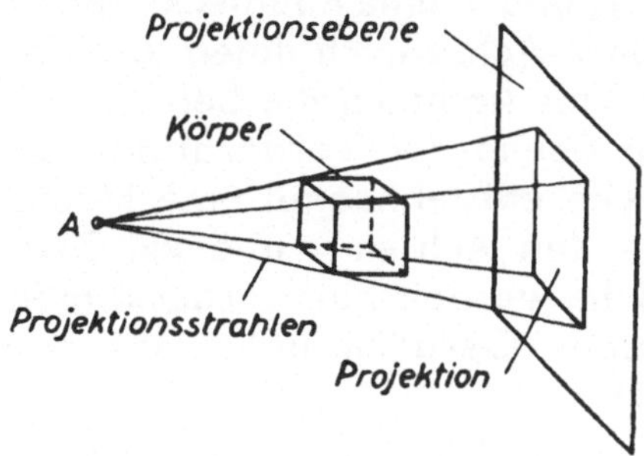

Bild 1/1 *Zentralprojektion*

Bei der **Zentralprojektion** gehen Projektionsstrahlen durch einen festen Punkt A, berühren die Ecken und Kanten des Körpers, treffen dann auf die Projektionsebene und bilden dort den Gegenstand ab. Auch die Abbildungen in den Projektionsebenen werden Projektionen genannt. Der Punkt A kann mit dem Auge und die Projektionsstrahlen mit den Sehstrahlen verglichen werden. Die Zentralprojektion liefert anschauliche, aber wenig maßgerechte Abbildungen. Bild 1/1

Bei der **rechtwinkligen Parallelprojektion,** auch orthogonale Parallelprojektion genannt, verlaufen die Projektionsstrahlen parallel zueinander und treffen senkrecht auf die Projektionsebene. Der Punkt A bzw. das Auge sind ins Unendliche gerückt. Diese Darstellung liefert weniger anschauliche, jedoch maßgerechte Abbildungen. Daher wird sie im technischen Zeichnen angewandt. Bild 1/2

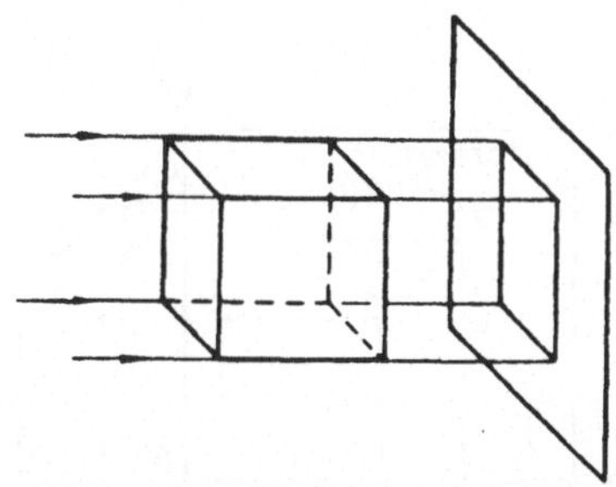

Bild 1/2 *Rechtwinklige Parallelprojektion*

Bild 2/1 zeigt wie bei der rechtwinkligen Parallelprojektion eines Rechteckprismas in der Raumecke auf den drei Projektionsebenen die Vorderansicht, Draufsicht und Seitenansicht als Flächen abgebildet werden. Diese erscheinen in wahrer Größe, da die entsprechenden Körperflächen parallel zu ihren Projektionsebenen liegen.

2. Senkrechte Parallelprojektion

Eine Strecke, eine Fläche oder ein Körper wird meist in drei zueinander senkrecht stehende Ebenen projiziert, und zwar in die
Projektionsebene der Vorderansicht (Aufriß), der Draufsicht (Grund-
riß) und der Seitenansicht (Seitenriß). Die drei Projektionsebenen
bilden zusammen mit den Achsen x, y, und z eine Raumecke (Bild 1)
Durch Klappen der Draufsicht um die x-Achse nach unten und der
Seitenansicht um die y-Achse nach rechts kommen die beiden aufgeklappten Projektionsebenen in die Ebene der Vorderansicht zu
liegen. Aus der dreiachsigen Raumecke entsteht somit eine Fläche
mit den senkrecht aufeinander stehenden Achsen y und xz. Zwischen der Seitenansicht und Draufsicht werden die Körperkanten
durch Zirkelschläge oder mittels einer Geraden unter 45° zur
Projektionsachse übertragen. (Bild 2/1)

Die Projektionen eines in der Raumecke liegenden Punktes P bezeichnet man im allgemeinen in der Ebene der:

Vorderansicht mit P′ oder P_1

Draufsicht mit P″ oder P_2

Seitenansicht mit P‴ oder P_3

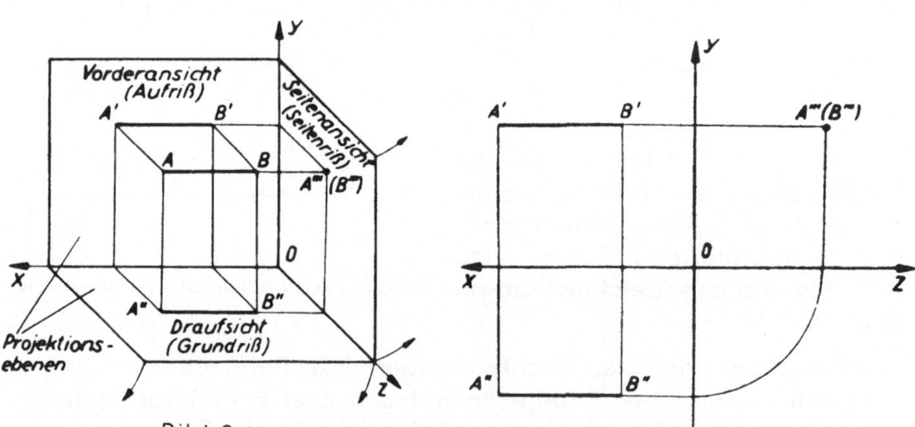

Bild 2/1 Strecke AB parallel zu zwei Projektionsebenen
in der Raumecke — in den drei aufgeklappten Projektionsebenen

Eine Strecke bzw. Kante erscheint nur in der Projektionsebene in wahrer
Länge, zu der sie parallel verläuft.

7–2

3. Projektion von Strecken

In Bild 2/1 liegt die Strecke AB parallel zu den Projektionsebenen der Vorderansicht und Draufsicht und steht senkrecht auf der Ebene der Seitenansicht. Die Projektionen A'B' und A''B'' besitzen daher die wahre Länge der Strecke AB. In der Projektionsebene der Seitenansicht erscheint sie als Punkt A''', der eingeklammerte Punkt B''' ist verdeckt.

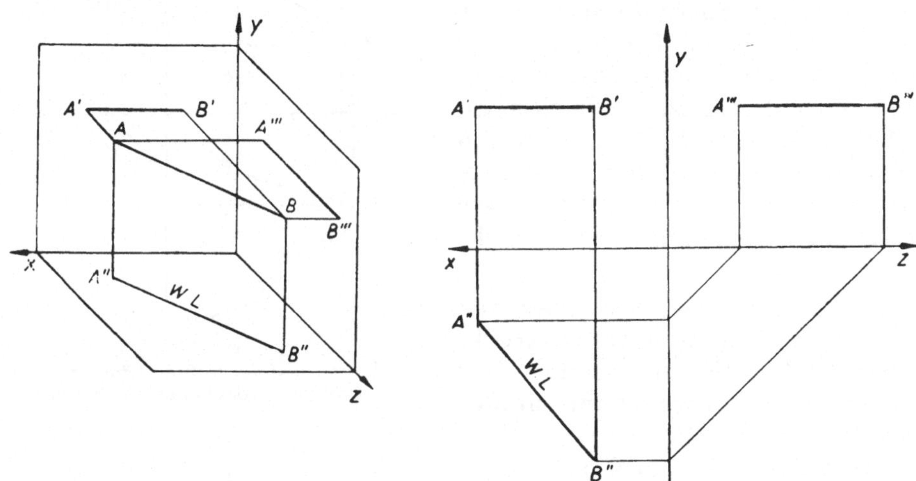

Bild 3/1 *Strecke AB parallel zu einer Projektionsebene*

In Bild 3/1 liegt die Strecke AB nur zur Projektionsebene der Draufsicht parallel, daher erscheint sie hier als A''B'' in wahrer Länge. Da AB zu der Projektionsebene der Vorderansicht als A'B' und der Seitenansicht als A'''B''' schiefwinklig stehen, sind sie in diesen Ansichten beide verkürzt gezeichnet.

Bei der Projektion der Strecke AB in der Raumecke (in 1) bilden AB mit ihrer Projektion A'B' und den Projektionsstrahlen AA' und BB' ein Projektionstrapez, das auf der Ebene der Vorderansicht senkrecht steht. Ein weiteres Trapez steht senkrecht auf der Ebene der Seitenansicht. Es wird entsprechend gebildet aus AB, A'''B''', AA''' und BB'''. Die Projektionstrapeze dienen bei Strecken, die zu keiner Projektionsebene parallel verlaufen, zum Ermitteln der wahren Länge. Bild 4/1

4. Bestimmen der wahren Länge einer Strecke

a) *Durch Umklappen* (Bild 4/1)

Da in Bild 1 die Strecke AB zu allen drei Projektionsebenen schräg liegt, erscheinen alle drei Projektionen verkürzt. Im Bild ist ihre wahre Länge durch Umklappen des Projektionstrapezes $A''B''$ B_2A_2 in die Ebene der Draufsicht ermittelt. Dies geschieht durch Abgreifen der beiden parallelen Trapezseiten a und b aus der Vorderansicht bzw. Seitenansicht, die an die Projektion $A''B''$ rechtwinklig angetragen werden. Die Verbindung ihrer Endpunkte A_2 und B_2 ergibt die wahre Länge der im Raum liegenden Strecke AB.

Die auf den Projektionsebenen der Vorder- und Seitenansicht senkrecht stehenden Projektionstrapeze können auch entsprechend umgeklappt werden (s. Bild 3/1).

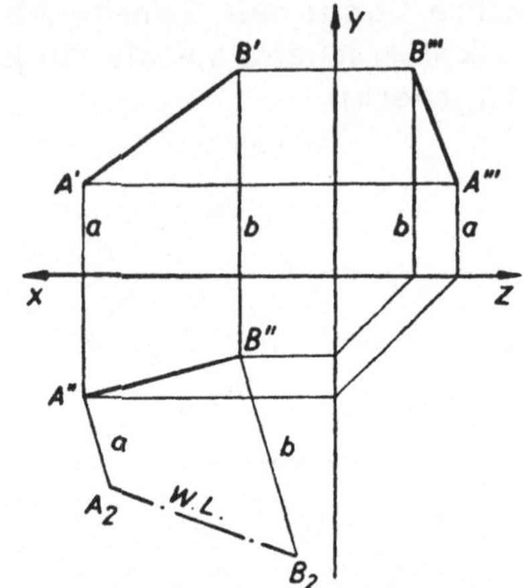

Bild 4/1 *Ermitteln der wahren Länge durch Umklappen des Projektionstrapezes*

b) *Durch Drehen* (Bild 4/2)

Die wahre Länge der Projektion, z. B. A'B' in der Vorderansicht, entsteht, wenn man die Projektion $A''B''$ in der Draufsicht soweit um den festen Punkt B'' dreht, daß diese parallel zu der Projektionsachse x und damit auch parallel zur Projektionsebene der Vorderansicht zu liegen kommt. Der Endpunkt A_1 der wahren Länge in der Vorderansicht ergibt sich durch Herausloten der Senkrechten

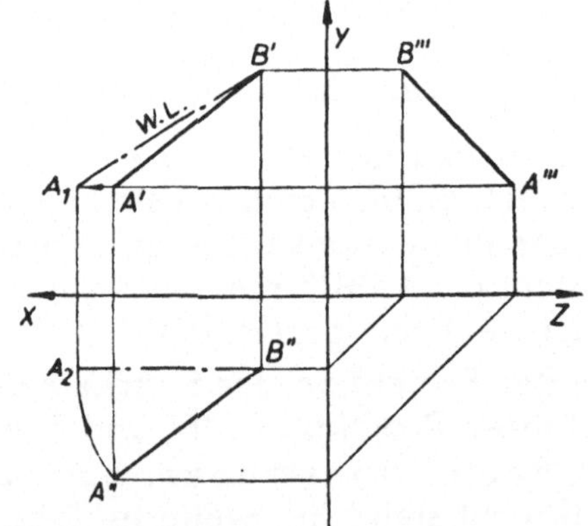

Bild 4/2 *Bestimmen der wahren Länge durch Drehen*

aus der Draufsicht von A_2 aus und durch Verlängern der Waagerechten A'A''' über A' hinaus. Die Verbindung $A_1 B'$ ist die gesuchte wahre Länge der im Raum liegenden Strecke AB.

Die wahre Länge kann auch in der Draufsicht und Seitenansicht ermittelt werden.

5. Projektion von ebenen Flächen

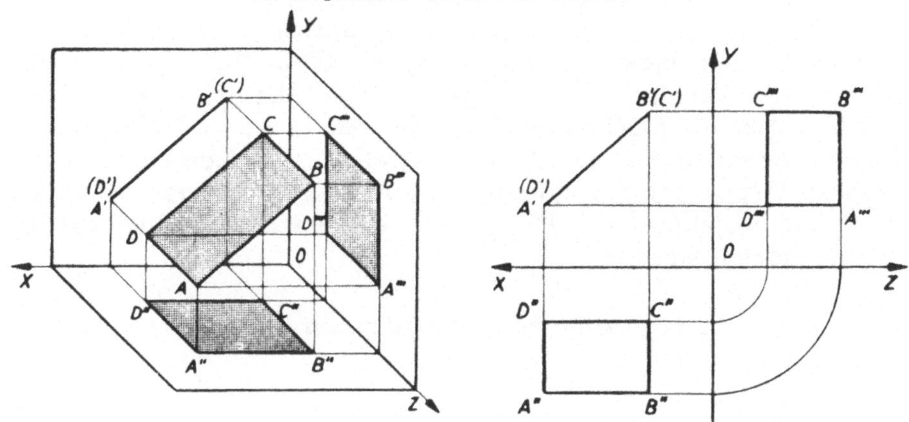

Bild 5/1 *Fläche A BC D liegt senkrecht zur Projektionsebene der Vorderansicht und schräg zur Draufsicht und Seitenansicht*

Bild 5/1 zeigt die Fläche ABCD, die senkrecht zur Projektionsebene der Vorderansicht steht und daher dort als Gerade erscheint. Da diese Fläche zur Ebene der Draufsicht und Seitenansicht schräg liegt, wird sie hier verkürzt gezeichnet.

Eine ebene Fläche bildet sich nur dort in wahrer Größe ab, wo sie parallel zur Projektionsebene liegt. (siehe Bild 1/2)

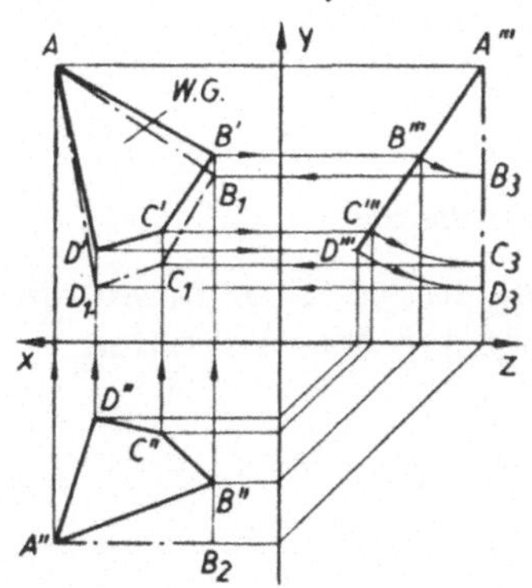

Bild 6/1 *Bestimmen der wahren Größe einer Fläche durch Drehen*

6. Bestimmen der wahren Größe einer Fläche (durch Drehen)

Die im Raum liegende Fläche ABCD liegt zu keiner Projektionsebene parallel, daher muß ihre wahre Größe ermittelt werden. Die Fläche ABCD in Bild die auf der Projektionsebene der Seitenansicht senkrecht steht und dort als Strecke A'''D''' erscheint, wird z. B. um den Endpunkt A''' in die parallele Lage A'''D$_3$ zur y-Achse gedreht. Sie erscheint nun in der Vorderansicht in ihrer wahren Größe (strichpunktiert eingezeichnet). Zum Bestimmen der Eckpunkte der Fläche A'B$_1$C$_1$D$_1$ in der Vorderansicht zieht man die Parallelen zur xz-

Bestimmen der wahren Größe einer Fläche (durch Drehen)

Achse durch B_3, C_3 und D_3 der Seitenansicht und lotet aus der Draufsicht die Projektionsstrahlen von B″, C″ und D″ in die Vorderansicht. Die Verbindung der so gefundenen Schnittpunkte B_1, C_1, D_1 mit A′ ergibt die Fläche $A'B_1C_1D_1$, welche die wahre Größe der im Raum liegenden Fläche ABCD darstellt. Beim Konstruieren der wahren Größe der Projektionsfläche A″D″C″B″ in der Draufsicht muß die Projektion A‴D‴ in der Seitenansicht parallel zur xz-Achse gedreht werden.

7. Projektion von prismatischen Körpern

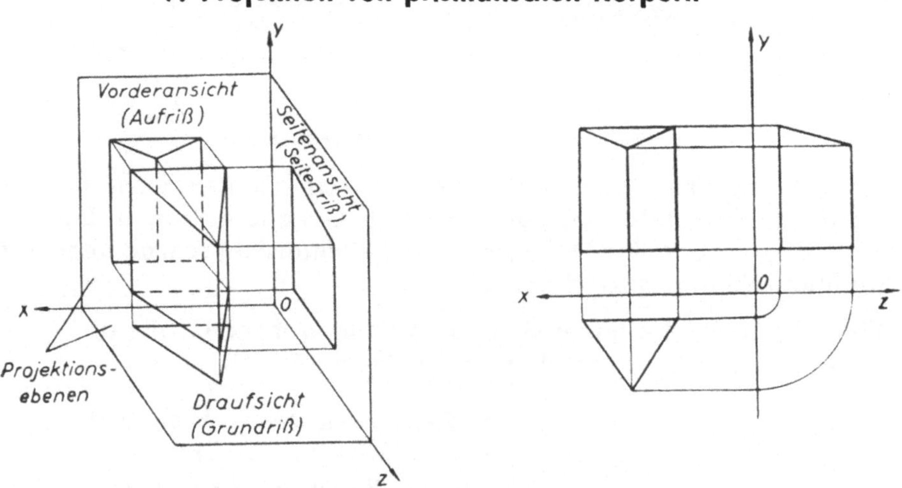

Bild 7/1 Schräg geschnittenes Dreikantprisma

Bei der Projektion eines Dreikantprismas in Bild 7/1 ermittelt man durch die Projektionsstrahlen die Eckpunkte der drei Ansichten.

8. Anordnung der Ansichten in Zeichnungen

Werkstücke werden in Zusammenstellungszeichnungen vorwiegend in ihrer Gebrauchslage gezeichnet, d. h. stehend gebrauchte in senkrechter und liegend gebrauchte in waagerechter Lage.

In Einzelteilzeichnungen sind die Werkstücke vorzugsweise in ihrer Fertigungslage darzustellen, z. B. die Hauptachse bei Drehteilen waagerecht, ebenso Lager, Buchsen, Zahnräder, Schrauben, Bolzen usw.

Ein Werkstück wird in soviel Ansichten und Schnitten gezeichnet, daß die Körperform eindeutig zu erkennen ist und die erforderlichen Maße und Oberflächenzeichen eingetragen werden können. Meist genügt die Darstellung in der Vorderansicht, Draufsicht und der Seitenansicht von links. Unter Berücksichtigung der Gebrauchs- oder Fertigungslage ist als Vorderansicht die Ansicht zu wählen, welche die Form und Abmessungen des Werkstückes weitgehend erkennen läßt. Die Darstellung des Werkstückes in der Vorderansicht und Draufsicht bzw. Seitenansicht oder nur in der Vorderansicht genügt, wenn dasselbe durch diese Ansichten ausreichend festgelegt ist.

Die amerikanische Anordnung weicht von der deutschen ab.

Die Seitenansicht von links wird links, die Seitenansicht von rechts rechts neben der Vorderansicht, die Draufsicht über und die Untersicht unter der Vorderansicht sowie die Rückansicht links neben der Seitenansicht von links angeordnet.

Wird von der obigen Anordnung der Ansichten abgewichen, so kennzeichnet man die Blickrichtung auf die betreffende Ansicht durch einen Pfeil mit einem Großbuchstaben. Über die entsprechende Ansicht ist ein Zusatz, z. B. „Ansicht X", zu setzen. Diese Abweichungen sind zulässig, wenn Platzmangel bei Zeichnungsänderungen mit Nachträgen vorliegt oder bei Gegenständen mit schrägen Flächen, z. B. Dachbindern sowie bei langen Werkstücken, um die charakteristische Körperform nur des einen Endes dieses Werkstückes zu verdeutlichen.

Anordnung der Ansichten in Zeichnungen

a) Deutsche Anordnung der Ansichten (DIN 6)

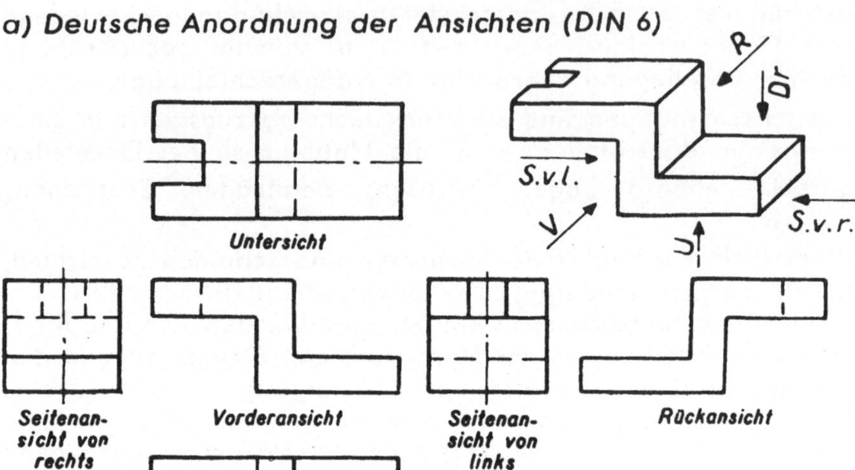

b) Amerikanische Anordnung der Ansichten

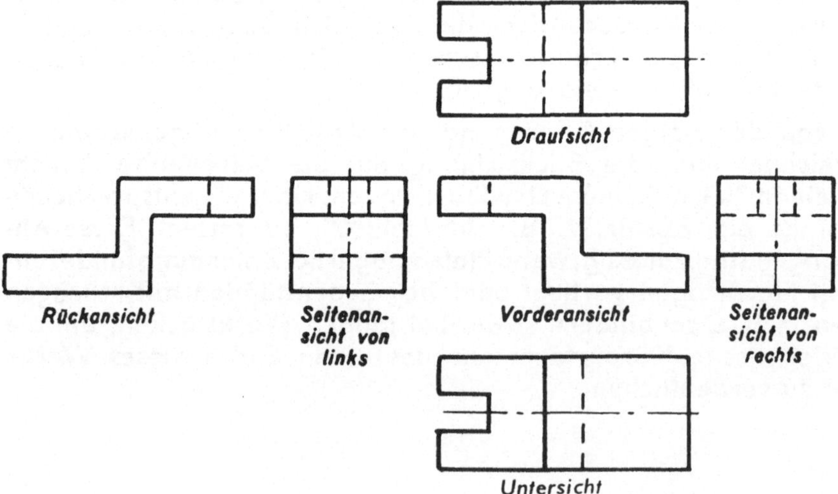

1. Strecken und Geraden

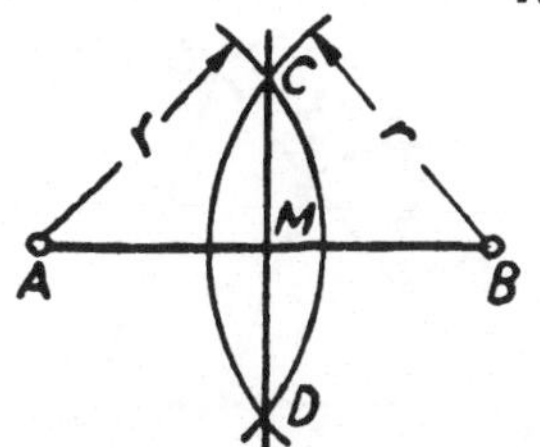

*Strecke AB halbiert und
Mittelsenkrechte
errichtet*

a) *Die Strecke AB halbieren und die
Mittelsenkrechte errichten.*

Schlage um A und B mit beliebigem Radius r Kreisbogen. Verbinde die Schnittpunkte C und D.

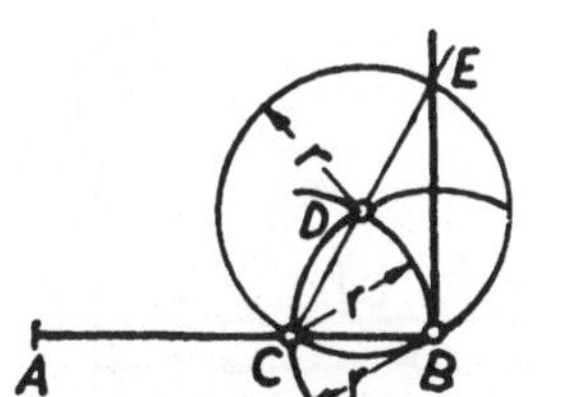

*Senkrechte im Endpunkte
errichtet*

b) *Eine Senkrechte im Endpunkt errichten.*

Beschreibe um den Endpunkt B einen Kreisbogen mit dem Radius r, dann den gleichen Bogen um C und D. Ziehe durch die Schnittpunkte C und D über D hinaus eine Gerade bis zum Kreisschnittpunkt E. Die Verbindungslinie EB steht senkrecht auf AB in B.

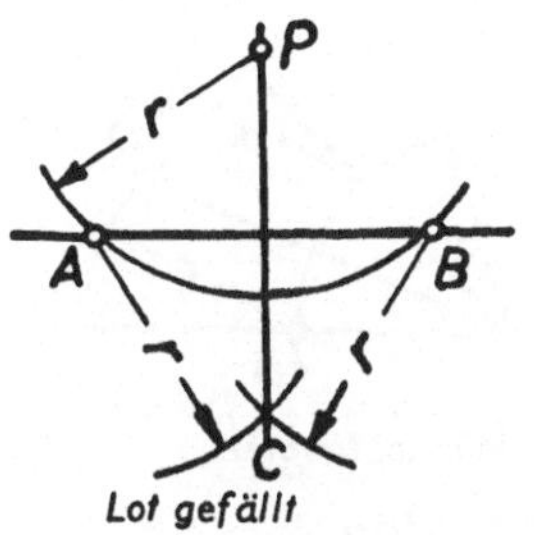

Lot gefällt

c) *Vom Punkt P das Lot auf eine Gerade fällen.*

Schlage um P einen beliebigen Kreis mit dem Radius r. Dieser schneidet die Gerade in den Punkten A und B. Schlage dann um A und B Kreisbogen mit r, die sich im Punkte C schneiden. Die Verbindung von P und C stellt das gefällte Lot dar.

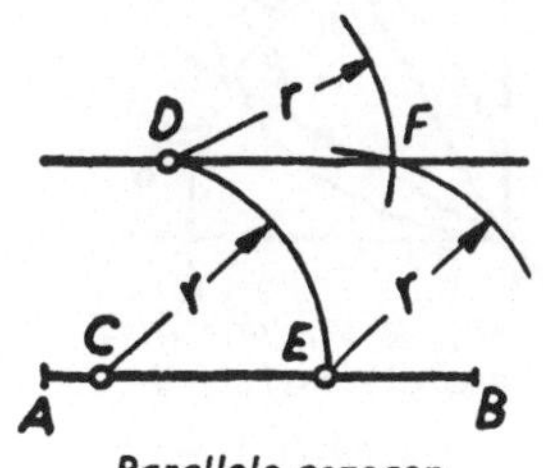

Parallele gezogen

d) *Eine Parallele zu AB durch den gegebenen Punkt D ziehen.*

Schlage um einen beliebigen Punkt auf AB etwa um C mit dem Radius CD = r einen Kreisbogen, dann den gleichen um D und um den Schnittpunkt E. Die Verbindungslinie DF verläuft parallel zu AB.

Strecken und Geraden

e) Die Strecke A B in z. B. drei gleiche Teile teilen.
Ziehe zu der Strecke AB durch Punkt A unter beliebigem Winkel eine Gerade. Trage hierauf drei beliebige, aber gleiche Teilstrecken ab. Verbinde den Endpunkt C mit B und ziehe die Parallelen hierzu durch die Teilpunkte auf AC.

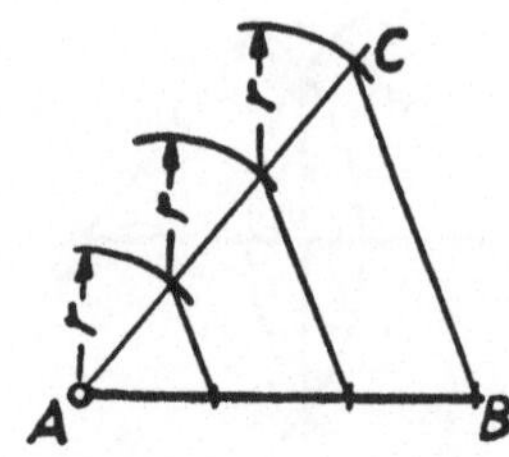
Strecke in drei gleiche Teile geteilt

f) Goldener Schnitt.
Halbiere die Strecke AB; dann ist AC = CB. Errichte in B eine Senkrechte. Schlage um B mit BC einen Kreisbogen. Verbinde D mit A. Schlage um D mit DB einen Kreisbogen. Schlage um A mit der neuen Strecke AE einen Kreisbogen, der AB im Punkte F schneidet. Dann verhält sich Strecke AB:AF wie AF:FB oder a:b = b:c.

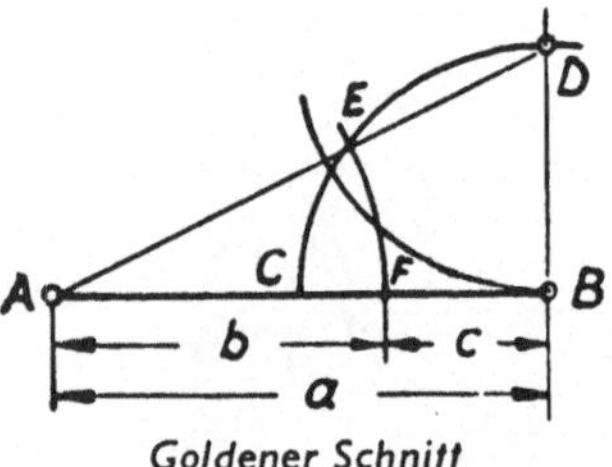
Goldener Schnitt

2. Winkel und Dreiecke

a) Den Winkel CAB halbieren.
Beschreibe um A mit beliebigem Radius r einen Kreisbogen, der die Schenkel des Winkels CAB in C und B schneidet. Schlage mit gleichem Radius r dann um B und C Kreisbogen. Die Verbindungslinie AD halbiert den Winkel CAB.

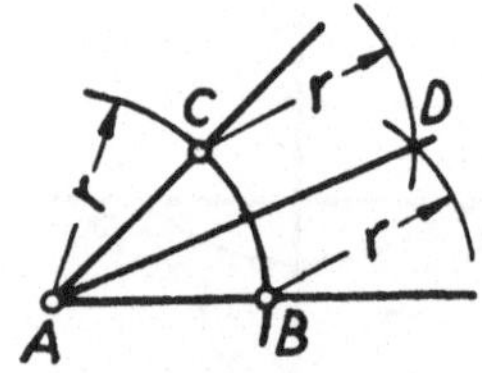
Winkel halbiert

b) Einen Winkel von 90° in drei gleich große Winkel teilen.
Schlage um A einen beliebigen Kreisbogen, dann mit der gleichen Zirkelöffnung je einen Bogen um B und C. Die Verbindungslinien von A durch die neuen Schnittpunkte D und E dritteln den rechten Winkel.

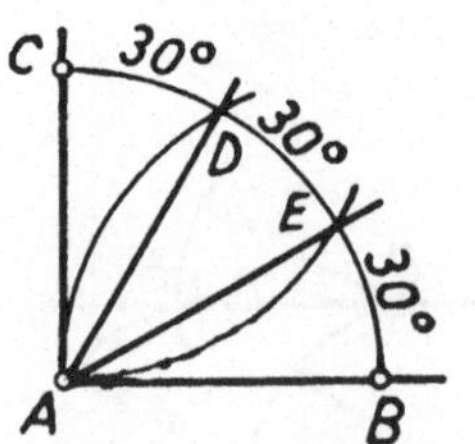

Winkel von 90° in drei gleich große Winkel geteilt

Winkel und Dreiecke

c) Den Winkel CAB von Tab. 2a an eine Gerade im Punkt A_1 antragen.

Schlage einen Kreisbogen mit dem gleichen Radius r wie in Aufgabe a um den Punkt A_1. Greife die Schenkelneigung BC mit dem Zirkel ab und übertrage sie von B_1 aus auf den Kreisbogen um A_1. Verbinde dann den Schnittpunkt C_1 mit A_1.

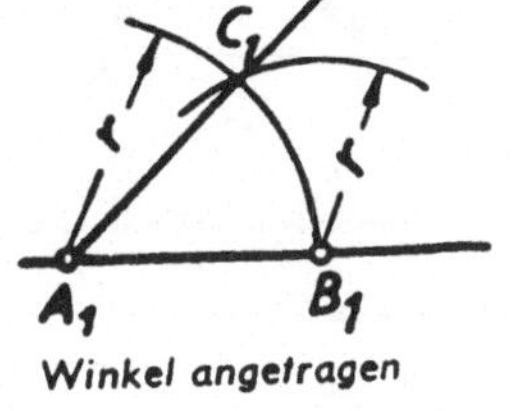
Winkel angetragen

3. Kreise, Um- und Inkreise

a) Ein gleichseitiges Dreieck konstruieren.

Schlage mit der Strecke AB = r um A und B Kreisbogen. Verbinde den Schnittpunkt C mit A und B.

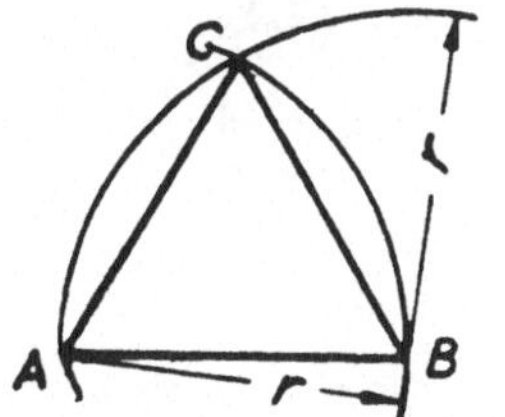
Gleichseitiges Dreieck

b) Den Mittelpunkt eines Kreises suchen.

Ziehe zwei nichtparallele Sehnen durch den Kreis. Errichte darauf die Mittelsenkrechte. Ihr Schnittpunkt ist der Kreismittelpunkt M.

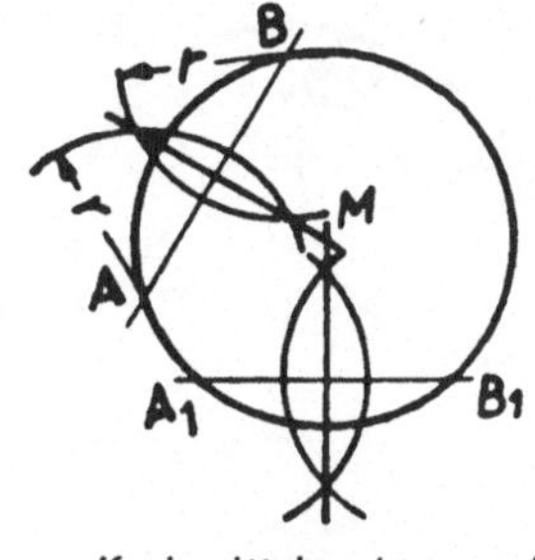
Kreismittelpunkt gesucht

c) Den Umkreis eines Dreiecks zeichnen.

Errichte auf zwei beliebigen Dreieckseiten die Mittelsenkrechte wie unter 1a Der Schnittpunkt M der Mittelsenkrechten ist der Mittelpunkt des Umkreises.

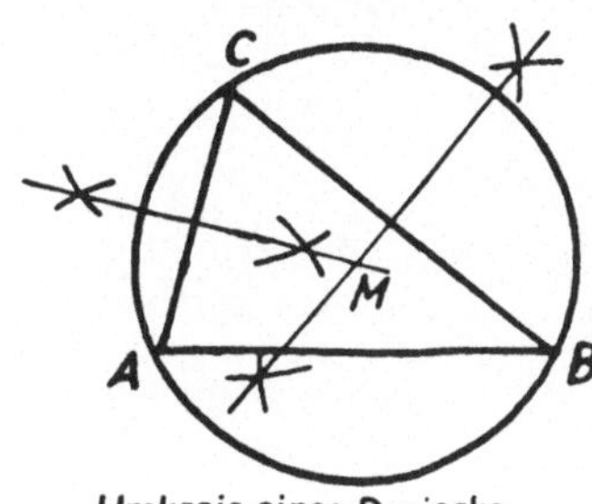
Umkreis eines Dreiecks

Kreise, Um- und Inkreise

d) Den Inkreis eines Dreiecks zeichnen.

Halbiere zwei beliebige Dreieckwinkel wie unter 2a Die Winkelhalbierenden schneiden sich im Mittelpunkt M des Inkreises.

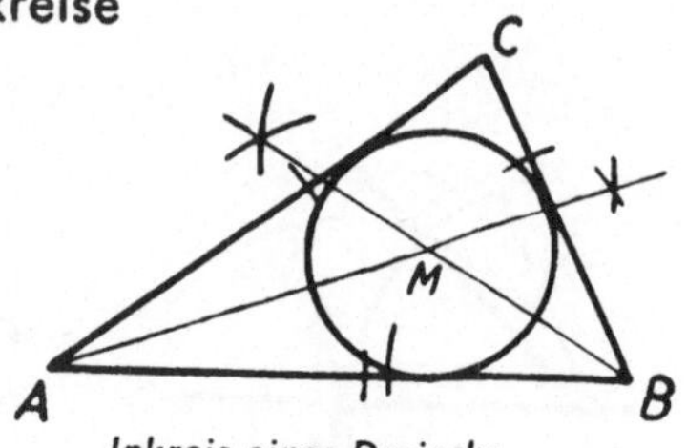

Inkreis eines Dreiecks

e) Die Tangente in einem Kreispunkt konstruieren.

Verbinde den Punkt P mit dem Kreismittelpunkt M und errichte auf der Strecke MP im Endpunkt P die Senkrechte. 1b

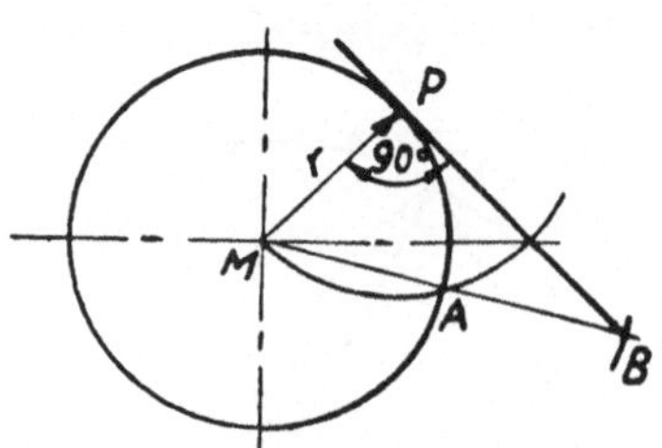

Tangente in einem Kreispunkt

f) Von einem Punkt außerhalb die Tangente konstruieren.

Verbinde den Punkt P mit dem Kreismittelpunkt M und zeichne über der Strecke MP den Halbkreis. Dieser schneidet den Kreis in A. Die Verbindung von A und P ist die Tangente.

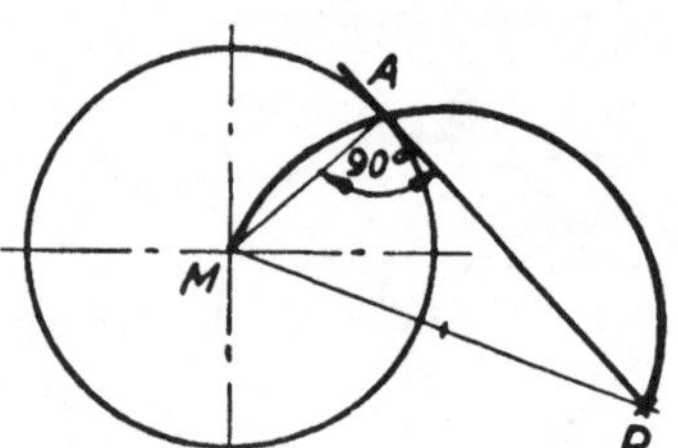

Tangente von einem außerhalb liegenden Punkt

4. Regelmäßige Vielecke in einem gegebenen Kreis

a) Dreieck—Siebeneck im gegebenen Kreis.

Beschreibe um D mit dem Kreishalbmesser r_1 einen Kreisbogen. Die Verbindung von B mit A und C ergibt ein gleichseitiges Dreieck. — Um das Siebeneck zu konstruieren, trage ¹/₂AC = ¹/₇ Kreisumfang 7 mal auf dem Kreis ab.

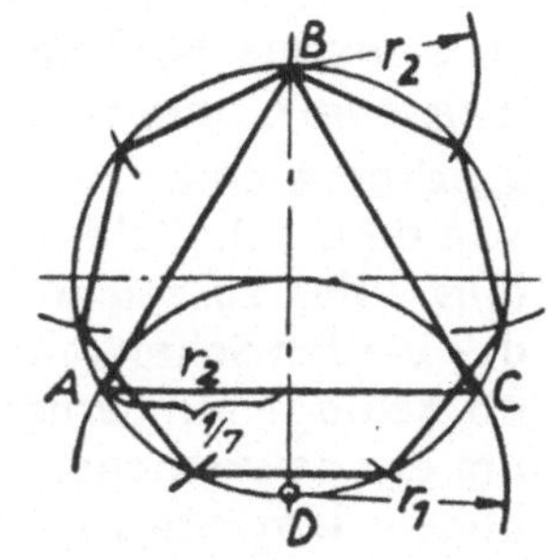

Drei- und Siebeneck

b) Viereck — Achteck im gegebenen Kreis.

Verbinde die Schnittpunkte ABC und D des rechtwinkligen Achsenkreuzes mit dem Kreis zu dem Quadrat ABCD. — Halbiere die Quadratseiten und ziehe entsprechende Verbindungslinien durch den Mittelpunkt. Die neuen Schnittpunkte ergeben die Eckpunkte des Achtecks. **Merke:** D = 1,414×s beim Quadrat. D = Durchmesser oder Eckenmaß, s = Quadratseite.

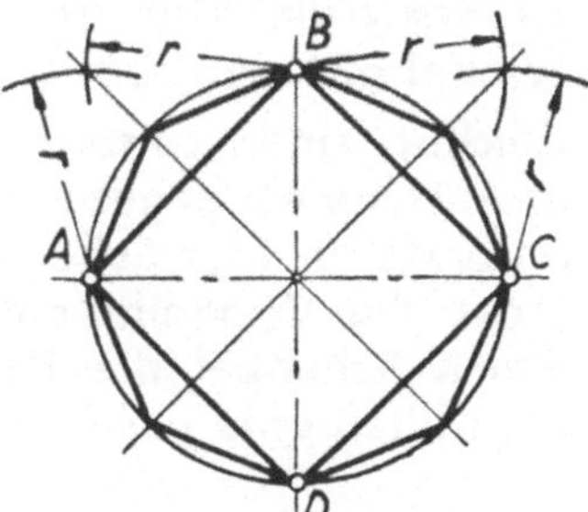

Vier- und Achteck

c) Fünfeck — Zehneck im gegebenen Kreis.

Halbiere MC, vom Halbierungspunkte E aus trage die Strecke EB bis F ab. Dann ist BF die Seite des regelmäßigen Fünfecks. BF 5 mal auf dem Kreis abgetragen ergibt ein Fünfeck. — Halbiere die Fünfeckseite. Ziehe vom Mittel-

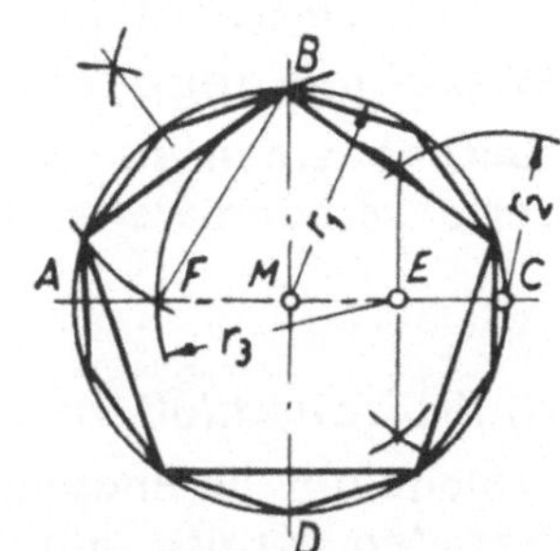

Fünf- und Zehneck

punkt durch die Halbierungspunkte Linien bis zum Kreis. Diese neuen Schnittpunkte sind die Eckpunkte des Zehnecks.

5. Kreisanschlüsse durch Kreisbogen

a) Kreisanschluß mit gegebenem Radius r in einem rechten Winkel.

Zeichne einen rechten Winkel. Trage von dem Scheitelpunkt A mit dem Radius r des zu zeichnenden Kreises auf den beiden Schenkeln gleiche Abstände ab. Schlage mit demselben Halbmesser um die gewonnenen Endpunkte Kreisbogen. Um den neuen Schnittpunkt M als Mittelpunkt schlage den Kreis.

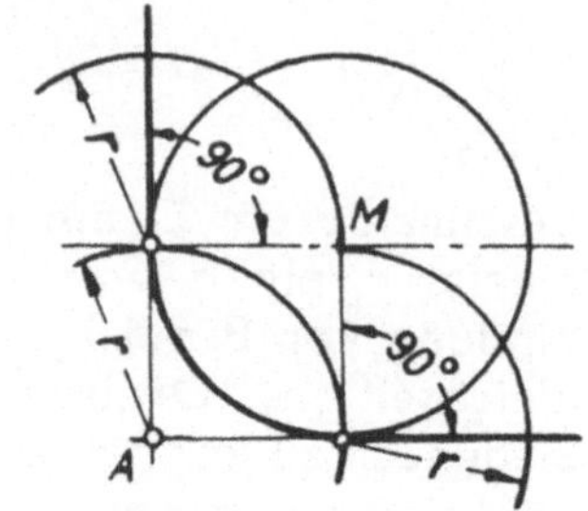

Kreisanschluß im 90° Winkel

b) Kreisanschluß in einem spitzen Winkel mit gegebenem Radius.

Zeichne einen spitzen Winkel. Ziehe im Abstand des gegebenen Halbmessers (r) zu den beiden Schenkeln Parallelen (oder die Winkelhalbierende und zu einem Schenkel die Parallele). M ist der Mittelpunkt des Kreisbogens.

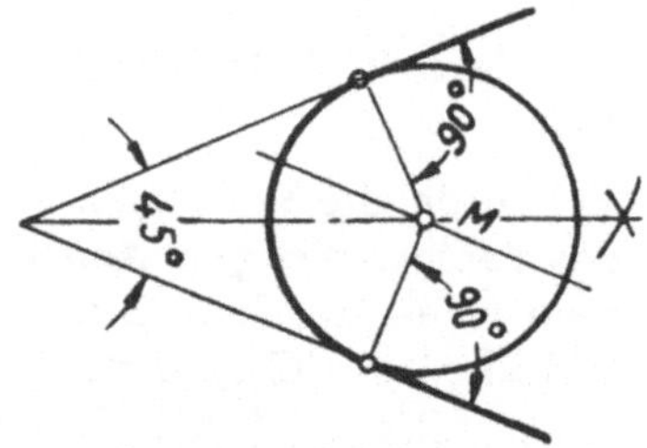

im spitzen Winkel

c) Kreisanschluß in einem stumpfen Winkel mit gegebenem Radius.

Zeichne einen stumpfen Winkel und verfahre dann weiter wie unter 5 b

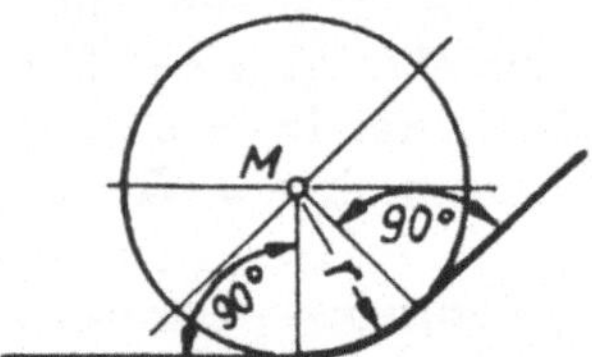

im stumpfen Winkel

d) Kreisanschluß von zwei Geraden.

Schlage um die Endpunkte A und B der Geraden Kreise mit dem Radius r. Diese schneiden sich im Mittelpunkt M des gesuchten Kreisbogens.

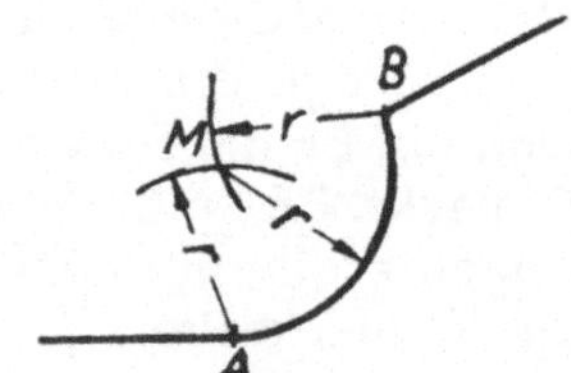

Kreisanschluß von zwei Geraden

Kreisanschlüsse durch Kreisbogen

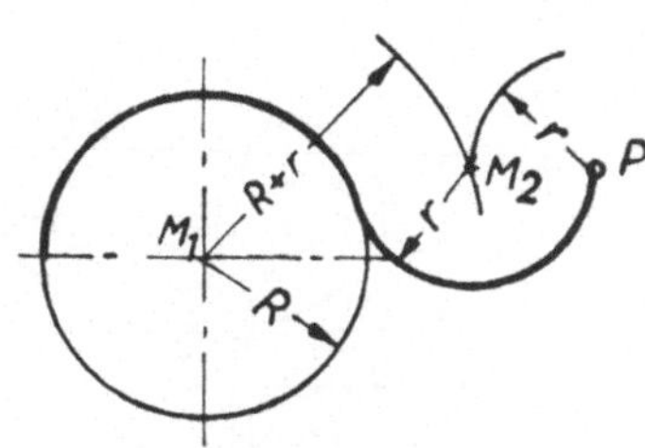

Kreis und Punkt durch Kreisbogen verbunden

e) Verbindung eines Punktes mit einem Kreis durch Kreisbogen.

Schlage um den Mittelpunkt M_1 des Kreises einen Kreisbogen mit dem Radius $R + r$ und um den Punkt P einen Kreisbogen mit dem Radius r. Die beiden Kreisbogen schneiden sich im Mittelpunkt M_2 des Kreisanschlußbogens.

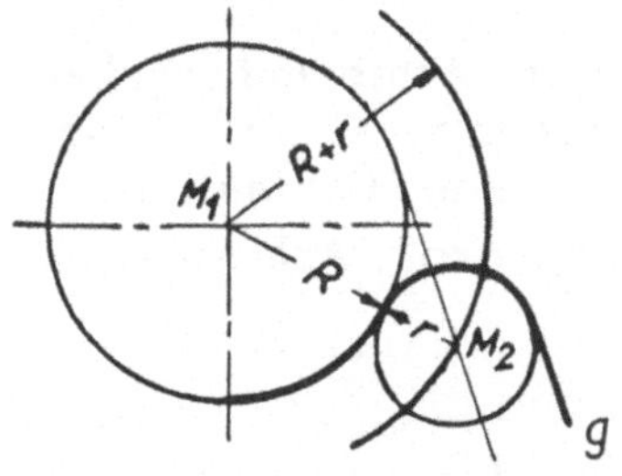

Kreis und Gerade durch
Kreisbogen verbunden

f) Anschluß eines Kreises an eine Gerade durch Kreisbogen.

Beschreibe um den Mittelpunkt M_1 des gegebenen Kreises einen Kreisbogen mit dem Halbmesser $R + r$. Ziehe zur gegebenen Geraden g im Abstande r eine Parallele, die den Kreisbogen im Mittelpunkt M_2 des Anschlußkreisbogens schneidet.

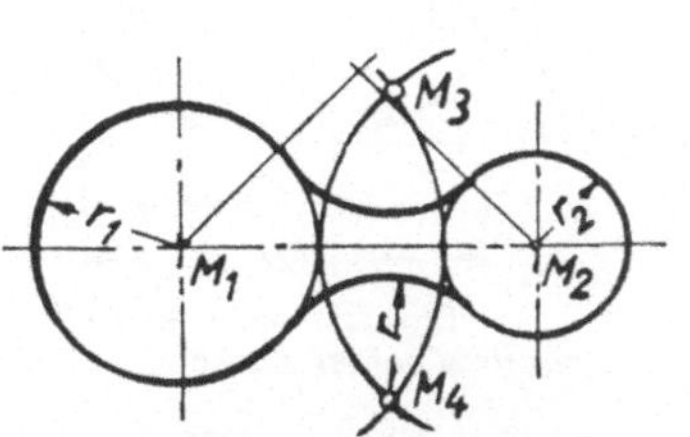

mittels zweier Kreisbogen

g) Verbindung zweier Kreise durch Kreisbogen.

Anschluß zweier Kreise mit dem Radius r_1 und r_2 durch Kreisbogen mit dem Radius r.

Zeichne die beiden gegebenen Kreise mit den Halbmessern r_1 und r_2 um die Mittelpunkte M_1 und M_2, deren Entfernung M_1 bis $M_2 = r_1 + r + r_2$ beträgt. Schlage mit den Halbmessern $r_1 + r$ und $r_2 + r$ jeweils um die Kreismittelpunkte M_1 und M_2 Kreisbogen. Um die Schnittpunkte dieser Kreisbogen M_3 und M_4 als Mittelpunkte zeichne mit gegebenem Halbmesser r die Anschlußkreisbogen.

6. Ellipsen

a) Ellipsenkonstruktionen, Allgemein.

Bei allen Kurvenpunkten der Ellipse ist die Summe ihrer Entfernungen von den beiden Brennpunkten F_1 und F_2 gleich der großen Achse 2a.

Für alle Ellipsenpunkte, auch für die Scheitelpunkte A, B, C und D gilt:

$$F_1P + F_2P = 2a$$

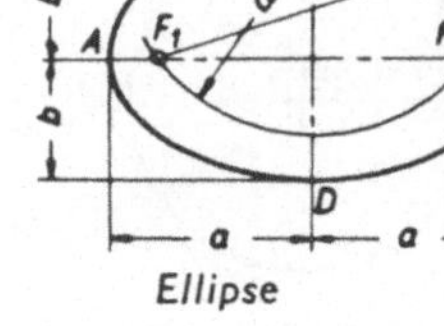
Ellipse

Die beiden Verbindungslinien eines Ellipsenpunktes mit den Brennpunkten werden auch Brennstrahlen genannt.

Die Brennpunkte F_1 und F_2 liegen auf der großen Achse und ergeben sich durch Zirkelschlag um einen der Endpunkte C und D der kleinen Achse 2b mit der halben großen Achse a als Halbmesser.

Eine Ellipse kann gezeichnet werden, wenn die große Achse 2a und die kleine Achse 2b bekannt sind.

b) Ellipsenkonstruktion mit Hilfe beider Achsen.

Zeichne die große (2a) und kleine (2b) Ellipsenachse. Um einen Endpunkt der kleinen Achse schlage einen Kreis mit dem Halbmesser a, der die große Achse in den Brennpunkten F_1 und F_2 schneidet. Teile die Hauptachse in zwei Strecken r_1 und r_2 auf und beschreibe um den Brennpunkt F_1 Kreise mit dem Halbmesser r_2 und um F_2 mit r_1 und umgekehrt. Diese Kreise

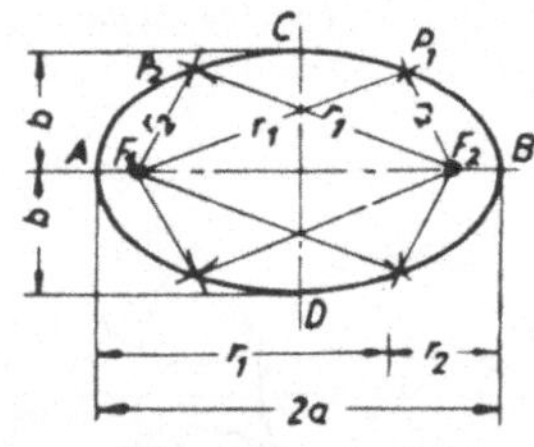
Ellipsenkonstruktion mittels beider Achsen

schneiden sich in Ellipsenpunkten. Um eine Anzahl von Ellipsenpunkten zu erhalten, sind die Halbmesser r_1 und r_2 zu verändern; ihre Summe muß aber stets 2a ergeben.

Ellipsen

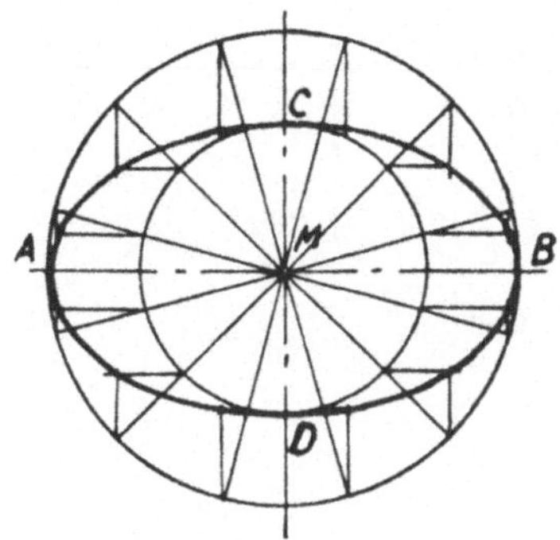

Ellipsenkonstruktion mittels
zweier Kreise

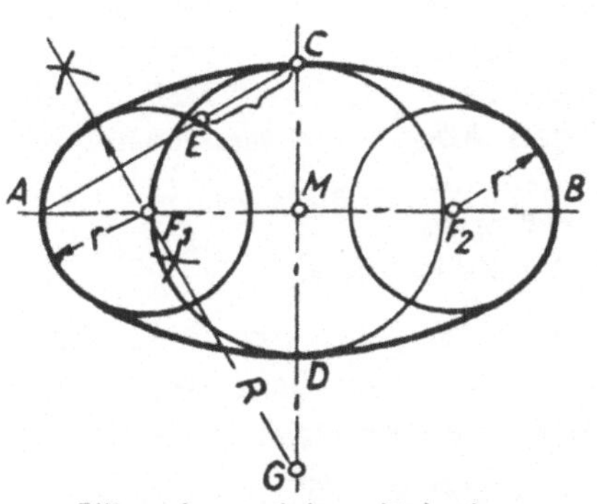

Ellipsenkonstruktion mittels vier
Krümmungskreise

c) Zeichnen einer Ellipse mittels zweier Kreise.

Beschreibe um M mit der halben großen $\left(\dfrac{AB}{2}\right)$ und halben kleinen $\left(\dfrac{CD}{2}\right)$ Achse je einen Hilfskreis. Ziehe durch M beliebig viele Durchmesser. Von deren Schnittpunkten mit dem großen Kreis ziehe senkrechte Linien, von den Schnittpunkten mit dem kleinen Kreis waagerechte Linien. Die Verbindung ihrer Schnittpunkte ergibt die Ellipse.

d) Zeichnen einer Ellipse mittels vier Krümmungskreise.

Trage auf dem Achsenkreuz die gegebene große (AB) und kleine (CD) Achse ab. Verbinde den Endpunkt C der kleinen Achse mit dem Endpunkt A der großen Achse. Auf der Verbindungslinie AC trage vom Punkte C aus die Differenz der beiden Halbmesser AM-CM = CE ab. Auf dem Rest der sich dann ergebenden Verbindungslinie AE errichte die Mittelsenkrechte. Diese schneidet die große Achse in F_1 die Verlängerung der kleinen Achse in G. Dann suche mit dem großen Radius GC = R von D ausgehend den Zirkelaufsatzpunkt J. Beschreibe mit der Entfernung GC = R um den Schnittpunkt G einen Kreisbogen und mit dem gleichen Halbmesser R um J als Aufsatzpunkt den gleichen Kreisbogen. Schlage darauf mit dem Halbmesser F_1A = r einen Kreisbogen um F_1 als Mittelpunkt. Zeichne den gleichen Kreisbogen auch am anderen Ende der waagerechten Achse um F_2.

7. Parabelkonstruktionen

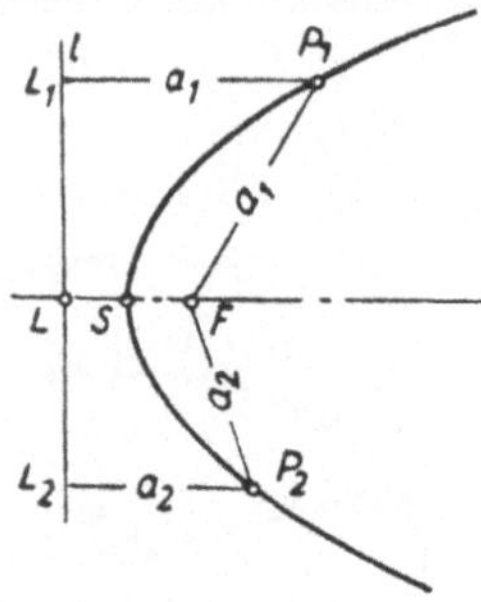

Parabel

a) Allgemeines

Für jeden Punkt der Parabel ist die Entfernung von einer Geraden, der Leitlinie L, und einem festen Punkt, dem Brennpunkt F, stets gleich.

$$P_1 F = P_1 L_1$$
$$P_2 F = P_2 L_2$$

Der Scheitelpunkt S der Parabel ist der Mittelpunkt der Strecke LF.

b) *Konstruktion der Parabel, wenn Leitlinie und Brennpunkt gegeben sind.*

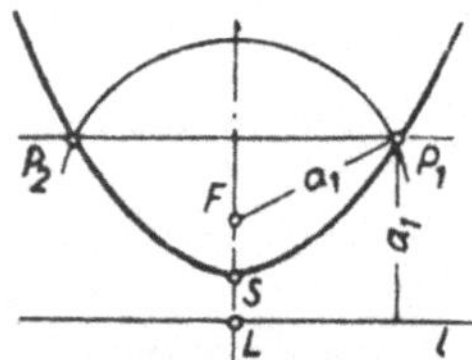

Parabelkonstruktion mit Leitlinie und Brennpunkt

Fälle vom Brennpunkt F das Lot auf die Leitlinie L und halbiere die Strecke LF. Der Mittelpunkt ist der Scheitelpunkt S. Ziehe in verschiedenen Abständen Parallelen zur Leitlinie L. Beschreibe mit dem jeweiligen Abstand a der Parallelen von der Leitlinie Kreise um F. Die Schnittpunkte der Kreise mit den zugehörigen Parallelen sind Parabelpunkte.

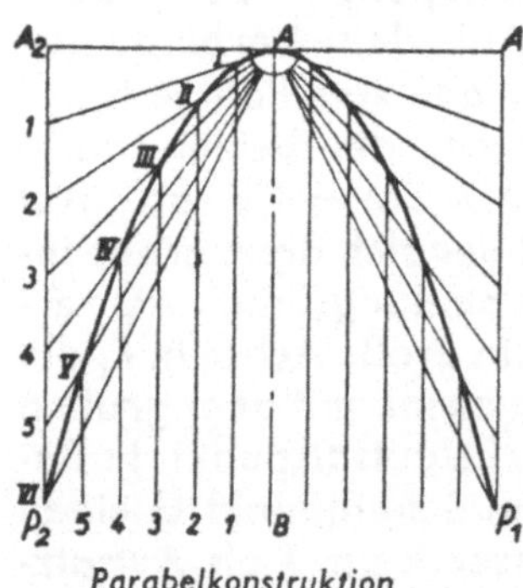

Parabelkonstruktion

c) *Konstruktion der Parabel, wenn die Achse mit dem Scheitelpunkt A und zwei symmetrischen Parabelpunkten gegeben ist.*

Zeichne die Parabelachse mit dem Scheitelpunkt A und den beiden symmetrischen (= spiegelbildlichen) Parabelpunkten P_1 und P_2. Konstruiere das Rechteck A_1, P_1, P_2 A_2, dessen Mittellinie die Parabelachse ist.

Teile die Rechteckseite $A_2 P_2$ in eine Anzahl gleicher Teile und verbinde die Teilpunkte mit dem Scheitelpunkt A. Die Halbseite BP_2 ist ebenfalls in die gleiche Anzahl Teile wie $A_2 P_2$ zu teilen; durch die Teilpunkte sind die Parallelen zur Parabelachse zu ziehen. Die Schnittpunkte gleichbezeichneter Geraden sind Parabelpunkte. Die rechte Parabelseite ist genau so zu konstruieren.

Parabelkonstruktionen

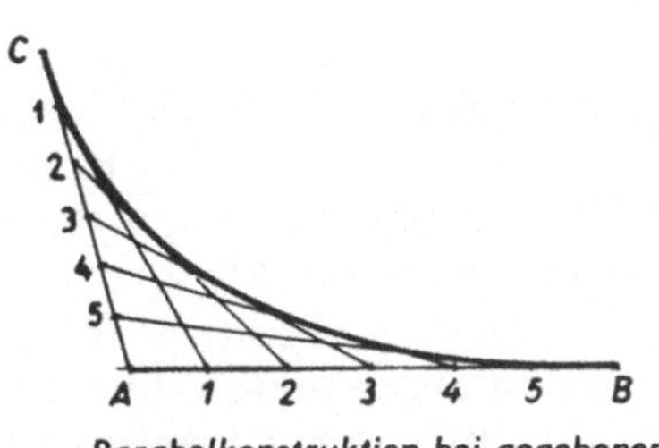

Parabelkonstruktion bei gegebenen Tangenten

d) Konstruktion der Parabel bei gegebenen Tangenten (Hüllkonstruktion).

Teile die Tangenten AB und AC in die gleiche Anzahl Teile.

Kennzeichne die Teilpunkte laufend von A nach B und von C nach A. Verbinde die gleichbezeichneten Teilpunkte miteinander. Dadurch entstehen Tangenten, welche die Parabel einhüllen.

Zeichne die Parabel mit Hilfe eines Kurvenlineals ein.

8. Hyperbelkonstruktionen

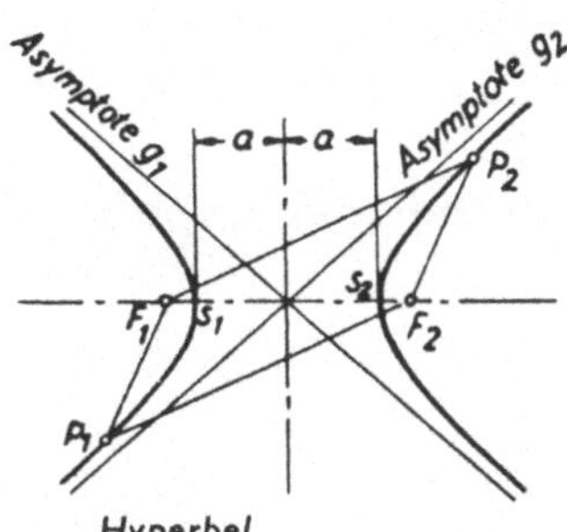

Hyperbel

a) Allgemeines

Für jeden Punkt der Hyperbel ist die Differenz der Entfernungen von den beiden Brennpunkten F_1 und F_2 gleich $2a$.

$$F_2P_1 - F_1P_1 = 2a$$
$$F_1P_2 - F_2P_2 = 2a$$

Die Hyperbel besteht aus zwei getrennten Ästen. Die Asymptoten sind Tangenten, die die Hyperbel im Unendlichen berühren.

Durch die Angabe der Entfernungen der beiden Brennpunkte und Scheitelpunkte ist eine Hyperbel bestimmt und kann gezeichnet werden.

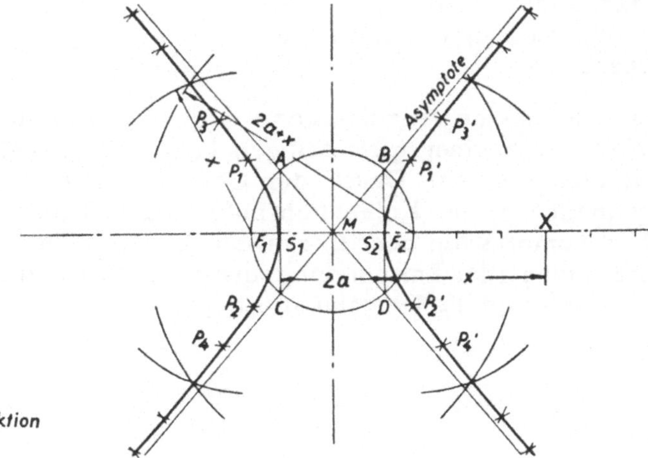

Hyperbelkonstruktion

8 – 11

Hyperbelkonstruktionen

b) Hyperbelkonstruktion.

Zeichne zunächst eine Gerade und lege darauf die gegebene Hyperbelachse $S_1 S_2 = 2a$ und die beiden gegebenen Brennpunkte F_1 und F_2 sowie den Mittelpunkt M fest. Zum Bestimmen der Asymptoten schlage um M einen Kreis durch die beiden Brennpunkte F_1 und F_2. Dann errichte auf der Hyperbelachse in S_1 und S_2 Senkrechte, die den Kreis um M in den Punkten A, B, C und D schneiden. Die Verlängerungen der Verbindungslinien AD und BC sind die Asymtoten der Hyperbel. Bei der Punktkonstruktion nimmt man z. B. auf der rechten Verlängerung der Hyperbelachse einen Punkt X beliebig an und erhält so die Strecke x. Dann schlägt man mit dem Radius x nacheinander um F_1 und F_2 Kreisbogen, ferner mit dem Radius $2a + x$ ebenfalls Kreisbogen um F_1 und F_2. Dadurch ergeben sich 4 Punkte auf beiden Hyperbelästen. Um eine Anzahl von Hyperbelpunkten zeichnen zu können, ist die Lage des Punktes X und damit die Strecke x zu verändern.

c) Konstruktion einer gleichseitigen Hyperbel bei gegebenen Asymptoten und einem Hyperbelpunkt.

Ziehe durch den Punkt P zu den Asymptoten g_1 und g_2 die Parallelen. Ziehe beliebige Strahlen durch den Punkt 0. In den Schnittpunkten, z. B. A und B einer jeden Geraden mit den beiden Parallelen zu den Asymptoten werden die Senkrechten errichtet. Die Schnittpunkte sind Punkte der Hyperbel.

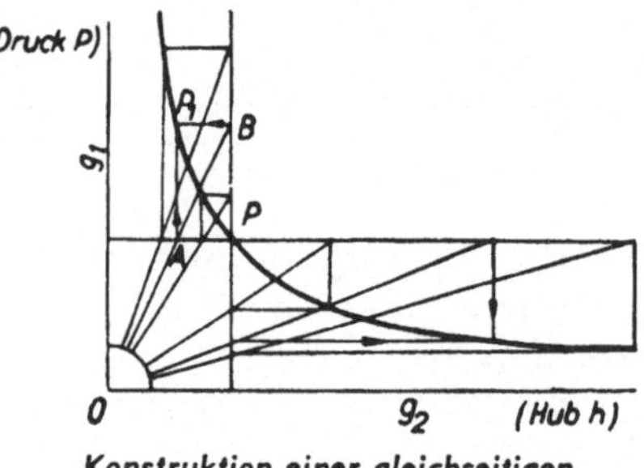

Konstruktion einer gleichseitigen Hyperbel

Die adiabatische Kompressions- und Expansionslinie von Gasen verläuft nach einer gleichseitigen Hyperbel. Dabei wird auf der Asymptoten g_1 der Druck des Gases im Zylinder und auf der Asymptoten g_2 der Kolbenhub aufgetragen. Unter einer adiabatischen Kompression oder Expansion versteht man eine theoretische Verdichtung oder Entspannung, die ohne Wärmeabgabe des Gases im Zylinder an die Umgebung erfolgt.

9. Konstruktion von Spiralen

Die Spirale ist eine ebene Kurve, die Windungen mit einer bestimmten Öffnung um einen Punkt zieht.

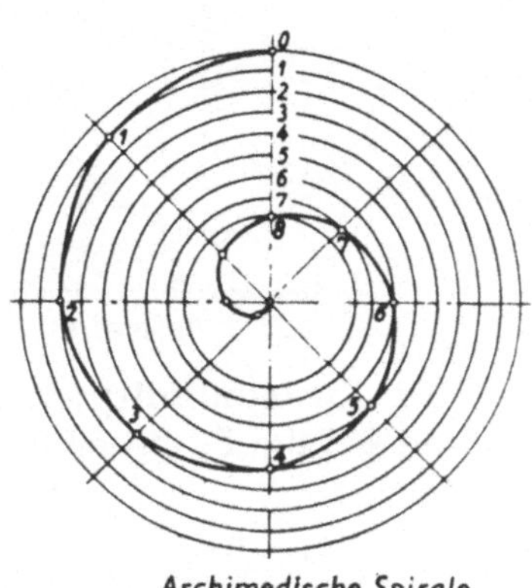

Archimedische Spirale

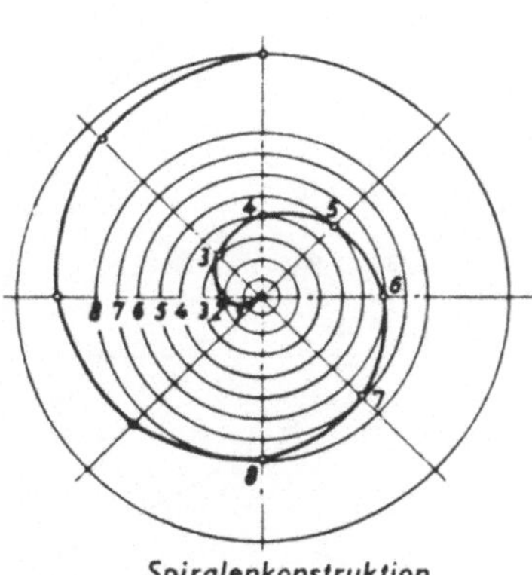

Spiralenkonstruktion

a) Archimedische Spirale.

Zeichne zunächst das Achsenkreuz und dann mit dem gegebenen Radius den Umkreis für eine bestimmte Anzahl von Spiralgängen, z. B. 1¹/₂ Gänge. Entsprechend dieser Gangzahl teile den senkrechten Halbmesser in ebensoviele Teile, z. B. 1¹/₂ Teile. Den ersten Teil von 0 ··· 8 und von 8 bis zum Mittelpunkte unterteile dann in eine Anzahl unter sich gleicher Teile, in unserem Beispiel 8 gleiche Teile. Durch Eintragen des Diagonalkreuzes ist die Kreisfläche in 8 gleiche Teile zerlegt. Wenn man durch die vorhin gefundenen acht Teilungspunkte Hilfskreise um den Mittelpunkt zieht, erhält man in den Schnittpunkten der Kreise mit den 8 Halbmessern 8 Punkte der gesuchten Spirale, die zu einem Spiralengang miteinander zu verbinden sind. Für das Festlegen der übrigen inneren Spiralenpunkte ziehe die (im Beispiel 2) kleineren Hilfskreise mit einem gleichen Kreisabstand wie beim 1. Teil der Spiralengänge. Dann verbinde die Schnittpunkte der Hilfskreise mit den entsprechenden Radien. Bei Bild 2 verfahre zur Konstruktion der Spirale entsprechend von innen nach außen.

Konstruktion von Spiralen

b) Angenäherte Spiralenkonstruktion mit gegebenem Quadrat.

Eine angenäherte Spirale, die in den meisten Fällen für die Praxis genügt, zeichnet man mit Hilfe eines gegebenen Quadrats, z. B. ABCD, dessen Seiten über A, B, C und D hinaus zu verlängern sind. Schlage nun nacheinander Viertelkreisbogen, und zwar mit AB als Radius um B vom Punkte C aus beginnend, dann von dem gefundenen Schnittpunkte E aus mit dem Radius AE um A als Zirkelaufsatzpunkt, weiter mit DF um D, sodann mit CG um C, mit BH um B, mit AJ um A usw. So erhält man die Spirale.

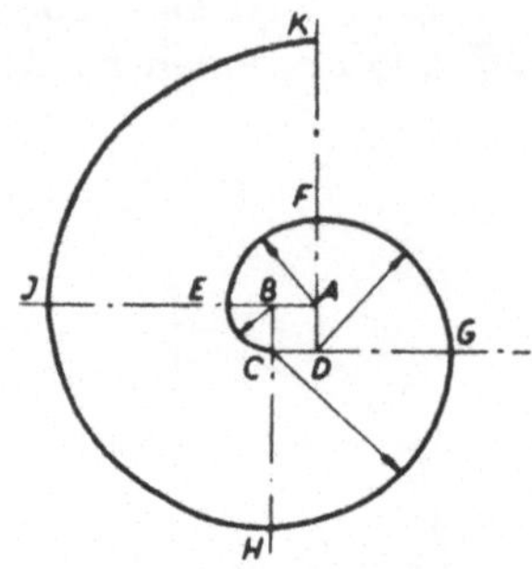

*Spiralenkonstruktion mit
gegebenem Quadrat*

10. Die Evolvente (Abwicklungslinie).

Die Evolvente beschreibt das freie Ende eines stramm gezogenen Fadens, den man von einem Kreis abwickelt, während das andere Ende am Kreis befestigt ist.

Evolvente.

Zeichne mit dem gegebenen Radius, z. B. 10 mm, einen Kreis und teile diesen in 12 gleiche Teile ein. Dann ziehe durch die Teilungspunkte Tangenten an den Kreis. Auf jeder Tangente trage die Strecke ab, die jeweils vom Anfangspunkt 0 (das ist der Schnittpunkt der waagerechten Mittellinie mit dem Kreis) bis zum zugehörigen Tangentenberührungspunkte mit dem Kreis reicht, z. B. von 0 bis 2 auf der Tangente, die den Kreis in 2 berührt. Durch die Verbindung der so gefundenen Punkte erhält man die Evolvente.

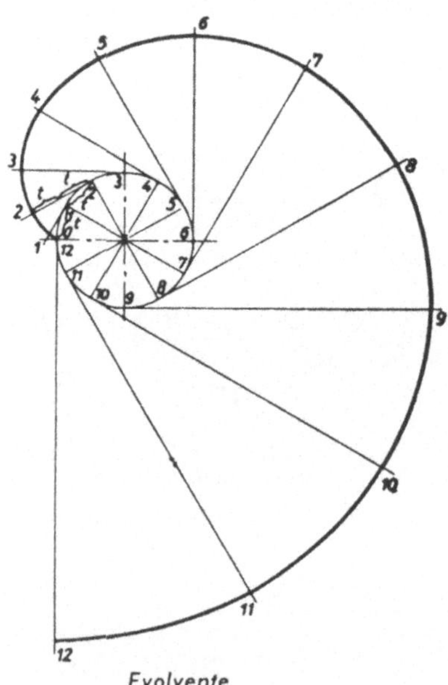

Evolvente

11. Die Zykloide (Radlinie).

Eine Zykloide wird von einem Punkt eines Kreises beschrieben, der auf einer Geraden abrollt.

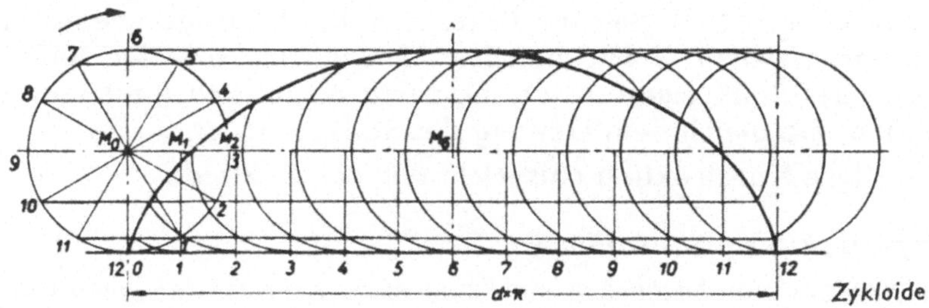

Zykloide

a) Zykloide, Allgemein

Zeichne zunächst eine Gerade und bestimme auf ihr einen beliebigen Punkt 0. Dann zeichne einen beliebigen Kreis, der die Gerade im Punkte 0 berührt. Den Kreis teile in gleiche, z. B. 12 Teile und trage diese Teile von 0 aus auf der Geraden ab. In den Teilungspunkten der Geraden errichte Senkrechte. Darauf ziehe Parallelen durch die Teilpunkte des Kreises zur Geraden. Um die Schnittpunkte der Senkrechten mit der Kreismittellinie schlage dann Hilfskreise mit dem gegebenen Radius. Dort, wo jeweils der entsprechende Hilfskreis, z. B. 3, die zugehörige Parallele, z. B. $9 \cdots 3$, in M_1 schneidet, findet man die Zykloidenpunkte, die dann zur Zykloidenkurve zu verbinden sind.

b) Epizykloide (Aufradlinie)

Eine Epizykloide beschreibt ein Punkt eines Kreises, der außen auf dem Kreisbogen des Grundkreises abrollt.

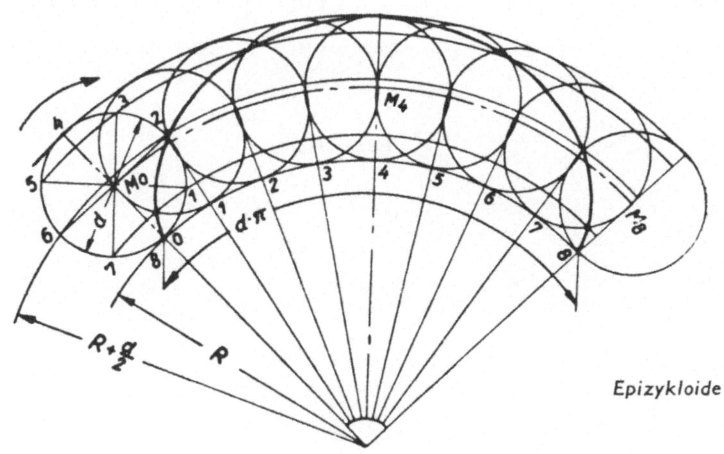

Epizykloide

8 – 15

Die Zykloide

Zeichne den Kreisbogen des Grundkreises mit dem Radius R und dann den Rollkreis in seiner Anfangsstellung. Darauf teile den Rollkreis in eine Anzahl gleicher Teile, z. B. 8, und trage ebenso viele Teile der gleichen Größe auf dem Grundkreis von der Anfangsstellung des Rollkreises aus ab. Dadurch ergibt sich die Länge der Rollbahn, die gleich dem Umfang des Rollkreises ist.

Die weitere Konstruktion entspricht der der Zykloide.

c) Hypozykloide (Inradlinie)

Eine Hypozykloide beschreibt ein Punkt eines Kreises, der innen in dem Kreisbogen des Grundkreises abrollt.

Die Konstruktion der Hypozykloide entspricht in etwa der der Epizykloide und der Zykloide.

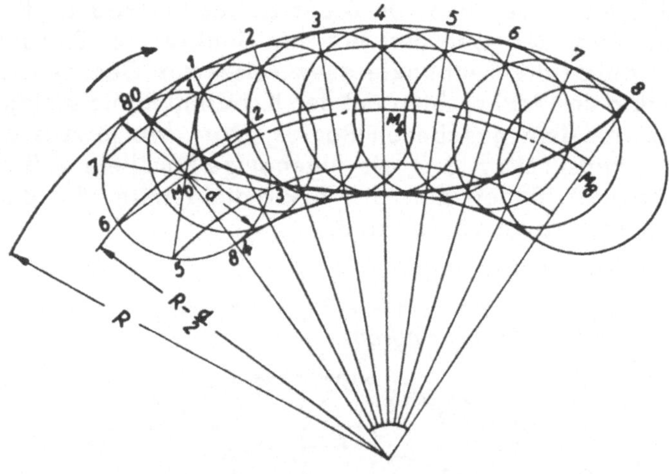

Hypozykloide

1. Durchdringungen von Voll- und Hohlkörpern

Grundlagen: Wenn zwei geometrische Körper mit ihren Oberflächen aufeinanderstoßen, also sich durchdringen, so entstehen im Mantel beider Körper gemeinsame Schnittlinien, aus denen sich die Durchdringungsfigur, die eigentliche „Durchdringung", zusammensetzt. Man unterscheidet dabei drei Arten:

1. *Eindringung.* Verschwindet von dem einen Körper ein Teil ganz in dem anderen, ohne auf der anderen Seite wieder herauszutreten, so spricht man von einem Eindringen des ersten Körpers in den zweiten.
2. *Durchdringung.* Kommt dagegen der eindringende Körper auf der anderen Seite des durchdrungenen Körpers wieder heraus, so bezeichnet man das als eine Durchdringung im engeren Sinne.
3. *Anschneidung:* Geht ein Körper durch einen anderen hindurch, ohne daß der zweite Körper den ersten an irgendeiner Seite ganz umschließt, so sagt man, die Körper schneiden sich gegenseitig an oder aus.

Die *Durchdringungsfiguren* setzen sich entsprechend der Form der durchdringenden Körper aus *Geraden* oder aus *Kurven* zusammen. Sind die durchdringenden Körper von *ebenen Flächen* begrenzt, so zeigt die Durchdringungsfigur nur *gerade* Linien; ist jedoch ein Körper *rund*, so setzt sich die Durchdringung aus *Kurven* zusammen. Sind *beide* Körper rund, so bildet jede Durchdringungsfigur eine einzige Kurve. Beachte die Numerierung der Schnittpunkte.

1.1 Durchdringungen von Vollkörpern

1. Zwei gleichgroße Vollzylinder

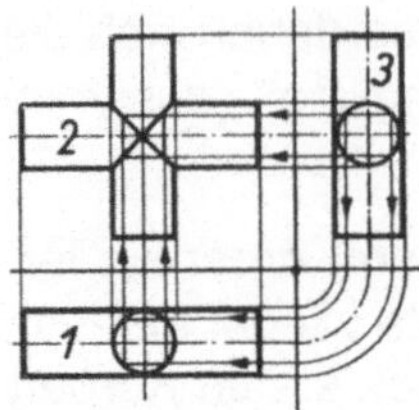

2. Verschieden große Vollzylinder

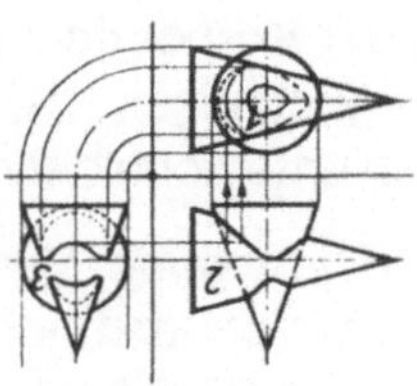

3. Prisma (Vierkant) und Prisma schiefwinkelig

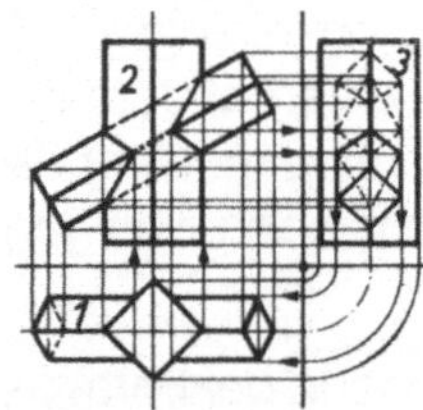

4. Kegel und Kegel

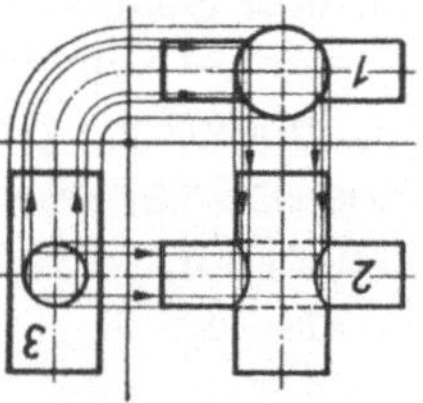

5. Pyramide und Prisma

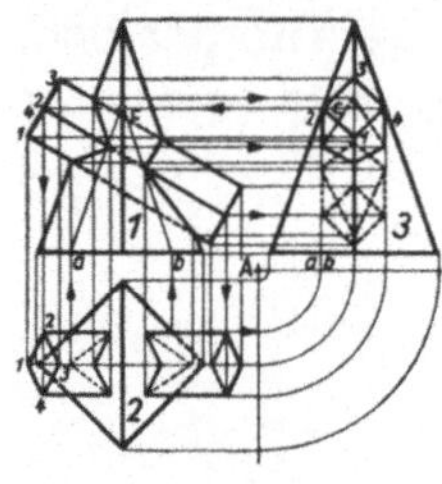

6. Prisma und Prisma

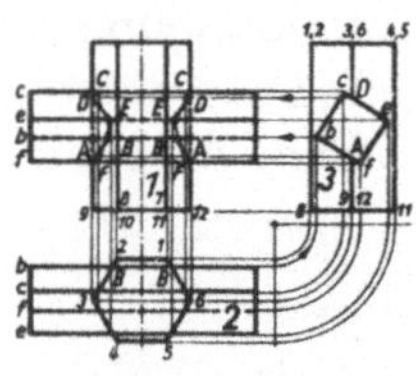

7. Zylinder und Prisma

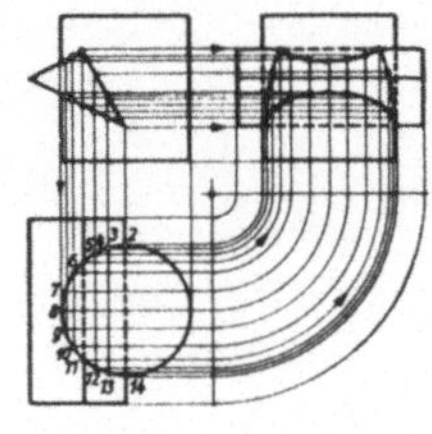

8. Kegel und Zylinder
(Die Durchdringungslinien verlaufen in einer Kurve)

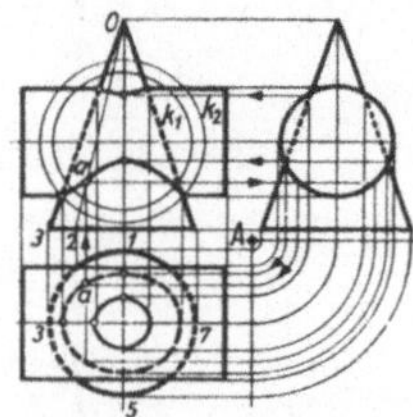

1.2 Durchdringungen von Hohlkörpern

1. Vollzylinder quer zur Längsachse durchbohrt

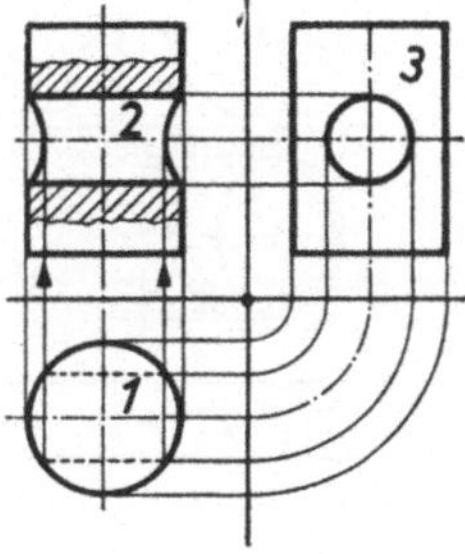

2. Zylinder längs und quer mit gleichem Durchmesser durchbohrt

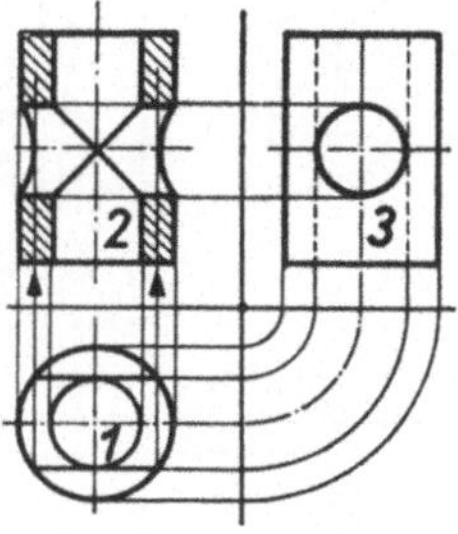

3. Vierkant längs und quer mit verschiedenem Durchmesser durchbohrt

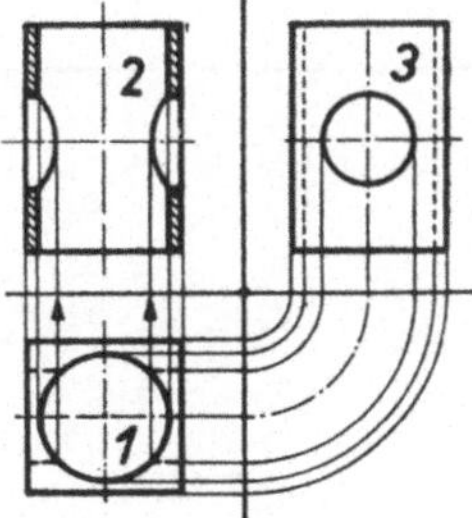

4. Hohlzylinder mit gleichen quadratischen Durchbrüchen

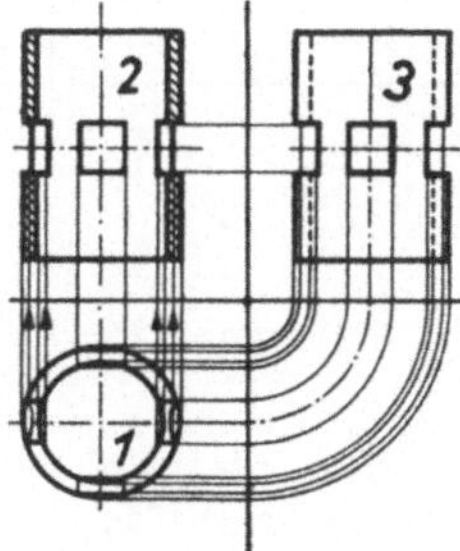

2. Durchdringungen und Schnitte von Kugeln

2.1. Kugel-Durchdringungen

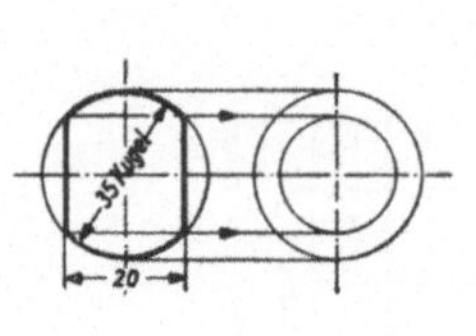

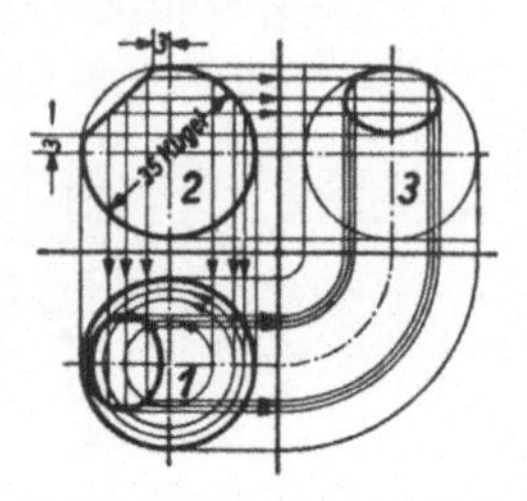

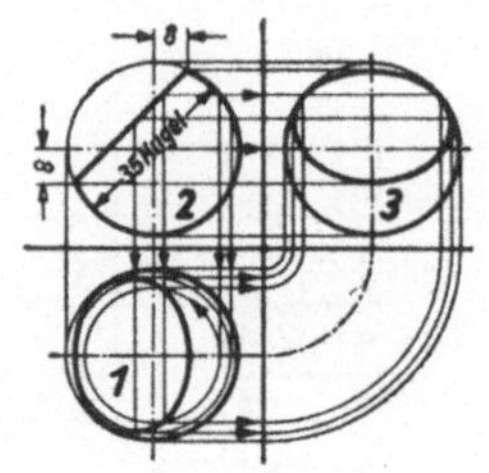

2.2. Kugel-Schnitte

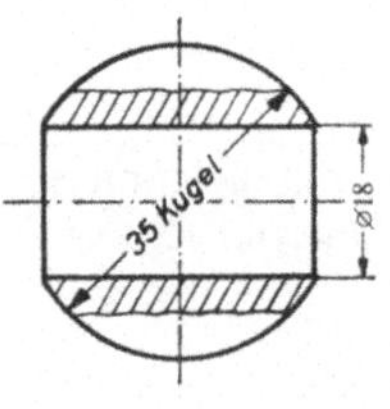

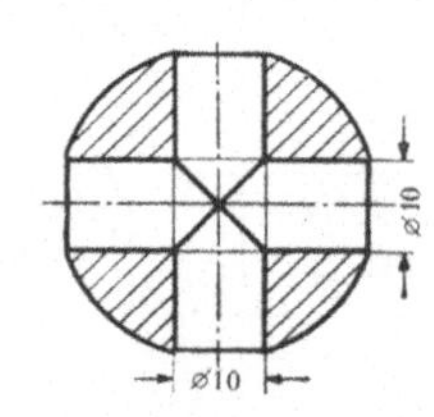

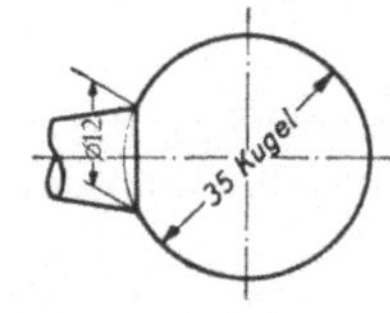

1. Metrische Einheiten

Bennennungen	Zeichen	Vergleichswerte	Potenzwerte
Längeneinheiten			
Pikometer	pm	0,001 nm	10^{-6} µm
Nanometer	nm	0,001 µm	10^{-3} µm
Mikrometer	µm	0,001 mm	10^{-4} cm
Millimeter	mm	1000 µm	10^{-1} cm
Zentimeter	cm	10 mm	1 cm
Dezimeter	dm	10 cm, 100 mm	10 cm
Meter	m	10 dm; 100 cm; 1000 mm; 1 000 000 µm	10^2 cm
Kilometer	km	1000 m; 1 000 000 mm	10^5 cm
Flächeneinheiten			
Quadratmillimeter	mm²		10^{-2} cm²
Quadratzentimeter	cm²	100 mm²	1 cm²
Quadratdezimeter	dm²	100 cm²; 10 000 mm²	10^2 cm²
Quadratmeter	m²	100 dm²; 10 000 cm²; 1 000 000 mm²	10^4 cm²
Quadratkilometer	km²	1 000 000 m²	10^{10} cm²
Raum- bzw. Volumeneinheiten			
Kubikmillimeter	mm³		10^{-3} cm³
Kubikzentimeter	cm³	1000 mm³	1 cm³
Kubikdezimeter	dm³	1000 cm³; 1 000 000 mm³; = l	10^3 cm³
Kubikmeter	m³	1000 dm³; 1000 l; 10 hl	10^6 cm³
Hektoliter	hl	100 l; 100 dm³	10^5 cm³
Liter	l	1 dm³; 0,01 hl	10^3 cm³
Deziliter	dl	0,1 l; 100 cm³	10^2 cm³
Zentiliter	cl	0,01 l; 10 cm³	10 cm³
Milliliter	ml	0,001 l; 1 cm³	1 cm³
Masseneinheiten			
Milligramm	mg	0,001 g	10^{-3} g
Zentigramm	cg	10 mg	10^{-2} g
Dezigramm	dg	10 cg	10^{-1} g
Gramm	g	10 dg; 100 cg; 1000 mg	1 g
Hektogramm	hg	100 g	10^2 g
Kilogramm	kg	1000 g	10^3 g
Doppelzentner[1]	dz[1]	100 kg	10^5 g
Tonne	t	1000 kg; 10 dz	10^6 g

[1] nicht mehr zulässig

2. Druck-Einheiten

a) SI-Einheiten:

Pascal (Pa) = Newton je Quadratmeter (N/m^2); $1\ Pa = 1\ N/m^2 = 10^{-5}$ bar

$\approx 1{,}2 \cdot 10^{-5}$ at abgeleitete Einheit ist

Bar (bar) = $1\ M\,Pa = 10^5\ N/m^2$

Alte Einheiten (heute verboten):

1 techn. Atmosphäre = 1 at = 1 kp/cm² $\triangleq$ 10 m Wassersäule (WS) von 4 °C = 736 Torr
(mm QS) $\approx$ 1 bar $\approx$ 10 N/cm² (Newton/cm²)

In der Gas- und Lüftungstechnik 1 mm WS = 1 kp/m²

1 Torr = 1 mm Quecksilbersäule (QS oder Hg) = 1/760 atm = 133 µbar Luftdruck-
angaben in der **Wetterkunde,** bezogen auf 0 °C:

1 bar = 10^3 Millibar = 10^6 dyn/cm² = 10^5 N/m² = 1,02 kp/cm² ($\approx$ 1 kp/cm²)

1 Millibar (mbar) = 0,75 mm QS = 10^3 dyn/cm²; 1 Mikrobar (µbar) = 1 dyn/cm².

3. Arbeits-Einheiten

Ausgehend von der allgemein gültigen Definition: Arbeit gleich Kraft mal Wegstrecke
in der Kraftrichtung, ergeben sich die folgenden Einheiten:

a) SI-Einheiten:

1 Newtonmeter = 1 N m
$= 1\ N \cdot 1\ m = 100\,000$ dyn $\cdot$ 100 cm
$= 10^7$ dyn cm $= 10^7$ Erg $= 10^7$ erg
$= $ **1 Joule** (sprich „dschul") $= $ **1 J** $\approx 0{,}102$ kp m

b) Alte Einheiten (heute verboten)

1 Kilopondmeter; abgekürzt: 1 kp m

1 Kilopondmeter = 1 kp m $\approx$ 9,81 N m = 9,81 $\cdot\ 10^7$ erg = 9,81 J

1 Dynzentimeter = 1 dyn cm = 1 dyn $\cdot$ 1 cm = 1 Erg = 1 erg = 10^{-7} J (Joule)

4. Leistungs-Einheiten

Unter der Leistung versteht man die in der Zeiteinheit verrichtete Arbeit, also
$P = A/t$

a) SI-Einheiten:

1 Joule je Sekunde = 1 J/s = 1 Newtonmeter je Sekunde
$= $ **1 N m/s = 1 Watt = 1 W**

1 Kilowatt = 1 kW = 1000 Watt = 1000 W = 1000 N m/s

b) Alte Einheiten (heute verboten):

1 Kilopondmeter je Sekunde = 1 kp m/s $\approx$ 10 Nm/s $\approx$ 10 W

$$1\ kp\,m/s = \frac{1000\ W}{102} \approx 9{,}81\ W\ \text{(genauer: 9,80665 W)}$$

1 PS = 75 kp m/s = 75 $\cdot$ 9,80665 W = 735 W = 0,735 kW

$$1\ kW = \frac{1}{0{,}735}\ PS = 1{,}359\ PS \approx 1{,}36\ PS$$

5. Einheiten für Zeit, Geschwindigkeit, Beschleunigung

a) Zeiteinheiten:

1 astronomisches Jahr $\approx$ 365¼ Tage. Es wird in zweierlei Weise definiert: Als siderisches Jahr oder Sternenjahr ist es die wahre Umlaufsperiode der Erde um die Sonne = 365,25636 mittlere Sonnentage. Als tropisches Jahr oder Sonnenjahr ist es die Zeit zwischen zwei aufeinanderfolgenden Durchgängen der Erde durch den Frühlingspunkt = 365,2422 mittlere Sonnentage. Dem bürgerlichen Jahr von 365 oder 366 Tagen ist das tropische Jahr zugrunde gelegt.

Um der tatsächlichen Umlaufzeit der Erde gerecht zu werden, macht man jedes 4. Jahr zum Schaltjahr = 366 Tage (Februar 29 Tage).

Das Endjahr eines Jahrhunderts ist nur dann ein Schaltjahr, wenn sich die durch die ersten beiden Ziffern gebildete Zahl durch 4 teilen läßt. Also war das Jahr 1900 kein Schaltjahr, hingegen wird das Jahr 2000 ein solches sein.

```
1 Tag     = 1 d   = 24 h
1 Stunde  = 1 h   = 60 min = 3600 s
1 Minute  = 1 min = 60 Sekunden
1 Sekunde = 1 s   = 1/60 min = 1/3600 h.
```

Die Sekunde ist das 9 192 631 770fache der Periodendauer der dem Übergang zwischen den beiden Hyperfeinstrukturniveaus des Grundzustandes von Atomen des Nuklids ^{133}Cs entsprechenden Strahlung.

1 ms = 1 Millisekunde = 0,001 s
1 µs = 1 Mikrosekunde = 0,000001 s $\Bigg\}$ in der Physik gilt als Zeiteinheit die Sekunde, in der Technik sind gebräuchlich Stunde, Min. und Sek.

Zeitbezeichnungen in bezug auf den geographischen Ort:

MEZ = mitteleuropäische Zeit   CST = amerikanische Central-Standard-Time
WEZ = westeuropäische Zeit   PST = amerikanische Pacific-Standard-Time
OEZ = osteuropäische Zeit   EST = amerikanische Eastern-Standard-Time

b) Einheiten der Geschwindigkeit

Zum Beispiel bei bewegten Maschinenteilen, Umfangsgeschwindigkeit u. dgl. 1 m/s; bei Hebezeugen, Werkzeugmaschinen u. dgl. 1 m/min
bei Fahrzeugen: 1 km/h
bei Seeschiffen: 1 Knoten = 1 kn = 1 Seemeile/Stunde = sm/h = 1,852 km/h

Lichtgeschwindigkeit und Geschwindigkeit elektromagnetischer Wellen:
c = 300 000 km/s, genauer = 299 770 km/s

Schallgeschwindigkeit bei 20 °C: c = 333 m/s in Luft

c) Einheiten der Beschleunigung bzw. Verzögerung:

1 cm/s² = 1 cm · s⁻² und 1 m/s² = 1 m · s⁻²

Fallbeschleunigung (Erdbeschleunigung): Normwert für die geogr. Breite $\varphi = 45°$ und die Meereshöhe $h = 0$: $g = 9,81$ m/s² = 9,81 m · s⁻² = 981 cm/s². Eine Erhebung um 1000 ü. M. verkleinert den Wert für g um 0,3 cm/s². Die Werte für den Äquator und die beiden Pole weichen um rund 2,6 cm/s² vom Normwert ab.

6. Temperatur- und Wärmeeinheiten

a) Temperatur

= Wärmehöhe (Normtemp. sind die Temp. 0 °C und 20 °C):

In der Physik rechnet man meist mit der **thermodynamischen Temperatur** oder **Kelvin-Temperatur** T, bei der man vom absoluten Nullpunkt ausgeht. **SI-Einheit** für die Temperatur ist das **Kelvin (K)**. 1 Kelvin ist der 273,16te Teil der thermodynamischen Temperatur des Tripelpunktes des Wassers.

Bei der **Celsius-Temperatur** t zählt man vom Gefrierpunkt des Wassers aus: $T = 273,15$ K bzw. $t = 0$ °C; der Grad Celsius (°C) ist hierbei lediglich ein besonderer Name für das Kelvin. Temperaturdifferenzen sind immer in Kelvin (K) anzugeben

Es gilt also: $T = t + 273,15$ K

Zum Beispiel ist bei Zimmertemperatur $t = 20$ °C:
$$T = 20 \text{ K} + 273,15 \text{ K} = 293,15 \text{ K}$$

In USA und England gebraucht man noch die Einheit 1 ° Fahrenheit = 1 °F. Vereinzelt verwendet man die Einheit 1 °Reaumur = 1 °R. (Sonst verboten).

Ausgangspunkte und Vergleich der Temperaturskalen

Wasser-		Absoluter Nullpunkt
Gefrierpunkt	Siedepunkt	
0 °C	100 °C	−273 °C
0 °R	80 °R	−218,4 °R
32 °F	212 °F	−459,4 °F
273 K	373 °F	0 K

Die Beziehungen der Temperaturskalen Celcius (C), Reaumur (R) und Fahrenheit (F) zueinander führen zu folgenden Umrechnungsformeln für die Zahlenwerte:

1. **Temp. Celsius**   = ⁵/₉ · (Temp. Fahrenheit −32) = ⁵/₄ · Temp. Reaumur
2. **Temp. Reaumur**   = ⁴/₉ · (Temp. Fahrenheit −32) = ⁴/₅ · Temp. Celsius
3. **Temp. Fahrenheit** = ⁹/₅ · (Temp. Celsius +32) = ⁹/₄ · Temp. R +32

b) Wärmemenge

SI-Einheit ist das **Joule (J)** oder Newtonmeter (Nm) bzw. Wattsek. (Ws)

Alte Einheiten: 1 Kilokalorie = 1 kcal = 1000 cal = 4186,8 Joule

1 Kalorie = 1 cal = 0,001 kcal = 10⁻³ kcal

Mechan. Wärmeäquivalent: 1 kcal = 427 kpm oder 1 kpm = 1/427 kcal
Elektr. Wärmeäquivalent: 1 kWh = 860 kcal = 3600 kJ
1 Ws = **1 Joule** = 0,239 cal = 1 Nm

7. Winkel-Einheiten

a) SI-Einheiten:
Ebener Winkel: Radiant = rad $\quad$ 1 rad = 1 m/m
Raumwinkel: Steradiant = sr $\quad$ 1 sr = 1 m²/m²

Radiant (bzw. Steradiant) ist der besondere Name für die SI-Einheit Meter durch Meter (Quadratmeter durch Quadratmeter) bei der Angabe von ebenen Winkeln (Raumwinkeln).
Diese Einheit kann durch 1 ersetzt werden.

b) Gesetzliche Einheiten außerhalb des SI:
Gon $\quad$ gon $\qquad$ 1 gon = $(\pi/200)$ rad
Grad $\quad$ ° $\qquad$ 1° $\quad$ = $(\pi/180)$ rad

c) Veraltete Einheiten:
(für den amtlichen und geschäftlichen Verkehr verboten)
Neugrad $\qquad$ ^{g} $\qquad$ 1^g = 1 gon
Neuminute $\qquad$ ^{c} $\qquad$ 1^c = 1 cgon
Neusekunde $\quad$ ^{cc} $\qquad$ 1^{cc} = 10^{-4} gon

1 Vollwinkel (Kreis) = 4 Rechte Winkel = 360° = 400 gon = $2\,\pi$ rad
1 Rechter Winkel $\quad$ = 90° = 100 gon = $\frac{\pi}{2}$ rad
1 Grad $\qquad$ = $\frac{1}{360}$ Vollwinkel = 1°

8. Einheiten für die Viskosität

a) SI-Einheiten:
Dynamische Viskosität η in Pa · s
Kinematische Viskosität ν in m² s⁻¹

Die Viskosität ist ein Maß für die zwischen Flüssigkeits- bzw. Gasmolekülen herrschende Kohäsion.

Für die Bewegung eines Körpers durch eine Flüssigkeit gilt:

$$F_{Ri} = \eta \cdot A \cdot \frac{v}{d}$$

F_{Ri} $\;$ = erforderliche Kraft = innere Reibungskraft
A $\quad$ = bewegte Fläche
v $\quad$ = Geschwindigkeit
d $\quad$ = Dicke der mitbewegten Flüssigkeitsschichten
η $\quad$ = Proportionalitätsfaktor = dyn. Viskosität

Bei vielen Viskosimetern tritt aber die kinematische Viskosität ν als zu messende Größe auf

$$\nu = \frac{\eta}{\varrho}$$

b) Alte Einheiten:
Stokes St $\qquad$ 1 St = 1 cm² s (für die kinematische Viskosität)
Poise P $\qquad$ 1 P = 0,1 Pa · s (für die dynamische Viskosität)

9. Abgeleitete SI-Einheiten mit selbständigem Namen

Name der Einheit	Einheiten-zeichen	durch andere Einheiten ausgedrückt	Größen
Becquerel	Bq	$1\,Bq = s^{-1}$	radioaktive Aktivität
Coulomb	C	$1\,C = 1\,As$	elektrische Ladung
Farad	F	$1\,F = 1\,CV^{-1}$	elektrische Kapazität
Grad Celsius	°C	$1\,°C = 1\,K$	Celsius-Temperatur
Gray	Gy	$1\,Gy = 1\,J\,kg^{-1}$	Energiedosis
Henry	H	$1\,H = 1\,Wb\,A^{-1}$	Induktivität
Hertz	Hz	$1\,Hz = s^{-1}$	Frequenz
Joule	J	$1\,J = 1\,N\,m$	Energie
Lumen	lm	$1\,lm = 1\,cd \cdot sr$	Lichtstrom
Lux	lx	$1\,lx = 1\,lm \cdot m^{-2}$	Beleuchtungsstärke
Newton	N	$1\,N = 1\,kg \cdot ms^{-2}$	Kraft
Ohm	Ω	$1\,\Omega = 1\,VA^{-1}$	elektr. Widerstand
Pascal	Pa	$1\,Pa = 1\,N\,m^{-2}$	Druck
Radiant	rad	$1\,rad = 1\,m \cdot m^{-1}$	ebener Winkel
Siemens	S	$1\,S = 1\,\Omega$	elektr. Leitwert
Sievert	Sv	$1\,Sv = 1\,J\,kg^{-1}$	Äquivalentdosis
Steradiant	sr	$1\,sr = 1\,m^2\,m^{-2}$	Raumwinkel
Tesla	T	$1\,T = 1\,Wb\,m^{-2}$	magnetische Flußdichte, Induktion
Volt	V	$1\,V = 1\,WA^{-1}$	elektr. Spannung
Watt	W	$1\,W = 1\,J\,s^{-1}$	Leistung
Weber	Wb	$1\,Wb = 1\,V\,s$	magnetischer Fluß

10. Gesetzliche Einheiten außerhalb des SI

Name	Zeichen	Beziehung	Größe und Anwendungsbereich
Ar	a	$1\,a = 100\,m^2$	Fläche von Grund- und Flurstücken
atomare Masseneinheit	u	$1\,u = 1{,}660\,540\,2 \cdot 10^{-27}\,kg$	Masse in der Atomphysik
Bar	bar	$1\,bar = 10^5\,Pa$	Druck
Barn	b	$1\,b = 10^{-28}\,m^2$	Wirkungsquerschnitt in der Atomphysik
Dioptrie	dpt	$1\,dpt = 1/m$	Brechwert von optischen Systemen
Elektronvolt	eV	$1\,eV = 1{,}602\,177\,33 \cdot 10^{-19}\,J$	Energie in der Atomphysik
Gon	gon	$1\,gon = (\pi/200)\,rad$	Winkel
Grad	°	$1° = (\pi/180)\,rad$	Winkel
Gramm	g	$1\,g = 10^{-3}\,kg$	Masse
Hektar	ha	$1\,ha = 10^4\,m^2$	Fläche von Grund- und Flurstücken
Liter	l	$1\,l = 1\,dm^3$	Volumen
metrisches Karat		1 metrisches Karat $= 0{,}2\,g$	Masse von Edelsteinen

11. Vorsätze zu Einheiten: Zehnerpotenzen durch Vorsilben

E	Exa-	=	10^{18}	=	1 mit 18 Nullen	Trillion (Trio)
P	Peta-	=	10^{15}	=	1 mit 15 Nullen	Billiarde (Brd)
T	Tera-	=	10^{12}	=	1 000 000 000 000	Billion (Bio)
G	Giga-	=	10^{9}	=	1 000 000 000	Milliarde (Mrd)
M	Mega-	=	10^{6}	=	1 000 000	Million (Mio)
k	Kilo-	=	10^{3}	=	1 000	Tausend (Tsd)
h	Hekto-	=	10^{2}	=	100	Hundert
da	Deka-	=	10^{1}	=	10	Zehn
		=	10^{0}	=	1	Eins
d	Dezi	=	10^{-1}	=	0,1	Zehntel
c	Zenti-	=	10^{-2}	=	0,01	Hundertstel
m	Milli-	=	10^{-3}	=	0,001	Tausendstel
μ	Mikro-	=	10^{-6}	=	0,000 001	Millionstel
n	Nano-	=	10^{-9}	=	0,000 000 001	Milliardstel
p	Piko-	=	10^{-12}	=	0,000 000 000 001	Billionstel
f	Femto-	=	10^{-15}	=	14 Nullen hinter,	Billiardstel
a	Atto-	=	10^{-18}	=	17 Nullen hinter,	Trillionstel

In den USA Frankreich, Spanien, Italien auch $10^9 = 1$ Billion, $10^{12} = 1$ Trillion, in den spanisch sprechenden Ländern Amerikas (nicht Brasilien) sagt man für Milliarde „1000 Millionen" und für Billiarde „1000 Billionen".

12. Formelzeichen der Physik
(Eine Auswahl in Anlehnung an DIN 1304)

Länge und ihre Potenzen

$\alpha, \beta, \gamma \ldots$	Winkel		r	Radius
Ω, ω	Raumwinkel		d	Durchmesser
l	Länge		s	Weglänge, Blechdicke
b	Breite		λ	Wellenlänge
h	Höhe, Tiefe		A	Fläche
σ	Schichtdicke		V	Volumen

Raum und Zeit

t	Zeit, Zeitspanne		ω	Kreis-, Winkelfrequenz
T	Periodendauer		a	Beschleunigung
f	Frequenz		g	örtliche Fallbeschleunigung

Mechanik

m	Masse		τ	Schubspannung
m'	Masse, längenbezogen		ε	Dehnung
m''	Masse, flächenbezogen		γ	Schiebung, Scherung
ϱ	Dichte		E	Elastizitätsmodul
v	spezifisches Volumen		G	Schubmodul
J	Massenstromdichte		K	Kompressionsmodul
F	Kraft		η	dynamische Viskosität
G, F_G	Gewichtskraft		v	kinematische Viskosität
M	Kraftmoment		σ, γ	Grenzflächenspannung
M_T	Torsionsmoment		W	Widerstandsmoment
p	Druck		W, A	Arbeit
p_{abs}	absoluter Druck		E, W	Energie
σ	Normalspannung, Zug- oder		P	Leistung
	Druckspannung		η	Wirkungsgrad

Optik

Q_e, W	Strahlungsenergie, Strahlungsmenge		E_v	Beleuchtungsstärke
ϕ_e, P	Strahlungsleistung		H_v	Belichtung
I_e	Strahlstärke		η	Lichtausbeute
L_e	Strahldichte		c_0	Lichtgeschwindigkeit im
E_e	Bestrahlungsstärke			leeren Raum
H_c	Bestrahlung		f	Brennweite
I_v	Lichstärke		n	Brechzahl
Φ_v	Lichstrom		D	Brechwert von Linsen
Q_v	Lichtmenge		ϱ	Reflexionsgrad
L_v	Leuchtdichte		α	Absorptionsgrad
M_e	Spezif. Ausstrahlung		M_v	Spezif. Lichtausstrahlung

Formelzeichen der Physik

Akustik

p — Schalldruck
c, c_a — Schallgeschwindigkeit
P_a, P — Schalleistung
L_I — Schallintensitätspegel
I — Schallintensität

L_p — Schalldruckpegel, -leistungspegel
L_v — Schallschnellepegel
L_N — Lautstärkepegel (in Phon)
N, S — Lautheit (in sone)

Elektrotechnik

Q — elektrische Ladung, Elektrizitätsmenge
e — Elementarladung
D — elektr. Flußdichte
p, p_e — elektr. Dipolmoment
U — elektr. Spannung
E — elektr. Feldstärke
C — elektr. Kapazität
J — elektr. Stromstärke

H — magnetische Feldstärke
Φ — magnetischer Fluß, Induktionsfluß
L — Induktivität
R — elektr. Widerstand
G — elektr. Leitwert, Wirkleitwert, Konduktanz
P, P_p — Wirkleistung
Q, P_Q — Blindleistung
S, P_S — Scheinleistung

Thermodynamik

T — Temperatur
$\Delta T, \Delta t$ — Temperaturdifferenz
t — Celsius-Temperatur
Q — Wärmemenge
Φ_{th} — Wärmestrom
q_{th} — Wärmestromdichte
R_{th} — Wärmewiderstand, therm. Widerstand
G_{th} — Wärmeleitwert, thermischer Leitwert
ϱ_{th} — spezifischer Wärmewiderstand
λ — Wärmeleitfähigkeit

k — Wärmedurchgangskoeffizient
a — Temperaturleitfähigkeit
C_{th} — Wärmekapazität
S — Entropie
s — spezif. Entropie, massenbezogen
H — Enthalpie
h — spezif. Enthalpie, massenbezogen
U — innere Energie
u — spezif. innere Energie, massenbez.
H_o — spezif. Brennwert
H_u — spezif. Heizwert

13. Die sieben Basiseinheiten und ihre Definitionen (SI)

1. Das Meter (m)
[Länge *l, s, d, r*]

Das Meter ist die Länge der Strecke, die Licht im Vakuum während des Intervalles von 1/299 792 458 Sekunden durchläuft (17. CGPM, 1983).

2. Die Sekunde (s)
[Zeit *t*]

Die Sekunde ist das 9192631770fache der Periodendauer der dem Übergang zwischen den beiden Hyperfeinstrukturniveaus des Grundzustandes von Atomen des Nuklids $^{133}C_S$ entsprechenden Strahlung.

3. Das Kilogramm (kg)
[Masse *m*]

Das Kilogramm ist die Einheit der **Masse**; es ist gleich der Masse des internationalen Kilogramm-Prototyps.

4. Das Kelvin (K)
[Temperatur *T*]

Das Kelvin ist der 273,16te Teil der thermodynamischen Temperatur des **Tripelpunktes** von reinem Wasser (T_{tr} = 273,16 K).

5. Die Candela (cd)
[Lichtstärke *J*]

Die Candela ist die Lichtstärke in einer bestimmten Richtung einer Strahlungsquelle, die monochromatische Strahlung der Frequenz 540.10^{12} Hertz aussendet und deren Strahlstärke in dieser Richtung 1/683 Watt durch Steradiant beträgt (16. CGPM. 1979).

6. Das Ampere (A)
[El. Stromstärke *J*]

Ein Ampere ist die Stärke eines zeitlich unveränderlichen elektrischen Stromes, der, durch zwei im Vakuum parallel im Abstand 1 m voneinander angeordnete, geradlinige, unendlich lange Leiter von vernachlässigbar kleinem, kreisförmigen Querschnitt fließend, zwischen diesen Leitern je 1 m Leiterlänge elektrodynamisch die Kraft $0,2 \cdot 10^{-6}$ N hervorrufen würde.

7. Das Mol (mol)
[Stoffmenge *n*]

1 Mol ist die Stoffmenge eines Systems bestimmter Zusammensetzung, das aus ebenso vielen Teilen besteht, wie Atome in $12 \cdot 10^{-3}$ kg des Nuklids ^{12}C enthalten sind.
Das Wort Stoffmenge wurde seither benutzt als andere Bezeichnung für die Masse. Die Einheit der Stoffmenge, das Mol, war damit eine individuelle Masseneinheit, die je nach der Stoffart verschieden groß war (z. B. bei Sauerstoff O_2 : 1 mol $\approx$ 32 kg).

14. Atomphysikalische Einheiten für Masse und Energie

1. Die atomare Masseneinheit (u)

1 atomare Masseneinheit ist der 12te Teil der Masse eines Atoms des Nuklids ^{12}C. (es gilt: 1u $\approx 1,6605 \cdot 10^{-27}$ kg).

2. Das Elektronvolt (eV)

1 Elektronvolt ist die Energie, die im Elektron bei Durchlaufen einer Potentialdifferenz von 1 Volt im Vakuum gewinnt. (Es gilt: 1 eV $\approx 1,6021 \cdot 10^{-19}$ J).

Die **atomphysikalischen Einheiten** für Masse und Energie sind also durch eigene Definitionen festgelegt. Diese Einheiten lassen sich näherungsweise in SI-Einheiten umrechnen. Die angegebenen Umrechnungsbeziehungen entsprechen dem derzeitigen Stand der Maßtechnik.

15. Naturkonstanten (physikalischer Art)

Größe	Formel- zeichen	Zahlenwert/Einheit
Avogadrosche Zahl	N_A	$6{,}02205 \cdot 10^{23}\ \text{mol}^{-1}$
Boltzmann-Konstante	k	$1{,}38066 \cdot 10^{-23}\ \text{JK}^{-1} = \text{Ws/K}$
Elektrische Feldkonstante	ε_0	$8{,}8541878 \cdot 10^{-12}\ \text{As/Vm} = \text{F/m}$
Elementarladung, elektr.	e	$1{,}60219 \cdot 10^{-19}\ \text{C}$
Fallbeschleunigung	g	$9{,}80665\ \text{ms}^{-2}$
Faraday-Konstante	$F = 2N_A$	$9{,}64846 \cdot 10^{4}\ \text{C mol}^{-1} = \text{As/mol}$
Gaskonstante, universelle	$R = kN_A$	$8{,}31441\ \text{JK}^{-1}\ \text{mol}^{-1} = \text{Ws/mol K}$
Gravitationskonstante	G, γ, j	$6{,}6720 \cdot 10^{-11}\ \text{Nm}^2\ \text{kg}^{-2} = \text{m}^3/\text{g} \cdot \text{s}^2$
Lichtgeschwindigkeit	c	$2{,}997925 \cdot 10^{8}\ \text{ms}^{-1}$
atomare Masseneinheit	m_u, μ	$1{,}66056 \cdot 10^{-27}\ \text{kg}$
Ruhemasse des Elektrons	m_e	$9{,}10953 \cdot 10^{-31}\ \text{kg}$
Ruhemasse des Protons	m_p	$1{,}67265 \cdot 10^{-27}\ \text{kg}$
Ruhemasse des Neutrons	m_n	$1{,}67495 \cdot 10^{-27}\ \text{kg}$
magnetische Feldkonstante	μ_0	$4\pi \cdot 10^{-7},\ \text{Vs/Am} = \text{H/m}$
Plancksche Konstante	h	$6{,}62618 \cdot 10^{-34}\ \text{Js} = \text{Ws}^2$
Stefan-Boltzmann Konstante	σ	$5{,}67032 \cdot 10^{-8}\ \dfrac{\text{W}}{\text{m}^2\ \text{K}^4}$
Wellengeschwindigkeit des Vakuums	c_0	$2{,}99792 \cdot 10^{8}\ \text{m/s}$
Wellenwiderstand des Vakuums	$i_0 = c_0 \cdot \mu_0$	$376{,}73\ \Omega$
Ruheenergie: des Elektrons	$(W_e)_0$	$5{,}11 \cdot 10^{5}\ \text{eV}$
des Protons	$(W_p)_0$	$9{,}38 \cdot 10^{8}\ \text{eV}$
Ruhemasse: des H-Atoms	m_H	$1{,}6734 \cdot 10^{-24}\ \text{g}$
des Deuterons	m_D	$3{,}3429 \cdot 10^{-24}\ \text{g}$
spezif. Ladung: des Elektrons	e/m_e	$1{,}75888 \cdot 10^{8}\ \text{As/g}$
des Protons	e/m_p	$9{,}57929 \cdot 10^{4}\ \text{As/g}$
Radius: eines Atomskernes	r_a	$1{,}2 \cdot 10^{-13} \cdot \sqrt[3]{AG}\ \text{cm}$
des Elektrons	r_e	$2{,}82 \cdot 10^{-15}\ \text{m}$
Bahnrad. d. H-Atoms	r_B	$5{,}292 \cdot 10^{-11}\ \text{m}$
Mol-Volumen idealer Gase	V_0	$22{,}413\ \text{dm}^3/\text{mol}$
Absoluter Nullpunkt: Thermodynam. Temperatur	t_0	$-273{,}15\ °\text{C}$

1. Umrechnung angelsächsischer Maßeinheiten in metrische (und umgekehrt)

1. Längenmaße

Einheit	m	in.	ft.	yd.
1 Meter m	1	39,37	3,281	1,09
1 inch in.(")	0,0254	1	0,083	0,02
1 foot ft(')	0,3048	12	1	0,33
1 yard yd.	0,914	36	3	1

1" = 25,4 mm; ³/₄" = 19,05 mm; ½" = 12,7 mm; ¼" = 6,35 mm.
1 statute mile = 1,6093 km; 1 nautical mile = 1,853 km; 1 US sea-mile = 1,855 km;
1 int. Seemeile = 1 deutsche Seemeile = 1,852 km
1 Faden (fathom) = 1,829 m = 2 yd. = 6 ft. = 72 in.

2. Flächenmaße

Einheit	m²	sq. in.	sq. ft.	sq. yd.
1 m²	1	1550,0	10,764	1,1960
1 sq. in . . .	0,00064516	1	0,006944	0,0007716
1 sq. ft. . . .	0,092903	144	1	0,111111
1 sq. yd. . . .	0,836127	1296	9	1

1 acre = 4046,85 m².
sq. in. = square inch; sq. ft. = square foot; sq. yd. = square yard

3. Raummaße

Einheit	m³	cu. in.	cu. ft.	Imp.-gallon	US-gallon
1 m³	1	61023	35,315	219,97	264,175
1 cu. in. . . .	0,00001639	1	0,0005787	0,003601	0,004329
1 cu. ft. . . .	0,028317	1728	1	6,228783	7,480519
1 Imp.-gallon	0,004546	277,4	0,160545	1	1,20096
1 US-gallon	0,003785	231,0	0,133183	0,832667	1
1 cu. yd. . . .	0,764555	46656	27	168,177	201,974

1 bushel (Imp.) = 36,368 l; 1 pint (Imp.) = 0,5683 l.
1 bushel (USA) = 35,238 l; 1 pint (USA) = 0,4732 l.
1 Registertonne (register ton) = 100 cu.ft. = 2,832 m³
cu. in. = cubic inch; cu. ft. = cubic foot; gallon = Gallone; cu. yd. = cubic yard.

2. Angelsächsische Einheiten in Beziehung zur metrischen Einheit

1. Raumeinheiten (Volumen)

1 cubic inch = 1 in.^{3}	16,387	cm^3
1 cubic foot = 1 ft.^{3} = 1728 in.^{3} . . .	0,028	m^3
1 cubic yard = 1 yd.^{3} = 27 ft.^{3}	0,765	m^3
1 register ton = 1 reg.t. = 100 ft.^{3}	2,832	m^3

2. Hohlmaße
a) Trockenstoffe

1 quart US = 1 qt. = 0,03891 ft.^{3}	1,1012 l
1 quart imperial = 1 qt. imp. = ¼ gallon imp.	1,1359 l
1 gallon US = 1 gal.(US) = 0,15556 ft.^{3} . . .	4,4048 l
1 gallon imperial = 1 gal. imp. = 277,274 in.^{3} .	4,5436 l
1 bushel US. = 1 bu. = 1,2445 ft.^{3}	35,2384 l
1 bushel imperial = 1 bu.imp. = 4 pecks imp.	36,3487 l
1 quarter US = 1 qr. = 8 bu.	281,9050 l
1 quarter imperial = 1 qr.imp. = 32 pecks imp.	290,7892 l

b) Flüssigkeiten

1 pint US = 1 pt. = 1/8 gal. (US)	0,4732 l
1 pint imperial = 1 pt. imp. = 1/8 gal. imp. . .	0,5679 l
1 quart US = 1 qt. = ¼ gal (US)	0,9463 l
1 quart imperial = 1 qt. imp. = ¼ gal. imp.	1,1359 l
1 gallon US = 1 gal. (US) = 231 in.^{3}	3,7853 l
1 gallon imperial = 1 gal. imp. = 277,274 in.^{3} .	4,5436 l
1 barrel = 31,5 gal. (US)	119,2375 l

3. Handelsgewichte (Masse)

1 ounce = 1 oz..	28,3495	g
1 pound = 1 lb. = 16 oz.	453,5920	g
1 quarter short = 1 qr. = 25 lbs.	11,340	kg (USA)
1 quarter long = 1 qr. = 28 lbs.	12,700	kg (Brit.)
1 hundredweight short = 1 centweight = 1 cwt. = 100 lbs.	45,359	kg (USA)
1 hundredweight long = 1 cwt. = 112 lbs. .	50,802	kg (Brit.)
1 ton short = 1 t. = 1 t. short = 2000 lbs. .	907,185	kg (USA)
1 ton long = 1 t. = 1 t. long = 2240 lbs. . .	1016,048	kg (Brit.)
1 bag of cement (Brit.) = 1 cwt. of. c. = 112 lbs.	50,802	kg (Brit.)
1 bag of cement (US) = 1 sack of. c. = 94 lbs.	42,638	kg (USA)
1 barrel = 1 bbl. of cement = 4 bags . .	170,551	kg (USA)
1 drum = Holzfaß = 375 lbs.	170,097	kg (Brit.)
1 drum = Eisenfaß = 400 lbs.	181,437	kg (Brit.)

4. Belastungswerte
a) Streckenlasten

		SI-Einheit
1 pound per inch = 1 lb./in. = 1/12 lb./in.	17,858 kp/m =	175,187 N/m
1 pound per foot = 1 lb./ft. = ½ lb./in. .	1,488 kp/m =	14,597 N/m
1 pound per yard = 1 lb./yd. = ⅓ lb./ft. .	0,496 kp/m =	4,865 N/m
1 kilopound per foot = 1 kip./ft. = 1000 lbs./ft.	1,488 Mp/m =	14,597 kN/m
1 kilopound per yard = 1 kip./yd. = ⅓ kip./ft.	0,496 Mp/m =	4,865 kN/m
1 ton long per foot = 1 t./ft. = 2240 kip./ft.	3,333 Mp/m =	32,696 kN/m
1 ton long per yard = 1 t./yd. = ⅓ t./ft. . .	1,111 Mp/m =	10,898 kN/m

Angelsächsische Einheiten in Beziehung zur metrischen Einheit

b) Flächenbelastungen

SI-Einheit

1 pound per square inch = 1 psi. = 1 lb./in.^{2} .	0,0703 kp/cm^2	=	0,6896 N/cm^2
1 pound per square foot = 1 psf. = 1 lb./ft.^{2} .	4,8826 kp/m^2	=	47,8983 N/m^2
1 pound per square yard = 1 lb./yd.^{2} . . .	0,5425 kp/m^2	=	5,3219 N/m^2
1 ton per square inch = 1 t./sq. in. = 1 tsi. = 2240 lbs./in.^{2} . . .	157,4810 kp/cm^2	=	1544,889 N/cm^2
1 ton per square foot = 1 t./sq.ft. = 1 tsf.	1,0937 kp/cm^2	=	10,7291 N/cm^2
1 kilopound per square inch = 1 kip./sq. in. = 1 kipsi.	70,3100 kp/cm^2	=	689,7411 N/cm^2
1 kilopound per square foot = 1 kip./sq. ft. = 1 kipsf.	4,8826 Mp/m^2	=	47,8983 kN/m^2
1 at = 14,7 lbs./in.^{2}	1,0335 kp/cm^2	=	10,1386 N/cm^2

5. Raumgewichte (spez. Masse)

1 ounce per cubic inch = 1 oz./in.^{3} . .	1,730 g/cm^3	
1 pound per cubic inch = 1 pci.	0,0277 kg/cm^3	
1 pound per cubic foot = 1 pcf.	16,018 kg/m^3	
1 pound per cubic yard = 1 lb./yd.^{3} . .	0,593 kg/m^3	
1 pound per gallon US = 1 lb./gal. . .	0,1198 kg/l	
1 pound per gallon imp. = 1 lb./gal. imp.	0,0998 kg/l	
1 barrel per cubic yard = 1 bbl./yd.^{3} . .	223,075 kg/m^3 (Zem./m^3 Beton)	
1 bag (US) per cubic yard = 1 bag/yd.^{3} . .	55,768 kg/m^3 (Zem./m^3 Beton)	
1 bag (Brit.) per cubic yard = 1 bag/yd.^{3} . .	66,477 kg/m^3 (Zem./m^3 Beton)	
1 ton per cubic foot = 1 t./ft.^{3} . . .	38,882 t/m^3	
1 ton per cubic yard = 1 t./cu.yd. = 1 t./yd.^{3}	1,329 t/m^3	

6. Momente

1 inch^3 = 1 in.^{3} = Widerstandsmoment . .	16,387 cm^3		
1 inch^4 = 1 in.^{4} = Trägheitsmoment	41,623 cm^4		
1 pound inch = 1 lb. in.	1,152 kpcm	=	11,301 Ncm
1 pound foot = 1 lb. ft. = 12 lb. in. . . .	13,825 kpcm	=	135,623 Ncm
1 kilopound foot = 1 kip. ft. = 1000 lb. ft. .	138,25 kpm	=	1356,232 Nm
1 kilopound yard = 1 kip. yd.	414,764 kpm	=	4068,834 Nm

7. Verschiedenes (Zusammengesetzte Einheiten)

1 micro inch per inch = 1 micro in./in. . .	0,001 mm/m
1 foot per second = 1 ft./sec.	0,3048 m/s
1 foot per minute = 1 ft./min.	0,00508 m/s
1 yard per minute = 1 yd./min. = 3 ft./min.	0,01526 m/s
1 mile per hour = 1 m./h = 1 mph.	1,609 km/h
1 revolution per second = 1 rpm.	1 Umdr./s
1 vibration per second = 1 cycle/min. = 1 vpm.	1 Schwingung/s
1 Horse power = 1 H. P. = 1 HP. = 33000 lbs. × 1 ft./min. = 745,7 Watt	= 1,014 PS = 0,746 kW
1 pouce = 1″ (in Frankreich)	= 2,708 cm
1 preuß. Zoll = 1″ (in Deutschland)	= 2,615 cm

1. Molekularwirkungen: Grundsätze

a) Härte: Widerstand, den ein fester Körper der Verletzung seiner Oberfläche oder dem Eindringen eines Fremdkörpers entgegensetzt.

Zu unterscheiden sind: Druck- und Schlaghärte, Ritzhärte, Schleifhärte usw.

Härteprobe nach B r i n e l l (mit Stahlkugel): HB = Belastung F / Eindruckfläche A.

H ä r t e s k a l a (Mohs) auf Grund von Ritzversuchen:

1	Talk (1,5 Blei)	6	Feldspat (Stahl)
2	Steinsalz (Aluminium)	7	Quarz (Platiniridium)
3	Kalkspat (Messing)	8	Topas (Stahl, gehärtet)
4	Flußspat (Gold, Kupfer)	9	Korund
5	Apatit (Eisen)	10	Diamant

b) Kohäsion: ist die Anziehungskraft zwischen den Molekülen ein und desselben Körpers.

Die Moleküle eines Körpers werden durch die K o h ä s i o n s k r a f t zusammengehalten; ein Maß für ihre Größe ist in einem festen Körper seine F e s t i g k e i t (in Flüssigkeiten ihre V i s k o s i t ä t oder Zähigkeit). Die Moleküle eines Körpers sind ständig in einer schwingenden Bewegung (M o l e k u l a r b e w e g u n g ist abhängig von der Temperatur).

c) Adhäsion: ist die Anhangs- oder Anziehungskraft zwischen den Molekülen verschiedener Körper (Graphit und Papier, Tafel und Kreide).

Die H a f t k r a f t wirkt z. B. zwischen Wasser- und Metallmolekülen an der Stelle, wo sich die Wassertropfen und das Metall des Hahnes sich trennen.

d) Kapillarität (Haarröhrchenwirkung): Zusammenwirkung von Kohäsion (Flüssigkeitsteilchen untereinander) und Adhäsion (Wirkung der Flüssigkeitsmoleküle auf die Moleküle der Glaswand). Außerdem spielen besondere Dampfdruckverhältnisse eine Rolle.

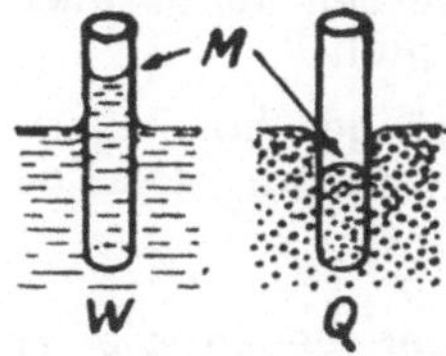

Das Emporsteigen ist umso stärker, je enger das Röhrchen und je kleiner die Dichte der Flüssigkeit ist. Das Zurückweichen ist umso größer, je enger das Röhrchen und je größer die Dichte der Flüssigkeit (z. B. Quecksilber Q, Wasser W) ist.

B e i s p i e l e : Aufsteigen von Flüssigkeiten in Löschpapier, Schwämmen, Dochten, Tonzellen, Mauern, Schmiertaschen.

e) Meniskus (M im Bild): Gestalt der Flüssigkeitsoberfläche (gewölbte Oberfläche z. B. bei Flüssigkeitsmanometern).

Molukularwirkung: Grundsätze

f) Oberflächenspannung: Im Innern eines Körpers wirken auf ein Molekül ringsherum die anziehenden Kräfte seiner Nachbarn. Da an der Oberfläche außen die Nachbarmoleküle fehlen, wirken die Kräfte also nur nach innen. Eine Flüssigkeitsoberfläche wirkt wie eine dünne gespannte Haut (Rasierklinge schwimmt im Wasser). Kleine Flüssigkeitsmengen nehmen daher Tropfenform an. — Oberflächenhärtung von Metallen. — Schnellgekühlte Gläser.

g) Diffusion (Durchmischung): ist die selbständige Durchmischung zweier Flüssigkeiten oder Gase ohne die Wirkung äußerer Kräfte, lediglich infolge der zwischen ihren Molekülen wirkenden Anziehungskräfte (Molekularbewegung). Sie geht entgegen der Schwerkraft vor sich (z. B. bei Emulsionen). Gase mischen sich immer miteinander.

h) Osmose: ist die Diffusion zweier sich mischender Flüssigkeiten oder Gase durch eine porige Scheidewand. (Pergament, Tierblase, ungebrannte Tonzelle und durch die Hautatmung). Der Durchgang der beiden Flüssigkeiten oder Gase erfolgt meist mit verschiedener Geschwindigkeit (osmotische Druckdifferenz).

i) Absorption: ist das Aufsaugen von Gasen durch Flüssigkeiten (Lösen) oder feste Körper. Aufgenommene Gasmenge ist dem Druck des Gases auf die Flüssigkeit proportional, nimmt mit steigender Temperatur ab.

B e i s p i e l e : Kohlensäuregas CO_2 durch Wasser oder Holzkohle — Auswaschen von Ammoniak aus dem Stadtgas — Flüssige Metalle lösen Gase (Stickstoff, Phosphor).

k) Adsorption: ist das Anlagern von Gasen an festen Körpern. Gase verdichten sich an der großen Oberfläche poriger Körper (an kalten Körpern mehr als an warmen).

l) Erhaltungsgesetze (Erhaltung der Energie): Materie kann weder aus dem Nichts entstehen, noch ins Nichts vergehen.

E n e r g i e kann weder entstehen noch vergehen, sondern nur in bestimmten, zahlenmäßigen Verhältnissen umgewandelt werden (z. B. elektr. Energie in Wärmenergie, mechan. Energie in elektr. Energie).

E n e r g i e g e s e t z : Bei allen rein mechanischen Vorgängen hat in jedem Moment die Summe von potentieller und kinetischer Energie stets denselben Wert.

m) Reibung: Widerstand zweier sich berührender Körper gegen die Veränderung ihrer Lage. Man unterscheidet rollende Reibung (Räder) und gleitende Reibung (Platten, Schlitten).

Reibung ist größer beim Übergang aus der R u h e i n B e w e g u n g als in der Bewegung selbst (Haftreibung).

Rollende Reibung ist wesentlich geringer als die gleitende.

2. Mechanische Grundgesetze (Newtonsche Axiome): Kraft

1. Newtonsches Axiom (Trägheitsgesetz): Jeder Körper verharrt im Zustande der Ruhe oder der gleichförmigen Bewegung, solange er nicht durch eine auf ihn wirkende Kraft gezwungen wird, seinen Bewegungszustand zu ändern. Hieraus folgt die

D e f i n i t i o n   d e r   K r a f t : Sie ist die Ursache der Bewegungsänderung von Körpern, bestimmt durch Angriffspunkt, Richtung und Größe.

Eine Kraft ist an ihrer Wirkung zu erkennen. Sie bewirkt Änderungen des B e w e g u n g s z u s t a n d e s oder der F o r m von Körpern.

2. Newtonsches Axiom (Definition von F/m): Die Beschleunigung ist der wirkenden Kraft proportional und erfolgt in der Richtung, in der die Kraft wirkt.

Beschleunigungskraft (F) = Masse (m) $\times$ Beschleunigung (a), also

$$\boxed{F = m \cdot a} \quad \text{in kg m/s}^2 \qquad \text{(Ausgangsgleichung der Mechanik)}$$

1 N (Newton) = 1 kg (Masse) $\times$ 1 m/s² (Beschleunigung)

Hieraus folgt: M a s s e   i s t   B e s c h l e u n i g u n g s w i d e r s t a n d , also nicht nur ein Ausdruck für die Materie selbst, sondern für eine ihrer Eigenschaften.

Da die Masse (Ruhemasse) unveränderlich ist, wird sie als **Basisgröße** angenommen. Damit ist auch ihre E i n h e i t , das kg, eine Basisgröße.

E i n h e i t   d e r   K r a f t = 1 Newton (1 N) = die Kraft, die dem Körper mit der Masse 1 (1 kg) die Beschleunigung 1 (1 ms/²) erteilt.

$$1 \text{ N} = 1 \text{ kg} \cdot 1 \, \frac{m}{s^2} = 1 \text{ kg} \cdot \text{m/s}^2 = \cdot 981\text{ter Teil der Gewichtskraft, den}$$

ein Körper der Masse 1 kg in 50° Breite und Meereshöhe hat.

3. Newtonsches Axiom (Wechselwirkungssatz): Die von 2 Körpern aufeinander ausgeübten Kräfte sind stets gleich groß, einander entgegengesetzt gerichtet und liegen in der Richtung der Verbindungslinie beider Körper. (Jede **Wirkung** erzeugt eine gleichgroße **Gegenwirkung.**)

4. Schwerkraft (Erdanziehungskraft): ist eine nach dem Erdmittelpunkt gerichtete Kraft.

Hält man einen Körper der Masse = 1 kg in der Schwebe, so wird dazu die Kraft F = 9,81 N benötigt.

Die Gewichtskraft (G) ist demnach ein Maß für die Fraft (F).

Grundsätzlich gilt:

Ge w i c h t s k r a f t G = Masse m $\times$ Erd-, Fallbeschleunigung g

3. Schwerpunkt und Gleichgewicht

Der Schwerpunkt ist der Angriffspunkt der Resultierenden aller an den einzelnen Massenteilchen eines zusammenhängenden Körpers angreifenden Einzelschwerkräfte. In ihm kann man sich die gesamte Masse des Körpers vereinigt denken (Massenmittelpunkt).

S c h w e r p u n k t s a t z (entspricht dem Satz von der Erhaltung der Bewegungsgröße bzw. dem Wechselwirkungssatz, also dem 3. Newtonschen Satz):

Die Bahn des Schwerpunktes kann durch innere Kräfte des Körpers nicht geändert werden. (Der Schwerpunkt aller Sprengstücke einer Granate setzt seinen Weg unbeirrt fort).

Wirken zwei g l e i c h   g r o ß e   K r ä f t e in entgegengesetzter Richtung auf einen ruhenden festen Körper, so bleibt der Körper in Ruhe. Ein der Schwere unterworfener Körper, der sich in Ruhe befindet, ist im G l e i c h - g e w i c h t.

Das Gleichgewicht eines Körpers ist:

a) s t a b i l (sicher, feststehend), wenn der Schwerpunkt (S) unterhalb des Unterstützungspunktes (U) liegt (jeder aufgehängte Körper). — S erlangt bei jeder beliebigen Bewegung eine größere Höhe.

b) l a b i l (unsicher, wankend), wenn der Schwerpunkt über dem Unterstützungspunkt liegt (Balancierte Körper, Stehaufmännchen in Kopflage). — S erlangt bei jeder Bewegung eine geringere Höhe.

c) i n d i f f e r e n t (beständig), wenn Schwerpunkt und Unterstützungspunkt zusammenfallen (Wagenrad). — S ändert während der Bewegung seine Höhenlage nicht.

S c h w e r p u n k t   u n d   G l e i c h g e w i c h t

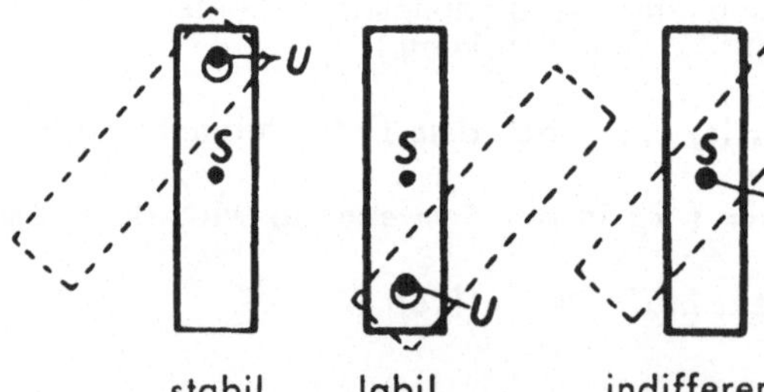

Im Schwerpunkt unterstützte Körper befinden sich im G l e i c h g e w i c h t. Der Schwerpunkt sucht stets die t i e f s t e   L a g e einzunehmen.

Der Schwerpunkt liegt im Schnittpunkt der Schwerlinien (Quadrat, Rechteck, regelmäßige Vielecke); er kann auch a u ß e r h a l b von Körpern liegen (z. B. bei Kreisringen, Buchsen).

4. Standfestigkeit

Nur wenn das Lot vom Schwerpunkt innerhalb der Kippkanten die Unterstützungsfläche trifft, steht ein Körper fest (im sicheren Gleichgewicht). Ein Körper fällt also, sobald der **S c h w e r p u n k t** nicht mehr senkrecht über der Unterstützungsfläche liegt.

Ein Körper steht um so fester, je tiefer sein Schwerpunkt liegt.

a steht fester als b

S t a n d f e s t i g k e i t eines Körpers ist um so größer: a) je größer seine Unterstützungsfläche (A) ist, b) je größer sein Gewicht (G) ist, c) je tiefer sein Schwerpunkt (S) liegt (Höhe h) und d) je größer der waagerechte Abstand seines Schwerpunktlotes (Abstand a) von der Kippkante (K) ist.

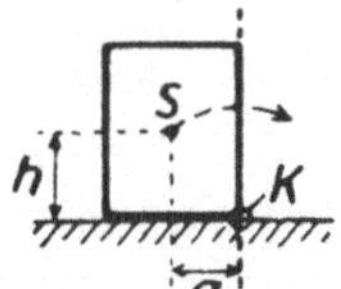

S t a n d f e s t i g k e i t

G	= Gewicht des Körpers
S	= Schwerpunkt
K	= Kippkante
h	= Abstand des S vom Boden
a	= Abstand des Schwerpunktlotes von der Kippkante

S t a b i l i t ä t s m o m e n t : die Standsicherheit wird ausgedrückt durch das Stabilitätsmoment (M), das dem beim Kippen aufzuwendenden Moment entgegenwirkt:

Je größer also M, desto standsicherer der Körper.

Bild 1a und b: Stabilitätsmoment $M = G \cdot a$

Bild 1c: Kippmoment $M = G \cdot a$

A n w e n d u n g e n : Fußgestelle bei Maschinen breit und schwer gemacht; Schwerpunkt bei Maschinen, Schiffen und Fahrzeugen möglichst tief legen; Fundamente von Hochhäusern und Türmen möglichst groß und tief wählen.

5. Einteilung der Mechanik

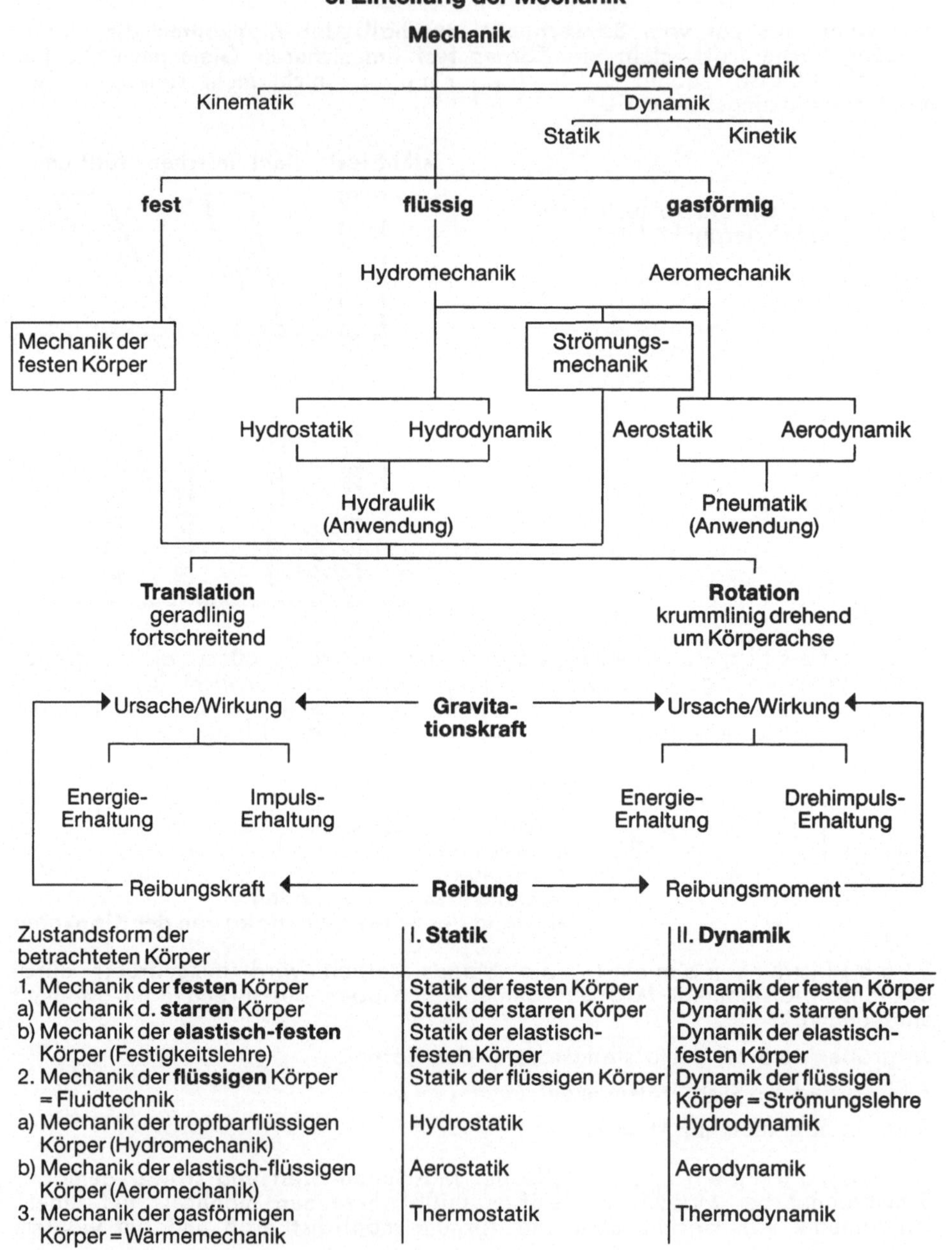

Zustandsform der betrachteten Körper	I. Statik	II. Dynamik
1. Mechanik der **festen** Körper	Statik der festen Körper	Dynamik der festen Körper
a) Mechanik d. **starren** Körper	Statik der starren Körper	Dynamik d. starren Körper
b) Mechanik der **elastisch-festen** Körper (Festigkeitslehre)	Statik der elastisch-festen Körper	Dynamik der elastisch-festen Körper
2. Mechanik der **flüssigen** Körper = Fluidtechnik	Statik der flüssigen Körper	Dynamik der flüssigen Körper = Strömungslehre
a) Mechanik der tropfbarflüssigen Körper (Hydromechanik)	Hydrostatik	Hydrodynamik
b) Mechanik der elastisch-flüssigen Körper (Aeromechanik)	Aerostatik	Aerodynamik
3. Mechanik der gasförmigen Körper = Wärmemechanik	Thermostatik	Thermodynamik

6. Einfache Maschinen: Grundsätze, Formeln

Maschinen können unterschieden werden in:

a) **K r a f t e r z e u g e n d e   M a s c h i n e n** (Kraftmaschinen) z. B. Dampf-maschinen, Otto- und Dieselmotoren, Turbinen, Elektro- und Servomotoren.

b) **K r a f t u m f o r m e n d e   M a s c h i n e n** (Arbeitsmaschinen) z. B. Näh-, Wasch-, Knet-, Bohr-, Dreh-, Dresch-, Mahlmaschinen. Sie können die **K r ä f t e** in bezug auf ihren **A n g r i f f s p u n k t**, ihre **R i c h t u n g** und **G r ö ß e** umformen.

Maschinen sind Vorrichtungen, die den Zweck haben, **E n e r g i e** irgend-welcher Art in diejenige Art von Arbeit umzusetzen, die gerade gebraucht wird. Die **e i n f a c h e n   M a s c h i n e n** sind kraftumformende Maschinen. Irgendeine **K r a f t** (Mensch, elektrischer Strom, Dampf, Kraftstoff) leistet **A r b e i t**, aber eine Last (Pakete, Wagen) nimmt die geleistete Arbeit in sich auf.

G l e i c h g e w i c h t ist dann vorhanden, wenn bei jeder noch so kleinen Verschiebung, die von der Kraft geleistete Arbeit gleich der von der Last empfangenen ist. (**P r i n z i p   d e r   v i r t u e l l e n   V e r s c h i e b u n g.**)

Einfache Maschinen: Alle **k r a f t u m f o r m e n d e n** Maschinen, so viel-fältig zusammengesetzt sie auch sein mögen, lassen sich auf die **e i n -f a c h e n   M a s c h i n e n** (auch Geräte genannt) zurückführen wie Seil und Stange, Rolle (Rad mit Gabel, Schere oder Flasche), Rollenverbindungen (Flaschenzüge), Hebel, Wellrad, schiefe Ebene, Keil, Schraube.

a) Seil und Stange: Maschinen, die den Angriffspunkt der Kraft in der Rich-tung verschieben, in der die Kraft wirkt. Sie sind Geräte, mit denen Zug- und Druckkräfte übertragen werden können.

b) Rollen: Maschinen, welche die Richtung der Kraft ändern.

1. **F e s t e   R o l l e n** (zweiseitig gleicharmige Hebel) sind ortsfest und kön-nen sich nur drehen; sie verändern nur die Richtung der Kraft. Es herrscht Gleichgewicht, wenn die Kraft (F) gleich der Last (G) ist.

2. **L o s e   R o l l e n** (einarmige Hebel) führen außer der Drehbewegung auch noch eine fortschreitende Bewegung aus. Es herrscht Gleichgewicht, wenn die Kraft (F) gleich der halben Last (G) ist.

3. **R o l l e n v e r b i n d u n g e n** sind Verbindungen fester und loser Rollen.

Feste Rolle
(orstfest)

Kraftarm l_1
= Lastarm l_2

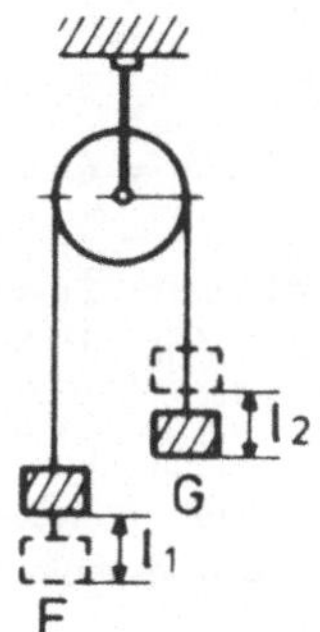
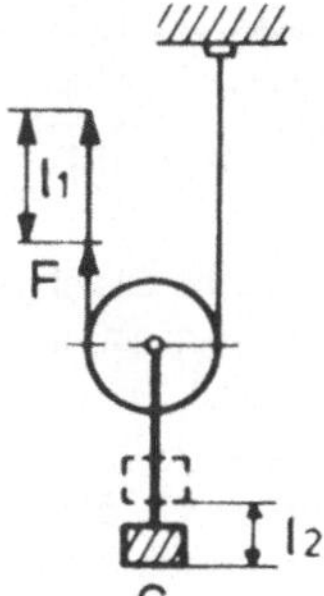

$l_1 = l_2$
$F = G$

Lose Rolle
(auf und ab beweglich)

$l_1 = 2\,l_2$
$F = G/2; \quad G = F_\mathrm{L}$

Einfache Maschinen: Grundsätze, Formeln
Rollenverbindungen (feste und lose Rollen)

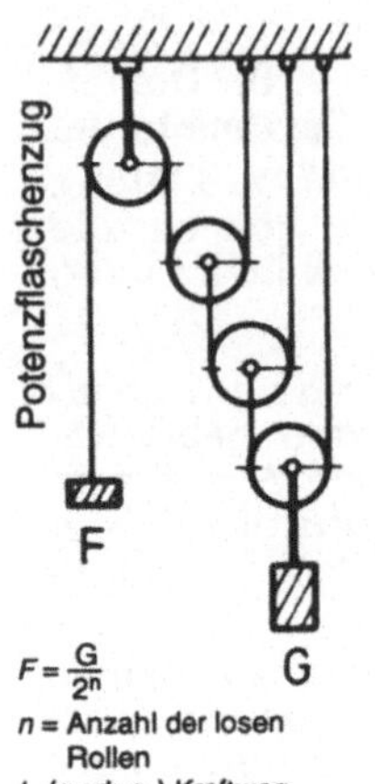

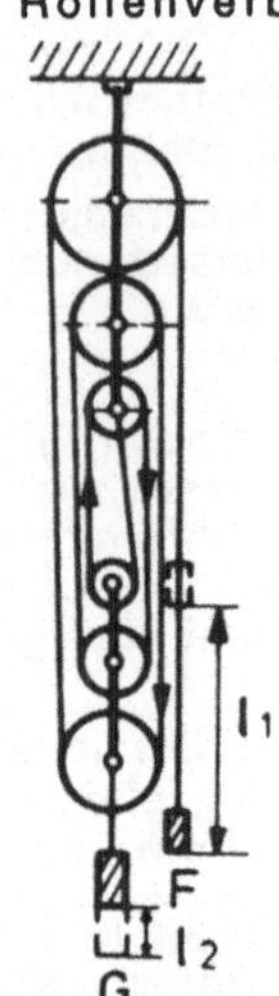

Faktoren-Flaschenzug

$F = \dfrac{G}{n}$

$l_1 = l_2 \cdot n$

wobei n Anzahl der festen und losen Rollen (der tragenden Seile) zusammen ist

Bei n = 6 ist F = G/6; es werden also 5/6 der Last gespart (mechanischer Vorteil).

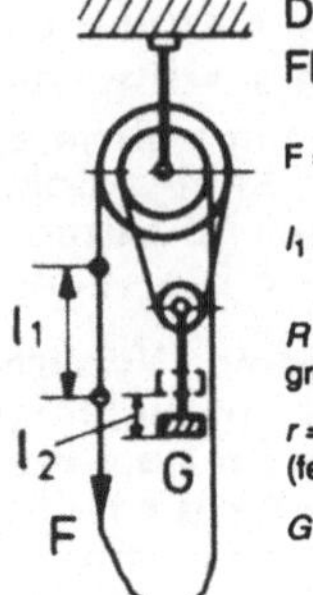

R = Radius der großen (festen) Rolle

r = Radius der kleinen (festen) Rolle

$G = F_L$

F Hub-, Zugkraft (auch F_1) in N
G Last, Lastkraft (auch F_2) in N

Gewichte der Rollen vernachlässigt.

c) Hebel: starrer, um eine Achse (Drehpunkt D) drehbarer Stab (auch Stange genannt) gestattet die Vervielfältigung der Kraft.

Er kann: 1. Kräfte oder Bewegungen übertragen; 2. Kraft mit Bewegung gleichzeitig übertragen; 3. Ausgangskräfte übersetzend vergrößern.

Hebelgesetz: Am Hebel herrscht Gleichgewicht, wenn das Drehmoment der Kraft gleich dem Drehmoment der Last ist, d.h. wenn das Produkt aus Kraft (F) und Kraftarm (l_1) gleich ist dem Produkt aus der Last (Lastkraft G) und Lastarm (l_2), also $\boxed{F \cdot l_1 = G \cdot l_2}$ $G = F_L$

Drehmoment M_d = Kraft (Last) mal Abstand der Kraft (Last) von der Drehachse:

$$\boxed{M_d = F \cdot l_1 = G \cdot l_2}$$

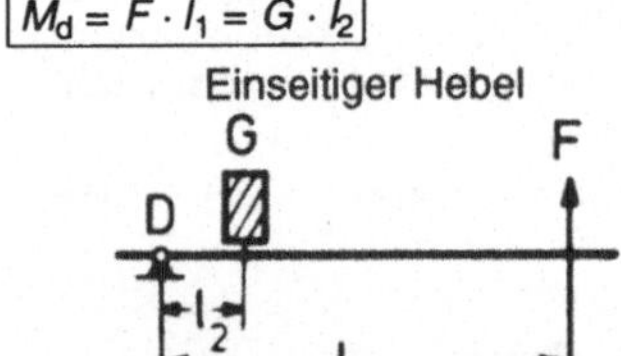

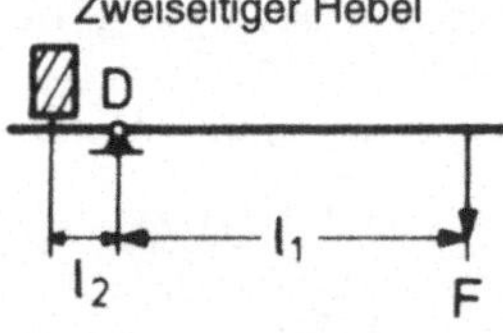

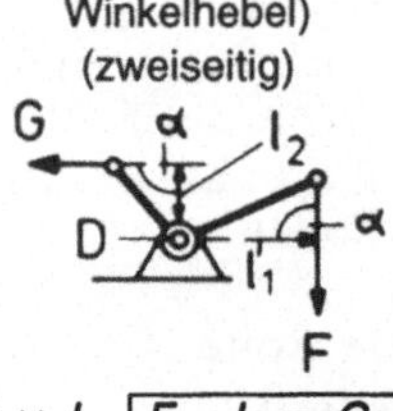

Kraft (F) × Kraftarm (l_1) = Last (G) × Lastarm (l_2), also $F \times l_1 = G \times l_2$ $\boxed{F \cdot l_1 = G \cdot l_2}$
D = Hebeldrehpunkt $\alpha = 90°$

Momentgesetz am Hebel: Es herrscht Gleichgewicht, wenn die Summe der Rechtsmomente gleich der Summe der Linksmomente ist ($M_r = M_l$): z.B. beim einseitigen, mehrfach besetzten Hebel $F_1 \cdot l_1 = F_2 \cdot l_2 + F_3 \cdot l_3$

Anwendungen des Hebels: Waage (zweiseitiger, gleicharmiger Hebel); Hebebäume; Schubkarren (sog. Druckhebel, d.h. Kraftarm ist länger als Lastarm); Nußknacker, Kneipzange, Schere bestehen je aus zwei beweglich miteinander verbunden Druckhebeln.

Einfache Maschinen: Grundsätze, Formeln

Bei **Wurfhebeln** (Unterarm des Menschen, Wurfmaschinen der Römer) ist umgekehrt der Kraftarm kürzer als der Lastarm. Bei **Winkelhebeln** (Briefwaage) bilden die Hebel einen Winkel miteinander. **Schnellwaagen** (Lumpenwaagen) bestehen aus ungleicharmigen Hebeln, ebenso die **Brückenwaagen** (Dezimalwaagen).

Zur Erzielung einer zwangsläufigen **Kupplung** wird bei Rollen bzw. Kettenrädern ein Seil oder eine Kette als Übertragungsmittel verwendet. Bei **Riemenscheiben, Reib- oder Zahnrädern** wird sie durch Reibung am Umfang oder durch Zähne erreicht.

Schnellwaage

(Hebelarm l_1 wird verändert)

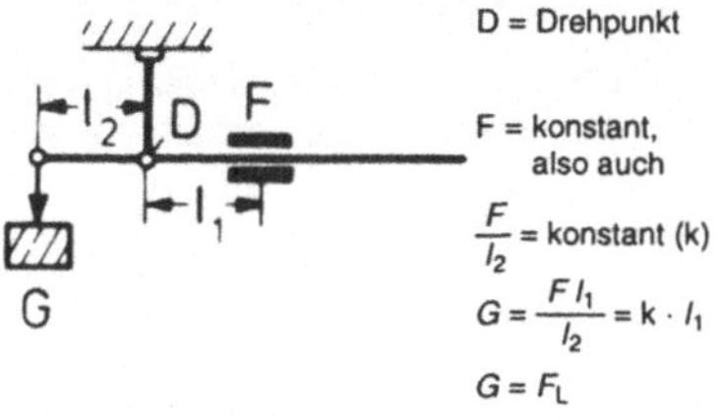

D = Drehpunkt

F = konstant, also auch

$$\frac{F}{l_2} = \text{konstant (k)}$$

$$G = \frac{F\,l_1}{l_2} = k \cdot l_1$$

$$G = F_L$$

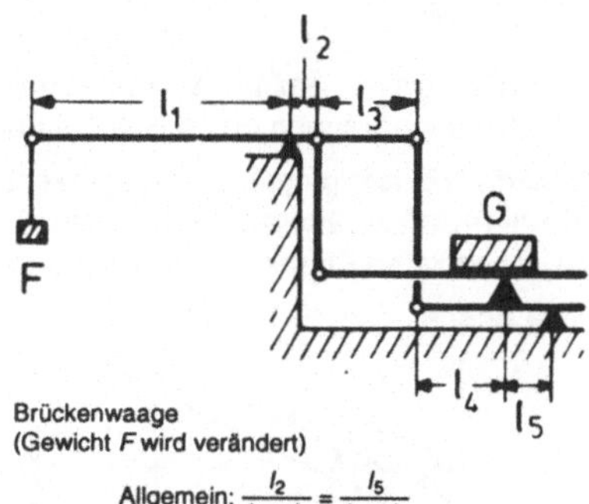

Brückenwaage
(Gewicht F wird verändert)

Allgemein: $\dfrac{l_2}{l_2 + l_3} = \dfrac{l_5}{l_4 + l_5}$

Bei der Dezimalwaage: $\dfrac{l_1}{l_2} = \dfrac{10}{1}$

alsdann: $G = 10\,F$

Empfindlichkeit der Waage

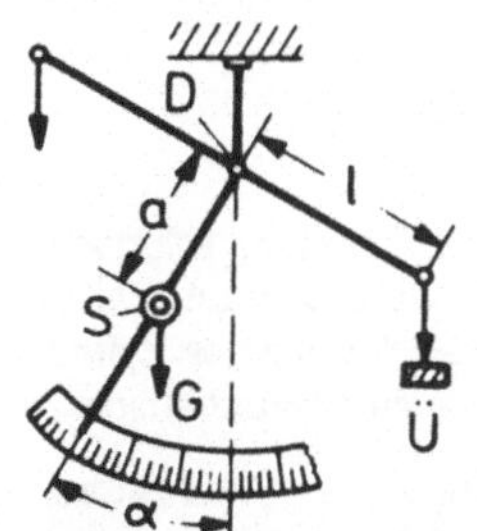

(Ausschlag pro 1 mg Übergewicht)
$\ddot{U}$ = Übergewicht, das gemessen werden soll
l = Länge des halben Waagebalkens
G = Gewicht der beweglichen Teile der Waage
S = Schwerpunkt von G
D = Drehpunkt der Waage
n = Abstand des Schwerpunktes vom Drehpunkt
α = Ausschlagwinkel

$$\tan \alpha = \frac{l}{G\,\alpha} \cdot \ddot{U} \qquad G = F_L; \; \ddot{U} = F_{\ddot{U}}$$

Beachte: Die **einfachen Maschinen** wandeln Kräfte um, ersparen aber keine **Arbeit** ($W = \text{Kraft} \times \text{Weg} = F \cdot l = F \cdot s$).
Lastarbeit (W_G) = Kraftarbeit (W_F)

Was man an **Kraft** spart, muß an **Weg** zugegeben werden. Gesetz von der Erhaltung der Arbeit.

d) Wellrad: Maschine, durch die Richtung und Größe der Kraft geändert werden können = zwei Rollen (Riemenscheiben), die auf einer gemeinschaftlichen Achse (Welle) befestigt sind und über deren Umfänge je eine Schnur, ein Seil (Treibriemen) gelegt werden kann. Die Last *(G)* hängt am kleineren Rad mit Radius *r*, die Kraft *(F)* greift am größeren Rad mit Radius *R* an. Es herrscht Gleichgewicht, wenn Kraft *(F)* mal großem Halbmesser *(R)* gleich Last (G) mal kleinem Halbmesser ist:

$$\boxed{F \cdot R = G \cdot r}\quad \text{in Nm oder J; 1 J = 1 Nm}$$

Einfache Maschinen: Grundsätze, Formeln

Wellrad

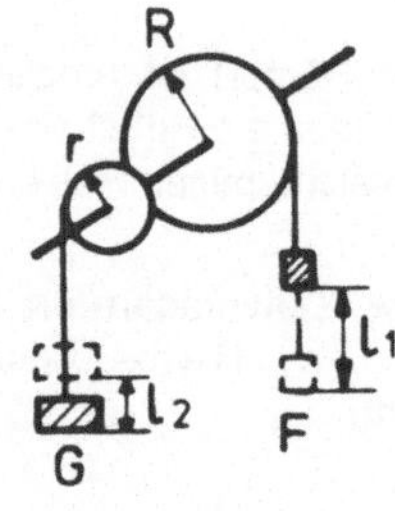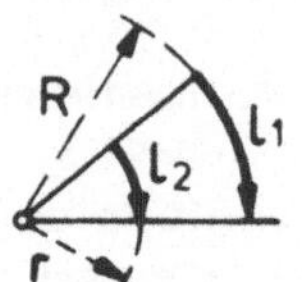

$$F = G\frac{r}{R}$$
$$l_2 = l_1\frac{r}{R}$$
$$G = F_L$$

Anwendungen: Seilwinde oder Haspel, Kräne, Wagenwinde, Lenkrad des Autos und Motorbootes, Kraftübertragung durch Riemen und Riemenscheiben, Ketten- und Zahnräder.

e) Schiefe Ebene: gegen die waagerechte Richtung geneigte Ebene; gestattet, die Richtung und Größe der Kraft zu ändern. Es herrscht Gleichgewicht, wenn sich die Kraft zur Last verhält wie die Höhe der schiefen Ebene (h) zu ihrer Länge $F : G = h : l$

Schiefe Ebene

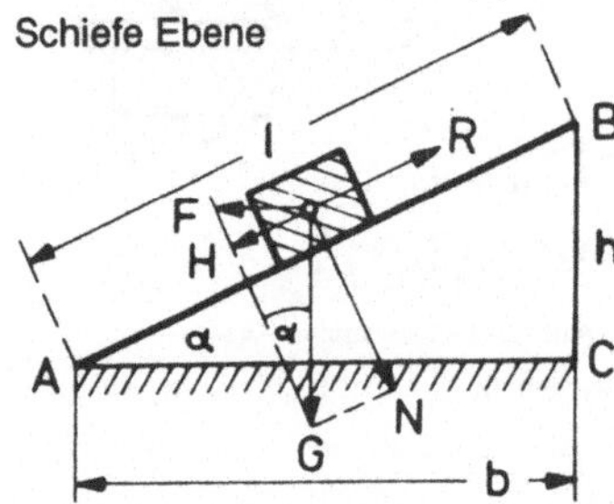

l = Länge; h = Höhe; b = Basis
α = Neigungswinkel
G = Gewicht des Körpers
H = Hangabtrieb
F = parallel zur Basis angreifende Kraft
N = Normalkraft
R = Reibungswiderstand, Reibungskraft F_R
μ = Reibungszahl
$H = F_H$; $N = R_N$; $R = F_R$

$H = G \sin \alpha$; $N = G \cos \alpha$; $R = \mu N = \mu G \cos \alpha$; $F = G \tan \alpha$

Anwendungen: Keil (z.B. Messer, Axt, Beil, Meißel, Hobel, Schere, Spaten, Pflugschar, Rampe, Dach) und Gewinde (Schraube, Spindel, Bohrer, Schiffsschraube). Die Schraube ist eine kreisförmige gewundene, schiefe Ebene. Wickelt man ein rechtwinkliges Dreieck um einen Zylinder, dessen Umfang gleich der Kathete des Dreiecks ist, so bildet die Hypotenuse die Schraubenlinie.

Keil

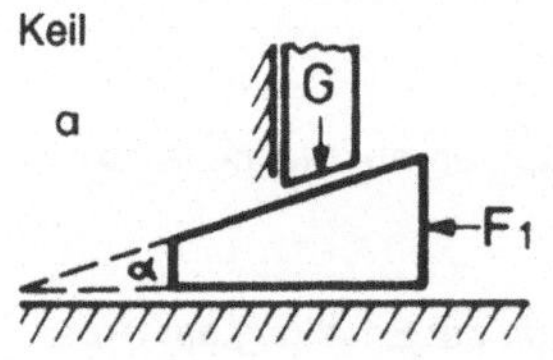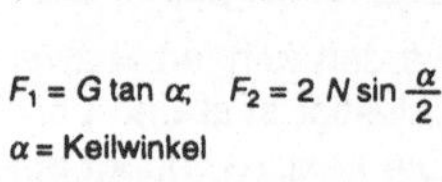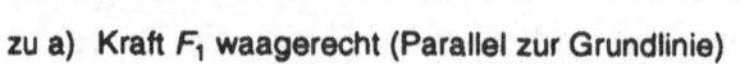
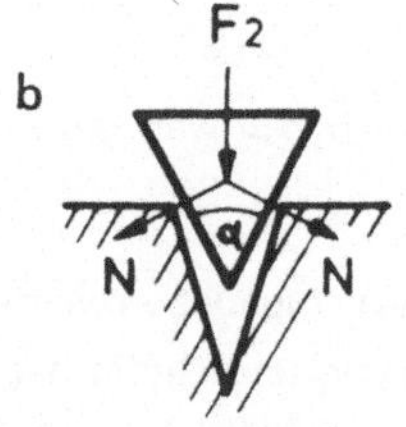
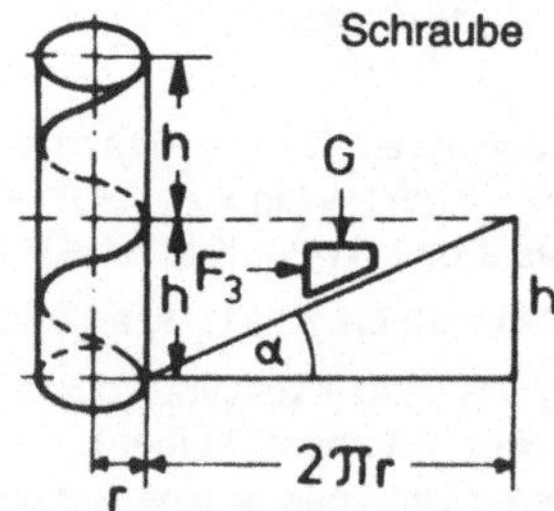

Schraube

$F_1 = G \tan \alpha$; $F_2 = 2 N \sin \dfrac{\alpha}{2}$

α = Keilwinkel

zu a) Kraft F_1 waagerecht (Parallel zur Grundlinie)
zu b) Kraft F_2 (Druckkraft) in zwei Seitenkräfte N zerlegt
Lastarbeit = Kraftarbeit; $G \cdot h = F \cdot l$
Was an Kraft gespart wird, geht an Weg verloren.

G = Schraubenlast ($G = F_L$)
r = Gewindehalbmesser
h = Ganghöhe
$F_3 = G \cdot \dfrac{h}{2 \pi r} = G \tan \alpha$

7. Reibung: Gleit-, Roll-, Seil-, Bandreibung

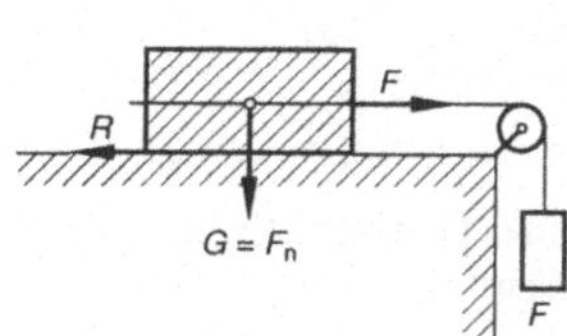

a) Körper auf der waagerechten Ebene

Normalkraft $N = F_n$; $Q = G$; $Q =$ Last; $G =$ Gewichtskraft F_G; $N = F_N$ oder F_n; $Q = F_L$

Reibungskraft (Reibwiderstand) R (auch F_R) $= \mu \cdot F_n$ $= \mu \cdot G$, $\mu =$ Reibungszahl.

Die Reibungszahlen sind bei Bewegung wesentlich kleiner als bei Ruhe. Der Körper bewegt sich, wenn $F > R$.

Reibungszahlen μ (genaue Werte siehe Seite 105)

Reibung	der Ruhe μ_0	
	ohne Schmierung	mit Schmierung
Metall auf Metall	0,15 ... 0,3	0,1
Metall auf Holz	0,5 ... 0,7	0,1
Leder auf Gußeisen	0,6	0,25 ... 0,30

Reibung	der Bewegung μ	
	ohne Schmierung	mit Schmierung
Metall auf Metall	0,1 ... 0,2	0,05 ... 0,1
Metall auf Holz	0,2 ... 0,5	0,02 ... 0,1
Leder auf Gußeisen	0,25 ... 0,6	0,15 ... 0,2

b) Körper auf der schiefen Ebene

Der Körper bewegt sich nach abwärts, wenn a bei Vergrößerung des Winkels gleich dem Reibungswinkel ϱ wird. α Neigungswinkel

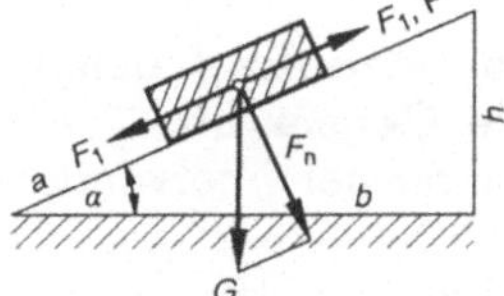

$\tan \varrho = R/F_n$; $R = F_n \tan \varrho$; $\tan \varrho = \mu$

$F = G (\sin \alpha + \mu \cos \alpha)$;
$F_1 = G (\sin \alpha - \mu \cos \alpha)$;
$F_0 = G \sin \alpha$; $F_n = G \cos \alpha$

Der Körper soll mit gleichförmiger Geschwindigkeit nach oben gezogen werden durch eine zur schiefen Ebene parallele Kraft.

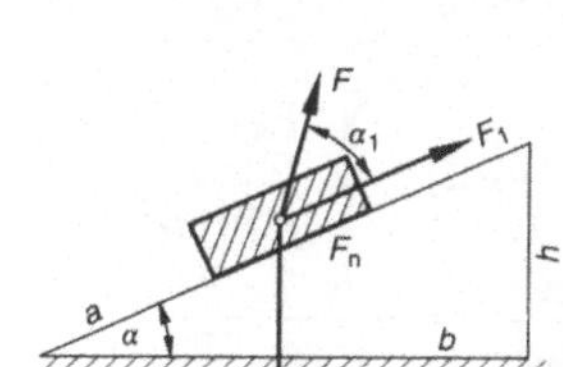

Es ist: $F = G \dfrac{\sin (\alpha + \varrho)}{\cos (\alpha_1 + \varrho)}$; $F_1 = F \cos \alpha_1$

Kein Abrutschen tritt ein, wenn

$$F = G \frac{\sin (\alpha + \varrho)}{\cos \varrho}$$

Reibung: Gleit-, Roll-, Seil-, Bandreinigung

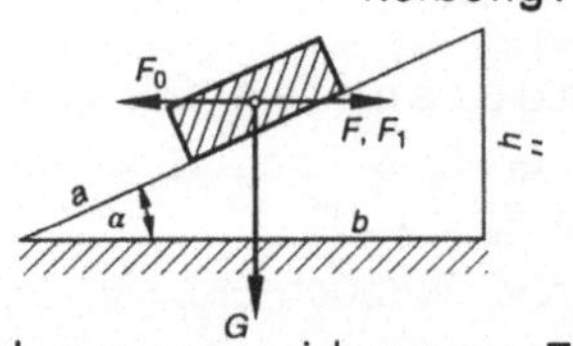

Wie bei Punkt b unten, nur Kraft waagerecht

Hinaufziehen: $F = G \tan(\alpha + \varrho)$
$F_o = G \tan \alpha$ in N

Kein Abrutschen wenn $F = G \tan(\alpha - \varrho)$

c) **L a g e r r e i b u n g** Zapfendurchmesser $D = 2\,r$ in cm; Drehzahl n in min^{-1}
Q u e r l a g e r : Spez. Lagerdruck $p = F/lD$ in N/cm^2
Reibungsmoment: $M_r = \mu \cdot rF$ in Nm
Leistungsverlust: $P_v = \mu F \cdot \pi\,Dn/60$ in Nm/s $(= W)$
L ä n g s l a g e r : Reibungsmoment

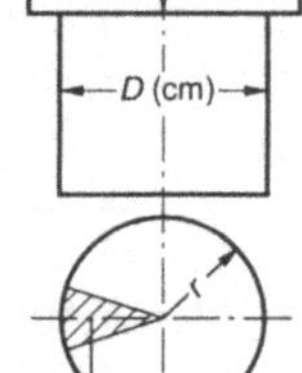

eingelaufen: $Mr = \dfrac{1}{2}\,\mu\,r\,F$; neu: $M_r = \dfrac{2}{3}\,\mu\,r\,F$

Leistungsverlust:

$$\text{eingelaufen: } P_v = \dfrac{1}{2}\,\mu\,F\,\pi\,Dn/60 \text{ in Nm/s}$$

$$\text{neu: } P_v = \dfrac{2}{3}\,\mu\,F\,\pi\,Dn/60 \text{ in Nm/s}$$

$$1 \text{ Nm/s} = 1 \text{ W}$$

d) **R o l l e n d e R e i b u n g** Zugkraft in N

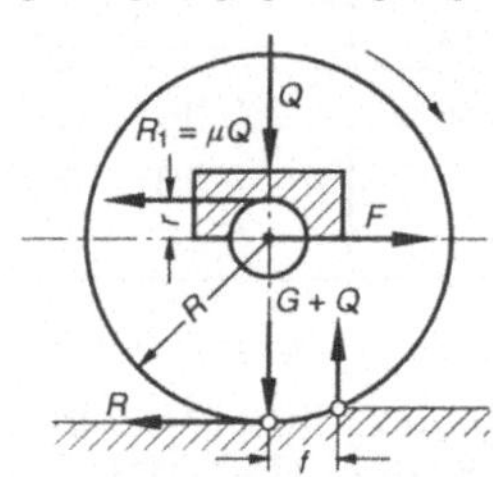

$F_n = Q \cos \alpha$ (**Normalkraft**); $F_n = F_N = N$
$Z = F = Q\,f\,r$ (Tangentialkraft);
$f \approx 0{,}05$ cm bei Gußeisen, Stahlguß und Stahl.
$f \approx 0{,}0006 \ldots 0{,}001$ cm bei Kugel- und Rollen-
lagern. ($f = $ Hebelarm abhängig v. Geschwind. v)

$$\text{B e i F a h r z e u g e n : } Z = \dfrac{Q}{r_a}(\mu\,r + f)$$

e) **S e i l r e i b u n g**
Um eine Scheibe oder Trommel ist ein Seil, Riemen oder Band gelegt.
Es soll die Kraft S_1 bestimmt werden, die sowohl die Gegenkraft S_2 wie
auch den Reibungswiderstand R zwischen Seil und Trommel überwindet.

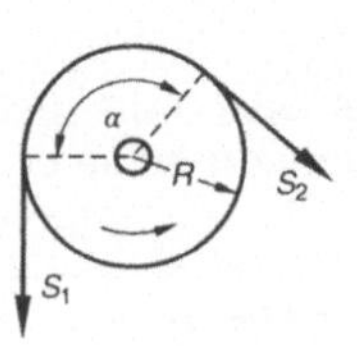

Es wird
$S_1 \leqq S_2\,e^{\mu\alpha}$ (Spann-, Zugkraft) $S_1 = F_{S_1}$; $S_2 = F_{S_2}$
Die Reibungskraft ist:

$$R = S_1 - S_2 \leqq S_2\,(e^{\mu\alpha} - 1) \quad \left.\right\} \begin{array}{l} \text{bei} \\ \text{Gleit-} \\ \text{schlupf} \end{array}$$

$$= S_1\left(1 - \dfrac{1}{e^{\mu\alpha}}\right) \quad ; \quad \dfrac{\alpha}{\text{rad}} = \dfrac{\alpha}{\text{Grad}}\,\dfrac{\pi}{180}$$

$e = 2{,}7183$; $\alpha = $ Umspannwinkel, Einheit: rad; μ Reibung der Ruhe.

Reibung: Gleit-, Roll- Seil-, Bandreinigung

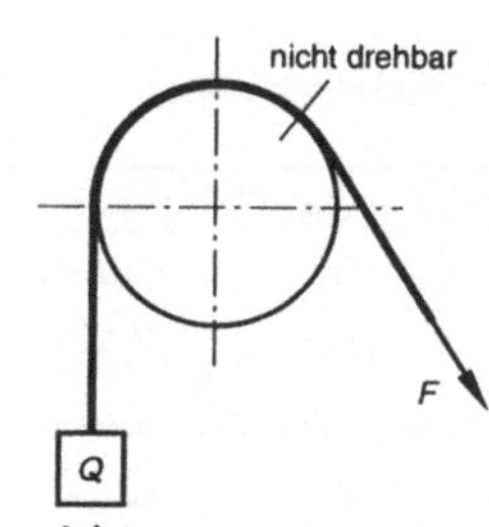

Kraft, die zum Aufwärtsziehen der Last erforderlich: $F = e^{\mu\alpha} \cdot Q$ in N
Kraft, die beim Ablassen erforderlich:

$$F = \frac{Q}{e^{\mu\alpha}} \text{ in N}$$

f) K e i l e

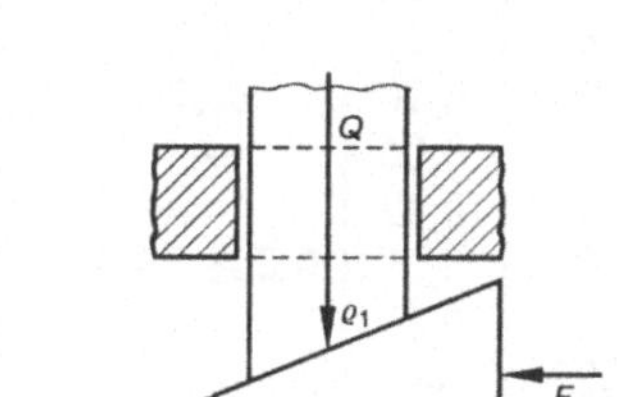

Keilwinkel α; Reibungswinkel ϱ; Reibungszahl $\mu = \tan \varrho$
Erforderliche Kraft zum Heben (Eintreiben des Keils)
$F = Q \left[\tan (\alpha + \varrho_1) + \tan \varrho_2 \right]$ in N
Kraft, durch die das Senken (Lösen des Keils) verhütet wird:
$F = Q \left[\tan (\varrho_1 - \alpha) + \tan \varrho_2 \right]$
Selbsthemmung, wenn
$\alpha \leqq 2\varrho \leqq (\varrho_1 + \varrho_2)$ ist. (ϱ für Ruhe).

g) S c h r a u b e n (Hubschrauben)

Flachgängiges Gewinde. Die Last wird durch eine volle Drehung der Schraube um eine Ganghöhe des Gewindes gehoben. Am Hebelarm r greift die Kraft F an. Schraubenlast Q in N ; $\tan \varrho = \mu$. ; $Q = F_{\mathrm{L}}$
r_m = mittlerer Gewindehalbmesser). Hebekraft:

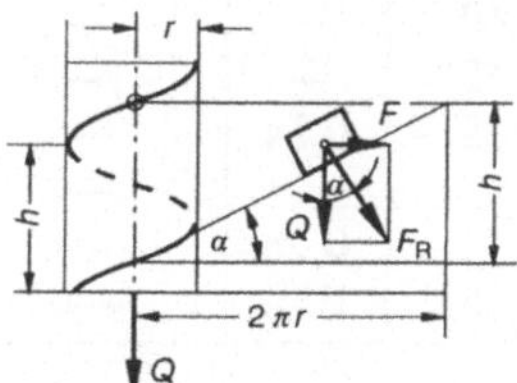

$F = Q \tan (\alpha + \varrho)$ in N ; $M = F \cdot r_m$ in Nm
Wirkungsgrad: $\eta = \dfrac{\tan \alpha}{\tan (\alpha + \varrho)}$
Selbsthemmung, wenn $\alpha \leqq \varrho$ ist.
Kraft, durch die Senken der Last verhütet wird:
$F = Q \tan (\alpha + \varrho)$ in N;

h) R o l l e n   u n d   R o l l e n z ü g e

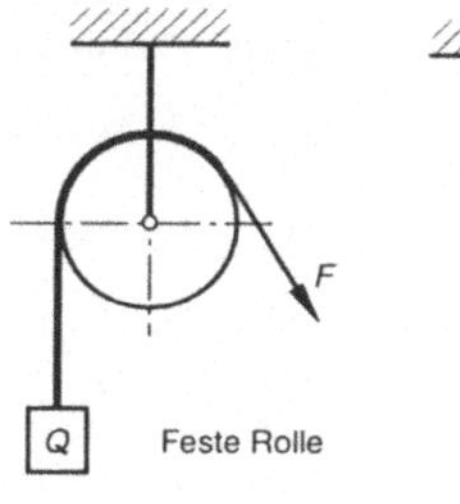

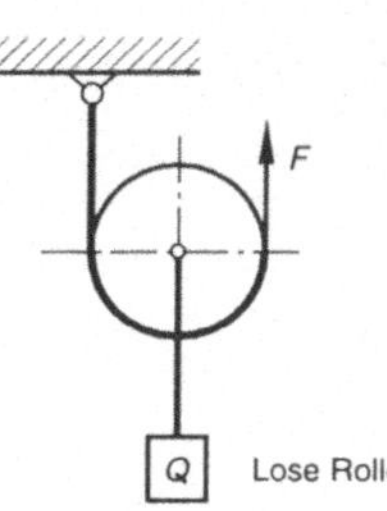

ohne Reibung
bei 1 : $F_o = Q$
bei 2 : $F_o = Q/2$
Wegen Reibung und Seilsteifigkeit muß F größer werden.

8. Reibungszahlen für 1 daN/cm² Flächendruck

(Die Zapfenreibungszahlen gelten für 25 ... 100 N/cm² Flächendruck.)

Reibende Körper	Gleitende Reibung μ		Reibung der Ruhe μ_0		Zapfenreibung μ_1 Schmierung gewöhnlich
	trocken	wenig fett	trocken	wenig fett	
Bronze auf Bronze	0,20	0,10	0,25	0,15	0,10
Bronze auf Gußeisen	0,20	0,12	0,28	0,18	0,09
Gußeisen auf Gußeisen, Bronze	0,26	0,15	0,30	0,20	0,075
Bronze auf Stahl	0,25	0,16	0,28	0,18	0,07
Stahl auf Gußeisen, Bronze	0,18	0,12	0,19	0,10	0,07
Stahl auf Weißmetall	0,10	0,05	0,12	0,06	—
Stahl auf Stahl	0,12	0,08	0,15	0,12	—
Stahl auf Bronze	0,18	0,12	0,19	0,09	0,003—0,03
Stahl auf Hartholz (II Faser)	0,45	0,32	0,48	0,35	0,11
Stahl auf Eis	0,012	—	0,025	—	—
Gußeisen auf Hartholz (II Faser)	0,40	0,20	0,56	0,40	0,07
Gußeisen auf Eiche (II Faser)	0,35	0,18	0,50	0,38	—
Messing auf Eiche (II Faser)	0,60	0,45	0,62	0,26	—
Eiche auf Eiche (II Faser)	0,48	0,29	0,62	0,44	—
Eiche auf Eiche ($\perp$ Faser)	0,34	0,22	0,54	0,38	—
Hanfseil auf rauhem Holz	0,50	—	0,58	—	—
Lederriemen auf Gußeisen	0,56	0,32	0,48	0,24	—
Lederriemen auf Eiche II	0,38	0,26	0,47	—	—
Mauerwerk auf Beton	—	—	0,76	—	—
Stein auf Eisen	0,50	—	0,45	—	—
Stein auf Holz	0,70	0,40	0,60	—	—
Stein auf Stein	0,68	—	0,65	—	—
Rindsleder als Kolbenliderung	0,46	0,23	0,52	0,14	—
Bremsbelag auf Stahl	0,45	0,35	—	—	—
Gummi auf Asphalt	0,5	0,2	0,54	0,28	—
Lederdichtungen auf Metall	0,60	0,30	0,25	0,14	—
Wälzlager:					
Axial-Rillenkugellager	0,0013				
Radial-Pendelkugellager	0,0010				
Radial-Pendelrollenlager	0,0018				
Radial-Rillenkugellager	0,0015				
Radial-Kegelrollenlager	0,0018				
Radial-Zylinderrollenlager	0,0011				
Radial-Nadellager	0,0045				

1 daN = 10 N

(daN : Dekanewton)

9. Gravitations- und Bewegungsgesetze

Newton sprach den Gedanken aus, daß die Schwerewirkung (Anziehungskraft der Erde) nicht auf die irdischen Körper beschränkt sei, sondern überhaupt zwischen allen Massen im Weltraum wirksam sei (allgemeine Gravitation).

a) Newtons Gravitationsgesetz (Massenanziehungsgesetz): Zwei Körper von den Massen m_1 und m_2, die sich im Abstand r voneinander befinden, ziehen sich mit einer Kraft F an, die direkt proportional dem Produkt der beiden Massen und umgekehrt proportional dem Quadrate der Entfernung ist.

$$F = \gamma \cdot \frac{m_1 \cdot m_2}{r^2}$$

γ = Gravitationskonstante = $6,67 \cdot 10^{-8}$ dyn cm² g⁻² = $6,67 \cdot 10^{-11}$ N m² kg⁻²
$= 6,67 \cdot 10^{-11}$ m³/s² kg

G e w i c h t s k r a f t G setzt sich vektoriell zusammen aus 2 Teilkräften, der G r a v i t a t i o n s k r a f t (Massenanziehungskraft) F_{gr} und der Z e n t r i f u g a l k r a f t (Trägheitskraft infolge der Erdrotation) F_{ef}.

$F_{gr} = m \cdot a_{gr}$, wenn a_{gr} die Gravitationsfeldstärke oder -beschleunigung ist.
$F_{ef} = m \cdot s \cdot \omega^2 = m \cdot a_{ef}$, wenn a_{ef} $(= s \cdot \omega^2)$ die Zentrifugalfeldstärke oder -beschleunigung ist.

Gewichtskraft G ist die beim Fall eines Körpers sichtbar werdende Kraft F:
$G = F = m \cdot g$, wobei g gleich der vektoriellen Summe aus a_{gr} und a_{ef} ist (lokale Fallbeschleunigung). Normalfallbeschleunigung $g_n = 9,80665$ m/s²

b) Bewegungsgesetze der Planeten (Keplersche Gesetze): Sie sind eine Bestätigung des Gravitationsgesetzes und wurden von Kepler rein empirisch (aus astronomischen Beobachtungen) gefunden.

1. Die Planeten bewegen sich auf elliptischen Bahnen, in deren einem Brennpunkt die Sonne steht.

2. Der von der Sonne nach einem Planeten weisende Leit- oder Fahrstrahl (Verbindungslinie von Sonnenmittelpunkt und Planetenmittelpunkt) überstreicht in gleichen Zeiten gleiche Flächen.

3. Die Quadrate der Umlaufzeiten der Planeten verhalten sich wie die 3. Potenzen der großen Achsen ihrer Bahnellipsen.

Gezeiten = die durch Anziehung von Mond und Sonne (allgemeine Gravitation) hervorgerufenen, meist ungefähr alle 12½ Stunden wiederkehrenden Meeresspiegelveränderungen (Steigen = F l u t , Fallen = E b b e).

1. Statik starrer Körper: Kräfte

a) Grundgesetze der Kräfte

Newtonsches Gesetz (Trägheitsgesetz): Jeder Körper verharrt im Zustande der Ruhe oder der gleichförmigen Bewegung, solange er nicht durch eine auf ihn wirkende Kraft gezwungen wird, seinen Bewegungszustand zu ändern. Hieraus folgt die

Definition der Kraft: Sie ist die Ursache der Bewegungsänderung von Körpern, bestimmt durch Angriffspunkt, Richtung und Größe.

Kräfte-Parallelogramm

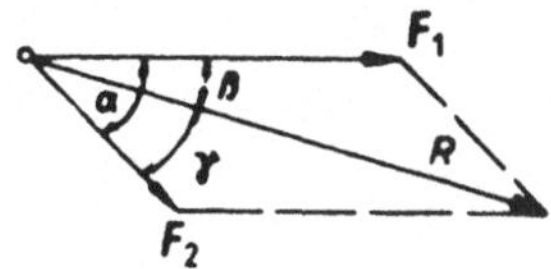

Ersatzkraft (Resultierende)

$$R = \sqrt{F_1{}^2 + F_2{}^2 + 2\,F_1\,F_2\cos\alpha}$$

Richtung der Ersatzkraft:

$$\sin\beta = \frac{F_2}{R}\,\sin\alpha$$

Sonderfall:

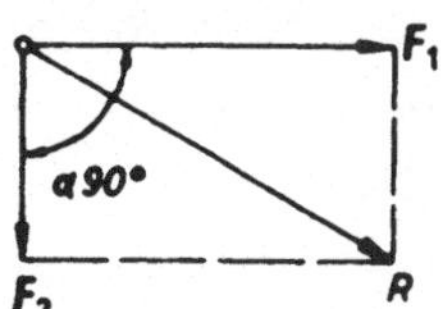

$$R = \sqrt{F_1{}^2 + F_2{}^2}$$
$$R = F_R$$

Dieses Parallelogramm kann auch als Parallelogramm der Bewegungen aufgefaßt werden. Wird ein Körper (Segelboot) durch zwei Kräfte (Strömung und Wind) bewegt, deren Richtung einen Winkel miteinander bilden, so erhält man den wirklichen Weg als Diagonale des Parallelogramms, das die beiden Einzelwege bestimmen.

Für mehrere in einem Punkte angreifende Kräfte gilt sinngemäß das Kräftepolygon.

Eine Kraft kann man auch in zwei Seitenkräfte zerlegen. Die Einzelkräfte heißen dann Komponenten.

Statik starrer Körper: Kräfte

b) Zusammensetzung von Kräften

1. Die Kräfte greifen an einem Punkte an.

Zeichnerische Lösung (Graphisch mit Kräftepolygon)

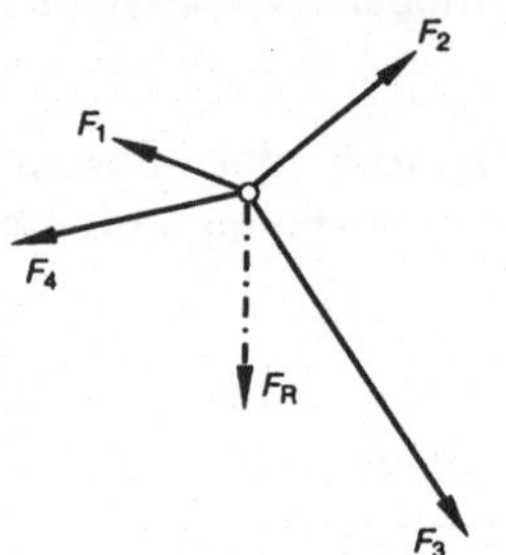

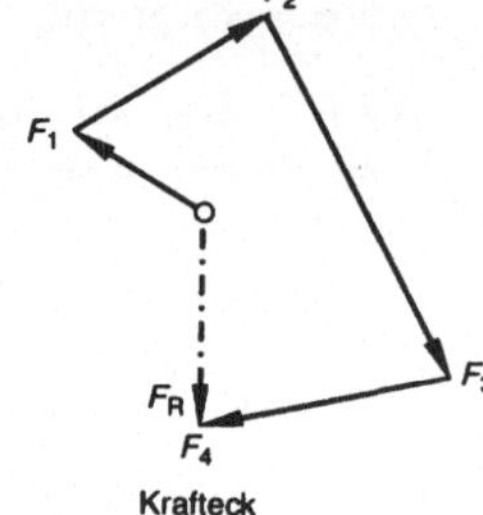

R ist die Mittelkraft (Resultante) aus $F_1 \ldots F_4$

$$R = F_R$$

Rechnerische Lösung

Man zerlegt die Kräfte in ihre waagerechten und senkrechten Teilkräfte (Komponenten) X_1, $X_2 \ldots$ bez. Y_1, $Y_2 \ldots$ Die Summe der waagerechten Teilkräfte ergibt die waagerechte Resultante R_x, die Summe der senkrechten Teilkräfte die senkrechte Resultante R_y, also

$$\sum X = R_x,\ \sum Y = R_y. \quad \text{Es ist } R = \sqrt{R_x^2 + R_y^2}\ ;\quad F_R = \sqrt{F_{Rx}^2 + F_{Ry}^2}$$

2. Die Kräfte greifen an mehreren Punkten an.

Zeichnerische Lösung (Graphisch mit Kräftepolygon)

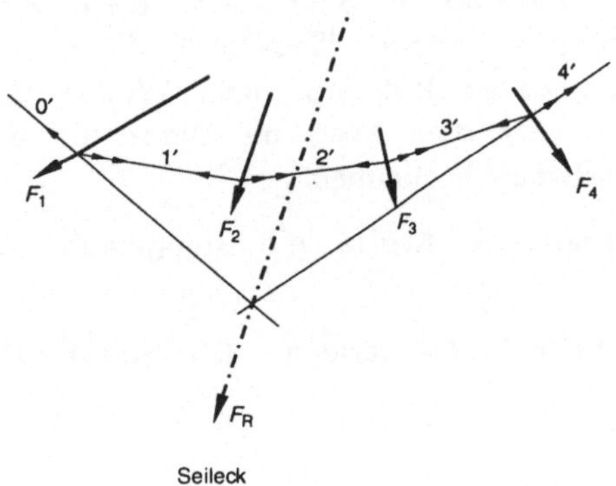

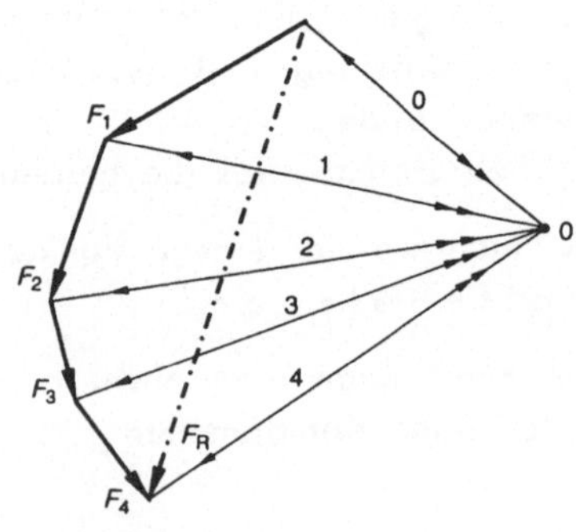

Statik starrer Körper: Kräfte

Aus dem Krafteck erhält man die Mittelkraft R ihrer Größe und Richtung nach. Von dem beliebig gelegenen Pol 0 zieht man die Strahlen $0 \ldots 4$. Parallel zu ihnen zeichnet man den Seilzug $0' \ldots 4'$. Durch den Schnittpunkt von $0'$ und $4'$ geht R.

Rechnerische Lösung

Man berechnet R seiner Größe nach wie bei 1. Die Lage ergibt sich aus der Bedingung, daß das Moment der Mittelkraft gleich der Summe der Momente der Teilkräfte sein muß. Drehpunkt beliebig. Also

$$\Sigma X = F_{Rx}, \quad \Sigma Y = F_{Ry}, \quad F_R = \sqrt{F_{Rx}^2 + F_{Ry}^2}$$

$$F_R \cdot \alpha = F_1 \cdot \alpha_1 + F_2 \cdot \alpha_2 + F_3 \cdot \alpha_3 + \ldots$$

c) Gleichgewicht von Kräften

1. Die Kräfte greifen an einem Punkte an. Es muß $R = O$ werden. Also muß sich das **Krafteck** bei gleichsinnigen Pfeilen schließen.

2. Die Kräfte greifen an mehreren Punkten an. Das **Krafteck** muß sich bei gleichsinnigen Pfeilen schließen. Das **Seileck** muß sich schließen.
   Im Beispiel zu $b \cdot 2$ müßte also $0'$ und $4'$ auf dieselbe Gerade fallen, wenn $F_1 \ldots F_4$ im Gleichgewicht stehen sollen.
   Anm.: Drei Kräfte sind im Gleichgewicht, wenn das Krafteck sich schließt und die Wirkungslinien der Kräfte durch einen Punkt gehen.

Beispiel:

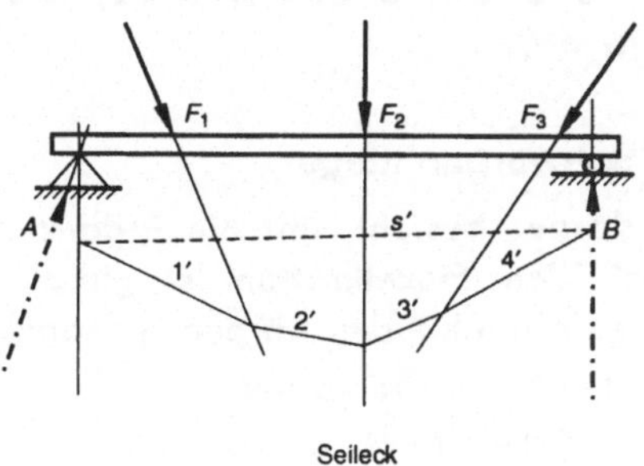

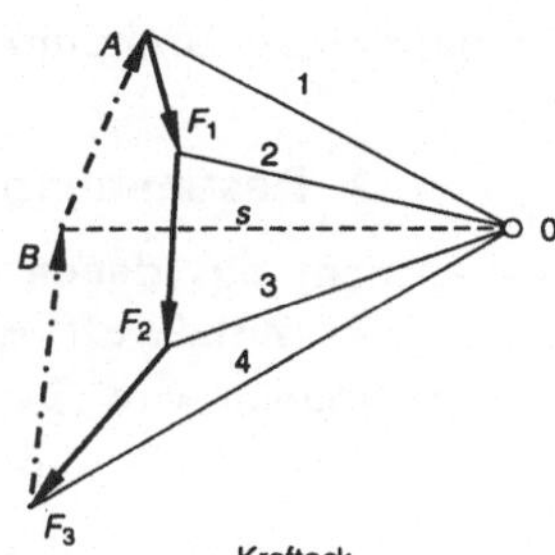

13−3

Statik starrer Körper: Kräfte

3. Die Kräfte sind parallel gerichtet.

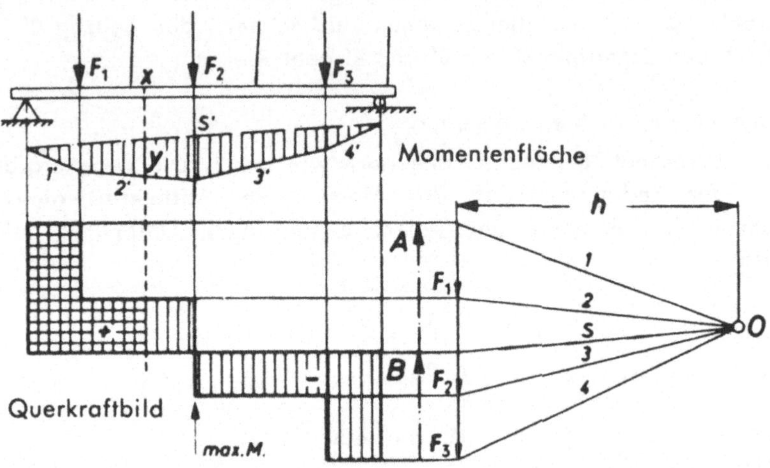

An der **S t e l l e** x ist die Querkraft gleich der Ordinate des Querkraftbildes, das Biegemoment gleich der Fläche links von dieser Ordinate. Das max. B.M. tritt an der Stelle auf, wo die Querkraft ihr Vorzeichen wechselt. Aus der Momentenfläche erhält man das B.M. an der Stelle x durch die Gleichung:

$$M_x = 0,1 \cdot y \cdot h \cdot K \cdot L \text{ in Nm (Newtonmeter)}$$

Ordinate y in mm, Polabstand h in mm. K gibt an, wieviel N einem mm entspricht, l gibt an, wieviel mal größer die wirklichen Längen sind als diejenigen der Zeichnung.

R e c h n e r i s c h e   L ö s u n g zu 2 und 3 aus $\Sigma X = 0$, $\Sigma Y = 0$ und für beliebigen Drehpunkt $\Sigma M = 0$.

2. Bestimmung der Schwerpunktlage

Auf die Einzelteilchen, aus denen ein Körper besteht, übt die Erdanziehung eine Kraft aus. Die Mittelkraft aus all den Einzelkräften ist gleich ihrer Summe. Ihr Angrifftpunkt wird **S c h w e r p u n k t** des Körpers genannt.

B e r e c h n u n g der Schwerpunktkoordinaten siehe später.

Z e i c h n e r i s c h e Bestimmung des Schwerpunktes von Flächen. (Bei linienhaften Gebilden ist die Lösung grundsätzlich die gleiche.)

Bestimmung der Schwerpunktlage

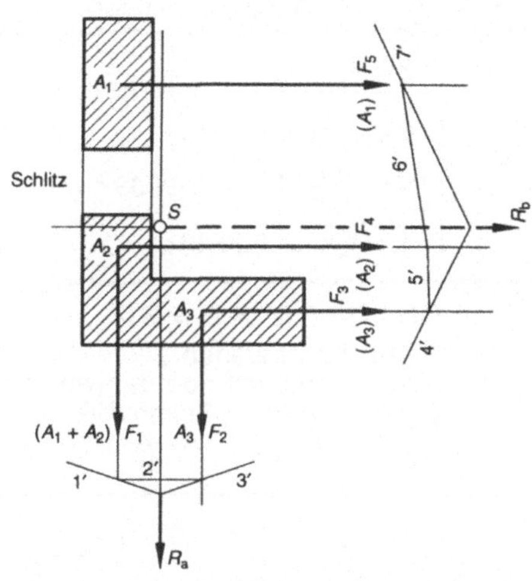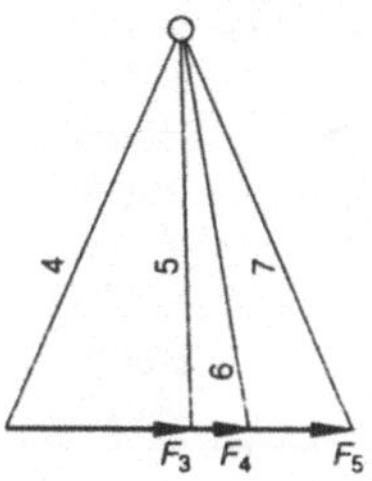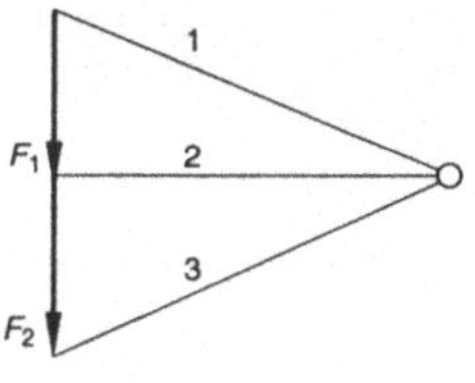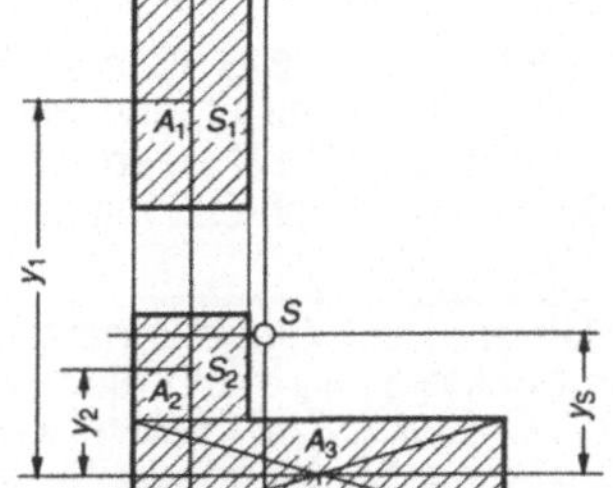

Man zerlegt die Fläche in Teilflächen, deren Schwerpunkt bekannt ist, also z. B. in Rechtecke oder Dreiecke. In ihren Schwerpunkten bringt man Kräfte an, die den Flächen verhältnisgleich sind und bestimmt die Lage ihrer Mittelkraft. Führt man dasselbe nochmal in einer anderen Richtung durch, z. B. senkrecht zu der Richtung der Kräfte des ersten Kraftecks, so erhält man eine zweite Mittelkraft. Der Schnittpunkt der Wirkungslinien beider Mittelkräfte ist der Schwerpunkt.

Bei dem vorstehenden Beispiel und in ähnlichen Fällen ist die Rechnung einfach.

Es muß sein:

$$\Sigma\,(x \cdot A) = x_s \cdot \Sigma\,A; \; x_s = \frac{\Sigma\,(x \cdot A)}{\Sigma\,A}$$

$$\Sigma\,(y \cdot A) = y_s \cdot \Sigma\,A; \; y_s = \frac{\Sigma\,(y \cdot A)}{\Sigma\,A}$$

Drehachse geht durch S_1 und S_2

$$x_1 \cdot A_3 = x_s \cdot (A_1 + A_2 + A_3)$$

$$x_s = \frac{x_1 \cdot A_3}{A_1 + A_2 + A_3}$$

Drehachse geht durch S_3:

$$y_1 \cdot A_1 + y_2 \cdot A_2 = y_s\,(A_1 + A_2 + A_3)$$

$$y_s = \frac{y_1 \cdot A_1 + y_2 \cdot A_2}{(A_1 + A_2 + A_3)}$$

Bestimmung der Schwerpunktlage

Gegenstand	Schwerpunktlage

Kreisbogen
Halbkreisbogen
Viertelkreisbogen
Sechstelkreisbogen

$$O\,S = \frac{r \sin \alpha}{\alpha}\;\frac{180°}{\pi} = \frac{r\,s}{b}$$

$$O\,S = \frac{2\,r}{\pi} = 0{,}6366\,r$$

$$O\,S = \frac{2\,r\sqrt{2}}{\pi} = 0{,}9003\,r$$

$$O\,S = \frac{3\,r}{\pi} = 0{,}9549\,r$$

Dreieckfläche

$S\,D = \tfrac{1}{3}\,C\,D;\quad A\,D = B\,D$

S liegt im Abstande $s = \tfrac{1}{3}\,h$ von $A\,B$ und fällt zus. mit dem Schwerpunkt der 3 gleichschweren Ecken $A\,B\,C$.

$s' = \tfrac{1}{3}\,(q + 2\,p) = \tfrac{1}{3}\,(c + p)$

Trapez

$$O\,S = \frac{h}{3}\,\frac{a + 2b}{a + b};\quad O_1 S = \frac{h}{3}\,\frac{2a + b}{a + b}$$

$(O\,S\,O_1 \perp a \text{ und } b)$

Hieraus folgt die Konstruktion von S nach Abb. I. – M u. N Mittelpunkte von $A\,B$ u. $E\,F$.

Ferner ist $x = b\,(\varepsilon + \beta\,\gamma)$,
worin $\varepsilon = \tfrac{1}{2} - \tfrac{1}{2}\,\beta\,(1 - \alpha)$; $\alpha = a : b$

$\beta = \dfrac{1 + 2\alpha}{3\,(1 + \alpha)}$; $\qquad \gamma = C : B\,\cdot$

Für $c = 0$ $(E\,A \perp A\,B)$ ist
$\gamma = 0$ und daher $x = b\,\varepsilon$

S ergibt sich auch durch die Konstruktionen II und III.

In II ist $A\,C = D\,B = \tfrac{1}{3}\,(b - a)$ und $C\,S \| A\,F, D\,S \| B\,E$.

In III ist $F1 = 12 = 2\,B = \tfrac{1}{3}\,F\,B$; zieht man nun $E1G$ und $A2\,G$, und durch den Schnittpunkt G $G\,S \| B\,A$, so ergibt sich S als Schnittpunkt von $G\,S$ mit der Mittellinie $M\,N$.

Viereck

Ziehe Diagonale $A\,C$ und konstruiere die Schwerpunkte S_1 S_2 der Dreiecke $B\,A\,C$ und $D\,A\,C$. Ziehe $S_1\,S_2$ und mache $S_2\,S = S_1\,T$. Dann ist S der gesuchte Schwerpunkt. – Oder ziehe auch Diagonale $B\,D$ und bestimme die Schwerpunkte $S_1'\,S_2'$ der beiden neu entstandenen Dreiecke. S ist dann der Schnittpunkt von $S_1\,S_2$ und $S_1'\,S_2'$.

Bestimmung der Schwerpunktlage

Gegenstand	Schwerpunktlage
Kreis-ausschnitt **Halbkreis-fläche**	$O\,S = {}^2\!/_3\,r\,\dfrac{\sin\alpha}{\alpha}\,\dfrac{180°}{\pi} = \dfrac{2}{3}\cdot\dfrac{r\,s}{b}$ $= \dfrac{r^2\,s}{3\,A}$ Halbkreisfläche: $O\,S = \dfrac{4\,r}{3\pi} = 0{,}4244\ r$ Viertelkreisfläche: $O\,S = \dfrac{4\sqrt{2}\,r}{3\,\pi}$ $= 0{,}6002\ r$ Sechstelkreisfläche: $O\,S = \dfrac{2\,r}{\pi}$ $= 0{,}6366\ r$
Kreis-abschnitt	$O\,S = \dfrac{s^3}{12\,A} = \dfrac{2}{3}\,\dfrac{r\sin^3\alpha}{\dfrac{\alpha\cdot\pi}{180°}-\sin\alpha\cos\alpha}$
Parabel-abschnitt	$x_1 = \dfrac{3}{8}\,a \qquad y_1 = \dfrac{2}{5}\,f$ $x_2 = \dfrac{3}{4}\,a \qquad y_2 = \dfrac{7}{10}\,f$
Prisma	Schwerpunkt im Mittelpunkte der Verbindungslinie der Schwerpunkte der Endflächen
Pyramide	$^1\!/_4$ der Höhe von der Grundfläche in der Schwerachse
Kegel	Desgl.
Kugelabschnitt r Kugelhalbmesser, h Höhe des Abschnittes, $O\,S$ Entfernung des Schwerpunkts S vom Mittelpunkte O	$O\,S = {}^3\!/_4\,\dfrac{(2\,r-h)^2}{3\,r-h}$
Kugelausschnitt $O\,S$ Entfernung des Schwerpunkts S vom Mittelpunkte O, $2\,a$ = Zentriwinkel des Kugelausschnitts	$O\,S = {}^3\!/_8\,r\,(1+\cos\alpha)$ $= {}^3\!/_4\left(r-\dfrac{h}{2}\right)$ Halbkugel: $O\,S = {}^3\!/_8\,r$

3. Zusammensetzen und Zerlegen von Kräften im ebenen zentralen Kräftesystem (Kräftesatz)

Statik (griech.) ist Gleichgewichtslehre. Mitbehandelt wird das Zusammensetzen (Zerlegen von Kräften, woraus sich die Gleichgewichtsbedingungen gewinnen lassen.

Geg. Lageplan	Zeichn. Lösung	Rechn. Lösung
		$F_R = \sqrt{F_1^2 + F_2^2 - 2\,F_1 \cdot F_2 \cos(180° - \alpha)}$ $\sin \beta = \dfrac{F_2}{F_R} \sin \alpha$ $\sin \gamma = \dfrac{F_1}{F_R} \sin \alpha$ Für $\alpha = 90°$ $F_R = \sqrt{F_1^2 + F_2^2}$ $\tan \beta = \dfrac{F_2}{F_1}$; $\tan \gamma = \dfrac{F_1}{F_1}$

Geg. Lageplan	Zeichn. Lösung	Rechn. Lösung

Geg. Lageplan

aus b) gefundener Richtungssinn von F_2

g_2

F

α_1

α_2

g_1

aus b) gefundener Richtungssinn von F_1

F_3

F_2

α_3

α_2

α_4

α_1

F_4

F_1

a)

Zeichn. Lösung

F_1

α_2

F_2

F

F

α_1

F_2

α_1

F_1

Umlaufsinn beachten

b)

y

F_{y4} F_4

F_3

F_{y3}

beachten

R_y

R

α_R

F_2 F_{y2}

P_{y1} R_x

Umlaufsinn

R_x F_{x1} F_{x2}

F_{x4} F_{x3}

x

b)

Rechn. Lösung

$$F_1 = F\,\frac{\sin \alpha_2}{\sin (\alpha_1 + \alpha_2)}$$

$$F_2 = F\,\frac{\sin \alpha_1}{\sin (\alpha_1 + \alpha_2)}$$

Wichtiger Zerlegungsfall für
$$\alpha_1 + \alpha_2 = 90°$$

$$F_1 = F_x = F \cos \alpha$$
$$F_2 = F_y = F \sin \alpha$$

$$F_{Rx} = \Sigma\, F \cos \alpha = R_x$$
$$F_{Ry} = \Sigma\, F \sin \alpha = R_y$$
$$F_R = \sqrt{F_{Rx}^2 + F_{Ry}^2} = R$$

$$\tan \alpha = \frac{R_y}{R_x}$$

4. Zusammensetzen von Kräften im ebenen allgemeinen Kräftesystem (Drehmoment)

Geg. Lageplan	Zeichn. Lösung	Rechn. Lösung
$F' = F'' = F'''$	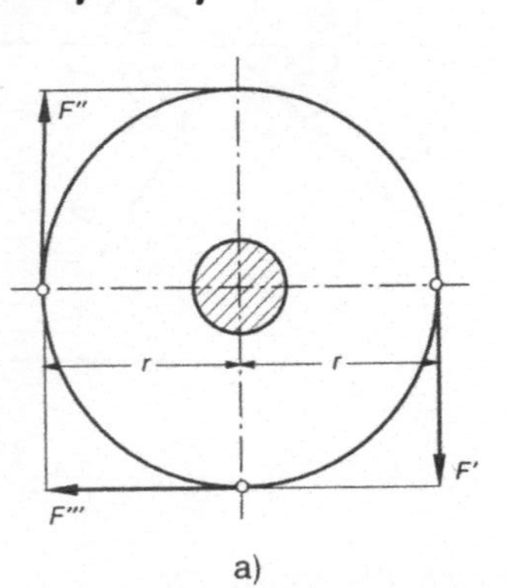 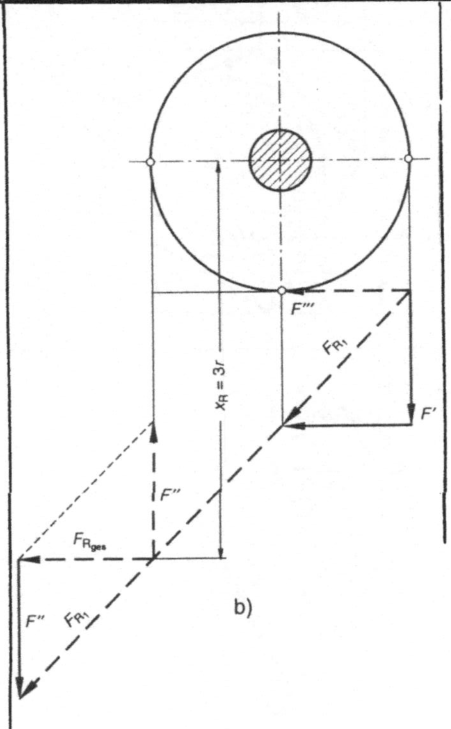	F' und F'' bilden „Kräftepaar" mit Wirkung: $$M = F'\,2r = F''\,2r$$ $$\underline{F_R = F'''}$$ Abstand x der Resultierenden aus Momentansatz: $$M_R = F_R \cdot r = \sum_{i=1}^{i=n} M_I$$ $$F_R \cdot x = F\,2r + Fr$$ $$x = \underline{\underline{3r}}$$

Zusammensetzen von Kräften im ebenen allgemeinen Kräftesystem (Drehmoment)

Geg. Lageplan	Zeichn. Lösung	Rechn. Lösung
	Krafteck-Seileck-Verfahren	*Drehmoment* $$M_d = F_r' + F_r'' + F_r'''$$ $$M_d = M_R = F_r'''$$

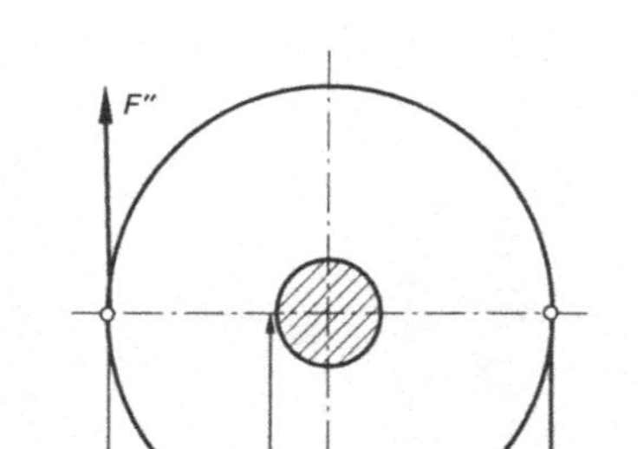

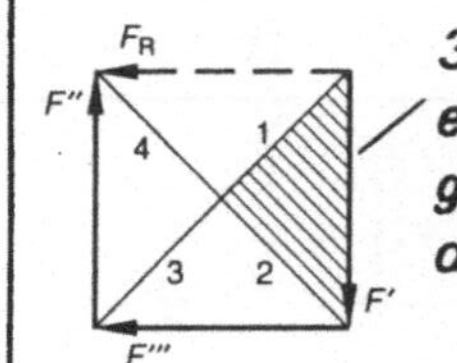

3 Kräfte bilden hier ein Dreieck und gehen im Lageplan durch einen Punkt

5. Grundformeln der Flächenmomente (Trägheits-, Widerstands- und Zentrifugalmomente)

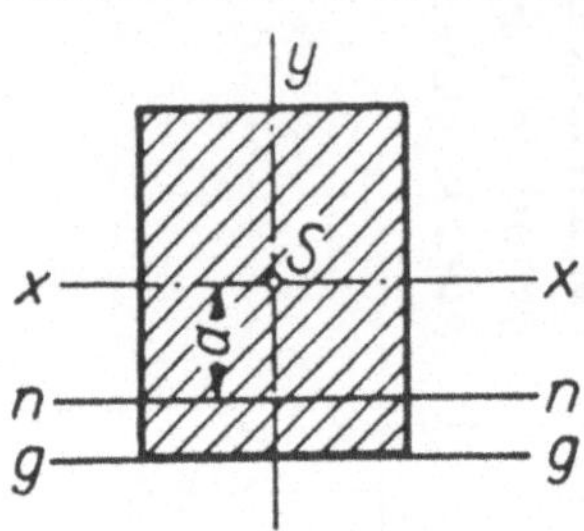

Bild 1. Rechteck

$$J_x = \frac{b\,h^3}{12} \ \text{in cm}^4$$

$$W_x = \frac{b\,h^2}{6} \ \text{in cm}^3$$

Trägheitsmoment bzw. Widerstandsmoment auf x-Achse

$$J_y = \frac{h\,b^3}{12} \ \text{in cm}^4$$

$$W_y = \frac{h\,b^2}{6} \ \text{in cm}^3$$

wie oben, jedoch auf y-Achse bezogen

$$J_g = \frac{b\,h^3}{3} \ \text{in cm}^4$$

Trägheitsmoment, bezogen auf Grundkante

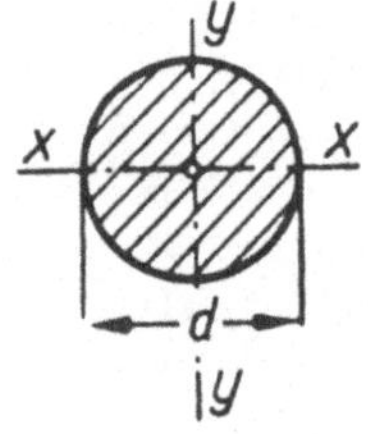

Bild 2. Vollkreis

$$J_x = J_y = \frac{\pi}{64}\,d^4 \approx$$
$$\approx 0,05\,d^4 \ \text{in cm}^4$$
$$W_x = W_y = \frac{\pi}{32}\,d^3 \approx$$
$$\approx 0,1\,d^3 \ \text{in cm}^3$$

die zuletzt angegebenen Werte sind für die Praxis ausreichend genau!

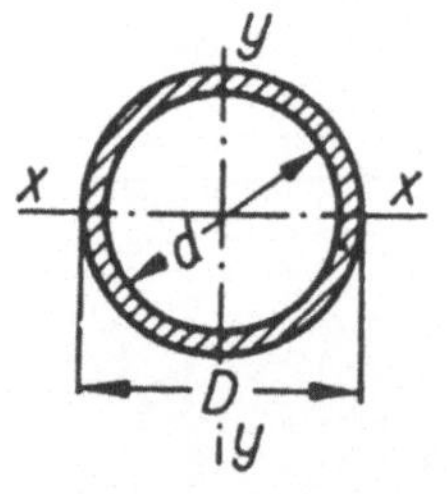

Bild 3. Kreisring

$$J_x = J_y = \frac{\pi}{64}\,(D^4 - d^4) \approx$$
$$\approx 0,05\,(D^4 - d^4)\,\text{in cm}^4$$
$$W_x = W_y = \frac{\pi}{32}\left(\frac{D^4 - d^4}{D}\right) \approx$$
$$\approx 0,1\,\frac{D^4 - d^4}{D} \ \text{in cm}^3$$

für Kreis- und Kreisringquerschnitt sind die Werte für x- und y-Achse gleich.

Grundformeln der Flächenmomente (Trägheits-, Widerstands- und Zentrifugalmomente)

$$\boxed{J_n = J_x + A\,a^2}\ \text{in cm}^4$$

$a =$ Abstand der beiden Achsen [cm] (s. Bild 4)

$J_S = J_1 + J_2 + J_3 +$
$\qquad + A_1\,a_1{}^2 + A_2\,a_2{}^2 +$
$\qquad + A_3\,a_3{}^2\ \text{in cm}^4$

Reduziertes Trägheitsmoment (n. Steiner); dient zur Umrechnung der J auf eine parallele Achse

Trägheitsmoment des Gesamtquerschnittes, bezogen auf Schwerpunktachse des zusammengesetzten Querschnitts (s. Bild 4)

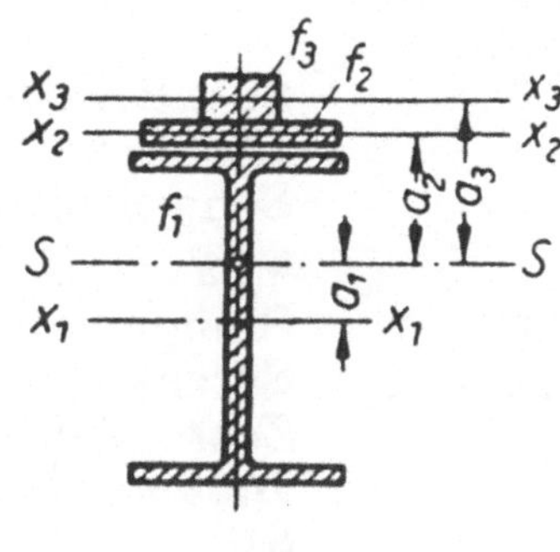

Bild 4

Zu beachten ist: Trägheitsmomente dürfen nur addiert werden, wenn sie auf ein und dieselbe Achse bezogen sind!

$$J_p = J_x + J_y\ \text{in cm}^4$$

Das *polare Trägheitsmoment* ist gleich der Summe zweier axialer Trägheitsmomente für zwei aufeinander senkrecht stehende Achsen

$$J_{xy} = \int_0^F x\,y\ \mathrm{d}A\ \text{in cm}^4$$

(s. Bild 5)

Zentrifugalmoment, bezogen auf x-y-Achse, wird negativ, wenn die Querschnitte im II. oder IV. Quadranten liegen. Ist eine der Achsen Symmetrieachse, dann ist es Null!

Grundformeln der Flächenmomente (Trägheits-, Widerstands- und Zentrifugalmomente)

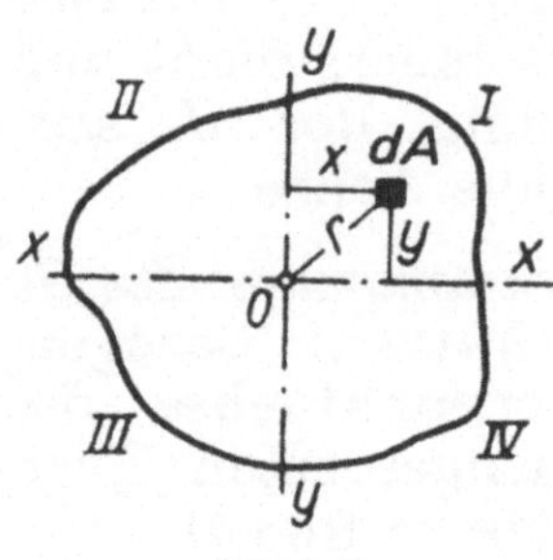

Bild 5

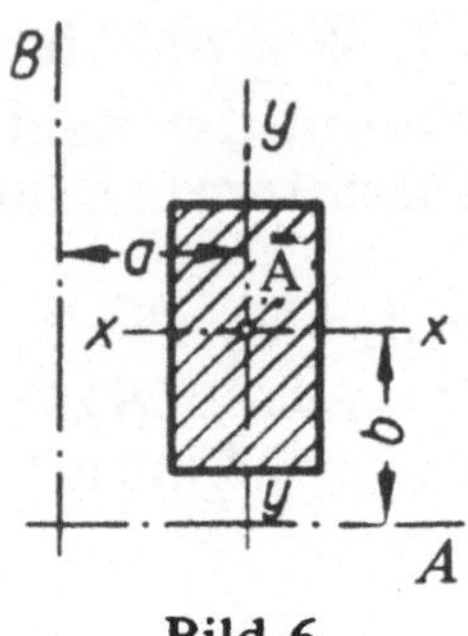

Bild 6

$$J_{xy} = 0$$

$$J_{ab} = J_{xy} + A\,a\,b \quad \text{in cm}^4$$
$$J_{ab} = +a\,b\,A \text{ oder } = -a\,b\,A$$
je nach Lage im Raum

$$\begin{matrix}\max\\\min\end{matrix} J = \frac{J_x + J_y}{2} \pm$$

$$\pm \sqrt{\left(\frac{J_x - J_y}{2}\right)^2 + J_{xy}^2} \quad \text{in cm}^4$$

$$J_x + J_y = \max J + \min J$$

$$\tan 2\alpha = \frac{2\,J_{xy}}{J_x - J_y}$$

So z.B. *Zentrifugalmoment des Rechtecks* (Bild 5) auf die Schwerpunkthauptachsen x; y

Sinngemäße Anwendung des Satzes von Steiner führt zum *Zentrifugalmoment für die Bezugsachsen A; B* (s. Bild 6)

Trägheitsmomente für die Hauptachsen, für die das Zentrifugalmoment verschwindet

Kontrollgleichung für die Werte von J_{min} und J_{max}

Drehwinkel, für den die Achsen des Achsenkreuzes Schwerpunkthauptachsen werden

6. Statische Grundformeln gebräuchlicher Querschnitte (Flächeninhalt, Schwerpunktsabstand, äquatoriale Trägheits- und Widerstandsmomente)

Querschnitt	Flächeninhalt A Schwerpunktsabstand e	Trägheitsmoment J Kleinstes Widerstandsmoment $W = \dfrac{J}{e}$
	$A = b \cdot h$ $e = \dfrac{h}{2}$	$J_x = \dfrac{b \cdot h^3}{12}$ (für $x-x$) $J_a = \dfrac{b \cdot h^3}{3}$ (für $a-a$) $W_x = \dfrac{b \cdot h^2}{6}$
	$A = h^2$ $e = \dfrac{h}{2}$	$J = \dfrac{h^4}{12}$ $W = \dfrac{h^3}{6}$
	$A = h^2$ $e = \dfrac{h}{2}\sqrt{2}$	$J = \dfrac{h^4}{12}$ $W = \dfrac{\sqrt{2}}{12}\, h^3$ $= 0{,}11785\, h^3$
	$A = b\,(H-h)$ $e = \dfrac{H}{2}$	$J = \dfrac{b}{12}\,(H^3 - h^3)$ $W = \dfrac{b}{6H}\,(H^3 - h^3)$
	$A = b^2 - a^2$ $e = \dfrac{b}{2}$	$J = \dfrac{b^4 - a^4}{12}$ $W = \dfrac{1}{6}\,\dfrac{b^4 - a^4}{b}$

Querschnitt	Flächeninhalt A Schwerpunktsabstand e	Trägheitsmoment J Kleinstes Wider- standsmoment $W = \dfrac{J}{e}$
	$A = b^2 - a^2$ $e = \dfrac{b}{2}\sqrt{2}$	$J = \dfrac{b^4 - a^4}{12}$ $W = \dfrac{\sqrt{2}}{12}\dfrac{b^4 - a^4}{b}$ $= 0{,}1179\,\dfrac{b^4 - a^4}{b}$
	$A = \dfrac{h\,b}{2}$ $e = \dfrac{2}{3}\,h$	$J_x = \dfrac{b\,h^3}{36}$ (für $x-x$) $J_c = \dfrac{b\,h^3}{4}$ (für $c-c$) $J_a = \dfrac{b\,h^3}{12}$ (für $a-a$) $W_x = \dfrac{b\,h^2}{24}$
	$A = (2\,b + b_1)\,\dfrac{h}{2}$ $e = \dfrac{3\,b + 2\,b_1}{2\,b + b_1}\,\dfrac{h}{3}$	$J_x = \dfrac{6\,b^2 + 6\,b\,b_1 + b_1^2}{2\,b + b_1}\,\dfrac{h^3}{36}$ $W_x = \dfrac{6\,b^2 + 6\,b\,b_1 + b_1^2}{3\,b + 2\,b_1}\,\dfrac{h^2}{12}$
	$A = \dfrac{3\,R^2\,\sqrt{3}}{2} = 2{,}598\,R^2$ $e = R\sqrt{\dfrac{3}{4}} = 0{,}866\,R$	$J = \dfrac{5\,\sqrt{3}}{16}\,R^4 = 0{,}5413\,R^4$ $W = \dfrac{5}{8}\,R^3 = 0{,}625\,R^3$
	$A = 2{,}598\,R^2$ $e = R$	$J = \dfrac{5\,\sqrt{3}}{16}\,R^4 = 0{,}5413\,R^4$ $W = \dfrac{5\,\sqrt{3}}{16}\,R^3 = 0{,}5413\,R^3$

Querschnitt	Flächeninhalt A Schwerpunktsabstand e	Trägheitsmoment J Kleinstes Wider- standsmoment $W = \dfrac{J}{e}$
	$A = 2{,}828\ R^2$ $e = r = 0{,}924\ R$	$J = \dfrac{1+2\ \sqrt{2}}{6}\ R^4$ $= 0{,}6381\ R^4 = 0{,}8758\ r^4$ $W = 0{,}6906\ R^3 = 0{,}8758\ r^3$
	$A = \pi\,r^2 = \pi\,\dfrac{d^2}{4}$ $e = \dfrac{d}{2} = r$	$J = \dfrac{\pi\,d^4}{64} = \dfrac{\pi\,r^4}{4}$ $= 0{,}0491\ d^4$ $W = \dfrac{\pi\,d^3}{32} = \dfrac{\pi\,r^3}{4}$ $= 0{,}0982\ d^3$
	$A = \dfrac{\pi}{4}\ (D^2 - d^2)$ $e = \dfrac{D}{2} = R$	$J = \dfrac{\pi}{64}\ (D^4 - d^4)$ $= \dfrac{\pi}{4}\ (R^4 - r^4)$ $W = \dfrac{\pi}{32}\ \dfrac{(D^4 - d^4)}{D}$ $= \dfrac{\pi}{4}\ \dfrac{(R^4 - r^4)}{R}$
	$A = \dfrac{r^2 \pi}{2}$ $e_1 = 0{,}4244\ r$ $e_2 = 0{,}5756\ r$	$J = 0{,}1098\ r^4$ $W_1 = 0{,}2587\ r^3$ $W_2 = 0{,}1903\ r^3$
	$A = \pi\,a\,b$ $e = a$	$J = \dfrac{\pi}{4}\ b a^3 = 0{,}7854\ b a^3$ $W_x = \dfrac{\pi}{4}\ b a^2 = 0{,}7854\ b a^2$

Querschnitt	Schwerpunktsabstand e (e_1; e_2; e_3) Trägheitsmoment J Widerstandsmoment $W = J/e$
	$e = \dfrac{H}{2}$; $\quad J = \dfrac{1}{12}\,(BH^3 - b\,h^3)$ $W = \dfrac{1}{6\,H}\,(BH^3 - b\,h^3)$ $e_1 = \dfrac{1}{2}\,\dfrac{(H-h)\,B^2 + h\,(B-b)^2}{(H-h)\,B + h\,(B-b)}$
	$e = \dfrac{H}{2}$; $\quad J = \dfrac{1}{12}\,(BH^3 + b\,h^3)$ $W = \dfrac{1}{6\,H}\,(BH^3 + b\,h^3)$ $e_1 = \dfrac{1}{2}\,\dfrac{h\,(B+b)^2 + (H-h)\,B^2}{h\,(B+b) + (H-h)\,B}$
	$J = \dfrac{1}{3}\,(Be_1^3 - b\,h^3 + a\,e_2^3)$ $W_1 = \dfrac{J}{e_1}$; $\quad W_2 = \dfrac{J}{e_2}$; $\quad W_3 = \dfrac{J}{e_3}$

$$e_1 = \frac{1}{2}\,\frac{aH^2 + bd^2}{aH + bd}; \quad e_2 = H - e_1; \quad e_3 = \frac{1}{2}\,\frac{dB^2 + (H-d)\,a^2}{dB + (H-d)\,a}$$

Anmerkung: Die Bestimmung der Profil-Schwerachsen sowie der Profil-Trägheitsmomente stützt sich auf folgende Leitsätze:

1. Das statische Moment einer Fläche in bezug auf ihre durch den Schwerpunkt gehende Achse ist immer gleich Null.

2. Das statische Moment einer Fläche in bezug auf eine beliebige Achse ist gleich dem Flächeninhalt mal dem Abstand des Schwerpunktes von dieser Achse.

3. Das Trägheitsmoment eines einfachen Querschnittes (z. B. eines Rechteckquerschnittes) ist die Summe der Produkte aller mit dem Quadrat ihres Abstandes (y) von der Schwerachse multiplizierten Flächenteilchen (f); also $J = \Sigma \Delta f \cdot y^2$

4. Das Trägheitsmoment (J_{ges}) eines zusammengesetzten Querschnittes ist gleich der Summe der Trägheitsmomente (J_f) der Einzelquerschnitte (f), bezogen auf ihre eigene Schwerachse plus der Summe der Produkte aller mit dem Quadrat ihrer Schwerachsenabstände (a) von der Gesamtträgerschwerachse multiplizierten Einzelquerschnitte (f); also: $J_{ges} = \Sigma J_f + \Sigma (f \cdot a^2)$

7. Statische Grundformeln bei Biegebeanspruchung (Belastungsfälle)

A bzw. *B* = Stütz- oder Auflagerdrücke, *M* = Biegemoment (allgemein), M_x = Biegemoment an der Stelle x bzw. im Abstand x, *max M* = größtes Biegemoment, *F* = Einzellast, *g* = gleichmäßig verteilte Last in N/m (durch Eigengewicht), *f* = gleichmäßig verteilte Last in N/m (durch Nutzlast), $q = g + f$ in N/m, *W* = erforderliches Widerstandsmoment in cm^3.

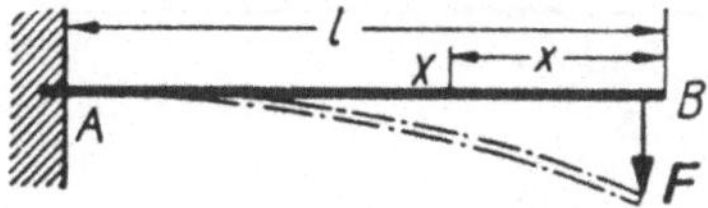

$$A = F$$
$$max\,M = F \cdot l; \quad M_x = F \cdot x$$

gefährdeter Querschnitt bei *A*!

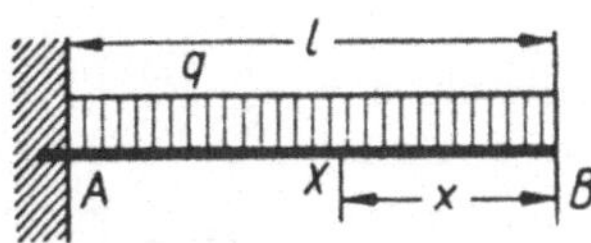

$$A = q \cdot l$$
$$M_A = max\,M = \frac{q \cdot l^2}{2}; \quad M_x = \frac{q \cdot x^2}{2}$$

gefährdeter Querschnitt bei *A*!

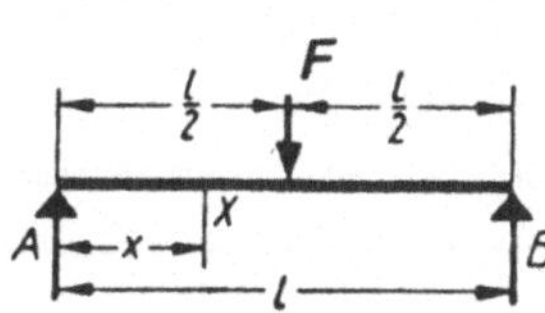

$$A = B = \frac{F}{2}$$
$$max\,M = \frac{F \cdot l}{4}; \quad M_x = \frac{F \cdot x}{2}$$

gefährdeter Querschnitt unter *F*!

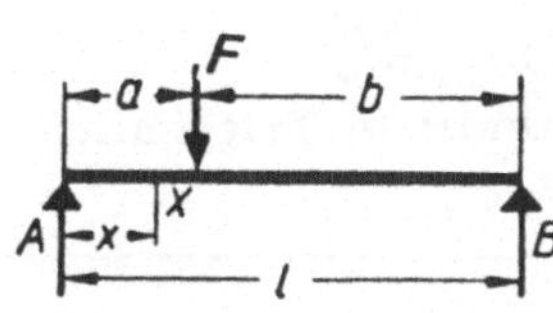

$$A = \frac{F \cdot b}{l}; \quad B = \frac{F \cdot a}{l}$$
$$max\,M = \frac{F \cdot b \cdot a}{l}; \quad M_x = \frac{F \cdot b \cdot x}{l}$$

gefährdeter Querschnitt unter *F*!

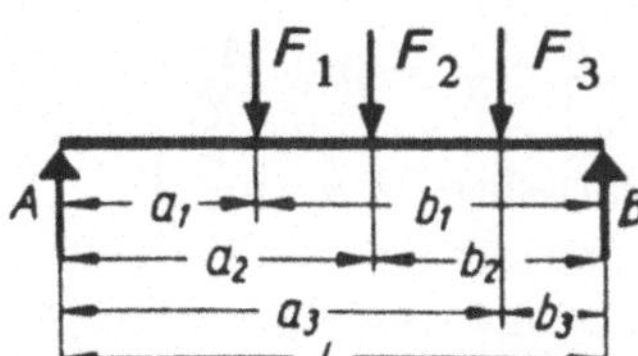

$$A = \frac{\Sigma(F \cdot b)}{l}; \quad B = \frac{\Sigma(F \cdot a)}{l}$$

max M ist nach dem Schnittverfahren zu berechnen!

Statische Grundformeln bei Biegebeanspruchung (Belastungsfälle)

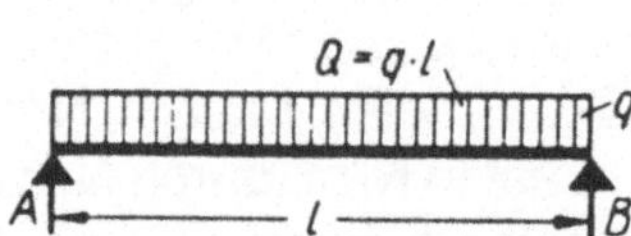

$$A = B = \frac{q \cdot l}{2} = \frac{Q}{2} \qquad Q = F_L$$

$$\max M = \frac{q \cdot l^2}{8} = \frac{Q \cdot l}{8}$$

gefährdeter Querschnitt in Trägermitte!

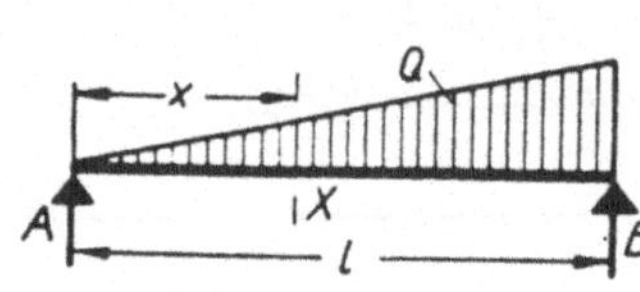

$$A = \frac{Q}{3} \; ; \; B = \frac{2\,Q}{3} \qquad Q = F_L$$

$$M_x = \frac{Q}{3}\,x \left(1 - \frac{x^2}{l^2}\right)$$

$$\max M = \frac{2}{9 \cdot \sqrt{3}}\, Q \cdot l \approx 0{,}128\, Q \cdot l$$

gefährdeter Querschnitt bei $x = \dfrac{l}{3}\,\sqrt{3}$

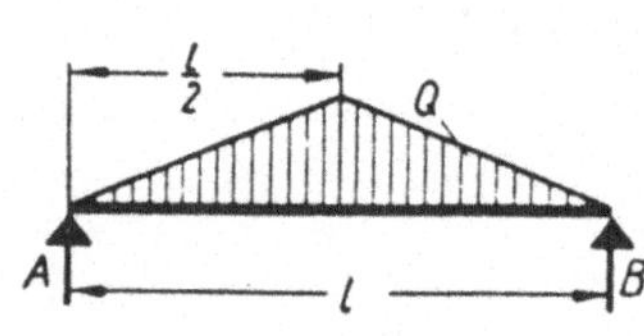

$$A = B = \frac{Q}{2} \qquad Q = F_L$$

$$M_x = Q \cdot x \cdot \left(\frac{1}{2} - \frac{2}{3} \cdot \frac{x^2}{l^2}\right)$$

$$\max M = \frac{Q \cdot l}{6}$$

gefährdeter Querschnitt in Trägermitte!

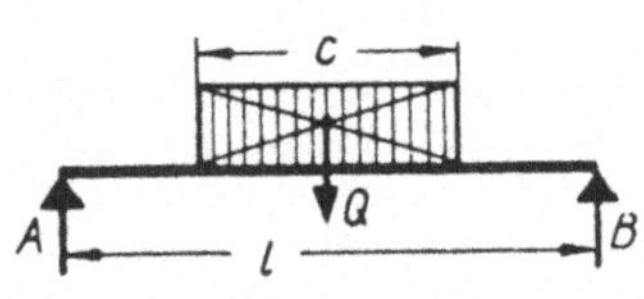

$$A = B = \frac{Q}{2} \qquad Q = F_L$$

$$\max M = \frac{Q}{2} \cdot \left(\frac{l}{2} - \frac{c}{4}\right)$$

gefährdeter Querschnitt in Trägermitte!

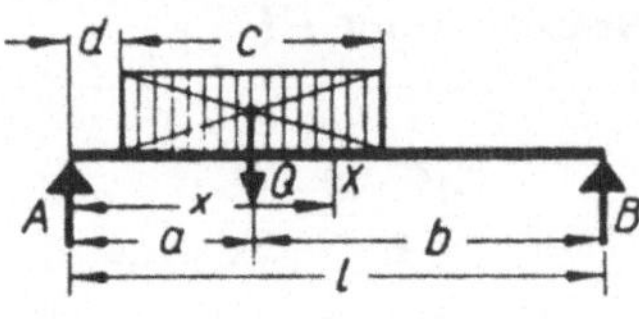

$$A = \frac{Q \cdot b}{l} \; ; \; B = \frac{Q \cdot a}{l} \qquad Q = F_L$$

$$\max M = A \cdot \frac{x + d}{2} \; , \; x = d + \frac{A \cdot c}{Q}$$

gef. Querschnitt im Abstand x von A!

Statische Grundformeln bei Biegebeanspruchung (Belastungsfälle)

$A = B = F$

Für den Träger zwischen A und B ist:

$M = F \cdot a = \text{konstant}$

gefährdeter Querschnitt in Trägermitte!

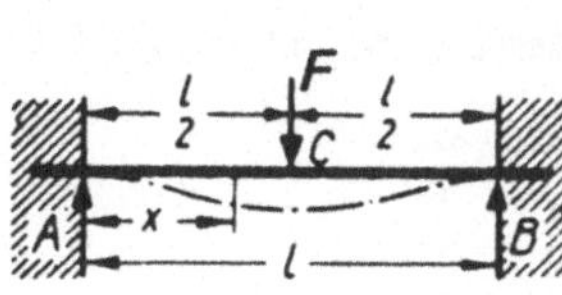

$$A = B = \frac{F}{2}$$

$$M_x = \frac{F \cdot l}{2}\left(\frac{x}{l} - \frac{1}{4}\right), \quad max\ M = \pm\frac{F \cdot l}{8}$$

gefährdete Querschnitte in A, B und C!

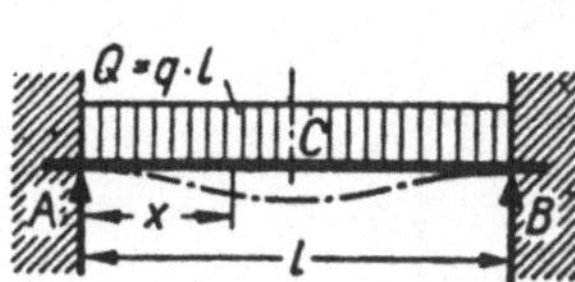

$$A = B = \frac{Q}{2} \qquad\qquad Q = F_L$$

$$M_x = \frac{Q \cdot l}{2}\left(-\frac{x^2}{l^2} + \frac{x}{l} - \frac{1}{6}\right).$$

$$M_A = M_B = -\frac{Q \cdot l}{12} \; ; \; M_c = \frac{Q \cdot l}{24}$$

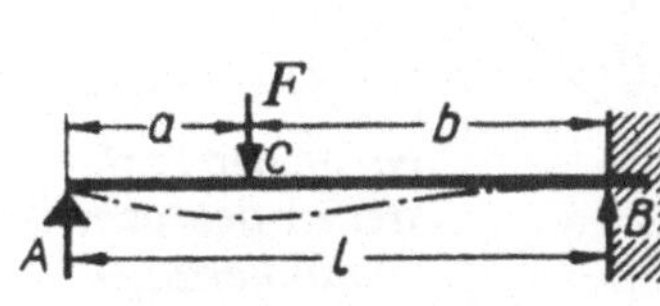

$$A = \frac{F}{2} \cdot \frac{b^2}{l^3}\,(a + 2\,l)$$

$$B = -\frac{F}{2}\left(\frac{3a}{l} - \frac{a^3}{l^3}\right) = F - A$$

$$M_B = \frac{-F \cdot a\,(l^2 - a^2)}{2\,l^2}$$

$$M_c = \frac{F \cdot a}{2}\left(2 - \frac{3a}{l} + \frac{a^3}{l^3}\right)$$

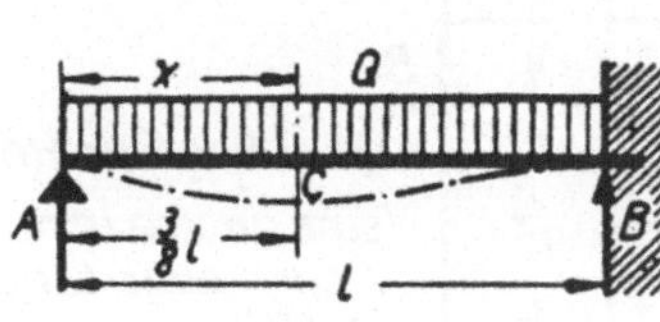

$$A = \frac{3}{8}Q, \; B = \frac{5}{8}Q \qquad\qquad Q = F_L$$

$$M_x = \frac{Q \cdot x}{2}\left(\frac{3}{4} - \frac{x}{l}\right), \; M_c = \frac{9}{128}Q \cdot l$$

$$\text{bei } x = \frac{3}{8}\,l$$

$$max\ M = M_B = -\frac{Q \cdot l}{8}$$

8. Momentenermittlung bei Trägern auf zwei Stützen

a) Rechnerisches Verfahren

Alle statisch bestimmten Tragwerke sind dadurch gekennzeichnet, daß die statischen Werte, wie Auflagerkräfte, Biegemomente, Querkräfte usw., aus den statischen Gleichgewichtsbedingungen am Tragwerk oder an dessen Teilen bestimmbar sind; diese Werte sind unabhängig von Baustoffeigenschaften, Temperatur, Nachgiebigkeit der Auflager usw.

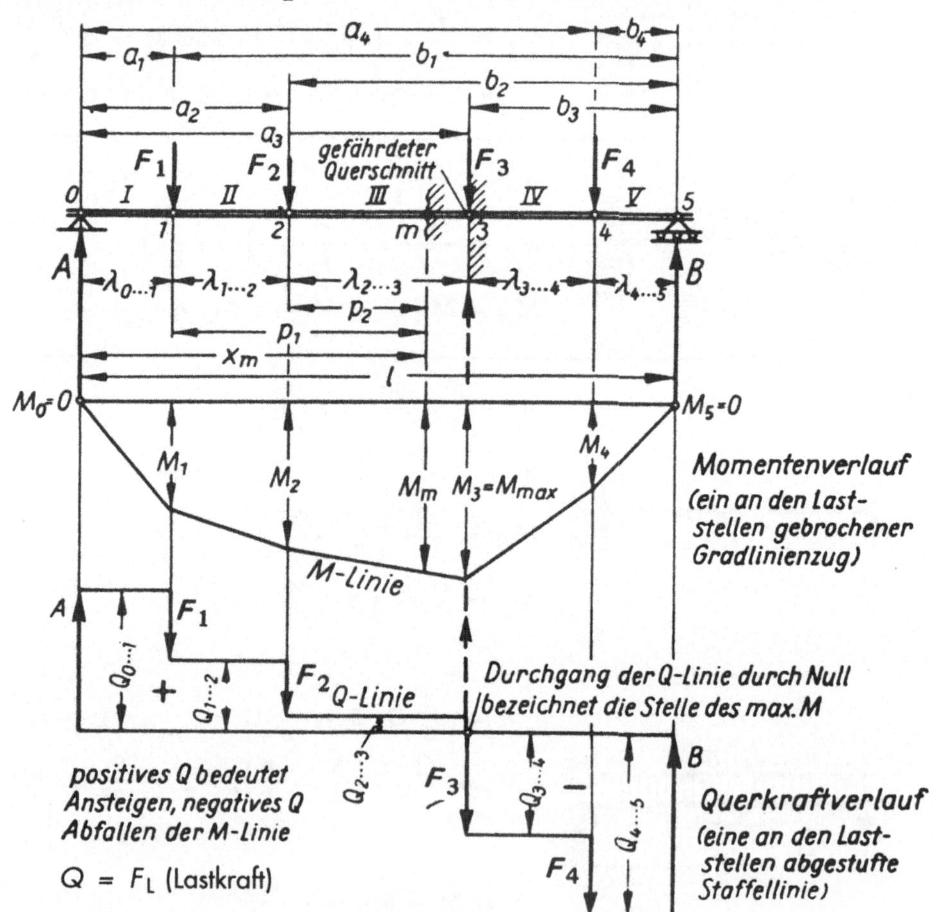

Momentenermittlung bei Trägern auf zwei Stützen

Normalfall:

Träger auf zwei Stützen mit beliebig angeordneten senkrechten Einzellasten

Auflagerkräfte

$$A = \frac{1}{l}\left(F_1 b_1 + \cdots + F_4 b_4\right)$$

$$B = \frac{1}{l}\left(F_1 a_1 + \cdots + F_4 a_4\right)$$

$$A + B = F_1 + \cdots + F_4$$

folgen aus den Momentenbedingungen für Bezugspunkt B bzw. A; d. h.:
$$\underset{B}{\Sigma M} = 0 \quad \text{bzw.} \quad \underset{A}{\Sigma M} = 0$$

Kontrollgleichung; folgt aus der Komponentenbedingung $\Sigma F_y = 0$

Querkräfte $\qquad Q = F_{\mathrm{L}}$

$$Q_{0\cdots1} = +A = Q_1$$
$$Q_{1\cdots2} = +A - F_1 = Q_{II}$$
$$Q_{2\ldots3} = A - (F_1 + F_2) =$$
$$\qquad = Q_{1\ldots2} - F_2 = Q_{III}$$
$$Q_{3\ldots4} = Q_{2\ldots3} - F_3 = Q_{IV}$$
usw.

Querkraft ist der Größe nach gegeben durch die algebraische Summe aller senkrecht zur Balkenachse gerichteten Kräfte links oder rechts von der betrachteten Schnittstelle (Maß für die Beanspruchung auf Abscherung)

Momente

$$M_m = A x_m - F_1 p_1 - F_2 p_2$$

$$M_0 = 0$$
$$M_1 = A a_1$$
$$M_2 = A a_3 - F_1 \lambda_{1\ldots2} \quad \text{usw.,}$$

Biegemoment für die beliebige Schnittstelle m im Abstand x_m vom Lager A, gegeben durch die algebraische Summe der statischen Momente aller äußeren Kräfte, die links oder rechts von der betrachteten Schnittstelle (m) angreifen [Maß für Beanspruchung infolge der Durchbiegung]

13–23

Momentenermittlung bei Trägern auf zwei Stützen

kürzer jedoch:

$$M_1 = M_0 + Q_0 \cdots {}_1\, \lambda_0 \cdots {}_1$$
$$M_2 = M_1 + Q_1 \cdots {}_2\, \lambda_1 \cdots {}_2$$

$$\underline{M_m = M_2 + Q_2 \cdots {}_3\, p_2}$$

Bei Berechnung mehrerer *Momente auseinander entwickeln!* In allgemeiner Form für die Schnittstelle m das Biegemoment M. $Q = F_\mathrm{L}$ (Lastkraft)

Maximalmoment (M_max)

entsteht — beim ausschließlichen Auftreten von Einzellasten — stets in einem Lastangriffspunkt, und zwar dort, wo die *Querkraft ihr Vorzeichen wechselt*, d. h., wo die Lastensumme $(F_1 + F_2 \cdots)$ zum erstenmal größer ist als der zugehörige Auflagerdruck!

Durchbiegung

$$f \approx \frac{5}{384}\, \frac{(F_1 + \cdots + F_4)\, l^3}{E\, J}$$

Angenäherte größte Durchbiegung (genauer aus der elastischen Linie zeichnerisch oder rechnerisch)
Hierin:
Kraft F in N
Länge l in cm
Trägheitsmoment J in cm^4
Elastizitätsmodul E in N/cm^2
Durchbiegung f in cm

Beachte!
Wenn F in N und l in m, E in N/m^2 ($=$ Pa) und J in m^4,
dann f in m

Momentenermittlung bei Trägern auf zwei Stützen

b) Zeichnerisches Verfahren

Ist der Träger auf mehreren Laststrecken durch gleichmäßige Belastung beansprucht, so wird man am zweckmäßigsten zeichnerisch, und zwar so vorgehen, daß man die gleichmäßigen Belastungen in möglichst viele Einzelkräfte auflöst und zu ihnen mittels Kraftecks und Seilecks das Momentenpolygon (Culmannsche Momentenfläche) sowie das Querkraftdiagramm konstruiert.

Auswertung von Bild **a ⋯ d:**

Auflagerkraft $A \; \hat{=} \;$ gemessener Strecke $\overline{ef}$ im m_P .

,, $\qquad B \; \hat{=} \qquad$,, $\qquad\qquad$,, $\qquad \overline{eg}$ im m_P (Bild b)

Abstand des gefährdeten Querschnittes $\hat{=} \; x_g$ im m_L
(Bild d)

Maximalmoment $= \max M = H \, y_{max} \, m_L \, m_P$

Moment an beliebiger Stelle $M x = H \, y \, m_L \, m_P$

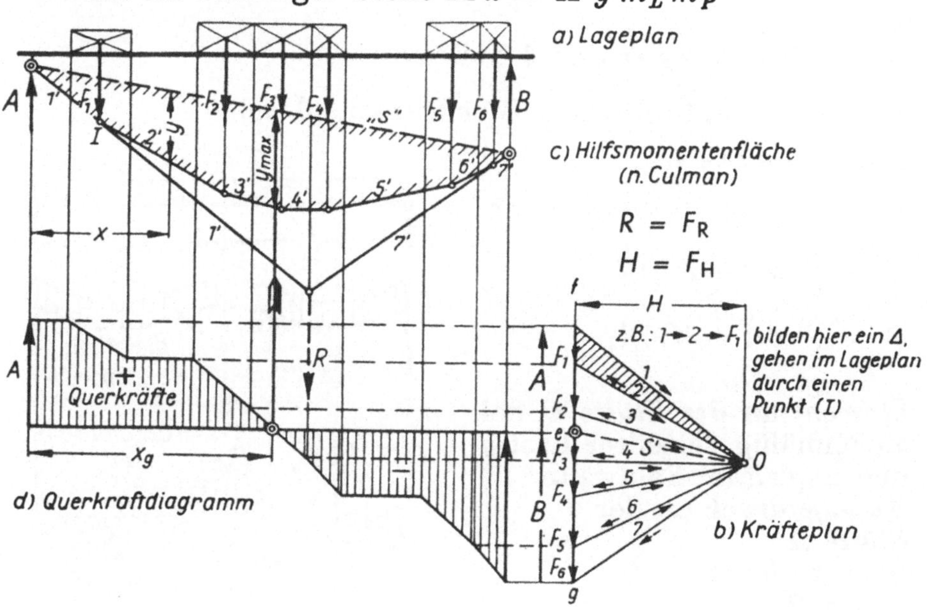

9. Momentenermittlung bei Durchlaufträgern und Rahmen
(durch Anwendung der Dreimomentengleichung)

Für unveränderliches Trägheitsmoment und gleich hohe Stützen gilt die vereinfachte *Clapeyron*sche Dreimomentengleichung

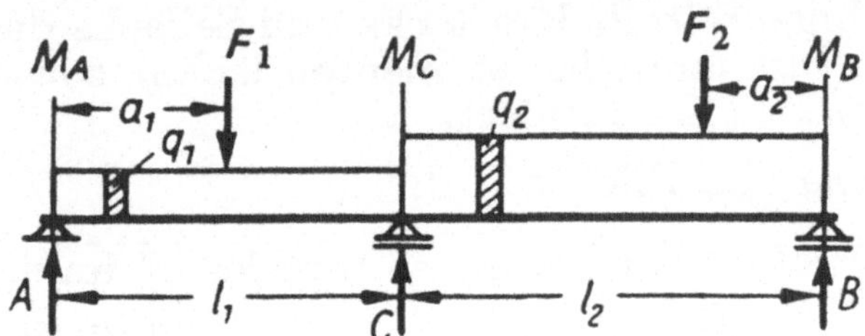

$$M_A\, l_1 + 2\, M_C\, (l_1 + l_2) + M_B\, l_2 = -\frac{\Sigma F_1 a_1}{l_1}(l_1{}^2 - a_1{}^2) -$$
$$- \frac{\Sigma F_2 a_2}{l_2}(l_2{}^2 - a_2{}^2) - \frac{1}{4}(q_1\, l_1{}^3 + q_2\, l_2{}^3)$$

a) Durchlaufträger auf 3 Stützen

(ungleiche Feldweite und Gleichstreckenlast)

$$M_C = -\frac{q}{8}\frac{l_1{}^3 + l_2{}^3}{l_1 + l_2}$$

$$A = \frac{q\, l_1}{2} + (-M_C)/l_1$$

$$B = \frac{q\, l_2}{2} + (-M_C)/l_2$$

Moment an der Stütze C bei gleichmäßig verteilter **Last** *q* und *ungleicher* Feldweite
Auflagerdruck an der Stütze A
Auflagerdruck an der Stütze B

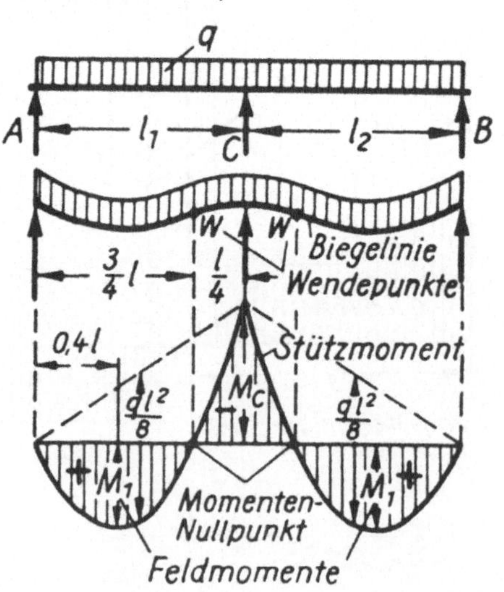

13-26

Momentenermittlung bei Durchlaufträgern und Rahmen
(durch Anwendung der Dreimomentengleichung

b) Durchlaufträger auf 3 Stützen

(gleiche Feldweiten und Gleichstreckenlast, geringerer Materialaufwand!)

$M_C = -0,125\, q\, l^2$ — *Moment an der Stütze C* (sog. *Stützmoment*)

$M_1 = +0,070\, q\, l^2$ — *Größtes Moment* im *Feld* (*Feldmomente*)

c) Durchlaufträger auf 4 Stützen

(gleiche Feldweiten und Gleichstreckenlast)

$M_C = -0,100\, q\, l^2 = M_D$ — *Stützmomente* an den *Innenstützen C, D*

$M_1 = +0,080\, q\, l^2$ — *Feldmomente* in den beiden *Außenfeldern*

$M_2 = +0,025\, q\, l^2$ — *Feldmoment* im *Mittelfeld*

d) Balken in starrer Verbindung mit einer Stütze

(zweifach statisch unbestimmt) (Bild c)

$$M_A = +\frac{F\,a\,b\,(l+b)}{l\,(3h+4l)}$$

$$M_B = -\frac{2F\,a\,b\,(l+b)}{l\,(3h+4l)}$$

Einspannmoment an der Stütze

Moment am Knickpunkt; der Ansatz folgt aus:

1. $2M_A h + M_B h = 0$

2. $M_A h + 2M_B(h+l) = -\dfrac{F\,a\,b\,(l+b)}{l}$

$H_A = F_{HA}\,;\quad H_C = F_{HC}$

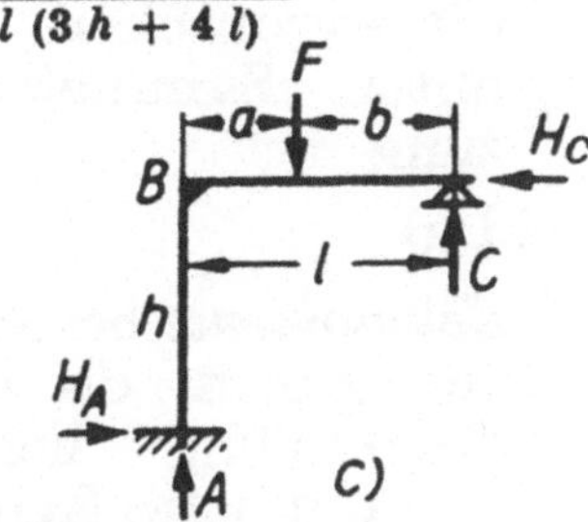

$$C = \frac{F\,a}{l} + \frac{M_B}{l}$$

Auflagerkraft C

$$A = \frac{F\,b}{l} - \frac{M_B}{l}$$

Auflagerkraft A

$$H_C = H_A = \frac{M_A - M_B}{h} = \frac{3\,M_A}{h}$$

Horizontalkraft in *A* und *C*

Momentenermittlung bei Durchlaufträgern und Rahmen
(durch Anwendung der Dreimomentengleichung

e) Rahmen mit Gleichstreckenlast

senkrecht zur Stabrichtung (Bild d)

$$M_B = - \frac{1}{16} q \, s^2$$

$$M_A = M_C = 0$$

Moment bei B folgt aus

$$2 M_B (s + s) = - \frac{q \, s^2}{4} \text{ nach}$$

Clapeyron wie beim Zweifeldbalken

$$M_B = - \frac{q \, l^2}{24}$$

Moment bei B, wenn die Gleichstreckenlast *q einseitig* lotrecht wirkt!

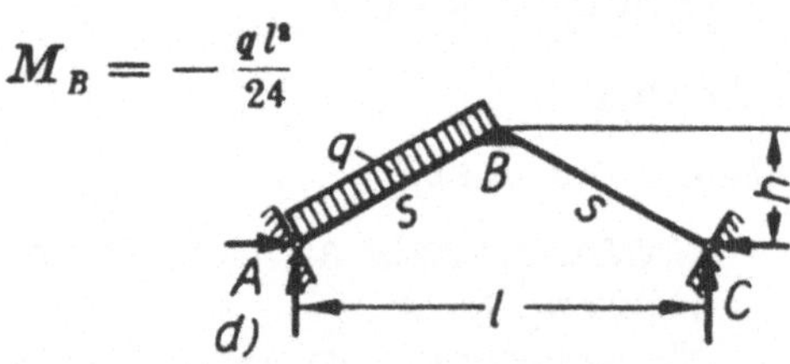

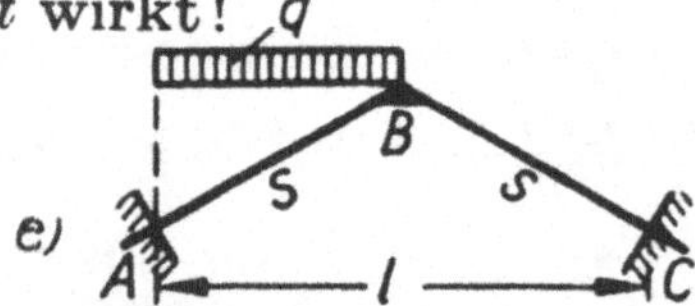

f) Rahmen beiderseits eingespannt (Bild e)

$$M_A = - \frac{5 \, q \, l^2}{192} \; ; \quad M_B = - \frac{q \, l^2}{96} \, ;$$

$$M_C = + \frac{q \, l^2}{192}$$

aus 3 Clapeyronschen Gleichungen folgend

g) Rechteck — Zweigelenkrahmen (Bild f)

$$M_B = - \frac{q \, l^2}{4 \, (2 \, h + 3 \, l)} - \frac{3 \, F \, l^2}{8 \, (2 \, h + 3 \, l)}$$

Momente bei B aus einer Clapeyronschen Gleichung unter Symmetrie-Ausnutzung

h) Rechteckige Silozellen (Bild g)

$$M_A = - \frac{q \, (l_1^2 + l_2^2)}{12 \, (l_1 + l_2)}$$

*Eckmomente bei A sind sämt-*lich gleich, da alle Wände gleichmäßig belastet sind und doppelte Symmetrie des Gebildes vorliegt

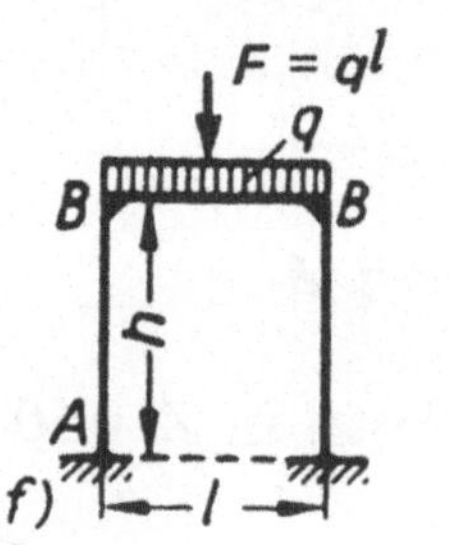

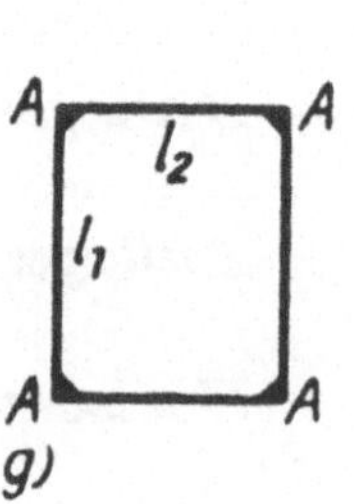

13 – 28

10. Momentenermittlung bei Trägern auf 2 Stützen mit beweglicher Belastung

Graphisch mittels Einflußlinien (Bild a)

Einflußlinie für M bei direkter Belastung: $A'' E'' B''$; z. B. $M_x = F_1 \eta_1 + F_2 \eta_2$
Einflußlinie für M bei indirekter Belastung: $A'' G'' H'' B''$

Zu jedem Querschnitt gehört eine besondere Einflußlinie (auch bei indirekter Belastung). Es ist nur ein Grenzwert zu bestimmen (positiv und Vollbelastung).

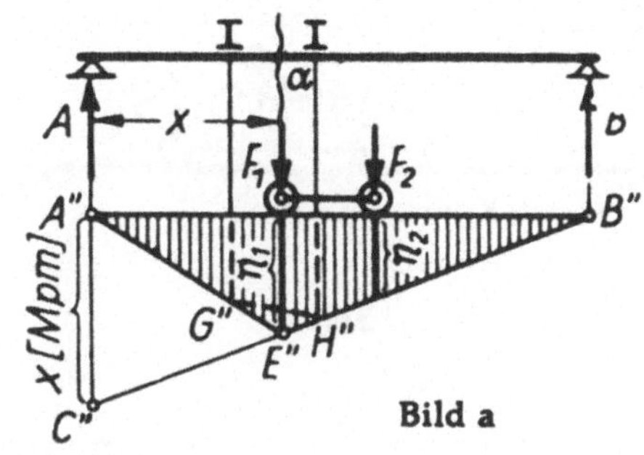

Analytisch für:

a) eine bewegliche Einzellast (Bild b):

$$\boxed{M_{\max} = \frac{Fl}{4}} \; ; \qquad x = \frac{l}{2} \quad (x \text{ Abstand des gefährdeten}$$
$$\text{Querschnittes vom Lager A)}$$

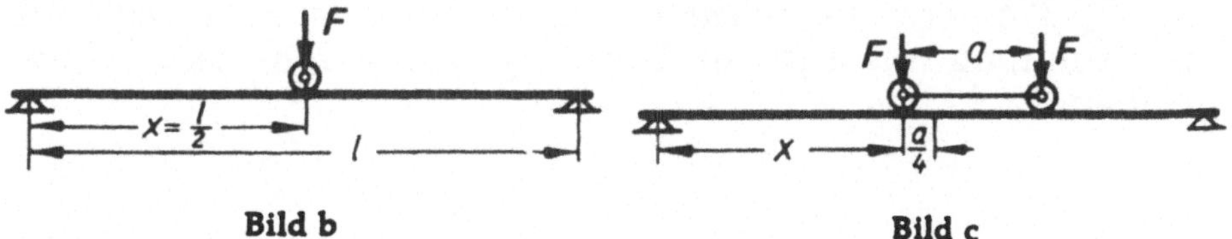

b) zwei gleiche Lasten (Laufkatze, Bild c):

$$\boxed{M_{\max} = \frac{2F}{l}\left(\frac{l}{2} - \frac{a}{4}\right)^2} \; ; \qquad x = \frac{l}{2} - \frac{a}{4}; \text{ falls aber}$$
$$a > 0{,}586\, l \quad M_{\max} = \frac{Fl}{4}$$

c) zwei ungleiche Lasten F_1 und F_2 ($F_1 > F_2$) (Bild d):

$$\boxed{M_{\max} = \frac{F_1 + F_2(l-u)}{l}\left(\frac{l-u}{2}\right)^2} \; ; \qquad x = \frac{l}{2} - \frac{u}{2}; \text{ falls } a \text{ groß,}$$
$$\text{evtl. } M_{\max} = \frac{F_1 l}{4}$$

Momentenermittlung bei Trägern auf 2 Stützen mit beweglicher Belastung

d) beliebige Gruppe von Einzellasten (Bild e)

Anmerkung: Im allgemeinen ist in solchen Fällen das Verfahren mit Einflußlinien vorzuziehen, wobei der Lastenzug besonders aufgezeichnet und über der jeweiligen Einflußlinie für eine bestimmte Schnittstelle so lange versuchsweise verschoben wird, bis die Ordinatensumme der Einflußlinienfläche ein Maximum erreicht hat.

Zunächst Lage der Resultierenden R bestimmen. Dann, falls M_{abs} unter F_3 zu erwarten ist, Lasten so aufstellen, daß Abstand u durch Trägermitte halbiert wird, und für Fußpunkt von F_3 Moment berechnen. Gegebenenfalls entsprechende Untersuchung mit anderer Last (F_4) vornehmen und M vergleichen.

11. Zeichnerische Stabkraftermittlung nach Cremona

Systematische Aufstellung der Kräftepläne nach folgenden Hauptgesichtspunkten:

1. **Krafteck** aller Lasten und Auflagerkräfte so zeichnen, daß ihre *Reihenfolge dem gewählten Rechtsumlauf um das Fachwerk* entspricht.

2. **Mit** einem zweistäbigen Knotenpunkt beginnen. Das Krafteck für die an diesem Punkt wirkende Knotenpunktkraft und die Stabkräfte wird im Anschluß an die schon gezeichnete Knotenpunktkraft so gezeichnet, daß die *Reihenfolge dem gewählten Rechtsumlauf um den Knotenpunkt* entspricht. Dabei wird die Knotenpunktkraft stets zwischen den Außenstäben eingeordnet.

Beispiel: parallelgurtiger Träger mit Ober- und Untergurtlasten.

System (Bild a)   **Kräfteplan (Bild b)**

$$\text{Reihenfolge}\begin{cases}\text{Knoten} & 8 \mid 1 \mid 2 \mid 9 \mid 3 \mid 10 \mid 5 \mid 11 \mid 7 \mid 12 \\ \text{Stäbe} & l \mid am \mid bn \mid ho \mid cdp \mid ir \mid efs \mid \underbrace{u \mid v \mid -}\end{cases}$$

und Proben!

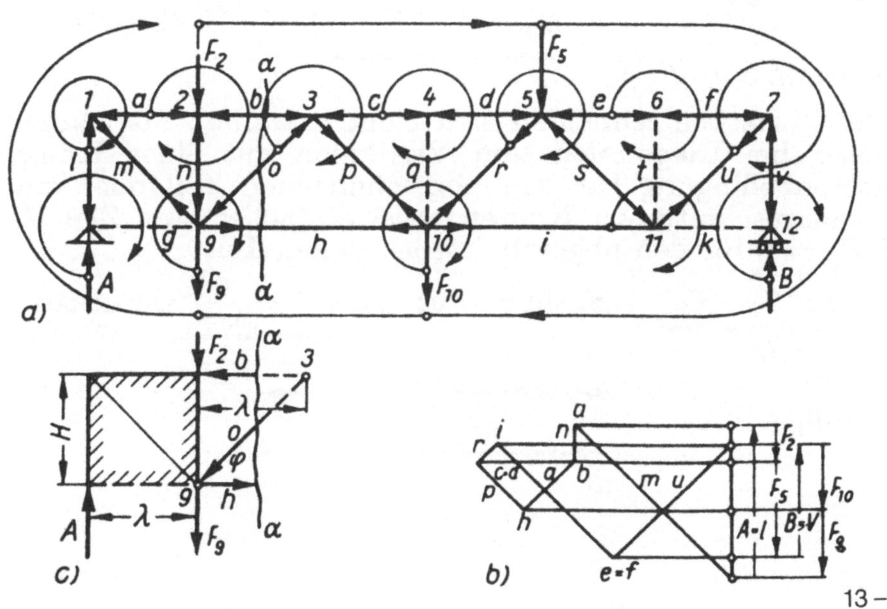

12. Rechnerische Stabkraftermittlung nach dem Ritterschen Schnittverfahren

Das Fachwerk wird mit einem Schnitt (z. B.: $a \cdots a$ in Bild a u. c Tab. 11) durch höchstens 3 unbekannte Stäbe (S_b, S_o, S_h) in eine linke und eine rechte Scheibe zerlegt (in Bild c Tab 11) durch Schraffur angedeutet). Dann wird das Gleichgewicht eines dieser beiden Teile betrachtet, wobei die Stabkräfte ohne Rücksicht auf ihre endgültigen Vorzeichen zunächst als Zug vorgenommen werden (+ liefert Zug, − Druck). Es werden die Momentenbedingungen für den linken, weil Teil mit der geringeren Anzahl äußerer Kräfte, ausgenutzt. Dabei wird der Momentenbezugspunkt jeweils in den Schnitt zweier Stäbe gelegt, die in der Gleichung nicht vorkommen sollen.

Anwendung: Schnitt $a \ldots a$ durch die Stäbe b, h, o in Bild a u. c Tab. 11

Stabkraft S_b (Bezugspunkt Knoten 9)

$$\Sigma \underset{(9)}{M} = 0: \ + A\,\lambda + S_b\,H = 0\,, \quad \underline{\underline{S_b = -\frac{A\,\lambda}{H}}} \ \text{(Druckstab)}$$

Stabkraft S_h (Bezugspunkt Knoten 3)

$$\Sigma \underset{(3)}{M} = 0: \ + A\,2\lambda - (F_2 + F_9)\,\lambda - S_h\,H = 0; \quad H = F_{\mathrm{H}}$$

$$\underline{\underline{S_h = + \frac{A\,2\lambda - (F_2 + F_9)\lambda}{H}}} \ \text{(Zugstab)}$$

Stabkraft $S_0 \,(= F_{S_0})$

Die Gurtstäbe schneiden sich nicht (parallel). Man kommt daher bei Diagonalen und Vertikalen mit einer Komponentenbedingung für den abgeschnittenen Teil oder einen herausgeschnittenen Knoten meist einfacher zum Ziel. Aus $\Sigma P_v = 0$ für den abgeschnittenen linken Teil:

$$\underbrace{+ A - F_2 - F_9}_{= Q} + S_o \sin \varphi = 0; \quad \underline{\underline{S_o = -\frac{Q}{\sin \varphi}}} \ \text{(Druckstab)}$$

$$Q = F_{\mathrm{L}}$$

1. Fortschreitende Bewegung: Formeln (Translation)

a) Allgemeine Darstellung, Kurvenarten

Dynamik: Teil der Mechanik; Lehre von den Kräften und den Bewegungen (Geo-, Hydro-, Aerodynamik).

Kinetik: Lehre von der Bewegung durch Kräfte; behandelt Änderung des Bewegungszustandes durch Kräfte.

Kinematik:
a) als reine Geometrie von Bewegungen Teil der Mechanik, in dem allein die Bewegung der Körper ohne Rücksicht auf die sie verursachende Kräfte untersucht wird.
b) gibt keinen Aufschluß über die Ursache der Bewegung (Änderung des Bewegungszustandes eines Körpers); Vorgabe der Bahn.

Bewegung: ist Lageänderung eines Massenpunktes.

Beschleunigung *(a)*: ist die Schnelligkeit mit der sich die Geschwindigkeit ändert; ist Änderung der Geschwindigkeit dividiert durch die Zeit *(t)*. Einheit: m/s^2.
a) Ist die Beschleunigung **Null** (Translation: $a = 0$; Rotation: $\varepsilon = 0$), so liegt eine konstante Geschwindigkeit vor und der Weg ändert sich linear (Gleichförmige Bewegung).
b) Bei **konstanter** Beschleunigung ($a =$ konst.; $\varepsilon =$ konst.) ändert sich die Geschwindigkeit linear und der Weg quadratisch (Gleichförmig beschleunigte Bewegung).

Geschwindigkeit *(v)*:
a) ist Schnelligkeit der Bewegung als gerichtete Größe (Vektor);
b) ist der auf eine Zeitspanne bezogene zurückgelegte Weg (Winkeländerung α, Wegstrecke s); ist der zurückgelegte Weg *(s)* dividiert durch die dazu benötigte Zeit *(t)*. Einheit: m/s.

Beschleunigte Bewegung: wird durch eine antreibende resultierende Kraft bewirkt.

2. N e w t o n ' s c h e s   A x i o m = **Dynamische Grundgleichung** (F = m a)

Gleichförmige Bewegung:
a) in gleichen Zeiten werden gleiche Wege zurückgelegt.
Hier $a = 0$, $v = v_0 =$ konst., $s = s_0 - v \cdot t$
$\varepsilon = 0$, $\omega = \omega_0 =$ konst., $\varphi = \varphi_0 - \omega \cdot t$
b) wird auf der **Bahnkurve** immer dann vorliegen, wenn sich der Körper kräftefrei bewegen kann.
(Es greifen keine äußeren Kräfte an oder die Summe der äußeren Kräfte ist gleich Null).

1. N e w t o n ' s c h e s   A x i o m = **Trägheitssatz.**

Koordinatensystem: Es gibt unendlich viele Koordinatensysteme, die sich selbst auch bewegen können.
Gewählt wird das System, für das die **Gesetze der Mechanik** gelten.
Meist: ERDE   a) ruhendes Bezugssystem $\longrightarrow$ absolute Bewegung
b) bewegtes Bezugssystem $\longrightarrow$ Relativbewegung

W e g - Z e i t - D i a g r a m m (s-t-Kurve) (Bild 1)
Das Diagramm zeigt den zu bestimmten Zeiten zurückgelegten Weg. Je steiler die Kurve, desto größer die Geschwindigkeit.

$$\tan \alpha = v = \frac{ds}{dt} = \dot{s}$$

14—1

Fortschreitende Bewegung: Formeln (Translation)

Die Geschwindigkeit ist die 1. Ableitung der s-t-Funktion nach der Zeit.

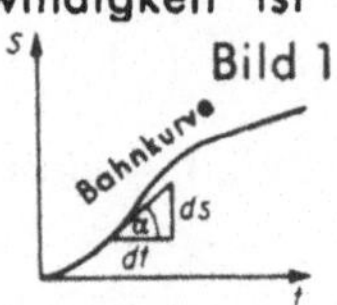

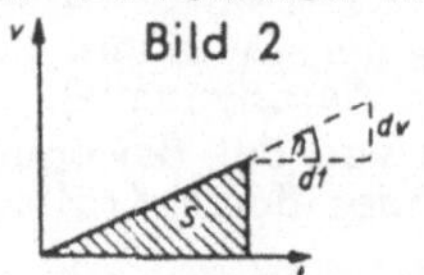

Geschwindigkeit-Zeit-Diagramm (v-t-Kurve) (Bild 2)

Das Diagramm zeigt die zu bestimmten Zeiten vorhandene Geschwindigkeit v. Je steiler die Kurve desto größer der Geschwindigkeitszuwachs, die Beschleunigung a.

$$\tan \beta = a = \frac{dv}{dt} = \dot{v} = \ddot{s}$$

Die Beschleunigung ist die 1. Ableitung der v-t-Funktion bzw. die 2. Ableitung der s-t-Funktion nach der Zeit.

Formelbezeichnung:

a Beschleunigung (in $m\,s^{-2}$) v Geschwindigkeit nach t Sekunden (in $m\,s^{-1}$)
s Weg (in m); t Zeit (in s) v_0 Anfangsgeschwindigkeit (in $m\,s^{-1}$)

b) Gleichförmige Bewegung (Sonderfall):

Der Körper legt in gleichen Zeiten (t) gleiche Wege (s) zurück. (Die Geschwindigkeit ändert sich nicht; sie ist konstant, Bild 3)

$$v = \frac{s}{t} \;; \qquad s = v\,t; \qquad t = \frac{s}{v}$$

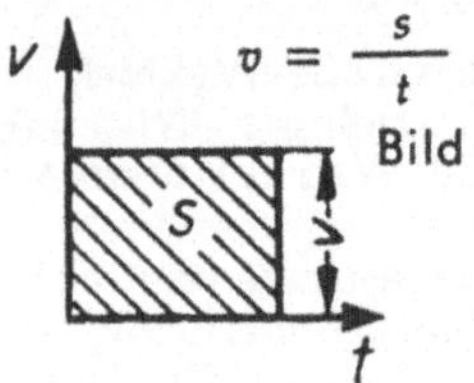

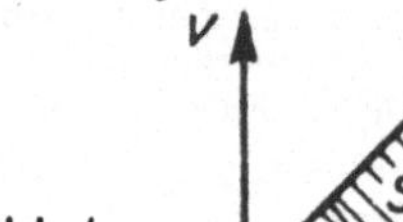

c) Gleichmäßige Bewegungen

Fall A: **Gleichmäßig beschleunigte Bewegung ohne Anfangsgeschwindigkeit** $v_0 = 0$ (Bild 4)

(Geschwindigkeit nimmt aus der Ruhe gleichmäßig zu)

$$\tan \beta = a = \frac{v}{t}$$

$s =$	$\dfrac{a\,t^2}{2}$	$\dfrac{v^2}{2a}$	$\dfrac{v\,t}{2}$
$t =$	$\dfrac{v}{a}$	$\sqrt{\dfrac{2s}{a}}$	$\dfrac{2s}{v}$
$v =$	$\sqrt{2a\,s}$	$\dfrac{2s}{t}$	$a\,t$
$a =$	$\dfrac{a}{t}$	$\dfrac{2s}{t^2}$	$\dfrac{v^2}{2s}$

Fortschreitende Bewegung: Formeln (Translation)

Fall B: Gleichmäßig beschleunigte Bewegung mit Anfangsgeschwindigkeit $v_0 \neq 0$ (Bild 5)

(Geschwindigkeit nimmt gleichmäßig zu)

$$\tan \beta = a = \frac{v - v_0}{t}$$

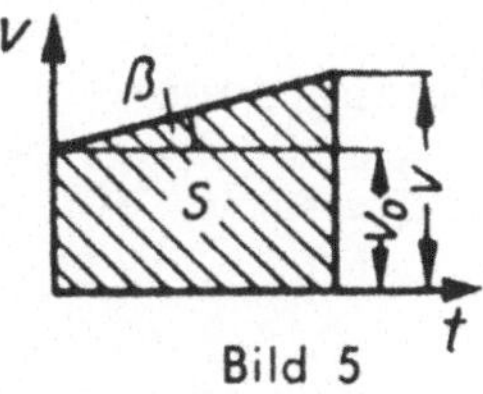

Bild 5

$v_0 =$	$v - at$	$\dfrac{2s}{t} - v$	$\sqrt{v^2 - 2as}$	$\dfrac{s}{t} - \dfrac{at}{2}$
$v =$	$v_0 + at$	$\dfrac{2s}{t} - v_0$	$\sqrt{v_0^2 + 2as}$	
$s =$	$v_0 t + \dfrac{at^2}{2}$	$\dfrac{t}{2}(v_0 + v)$	$\dfrac{v^2 - v_0^2}{2a}$	
$t =$	$\dfrac{v - v_0}{a}$	$\dfrac{2s}{v_0 + v}$	$\dfrac{\sqrt{v_0^2 + 2as} - v_0}{a}$	
$a =$	$\dfrac{v - v_0}{t}$			

Achtung! Bei verzögerten Bewegungen ist a negativ einzusetzen.

d) Allgemeine veränderliche Bewegungen (Bild 6)

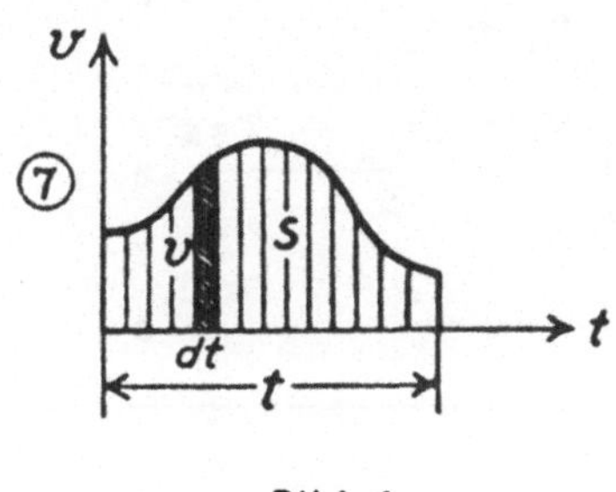

Bild 6

Weg in t: $s = \int v\, dt$
dargestellt durch den Inhalt der schraffierten Fläche.

Geschwindigkeit: $v = \dfrac{ds}{dt}$

Beschleunigung: $a = \dfrac{dv}{dt} = \dfrac{d^2 s}{dt^2}$

2. Gleichmäßig verzögerte Bewegung: Formeln

Endgeschwindigkeit	$v_e = 0$	$v_e > 0$	m/s
Verzögerung	$a = \dfrac{v_a}{t}$	$a = \dfrac{v_a - v_e}{t}$	m/s²
	$a = \dfrac{v_a^2}{2\,s}$	$a = \dfrac{v_a^2 - v_e^2}{2\,s}$	m/s²
	$a = \dfrac{2\,s}{t^2}$	$a = \dfrac{2\,v_a}{t} - \dfrac{2\,s}{t^2}$	m/s²
Anfangsgeschwindig- **keit**	$v_a = at$	$v_a = v_e + at$	m/s
	$v_a = \sqrt{2\,a\,s}$	$v_a = \sqrt{v_e^2 + 2\,a\,s}$	m/s
	$v_a = \dfrac{2\,s}{t}$	$v_a = \dfrac{2\,s}{t} - v_e$	m/s
Weg	$s = \dfrac{v_a}{2}\,t$	$s = \dfrac{v_a + v_e}{2}\,t$	m
	$s = \dfrac{v_a^2}{2\,a}$	$s = \dfrac{v_a^2 - v_e^2}{2\,a}$	m
	$s = \dfrac{at^2}{2}$	$s = v_a t - \dfrac{at^2}{2}$	m
Zeit	$t = \dfrac{2\,s}{v_a}$	$t = \dfrac{2\,s}{v_a + v_e}$	s
	$t = \sqrt{\dfrac{2\,s}{a}}$	$t = \dfrac{v_a - \sqrt{v_a^2 - 2\,a\,s}}{a}$	s
	$t = \dfrac{v_a}{a}$	$t = \dfrac{v_a - v_e}{a}$	s

3. Bewegung auf schiefer Ebene: Formeln

a) Gleitende Bewegung, ohne Reibung

Geschwindigkeit $\qquad v = \sqrt{2 \cdot g \cdot h}$ $\qquad$ m/s

Zeit $\qquad t = \sqrt{\dfrac{2 \cdot h}{g \cdot \sin^2 \alpha}}$ $\qquad$ s

b) Gleitende Bewegung, mit Reibung

Geschwindigkeit $\qquad v = \sqrt{2 \cdot g \cdot h\,(1 - \mu \cdot \cot \alpha)}$ $\qquad$ m/s

Zeit $\qquad t = \sqrt{\dfrac{2 \cdot h\,(1 - \mu \cdot \cot \alpha)}{3 \cdot g\,(\sin \alpha - \mu \cdot \cos \alpha)^2}}$ $\qquad$ s

c) Rollende Bewegung, ohne Reibung (Rad oder Vollzylinder)

Geschwindigkeit $\qquad v = \sqrt{\dfrac{4}{3} g \cdot h}$ $\qquad$ m/s

Zeit $\qquad t = \sqrt{\dfrac{4 \cdot h}{3 \cdot g \cdot \sin^2 \alpha}}$ $\qquad$ s

d) Rollende Bewegung, mit Reibung (Rad oder Vollzylinder)

Geschwindigkeit $\qquad v = \sqrt{\dfrac{4}{3} \cdot g \cdot h\,(1 - \mu \cdot \cot \alpha)}$ $\qquad$ m/s

Zeit $\qquad t = \sqrt{\dfrac{4 \cdot h\,(1 - \mu \cdot \cot \alpha)}{3 \cdot g\,(\sin \alpha - \mu \cdot \cos \alpha)^2}}$ $\qquad$ s

$\qquad$ Fallbeschleunigung $\qquad\qquad g = 9{,}81$ $\quad$ m/s^2

$\qquad$ Höhe $\qquad\qquad\qquad\qquad\quad h$ $\qquad\qquad$ m

4. Drehbewegung: Formeln (Rotation)

Grundsätzlich gleiche Gesetzmäßigkeiten wie bei der fortschreitenden Bewegung. Dabei entsprechen einander:

Weg (s) und Drehwinkel (φ)
Geschwindigkeit (v) und Winkelgeschwindigkeit (ω)
Beschleunigung (a) und Winkelbeschleunigung (α)

Beziehungen zwischen Translation und Rotation

$s = \alpha\, r$ r ist der Abstand zwischen dem Drehmittelpunkt und dem
$v = \omega\, r$ Punkt, für den s, v oder a bestimmt wird.
$a = \alpha\, r$

α Drehwinkel, zu messen in rad, wobei $360° = 2\pi$ rad

$$\frac{\alpha}{\text{Grad}} = \frac{\alpha}{\text{rad}} \cdot \frac{180}{\pi} \;;\quad \frac{\alpha}{\text{rad}} = \frac{\alpha}{\text{Grad}} \cdot \frac{\pi}{180}$$

a) **Gleichförmige Drehbewegung** (Bild 1)
(Winkelgeschwindigkeit und Drehzahl sind konstant)

$$\omega = \frac{\varphi}{t} = \frac{\pi\, n/\text{min}^{-1}}{30\ \text{s}} = \frac{2\,\pi}{T} = \frac{v}{r}$$

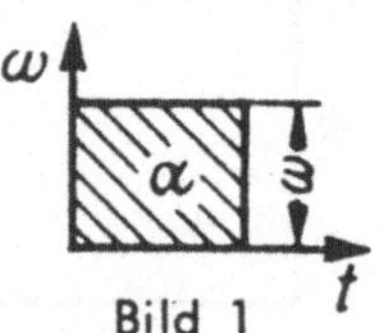

Bild 1

b) **Gleichmäßig beschleunigte Drehbewegung**
ohne Anfangswinkelgeschwindigkeit (Bild 2)
(Winkelgeschwindigkeit und Drehzahl
nehmen aus der Ruhe gleichmäßig zu)

$$\tan \beta = \alpha = \frac{\omega}{t}$$

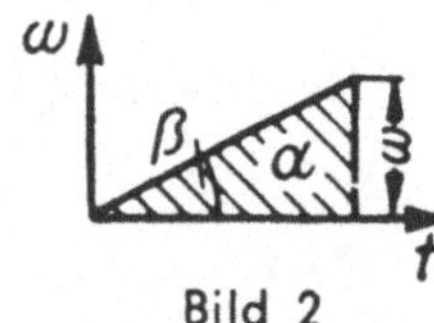

Bild 2

$a =$	$\dfrac{\alpha\, t^{2}}{2}$	$\dfrac{\omega^{2}}{2\,\alpha}$	$\dfrac{\omega\, t}{2}$
$t =$	$\dfrac{\omega}{\alpha}$	$\sqrt{\dfrac{2\,\varphi}{\alpha}}$	$\dfrac{2\,\varphi}{\omega}$
$\omega =$	$\sqrt{2\,\alpha\,\varphi}$	$\dfrac{2\,\varphi}{t}$	$\alpha\, t$
$\alpha =$	$\dfrac{\omega}{t}$	$\dfrac{2\,\varphi}{t^{2}}$	$\dfrac{\omega^{2}}{2\,\varphi}$

Drehbewegung: Formeln

c) **Gleichmäßig Beschleunigte Drehbewegung** mit Anfangswinkelgeschwindigkeit (Bild 3)
(Winkelgeschwindigkeit und Drehzahl nehmen gleichmäßig zu)

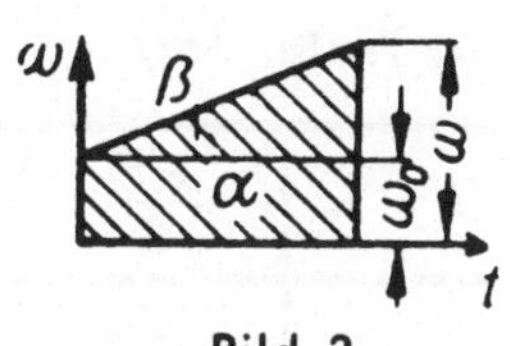

Bild 3

$$\tan \beta = \alpha = \frac{\omega - \omega_0}{t}$$

$\omega_0 =$	$\omega - \alpha t$	$\dfrac{2\varphi}{t} - \omega$	$\sqrt{\omega^2 - 2\alpha\varphi}$	$\dfrac{\varphi}{t} - \dfrac{\alpha t}{2}$
$\omega =$	$\omega_0 + \alpha t$	$\dfrac{2\varphi}{t} - \omega_0$	$\sqrt{\omega_0^2 + 2\alpha\varphi}$	
$\varphi =$	$\omega_0 t + \dfrac{\alpha t^2}{2}$	$\dfrac{t}{2}(\omega_0 + \omega)$	$\dfrac{\omega^2 - \omega_0^2}{2\alpha}$	
$t =$	$\dfrac{\omega - \omega_0}{\alpha}$	$\dfrac{2\varphi}{\omega_0 + \omega}$	$\dfrac{\sqrt{\omega_0^2 + 2\alpha\varphi} - \omega_0}{\alpha}$	
$\alpha =$	$\dfrac{\omega - \omega_0}{t}$			

Achtung! Bei verzögerten Bewegungen ist α negativ einzusetzen.

Beziehungen zwischen ω, n, T und v

Zu jeder beliebigen Zeit t bestehen folgende Beziehungen:

$$\omega = \frac{v}{r} = \frac{2\pi}{T} = 2\pi n = \frac{\pi\, n/\text{min}^{-1}}{30\ \text{s}} = 0{,}105\ \frac{n}{\text{min}^{-1}}\ \text{s}^{-1}$$

α Winkelbeschleunigung $= \dfrac{b}{r}$ (in s^{-2}) (bei verzögerter Bewegung negativ)

n Drehfrequenz (Drehzahl) (Einheit: s^{-1}; min^{-1})

ω Winkelgeschwindigkeit nach t Sekunden (in s^{-1})

ω_0 Anfangswinkelgeschwindigkeit (in s^{-1})

T Dauer eines Umlaufes, Umlaufzeit (s)

t Zeit (s)

v Umfangsgeschwindigkeit (in m s^{-1})

r Abstand vom Drehpunkt (in m)

5. Fall und Wurf: Formeln

a) Freier Fall

h	$=$	$\dfrac{g\,t^2}{2}$	$\dfrac{v^2}{2\,g}$	$\dfrac{v\,t}{2}$
t	$=$	$\dfrac{v}{g}$	$\sqrt{\dfrac{2\,h}{g}}$	$\dfrac{2\,h}{v}$
v	$=$	$g\,t$	$\sqrt{2\,g\,h}$	$\dfrac{2\,h}{t}$

Bei allen Formeln für Fall und Wurf ist der Luftwiderstand **n i c h t** berücksichtigt.

b) Senkrechter Wurf aufwärts

v_0	$=$	$v + g\,t$	$\dfrac{2\,h}{t} - v$	$\sqrt{v^2 + 2\,g\,h}$	$\dfrac{h}{t} + \dfrac{g\,t}{2}$
v	$=$	$v_0 - g\,t$	$\dfrac{2\,h}{t} - v_0$	$\sqrt{v_0{}^2 - 2\,g\,h}$	
h	$=$	$v_0 t - \dfrac{g\,t^2}{2}$	$\dfrac{t}{2}(v_0 + v)$	$\dfrac{v^2 - v_0{}^2}{2\,g}$	
t	$=$	$\dfrac{v - v_0}{g}$	$\dfrac{2\,h}{v_0 + v}$	$\dfrac{\sqrt{v_0{}^2 - 2\,g\,h} - v_0}{g}$	
H	$=$	$\dfrac{v_0{}^2}{2\,g}$			
t_H	$=$	$\dfrac{v_0}{g}$	$\dfrac{2\,H}{v_0}$		

g	Erdbeschleunigung $= 9{,}81$ in m s^{-2}	t_w	Zeit zum Erreichen von W; Wurfdauer (in s)
H	maximale Steighöhe (in m)	v	Geschwindigkeit nach t Sekunden (in m s^{-1})
h	Höhe nach t Sekunden (in m)	v_0	Anfangsgeschwindigkeit (in m s^{-1})
s	Wurfweite nach t Sekunden (in m)	v_b	Bahngeschwindigkeit (in m s^{-1})
t	Zeit (in s)	W	Wurfweite (in m)
t_H	Zeit zum Erreichen von H; Steigzeit (in s)		

Fall und Wurf: Formeln

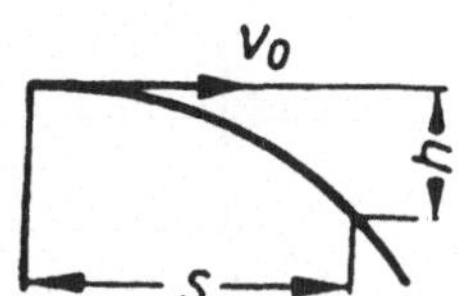 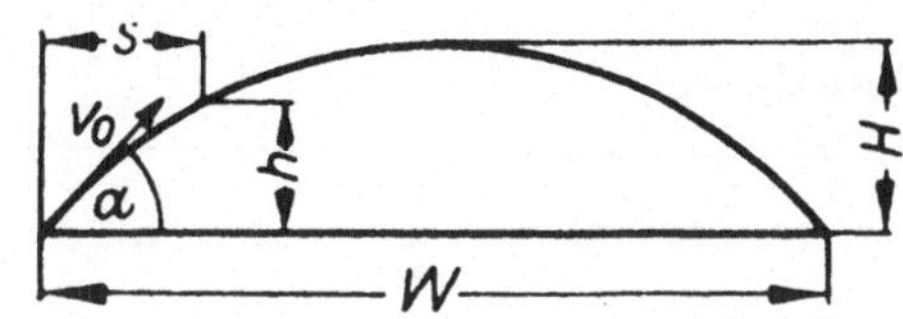

	c) Waagerechter Wurf	d) Schiefer Wurf aufwärts
$s =$	$v_0\, t = v_0 \sqrt{\dfrac{2\,h}{g}}$	$v_0\, t \cos \alpha$
$h =$	$\dfrac{g\,t^2}{2}$	$v_0\, t \sin \alpha - \dfrac{g\,t^2}{2}$
$v_b =$	$\sqrt{v_0^{\,2} + g^2\, t^2}$	$\sqrt{v_0^{\,2} - 2\,g\,h}$
$W =$	—	$\dfrac{v_0^{\,2} \sin 2\alpha}{g}$
$t_w =$	—	$\dfrac{2\,v_0 \sin \alpha}{g}$
$H =$	—	$\dfrac{v_0^{\,2} \sin^2 \alpha}{2\,g}$
$t_H =$	—	$\dfrac{v_0 \sin \alpha}{g}$

Die **F l u g b a h n** ohne Luftwiderstand ist eine **Parabel**

$$y = x \tan\alpha - \frac{g\,x^2}{2\,v^2 \cos^2\alpha}$$

In der Praxis spielt jedoch der Luftwiderstand eine bedeutende Rolle. Daher ist die Geschoßbahn keine Parabel, sondern eine am Ende stärker gekrümmte Kurve (**b a l l i s t i s c h e K u r v e**).

G e s c h o ß b a h n (schiefer Wurf mit Luftwiderstand)

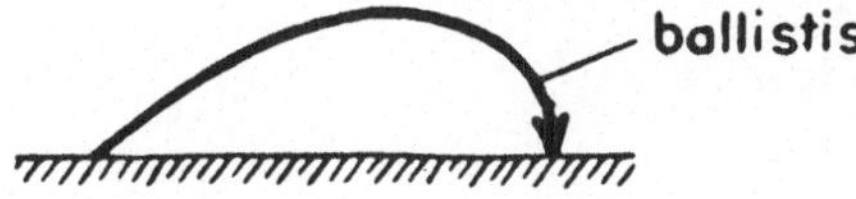

6. Kinematische Formeln (Antriebsbeispiele)

a) Kurbeltrieb

$$s = r\,(1 - \cos\alpha) \pm \frac{\lambda}{2}\,r \cdot \sin^2\alpha$$

$$v = c \cdot \sin\alpha\,(1 \pm \lambda \cdot \cos\alpha)$$

$$a = \frac{c^2}{r}\,(\cos\alpha + \lambda \cdot \cos 2\,\alpha)$$

λ : Lenkstangen-Verhältnis

$$\left(\lambda = \frac{r}{l} = \frac{1}{4} \cdots \frac{1}{5}\right)$$

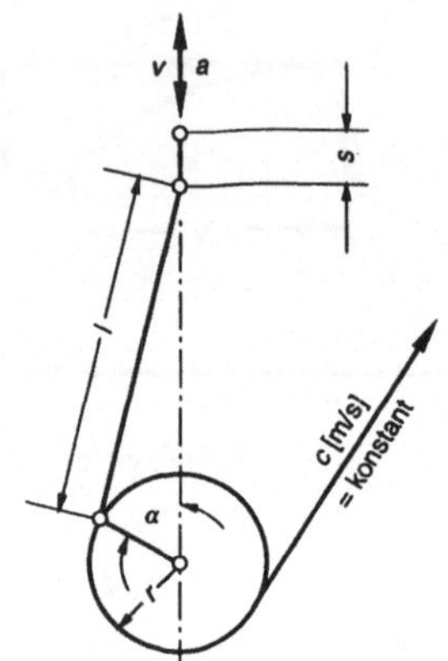

b) Kreuzschleife

$$s = r \cdot \sin(\omega \cdot t)$$

$$v = \omega \cdot r \cdot \cos(\omega \cdot t)$$

$$a = -\omega^2 \cdot r \cdot \sin(\omega \cdot t)$$

$$\left(\omega = \frac{\pi \cdot n}{30}\right)$$

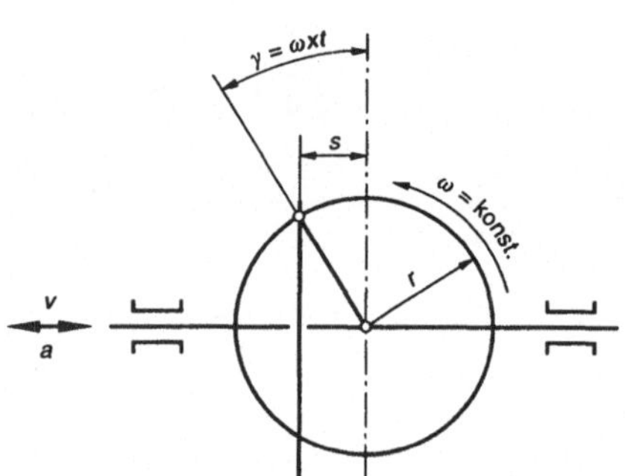

c) Kreuzgelenk (Kardanantrieb)

$$\tan\gamma_2 = \tan\gamma_1 \cdot \cos\alpha$$

$$\omega_2 = \omega_1 \cdot \frac{\cos\alpha}{1 - \sin^2\alpha \cdot \sin^2\gamma_1}$$

$$\varepsilon_2 = \omega_1{}^2 \cdot \frac{\sin^2\alpha \cdot \cos\alpha \cdot \sin 2\,\gamma_1}{1 - \sin^2\alpha \cdot \sin^2\gamma_1}$$

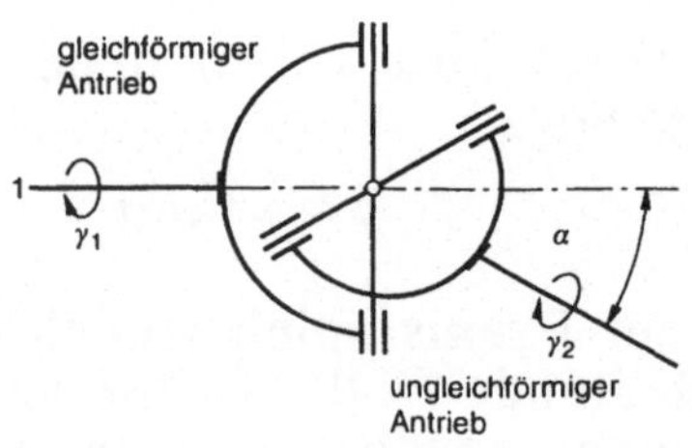

Durch Anschließen einer 3. Welle parallel zu Welle 1 wird der Abtrieb an Welle 3 wieder gleichförmig.

1. Grundgesetze der Dynamik

a) Arbeit

Verschiebt sich infolge der Einwirkung einer Kraft F (in N) der Schwerpunkt eines Körpers um eine Strecke s (in m) in der Richtung Kraft, so sagt man, diese Kraft hat Arbeit geleistet.

Der Begriff der Arbeit ist dadurch gegeben, daß eine Kraft (F) längs eines Weges (s) eingesetzt wird, z. B.

a) eine **Z u g k r a f t** längs der Zugstrecke (Wagen über eine Straße, Zug auf Schienen u. a.);

b) eine **H e b e k r a f t** über den Hubweg (Heben einer Last vom Fußboden oder aus der Ladeluke eines Schiffes).

Arbeit (W) = Kraft (F) mal Weg (s), also $\boxed{W = F \cdot s}$ wobei F in N (Newton) und s in m.

Einheiten der Arbeit im SI-System:
Joule (1 J = 10^7 erg),
1 J = 1 Nm; 1 kWh = 3600 kJ

S a t z   v o n   d e r   E r h a l t u n g   d e r   A r b e i t (s. unter Punkt e).

b) Energie

(Arbeitsvermögen) = Vermögen oder die Fähigkeit, Arbeit zu leisten. Man unterscheidet verschiedene Energiearten: mechanische, elektrische, magnetische, thermische (Wärme-), chemische, akustische, optische und strahlende Energie.

G e s e t z   v o n   d e r   E r h a l t u n g   d e r   E n e r g i e. Es ist unmöglich, Energie neu zu schaffen oder zu vernichten. Alles, was als Neuschaffung oder als Vernichtung erscheint, ist nur eine Umbildung in eine andere Energieart. (Energieumwandlungssätze s. Hauptsätze der Wärmelehre.)

M e c h a n i s c h e   E n e r g i e W (oder E) = Arbeitsvermögen, das ein Körper infolge seiner Lage oder seiner Bewegung besitzt. Man unterscheidet potentielle und kinetische Energie.

Potentielle Energie (W_p) = Energie der Lage (Lagenenergie)
$W_p = G \cdot h = m \cdot g \cdot h$ (in J, Nm).

Kinetische Energie (W_k) = Energie der Bewegung (Bewegungsenergie, Wucht)

$$W_k = \frac{m \cdot v^2}{2} \text{ (in J, Nm).}$$

Hierin ist m = Masse, G = Gewicht, h = Höhe, v = Geschwindigkeit.
1 J = 1 Nm
$$G = F_G = F_L$$
B e i s p i e l e :
P o t e n t i e l l e   E n e r g i e (W_p): Fallhammer, gespannte Feder, Lawine, chemische Energie (in Erdöl, Kohle), elektr. und magnet. Energie usw.
K i n e t i s c h e   E n e r g i e (W_k): Wind, strömendes Wasser, fahrendes Auto, Eisenbahnzug usw.
Die Energie der Lage und die der Bewegung lassen sich ineinander überführen.

Grundgesetze der Dynamik

Energiegesetz: Bei allen mechanischen Vorgängen hat in jedem Moment die Summe beider Energien stets denselben Wert ($W_p + W_k =$ konstant).

c) Leistung

Die von einer Maschine zu verrichtende Zug - oder Hubarbeit kann schnell oder langsam verrichtet werden.
Unter Leistung (P) versteht man die in einer Sekunde 1 s) geleistete Arbeit (W in J), d. h. den Quotienten von Arbeit (W) und Zeit (t).

$P =$ Arbeit (W) durch Zeit (t), also

$$P = \frac{W}{t} = \frac{F \cdot s}{t}$$

Einheiten der Leistung im SI-System:
Watt (W); 1 Kilowatt (kW) = 1000 Watt,

(1 kW = 1 kJ/s = 1000 Nm/s)
Durch Umwandlung der Formel ergibt sich Arbeit = Leistung × Zeit, also
$W = P \cdot t$

d) Nutzeffekt (η)

= Güteverhältnis = Wirkungsgrad = Wirtschaftlichkeit einer Maschine.

$$\eta = \frac{\text{nutzbare En.}}{\text{zugeführte En.}} = \frac{\text{effektive En.}}{\text{indizierte En.}} = \frac{W_e}{W_i} \; ; \; \eta = \frac{\text{effektive Leistung}}{\text{indizierte Leistung}} = \frac{P_e}{P_i}$$

Infolge von Verlusten durch Reibung, Strahlung usw. ist η stets kleiner als 1. Eine Maschine ist also um so besser, je näher η zur 1 kommt. Z. B. heißt $\eta = 0{,}8$ (oder 80 %), daß die Maschine nur $^8/_{10}$ (oder $^{80}/_{100}$) der aufgewendeten Energie bzw. Leistung wieder abgibt.

e) Satz von der Erhaltung der Arbeit.

(Goldene Regel der Mechanik): Die mit einer Maschine geleistete Arbeit ist höchstens ebenso groß wie die aufgewendete Arbeit. Es wird durch die Maschine nichts an Arbeit gespart, die Arbeit wird nur in bezug auf Kraft und Weg in anderer Weise verteilt.

f) Impuls und Bewegungsgröße.

Die konstante Kraft F erteilt der frei beweglichen Masse m die Beschleunigung a, es ist $F = m \cdot a$.
Wirkt die Kraft F dabei während der Zeit t, so gilt $v = a \cdot t$, damit $F = m \cdot v/t$
Masse × Geschwindigkeit = Kraft × Zeit.

$$\boxed{m \cdot v = F \cdot t}$$ (aus $F = m \cdot a$ und $a = v/t$)

Impulssatz: Bewegungsgröße ($m \cdot v$) = Impuls einer Kraft (Kraftstoß $F \cdot t$).

Satz von der Erhaltung der Bewegungsgröße: Die Summe der Bewegungsgrößen (Impulse) zweier Körper hat vor und nach dem Zusammenstoß beider Körper denselben Wert.

Grundgesetze der Dynamik

Bei einer fortschreitenden Bewegung (T r a n s l a t i o n) ist es allein die Kraft, die den Bewegungszustand beeinflußt. Bei einer Drehbewegung (Rotation) ist aber das K r a f t m o m e n t oder Drehmoment ($M = r \cdot F$) ausschlaggebend. (Je größer die Entfernung von der Drehachse, um so größer ist bei gleicher Kraft das Kraftmoment.)

Wirkt auf ein System kein äußeres Drehmoment, so gilt der Satz von der Erhaltung des Drehimpulses: Die Summe der Drehimpulse des Systems bleibt konstant.

Der **Drehimpuls** (Drall) ist: $L = J \cdot \omega$ (s. a. Absatz g und Tab. 3).

B e i s p i e l : ein Schwungrad wird sich nicht plötzlich ankurbeln lassen.

D r a l l = Moment der Masse × Geschwindigkeit

$$L = m \cdot r \cdot v = m \cdot r^2 \cdot \omega, \text{ da } v = r \cdot \omega.$$

$m \cdot r^2$ wird **Massen-Trägheitsmoment** (J) genannt.

g) Massen-Trägheitsmoment

des Körpers in bezug auf die Achse: $J = \Sigma\, m_i\, r_i^2$ (m = Masse, v = Geschwindigkeit, ω = Winkelgeschwindigkeit, r = Abstand von der Drehachse). Anwendungen: Geschoßdrall, Kreiselkompaß, Schiffskreisel, freie Achsen, Einschienenbahn, Kreiselmomente bei Maschinen und Fahrzeugen.

W i n k e l g e s c h w i n d i g k e i t (ω) = Quotient aus dem überstrichenen Drehwinkel und der Zeit = φ/t (in rad/s).

U m l a u f z e i t (T) ist die für die einmalige Umdrehung erforderliche Zeit (in Sekunden).

Drehzahl oder Drehfrequenz (n) = Zahl der Umdrehungen durch die Zeit (in min^{-1} oder s^{-1}).

Formeln für die E n e r g i e eines Körpers (Vergleich):
      bei der Fortbewegung: $W = m \cdot v^2/2$
      bei der Drehbewegung: $W = J\, \omega^2/2$

Das M a s s e n - T r ä g h e i t s m o m e n t (J) übt bei der D r e h b e w e g u n g denselben Einfluß aus wie die Masse (m) bei der F o r t b e w e g u n g. Es ist also: Kraft = Masse × Beschleunigung, $F = m \cdot a$ und Drehmoment = Massen-Trägheitsmoment × Winkelbeschleunigung, $M = J \cdot \alpha$, wobei $\alpha = \omega/t$ ist.

Für geometrische Körper läßt sich J berechnen (techn. Mechanik), z. B. für eine Kreisscheibe $J = r^2 \cdot m/2$ (s. Tabellen bzw. Punkt 4).

h) Kreisbewegung

= Bewegung eines Körpers auf einer kreisförmigen Bahn.

R o t a t i o n = Drehbewegungen jeder Art (Kreisform, Ellipsenform usw.)

F l i e h k r a f t (Z e n t r i f u g a l k r a f t). Sie will einen Körper, der sich auf einer Kreisbahn (gekrümmten Bahn) bewegt, vom Bewegungsmittelpunkt wegschleudern.

Z e n t r i p e t a l k r a f t (Gegenkraft zur Zentrifugalkraft). Sie zwingt einen fortstrebenden Körper auf der Kreisbahn (gekrümmten Bahn) zu bleiben.

Z e n t r i p e t a l b e s c h l e u n i g u n g = die von der Zentripetalkraft dem Körper erteilte, nach dem Kreismittelpunkt (Krümmungsmittelpunkt) hin gerichtete gleichmäßige Beschleunigung (Radialbeschleunigung).

Jede krummlinige Bewegung, also auch die Kreisbewegung, ist auch bei konstanter Bahngeschwindigkeit eine beschleunigte Bewegung.

2. Grundformeln der fortschreitenden Bewegung (Translation)

$F = m\,a$ — Grundgesetz der Dynamik

$$m = \frac{G}{g} = \frac{F}{a} = \frac{2\,W}{v^2} = \frac{F\,t}{v}$$

Masse m (in kg)

$$W = \frac{m\,v^2}{2} = Fs = Gh$$

Arbeit (Energie) in Nm $= J$, wenn F bzw. G in N)

Kraft und Weg müssen gleiche Richtung haben. Ändert sich F gleichmäßig, dann Mittelwert einsetzen.

$$\triangle W = \frac{m\,(v_2{}^2 - v_1{}^2)}{2}$$

Energieabgabe bzw. -zufuhr

$$P = \frac{W}{t} = F\,v$$

P Leistung (in W $=$ Nm/s)

$$v = \frac{F\,t}{m}$$

v ist die nach t Sekunden erreichte Geschwindigkeit

$$p = m\,v = F\,t$$

Bewegungsgröße $=$ Impuls p (Antrieb); p in kg m²/s $=$ N; v ist die nach t Sekunden erreichte Geschwindigkeit

Formelzeichen

W Arbeit (in J); 1 J $=$ 1 Nm

e Abstand Schwerpunkt — Drehpunkt (in m)

φ Drehwinkel (in rad)

$$\frac{\varphi}{\text{rad}} = \frac{\varphi}{\text{Grad}} \cdot \frac{\pi}{180}$$

a Beschleunigung (in m s⁻²

a_r Zentralbeschleunigung (in m s⁻²)

C Corioliskraft (in N)

L Drehimpuls, Drall (in kg m² s⁻¹ $=$ Nm s)

Satz von der Erhaltung des Impulses

Jede Wirkung (actio) bringt die gleiche, aber entgegengesetzt gerichtete Gegenwirkung (reactio, Rückwirkung) hervor. Jeder Impuls weckt einen gleich großen Gegenimpuls.

Die Summe aller Bewegungsgrößen oder Impulse ist unveränderlich.

Gleiche Gesetze gelten auch bei Drehung (s. Tab. Dy/3).

3. Grundformeln der Drehbewegung (Rotation)

$$J_d \;=\; \Sigma\, m\, r^2 \;=\; \frac{M}{\alpha} \;=\; \frac{M\,t}{\omega}$$

Allgemein: J_d Massen-Trägheitsmoment

α Winkelbeschleunigung in rad/s²

$$J_d \;=\; m\, r^2$$

Gilt für Massenpunkt und dünnen Kreisring

$$J_d \;=\; \frac{m\, r^2}{2}$$

Gilt für Zylinder

$$M \;=\; r\, F$$

Gilt allgemein (Drehmoment)

$$ \;=\; J_d\, \alpha \;=\; J_d\, \frac{\omega}{t}$$

Gilt bei der beschleunigten Drehbewegung, ω ist die Winkelgeschwindigkeit nach der Zeit t

$$W \;=\; \frac{J_d\, \omega^2}{2}$$

Rotationsenergie (in $J = \mathrm{Nm}$)

$$\triangle W \;=\; \frac{J_d\,(\omega_2{}^2 - \omega_1{}^2)}{2}$$

Energieabgabe bzw. -zufuhr

$$W \;=\; M\, \varphi$$

Dreharbeit: Ändert sich M gleichmäßig, dann Mittelwert einsetzen. φ im Bogenmaß (in rad)

$$P \;=\; \frac{W}{t} \;=\; M\, \omega \;=\; \frac{M\, \pi\, n}{30}$$

Leistung (in $W = \mathrm{Nm/s}$)

$$\omega \;=\; \frac{M\, t}{J_d}$$

ω ist die Winkelgeschwindigkeit nach der Zeit t

$$L \;=\; J_d\, \omega \;=\; M\, t \;=\; r\, F\, t$$

ω ist die Winkelgeschwindigkeit nach der Zeit t

L Drehimpuls (in $\mathrm{kgm^2/s} = \mathrm{Ns\,m}$) (Drall)

Trägheitsradius

$$i \;=\; \sqrt{\frac{J_d}{m}}$$

Radius eines Kreisringes, auf dem man sich die Masse konzentriert denkt

Schwungmoment

$$G\,D^2 \;=\; 4\, g\, J_d$$
$$J_d = m \cdot i^2 = m \cdot D^2/4$$

G Gewicht = Masse m

Hierin ist $D = 2\,i$ (Trägheitsdurchmesser); J_d in kg m².

Beispiel: Zur Ermittlung der Anlaufzeiten von Elektromotoren werden in Katalogen die GD^2-Werte der Anker angegeben.

Grundformeln der Drehbewegung

Satz von Steiner

$$J_a = J_s + m\,e^2$$

Dient der Umrechnung eines Massen-Trägheitsmomentes auf eine andere Bezugsachse im Abstand e. Achsen müssen parallel sein. (J_s gleich Massen-Trägheitsmoment um die eigene Körperschwereachse; J_a gleich das um die Drehachse).

Zentralbeschleunigung

Zentripetalbeschleunigung

$$a_r = \frac{v^2}{r} = \omega^2\,r$$

Fliehkraft

$$Z = \frac{m\,v^2}{r} = m\,\omega^2\,r$$

Winkel-
geschwindigkeit

Fliehkraft
Zentrifugalkraft

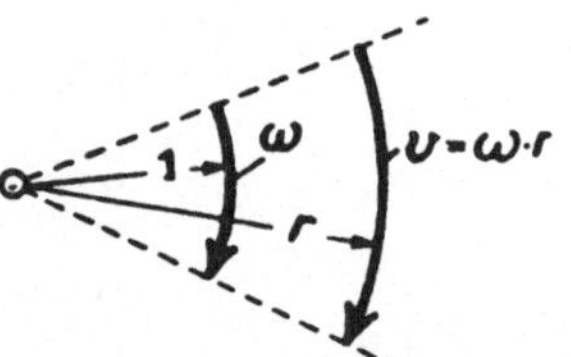

Corioliskraft

$$C = 2\,m\,u\,\omega$$

(u gleich Radialgeschwind., d. h. Geschwindigkeit vom Drehzentrum fort)

W Energie (in J)	M Drehmoment (in Nm)
α Winkelbeschleunigung (in s^{-2})	P Leistung (in W)
G Gewichtskraft (in N) $= F_G = F_L$	m Masse (in kg)
g Erdbeschleunigung $= 9{,}81\ \mathrm{m\ s^{-2}}$	n Drehzahl (in $\mathrm{min^{-1}}$)
p Impuls (in kg · m/s)	ω Winkelgeschwindigkeit (in s^{-1})
i Trägheitsradius (in m)	F Kraft (in N)
J_d Massen-Trägheitsmoment, Drehmasse (in kgm²)	s Weg (in m)
	t Zeit (in s)
J_e Massen-Trägheitsmoment, bezogen auf eine Drehachse, die im Abstand e parallel zur Schwerpunktachse liegt (in kgm²)	v Geschwindigkeit, Umfangsgeschwindigkeit (in $\mathrm{m\ s^{-1}}$)
	u Radialgeschwindigkeit, d. h. Geschwindigkeit bei der Bewegung vom Drehpunkt weg (in $\mathrm{m\ s^{-1}}$)
J_s Massen-Trägheitsmoment, bezogen auf Schwerpunktachse (in kgm²)	Z Fliehkraft (in N)

4. Massen-Trägheitsmomente von Drehmassen (in kg m²)

Art des Körpers	Massen-Trägheitsmoment J_x um die x-Achse[1]), J_y um die y-Achse[1])
Rechtkant, Quader	$J_x = m \dfrac{b^2 + c^2}{12}$ Würfel mit Seitenlänge a: $J_y = m \dfrac{a^2 + c^2}{12}$ $J_x = J_y = m \dfrac{a^2}{6}$
Kreiszylinder	$J_x = m \dfrac{r^2}{2}$ $J_y = m \dfrac{3r^2 + h^2}{12}$
hohler Kreiszylinder	$J_x = m \dfrac{R^2 + r^2}{2}$ $J_y = m \dfrac{R^2 + r^2 + h^2/3}{4}$
Kreiskegel	$J_x = m \dfrac{3 r^2}{10}$ Kegelmantel (ohne Grundfläche) $J_x = m \dfrac{r^2}{2}$
Kreiskegelstumpf	$J_x = m \dfrac{3 (R^5 - r^5)}{10 (R^3 - r^3)}$ Kegelmantel (ohne Endflächen) $J_x = m \dfrac{R^2 + r^2}{2}$
Pyramide	$J_x = m \dfrac{a^2 + b^2}{20}$
Kugel und Halbkugel	$J_x = m \dfrac{2 r^2}{5}$ Kugeloberfläche $J_x = m \dfrac{2 r^2}{3}$
Hohlkugel R äußerer Kugelhalbmesser r innerer Kugelhalbmesser	$J_x = m \dfrac{2 (R^5 - r^5)}{5 (R^3 - r^3)}$
zylindrischer Ring	$J_x = m \left(R^2 + \dfrac{3}{4} r^2\right)$

[1]) Das Massen-Trägheitsmoment für eine zur x-Achse bzw. y-Achse im Abstand a parallel verlaufende Achse ist

$$J_A = J_x + ma^2 \text{ bzw. } J_A = J_y + ma^2$$

5. Schwingungen und Wellen: Definitionen

Schwingungen nennt man alle zeitlich sich wiederholenden Vorgänge, bei denen sich eine Energieform in eine andre und diese wieder zurück in die erste Form usw. verwandelt (z. B. potentielle in kinetische Energie beim Pendel, Energie des elektrischen Feldes in Energie des magnetischen Feldes im elektrischen Schwingkreis).

Schwingungsdauer ist die Zeit, in der eine einzelne Schwingung (Periode) abläuft.

Frequenz ist die Zahl der Schwingungen in der Zeiteinheit, $f = 1/T$.

Schnelle ist die Wechselgeschwindigkeit eines schwingenden Teilchens, wogegen unter **Geschwindigkeit** die Ausbreitungsgeschwindigkeit einer fortschreitenden Welle verstanden wird, z. B. die Lichtgeschwindigkeit.

Amplitude ist mechanisch die größte Schwingungsweite, elektrisch der größte Wert der veränderlichen Größe wie Ladung, Strom, Spannung usw.

Dämpfung ist ein Maß für die Verluste in einem Schwingungsgebilde bei der Umwandlung von einer Energieform in eine andre. Dämpfungsgrad ϑ.

Dämpfungsverhältnis A_1/A_2 ist das Verhältnis zweier um eine Periode auseinanderliegender Amplituden A_1 und A_2. Logarithmisches Dekrement $\Lambda = A_1/A_2$. Dämpfungsfaktor $\delta = \Lambda/T$ (Abklingkonstante oder -koeffizient in $\mathrm{s^{-1}}$).

Ungedämpfte (stationäre) Schwingung: Amplituden bleiben konstant, d.h. $\Lambda = 0$.

Gedämpfte bzw. angefachte Schwingung: Amplituden nehmen ab (Λ positiv) bzw. zu (Λ negativ).

Harmonische Schwingungen verlaufen nach dem Sinusgesetz. Jede periodische Schwingung läßt sich als eine sinusförmige Grundschwingung und sinusförmige Oberschwingungen darstellen, deren Frequenzen ganzzahlige Vielfache der Grundschwingung sind (Fouriersche Reihe).

Schwebungen entstehen, wenn zwei Sinusschwingungen, deren Frequenzen nicht sehr voneinander verschieden sind, überlagert werden. Die Schwebung ist ebenfalls sinusförmig; Frequenz gleich Differenz der Grundfrequenzen.

Eigenschwingungen (freie Schwingungen) sind Schwingungen, deren Frequenz nur von den Eigenschaften des schwingenden Systems abhängt.

Erzwungene Schwingungen, Das System schwingt nicht mit seiner Eigenfrequenz, sondern mit einer von außen eingeprägten Frequenz.

Resonanz tritt auf, wenn die von außen eingeprägte Frequenz der Eigenfrequenz des Systems entspricht.

Kopplung. Werden zwei Schwingungssysteme miteinander gekoppelt — mechanisch durch Masse oder Elastizität, elektrisch durch induktive oder kapazitive Beeinflussung — so findet ein Energieaustausch zwischen den Kreisen statt.

Stehende Wellen entstehen bei der Überlagerung zweier gegeneinanderlaufender fortschreitender Wellenzüge gleicher Amplitude und gleicher Frequenz. Ihre Energien pendeln als potentielle und kinetische Energie zwischen Bäuchen und Knoten hin und her. Stehende Wellen treten dann durch Reflexion eines Wellenzugs in sich selbst auf, wenn der Wellenwiderstand des Mediums sehr verschieden ist vom Widerstand des reflektierenden Mittels. Ist der Abschlußwiderstand gleich dem Wellenwiderstand, so tritt keine Reflexion auf.

Interferenz. Überlagern sich 2 periodische Vorgänge gleicher Frequenz und Amplitude, so verstärkt sich die Wirkung an Stellen gleicher Phase; an Stellen entgegengesetzter Phase löschen sich die Schwingungen aus.

Arithmetrischer Mittelwert M ist die Höhe des mit der Halbwelle flächengleichen Rechtecks. Für Sinuskurve ist $M = 2\,A/\pi = 0{,}637\,A$.

Quadratischer Mittelwert oder **Effektivwert** E ist die Wurzel aus der Summe der Quadrate der Augenblickswerte. Für Sinuskurve ist $E = A/\sqrt{2} = 0{,}707\,A$.

6. Schwingungen und Wellen: Begriffe, Gesetze

Bewegt sich ein Körper periodisch um eine gegebene natürliche Ruhelage (Pendel), so sagt man, er führt eine **m e c h a n i s c h e   S c h w i n g u n g** aus.

a) Ungedämpfte Schwingungen: Wird die Schwingungsenergie (Schwingungsweite oder Amplitude) konstant gehalten bzw. findet kein Energieverlust statt, so ist es eine **u n g e d ä m p f t e   S c h w i n g u n g** (z. B. sind Uhrfeder und Uhrgewichte Energiereservoir für die Unruhe und das Uhrenpendel.

b) Gedämpfte Schwingungen: Nimmt dagegen die Amplitude allmählich ab und hört die Schwingung schließlich auf, so nennt man dies eine **g e d ä m p f t e   S c h w i n g u n g.**

Welle: Wirken sich die Schwingungen eines Teilchens auf die benachbarten Teilchen eines Körpers so aus, daß diese mitschwingen, dann nennt man eine solche, sich durch den betreffenden Körper fortpflanzende Störung eine **W e l l e.** Sie wird also aus Masseteilchen, die um eine Gleichgewichtslage schwingen, gebildet.

Man unterscheidet Querwellen und Längswellen:

1. Querwellen (Transversalwellen) sind Wellen, bei denen sich die schwingenden Teilchen senkrecht zur Fortpflanzungsrichtung bewegen (Seilwellen; auch elektrische Wellen und Lichtwellen sind Transveralwellen).

2. Längswellen (Longitudinalwellen) sind Wellen, bei denen die Bewegung der einzelnen Teilchen in der Fortpflanzungsrichtung der Welle erfolgt (Verdichtung und Verdünnung, Schallwellen).

W e l l e n l ä n g e :

$$\lambda = \frac{v}{f} = v \cdot T$$

f $(= 1/T)$ ist die Frequenz der erregenden Schwingung (in Hz)

W e l l e n l ä n g e   e l e k t r i s c h e r   W e l l e n :

$$\lambda = \frac{c}{f} = c\,T = 2\,\pi\,c\sqrt{L\,C} \text{ (in m)}$$

(L = Induktivität und C = Kapazität des erregenden Schwingkreises)

A u s b r e i t u n g s g e s c h w i n d i g k e i t : $v = f \cdot \lambda$ (in m/s)

E l o n g a t i o n (Weg-Zeit-Gesetz) = Ausschlag:

$$y = A \sin \omega \left(t - \frac{x}{v} \right)$$

Amt Ort x (d. h. um x (in m) vom Erregungszentrum entfernt) zur Zeit t (in s); Winkelgeschwind. oder Kreisfrequenz $\omega = 2\,\pi\,f$ (in rad/s)

S c h w i n g u n g s d a u e r bei einem Federpendel:

$$T = 2\,\pi\sqrt{m\,y/F} = 2\,\pi\,\sqrt{m/D} \text{ wenn } F \text{ die einwirkende Kraft ist.}$$

R i c h t g r ö ß e   o d e r   F e d e r k o n s t a n t e : $D = F/y$ ist konstant (für jede Lage des schwingenden Körpers).

Schwingungen und Wellen: Begriffe, Gesetze

Wichtigste Begriffe der Wellenlehre:

a) Elongation (y) = Abweichung des Punktes P von der Mittellage.

b) Amplitude (A) = Ausschlag-Schwingungsweite, d. h. größte Abweichung des Punktes P von der Mittellage. Ist der größte Ausschlag, der nach beiden Seiten von der Ruhelage erreicht wird (dem Betrage nach).

c) Schwingungsdauer oder **Periode (T)** = Zeit zwischen 2 gleich gerichteten Durchgängen durch eine bestimmte Lage (z. B. die Ruhelage). Ist die Zeit, die jedes Teilchen für eine vollständige Schwingung braucht.

d) Schwingungszahl oder **Frequenz (f)** = Anzahl der Schwingungen durch die Zeit t = in Sekunden (s): $f = 1/T$.

e) Phasenwinkel = die Winkel φ_1 und φ_2

f) Schwingungsphase = Schwingungszustand der Welle: Punkte von gleicher Elongation und in gleicher Bewegungsrichtung sind in Phase.

g) Phasengeschwindigkeit (Ausbreitungsgeschwindigkeit v) der Welle = die Geschwindigkeit, mit der sich die Phase einer Welle ausbreitet.

h) Wellenlänge (λ) = Entfernung eines Teilchens von einem nächsten mit gleichem Schwingungszustand (3 bis 3). Ist der Abstand zweier benachbarter, in der gleichen Phase schwingender Teilchen.

Form der Wellenlinie

Die Querschnittsform einer Querwelle hängt von der Art der Schwingung ab, durch die sie erregt wird. Ist die Erregung eine harmonische Schwingung, so ergibt sich folgende Wellenlinienform:

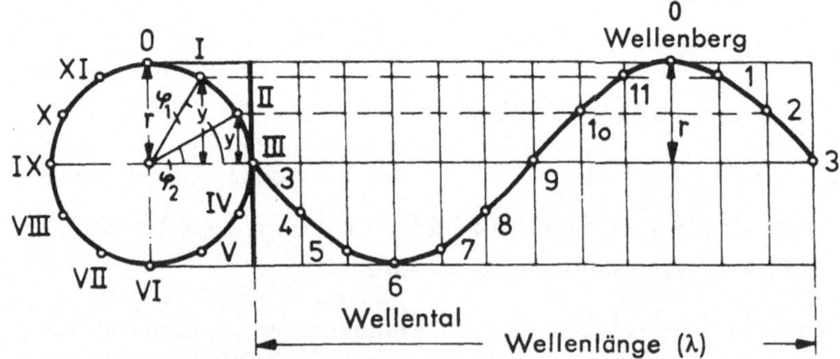

y = Elongation, r = Amplitude, φ = Phasenwinkel
λ = Wellenlänge, P = Schwingungspunkt

Punkt P bewegt sich gleichförmig auf einem Kreis, dann ist die Projektion dieser Bewegung eine harmonische Schwingung. Die Linie, die die schwingenden Teilchen verbindet, heißt Wellenlinie. Sie ist in diesem Fall eine Sinuskurve.

7. Schwingungen und Wellen: Formeln

Elongation

$$y = A \sin \omega t$$

Zur Zeit t; ω = Kreisfrequenz

Teilchengeschwindigkeit

$$v = A \cos \omega t$$
$$v_{max} = A \omega$$

Zur Zeit t; ω = Kreisfrequenz

Höchstgeschwindigkeit beim Durchgang durch die Mittellage
A = Amplitude

Kreisfrequenz

$$\omega = 2 \pi f = \frac{2 \pi}{T}$$

Elastische Schwingungen

Lineare Schwingungen

$$T = 2 \pi \sqrt{\frac{m}{D}}$$

$$D = \frac{F}{\Delta l}$$

Richtgröße, d. h. Kraft, die einer Verlängerung von 1 m entspricht (Rückstellkraft); D in N/m

$$\omega = 2 \pi f = \sqrt{\frac{D}{m}}$$

Drehschwingungen

$$T = 2 \pi \sqrt{\frac{J}{D^*}}$$

$$D^* = \frac{M}{\varphi}$$

D^* in Nm/rad.

Winkelrichtgröße, d. h. Drehmoment, das einer Verdrehung um den Winkel 1 (Radiant) entspricht (Direktionsmoment)

8. Pendel: Begriffe und Formeln

Harmonische Bewegung = hin- und hergehende Schwingbewegung (harmonisch genannt, weil die reinen Töne durch solche Schwingungen hervorgebracht werden).

Pendelbewegung: Pendel = ein Körper, der aufgehängt ist und der um einen Punkt hin und herschwingt.

Mathematisches Pendel = ein Pendel, dessen Faden als gewichtslos angenommen wird und dessen Masse man sich in einem Punkte vereinigt denkt.

Physikalisches Pendel = jeder beliebig aufgehängte feste Körper, der um seinen Aufhängepunkt schwingt.

Reversionspendel = Pendel mit zwei verschiebbaren Gewichten und zwei Schneiden. Bei bestimmten Gewichtseinstellungen besitzt es gleiche Schwingungsdauer um jede Schneide. (Wichtig für absolute Messungen der Fallbeschleunigung.)

Mathematisches Pendel

$$T = 2\,\pi\,\sqrt{\frac{l}{g}}$$

Gilt nur bei Massen mit kleiner Ausdehnung an praktisch gewichtslosem Faden bei kleinen Winkelausschlägen

Physisches Pendel

$$T = 2\,\pi\,\sqrt{\frac{J_a}{G\,a}}$$

$$J_s = G\,a\left(\frac{T^2}{4\,\pi^2} - \frac{a}{g}\right)$$

a = Abstand des Schwerpunktes von der Pendelachse.

J_a muß auf die Pendelachse bezogen sein. Satz von Steiner! Nur bei kleinen Winkelausschlägen.

Dient der experimentellen Bestimmung des Massen-Trägheitsmomentes eines beliebigen Körpers, bezogen auf Schwerpunktsachse. T ist die zu messende Schwingzeit des pendelnden Körpers.

$$G = F_G = F_L$$

9. Pendelgesetze (Schwingungen)

1. Mathematisches Pendel (Fadenpendel, Bild a): Die Schwingungsdauer, d. h. die Zeit eines Hin- und Herganges (also die Frequenz) des Pendels ist:

a) unabhängig von Masse m (Gewicht G) und Stoff des Pendels;

b) unabhängig von der Größe des Ausschlags (x) (nur für Winkel α bis 5° gültig);

c) proportional der Quadratwurzel aus der Pendellänge (l);

d) umgekehrt proportional der Quadratwurzel aus der Erdbeschleunigung ($g = 9.8092$ m/s² bei 50° geogr. Breite).

— Am Äquator schwingt ein Pendel langsamer als bei uns. Aus seiner Schwingungsdauer läßt sich die Größe der Ausbauchung am Äquator und damit die Abplattung an den Polen berechnen. —

Beachte: Das Pendel behält seine S c h w i n g u n g s e b e n e bei.

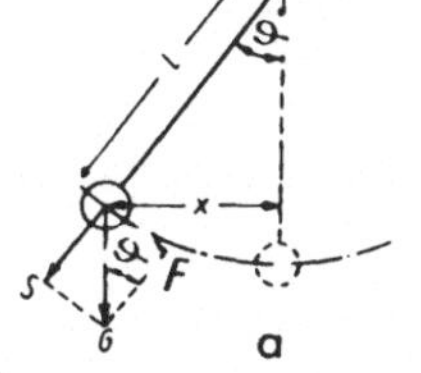

Schwingungsdauer
$$T = 2\pi \sqrt{\frac{l}{g}}$$

oder $T = 2\pi \sqrt{m/D} = 2\pi \sqrt{m \cdot x / F}$

Die rücktreibende Kraft von G ($= m \cdot g$) ist

$$F = G \cdot \sin\varphi = mg \cdot \sin\varphi;$$ da $\sin\alpha = x/l$, ist

Direktions- oder Richtkraft (Richtgröße) $D = m \cdot g / l$ (in N/m)

Das Pendel ist ein Beispiel für E n e r g i e u m w a n d l u n g und Energieerhaltung. E n e r g i e d e r L a g e $G \cdot h$ in der höchsten Stellung wechselt mit der E n e r g i e d e r B e w e g u n g $m v^2/2$ in der tiefsten Stellung. Deshalb ist $G \cdot h = m v^2/2$. Daraus folgt für die größte Geschwindigkeit in der tiefsten Stellung $v = \sqrt{2 g h}$

2. Physisches (körperliches) Pendel: Körper besteht aus vielen Massenpunkten (Bild c)

Schwingungsdauer
$$T = 2\pi \sqrt{\frac{J}{G \cdot e}} = 2\pi \sqrt{\frac{J}{m \cdot g \cdot e}}$$

wobei J = Massen-Trägheitsmoment, G = Gewichtskraft, e = Abstand des Schwerpunktes vom Drehpunkt (lineare Pendelschwingungen). $G = F_G = F_L$

Dieses Gesetz gestattet auf einfache Weise das Massen-Trägheitsmoment eines Körpers zu bestimmen.

15 – 13

Pendelgesetze (Schwingungen)

Größtes - D r e h m o m e n t (Rückstellmoment) $M_{max} = G \cdot e = m \cdot g \cdot e$ in Nm (kpm)

Beispiele: Das Uhrpendel ist ein physisches Pendel, ferner der Balken einer Hebelwaage.

R e d u z i e r t e P e n d e l l ä n g e : Mathematisches und physisches Pendel haben gleiche Schwingungsdauer, wenn beide bei demselben Ausschlagswinkel (φ) die gleiche Winkelbeschleunigung (α) erfahren.

Die Winkelbeschleunigung α wird bestimmt aus $M = J \cdot \alpha$

mathematisches Pendel (Bild b)   **physisches Pendel (Bild c)**

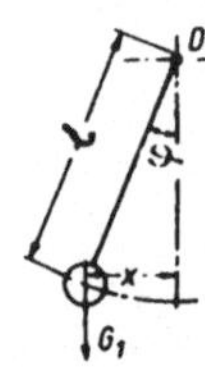

$$G_1 \cdot x = J_1 \cdot \alpha \qquad\qquad G \cdot x = J \cdot \alpha$$

$$m_1 \, g \cdot l \cdot \sin \varphi = m_1 \, l^2 \cdot \alpha \qquad mg \cdot e \cdot \sin \varphi = J \cdot \alpha$$

$$\alpha = \frac{g \cdot \sin \varphi}{l} \quad = \quad \alpha = \frac{m \, g \cdot e \cdot \sin \varphi}{J}$$

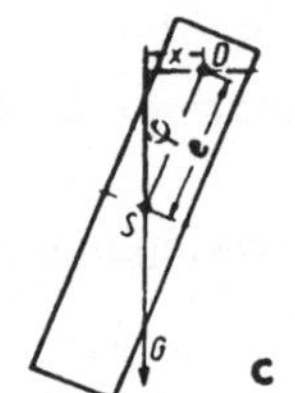

Reduzierte Pendellänge $l = \dfrac{J}{m \cdot e}$

A n w e n d u n g s b e i s p i e l e : a) Ermittlung der Erddichte und Erdbeschleunigung; b) Nachweis der Erddrehung; c) Metronom (Taktmesser); d) Bestimmung des Massen-Trägheitsmomentes (J) eines Körpers (den man als Pendel schwingen läßt, dann wird T gemessen, M bestimmt und daraus J ermittelt).

3. Torsionspendel: Anordnung, bei der ein Körper harmonische Drehschwingungen um eine stabile Gewichtslage ausführt: Ergibt **D r e h -, V e r d r e h s c h w i n g u n g e n** (Torsionsschwingungen): führt z. B. die Unruhe einer Uhr aus (Spannkraft der Feder). Es ergeben sich ungedämpfte Schwingungen.

Direktionsmoment $D = D^* \cdot \varphi$, wenn φ Drehwinkel ist.

Schwingungsdauer $T = 2 \pi \sqrt{J / D^*}$

4. Mechanische Schwingungen (lineare und Drehschwingungen): treten in der Technik überall auf. Z. B. Schwingungen von Blatt-, Schrauben- und Torsionsfeder, von Platten, Membranen, Wellen und Brücken (u. a. Bauwerken).

10. Biege- und Verdrehschwingungen

a) Biegeschwingung
   (s. auch Wellen und Achsen)

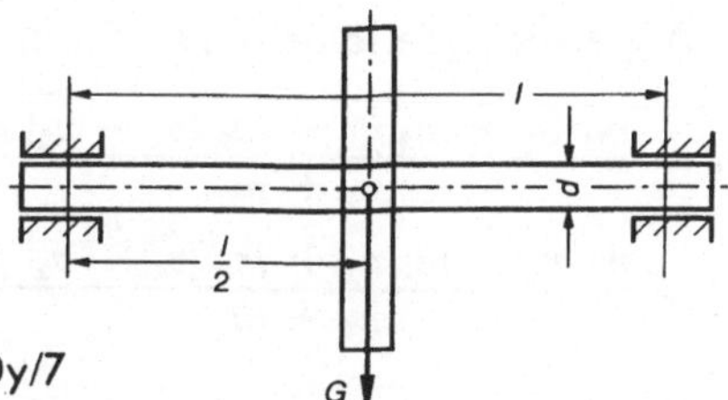

Grundlage der Schwingungslehre s. Tab. Dy/7

$$T = 2\,\pi \cdot \sqrt{\frac{m}{D}} = \frac{2\,\pi}{\omega_{krit}} = T_{krit}\ [s]$$

Eigenschwingungsdauer der Biegeschwingung T (in s)

$$D = \frac{48\,E\,I}{l^3}\ \text{für Last in Mitte Welle}$$

$$\omega_{krit} = \sqrt{\frac{D}{m}} = \sqrt{\frac{g}{f_s}}$$

Kritische Winkelgeschwindigkeit (in s^{-1}); f_s (statische Durchsenkung unter Last) $= G/D$

$$n_{krit} = \frac{30}{\pi} \cdot \sqrt{\frac{g}{f_s}} \approx$$

$$\approx \frac{300}{\sqrt{f_s}}$$

Kritische Drehzahl (in min^{-1}); die statische Durchsenkung (in m) kann für die meisten Lastfälle den Handbüchern entnommen werden

b) Verdrehschwingungen für einfach besetzte Welle

$$T = 2\,\pi \cdot \sqrt{\frac{J_d}{D}}\ ;\ \text{in s}$$

$$D = \frac{G\,J_p}{100\,l}\ ;\ \text{in Nm bzw.}\,J$$

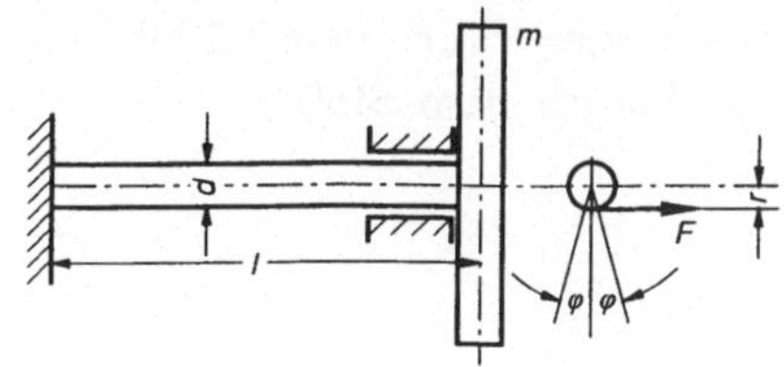

Schwingungsdauer (bei Vernachlässigung der Wellenmasse) für eine einseitig eingespannte Welle, die am freien Ende die Schwungmasse m trägt (fliegende Scheibe)

J_d Massen-Trägheitsmoment der Schwungmasse (in kg m²)

I_p polares Flächen-Trägheitsmoment des Wellenquerschnittes (in cm⁴)

G Drehmodul (in N/cm²)

l Länge (in cm)

11. Zentraler, elastischer, exzentrischer Stoß

a) Allgemein (Teilelastischer Stoß)

$$w_1 = \frac{m_1 v_1 + m_2 v_2 - m_2 (v_1 - v_2) k}{m_1 + m_2}$$

Geschwindigkeit der Masse m_1 nach dem Stoß

$$w_2 = \frac{m_1 v_1 + m_2 v_2 + m_1 (v_1 - v_2) k}{m_1 + m_2}$$

Geschwindigkeit der Masse m_2 nach dem Stoß

$$W_v{}^*) = \frac{1}{2} \; \frac{m_1 m_2}{m_1 + m_2} (v_1 - v_2)^2 \cdot$$
$$\cdot (1 - k^2)$$

Verlustbetrag der Energie nach dem Stoß

$$0 < k < 1$$

Stoßzahl zwischen 0 und 1

$$k^2 = \frac{h_1}{h}$$

Stoßzahl aus Versuch;
h_1 Rückprallhöhe, h Fallhöhe

b) Elastischer Stoß (kein Energieverlust) $\qquad k = 1$

$$w_1 = \frac{(m_1 - m_2) v_1 + 2 m_2 v_2}{m_1 + m_2}$$

Geschwindigkeit der Masse m_1 nach dem Stoß

$$w_2 = \frac{2 m_1 v_1 + (m_2 - m_1) v_2}{m_1 + m_2}$$

Geschwindigkeit der Masse m_2 nach dem Stoß

c) Plastischer Stoß (Gerader zentraler Stoß) $\qquad k = 0$

$$w = \frac{m_1 v_1 + m_2 v_2}{m_1 + m_2}$$

Gemeinsame Geschwindigkeit im Augenblicke der größten Zusammendrückung (Ende der 1. Stoßperiode)

$$W_a - W^*) = \frac{m_1 m_2}{m_1 + m_2} \; \frac{(v_1 - v_2)^2}{2}$$

Formänderungsarbeit = Verlustbetrag der Energie zwischen dem Arbeitsvermögen vor dem Stoß W_a und $W^*)$ nach dem Stoß

d) Exzentrischer Stoß

Stoßen zwei radförmige Körper mit ihren vorspringenden Daumen während der Drehbewegung aufeinander, so gelten für die auf den Stoßpunkt reduzierten Massen dieselben Gleichungen wie für den zentrischen Stoß.

15 – 16

1. Hydrostatik: Mechanik ruhender Flüssigkeiten

Ein Druck pflanzt sich in einer Flüssigkeit nach allen Seiten gleich stark fort.

$$\text{Druck} = \frac{\text{Kraft}}{\text{Fläche}} = p = \frac{F}{A}$$

Flüssigkeitspresse (hydraulische Presse):

$$F_1 : F_2 = A_1 : A_2 \qquad \text{Siehe Abschn. Hy/4}$$

Einheit des Druckes   **nach SI: bar; N/m² = Pa (Pascal)**

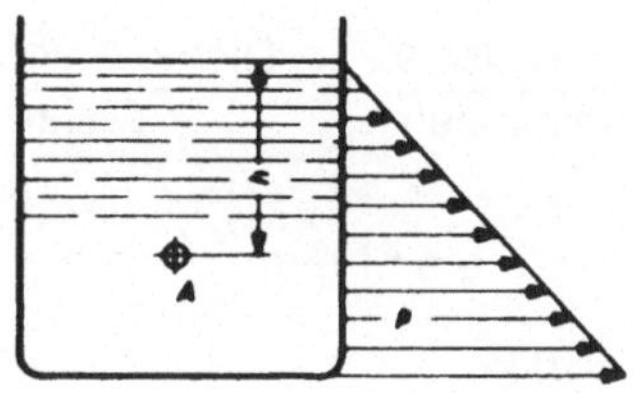

$$
\begin{aligned}
1\,000\,\text{dyn/cm}^2 &= 1\,\text{Millibar (mbar)}\\
1\,000\,000\,\text{dyn/cm}^2 &= 1\,\text{bar}\\
1\,\text{mbar} &= 0{,}001\,\text{bar} = 100\,\text{N/m}^2\\
1\,\text{bar} &= 10\,\text{N/cm}^2 \approx 1\,\text{at (alt)}\\
1\,\text{Pa}\,(= \text{N/m}^2) &= 100\,\text{mbar}\\
1\,\text{mbar} &= 1\,\text{hPa}
\end{aligned}
$$

Wasser von 4° C hat die größte Dichte.

$$\text{Dichte} = \frac{\text{Masse}}{\text{Volumen}} \; ; \; \varrho = \frac{m}{V}$$

$$\boxed{\text{Hydrostatischer Druck } p = h \cdot \varrho \cdot g} \qquad \text{(s. Bild)}$$

p in N/m², wenn h in m und $\varrho \cdot g$ in N/m³

Der hydrostatische Druck ist nur von der H ö h e und vom R a u m e i n - h e i t s g e w i c h t der Flüssigkeit abhängig. Er ist unabhängig von der F o r m des Gefäßes (hydrostatisches Paradoxon) und an irgendeiner Stelle einer Flüssigkeit auch von der R i c h t u n g.

2. Auftrieb, Schwimmen, Dichtebestimmung: Formeln

A u f t r i e b

$$A = F_A = V \varrho_F \cdot g \quad \text{in N}$$

V ist das Volumen der verdrängten Flüssigkeit. g Schwerkraft (in m/s^2)

ϱ Dichte in kg/m^3

ϱ_F Dichte der Flüssigkeit

S c h w i m m e n

$G > A$: Körper sinkt

$G = A$: Körper schwebt

     G   Gewichtskraft in N

$G < A$: Körper steigt bis zum Schwimmgleichgewicht

G_f scheinbare Gewichtskraft der Flüssigkeit $(G - A)$

S c h w i m m g l e i c h g e w i c h t

$$\frac{\text{Eintauchendes } V}{\text{Gesamtvolumen}} = \frac{\text{Dichte d. schwimmenden Körpers}}{\text{Dichte der Flüssigkeit}}$$

D i c h t e b e s t i m m u n g b e i f e s t e n K ö r p e r n (mit Hilfe des Auftriebs)

$$\varrho = \frac{\varrho_F \cdot g\, G}{G - G_f}$$

Gilt für feste Körper, die spezifisch schwerer als die Flüssigkeit sind

$$\varrho = \frac{\varrho_F \cdot g\, G}{G + G_f' - G_f''}$$

G_f' scheinbare Gewichtskraft des Zusatzkörpers in der Flüssigkeit in N

Gilt für feste Körper, die spezifisch leichter als die Flüssigkeit sind. Sie müssen mit einem Zusatzkörper beschwert werden

D i c h t e b e s t i m m u n g b e i F l ü s s i g k e i t e n

$$\varrho_F = \frac{G - G_f}{G - G_w}$$

G_f'' scheinbares Gewicht von Körper und Zusatzkörper in der Flüssigkeit in N

Dient der Dichtebestimmung bei Flüssigkeiten mit Hilfe eines festen Körpers, der spezifisch schwerer als die Flüssigkeit ist

G_w scheinbare Gewichtskraft des Körpers in Wasser in N

K o l b e n d r u c k

$$\frac{F_1}{F_2} = \frac{A_1}{A_2}$$

Kraft und Fläche sind proportional (Hydraulische Presse)

3. Hydrostatische Formeln

Bei ruhenden Flüssigkeiten nimmt der Druck wesentlich stärker als bei Gasen nach
unten zu, und zwar ist

$$p = p_0 + \varrho \cdot g \cdot h.$$

$N/m^2 = Pa$ ϱ Dichte in kg/m^3
$(= 0{,}01\ mbar)$ g = Schwerkraft in m/s^2

Hierbei bedeuten:

p_0 = Druck auf die Flüssigkeitsoberfläche, hervorgerufen durch den Druck der Atmosphäre
(offene Gefäße) bzw. durch den Druck eines Gases (Windkessel) oder einer anderen
Flüssigkeit (Druckmeßgeräte usw.) oder durch Kolben (Pumpen, Pressen usw.).

h = Höhendifferenz zwischen Flüssigkeitsoberfläche und dem betrachteten Punkt.

Die Kraft, die eine Flüssigkeit in einem offenen Gefäß ausübt, ist:

auf die horizontale Bodenfläche A_b

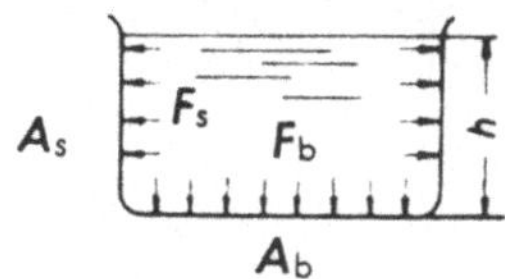

$$F_b = (p_0 + \varrho \cdot g \cdot h) \cdot A_b$$

und auf die gesamte zylindrische oder prismatische
Mantelfläche A_s

$$F_s = \left(p_0 + \varrho \cdot g \cdot \frac{h}{2}\right) \cdot A_s$$

Die Form des Gefäßes ist ohne Einfluß auf die auf den Boden ausgeübte Kraft. So ist bei
den 3 nachfolgend abgebildeten Gefäßformen bei gleicher Bodenfläche und gleicher Flüs-
sigkeitshöhe die Bodenkraft P_b gleich groß.

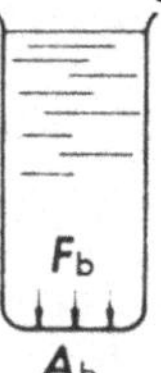
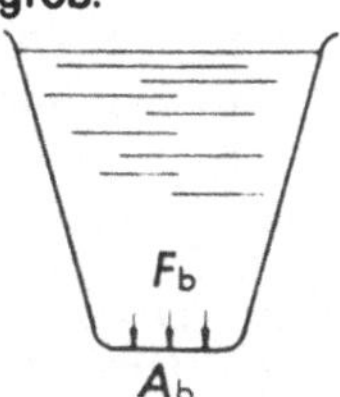
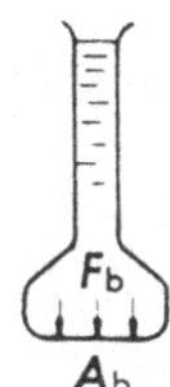

Bei hydraulischen Pressen und Hochdruckleitungen ist p_0 stets wesentlich größer als $\gamma \cdot h$,
so daß hierbei der Druck an allen Stellen gleich groß angenommen werden kann. Es ist dann

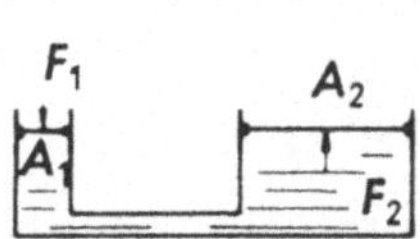

(Satz von Pascal) $F_1 = p \cdot A_1$ in N
$F_2 = p \cdot A_2$ in N

Daraus ergibt sich:

$$F_2 = F_1 \cdot \frac{A_2}{A_1} \quad \text{in N}$$

Man hat also auf diese Art die Möglichkeit, durch entsprechend große Kolbenflächen fast
beliebig große Kräfte zu erzeugen, z. B. ergibt ein Kolbendurchmesser von d = 357 mm ∅,
angeschlossen an eine Wasserleitung mit einem Leitungsdruck von 6 bar eine Kraft von

$$F = p \cdot A = p \cdot \frac{d^2 \cdot \pi}{4} = 6 \cdot 1000 = 6000\ N$$

Ein in ruhender Flüssigkeit befindlicher Körper verliert durch den auf ihn wirkenden Flüssigkeitsdruck (der nach unten zunimmt) scheinbar soviel an Gewicht, wie das von ihm verdrängte Flüssigkeitsvolumen wiegt. Den scheinbaren Gewichtsverlust nennt man den Auftrieb. Ein Körper schwimmt frei in der Flüssigkeit, wenn seine Dichte ϱ [kg/dm³] kleiner
höchstens gleich dem der Flüssigkeit ist. Auftrieb $F_A = \varrho \cdot g \cdot V$ (Archimedisches Prinzip)

16 – 3

4. Druckverteilung: hydraulische Presse

Die Oberfläche (Niveau, Horizont) einer ruhenden Flüssigkeit, auf die nur die Schwere wirkt, bildet praktisch eine waagerechte Ebene. (In Wirklichkeit paßt sie sich der Erdkrümmung bzw. den Anziehungskräften der Erde an.)

a) *Flüssigkeitsdruck:* Der auf eine Flüssigkeit ausgeübte Druck pflanzt sich nach allen Seiten hin fort. (Der auf einen festen Körper ausgeübte Druck pflanzt sich im Gegensatz dazu vorzugsweise in der Druckrichtung fort.)

Blumenspritze
(Brause usw.)

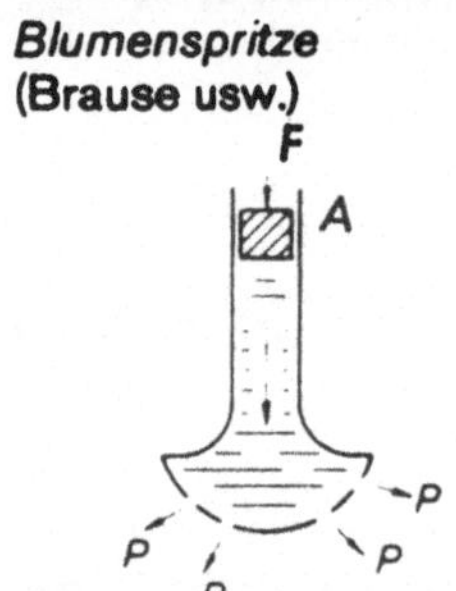

Hydraulische Presse

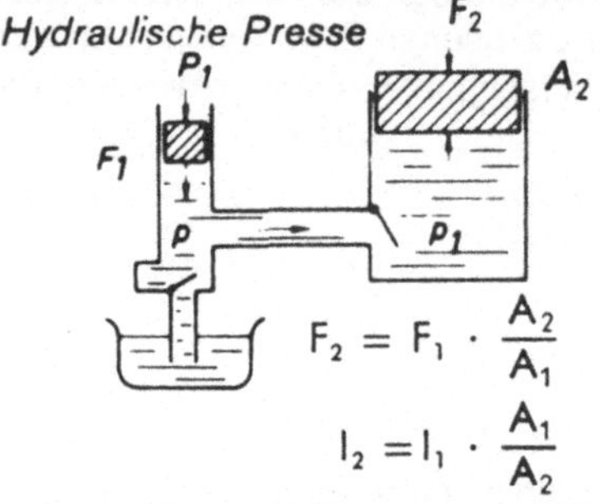

$$F_2 = F_1 \cdot \frac{A_2}{A_1}$$

$$l_2 = l_1 \cdot \frac{A_1}{A_2}$$

p = Flüssigkeitsdruck
    in bar

$$p = \frac{F}{A} \quad \frac{\text{(wirkende Kraft)}}{\text{(gedrückte Fläche)}}$$

A_1 und A_2 = Kolbenquerschnitte
l_1 und l_2 = Hubwege der Kolben
F_1 = Kraft der Pumpe
F_2 = Preßkraft
p = Druck in bar (bzw. hPa)

Hydraulische Presse (Anwendung des Flüssigkeitsdruckes) = Apparat zur Erzeugung eines hohen Druckes. Ein durch eine Preßpumpe mit kleinem Querschnitt (A_1) erzeugter Wasserdruck p drückt einen Kolben mit großem Querschnitt (A_2) nach oben. Die Kräfte verhalten sich wie die Querschnitte.

Hydrostatisches Grundgesetz: $\boxed{F_1 : A_1 = F_2 : A_2}$, damit $F_2 = \dfrac{A_2}{A_1} \cdot F_1$

Beispiel: $A_1 = 1$ cm², $A_2 = 400$ cm², $F_1 = 125$ N.

Preß- oder Hebekraft $F_2 = \dfrac{A_2}{A_1} \cdot F_1 = \dfrac{400}{1} \cdot 125 = 50\,000$ N $= 50$ kN.

Anwendung : als Hebeeinrichtung für Kraftfahrzeuge (Hebebühne), und in der Metallindustrie; als Stroh- und Schrottpresse.

Bei Wirkungsgrad $\eta = \left(1 - 4\,\mu \cdot \dfrac{h_2}{d_2}\right)\left(1 - 4\,\mu \cdot \dfrac{h_1}{d_1}\right)$ ist

Preß- oder Hebekraft $F_2 = \eta \cdot F_1 \cdot (d_2^2 / d_1^2)$ in N

μ für Leder auf Stahl oder Gußeisen $= 0{,}1$, h_1 und h_2 die Dichtungsdicken, d_1 und d_2 Kolben $\varnothing$ in mm.

b) *Innerer Druck:* Befindet sich eine Flüssigkeit im Gleichgewicht, so muß jeder Teil einer waagerechten Schicht im Innern der Flüssigkeit von oben denselben Druck erfahren wie von unten, weil sonst dieser Teil sich infolge der leichten Verschiebbarkeit der Einzelteilchen in Bewegung setzen würde.

5. Bodendruck, Seitendruck, Rückstoß

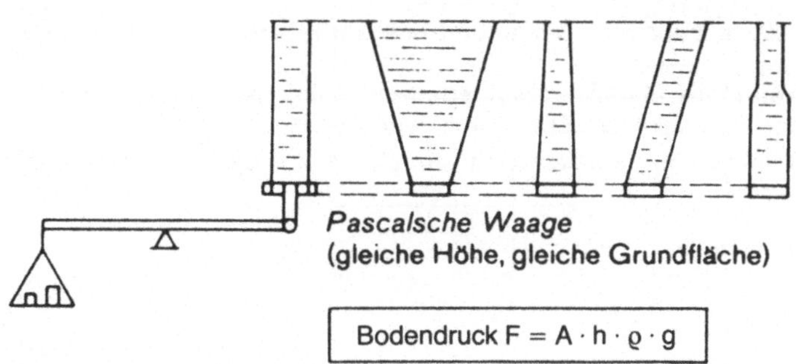

Pascalsche Waage
(gleiche Höhe, gleiche Grundfläche)

$$\text{Bodendruck } F = A \cdot h \cdot \varrho \cdot g$$

Seitendruck: Auf eine senkrechte Wandfläche wirkt ein Seitendruck, der gleich der Bodendruckkraft in derselben Höhe ist.

Allgemein:

Der Druck auf einen Teil der Seitenwand eines Flüssigkeit enthaltenden Gefäßes erfolgt senkrecht zu der gedrückten Fläche und ist gleich dem Gewicht einer Flüssigkeitssäule die die gedrückte Fläche zur Grundfläche und den Abstand ihres Schwerpunktes von der Oberfläche zur Höhe hat. (x_0) in m).

Seitendruck $S = A \cdot x_o \cdot \varrho \cdot g$; A gedrückte Fläche in m²; ϱ in kg/m³

Hydrostatischer Druck: $p = h \cdot \varrho \cdot g$ [N/cm²], wenn ϱ in kg/dm³

Hydrostatisch wirksame Kraft: $F = V \cdot \varrho \cdot g = A \cdot h \cdot \varrho \cdot g$

Rückstoß: Vermindert man an einer Stelle der Seitenwand eines mit Wasser gefüllten Gefäßes durch eine Öffnung den Druck, so entsteht auf der entgegengesetzten Seite ein Überdruck – Rückstoß –, der sich bei hinreichend beweglichem Gefäße durch eine Bewegung des Gefäßes bemerkbar macht.

Beispiele:
Segnersches Wasserrad, Rasensprenger, Wasserwagen.

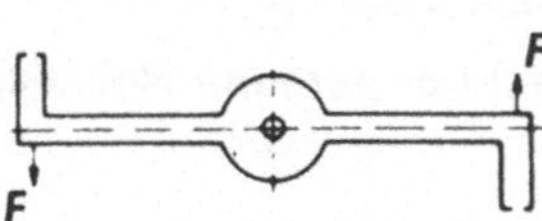

Segnersches Wasserrad

Wasserwagen

Rückstoß einer Flüssigkeit gegen das Gefäß beim Ausströmen:

$$p_R = 2\,\mu\,\varphi\,Ah\,\varrho \cdot g$$

wenn μ Ausflußeinschnürung (je nach Öffnungsgestalt < 1) und φ Flüssigkeitsreibung (bei Wasser $\varphi = 0{,}97$) ist.

6. Verbundene, kommunizierende Gefäße

Verbundene Gefäße: In verbundenen (kommunizierenden) Gefäßen steht der Flüssigkeitsspiegel gleich hoch: $\gamma_1 = \gamma_2$.
Enthalten dagegen verbundene Gefäße verschiedene Flüssigkeiten, die sich nicht mischen, dann steht der Flüssigkeitsspiegel verschiedn hoch.

Die Höhen über der Trennfläche verhalten sich umgekehrt wie die Artgewichte (Wichte) der Flüssigkeiten.

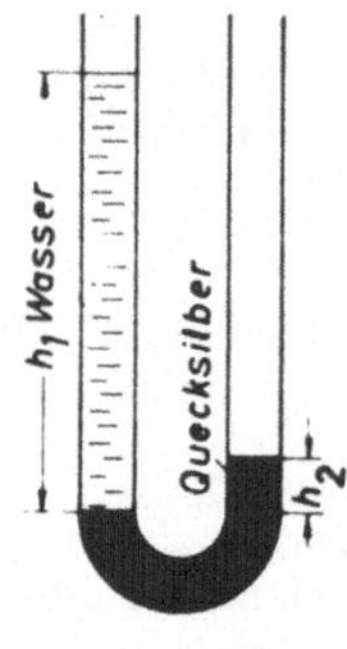

Quecksilber

Daraus folgt: $\qquad h_1 \cdot \varrho_1 = h_2 \cdot \varrho_2 \qquad \boxed{h_1 : h_2 = \varrho_2 : \varrho_1}$

Damit ist $\varrho_2 = \dfrac{h_1 \cdot \varrho_1}{h_2}$ und $h_2 = \dfrac{h_1 \cdot \varrho_1}{\varrho_2}$

z. B. für Wasser und Quecksilber (siehe Bild):

$h_1 = 42 \quad \varrho_1 = 1 \qquad 42 : 3,1 = 13,6 : 1$
$h_2 = 3,1 \quad \varrho_2 = 13,6 \qquad 1 = 1$

Beispiele: Gießkanne, Wasserstandsglas an Dampfkesseln, Grundwasserspiegel, Wasserleitung, Kanal- und Schlauchwaage zum Nivellieren (Feststellen der waagerechten Richtung). Libelle, Artescher Brunnen, Springbrunnen, Geruchsverschluß.

Kommunizierende Gefäße (Rohre)

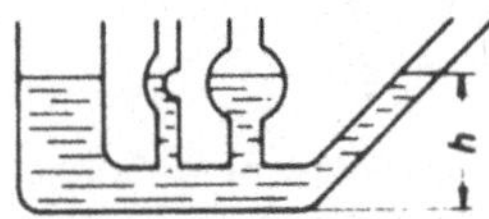

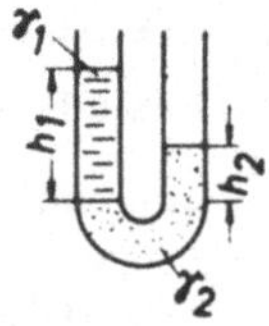

gleiche Flüssigkeit   verschiedene Flüssigkeiten

Druckverlust in Rohrleitungen: Eine Flüssigkeit, die unter einem Druck durch eine Rohrleitung fließt, kann die ursprüngliche Druckhöhe nicht wieder erreichen, es findet infolge der Reibung ein Druckverlust statt. (Springbrunnen, Wasserleitung).

Druckverlust (Gefälleverlust, h_v = Widerstandshöhe h_w) bei *geraden* Rohrleitungen:

$$p_v = \Delta p = \lambda \, \frac{l}{d} \cdot \frac{w^2 \cdot \varrho_m}{2} = \lambda \, \frac{6{,}315 \cdot l \cdot G^2}{10^3 \, d^5 \cdot \varrho \cdot g} = \lambda \, \frac{6{,}315 \, \dot{V}_m^2 \, \varrho g}{10^9 \, d^5} \quad \text{in N/m}^2$$

Rohrlänge l und Rohr $\varnothing$ in m; w_m mittl. Geschwindigkeit in m/s; ϱ_m mittl. Dichte in kg/m^3, g Erdbeschleun. $\approx 9{,}81$ m/s^2; G stündl. Flüssigkeitsmenge in t/h; $\dot{V}_m$ = mittl. stündl. Volumen in m^3/h

Reibungs- oder Widerstandszahl λ ist abhängig von Re (Reynoldssche Zahl) und Rauhigkeit k : Re = $w_m \cdot d / \nu$ (ν = kinemat. Viskosität, m^2/s); $\lambda \approx 0{,}0018 / \sqrt{w_m}\,d$ für $w_m = 0{,}1 \cdots 3$ m/s und Rohr $\varnothing$ d in mm.

7. Auftrieb in Flüssigkeiten

Das Archimedische Gesetz: Ein Körper erfährt beim Eintauchen in eine Flüssigkeit einen Auftrieb. Er ist gleich dem Gewicht der verdrängten Flüssigkeitsmenge.

$$F_A = A \cdot h \cdot \varrho \cdot g \qquad\qquad \text{wobei } V = A \cdot h \text{ in } m^3$$

Jeder Körper verliert in einer Flüssigkeit scheinbar so viel von seinem Gewicht, wie die von ihm verdrängte Flüssigkeitsmenge wiegt (Hierin ist A Fläche in m^2)
Den *scheinbaren Gewichtsverlust* nennt man *Auftrieb* (F_A).

Versuch mit der hydrostatischen Waage.

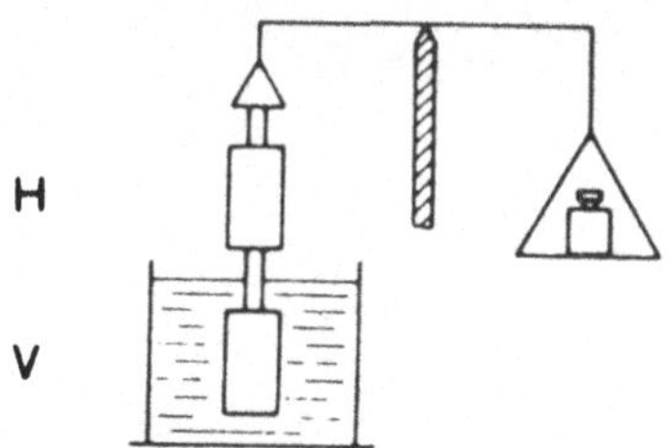

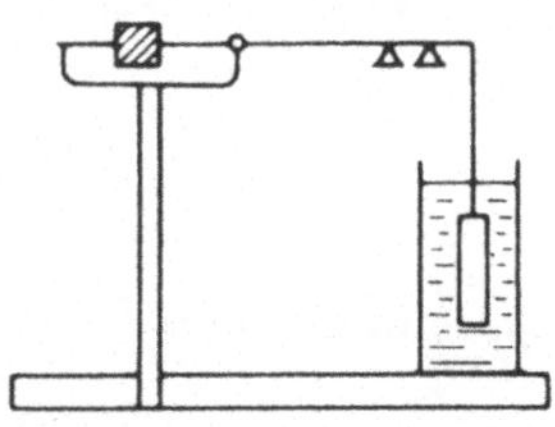

Hydrostatische Waage

H = Hohlzylinder,
V = Vollzylinder, der genau in H paßt.
H wird mit der Flüssigkeit gefüllt,
dann tritt wieder Gleichgewicht ein.

Mohrsche Waage

Durch Verschieben eines Laufgewichts wird das Gleichgewicht hergestellt.

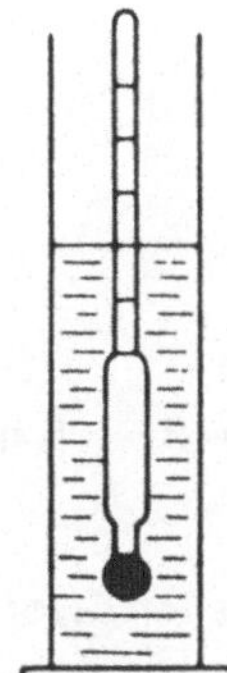

Ein *schwimmender Körper* taucht so tief in Wasser ein, bis das Gewicht des von ihm verdrängten Wassers gleich seinem eigenen Gewicht ist.

Bestimmung der Dichte:
a) Bei *festen Körpern:* bestimme das Körpergewicht in Luft (G).
      bestimme das Körpergewicht in Wasser (G_1).
scheinbarer Gewichtsverlust in Wasser (Auftrieb) ist dann
$A = G - G_1$, also $G_1 = G - A$; Dichte $\varrho = G/V \cdot g$ in kg/m^3
b) Bei *Flüssigkeiten:* bestimme den scheinbaren Gewichtsverlust
in Wasser (ergibt V).
bestimme den scheinbaren Gewichtsverlust in der zu untersuchenden Flüssigkeit (ergibt G)
Damit ist die Dichte $\varrho = G/V \cdot g$ in kg/m^3 $G = F_G = F_L$

Beispiele:

Senkwaage Skala nach Dichte ϱ geeicht; auch nach Prozentgehalten.

(Aräometer) Z.B. Alkoholmeter. Senkwaage für Akkus. Sacharimeter (Prozentgehalt der Zuckerlösung). Lactodensimeter (Milchdichtemesser zur Bestimmung des Fettgehaltes) usw.

8. Hydrodynamik: Mechanik strömender Flüssigkeiten

Ausflußgeschwindigkeit: Strömt aus einem Gefäß, das bis zur Höhe h gefüllt ist, die Flüssigkeit (z. B. Wasser) aus einer am Boden befindlichen Ausflußöffnung (A), so ist die Bewegungsenergie

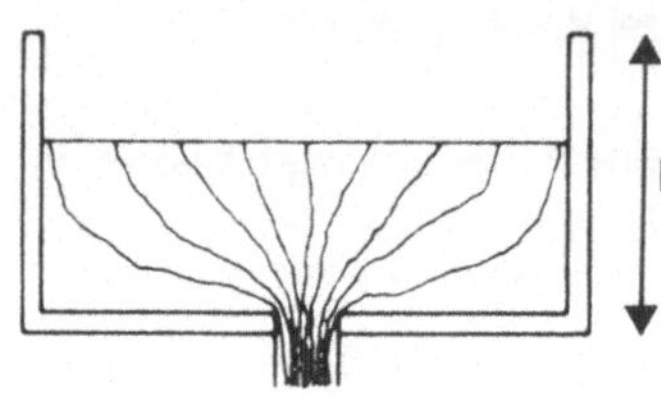

Ausflußgesetz von Torricelli

$$W = \frac{m \cdot w^2}{2} = E_k \qquad (m = \text{Masse in g})$$

Nach dem Energieprinzip muß die Bewegungsenergie eines ausfließenden Teilchens gleich seinem Verlust an Lagenenergie sein. Der Verlust ist $E_p =$

$$G \cdot h = m \cdot g \cdot h \qquad (g \text{ Erdbeschleunigung } 9{,}81 \text{ m/s}^2)$$

Also $E_k = E_p \qquad G = F_G = F_L$

Es ist demnach $\dfrac{m \cdot w^2}{2} = m \cdot g \cdot h$, d. h. die

Ausflußgeschwindigkeit:

$$\boxed{w = \sqrt{2g \cdot h}} \quad \text{[m/s]}$$

(Torricelli 1608–1647).

Ausflußmenge:

$$\boxed{\dot{V} = A \cdot w = A\sqrt{2gh}} \quad \text{[m}^3\text{/s]} \qquad (A \text{ Ausflugquerschnitt in m}^2)$$

Die wirkliche Ausflußmenge $\dot{V}_{eff}$ ist immer kleiner (Reibungserscheinungen φ und Kontraktion μ). Bei scharfkantigen Öffnungen beträgt $\mu \sim 0{,}6$; bei abgerundeten Düsen $\mu \approx 1{,}0$; $\varphi = 0{,}97$ für Wasser

Allgemein:

$$\boxed{\dot{V}_{eff} = \varphi \cdot \mu \cdot A \cdot \sqrt{2gh}} \quad \text{[m}^3\text{/s]}$$

Praktisch:

$$\boxed{\dot{V}_{eff} = 0{,}6 \cdot A \cdot \sqrt{2gh}} \quad \text{m}^3\text{/s}$$

Bei Öffnungen mit *Strahlführung*:
a) Zylinderdüse: $\mu = 0{,}82 \cdots 0{,}97$ (je nach Abrundung der Kante); $l \approx 3\,d$
b) Kegeldüse: $\mu = 0{,}95 \cdots 0{,}64$ (bei Neigungswinkel $\delta = 6° \cdots 80°$); $l \approx 3 \cdots 5\,d$
c) Runddüse: $\mu = 0{,}96 \cdots 0{,}99$ (je nach Wandglätte); $l = 0{,}6\,d$

Bei einer *stationären (bleibenden) Strömung* fließt in der gleichen Zeit durch jeden Querschnitt das gleiche Volumen.

$$\boxed{\begin{aligned} w_1 &= w_2 \\ A_1 \cdot w_1 &= A_2 \cdot w_2 \end{aligned}} \quad \text{[m}^3\text{/s]}$$

Durchflußgesetz

Hydrodynamik: Mechanik strömender Flüssigkeiten

Druck in strömenden Flüssigkeiten

$$p + \frac{\varrho}{2} w^2 = \text{const}$$

$$p + \frac{\varrho w^2}{2} + \varrho \cdot g \cdot h = \text{const}$$

$$\frac{p}{\varrho \cdot g} + \frac{w^2}{2g} + h = H$$

Gesetz von Bernoulli: Die Summe aus statischem Druck und Staudruck (q) ist in horizontalen Röhren konstant.

Gesamtdruck $p_g = \varrho \cdot g \cdot h$; $p/\varrho \cdot g$ = Druckhöhe; $w^2/2\,g$ = Geschwindigkeit; h = Ortshöhe; H = Gesamthöhe

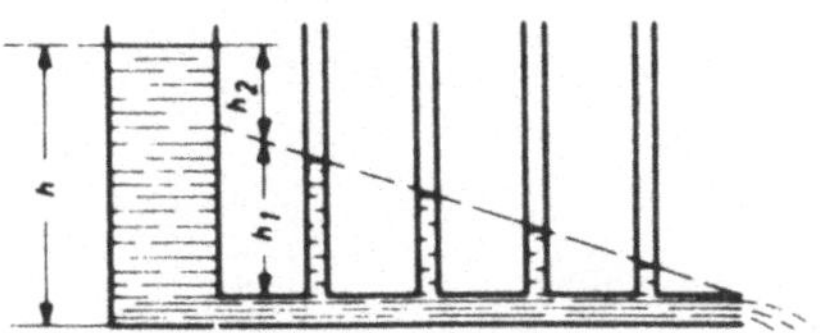

Druckabfall in eine
strömende Flüssigkeit

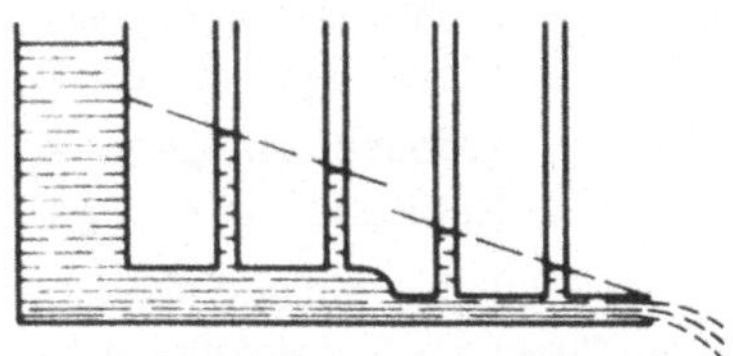

Druckabfall bei einer
Rohrverengung

9. Energie strömender Flüssigkeiten

Wasserräder: Die Leistung ist $P = \dfrac{G \cdot h}{t}$ (Grundgleichung).

Bezeichnet man das in der Sekunde durchfließende Volumen mit $\dot{V}$ so erhält man für die Leistung die in der Technik oft verwendete Gleichung

$$P = \varrho \cdot g \cdot \dot{V} \cdot h \ (\text{in W}) \qquad\qquad (1\ \text{W} = 1\ \text{J/s} = 1\ \text{Nm/s})$$

Bei oberschlächtigen Wasserrädern bis 85 % der im Oberwasser aufgespeicherten Lagenenergie, bei unterschlächtigen Wasserrädern bis zu 80 %.

Wasserturbinen: (turbo = Wirbel). Hohe Drehzahl, besserer Wirkungsgrad, geringer Platzbedarf und große Betriebssicherheit.

(Peltonturbine, Francisturbine, Kaplanturbine).

$$P_i = A/t = GH/t = \varrho \cdot g \cdot \dot{V}H/t = \varrho \cdot g\,(\dot{V}/t)\,H = \varrho \cdot g \cdot \dot{V} \cdot H; \quad G = F_G = F_L$$

$\dot{V} = V/t$ der Volumenstrom (in m³/s) des Zuflusses

10. Formeln der Hydrodynamik

Für strömende Flüssigkeiten gelten im wesentlichen die gleichen Formeln wie für strömende Gase. Die Dichte ändert sich bei Flüssigkeiten nur mit der Temperatur, welche bei der Berechnung von Strömungsvorgängen meistens als konstant angenommen werden kann (eine Ausnahme bilden z. B. die Strömungsvorgänge in beheizten Rohren und im schallnahen Bereich).

Die Bernoulli-Gleichung und das Durchflußgesetz (siehe Hy/8) sind anzuwenden.

Die Strömungsgleichung bei Flüssigkeiten lautet z. B.:

$$\frac{p}{\varrho \cdot g} + \frac{w^2}{2g} + h = \text{const.}$$

Darin bedeuten:

p = Druck in N/cm^2 bzw. bar

ϱ = Dichte der Flüssigkeit in kg/cm^3

w = Strömungsgeschwindigkeit in m/s

g = Erdbeschleunigung = 9,81 m/s^2

h = Höhe über der Bezugslinie in m

wobei alle Größen an ein und derselben Stelle zu messen sind.

Für jeden Punkt der Flüssigkeit gilt $A \cdot w = \text{const}$,

wobei A = Leitungsquerschnitt in m^2.

Aus diesen Formeln lassen sich folgende Beispiele ableiten.

Strömung mit Querschnittsänderung

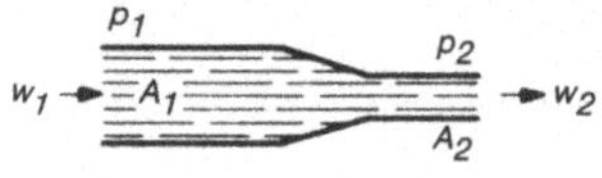

Flußmenge = Volumstrom

$\dot{V} = A_1 \cdot w_1 = A_2 \cdot w_2 =$

$w_1/w_2 = A_2/A_1$

$$\sqrt{\frac{2\,(p_1 - p_2)}{\varrho \cdot \left(\dfrac{1}{A_2{}^2} - \dfrac{1}{A_1{}^2}\right)}}$$

Ausfluß aus Gefäßen

	Ausflußgeschwindigkeit $w_a =$	Ausflußmenge $\dot{V} = Q_a =$
bei Überdruck $p_\ddot{u}$ auf den Flüssigkeitsspiegel	$\varphi \sqrt{2g\left(h + \dfrac{p_\ddot{u}}{\varrho \cdot g}\right)}$	$\mu A w_a$ $= \mu \varphi A \sqrt{2g\left(h + \dfrac{p_\ddot{u}}{\varrho \cdot g}\right)}$
bei Überdruck $p_\ddot{u}$ an der Ausflußstelle	$\varphi \sqrt{\dfrac{2 p_\ddot{u}}{\varrho}}$	$\mu A w_a$ $= \mu \varphi A \sqrt{\dfrac{2 p_\ddot{u}}{\varrho}}$
ohne Überdruck (offenes Gefäß)	$\varphi \sqrt{2gh}$ [m/s]	$\mu A w_a$ $= \mu \varphi A \sqrt{2gh}$ [m³/s]

α = Kontraktionszahl des Strahles ($\alpha = A_e/A_a$ = Strahlungsquerschnitt/Austrittsquerschnitt); φ = Geschwindigkeitszahl; $\alpha \cdot \varphi = \mu$ = Ausflußzahl

Formeln der Hydrodynamik

Überfall

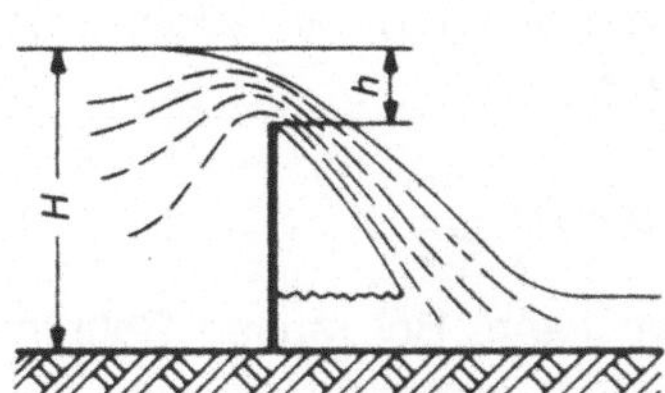

$$\dot{V} = \frac{2}{3}\,\mu \cdot h \cdot b\,\sqrt{2\,g\,h}$$

(b = seitliche Breite)

$$\mu = 0{,}615 \cdot \left(1 + \frac{1}{1000\,h + 1{,}6}\right)\left[1 + 0{,}5\left(\frac{h}{H}\right)^2\right]$$

wenn $H - h \gtrsim 0{,}3$ m; $H \gtrsim 2\,h$ u. $0{,}025$ m $\lesssim h \lesssim 0{,}8$ m

11. Flüssigkeitsströmung in Rohrleitungen

Die Kontinuitätsgleichung

$$A_1 \cdot w_1 = A_2 \cdot w_2 \ldots\ldots$$

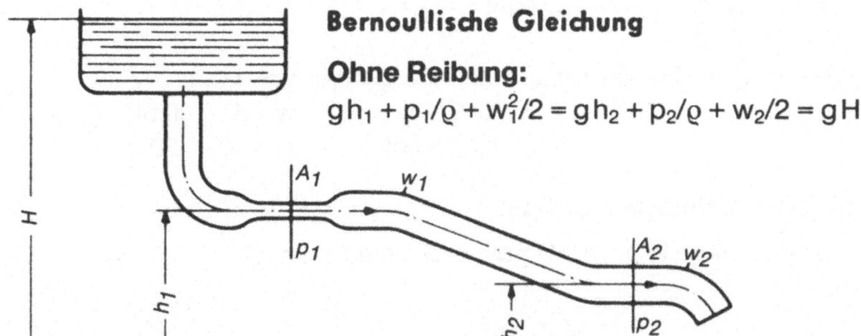

Bernoullische Gleichung

Ohne Reibung:

$$g\,h_1 + p_1/\varrho + w_1^2/2 = g\,h_2 + p_2/\varrho + w_2^2/2 = g\,H$$

Die Höhenunterschiede H, h_1 u. h_2 sind von einer beliebigen Nullinie gerechnet.

p/ϱ = Druckenergie pro kg strömender Masse (Höhenunterschied, der dem Druck p entspricht.)

$w^2/2$ = Geschwindigkeitsenergie (Höhenunterschied) die der Geschwindigkeit v entspricht.

Mit Reibung:

$$g\,h_1 + p_1/\varrho + w_1^2/2 = g\,h_2 + p_2/\varrho + w_2^2/2 + \triangle p/\varrho$$

Flüssigkeitsströmung in Rohrleitungen

Der Druckabfall, der durch den Strömungswiderstand (Reibung) in der Leitung von der Länge l hervorgerufen wird, ist (wenn λ = Reibungszahl)

$$\triangle p = \lambda \cdot \varrho \, \frac{l\,w^2}{d\,2} \quad \text{oder der Druckhöhenabfall} \quad \triangle p = \varrho \lambda \, \frac{l\,w^2}{d\,2}$$

worin für Wasser λ = 0,02 . . . 0,04 gesetzt werden kann. Bei rauhen Rohren ist λ größer, bei großen Geschwindigkeiten und großen Durchmessern kleiner; sie ist abhängig von der **Reynolds**-Zahl Re.

Formeln für die überschlägige Berechnung von Rohrleitungen (nach Prof. Wagener, Langenberg).

Strömungsgeschwindigkeit:

$$w = \frac{\dot{V} \cdot 10000}{A \cdot 3600} \ [\text{m/s}]; \qquad \dot{V} = \text{Menge in m}^3/\text{h}$$
$$A = \text{Querschnitt in cm}^2$$

Erforderlicher Querschnitt

$$A = \frac{\dot{V} \cdot 10000}{w \cdot 3600} \ [\text{cm}^2]; \text{ im Mittel}$$

Strömungsgeschwindigkeit in der Praxis:
für Flüssigkeiten $w = 1$ m/s
für Gase $w = 5 \ldots 10$ m/s
für Dampf $w = 10 \ldots 20$ m/s

Durchmesser für Werksleitungen für Gas:

$d = \sqrt{\sqrt{\dot{V}}}$ [cm]; $\dot{V}$ = Gasmenge in m^3/h. G r o b e S c h ä t z u n g !
Desgleichen genauer

$$d = \frac{\sqrt[5]{2\,l \cdot \dot{V}^2}}{10 \triangle p} \ [\text{cm}]$$

l = Leitungslänge in m
$\dot{V}$ = Gasmenge in m^3/h
$\triangle p$ = zulässiger Druckabfall in mbar

Leistungsbedarf von Pumpen und Gebläsen

$$p = \frac{Q \cdot p}{600} = \dot{V} \cdot p$$

Q = Menge in kg/min $\left.\right\}$ bei
p = Förderhöhe in m $\quad$ Pumpen

$\dot{V}$ = Menge in dm^3/min $\left.\right\}$ bei
p = Überdruck in bar $\quad$ Gebläsen

1. Aerostatik: Mechanik ruhender Gase

In einem abgeschlossenen Raum (Behälter, Rohrleitungen usw.) ist der Gasdruck an allen Stellen praktisch gleich groß. Höhenunterschiede können vernachlässigt werden. Temperaturunterschiede, welche durch Wärmezufuhr oder -abfuhr an irgendeiner Stelle entstehen, führen zu Gasbewegungen derart, daß die erwärmten Teile des Gases nach oben steigen und die kälteren nach unten sinken. Wenn keine weiteren Temperatur- und sonstigen Einflüsse eintreten, stellt sich innerhalb des geschlossenen Raumes eine stabile Temperaturschichtung ein.

In der freien Atmosphäre nimmt der Luftdruck und die Temperatur der Luft mit der Höhe ab. Sieht man von den Einflüssen von Sonne, Wind und Niederschlägen (Luftfeuchtigkeit) ab, so ergeben sich im Mittel folgende Werte:

h (m ü. M.) . .	0	500	1000	1500	2000	3000	4000	5000
p in mbar . . .	1013	954	901	848	795	703	616	540
t in °C	15	11,75	8,5	5,25	2	−4,5	−11	−17,5
ϱ (kg/m³) . .	1,225	1,168	1,114	1,062	1,008	0,911	0,821	0,737

Nach SI-Einheit: 1 bar = 10^5 Pa = 10^5 N/m²; 1 hPa = 100 Pa = 1 mbar

Diese Werte sind auf manchen Gebieten der Technik bei Berechnungen zu berücksichtigen (z. B. Luftfahrt, Ballistik, Messungen usw.), so auch im Dampfkesselbau, wenn der Kessel in größeren Höhen betrieben werden soll. Hier sind es vor allem die rauchgasseitigen Verhältnisse, die davon beeinflußt werden (Strömungsverhältnisse, Wärmeübergang usw.)

---

[1]) Beziehungen zwischen Temperatur, Volumen und Druck von Gasen siehe Abschnitt „Wärmetechnik".

Die Atmosphäre

Normal-Luftdruck = Druck von
$\approx$ 1000 mbar (bzw. hPa), genau 1013,25 mbar
(bei 0°C)

Auftrieb in Gasen = Gewicht der vom Körper verdrängten Gasmenge. Ist das Gewicht eines Körpers (z. B. Luftballons) geringer als der Auftrieb, so steigt er in die Höhe.

Steigkraft eines Ballons $F_A = V \cdot g \, (\varrho_1 - \varrho_2) - G$, wenn V Ballonvolumen (m³), G Ballongewicht, ϱ_1 Luftdichte und ϱ_2 Dichte vom Ballonfüllgas (N/m³) ist.

2. Druckeinheiten bei Gasen

In fast allen Zweigen von *Physik* und *Technik* kommen Drücke von sehr verschiedener Größenordnung vor ($10^{-7} \ldots 10^5$ bar). Demzufolge werden auch *Einheiten* verschiedener Größe zur Angabe des Drucks verwendet (bar, mbar, µbar, Pa).

Atmosphärische Luft weist einen vom Luftgewicht verursachten Druck auf, der auf Höhe NN (Normalatmosphäre) im Mittel bei 1 bar = 1000 mbar = 1000 hPa liegt.

Druckangaben können daher als *absoluter* Druck (p_a) bzw. als *Überdruck* ($p_ü$) oder als *Unterdruck* (p_u) gegenüber dem atmospärischen Druck erfolgen. (Je nach Wirkungsprinzip des Meßgerätes). Jetzt unzulässig (nur Absolutdruck in bar)

Bezeichnung	mm WS	Torr	mbar
1 mm WS	1	0,0736	0,0981
1 Torr = 1 mm QS	13,6	1	1,333
1 mbar = 1 hPa	10,19	0,75	1

Alte Einheiten mm WS und Torr unzulässig!
mbar = Millibar (1 mbar $\approx$ 0,01 N/cm^2)   hPa = Hektopascal

Der Normaldruck ist definiert mit 1 hPa = 1 mbar

Die Meteorologen benutzen: 1 mbar   =   1000 dyn/cm^2
                              1000 hPa =   1000 mbar = 1 bar

Zur Umrechnung in **bar**: Das 10^6fache des Druckes, den eine Kraft von 1 dyn auf 1 cm^2 Fläche erzeugt, nennt man 1 bar.

Die Meteorologen benutzen: 1000 dyn $\cdot$ cm^{-2} = 1 Millibar (mbar) $\approx$ 1 hPa.

Bodenwerte der Normalatmosphäre:
Luftdruck p_0 = 10000 hPa = 1000 mbar
Lufttemperatur 1_0 = 15°C T_0 = 288 K
Dichte ϱ_0 = 1,226 kg/m^3

Internationale Normalatmosphäre (CINA-Höhe; gültig bis h = 11 km)
Luftdruck p = p_0 [1 − (6,5/288) $\cdot$ h] ^{5,255} $\cdot$ 1,33 (in hPa oder mbar)
Lufttemperatur t = t_0 − 6,5 h; T = T_0 − 6,5 h
Dichte ϱ = ϱ_0 $\cdot$ [1 − (6,5/288) $\cdot$ h]^{4,255} [in kg/m^3]

3. Eigenschaften ruhender Gase

Allgemeine Eigenschaften der Gase:

1. Gase haben keinerlei Kohäsion, daher sind ihre Teilchen leicht verschiebbar, auch haben sie keine bestimmte Gestalt.

2. Gase haben eine sehr geringe Dichte.

3. Gase sind stark zusammendrückbar und dehnen sich bei Erhöhung der Temperatur stark aus. Sie haben daher keinen bestimmten Rauminhalt.

4. Gase suchen sich nach allen Richtungen auszudehnen (Ausdehnungsbestreben, Expansionsbestreben). Sie üben daher nach allen Seiten einen Druck, eine Spannung aus.

5. Der Druck in den Gasen pflanzt sich nach allen Seiten gleichmäßig fort.

6. Meist gibt man das Raumeinheitsgewicht der Gase im Normalzustand an. (Nach SI jetzt: 1 bar = 1000 mbar; 1 mbar = 100 N/m^2 = 1 hPa)

7. Druckmesser (Manometer):

   a) Flüssigkeitsmanometer:
   1. Offenes Manometer (u-förmig gebogenes Rohr).
   2. Geschlossenes Manometer (oben zugeschmolzen).
   3. Tauchglocken-Manometer
   4. Ringrohr-Manometer
   5. Schwimmer-Manometer
   6. Mikromanometer
   7. Vakuum-Manometer (Mc Leod)

   b) Federmanometer:
   1. Dosenfeder-Manometer
   2. Plattenfeder-Manometer
   3. Rohrfeder-Manometer
   4. Wellrohr-Manometer

   c) Kolbenmanometer: mit einfachen oder mit Differentialkolben

   d) Elektrische Manometer:
   1. Widerstands-Manometer
   2. Elektromagnet-Manometer
   3. Piezoelektrische Manometer
   4. Kapazitive Manometer

8. *Barometer*

   a) Quecksilberbarometer.

   b) Aneroidbarometer (Dosenbarometer). Es besteht aus einer fast luftleer gepumpten Dose, deren gewölbter Deckel durch den Luftdruck nach innen gedrückt wird, während eine kräftige Blattfeder ihn wieder zurückdrückt.

Gasdruckmessung (Luftdruckmessung):

Meßgerät	Behälterdruck	Formel
Manometer	$>$ atm. Luftdruck	$p_{abs} = p_a + p_ü$ [bar] $p_ü = h_s \cdot \varrho_s\, g$ [bar]
Vakuummeter	$<$ atm. Luftdruck	$p_{abs} = p_a - p_u$ [bar] $p_u = h_s \cdot \varrho_s\, g$ [bar]

$p_a = b$ [Barometerstand = 1,333 mbar
$p_ü$ Überdruck; p_u Unterdruck $\Big\}$ Nach SI: nur in bar oder Pa

h_s Druckmesserausschlag (in m, bar oder N/m^2); ϱ_s Dichte der Sperrflüss. (kg/m^3).

4. Barometrische Höhenmessung für den Höhenunterschied

zweier Orte gilt folgende angenäherte Formel:

$$h = 18400\,(\lg b_h - \lg b)\ \text{Meter}$$

Beweis dafür: Quecksilber hat eine Dichte von 13,6, ist deshalb 760mal so schwer als atmosphärische Luft von 0° bei einem Barometerstand von 760 Torr (mm QS).

Mithin ist die Wichte der atmosphärischen Luft $\dfrac{1}{773 \cdot 13{,}6} = \dfrac{1}{10513}$.

Bei dem Barometerstand b mm also $\dfrac{1}{10513} \cdot \dfrac{b}{760} = \dfrac{b}{7989880}$.

Eine Luftsäule von 1 m Höhe übt also den Druck aus von $\dfrac{b}{7989880}$ m $\approx \dfrac{b}{7990}$ mm.

Bei einem Ort, der 1 m tiefer liegt, ist dann $b_1 = b + \dfrac{b}{7990} = b\left(1 + \dfrac{1}{7990}\right) = b \cdot \dfrac{7991}{7990}$.

Letzter Bruch sei mit q bezeichnet, dann ist $b_1 = b \cdot p$.
Steigt man 1 m tiefer, so ist $b_2 = b \cdot q^2$. Bei einem Höhenunterschied von 3, 4, 5 ..... hm sind die Barometerstände $b_3 = bq^3$, $b_4 = bq^4$, $b_5 = bq^5$ ..... $b_h = bq^h$ (logarithmiert)

$$\lg b_h = \lg b + h \cdot \lg q.$$

Mithin $\qquad\qquad\qquad h = \dfrac{\lg b_h + \lg b}{\lg q}$.

Da nun $\lg q = \lg 7991 - \lg 7990 \approx \dfrac{1}{18400}$,

daher $\qquad\qquad\qquad h = 18400\,(\lg b_h - \lg b)\ \text{Meter}.$

Barometr. Höhenformel: $h = 8{,}03 \cdot \ln\,(p_0/p)$ [km]
$\qquad\qquad\qquad\qquad h = (18{,}4 + 0{,}067\,t) \cdot \lg\,p_0/p)$ [km].

Dabei ist p_0 atm. Luftdruck (in mbar, hPa) am Boden und p in Höhe h; t Temperatur in Höhe h.
1 mbar = 0,001 bar = 1 hPa
1 bar = 10^5 Pa (N/m²)

5. Gesetz von Boyle-Mariotte

Bei gleichbleibender Temperatur stehen Druck und Volumen bei einem Gase im umgekehrten Verhältnis

$$p_1 : p_2 = V_2 : V_1 \text{ oder}$$
$$p_1 \cdot V_1 = p_2 \cdot V_2 = \text{konstant}$$

Diese Beziehung tritt in der Wärmetechnik als Gleichung der sog. „isothermen Zustandsänderung" auf.

Ändert sich der Druck eines Gases von p_1 auf p_2 bei konstanter Temperatur, so ändert sich die Dichte im gleichen Verhältnis:

$$p_2 : p_1 = \varrho_2 : \varrho_1$$

Beispiel für den Gasdruck: Eine normale Stahlflasche für Sauerstoff faßt ein Volumen von 40 l und wird mit einem Druck von 150 bar gefüllt.

Sie liefert also: 400 l von 15 bar   oder   600 l von 10 bar

(bei konstanter Temp.)   oder 6000 l von   1 bar

Die Entleerung der Flasche geschieht durch ein Druckminderventil (Reduzierventil).

Weitere Anwendungen des Luftdrucks: Stechheber, Winkelheber, Mariottesche Flasche, Pumpen (Saug- und Druckpumpe), Kreiselpumpe, Feuerspritze, Luftpumpen [Ölluftpumpe von Gaede mit Diffusionspumpe. Versuch mit den Magdeburger Halbkugeln (Otto von Guericke, 1654).], Ventilluftpumpe, Kapselpumpe, Kreiselventilator, Kompressor, Injektor (Strahl-, Gebläsepumpe).

Umrechnung (Reduktion) des Barometerstandes.

Unter gleichem Luftdruck zeigt ein Barometer bei t° infolge der Ausdehnung des Quecksilbers einen höheren Stand als bei 0°. Man rechnet daher den abgelesenen Stand auf 0° um. Wenn am Barometer b_t abgelesen wurde, so ist der auf 0° umgerechnete Stand

$$b_0 = b_t \, (1 - \alpha \, t)$$

Hierin ist $\alpha = 0{,}00018153$ die Ausdehnungszahl von Quecksilber.

Beispiel: Bei 20° wurden 770 mm abgelesen. Dann ist

$$b_0 = 770 \, (1 - 20 \cdot 0{,}00018) = 767 \text{ mm} \quad (1 \text{ mm QS} = 1{,}33 \text{ mbar})$$

Bei der Luftdruckmessung mit dem Quecksilberbarometer entstehen Fehler
a) durch den Temperatureinfluß auf den Maßstab und die Quecksilbersäule,
b) durch die Abhängigkeit des Quecksilbergewichts vom Ort,
c) durch die Kapillardepression des Quecksilbers.

6. Aerodynamik: Mechanik strömender Gase

Die grundlegende Formel für die Strömung von Gasen lautet:

$$p + \frac{\varrho}{2}\, w^2 = \text{const.}$$

Darin bedeuten:
$$p_1 + \frac{1}{2}\varrho w_1^2 = p_2 + \frac{1}{2}\varrho w_2^2$$

- p = Druck in N/cm^2 (1 mm WS $\approx$ 10 $N/m^2 \approx$ 0,1 mbar = 0,1 hPa)
- ϱ = Dichte des Gases in kg/m^3
- g = Erdbeschleunigung = 9,81 m/s^2
- w = Strömungsgeschwindigkeit in m/s (gilt bis $w \approx$ 340 m/s)

wobei alle Größen an ein und derselben Stelle gemessen werden.

Innere Reibung (Zähigkeit oder Viskosität):

Reibungswiderstand $R = \eta\, A\, w/d$

- η = dynamische Zähigkeit (in Ns/m^2 oder Pas, Pascalsekunde)

Die Gleichungen gelten nur, solange in der Strömung keine großen Druck- und Temperaturänderungen auftreten.

Für jeden Punkt einer Gasleitung besteht ferner die Beziehung:

$$G_s = A \cdot w \cdot \varrho\ [kg/s] \qquad\qquad A = \text{Leitungsquerschnitt in } m^2$$

Mit Hilfe dieser beiden Gleichungen lassen sich viele Strömungsvorgänge verfolgen.

Beispiel: Ausströmung von Luft aus einer Düse, welche an eine Druckluftleitung großen Querschnittes angeschlossen ist

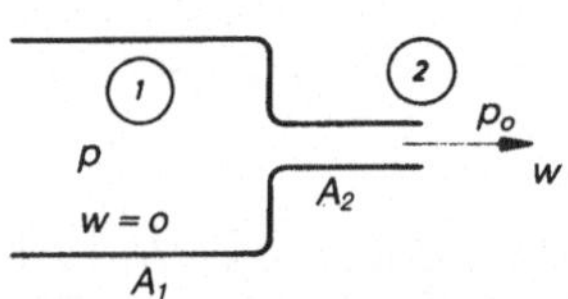

	Punkt ①	Punkt ②
Druck	p	p_0
Geschwin-digkeit	0	w

Bei ① ist die Geschwindigkeit sehr klein und kann in der Rechnung mit 0 eingesetzt werden.

$$p + o^2 = p_0 + \frac{\varrho}{2}\, w^2 = \text{const}$$

Damit wird:
$$w = \sqrt{\frac{2}{\varrho}\,(p - p_0)}$$

Bei einem Düsenquerschnitt A fließt dann je Sekunde aus:

$$G_s = A \cdot w \cdot \varrho = A \cdot \sqrt{2\,g \cdot \varrho\,(p - p_0)}$$

Aerodynamik: Mechanik strömender Gase

Es sind: Druck in der Druckluftleitung $p = 105\,kN/m^2$
         Äußerer Luftdruck $p_0 = 103\,kN/m^2$
         Lufttemperatur $t = 87\,°C\ (= 360\,K);\ M = 29\,kg/kmol$
         Düsenquerschnitt $A = 0,0008\,m^2;\ R = 8314\,J/kmol\ K$

$$\varrho = \frac{p\,M}{R\,T} = \frac{105000 \cdot 29}{360} = 1,22\ kg/m^3$$

$$w = \sqrt{\frac{2}{\varrho}\,(p - p_0} = \sqrt{\frac{2}{1,22}\,(105000 - 103000)} = 57,3\ m/s$$

Die wirkliche Ausströmgeschwindigkeit ist infolge der unvermeidlichen Reibungsverluste immer etwas kleiner als die nach obiger Formel errechnete.

Je Sekunde fließen aus: $G_s = A \cdot w \cdot \varrho = 0,0008 \cdot 57,3 \cdot 1,22 = 0,056\ kg/s$

Das sind in m^3/s: $\dot{V}_0 = \dfrac{G}{\varrho_0} = \dfrac{0,056}{1,293} = 0,043\ m^3/s$

B e i s p i e l :   Venturirohr (Verwendung bei Mengenmessung).

$$w_1 : w_2 = A_2 : A_1$$

$$\triangle p = \frac{1}{2}\,\varrho\,(w_2{}^2 - w_1{}^2)$$

$$w_1{}^2 = \triangle p \Big/ \frac{\varrho}{2}\left[\left(\frac{A_1}{A_2}\right)^2 \cdot 1 \right]$$

Aus den Grundgleichungen der Strömung läßt sich auch die Formel für die Durchflußmenge ableiten.

Sie lautet: $G_s = \sqrt{2\,g\,\dfrac{A_1{}^2 \cdot A_2{}^2}{A_1{}^2 - A_2{}^2}} \cdot \sqrt{H \cdot \varrho \cdot g}\ \ (in\ kg/s)$

Es sind: Querschnitt $A_1 = 0,30\ m^2$ Querschnitt $A_2 = 0,12\ m^2$
        Druckdifferenz H (gemessen mit Differenzdruckmesser) = 85 mm WS
        ϱ wie im vorigen Beispiel = $1,22\ kg/m^3$ (für Warmluft)

$$G_s = \sqrt{2 \cdot 9,81\,\frac{0,30^2 \cdot 0,12^2}{0,30^2 - 0,12^2}} \cdot \sqrt{85 \cdot 1,22} = 5,32\ kg/s$$

Das sind in m^3: $\dot{V}_0 = \dfrac{G}{\varrho_0} = \dfrac{5,32}{1,293} = 4,12\ m^3/s.$

Die wirkliche Durchflußmenge ist etwas kleiner als die nach obiger Formel errechnete. Korrekturwerte siehe Tabelle „Mengenmessungen".

S t r ö m u n g s w i d e r s t a n d , wenn c = Widerstandszahl und A = größter Querschnitt des Körpers normal zur Strömung

$$R_w = A_w = c\,A\,\frac{\varrho}{2}\,w^2$$

7. Strömung der Gase, Staudruck: Formeln

Wenn ein Gas aus einer Öffnung ausströmt, so ist hierzu ein gewisser Ü b e r d r u c k nötig. Dieser entspricht dem Gewicht einer Gasmenge von bestimmter Höhe bei gleicher Dichte.

Druckzunahme von p_0 auf p ergibt eine Volumenänderung $\triangle V$ und eine Zunahme der p o t e n t i e l l e n E n e r g i e des Gases um $\triangle E_p$ $(= \triangle W_p)$ $= \triangle V (p - p_0)$. Sie verwandelt sich beim Ausströmen in B e w e g u n g s - e n e r g i e (kinet. Energie).

$$\triangle E_k (= \triangle W_k) = m\ w^2/2 = \triangle V \varrho\, w^2/2$$

Da $E_p = E_k$ ergibt sich

$$w = \sqrt{2\,(p - p_0)\,/\,\varrho}$$

$$w_1 = \sqrt{2\,g\,h_1} \quad \text{und} \quad w_2 = \sqrt{2\,g\,h_2}$$

$$w_1 : w_2 = \sqrt{h_1}\ :\ \sqrt{h_2}$$

Da nun $h_1 : h_2 = \varrho_2 : \varrho_1$ ist, muß auch sein

$$w_1 : w_2 = \sqrt{\varrho_2}\ :\ \sqrt{\varrho_1}$$

also Verhältnis der Anströmungszeiten t_1 und t_2 (die meßbar sind) ist

$$t_1 : t_2 = \sqrt{\varrho_1}\ :\ \sqrt{\varrho_2}$$

S t a t i o n ä r ist eine Strömung, bei der in der Zeiteinheit durch jeden Querschnitt dieselbe Flüssigkeitsmenge fließt. Bei wechselndem Querschnitt ist die Strömungsgeschwindigkeit dem Querschnitt umgekehrt proportional.

$$w_1 : w_2 = A_2 : A_1$$

Je dichter die Stromlinien (Bahnen der Materieteilchen) zusammenrücken, desto größer ist an den betreffenden Stellen die Strömungsgeschwindigkeit w.

S t a u d r u c k q ist der Druck der Strömung auf eine Fläche, die senkrecht zu den Stromlinien steht.

$q = \varrho \cdot w^2/2$

		in N/m^2
Luftdichte (am Boden)	ϱ	in kg/m^3
Geschwindigkeit des Windes	w	in m/s

Der Staudruck q ist gleich der kinetischen Energie der Raumeinheit des strömenden Stoffes.

Messungen erfolgen mit dem sog. Prandtlrohr und dem Venturirohr.

8. Bernoullische Gleichung

Strömung

Bewegen sich Gas- oder Flüssigkeitsteilchen von einem Gebiet höheren Druckes zu einer Stelle niedrigeren Druckes, so spricht man von Strömung.

Bernouillische Gleichung:

$$p = p_1 + \frac{\varrho w_1^2}{2} = p_2 + \frac{\varrho w_2^2}{2} = \text{konstant}$$

(ϱ = Dichte des strömenden Stoffes).

Gesamtdruck = statischer Druck + dynamischer Druck.

In einer stationären, wirbelfreien Strömung ist die Summe aus dem Druck und der kinetischen Energie der Raumeinheit des strömenden Stoffes konstant.

$$P_{ges} = p + \frac{\varrho}{2} \cdot w^2 = p + q \qquad \text{in N/m}^2 = \text{Pa}$$

Druck	p	in N/m² = Pa
Dichte	ϱ	in kg/m³
Strömungsgeschwindigkeit	w	in m/s
Staudruck	q	in N/m²

Um die **Kompressibilität** der Luft zu berücksichtigen, wird die Bernoullische Gleichung ergänzt: $\qquad$ 1 mbar = 1 hPa; 1 bar = 1 MPa

$$p_{ges} = p + q + \Delta q \qquad \text{in N/m}^2 = \text{Pa}$$

$$\text{Korrekturglied} \quad \Delta q = \frac{1}{4} \cdot q \left(\frac{w}{c}\right)^2 = \frac{1}{4} \cdot q \cdot M^2 \qquad \text{in N/m}^2 = \text{Pa}$$

$$\text{Gesamtdruck} \quad p_{ges} = p + q \left(1 + \frac{1}{4} \cdot M^2\right) \qquad \text{in N/m}^2 = \text{Pa}$$

Fluggeschwindigkeit	w	in m/s
Schallgeschwindigkeit (Fortpflanzungsgeschwindigkeit von kleinen Druckänderungen)	c	in m/s
Machsche Zahl	$M \, (Ma)$	—

9. Widerstandsformeln für Strömungskörper

L u f t w i d e r s t a n d
$$W_L = q \cdot A \cdot c_w$$
(wenn $q = \varrho\, w^2/2$) in N

eines Fahrzeugs $W_L = \varrho \cdot (w \pm w_o)^2 \cdot A \cdot c_w$	in N
Staudruck der Luft	q — in N/m^2 = Pa
Stirnfläche des Fahrzeugs	A — in m^2
Luftwiderstandsbeiwert (je nach Form)	c_w — −
Luftdichte, in Luftwiderstandsberechnungen an Kraftfahrzeugen bei normalem Luftzustand	$\varrho \approx 0{,}0047$ — kg/m^3
Fahrgeschwindigkeit	$w\,(v)$ — in m/s
Gegenwind	$+ w_o$ — in m/s
Rückenwind	$- w_o$ — in m/s

L u f t w i d e r s t a n d s l e i s t u n g
$$P_L = W_L \cdot w$$
in Nm/s

Luftwiderstand	W_L — in N
Fahrgeschwindigkeit	$w\,(v)$ — in m/s

D y n a m i s c h e r A u f t r i e b A_L in der Luft wirkt senkrecht zur Strömung

(Quertrieb)
$$A_L = q \cdot A \cdot c_a$$
in N

wenn c_a Widerstandsbeiwert ist (bedingt durch die Form).

10. Luftwiderstandsbeiwerte einfacher Körper

Widerstandskörper	Luftwiderstandsbeiwert c_w	Widerstandskörper	Luftwiderstandsbeiwert c_w
Scheibe, Platte	1,1	langer Zylinder, Draht, Stab $Re < 200\,000$ $Re > 450\,000$	1,0···1,2 0,35
offene Schale, Fallschirm	1,4···1,6	lange Platte $l:d=30$ $Re \approx 500\,000$ $Re \approx 200\,000$	0,39 0,33
Kugel $Re < 200\,000$ $Re > 250\,000$	0,45 0,20	lang. Tragflügel $l:d=18$ $l:d=8$ $\big\}\ Re\approx$ $l:d=5$ $\big\}\ 10^6$ $l:d=2$	0,10 0,05 0,04
Luftschiff, Bombe $l:d=6$	0,05	$Re \approx 200\,000$	0,20

dabei ist $l : d$ = Länge [m] : Dicke [m] des Wid'körpers in Strömungsrichtung,
Re = Reynoldsche Zahl = $(w + w_o)\, l/\upsilon \approx 20\,000\,(V + V_o)$ mit kin. Viskosität
$\upsilon = 0{,}14$ Stokes = $14 \cdot 10^{-6}$ m^2/s (Jahresmittel für Luft 200 m über NN)
Die Ergebnisse von Strömungsmessungen zweier geometrisch ähnlicher, aber verschieden großer Körper sind nur vergleichbar, wenn in beiden Fällen die Reynoldsche Zahl gleich groß ist (wichtig bei Modellversuchen!).

1. Formeln für Spiegel und Linsen (optische Bauelemente)

a) Reflexionsgesetz

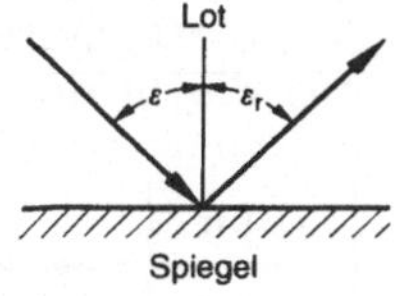

1. $\varepsilon = \varepsilon_R$ bzw. $\alpha_e = \alpha_r$

2. Der reflektierte Strahl bleibt in der Einfallsebene (Ebene durch Einfallslot und einfallenden Strahl)

$\varepsilon = \alpha_e$ = Einfallswinkel
$\varepsilon_R = \alpha_r$ = Reflexionswinkel
Die Winkel werden zwischen Strahl und Lot gemessen

b) Brechung

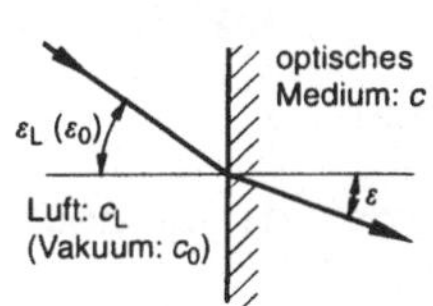

Beim Übergang des Lichtes von Luft in ein anderes optisches Medium erfolgt Brechung:

$$\frac{\sin \varepsilon_L}{\sin \varepsilon} = \frac{\sin \alpha}{\sin \beta} = \frac{c_L}{c} = n; \quad \frac{\sin \alpha}{\sin \beta} = \frac{c_4}{c} = \frac{n_4}{n}$$

c_L = Lichtgeschwindigkeit in Luft
c = Lichtgeschwindigkeit im opt. Medium
n = Brechzahl gegen Luft

Beim Übergang des Lichtes vom Vakuum in das gleiche optische Medium ist die Brechung nur geringfügig größer:

$$\frac{\sin \varepsilon_o}{\sin \varepsilon} = \frac{\sin \alpha}{\sin \beta} = \frac{c_o}{c} = n_o = 1{,}00029 \cdot n; \quad n_o = \text{absolute Brechzahl;}$$

1,00029 = absolute Brechzahl der Luft bei 1,013 bar und 0°C.
In der technischen Optik wird nur die Brechzahl (gegen Luft) verwendet.

c) Brechungsgesetz

1. $n \cdot \sin \varepsilon = n' \cdot \sin \varepsilon'; \ n \cdot \sin \alpha = n' \cdot \sin \beta$

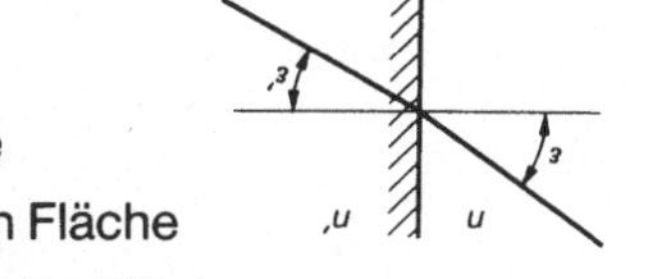

2. Der gebrochene Strahl bleibt in der Einfallsebene

n = Brechzahl des Mediums vor der brechenden Fläche

n' = Brechzahl des Mediums hinter der brechenden Fläche

d) Grenzwinkel der Totalreflexion

$\sin \varepsilon_g = \dfrac{n'}{n}$ Totalreflexion falls $\varepsilon > \varepsilon_g$; bzw. $\alpha_e > \alpha_{gr}$

$\sin \alpha_{gr} = 1/n$ tritt nur auf, wenn das Licht vom optisch dichteren Medium herkommt.

Formeln für Spiegel und Linsen (optische Bauelemente)

e) Dispersion

Die Brechzahl n hängt ab von der Wellenlänge. Zur Kennzeichnung benutzt man die Fraunhoferschen Linien; die in der technischen Optik am häufigsten verwendeten sind:

Farbe	blaugrün		grün		gelb		rot	
Zeichen	**F′**	F	**e**	d	D		**C′**	C
Wellenlänge in nm	480,0	486,1	546,1	587,6	589,3 Mittelwert		643,8	656,3
Element	Cd	H	Hg	He	Na		Cd	H

F′, e und C′ werden mit einer Hg-Cd-Spektrallampe erzeugt.
Der Verlauf der Brechzahl ist charakterisiert durch:

1. mittlere Brechzahl (kurz Brechzahl) bei der Linie D oder d: n_D oder n_d (neuerdings bei e: n_e)

2. Hauptdispersion: $n_F - n_C$ (neuerdings $n_F{'} - n_C{'}$)

3. Abbesche Zahl $v_D = \dfrac{n_D - 1}{n_F - n_C}$ oder $v_d = \dfrac{n_d - 1}{n_F - n_C}$

   (neuerdings $v_e = \dfrac{n_e - 1}{n_F{'} - n_C{'}}$)

f) Prismen

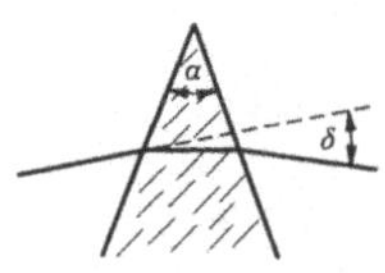

Minimum der Ablenkung bei symmetrischem Durchgang: dann gilt

$$\sin \frac{\alpha + \delta_{min}}{2} = n \cdot \sin \frac{\alpha}{2}$$

α = Prismenwinkel
δ = Ablenkwinkel

Ist α klein (Keil), dann gilt $\delta \approx (n - 1)\,\alpha$

g) Planparallele Platte

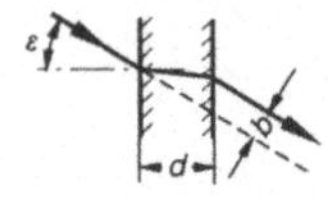

Schräg einfallende Strahlen werden parallel versetzt. Bei kleinen Winkeln

$(\varepsilon < 10°)$ ist $b \approx \varepsilon \cdot d \, \dfrac{n-1}{n}$

ε in rad; d = Plattendicke

Eine planparallele Platte senkrecht zur optischen Achse innerhalb eines abbildenden Strahlenganges bewirkt eine axiale Bildversetzung:

$$\triangle s' = d \, \frac{n-1}{n} \; ; \text{ falls } n = 1{,}5, \text{ ist } \triangle s' = \frac{d}{3}$$

Formeln für Spiegel und Linsen (optische Bauelemente)

h) Vorzeichenregeln
(nach DIN 1335: Bezeichnungen in der technischen Strahlenoptik)

Lichtrichtung von links nach rechts.

Es werden orientierte Strecken verwendet; diese werden vom Ausgangspunkt nach rechts positiv und nach links negativ gerechnet.

y-Richtung nach oben positiv.

Krümmungsradien werden positiv gerechnet, wenn der Krümmungsmittelpunkt (C) rechts vom Scheitel (S) liegt, und negativ, wenn C links von S liegt. Für einander entsprechende Größen in Objekt- und Bildraum werden gleiche Buchstaben verwendet; die Größen im Bildraum werden durch einen Strich rechts oben gekennzeichnet.

Anmerkung

Vielfach werden noch andere, nicht DIN-gerechte Bezeichnungen und Vorzeichen benutzt; z. B. Gegenstandsweite g (nach links positiv!), Bildweite b, Gegenstandsgröße G, Bildgröße B (nach unten positiv!). Die damit aufgestellten Formeln sind mit den hier gebrachten Formeln identisch, wenn man berücksichtigt, daß $g = -a$, $b = a'$, $G = y$, $B = -y'$; außerdem ist bei r_2 das Vorzeichen zu ändern; man beachte auch das Vorzeichen beim Abbildungsmaßstab $\beta' = y'/y = -B/A$!

i) Formelzeichen und Bezeichnungen

a	Dingweite, Gegenstandsweite Objektweite (auch g)	C	Krümmungsmittelpunkt
a'	Bildweite (auch b)	$\overline{F}$	dingseitiger Brennpunkt
d	Linsendicke	F'	bildseitiger Brennpunkt
e	Linsenabstand	H	dingseitiger Hauptpunkt
f	Brennweite	H'	bildseitiger Hauptpunkt
$1/f$	Brechwert („Brechkraft") Einheit: 1 Dioptrie = 1 dpt = 1 m⁻¹	N, N'	negative Hauptpunkte, liegen im Abstand der doppelten Brennweite von den zugehörigen Hauptpunkten entfernt
n	Brechzahl		
r	Krümmungsradius der Linsen- bzw. Spiegelflächen	0	Punkt auf der optischen Achse
s	Schnittweite (Abstand vom Scheitelpunkt)	S	Scheitelpunkt (Schnittpunkt von Linsen- bzw. Spiegelflächen mit der optischen Achse)
t	optische Tubuslänge		
y	Dinggröße, Gegenstandsgröße, Objektgröße (auch G)		
y'	Bildgröße (auch B)		
β'	Abbildungsmaßstab		
Γ'	Vergrößerung		

Formeln für Spiegel und Linsen (optische Bauelemente)

k) Linsenformen

1. Sammellinsen (positive Linsen) die stärker gekrümmte Fläche geht nach außen	2. Zerstreuungslinsen (negative Linsen) die stärker gekrümmte Fläche geht nach innen

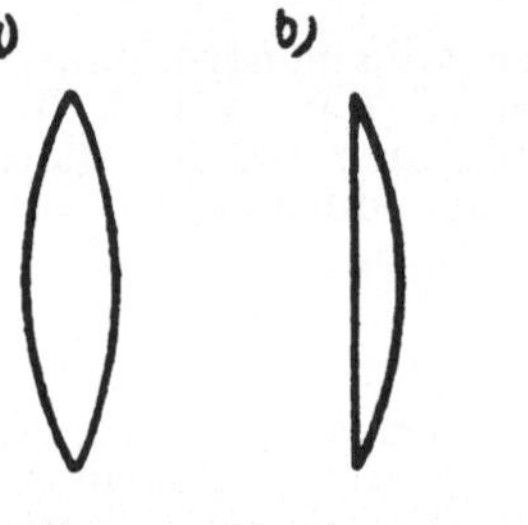

a) bikon- vex	b) plan- konvex	c) konkav- konvex, die stär- ker ge- krümmte Fläche ist konvex	a) bikon- kav	b) plan- konkav	c) konvex- konkav, die stär- ker ge- krümmte Fläche ist konkav

Menisken sind Brillengläser: 1c = Plus-Meniskus; 2c = Minus-Meniskus

l) Linsenkombinationen

Periskop = Kombination zweier Plus-Menisken (hat Focusdifferenz).

Achromatlinse (früher Landschaftslinse) = Sammellinse Nr. 1a + Zerstreuungslinse Nr. 2a (frei von Focusdifferenz).

Aplanaten L. = Kombination zweier Achromaten = Doppelobjektiv.
Aplanatisch heißt: „frei von sphärischer Abweichung";
Achromatisch heißt: „frei von Farbfehlern".

Anastigmat (z. B. Tessar) = Kombination von zwei Sammellinsen Nr. 1b, eine Sammellinse Nr. 1a und zwei Zerstreuungslinsen Nr. 2b. Hat hohe Lichtstärke bei großer Schärfe.

Doppel-Anastigmat (sog. Meyer-Plasmat) = Kombination von zwei Sammellinsen Nr. 1a; zwei Nr. 1c und zwei Zerstreuungslinsen Nr. 2a.

Apochromaten = ein Anastigmat von höchster Korrektion für alle Farben. Verwendung in Farbenfotografie, Mikroskopen usw.

Formeln für Spiegel und Linsen (optische Bauelemente)

m) A b b i l d u n g s g e s e t z e
(gelten für alle sphärischen Linsen und Spiegel)

Abbildungsgleichung

$$\frac{1}{a'} = \frac{1}{a} + \frac{1}{f'}$$

Abbildungsmaßstab

$$\beta' = = \frac{y'}{y} = \frac{a'}{a} = \frac{f'}{f'+a} = \frac{f'-a'}{f'}$$

$$a' = \frac{a \cdot f'}{a + f'} = f'\,(1 - \beta') \qquad = b = \text{Bildweite}$$

$$a = \frac{-a' \cdot f'}{a' - f'} = f'\,\frac{1 - \beta'}{\beta'} \qquad = g = \text{Gegenstandsweite}$$

$$f' = \frac{-a \cdot a'}{a' - a} = \frac{a'}{1 - \beta'} = a\,\frac{\beta'}{1 - \beta'} \qquad = \text{Brennweite}$$

Bei Linsen in Luft (nur diese werden hier behandelt) ist immer $-\overline{f} = f'$

n) D ü n n e   L i n s e n $\quad$ (n = Brechungsindex der Linse)

$$\frac{1}{f'} = (n - 1)\left(\frac{1}{r_1} - \frac{1}{r_2}\right) \quad \text{oder} \quad f' = \frac{r_1 \cdot r_2}{(n - 1)(r_2 - r_1)}$$

dünne symmetrische Linse ($r_2 = -r_1$):

$$f' = \frac{r_1}{2(n - 1)}\,; \quad \text{für } n = 1{,}5 \text{ ist } f' = r_1; r_1; r_2 \text{ Krümmungsradien}$$

Bildkonstruktion (reelles Bild bei einer Sammellinse)

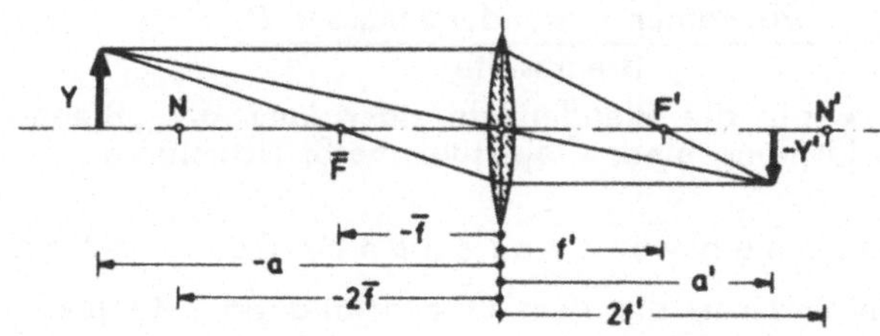

$y = G =$ Gegenstandsweite $\qquad$ $\overline{F}, F'\ (F_1, F_2) =$ Brennpunkt
$-y' = B =$ Bildgröße $\qquad\qquad$ $1/f = 1/a + 1/a = 1/g + 1/b = D$
$\qquad\qquad\qquad\qquad\qquad\qquad$ = Brechwert für Dioptrie)

2. Optische Geräte (Lupe bis Kamera)

L u p e (Bild a) $\Gamma' = \dfrac{250\ \text{mm}}{f'}$

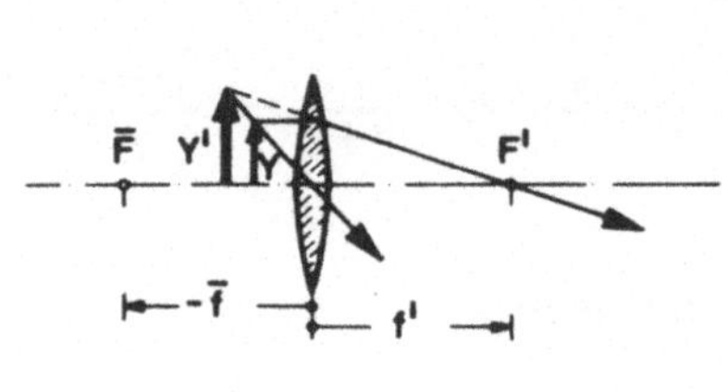

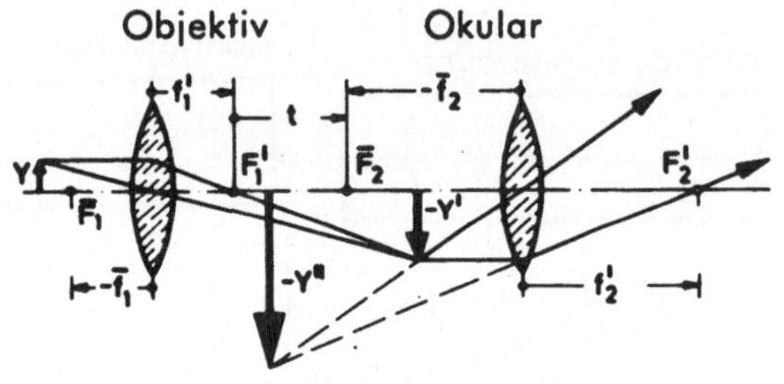

Bild a   Bild b

M i k r o s k o p (Bild b) $\Gamma' = \Gamma'_{\text{Objektiv}} \cdot \beta'_{\text{Okular}} = \dfrac{-250\ \text{mm} \cdot t}{f_1' \cdot f_2'}$

F e r n r o h r (Bild c) $\Gamma' = -\dfrac{f_1'}{f_2'}$

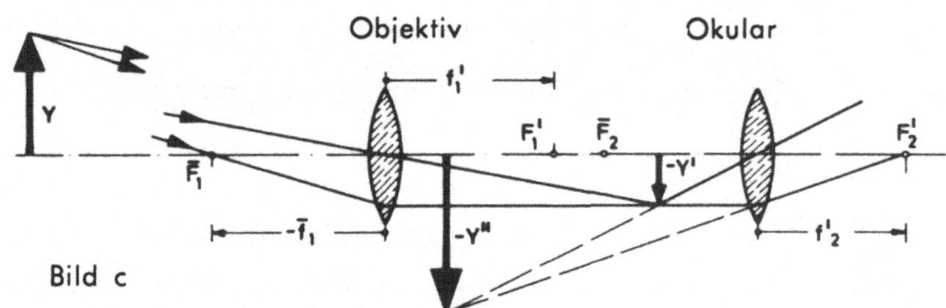

Bild c

F o t o g r a f i s c h e K a m e r a

relative Öffnung $\dfrac{1}{k} = \dfrac{\text{wirksamer Linsendurchmesser } D}{\text{Brennweite } f'}$

Darin bezeichnet man k als die Blendenzahl oder kurz als „Blende". Die größtmögliche, relative Öffnung eines Objektives heißt Lichtstärke.

L i n s e n k o m b i n a t i o n e n v e r s c h i e d e n e r F e r n r o h r a r t e n

Objektivlinse = Objektiv = Linse die dem Gegenstand oder Objektiv zugewandt sind.

Okularlinse = Okular = Linse durch welche das Auge hindurchsieht.

a) Einfaches Mikroskop = eine Bi-konvex-Linse mit Brennweite unter 13 mm.

b) Lupen = Vergrößerungsglas = eine Bi-konvex-Linse mit Brennweite ab 13 mm.

Optische Geräte

c) Astronomisches Fernrohr = Keplersches Fernrohr = 300- bis 400fache Vergrößerung.
Objektiv   = Bi-konvex-Linse mit großer Brennweite, wenig gewölbt.
Okular   = Bi-konvex-Linse mit kleiner Brennweite, mehr gewölbt.
Gegenstand = umgekehrt vergrößert zu sehen.

d) Zusammengesetztes Mikroskop
Objektiv   = Bi-konvex-Linse, stark gewölbt also kleine Brennweite.
Okular   = Bi-konvex-Linse, weniger gewölbt, wirkt als Lupe.
Gegenstand = umgekehrt vergrößert zu sehen.

e) Erdfernrohr = Terrestrisches Fernrohr (bis 60fache Vergrößerung)
Objektiv = Bi-konvex-Linse; Okular = Bi-konvex-Linse
Umkehrlinse = Bi-konvex-Linse (zwischen Objektiv und Okular)
Gegenstand = aufrecht vergrößert zu sehen.

f) Holländisches Fernrohr = Galileisches Fernrohr = Bühnenfernglas.
Objektiv = Bi-konvex-Linse; Okular = Bi-konkav-Linse   /= Theaterglas
Gegenstand = aufrecht und wenig vergrößert zu sehen.

g) Spiegelteleskop = Spiegelfernrohr
Objektiv = Plan-konkav-Linse; Okular = Bi-konvex-Linse
Spiegel = Flach und im Winkel 45° mit beiden Linsen.

h) Prismenfernrohr = Feldstecher (6 bis 8fache Vergrößerung)
Objektiv   = Bi-konvex- oder Konkav-konvex-Linse
Okular   = Bi-konvex- oder Konkav-konvex-Linse eventl. zwei.
Umkehrprismen = je zwei Stück.

i) Entfernungsmesser = Basismesser
Objektiv = Bi-konvex-Linse; Okular = Bi-konvex-Linse
Umkehrprismen = je ein Stück; Ablenkprismen = je ein Stück.
Korrektionsprismen = Meßprismen (nur ein Stück)

k) Zielfernrohr = eine Hälfte eines Prismenfernrohres.

l) Sehrohr = Periskop = Rundblickfernrohr =
Objektiv = Bi-konvex-Linse; Okular = Bi-konvex-Linse
Umkehrprismen = drei Stück zusammengelegt.
Ablenkprismen = zwei Stück einzeln.

m) Teleskop von Newton (1671)
Objektiv = Hohlspiegel sog. Reflektor; Okular = Bi-konvex-Linse
Spiegel (klein) = Flach und mit Winkel von 45° auf Objektiv und Okular.

n) Teleskop von Gregory (1732)
Objektiv = Hohlspiegel inmitten durchbohrt; Okular = Bi-konvex-Linse
Spiegel = Klein und hohl, vor Hohlspiegel und Okular stehend.

o) Teleskop von Herschell (1786)
Objektiv   = Hohlspiegel etwas schräg.
Okular   = Bi-konvex-Linse schräg im Strahlenfeld vom Objektiv.

p) Teleobjektiv = Linsenkombination mit langer Brennweite doch kurzem
Auszug, großem Abbildungsmaßstab und kleinem Bildwinkel.

q) Weitwinkelobjektiv = Linsenkombination mit kleinem Abbildungsmaßstab
beim großem Bildwinkel.

18-7

3. Fotometrische Formeln

L i c h t s t r o m Φ; Einheit: Lumen (lm)

$\Phi = I\,\Omega$

Φ ist die ausgestrahlte Lichtmenge dividiert durch die Zeit

L i c h t s t ä r k e I; Einheit: Candela (cd)

$I = \dfrac{\Phi}{\Omega}$

I ist der in den Raumwinkel Ω gestrahlte Lichtstrom dividiert durch den Raumwinkel.

B e l e u c h t u n g s s t ä r k e E; Einheit: Lux (lx)

$E = \dfrac{\Phi}{A}$ oder $E = \dfrac{I\cos\varepsilon}{r^2}$

E ist der auftreffende Lichtstrom dividiert durch die beleuchtete Fläche A. I in cd, r in m; lx = lm/m^2

L e u c h t d i c h t e L; Einheiten: cd/m^2 oder cd/cm^2

$L = \dfrac{I}{A}$; $L_\mathrm{r} = \dfrac{\varrho \cdot E}{10^4\,\pi}$

L ist die Lichtstärke einer Lichtquelle dividiert durch ihre Oberfläche L_r = reflektierte Leuchtdichte; ϱ = Reflexionsgrad.

1 cd/cm^2 = 1 sb (Stilb)

$\dfrac{1}{\pi} \cdot \dfrac{\text{cd}}{\text{m}^2}$ = 1 asb (Apostilb)

Auch L_v statt L
Genau:

$L = \dfrac{I}{A \cdot \cos\varepsilon}$

R a u m w i n k e l, Einheit: Steradiant (sr)

$\Omega = \dfrac{A}{r^2}$

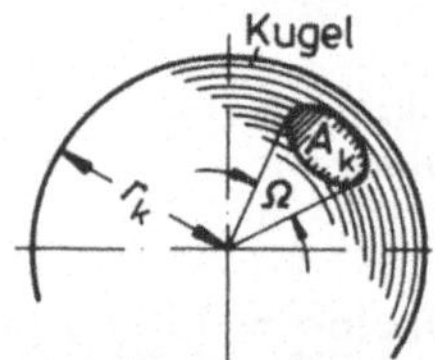

Den Raumwinkel erhält man, wenn man das entsprechende Stück einer Kugelfläche durch das Quadrat des Kugelradius teilt (Raumwinkel 1 sr entspricht einem Kreiskegel mit dem Öffnungswinkel 65,6°)

S t r a h l u n g s l e i s t u n g P_s; Einheit: W (Watt)

$P_\mathrm{s} = W_\mathrm{s}/t$ (Ws/s)

W_s = Strahlungsenergie (Ws)
t = Zeitdauer (Sek.)

Formelzeichen:

A leuchtende Fläche bzw. beleuchtete Fläche (in m^2)
L Leuchtdichte (in cd m^{-2} bzw. sb)
E Beleuchtungsstärke (in lx)
I Lichtstärke (in cd)

r Abstand (in m)
ε Winkel zwischen den Strahlen und dem Einfallslot
Φ Lichtstrom (in lm)
Ω Raumwinkel (in sr)

4. Lichtgeschwindigkeit

in	km/s	Verzögerungs-faktor	Brechzahl, -index n
Luft	299 920	1	1,000
Wasser	225 000	0,75	1,333
Kronglas	~196 000	0,6536	1,53
Flintglas	~184 050	0,6135	1,63

Das Verhältnis der Lichtgeschwindigkeit im Vakuum gegen die in der betreffenden Substanz bezeichnet man als den absoluten Brechzahl (n)

5. Brechzahlen (für gelbes Natriumlicht, Wellenlänge 5893,3 nm) n

Feste Stoffe (bezogen auf Luft)		Flüssige Stoffe (bezogen auf Luft)		Gasförmige Stoffe (bezogen auf Vakuum)	
Eis (bei $\approx$ 0 °C)	1,31	Wasser	1,33	Helium	1,000034
Plexiglas	1,49	Alkohol	1,36	Wasserstoff	1,000139
Quarz	1,54	konz. Schwefelsäure	1,43	Sauerstoff	1,000271
Kronglas	1,56	Glyzerin	1,47	Luft	1,000292
Glimmer	1,58	Benzol	1,50	Stickstoff	1,000297
Flintglas	1,6···1,9	Kanada-Balsam (Glaskitt)	1,54	Ammoniak	1,00037
Diamant	2,41	Schwefelkohlenstoff	1,63	Kohlendioxid	1,00045

6. Reflexionsgrad (Rückstrahlvermögen) ϱ

Licht wird beim Auffallen auf eine Fläche nur teilweise zurückgestrahlt:

Aluminium, in Vakuum aufgedampft	89 %	weiße Fläche: Gips	85 %
Silber, poliert	93 %	weiße Fläche: Magnesiumoxid	95 %
Zink, poliert	70···75 %	gelbe Fläche	40 %
Aluminium, poliert	65···70 %	blaue Fläche	10···25 %
Chrom, poliert	60···70 %	Glasfläche	5···8 %
		schwarzer Samt	0,4 %
		helle Straßendecke	20···30 %
		dunkle Straßendecke	5···15 %

7. Lichtverlust beim Durchgang durch Glas

Licht wird beim Durchgang durch Glas infolge Reflexion (Rückstrahlung) und Absorption (Lichtverschluckung) teilweise zurückgehalten: Die **Lichtabsorption** (ohne Reflexion) beträgt in einer 3 mm dicken Klarglasschicht etwa 1,5 %.

8. Reflexionsverlust + Absorptionsverlust in 3 mm dicken Platten

Klarglas	8... 9 %	mattiertes Glas	15···30 %
Kristallglas	10...15 %	Alabasterglas	20···40 %
Opalglas, überfangen	10···20 %	Opalglas, massiv	30···50 %

Bei Ultraviolett und Ultrarot ist der Verlust viel größer.

9. Lichtfarbe und Farbwiedergabeeigenschaften wichtiger Lichtquellen

Lichtfarbe	Farb- stufe	Verschiedene Lichtquellen
tageslichtweiß (tw)	1	Xenonlampen, Halogen-Metalldampflampen mit sehr guten Farbwiedergabe-Eigenschaften. Daylight-Leuchtstofflampen mit der Farbziffer 19, bei höherer Beleuchtungsstärke über 1000 lx
neutralweiß (nw)		Leuchtstofflampen Weiß mit sehr guten Farbwiedergabe-Eigenschaften mit der Farbziffer 22
warmweiß (ww)		Glühlampen, Halogenglühlampen mit sehr guten Farbwiedergabe-Eigenschaften. Warmton-Leuchtstofflampen mit den Farbziffern 32 und 39
tageslichtweiß (tw)	2	Halogen-Metalldampflampen mit guten Farbtonwiedergabe-Eigenschaften. Daylight-Leuchtstofflampen mit der Farbziffer 19 bei mittlerer Beleuchtungsstärke
neutralweiß (nw)		Leuchtstofflampen Universalweiß mit guten Farbwiedergabe-Eigenschaften und mit der Farbziffer 25
warmweiß (ww)		Leuchtstofflampen Warmton mit guten Farbwiedergabe- Eigenschaften und mit der Farbziffer 36
tageslichtweiß (tw)	3	Tageslichtglühlampen mit weniger guten Farbwiedergabe-Eigenschaften. Daylight-Leuchtstofflampen mit der Farbziffer 19 bei geringerer Beleuchtungsstärke
neutralweiß (nw)		Quecksilberdampf-Hochdrucklampen mit Leuchtstoff- und Mischlichtlampen, mit weniger guten Farbwiedergabe-Eigenschaften. Leuchtstofflampen Weiß mit der Farbziffer 20
warmweiß (ww)		Leuchtstofflampen Warmton mit weniger guten Farbwiedergabe-Eigenschaften mit der Farbziffer 30
orangegelb bläulichweiß	4	Natriumdampflampen, Quecksilberdampf-Hochdrucklampen ohne Leuchtstoff

1. Definition akustischer Größen

Hörschall: Mechanische Schwingungen im Hörbereich des menschlichen Ohrs (etwa 16 bis 16000 Hz). **Ultraschall:** Mechanische Schwingungen über 16000 Hz.

Schallausbreitung. Der Schall breitet sich im allgemeinen kugelförmig von der Schallquelle aus. Der Schalldruck nimmt umgekehrt proportional der Entfernung von der Schallquelle ab. Wellenform: In Flüssigkeiten und Gasen Längswellen, in festen Körpern Längs- und Querwellen.

Schallgeschwindigkeit $c = \sqrt{E/\varrho}$ in m/s (Ausbreitungsgeschwindigkeit des Schalles). ϱ = Dichte.

Wellenlänge $\lambda = c/f = 2\,\pi c/\omega$

Schallschnelle v ist die Wechselgeschwindigkeit eines schwingenden Masseteilchens
$v = s\,\omega = p/Z_s$

Schallausschlag s ist die Auslenkung eines schwingenden Teilchens aus der Ruhelage.

Schalldruck p ist der durch die Schallschwingung hervorgerufene Wechseldruck $vZ_s = s\,\omega Z_s$

Schall-Wellenwiderstand $Z_s = \varrho c$. Für ebene Wellen ist $Z_s = p/v = p/s\,\omega$. Für Luft von 20°C und 1 bar ist $Z_s = $ 408 Ns/m³, für Wasser von 10°C ist $Z_s = 1{,}44 \cdot 10^6$ Ns/m³. Schallkennimpedanz (µbar)

Schallfluß $q = vA$.

Schallhärte ist das Verhältnis des Schalldrucks zum Schallausschlag $= p/s$.

Akustische Impedanz $Z_a = p/q = p/vA$ (vgl. elektr. Scheinwiderstand $Z = U/I$).

Schalleistung $P_a = Ap\,v\cos\varphi = Ap^2/Z_s$
Für Luft bei 20°C und 1 bar ist $P_a = 2{,}45 \cdot 10^{-15}\,\{A\} \cdot \{p\}^2$ Watt; A in m², p in µbar.
Schalleistung einiger Schallquellen:

Unterhaltungssprache, Mittelwert	$7 \cdot 10^{-6}$ W	Klavier, Trompete	$0{,}2 \cdots 0{,}3$ W
Geige, fortissimo	$1 \cdot 10^{-3}$ W	Orgel	$1 \cdots 10$ W
Spitzenleistung der		Pauke	10 W
menschlichen Stimme	$2 \cdot 10^{-3}$ W	Orchester (75 Musiker)	bis 65 W
		Großlautsprecher	bis 100 W

Schallintensität $J = P_a/A = p^2/Z_s$. Für Luft ist $J = 2{,}45 \cdot 10^{-15}\,\{p\}^2$ W/m²; p in µbar.

Schallenergiedichte $E = J/c$. Für Luft ist $E = 7{,}13^{-14}\,\{p\}^2$ J/m³; p in µbar.

Nachhallzeit ist die Zeit, in der der Schalldruck in einem Raum auf den tausendsten Teil seines Anfangswertes abfällt. Sie ist abhängig von der Raumgröße und der Absorption des Raumes. Die Nachhallzeit soll für gute akustische Wiedergabe nicht zu groß, aber auch nicht zu klein sein (für Raum von 600 m³ z.B. etwa 1,2 s).

Schalldämm-Maß R ist der zehnfache Zehnerlogarithmus des Verhältnisses der auftreffenden zur durchgelassenen Schalleistung; R wird angegeben in Dezibel (dB). Bei ebenen Wänden ist

$$R = 10\lg\frac{J_1}{J_2}\ \text{dB}.\quad \text{Die Schalldämmung einer Einfachwand ist}$$

$R = 10\lg 1{,}54 \cdot G^2 \cdot f^2 \cdot 10^{-5}$) dB; G = Flächengewicht der Wand in kg/m²; f in Hz.

Schalldämmung ist also hauptsächlich abhängig vom Wandgewicht!

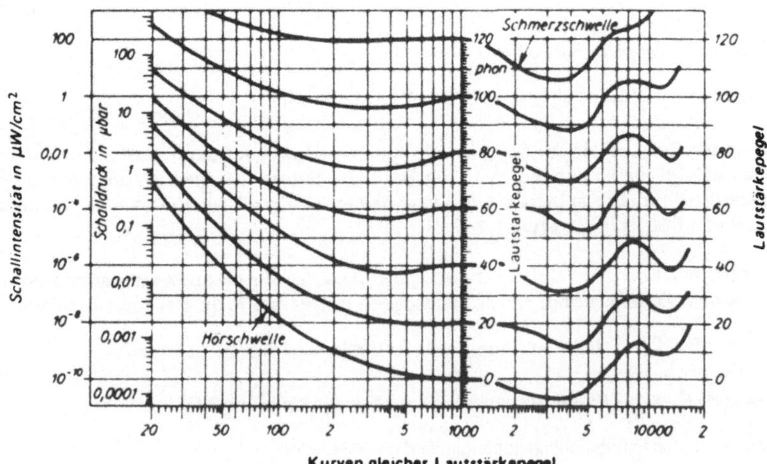

Schallbrechung. Bei Schallausbreitung auf große Entfernungen ist die Brechung des Schalls (z.B. an verschieden warmen Luftschichten) zu beachten:

$$\frac{\sin \epsilon_1}{\sin \epsilon_2} = \frac{c_1}{c_2} = n$$

n — Brechzahl
$c_1.c_2$ — Schallgeschwindigkeiten
ϵ_1,ϵ_2 — Brechungswinkel s. Bild

Totale Reflexion tritt ein, wenn $\sin \epsilon_1 \geqq n$ wird.

Doppler-Effekt bei bewegten Schallquellen: Wird die Entfernung Schallquelle — Beobachter kleiner, so erscheint der beobactete Ton (f') höher als der wirkliche Ton (f); er erscheint tiefer bei zunehmender Entfernung. (Siehe Tabelle Ak/2.)

Musikbereich umfaßt 8 Oktaven:

Subkontra	C_2	=	16,4 Hz	Klein	c	=	130,8 Hz	3-gestrichen c^3 = 1046 Hz
Kontra	C_1	=	32,7 Hz	1-gestrichen	c^1	=	261,6 Hz	4-gestrichen c^4 = 2093 Hz
Groß	C	=	65,4 Hz	2-gestrichen	c^2	=	523,2 Hz	5-gestrichen c^5 = 4186 Hz

Normstimmton (Tonhöhe des 1-gestrichenen a) a^1 = 440 Hz

Intervall oder Tonstufe ist das Verhältnis der Schwingungszahlen zweier Töne. Bei der **„gleichschwebend temperierten Stimmung"** unserer Musikinstrumente (eingeführt von J.S. Bach) ist die Oktave (Intervall 2 : 1) in 12 gleiche Halbtonstufen mit dem Stufensprung $\sqrt[12]{2}$ eingeteilt, d.h. eine Folge beliebig vieler temperierter Intervalle führt stets wieder zu einem temperierten Intervall. Bei der **„reinen Stimmung"** dagegen führt eine Folge reiner Intervalle meist nicht zu einem reinen Intervall.

Beispiel: 4 kleine Terzen ergeben in der temperierten Stimmung $\left(\sqrt[12]{2^3}\right)^4$ = 2 = Oktave, in der reinen Stimmung $\left(\frac{6}{5}\right)^4$ = 2,07, also etwas mehr als eine Oktave.

Lautstärkepegel L_S ist ein Maß für die subjektive Schallempfindung des menschlichen Ohres; er wird angegeben in phon.

Der Lautstärkepegel L_S eines Schalles (Objektschall) wird ermittelt mit einem Standardschall (Sinuston 1000 Hz, ebene fortschreitende Welle, genau von vorne den Beobachter treffend). L_S beträgt n phon, wenn der Schalldruckpegel L_p des gleich laut empfundenen Standardschalles n dB beträgt (DIN 1318). Wird die Lautstärke mit dem DIN-Lautstärke-Meßgerät nach DIN 5045 gemessen, so wird die Einheit als DIN-phon bezeichnet. Die Skala wird so gewählt, daß 0 phon den Hörschwellenwert bei jeder Frequenz bedeutet.
Bei 1000 Hz ist

$$\text{phon} = 10 \lg \frac{J}{J_0} = 20 \lg \frac{p}{p_0}$$

Bei 1000 Hz stimmt die (subjektive) Phonskala mit der (objektiven) Dezibelskala überein, die nichts anderes ist als ein im Logarithmus ausgedrücktes Verhältnis von Schalldrücken bzw. Schallstärken. Es gilt für alle Frequenzen

$$\text{Dezibel [db]} = 10 \lg \frac{J}{J_0} = 20 \lg \frac{p}{p_0}$$

wobei $J_0 = 10^{-16}$ W/cm^2 und $p_0 = 2 \cdot 10^{-4}$ µbar die Werte an der Hörschwelle bei 10000 Hz sind. Außer dem aus dem Zehnerlogarithmus der Schallstärke definierten Dezibel [db] ist in Deutschland als Verhältnismaß auch das aus dem natürlichen Logarithmus der Schallstärke definierte Neper gebräuchlich: 1 Neper = 8,686 db; z. B. entsprechen 3 Neper einer 20fachen Schalldruck- (oder Spannungs-)verstärkung (400fache Leistungsverstärkung).

Schalldruckpegel L_p ist das logarithmierte Verhältnis des Schalldruckes p (Effektivwert) zum Bezugsschalldruck

$$p_0 = 2 \cdot 10^{-4} \text{ µbar:} \qquad L_p = 20 \lg \frac{p}{p_0} \text{ dB}$$

Die Hörschwelle entspricht dann einem Lautstärkepegel von 4 phon (DIN 45 630).
Bei Luft von 20°C, einem statischen Druck von 1 bar und bei ebenen fortschreitenden Wellen, Kugelwellen oder einem diffusen Schallfeld ist der Schalldruckpegel L_p zahlenmäßig gleich dem **Schallintensitätspegel.**

$$L_J = 10 \lg \frac{J}{J_0} \text{ dB, wobei die Bezugsschallintensität } J_0 = 10^{-12} \text{W/m}^2 \text{ ist.}$$

Lautheit S ist so definiert, daß sie der Stärke der Schallwahrnehmung proportional ist; sie wird in sone angegeben. Dem Lautstärkepegel $L_S = 40$ phon ist die Lautheit $S = 1$ sone zugeordnet. Bei Lautstärkepegeln über 40 phon gilt, daß einer Änderung um 10 phon eine Verdoppelung bzw. Halbierung der Lautheit entspricht (Auswahl aus DIN 45 630):

L_S in phon	40	50	60	70	80	90	100	110	120
S in sone	1	2	4	8	16	32	64	128	256

2. Schallausbreitung: Formeln

a) Schallgeschwindigkeit

in festen Stoffen

$$c = \sqrt{\frac{E}{\rho}}$$

Hierin ist E der Elastizitätsmodul. ρ ist temperaturabhängig

in Flüssigkeiten

$$c = \sqrt{\frac{1}{\beta\rho}} \quad \text{oder} \quad c = \frac{K}{\rho}$$

Hierin ist β der Kompressibilitätskoeffizient bzw. K der Kompressionsmodul. ρ ist temperaturabhängig.

in Gasen

$$c = \sqrt{\frac{\kappa p}{\rho}}$$

ρ ist abhängig von Druck und Temperatur des Gases

in Luft

$$c = (331,6 + 0,6 \cdot \{t\}\ \text{ms}^{-1}$$

t in °C

b) Doppler-Effekt

$$f' = f\,\frac{c - v_b}{c - v_s}$$

Gilt für bewegten Beobachter und bewegte Schallquelle. v_b und v_s sind positiv einzusetzen, wenn die gleiche Richtung wie c haben, sonst negativ. Ruht Beobachter, dann $v_b = 0$; ruht Schallquelle, dann $v_s = 0$

Formelzeichen:

c	Schallgeschwindigkeit (in m/s)	p	Gasdruck (in N/m)^2
E	Elastizitätsmodul (in N/m^2)	t	Celsiustemperatur (in °C)
		v_b	Geschwindigkeit des Beobachters (in m/s)
f	wirkliche Frequenz (in Hz)	v_s	Geschwindigkeit der Schallquelle (in m/s)
f'	scheinbare Frequenz		
β	Kompressibilitätskoeffizient (in cm/s)	κ	$= c_p/c_v$ des Gases
K	Kompressionsmodul (in N/m^2)	ϱ	Dichte (in kg/m^3 oder g/cm^3)

3. Schallfeldgröße: Formeln

Die Formelzeichen p, s, v stehen hier für die Effektivwerte, J steht für den zeitlichen Mittelwert.

Schallschnelle

$v = s\,\omega = s\,2\pi$; Einheit: m/s

Wechselgeschwindigkeit eines einzelnen schwingenden Teilchens

Schalldruck

$p = \varrho c v$; Einheit: μbar (1 μbar = 0,1 Pa oder N/m^2)

Druckabweichung (vom statischen Druck) innerhalb einer Schallwelle.
ϱ, die Dichte des Mediums, ist druck- und temperaturabhängig.

Schallintensität

$$J = \frac{\varrho}{2} v^2 c; \text{ Einheit: W/m}^2; \text{μW/cm}^2$$

$$= 2\,\varrho\pi^2\,f^2\,s^2\,c$$

$$= \frac{\varrho^2}{2\varrho c}$$

$$= \frac{pv}{2}$$

Schalleistung, die auf eine zur Richtung des Energietransportes senkrecht stehende Fläche auftrifft, dividiert durch diese Fläche: $J = P_a/A$ in μbar · cm/s, Fläche in cm^2.
Schalleistung $P_a = 0{,}1 \cdot J \cdot A$ in μW, wenn J in μbar · cm/s.

Schalldruckpegel

$$L_p = 10\lg\frac{p^2}{p_0^2}\text{ dB}$$

$$= 20\lg\frac{p}{p_0}\text{ dB}$$

L_p wird in dB angegeben.
Bezugsschalldruck:
$p_0 = 2 \cdot 10^{-4}$ μbar $= 2 \cdot 10^{-5}$ N/m^2

Schallintensitätspegel

$$L_J = 10\lg\frac{J}{J_0}$$

L_J wird in dB angegeben.
Bezugsschallintensität:
$J_0 = 10^{-12}$ W/m^2

Schallfeldgröße: Formeln

Lautstärkepegel

$$\frac{L_S}{\text{phon}} \; (=) \; \frac{L_p}{\text{dB}} \; (=) \; \frac{L_J}{\text{dB}}$$

$$\frac{L_S}{\text{phon}} \; (=) \; 20\,\lg\frac{p}{p_0} \; (=) \; 10\,\lg\frac{J}{J_0}$$

$$p_0 = 2 \cdot 10^{-4}\ \mu\text{bar}$$

$$J_0 = 10^{-12}\ \text{Wm}^{-2}$$

Der Lautstärkepegel L_S in phon ist zahlenmäßig gleich dem Schalldruckpegel L_p in dB bei einem Sinuston von 1000 Hz und ebener fortschreitender Welle, genau von vorne den Beobachter treffend, und ist außerdem zahlenmäßig gleich dem Schallintensitätspegel in dB, falls dabei in Luft von 20 °C bei einem statischen Druck von 1 bar gemessen wird.

(Der Lautstärkepegel wird immer auf ganze Werte gerundet.)

Schalldämm-Maß

$$R = 10\,\lg\frac{P_{a\,1}}{P_{a\,2}}\ \text{dB}$$

bei ebenen Wänden gilt auch

$$R = 10\,\lg\frac{J_1}{J_2}\ \text{dB}$$

Unter Dämmung versteht man die Schwächung des Schalls beim Durchlaufen einer Wand.

Vorgeschriebene Mindest-Schalldämm-Maße

Umfassungsmauern	50 dB
Trennwände zwischen Wohnungen	40 dB
Türen und Fenster in guter Ausführung	25 . . . 30 dB

Formelzeichen:

c	Schallgeschwindigkeit (in m/s)		P_a	Schalleistung (in W)
f	Frequenz (in Hz)		R	Schalldämm-Maß (in dB)
J	Schallintensität (in W/m²)		s	Schallausschlag (in m)
L_J	Schallintensitätspegel (in dB)		v	Schallschnelle (in m/s)
L_p	Schalldruckpegel (in dB)		p	Dichte (in kg/m³; glcm³)
L_S	Lautstärkepegel (in phon)		ω	$= 2\,\pi f$ Kreisfrequenz (in s⁻¹)
L_w	Schalleistungspegel (in dB)		Indizes:	1 vor der Wand
p	Schalldruck (in N/m²)			2 hinter der Wand
	1 µbar = 0,1 Pa (bzw. N/m²)			

4. Schallgeschwindigkeit (in m/s) in verschiedenen festen Stoffen
c-Richtwerte allgemein bei 20°C

Stoff	in Stäben	im unbegrenzten Medium
Degussit (Aluminiumoxid der Fa. Degussa)	9600	—
Ebonit..................................	1560	—
Eis —4° C	3232	—
Elfenbein	3010	—
Gips (Stuck)...........................	2310	—
Glas		
leichtes Flintglas	4550	4800
schweres Flintglas	3490	3760
Kronglas	5300	5660
schwerstes Kronglas	4710	5260
Granit................................	3950	—
Hartgummi	1570	1480
Harz	1600	—
Kork (kompr.)..........................	535	—
Lehm.................................	1659	—
Paraffin...............................	1390	—
Pech	1310	—
Quarzglas.............................	5370	5570
Quarz, kristalliner (X-Schnitt)..............	5440	5720
Quecksilber (—50° C, fest)	2673	—
Rochellesalz (45° C, Y-Schnitt)	2740	—
Sand .... etwa	100···300	—
Siegellack	1370	—
Stearin	1380	—
Talg	390	—
Ton, gebrannt	3650	—
Turmalin (Z-Schnitt).....................	—	7540
Wachs................................	808	—
Baumwollschnur mit 1000 g gespannt	1250	—
Leinenschnur mit 1000 g gespannt	1815	—
Pergament mit 1500 g gespannt	1640	—
Schafleder mit 100 g gespannt	470	—
Schreibpapier mit 900 g gespannt	2100	—
Seidenpapier mit 300 g gespannt	2700	

5. Schallgeschwindigkeit c (in m/s) in Metallen
Richtwerte bei 20°C

Stoff	in Stäben	im unbegrenzten Medium	*Poisson*sche Konstante
Aluminium	5240	6200	0,34
Antimon	3400	—	—
Blei	1250	2400	0,45
Cadmium	2400	2780	0,30
Eisen	5170	5850	0,27
Gold	2030	3240	0,42
Kobalt	4720	—	—
Konstantan	4300	5240	0,33
Kupfer	3680	4680	0,35
Manganin	3830	4660	—
Magnesium	4900	—	—
Messing	3420	4450	0,35
Molybdän	—	6286	0,30
Nickel	4970	5600	0,30
Palladium	3160	—	—
Platin	2800	3960	0,39
Silber	2640	3600	0,38
Stahl	5050	6100	—
Tantal	3350	—	—
Wismut	1790	2186	0,33
Wolfram	—	5183	0,278
Zink	3810	4170	0,2···0,3
Zinn	2730	3320	0,33
Zink + $^1/_5$ Zinn	3330	—	—
Zink + $^5/_5$ Zinn	2980	—	—
Zink + $^{10}/_5$ Zinn	2710	—	—

6. Schallgeschwindigkeit (in m/s) in Flüssigkeiten

Flüssigkeit	Temperatur in °C	c in m/s	Temperatur-koeffizient α in 1/K
Aceton	20	1190	− 4,3
Ammoniak (konzentriert)	16	1663	− −
Benzin	17	1166	−−
Benzol	20	1326	− 5,2
Chlorbenzol	20	1291	− 3,6
Chloroform	20	1005	− 3,6
cis-Dekalin	20	1451	− 4,1
trans-Dekalin	20	1403	− 4,2
cis-Dichlorethylen	20	1072	−
trans-Dichlorethylen	20	1031	−
Ethylalkohol	20	1168	− 3,5
Ethylether	20	1006	− 5,2
Glycerin	20	1923	− 1,8
Hexan, aus Petroleum	20	1083	−
Kochsalzlösung 1%	15	1487	−
	25	1520	−
Kochsalzlösung 5%	15	1540	−
	25	1569	−
Kochsalzlösung 10%	25	1600	−
Kochsalzlösung 20%	25	1723	−
Kochsalzlösung 25%	25	1770	−
Methylalkohol	20	1121	− 3,3
Methyljodid	20	834	−
Nitrobenzol	20	1473	− 3,8
n-Oktan	20	1197	− 4,4
Petroleum	7,2	1395	−
	15	1326	−
Quecksilber	20	1451	− 0,46
Salzsäure (konzentriert)	15,5	1513	−
Sauerstoff (flüssig)	− 182,9	912	−
Schwefelkohlenstoff	20	1158	− 3,2
Terpentinöl	15	1326	−
Tetrachlorkohlenstoff	25	920,6	− 3,1
Trichlorethylen	20	1049	− 4,4
Toluol	25	1308	− 4,2
Wasser (leichtes)	25	1497	+ 2,5
Wasser (schweres)	25	1401	+ 2,9
Wasserstoff (flüssig)	− 252,1	1150	−
m-Xylol	25	1324	− 4,2

7. Schallgeschwindigkeit (in m/s) in Gasen und Dämpfen

1 bar = 1000 mbar; 1 mbar = 1 hPa

Stoff	Temperatur in °C	Druck in bar	c in m/s
Acetylen	18	–	327
Ammoniak	18	1	428,2
	100	1	481,9
Argon	0	–	308
Benzol	80	0,9	208
Brom	0	–	135
Bromwasserstoff	0	–	200
Chlor	0	–	206
Chloroform	70	–	154
Chlorwasserstoff	0	–	296
Cyangas	0	–	229
Erdgas	13,6	–	465
Ethan	10	–	308
Ethylalkohol	80	–	266,1
Ethylchlorid	18	1	428,2
	100	1	481,9
Ethyläther	35	–	166,3
Ethylen	0	–	317
Helium	0	–	971
Jod	0	–	108
Jodwasserstoff	0	–	157
Kalium	850	–	656
Kohlenoxid	0	–	337
Kohlensäure	18	1	265,8
	100	1	297,2
Luft	20	1	343
Methan	0	–	430
Methylalkohol	67	0,9	341
Neon	0	0,89	433,4
Quecksilber	360	–	208
	20	–	1450
Sauerstoff	0	1	316
	– 183,2	0,8565	178,3
Schwefeldioxyd	18	1	216,2
	100	1	244,2
Schwefelkohlenstoff	0	–	189
Schwefelwasserstoff	0	–	289
Stickoxid	0	–	324
Stickoxidul	0	–	257
Stickstoff	0	–	334
Tetrachlorkohlenstoff	97	0,9	145
Wasserdampf	0	–	401
Wasserstoff	0	1	1285
	18	1	1301
	100	1	1463
Wasserstoff (schwerer)	0	–	890

8. Distanzen und Oktavenbereich

Begriff	Ver- hältnis	Beispiele und Erläuterungen
Oktave	1 : 2	Oktavenskala für Grundton 100 Hz: 100, 200, 400, 800, 1600, 3200 . . Hz Oktavskala, Grundton c' = 256 Hz: 128, 256, 512, 1024, 2048, 4096 Hz Oktavbereich des Klaviers: 7 Oktaven: 30 . . . 4000 Hz Oktavbereich des Ohres: 10 Oktaven: 20 . . . 20000 Hz Oktavbereich im Hochbau: 5 Oktaven: 100 . . . 3200 Hz
Quinte	2 : 3	bei Saiteninstrumenten, beim Klavier jedoch gleichschwebende Tempera-
Quarte	3 : 4	tur, Abstand der Töne $1 + \sqrt[12]{2}$.
große Terz	4 : 5	

9. Hörbereich und Lautstärkepegel

Schall wird vernommen, wenn das Ohr vom Schall mit einem bestimmten Druck bei einer bestimmten Frequenz getroffen wird. Der Schalldruck ist verschieden groß.

Hörbereich	Schalldruck	Frequenz f in Hz	Erläuterung
untere Hörgrenze (Reizschwelle)	ziemlich groß (da Ohr sonst bei tiefen Tönen nicht anspricht)	≈ 20	
hoher Bereich	sehr klein (Ton wird trotzdem sofort vernommen)	1000 . . . 3000	Dieser Bereich wird vom Ohr am leichtesten wahrgenommen.
obere Hörgrenze (Schmerzschwelle)	stark	> 10000 . . . 20000	Bei lautstarken, hohen Tönen schalten sich Gelenkknöchelchen im Ohr selbst aus (Schmerzempfindung).

Die Stärke der Schallempfindung des Ohres bei verschiedenen Frequenzen heißt Lautstärkepegel des Schalles (phon). Maßeinheit: Phon

Für den Normalton (1000 Hz)	Schalldruck	Maß in phon
untere Hörschwelle (Reizschwelle)	$p_0 = 2 \cdot 10^{-4} \, \mu$bar	0
obere Hörschwelle (Schmerzschwelle)		120

Beispiel: Ton von 40 Hz wird gehört, wenn Schalldruck $p = 2 \cdot 10^{-1} \, \mu$bar

10. Frequenz f und Wellenlänge λ des Luftschalles (34 = Normalton)

Frequenz in Hz	λ in cm	f in Hz	Wellenlänge in cm
16	2100	2000	17
50	700	4000	8,5
100	340	8000	4,25
200	170	10000	3,4
500	68	15000	2,3
1000	34	20000	1,7

11. Schallsender (Übersicht)

Mechanisch angetriebener Schallsender

1. Saiten (Saiteninstrumente).
2. Stäbe (Xylophon, Stimmgabel) und Zungen (Harmonika Mundharmonika).
3. Membranen oder Felle (Trommel, Pauke).
4. Platten (Gong, Glocke).
5. Luftsäule erregt durch a) Zungen (Ballhupe, Holzblasinstrumente, Orgel), verwandt ist menschliche Stimme, b) Membranen (Fanfarenhorn), c) Lippen (Blockflöte, Galtonpfeife), d) Bläserlippen (Posaune, Trompete).
6. Schneiden und Drähte, an denen Luft vorbeistreicht (Propellergeräusch).
7. Periodische Unterbrechung eines Luftstroms, z. B. durch Lochscheibe (Sirene). Eng verwandt sind die Geräusche von Verbrennungsmotoren.

Elektrisch angetriebene Schallsender

1. Elektromagnetischer Antrieb, z. B. Signalhörner von Kraftfahrzeugen (Aufbau, Wirkungsweise, Tonspektrum s. S. 336), elektromagnetische Fernhörer und Lautsprecher. Signalhörner steuern sich nach Art eines Wagnerschen Hammers in ihrer Frequenz selbst (Frequenz hängt von der Masse des schwingenden Systems, seiner Elastizität und Rückzugskraft ab). Lautsprecher und Fernhörer werden von einer fremden Tonfrequenz-Wechselspannung gesteuert.

2. Elektrodynamischer Antrieb. Eine mit einer sehr beweglich aufgehängten Membran verbundene Spule bewegt sich in einem engen Luftspalt, in dem ein starkes Magnetfeld herrscht. Dieses wird erzeugt entweder durch permanenten Magneten (permanentdynamisches System) oder durch gleichstromdurchflossene Erregerwicklung (fremderregtes dynamisches System). Die Schwingspule wird von den Tonfrequenzströmen durchflossen, so daß das schwingende System entsprechende Bewegungen ausführt. Das elektrodynamische System ist von größter Bedeutung für Lautsprecher, weil der Klirrfaktor wesentlich kleiner ist als beim elektromagnetischen System, so daß größere Schalleistungen verzerrungsarm abgestrahlt werden können. Eine bedeutende Vergrößerung des Wirkungsgrades von Lautsprechern kann man durch Exponentialtrichter erzielen; für die Abstrahlung von tiefen Frequenzen werden diese allerdings sehr groß.

3. Bei Magnetostriktionssendern wird die bei der Magnetisierung ferromagnetischer Stäbe auftretende Längenänderung zur Schallerzeugung benutzt. Anwendung zur Erzeugung von Ultraschall besonders in Flüssigkeiten.

4. Elektrostatischer Antrieb. Zwischen 2 an eine hohe Gleichspannung gelegte Platten (oder feste Platte und eingespannte dünne Membran) wird ein starkes elektrisches Feld erzeugt. Eine überlagerte Wechselspannung verursacht Schwingungen der Membran im Rhythmus dieser Spannung. Für Lautsprecher wenig Bedeutung (wichtig für Kondensatormikrofon, bei dem die durch Schallwellen in Schwingungen versetzte Membran die Größe der Kapazität und damit die Ladung in diesem Rhythmus verändert).

5. Piezoelektrisches Prinzip. Piezoelektrische Kristalle (z. B. Quarz, Seignettesalz) führen Bewegungen aus, wenn sich auf 2 Belegungen auf parallelen, nach einer Vorzugsrichtung ausgeschnittenen Schnittflächen elektrische Ladungen ändern (und umgekehrt). Prinzip wird hauptsächlich bei Kristalltonabnehmern, Kristallmikrofonen und Hochtonlautsprechern angewandt.

Thermische Schallerzeugung beruht auf der Umwandlung von Wärme in Schallenergie (Thermophon, tönender Lichtbogen, Funkenschallwellen).

12. Beispiele von Lautstärkepegeln (Phonskala): **Geräuschstärke**
Werte in phon entsprechen dB (A), ist Dezibel (A)

4 phon	(Untere Grenze der Hörbarkeit, Reiz- oder Hörschwelle)
10 phon	Taschenuhrticken, leises Flüstern
20 phon	Sprechen im Nachbarraum, leises Blätterrauschen, ruhiger Garten
30 phon	normales Flüstern, sehr ruhige Straße ohne Verkehr
40 phon	Leises Sprechen, Zerreißen von Papier, ruhiger Arbeitsraum
50 phon	Sprechen (Umgangssprache), ruhige Straße, laufender Wasserhahn
60 phon	Staubsauger, kräftige Sprache, Verkehrsstraße
70 phon	Personenkraftwagen, Radio in Zimmerlautstärke, Sprache am Telefon (Unterhaltung auf 3 m gut möglich)
80 phon	Schreien, Personenzug, Motorrad mit Schalldämpfer (Unterhaltung auf 2,5 m möglich), laute Radiomusik, U-Bahn
90 phon	Lastkraftwagen auf Steigung (Unterhaltung auf 1,5 m möglich), Textilmaschinensaal, Autohupe, Preßluftbohrer
100 phon	Verkehrsflugzeuge, Motoren ohne Schalldämpfer (Unterhaltung auf 0,5 m mit großer Anstrengung möglich), Lastkraftwagen
110 phon	Starktonhorn für Polizei usw. (in 7 m Abstand); Schmerzschwelle bei hohen Tönen
120 phon	Großflugzeuge (in 3 m Entfernung), Preßlufthämmer (Unterhaltung unmöglich; Schmerzempfindung im Ohr für Normalton)
140 phon	Düsentriebwerk, Schmerzschwelle für tiefe Töne

Das Ohr kann gerade einen Unterschied von 1 Phon wahrnehmen. Eine Änderung um 8 bis 10 Phon entspricht etwa einer Verdoppelung der Lautheit.

13. Schalldämmstoffe

Zur Schalldämmung stehen Schalldämmstoffe zur Verfügung, die in 3 Gruppen zu gliedern sind:

a) **Körperschalldämmstoffe,** das sind elastische Stoffe, z. B. Faserpackungen, Gummi, Kork, durch deren Einschalten zwischen feste Körper der Schallübertritt von dem einen festen Körper auf den anderen festen Körper eingeschränkt werden kann.

b) **Schallschluckstoffe,** das sind durchgehend porige Stoffe, bei denen die Porigkeit weder zu klein noch zu groß sein darf, z. B. Faserstoffe, Holzwolleplatten, Holzfaserdämmplatten, die jedoch nicht luftundurchlässig abgedeckt werden dürfen. Schallschluckstoffe reflektieren den aus Luft auf sie auffallenden Schall nur zu einem Teil, lassen dabei aber infolge ihrer Porigkeit viel Schall durch.

c) **Abstrahldämpfstoffe,** das sind plastische Stoffe, z. B. bituminöse Massen, die auf schwingenden Blechflächen aufgebracht werden und dabei deren Schwingungen auf Schallabstrahlung dämpfen.

Zur **Luftschalldämmung,** deren Aufgabe darin besteht, einen in Luft vorhandenen Schall gegenüber einem benachbarten Luftraum zu dämmen, gibt es keine Dämmstoffe. Die Luftschalldämmung ist im wesentlichen eine konstruktive Aufgabe; sie hängt vor allem vom Gewicht der Scheidewand und von deren Steife ab. Bei doppelwandigen Konstruktionen wendet man allerdings im Zwischenluftraum mit Vorteil auch Schallschluckstoffe an.

14. Schallschluckgrad (-absorptionsgrad) verschiedener Baustoffe

Material	Schallabsorptionsgrad α bei		
	125 Hz	500 Hz	2000 Hz
Steine und Putze			
Glättputz auf Mauerwerk	0,02	0,02	0,03
Gewöhnlicher Kalkputz	0,03	0,03	0,04
Iporitputz (Leichtbeton, blasige Struktur)	0,07	0,22	0,10
Kunststein	0,02	0,05	0,07
Rauhputz	0,03	0,03	0,07
Glattputz	0,02	0,03	0,06
Stuck	0,03	0,04	0,07
Holzwolle-Leichtbauplatten			
Dyckerhoff-Akustikplatten, 2,5 cm dick,			
direkt auf der massiven Wand	0,11	0,5	0,58
mit Leimfarbenanstrich	0,19	0,45	0,60
Torfotekt-Akustikplatten, 3,5 cm dick,			
direkt auf der massiven Wand	0,17	0,55	0,47
mit 5 cm Abstand	0,19	0,56	0,53
Herakustikplatten, 2,5 cm dick,			
direkt auf der massiven Wand	0,15	0,23	0,73
mit 3 cm Abstand	0,25	0,73	0,74
Holz- und Holzfaserplatten			
Atex-Isolierplatten, 2 cm dick,			
direkt auf der massiven Wand	0,13	0,19	0,24
mit 3 cm Abstand	0,15	0,23	0,23
mit 3 cm Abstand mit Glaswolle	0,33	0,44	0,37
Sperrholz, 3 mm, mit 5 cm Abstand von der massiven Wand	0,25	0,18	0,10
Holz, lackiert	0,05	0,03	0,03
Holztüren	0,14	0,06	0,10
Parkett	0,05	0,06	0,10
Holzverkleidung (Eigenton 300 Hz)	0,14	0,10	0,08
Holzboden (mittlerer Eigenton)	0,10	0,10	0,08
Sperrholz, 3 mm, Abstand 2 cm	0,07	0,22	0,10
Sperrholz, 3 mm, Wandabstand 0	0,07	0,05	0,10
Holzpanel	0,25	0,25	0,08
Linoleum	0,04	0,03	0,04
Steinholz	0,06	0,08	0,10

1. Festigkeitslehre: Grundlagen

Spannungen = innere Kraft eines Bauteils bezogen auf die Flächeneinheit des Querschnitts. Normalspannungen σ [N/cm²] stehen senkrecht zur Fläche als Zug- und Druckspannungen. Schubspannungen τ [N/cm²] liegen in der Fläche selbst. (da N/cm² = 10 N/cm²; 1 kN/cm² = 0,1 N/mm²)

Vorhandene Spannungen (σ_{vorh}) dürfen wegen der erforderlichen Sicherheit nur einen Teil der Bruchfestigkeit bzw. der Festigkeit an der Streckgrenze (σ_B bzw σ_S) erreichen.

Jeder Baukörper erleidet unter der Einwirkung äußerer Lasten Formänderungen. Elastische Körper nehmen nach der Belastung ursprüngliche Form wieder ein. Bis zur Elastizitätsgrenze (Proportionalitätsgrenze) ist die Längenänderung

$$\Delta l = \varepsilon \cdot l; \qquad \varepsilon = \frac{\Delta l}{l}$$

Bis zur Elastizitätsgrenze gilt $\varepsilon_1 : \varepsilon_2 = \sigma_1 : \sigma_2$, d. h. Dehnungen sind den Spannungen verhältnisgleich (Hooksches Gesetz).

$\varepsilon = \alpha \cdot \sigma$; α = Dehnungszahl = Dehnung für Längeneinheit bei $\sigma = 1$ N/cm².

$\dfrac{1}{\alpha}$ = Elastizitätsmodul E [N/cm²]. Daher auch $\Delta l = \varepsilon \cdot l = \dfrac{\sigma}{E} \cdot l$

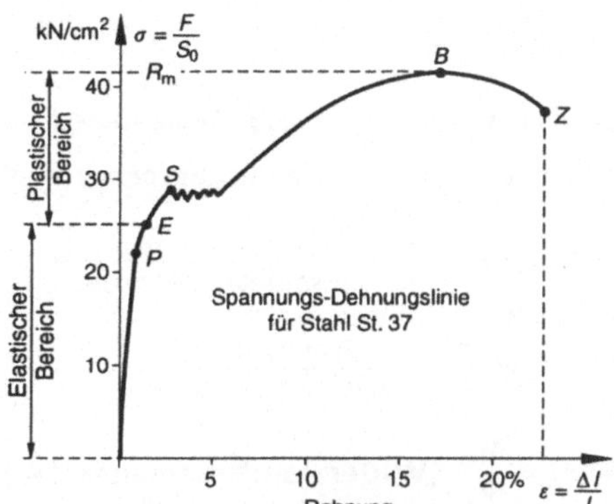

Bis P Proportionalität zwischen σ und ε.

σ_p = Proportionalitätsgrenze; bis E nahezu vollkommen elastisch (reversibel).

R_e = Elastizitätsgrenze; ab S beginnt großes Strecken und Abfallen der Spannung. (R_{eH}, R_{eL}); irreversibel

R_s = Streckgrenze oder Fließgrenze (obere und untere) bei Zug, Quetschgrenze bei Druck; Zunahme der Dehnung und Last bis B Höchstlast, die der Stab trägt (z. B. Zugfestigkeit R_m).

σ_B (z. B. R_m) = Bruchspannung, bezogen auf den vollen Querschnitt (Anfangs-) S_0

Die dargestellte Spannungs-Dehnungslinie gilt für Stähle mit ausgeprägter Streckgrenze (z. B. St. 37). Bei Stählen hoher Festigkeit ist die Streckgrenze nicht ausgeprägt. Anstelle von σ_s wird die Spannung $R_{p\,0,2}$ an der 0,2-Grenze bestimmt, bei welcher die bleibende Dehnung 0,2 % der angewendeten Meßlänge L_o beträgt.

Sicherheitszahl $v = \dfrac{R_m}{\sigma_{zul}}$ bzw. $\dfrac{R_e}{\sigma_{zul}}$

statt St 37   Hinweis: St 37–2 = Fe 360-B

Im Stahlbau . . . . $v = 1{,}72$	gegen R_e (R_s)	$E = 21\,000\,\text{kN/cm}^2$
im Stahlbetonbau . . . . $v = 3\,\text{bis}\,5$	gegen R_m	$E = 1400\,\text{kN/cm}^2$
im Holzbau . . . . $v = 3$	gegen R_m	$E = 1000\,\text{kN/cm}^2$

2. Festigkeitslehre: Beanspruchungsarten, Formeln

a, b	Abstände [mm]	l	Länge [mm]	ε	elastische Dehnung bzw. Stauchung
A, B	Auflagerdrücke [N]	M_b	Biegemoment [N mm]	λ	Schlankheitsgrad
E	Elastizitätsmodul [N/mm²]	M_t	Drehmoment [N mm]	σ	Spannung [N/mm²]
f	größte Durchbiegung [mm]	F	Belastung [N]	σ_{bB}	Biegefestigkeit
		s	freie Knicklänge [mm]	σ_{bF}	Biegegrenze
S	Fläche, Querschnitt [mm²]			σ_{bW}	Biegewechselfestigkeit
G	Schubmodul [N/mm²]	W_b	Widerstandsmom. bei Biegung [mm³]	R_m	Zugfestigkeit
I_a	axiales Flächenträgheitsmoment [mm⁴]	W_t	Widerstandsmom. bei Drehung [mm³]	R_e	Streckgrenze
		α_k	Formzahl (Kerbfaktor)	σ_W	Wechselfestigkeit (Zug/Druck)
I_p	polares Flächenträgheitsmoment [mm⁴]	β_k	Kerbwirkungszahl	τ	Schubspannung [N/mm²]
		γ	elastische Schiebung	τ_{tB}	Verdrehfestigkeit
F_K	Knicklast [N]	A	Bruchdehnung	τ_{tF}	Verdrehgrenze
				τ_W	Drehwechselfestigkeit

Die Formeln dieses Abschnitts sind allgemeine Größengleichungen, d. h. sie gelten auch bei Wahl anderer Einheiten.

1. Zug und Druck[1]

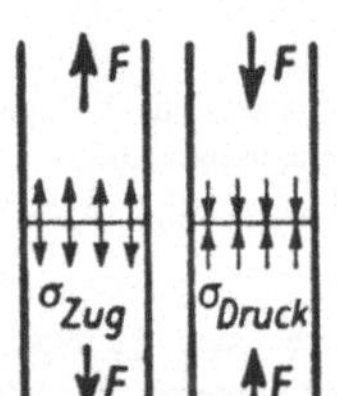

Zug-(Druck-)Spannung $\sigma = \dfrac{F}{S}$ = Zug-(Druck-)Belastung je Flächeneinheit eines Körperquerschnitts. Spannung wirkt senkrecht zur Flächeneinheit.

Dehnung (Stauchung) $\varepsilon = \dfrac{\Delta l}{l} = \dfrac{\text{Verlängerung}}{\text{ursprüngliche Länge}}$ = Längenänderung der Längeneinheit.

Elastizitätsmodul $E = \dfrac{\sigma}{\varepsilon} = \dfrac{\text{Spannung}}{\text{elast. Dehnung}}$ [2]

2. Biegung

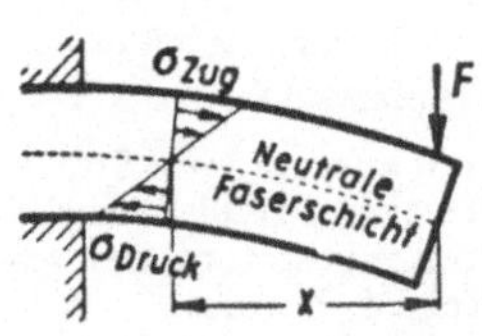

Biegespannung $\sigma_b = \dfrac{M_b}{W_b}$ (Widerstandsmomente W_b)

Biegemoment $M_b = \Sigma\, F \cdot x$ = Summe aller Momente rechts oder links eines betrachteten Querschnittes. Rechtsdrehende Momente (im Uhrzeigersinne) gelten als positiv, linksdrehende (entgegen dem Uhrzeigersinn) als negativ. Biegemomente bringen einem Querschnitt teils Zug, teils Druck. Die Grenzfläche zwischen beiden Belastungen heißt „neutrale Faserschicht", deren Schnitt mit der Querschnittsfläche „neutrale Linie". („NL" in den Querschnitten)

Querkraft $Q = \Sigma F$ = Summe aller Kräfte rechts oder links eines betrachteten Querschnittes. Die Querkraft Q beansprucht den Querschnitt auf Schub. Sie ist meist klein gegen die Biegebeanspruchung und kann vernachlässigt werden.

---

[1] Auf Druck beanspruchte lange und dünne Stäbe auch auf Knickung berechnen

[2] Hookesches Gesetz, gilt nur für elastische Formänderung, d. h. praktisch angenähert bis zur **Fließgrenze** (Streckgrenze, Biegegrenze).

Festigkeitslehre: Beanspruchungsarten, Formeln

3. Schub; Abscherung τ

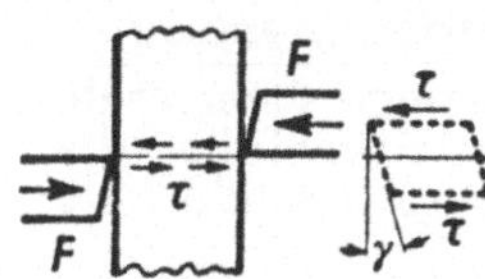

Schubspannung $\tau = \tau_a = \dfrac{F}{S}$ = Schubbeanspruchung, bezogen

auf die Flächeneinheit eines Körperquerschnitts. Spannung wirkt in Richtung des Flächenelements.

Schiebung γ = Winkeländerung am Körperelement infolge Schubspannung.

Schubmodul $G = \dfrac{\tau}{\gamma} = \dfrac{\text{Schubspannung}}{\text{elastische Spannung}^{1)2)}}$

Schubzahl $\beta = 1/G$ = Kehrwert des Schubmoduls.

4. Verdrehung

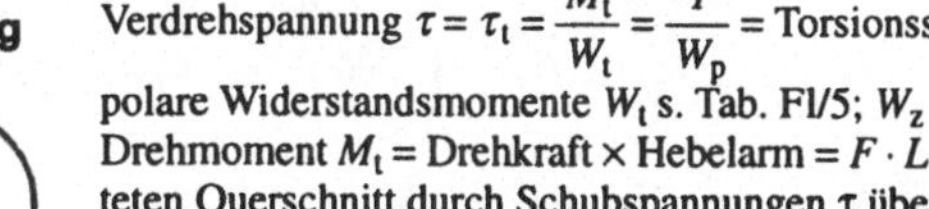

Verdrehspannung $\tau = \tau_t = \dfrac{M_t}{W_t} = \dfrac{T}{W_p}$ = Torsionsspannung; T = Torsionsmoment

polare Widerstandsmomente W_t s. Tab. Fl/5; $W_z = W_p$

Drehmoment M_t = Drehkraft × Hebelarm = $F \cdot L$. Das Drehmoment wird im betrachteten Querschnitt durch Schubspannungen τ übertragen.

Drehwinkel $\Psi = \dfrac{l}{G} \cdot \dfrac{M_t}{J_p} = l \dfrac{W_t}{J_p} \cdot \dfrac{\tau}{G}$ = Verdrehwinkel

eines Rundstabes von der Länge l (J_p = polares Trägheitsmoment der Querschnittsfläche, s. Tab. Fl/5

Schubmodul $G = \dfrac{\tau}{\gamma} = \dfrac{\text{Drehspannung}}{\text{elastische Drehung}^{1)2)}}$

Berechnung von Schraubenfedern s. Abschnitt MT „Maschinenteile"

5. Kerbwirkung

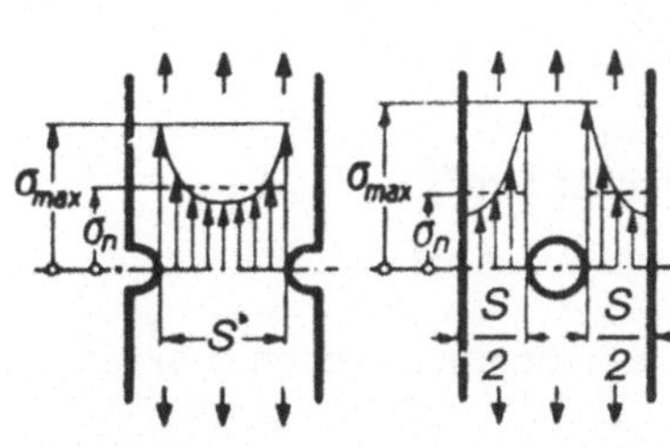

Kerbwirkung = Spannungsanhäufung an Stellen mit Querschnittsänderungen (Rillen, Absätze, Bohrungen, Einspannungen, Kröpfungen u. ä.). S = Querschnitt. Kerbwirkungen sind in den Formeln für die Nennspannungen σ_n unberücksichtigt:

$\sigma_n = \dfrac{F}{S}$ für Zugbeanspruchung

$\sigma_n = \dfrac{M_b}{W_b}$ für Biegebeanspruchung

$\tau_n = \dfrac{M_t}{W_t}$ für Verdrehungsbeanspruchung

Die Spannungsspitze σ_{max} kann das Mehrfache der Nennspannung betragen:

$\sigma_{max} = \alpha_k \cdot \sigma_n$ (Formziffer α_k für verschiedene Kerbformen s. Tab. Fl/10). Kerben erhöhen die Dauerbruchgefahr (Tab. 10). Die Kerbwirkung ist um so größer, je größer das Spannungsgefälle an der höchstbeanspruchten Stelle, dh. je steiler die Spannungsspitze ist.

Am gefährlichsten sind schlecht gerundete oder scharfkantige Übergangsstellen, sehr tiefe Kerben, Spitzkerben (Haarrisse).

Berechnung der zulässigen Spannungen an gekerbten Querschnitten s. Tab. Fl/10

---

[1] Gilt nur für elastische Formänderung, dh. praktisch angenähert bis zur Fließgrenze (Verdrehgrenze, s. Tab. Fl/7)

[2] Zwischen Schubmodul G und Elastizitätsmodul E besteht für metallische Werkstoffe die Beziehung $G = 0,385\ E$; Zahlenwerte für E s. Tab. Fl/4

Festigkeitslehre: Beanspruchungsarten, Formeln

6. Knickfestigkeit

a) Nach Euler oder Tetmajer. Für Konstruktionen im Maschinenbau

Berechnung von Druckstäben (Stangen) mit gleichbleibendem Querschnitt nach Euler und Tetmajer (mittiger Kraftangriff!). Die Grundfälle der Knickungsbeanspruchung und die der Berechnung zugrunde zu legende freie Knicklänge s_k:

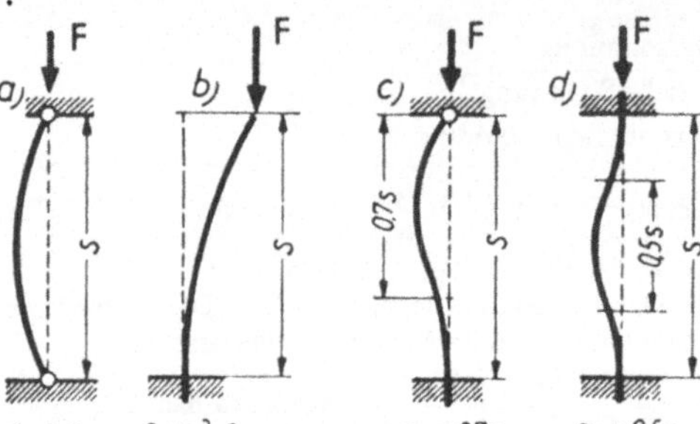

In den folgenden Formeln bedeuten:

F = Stabbelastung (Traglast) in N bei v-facher Sicherheit,
F_k = Knicklast [N] an der Stabilitätsgrenze

$$F_k = F \cdot v$$

σ_k = Knickspannung [N/cm^2] an der Stabilitätsgrenze
σ_{kzul} = zulässige Spannung [N/cm^2]
L = freie Knicklänge [cm] nach obigem Bild (auch l_f)
E = Elastizitätsmodul [N/cm^2] des Werkstoffes nach Tab. Fl/7
S = ungeschwächter Stabquerschnitt [cm^2] = F/σ_k
I = kleinstes Trägheitsmoment des Stabquerschnittes [cm^4]
i = Trägheitsradius [cm]
γ = Schlankheitsgrad [Zahl]
v = Sicherheitsgrad [Zahl], für Maschinenteile zu wählen zwischen 6 bis 10

Berechnungsformeln:

$$I_{erf} = \frac{F \cdot s_k^2 \cdot v}{\pi^2 \cdot E} \qquad (1)$$

$$v = \frac{F_k}{F} = \frac{\sigma_k}{\sigma_{kzul}} \qquad (4)$$

$$F = \frac{\pi^2 \cdot E \cdot I}{s_k^2 \cdot v} \qquad (2)$$

$$i = \sqrt{\frac{I}{F}} \qquad (5)$$

$$\sigma_k = \frac{\pi^2 \cdot E \cdot I}{s_k^2 \cdot A} \qquad (3)$$

$$\lambda = \frac{s_k}{i} \qquad (6)$$

$$\sigma_k = \frac{\pi^2 \cdot E}{\lambda^2} \qquad (3a)$$

I = Flächenmoment 2. Grades

Festigkeitslehre: Beanspruchungsarten, Formeln

Berechnungsgang:

1. Bestimmung des vorliegenden Grundfalles und der freien Knicklänge s_k,
2. Berechnung des erforderl. kleinsten Trägheitsmomentes J mit der Euler-formel (1),
3. Festlegung des vorläufigen Querschnittes A und der Profilabmessungen nach dem errechneten Trägheitsmoment J,
4. Feststellung des vorhandenen kleinsten Trägheitsmomentes für den vorläufig gewählten Querschnitt A,
5. Bestimmung des Trägheitsradius i dieses Querschnittes mit Formel (5). (Zur Lösung der Aufgaben 3 bis 5 bedient man sich zweckmäßig einer Profiltabelle, der man die ausgerechneten Werte entnehmen kann.)
6. Berechnung des Schlankheitsgrades λ mit Formel (6) und Prüfung, ob derselbe – wie es sein soll – über dem in der Tab. b für den betreffenden Werkstoff angegebenen Mindestwert liegt.
7. Ist λ kleiner als nach Tab. 2b erforderlich, dann Querschnittabmessungen größer wählen, σ_k mit entsprechender Tetmajer-Formel nach Tabelle nachrechnen. Feststellen, ob Sicherheitsgrad v nach Formel (4) ausreichend ist.

AB: Elastische Knickung (Euler-Hyperbel)

BC: Unelastische Knickung (Tetmajer-Gerade)

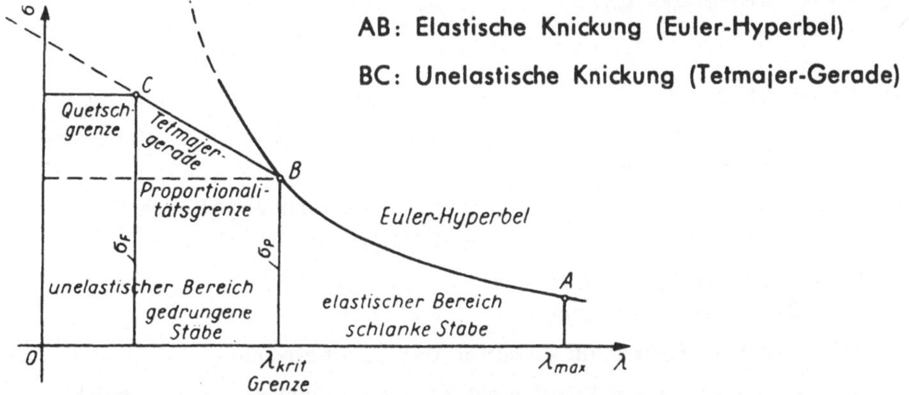

b) Schlankheitsgrad nach Euler und Tetmajer-Formeln

Werkstoff des Knickstabes	Nach Euler muß λ über nachstehenden Werten liegen	Tetmajer-Formeln
Nadelholz	100	$\sigma_k = 293 - 1{,}94 \cdot \lambda$
Gußeisen	80	$\sigma_k = 7760 - 120 \cdot \lambda + 0{,}53\,\lambda^2$
Stahl, schweißbar	112	$\sigma_k = 3030 - 12{,}9 \cdot \lambda$
Stahl: weich	105	$\sigma_k = 3100 - 11{,}4 \cdot \lambda$
hart	89	$\sigma_k = 3350 - 6{,}2 \cdot \lambda$
Nickelstahl 5 %	86	$\sigma_k = 4700 - 23{,}0 \cdot \lambda$

Festigkeitslehre: Beanspruchungsarten, Formeln

c) Noch Omega-Verfahren, direkte Bemessung von Druckstäben

(DIN 4114, Ri 7.3) Für mittig gedrückte Knickstäbe im Stahlbau
Festgelegte Proportionalitätsgrenze für alle Baustahlsorten
$\sigma_p = 0,8 \cdot$ σ_F, worin σ_F = Spannung an der Fließgrenze, somit
$\qquad \sigma_p = 0,8 \cdot 24 \ kN/cm^2 = 19,2 \ kN/cm^2$ für St 37 oder Fe 360-B und
$\qquad \sigma_p = 0,8 \cdot 32 \ kN/cm^2 = 25,6 \ kN/cm^2$ für St 52 oder Fe 510-D1
Benutzung des Querschnittswertes Z, zu berechnen mit Formel (7)
(Mittelwerte nach Tab. Fl/12)
Einführung der Stabkennzahl ζ nach der Formel

$$\zeta = \sqrt{\frac{Z \cdot S_k^2 \cdot \sigma_{zul}}{F_s}} = 100 \cdot S_k \cdot \sqrt{\frac{Z \cdot \sigma_{zul}}{F_s}}$$

Hierin F_s die max. Belastung in N, S_k die freie Knicklänge in m und σ_{zul} in kN/cm^2 (7)
Errechnung des erforderlichen Stabquerschnittes mit der Formel

$$A_{erf} = \frac{\omega \cdot F_s}{\sigma_{zul}} \ \text{in cm}^2; \ A_{erf} = S_{erf} \tag{8}$$

Berechnungsgang:

1. Nach der Größe der Belastung S und der Knicklänge s_k die Form des Profilquerschnitts wählen,

2. Nach Tab. Fl/3 den Z-Wert dieses Profils schätzen bzw. Mittelwert wählen.

3. Mit Formel (7) die Stabkennzahl ζ berechnen

4. Zu der gefundenen Stabkennzahl ζ aus Tab. Fl/12 den zugehörigen Wert für ω ablesen bzw. berechnen,

5. Den ω-Wert in Formel (8) einsetzen und F_{erf} berechnen,

6. Für den Knickstab ein Profil wählen, das mindestens F_{erf} aufweist,

7. Für F_{vorh} und den zugehörigen Trägheitshalbmesser i ist λ mit Formel (6) zu berechnen.

8. Zu diesem λ auf Tab. Fl/12 den entsprechenden ω-Wert ablesen,

9. Die in dem gewählten Profil auftretende Spannung mit Formel (8) nachprüfen. Ist σ_{vorh} größer als zulässig, dann die Berechnung von Punkt 6 ab mit einem größeren Querschnitt wiederholen!

10. Für das endgültige Profil zur Kontrolle die genaue Querschnittzahl Z berechnen.

Festigkeitslehre: Beanspruchungsarten, Formeln

7. Zusammengesetzte Festigkeit

Durch einfache Addition können nur Normalbeanspruchungen, also entweder nur Zug, Druck und Biegung, oder nur Schubbeanspruchungen (Abscherung und Verdrehung) zusammengesetzt werden. Es ist also die zusammengesetzte Spannung bei Zug und Biegung:

$\sigma_i = \sigma_z + \sigma_b$; entsprechend ist bei Abscherung und Verdrehung:

$\tau_i = \tau_s + \tau_d$.

Treten in einem Querschnitt zugleich Normalbeanspruchungen und Schubbeanspruchungen auf, so werden diese nach der Formel von Grashoff und Bach zu der „reduzierten Spannung" σ_i zusammengesetzt. Es ist beispielsweise für Biegung (σ_b) und Verdrehung (τ_t)

$$\sigma_i = 0{,}35\ \sigma_b + 0{,}65 \cdot \sqrt{\sigma_b{}^2 + 4\,(\alpha_o \cdot \tau_t)^2}$$

Hierin ist $\alpha_o = \dfrac{\sigma_{zul}}{1{,}3 \cdot \tau_{zul}}$. Für Stahl ist $\alpha_o = 0{,}96$ bis 1.

Zur Berechnung eines z. B. auf Biegung und Verdrehung beanspruchten Stabquerschnittes ermittelt man zunächst das Gesamtmoment nach der Formel

$M_i = 0{,}35\ M_b + 0{,}65 \cdot \sqrt{M_b{}^2 + (\alpha_o \cdot M_t)^2}$ und dann das erforderliche

Widerstandsmoment $W = \dfrac{M_i}{\sigma_b}$

3. Profilwerte Z für gängige Stabquerschnitte

Profil	I	I P	[	L	L	I	⊥	L	II	][	⊤⌐	⌐	T
Z-Wert von	9,2	2,7	6	5	5	5	7,4	8,2	0,9	0,8	4	2,5	2
bis	13	9	10	9	11	6	8,3	10	1,1	1,6	6	3,9	4
Mittelwert	11	4	7	6	8	5,5	8	9	1	1	5	3	3

Weitere Werte: Für den vollen Kreisquerschnitt ist $Z = 4\,\pi \approx 12{,}6$.

Für  mit $t = 0{,}1\ D$ ist $Z = 28\ t/D \approx 2{,}80$.

Für DIN-Stahlrohre mit 38 bis 89 mm $\varnothing$ ist $Z = 2{,}00$; für 108 bis 216 m ä. $\varnothing$ ist $Z = 1{,}30$.

Für das Quadrat ist $Z \approx 12{,}00$; für das Rechteck ist $Z \approx 12h/b$.

4. Zulässige Spannungen[1]) (Festigkeitslehre)

Die Gleichungen in den Zahlentabellen gelten nur im elastischen Bereich, also streng genommen angenähert bis zur Streckgrenze. Die Grenzen werden durch die Werkstoffprüfung bestimmt und richten sich nach Stoff, Stoffart (zäh, spröde) und Beanspruchungsart (ruhend, wechselnd, schwellend).

Zähe Stoffe: Bei wachsender Beanspruchung zunächst rein elastische (federnde) Formänderung, hierauf mehr oder weniger plötzlich eintretende bleibende (plastische) Verformung; nach Erschöpfung der Formänderungsfähigkeit Bruch. Bei einmaliger gewaltsamer Überbeanspruchung (Explosion, Stoß) treten bleibende Verformungen auf; zähe Werkstoffe lassen sich kaltformen (ziehen, walzen, biegen, stanzen usw.).

Spröde Stoffe (zB. Glas, Porzellan, glasharter Stahl, Gußeisen usw.): Bei Belastungssteigerung tritt nach rein elastischer Formänderung der Bruch plötzlich ein. Spröde Stoffe lassen sich deshalb nicht kaltformen.

a) Ruhende Beanspruchung

Verhalten von zähem Stahl beim Zerreißversuch

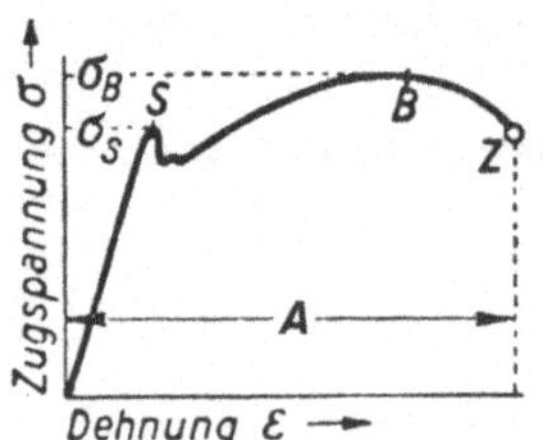

$\sigma_S =$ Spannung an der Streckgrenze S (z.B. bei Zug: R_s (R_e) = Zugstreckgrenze)

$\sigma B =$ statische Festigkeit bei B (z.B. bei Zug: R_m = Zugfestigkeit)

$A =$ Bruchdehnung

Bruchdehnung (bleibende Längenänderung) und Einschnürung (Querschnittsverringerung) sind ein Maß für die Zähigkeit des Stoffes. Die Bruchdehnung übertrifft die elastische Dehnung um ein Vielfaches.

Zähe Stoffe   **Spröde Stoffe**

Grenzwerte bei Zug

Streckgrenze σ_{zS} (ungefähr Grenze der elastischen Dehnung) = höchste zulässige Zugbelastung (Tragfähigkeit). Bei Stahl und kaltgewalzten Metallen ist $R_s = 0,6 \cdots 0,8\,R_m$. Bei Stoffen ohne ausgesprochene Streckgrenze (z.B. Kupfer, Aluminium) gilt die 0,2-Grenze $R_{p0,2}$), d. i. diejenige Spannung, bei der die bleibende Dehnung 0,2 % beträgt.

Zugfestigkeit R_m kennzeichnet die Tragfähigkeit.

Grenzwerte bei Druck

Quetschgrenze σ_{dS} (Grenze der elastischen Stauchung) = höchste zulässige Druckbelastung (Tragfähigkeit). Sie deckt sich zahlenmäßig etwa mit der Streckgrenze.

Druckfestigkeit σ_{dB} kennzeichnet die Tragfähigkeit.

Quetschgrenze und Druckfestigkeit werden in der Regel an würfelförmigen Proben ermittelt; bei schlanken Querschnitten Knickgefahr beachten

---

1) Zahlenwerte für Elastizitätsmodul, Zugfestigkeit, Streckgrenze, Wechselfestigkeit, Kerbempfindlichkeit s. Stoffwert-Tabellen; Zusammenhang zwischen Festigkeit und Härte s. Härte-Tabellen S/23.

Zulässige Spannungen (Festigkeitslehre)

Zähe Stoffe **Spröde Stoffe**

Grenzwerte bei Biegung

Biegegrenze σ_{bF} (Grenze der federnden Durchbiegung) = äußerste unschädliche Spannung an der höchstbeanspruchten Stelle. Sie ist je nach Stoff und Querschnittsform meist höher als die (Zug-) Streckgrenze. Beim Überschreiten der Biegegrenze bleibende Krümmung.

Biegefestigkeit σ_{bB} = äußerste unschädliche Spannung an der höchstbeanspruchten Stelle. Es ist $\sigma_{bB} \approx R_m$. (Für Gußeisen ist $\sigma_{bB} \approx 2\,R_m$, da $\varepsilon = \sigma/E$ nicht gilt.)

Grenzwerte bei Drehung

Verdrehgrenze τ_S (Grenze der elastischen Verdrehung) = äußerste unschädliche Spannung an der höchstbeanspruchten Stelle. Verdrehgrenze = $0{,}5\cdots0{,}8 \times$ Streckgrenze. Beim Überschreiten der Verdrehgrenze bleibende Verdrehung.

Verdrehfestigkeit τ_B = äußerste unschädliche Spannung an der höchstbeanspruchten Stelle. Es ist $\tau_B = 0{,}5\cdots0{,}8\,\sigma_B$ (für Gußeisen ausnahmsweise $\tau_B = 1\cdots1{,}6\sigma_B$).

Grenzwerte bei Schub und Scherung

Abscherfestigkeit τ_{aB} kennzeichnet die Belastbarkeit bis zum Eintritt der Zerstörung. Abscherfestigkeit ist etwa das 0,8fache der Zugfestigkeit.

b) Wechselnde Beanspruchung

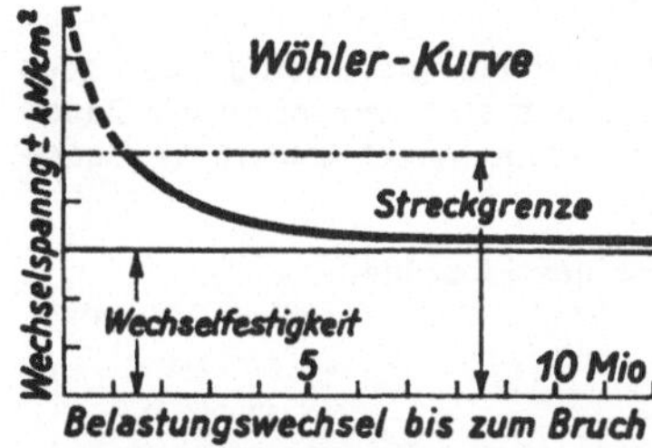

Wechselt die Beanspruchung zwischen zwei Spannungswerten, so treten ganz neue (geringere) Festigkeitsgrenzwerte auf. Die obere Spannungsgrenze, die dabei beliebig oft ohne Bruch erreicht werden kann, heißt Dauerfestigkeit (Schwingungsfestigkeit)[1]. Versuchsmäßig wird sie bei Stahl durch Nachprüfung des Verhaltens vor allem ungekerbter Teile nach einer Wechselbeanspruchung von 10 Mio, bei Nichteisenmetallen von 20 Mio Lastwechseln und mehr bestimmt. Kommen im Betrieb keine Zusatzeinflüsse vor (Verschleiß, Korrosion, mehrfache Überlastungen u.ä.), dann tritt nach dieser Grenzlastwechselzahl kein Bruch mehr ein. Der Dauerbruch zeigt (auch bei zähen Werkstoffen) keine plastische Verformung, ist also spröde.

Sonderfälle der Dauerfestigkeit

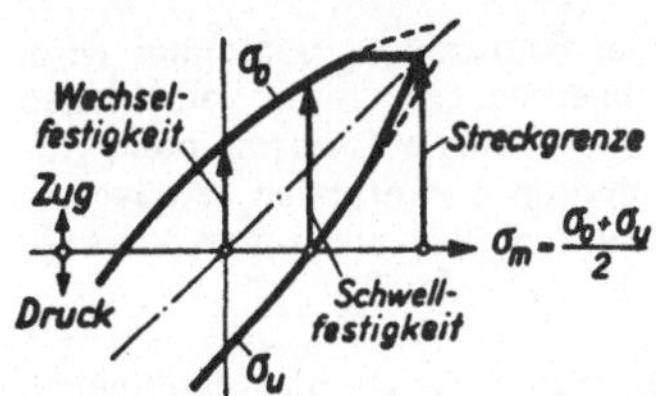

a) **Wechselfestigkeit:** Die Spannung wechselt zwischen zwei entgegengesetzt gleich großen Grenzwerten.

b) **Schwell- oder Ursprungsfestigkeit:** Die Spannung wechselt zwischen Null und einem positiven oder negativen Grenzwert.

c) **Ruhende Belastung:** Grenzwert ist die Streckgrenze, bei hoher Temperatur die Dauerstandfestigkeit oder Kriechgrenze.

Für jede Vor- oder Mittelspannung kann man die zulässige Schwingungsbeanspruchung aus dem Dauerfestigkeits- oder Grenzspannungs-Schaubild abgreifen.

---

[1] Zwischen Wechselfestigkeit σ_{zW} und stat. Festigkeit R_m besteht angenähert folgende Beziehung: bei Stahl $\sigma_{zW} \approx 0{,}54 \cdots 0{,}38\,R_m$, bei Nichteisenmetallen $\sigma_{zW} \approx 0{,}4 \cdots 0{,}2\,R_m$.

Zulässige Spannungen (Festigkeitslehre)

Einflüsse auf die Dauerfestigkeit

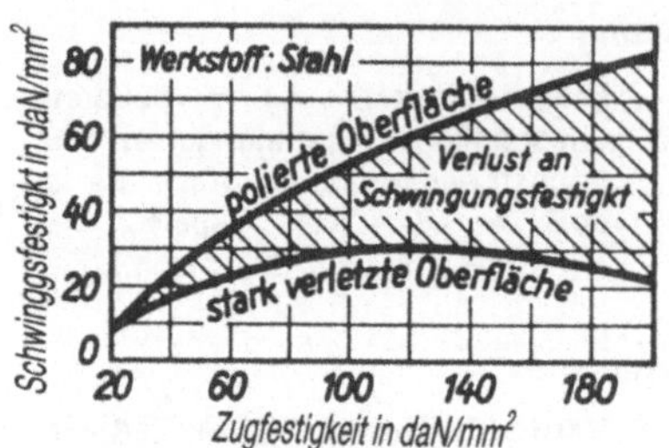

1. Kerben (s. Tab. FI/10) vermindern die Wechselfestigkeit und Schwellfestigkeit um so mehr, je schärfer der Querschnittsübergang, je kerbempfindlicher der Baustoff und je geringer die Vorspannung. Besonders gefährlich sind mikroskopisch feine Kerben (z. B. Dreh- und Schleifriefen, Scheuerstellen). Kerben, die mit einer Verdichtung der Oberfläche verbunden sind (z. B. Meißelhiebe, Körnereinschläge), vermindern im allgemeinen die Dauerfestigkeit wenig.

2. Oberflächenbeschaffenheit. Saubere Bearbeitung, besonders an den gefährdeten Stellen, verlangen (polieren u. ä.). Gröbere Bearbeitung senkt die Dauerfestigkeit bis zu 30%. Verdichten der Oberfläche (z. B. durch Rollen, Hämmern, Kugelstrahlen) erhöht die Dauerfestigkeit (oberflächliche Druckvorspannung!).

3. Korrosion. Korrosion insbesondere während der Schwingungsbeanspruchung vermeiden. Je schärfer das Korrosionsmittel, um so niedriger die Dauerfestigkeit (die Wöhlerkurve sinkt auch noch nach 10 und 100 Mio Lastwechseln ab).

4. Hohe Temperaturen. Bei Stählen sinkt die Wechselfestigkeit bis 400°C kaum ab, bei Temperaturen unter 0°C steigt sie im allgemeinen leicht an.

5. Wärmebehandlung. Dauerfestigkeit durch Vergüten erhöht, gleichzeitig aber auch meist erhöhte Kerbempfindlichkeit. Einsatzhärten und Nitrieren verbessern die Dauerfestigkeit an glatten und gekerbten Teilen, Randentkohlung verschlechtert die Dauerfestigkeit.

6. Der Einfluß der Lastwechselzahl je Minute ist vernachlässigbar klein.

Mittel zur Steigerung der Dauerfestigkeit

Günstige Formgebung. (Dabei auf möglichst ungestörten Kraftfluß achten. Anwendung von Entlastungskerben und Übergängen, Dehnlängen). Richtige Stoffauswahl, Nitrieren, Einsatzhärten, Kaltverformen (Prägepolieren, Hämmern, Kugelstrahlen u. dgl.).

c) Zulässige Spannungen an gekerbten Querschnitten

Die Dauerfestigkeit gekerbter Bauteile ist höher, als mit der Formzahl α_k berechnet wird. Auch sind die Werkstoffe gegenüber Kerbwirkung bei Wechselbeanspruchung verschieden empfindlich, z. B. Federstähle, hochvergütete Baustähle, hochfeste Bronzen mehr als Gußeisen, rostbeständiger Stahl und ausgehärtete Aluminium-Legierungen. Außerdem ist die Empfindlichkeit bei Zug/Druck- oder Biegewechseln größer als unter Verdrehwechseln. Statt α_k gilt bei Wechsellast die Kerbwirkungszahl β_k, so daß

$$\sigma_{zul} = \sigma_W / \beta_k$$

ist (β_k ist stets kleiner als α_k). Es wurde versucht, β_k aus α_k mittels der Kerbempfindlichkeit η_k abzuleiten, wobei $\beta_k = 1 + (\alpha_k - 1)\, \eta_k$

ist. Bei unlegierten und niedrig legierten Stählen ist η_k etwa 0,7, bei Leichtmetallen 0,4 bis 0,8. η_k erwies sich jedoch nicht als reine Stoffkonstante.

Wechselfestigkeitswerte σ_W für verschiedene Werkstoffe s. Tab. FI/9

Formzahl α_k für verschiedene Kerbformen s. Tab. FI/10

5. Trägheitsmoment J, Widerstandsmoment W und zul. Drehmoment M_t

Querschnitt	J	W	M_t	Querschnitt	J	W	M_t
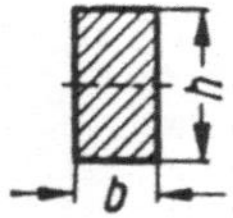	$\frac{b\,h^3}{12}$	$\frac{b\,h^2}{6}$	$\frac{2}{9}\,b^2\,h\,\tau_t$	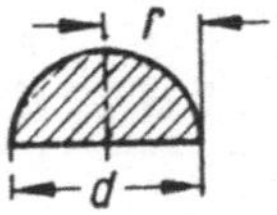	$\frac{d^4}{145}$	$\frac{d^3}{42}$	$\frac{d^3\,\tau_t}{10}$
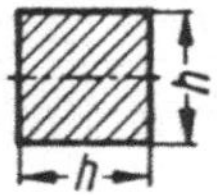	$\frac{h^4}{12}$	$\frac{h^3}{6}$	$\frac{9}{2}\,h^3\,\tau_t$	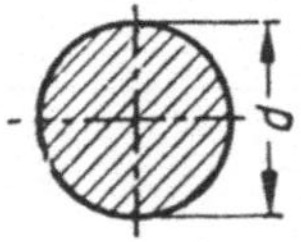	$\frac{d^4}{20}$	$\frac{d^3}{10}$	$\frac{d^3\,\tau_t}{5}$
	$\frac{h^4}{12}$	$\frac{2\,h^3}{17}$	$\frac{2}{9}\,h^3\,\tau_t$	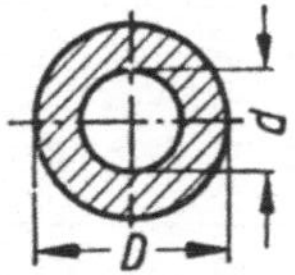	$\frac{D^4-d^4}{20}$	$\frac{D^4-d^4}{10\,D}$	$\frac{(D^4\text{-}d^4)\,\tau_t}{5\,D}$
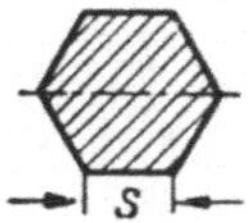	$\frac{13\,s^4}{24}$	$\frac{5\,s^3}{8}$	—	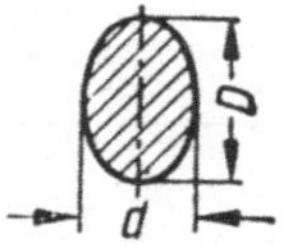	$\frac{D^3\,d}{20}$	$\frac{D^2\,d}{10}$	$\frac{D\,d^2\,\tau_t}{5}$
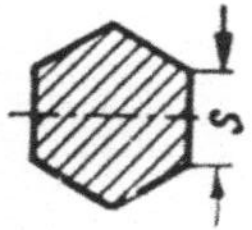	$\frac{13\,s^4}{24}$	$\frac{13\,s^3}{24}$	—	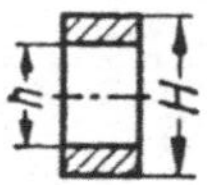	$\frac{b}{12}\,(H^3-h^3)$	$\frac{b\,(H^3-h^3)}{6\,H}$	—

Anmerkung: J = Trägheitsmoment gegen Knicken (in kg · m²); $W = W_b$ = Widerstandsmoment gegen Biegung (in m³); $M_t = M_T$ (bzw. T) = zulässiges Drehmoment (Torsionsmoment in N · m).

6. Festigkeitswerte genormter Baustähle (nach DIN)

Allgemeine Baustähle nach DIN EN 10 025 (Fe 000-00) dürfen werder kalt- noch rotbrüchig sein. Sie sind widerstandsstumpfschweißbar und sind nicht für Wärmebehandlung wie Härten, Vergüten usw. vorgesehen.

Beispiel: St 33 nach DIN 17 100 (alt) = Fe 310-0 nach DIN EN 10 025

Festigkeitswerte in kN/cm^2 (= 10 N/mm^2).

Stahlsorte Gütegruppe Fe …	C-Gehalt in %	Zugfestigkeit R_m für Dicken in mm bis 3	3 … 100	Streck- grenze Re	Dehnung A_5 in %	Verwendung
St 33 = 310-0	–	31 … 54	29 … 51	18	18	für untergeordnete Teile
USt 37-2 = 360-B	0,17	36 … 51	34 … 47	23	25	für einfache Bauteile,
RSt 37-2 = 360-B						Schmiedestücke, Wellen, Bolzen
St 44-3 = 430-D1	0,2	43 … 58	41 … 54	27	21	
St 52-3 = 510-D1	0,2	51 … 68	49 … 63	35	21	für höhere Festigkeit
St 50-2 = 490-2	0,3	49 … 66	47 … 61	29	19	Zahnräder, Schrauben, Keile, Stifte
St 60-2 = 590-2	0,4	59 … 77	57 … 71	33	15	
St 70-2 = 690-2	0,5	69 … 90	67 … 83	36	10	für hochbeanspruchte Teile

Anmerkungen:

1. Kurzname für Stahlsorten: z.B. St 33, St 37 usw. sind Stähle für allgemeine Anforderungen; z.B. St 50, St 60, St 70 sind Stähle für höhere Anforderungen.

2. Abkürzungen für Vergießungsart:

   U = unberuhigt vergossen, R = beruhigt vergossen, RR = besonders beruhigt vergossen (z.B. St 44 und St 52; für Sonderanforderungen). Baustähle ab St 44-3 bis St 70-2 werden beruhigt vergossen, erhalten daher keine Angabe über Vergießungsart (z.B. Fe 360-B).

   Bei den mit R und RR bezeichneten Stählen wird beim Vergießen durch Zusätze von Aluminium oder Silicium das Kochen oder Seigern und damit Lunkerbildung weitgehend verhindert.

3. Schmelzschweißbar sind die Stähle St 37-2 und St 44-3 (360-B bzw. 430-D1).

7. Elastizitäts- und Festigkeitswerte für Eisenmetalle
(Werte in kN/cm^2; 1 kN/cm^2 =10 N/mm^2)

Werkstoff	E-Modul $E = 1/\alpha$	G-Modul $m = 10/3$ $G = 1/\beta$	Proportio-nalitäts-grenze σ_p	Streck-grenze R_e (R_s)	Zug-fest. R_m	Druck-festigkeit σ_{dB}
Schweißstahl zur Sehnen-richtung	20000	7700	13...16	18...23	33...40	Streckgrenze maßgebend
St 37 (Fe 360-B) St 37-2 (Fe 360-B)	21000	8100	18...23	üb. 20	37...45 bis 51	
Baustahl St 52-3	22000	8200	$A_5 = 20\%$	üb. 36	52...68	
Stahl, geschmiedet (Flußstahl)	21500	8300	25...60	allgem. üb. 30	50...200	Wenn weich, Streckgrenze maßgeb.; nach Härtegrad bis über R_m
Federstahl: ungehärtet gehärtet	21600	8500 bis 8800	üb. 50 üb. 75	– –	bis 120 bis 170	– –
Stahlguß	21500	8300	üb. 20	üb. 21	35...80	wie bei geschm. Stahl
Gußeisen (GG)	7500 bis 10800	2900 bis 4200	–	–	12...25	60...86

Abkürzungen: E = Elastizitätsmodul, G = Gleitmodul

8. Zulässige Flächenpressung für Flächen ohne Gleitbewegung
(Werte in kN/cm^2; 1 kN/cm^2 = 10 N/mm^2) p = F/A

Werkstoffe	Zul. Flächenpressung: nach Art der Belastung		
	ruhend	**schwellend**	**stoßend**
Stahl	8...15	6...10	3...5
Hartstahl	10...20	7...13	4...6
Stahl, gehärtet	15...18	8...12	5...6
Stahlguß	8...10	5...9	2,5...3,5
Gußeisen	7...8	4,5...5,5	2...3
Hartguß	10...15	7...10	3,5...5
Temperguß	5...8	3...5,5	2...3
Bronze	3...4	2...3	1...1,5
Rotguß	2,5...3,5	1,5...2,5	0,8...1,2
Messing	3...4,5	2,5...3	1...1,7

9. Dauerfestigkeit einiger Metalle (in kN/cm²)

nach DIN 17006	nach DIN EN 10025	Zustand	Zugfestigkeit R_m in kN/cm²	Streckgrenze R_e in kN/cm²	Wechselzugfestigkeit $\sigma_{zW} \approx$	Wechselbiegefestigk. $\sigma_{bW} \approx$	Wechselverdrehfest. $\tau_W \approx$	Schwellfestigk. (Zug) $\sigma_{Sch} \approx$	Dehnung A_5 in Prozent
a) Bandstahl und Stabstahl (DIN EN 10025)									
St 37 – 2	Fe 360-B		37	22	12	17	10	22	25
St 44 – 3	Fe 430-B		45	25	14	19	12	25	21
St 50 – 2	Fe 490-2		55	31	18	24	14	32	19
St 60 – 2	Fe 590-2		65	36	20	28	16	36	15
St 70 – 2	Fe 690-2		75	42	23	32	19	40	10
b) Stahllegierung (DIN 17350)									
28 NiCr 6		weich	70	45	23	32	19	38	8–12
36 NiCr 6		hart	80	56	26	36	22	45	8–12
28 NiCr 10		weich	78	54	25	34	21	42	8–12
36 NiCr 10		hart	88	61	28	38	23	48	8–12
24 NiCr 14		weich	83	62	27	36	21	46	8–12
31 NiCr 14		hart	98	73	30	42	24	52	8–12
35 NiCr 18			115	92	35	46	28	60	4– 7
Federst. (Cr)*			120	105	36	54	30	—	10
Federst. (Cr-V)*			145	115	39	60	32	—	9
c) Gußeisen und -stahl (DIN 1691)									
GG-15	Gußeisen		14,5	—	—	6,0	4,5	—	—
GG-25	Gußeisen		25	—	—	9,0	7,5	—	—
GS	Stahlguß	geglüht	49,5	30	12	18	11	22	23
d) Buntmetalle									
Kupfer,		gezogen	35	29	—	12	5,0	—	17
Messing,		geglüht	34	11	—	15	8,5	—	45
Bronze		gewalzt	57	43	—	13	7,5	—	21
e) Leichtmetalle									
Aluminium		geglüht	9,8	5,5	—	5	3	—	24
AlCuMg-Legierung			27	12	—	12	6,5	—	18
GAlSi			17,5	12	—	4,5	2,5	—	4,5
Mg-Gußlegierung			17	13	—	6,5	3,0	—	4,5
Mg-Preßlegierung		vergütet	36	20	—	13	8,0	—	14

Erläuterungen zum Begriff Dauerfestigkeit s. Tab. Fl/4b; 1 kN/cm² = 10 N/mm².

*) Nicht nach DIN

10. Formziffer α_k für verschiedene Kerbformen

Kerbform			Formziffer α_k		
			Zug	Biegung	Drehung
Flachstab abgesetzt	$\frac{d}{D} = 0{,}3\cdots0{,}7$	$r = 0{,}05\ d$	2,8	2,5	—
		$r = 0{,}1\ d$	2,3	2	—
		$r = 0{,}2\ d$	1,9	1,5	—
Flachstab gelocht		$d = 0{,}1\ D$	2,7	1,6	—
		$d = 0{,}2\ D$	2,5	1,6	—
		$d = 0{,}4\ D$	2,2	1,6	—
Flachstab mit Rundkerbe	$D = d + 2r$	$r = 0{,}05\ d$	2,3	2	—
		$r = 0{,}2\ d$	1,9	1,7	—
		$r = 0{,}4\ d$	1,6	—	—
Flachstab mit Spitzkerbe	$\frac{t}{D} = 0{,}14$	$\beta = 45°$	—	7	—
		$\beta = 60°$	—	6,4	—
		$\beta = 90°$	—	4,5	—
		$\beta = 120°$	—	3,6	—
Rundstab abgesetzt	$\frac{d}{D} = 0{,}5\cdots0{,}8$	$r = 0{,}02\ d$	—	3,1	2
		$r = 0{,}05\ d$	—	2,3	1,6
		$r = 0{,}1\ d$	—	1,8	1,4
		$r = 0{,}2\ d$	—	1,6	1,3
Rundstab mit Rille	$\frac{d}{D} = 0{,}7$	$r = 0{,}02\ d$	—	—	2,8
		$r = 0{,}05\ d$	—	—	2,5
		$r = 0{,}1\ d$	—	—	2,2
	$\frac{d}{D} = 0{,}9$	$r = 0{,}02\ d$	2,2	2	2,2
		$r = 0{,}05\ d$	1,9	1,7	1,9
		$r = 0{,}1\ d$	1,6	1,5	1,6
		$r = 0{,}2\ d$	1,4	1,2	1,3
Rundstab mit Längsnut	$\frac{t}{D} = 0{,}1$	$r = 0{,}1\ t$	—	—	6
		$r = 0{,}2\ t$	—	—	3,5
		$r = 0{,}4\ t$	—	—	2,5

Gestaltfestigkeit

Bei vielen Konstruktionselementen ist es schwierig oder gar nicht möglich, eine Formziffer α_k zu bestimmen. Es sind dies meist Verbindungselemente, zB. Schrumpfverbindungen, Einspannungen, Nietverbindungen, Keilverbindungen, Verschraubungen, Punktschweißungen u. dgl. Man muß hier die Dauerfestigkeit des ganzen Formelements, d. i. die „Gestaltfestigkeit" durch Versuche ermitteln. Wegen der Vielfalt der Einflüsse lassen sich keine einfachen Werte für die Gestaltfestigkeit angeben.

11. Knickzahlen ω für Stahl nach DIN 4114: abhängig vom Schlankheitsgrad λ
für St 33 und St 37, $\sigma_{zul} = 14$ kN/cm² (Fe 310 und 360)

Schlankheitsgrad ·

λ	0	1	2	3	4	5	6	7	8	9	λ
20	1,04	1,04	1,04	1,05	1,05	1,06	1,06	1,07	1,07	1,08	20
30	1,08	1,09	1,09	1,10	1,10	1,11	1,11	1,12	1,13	1,13	30
40	1,14	1,14	1,15	1,16	1,16	1,17	1,18	1,19	1,19	1,20	40
50	1,21	1,22	1,23	1,23	1,24	1,25	1,26	1,27	1,28	1,29	50
60	1,30	1,31	1,32	1,33	1,34	1,35	1,36	1,37	1,39	1,40	60
70	1,41	1,42	1,44	1,45	1,46	1,48	1,49	1,50	1,52	1,53	70
80	1,55	1,56	1,58	1,59	1,61	1,62	1,64	1,66	1,68	1,69	80
90	1,71	1,73	1,74	1,76	1,78	1,80	1,82	1,84	1,86	1,88	90
100	1,90	1,92	1,94	1,96	1,98	2,00	2,02	2,05	2,07	2,09	100
110	2,11	2,14	2,16	2,18	2,21	2,23	2,27	2,31	2,35	2,39	110
120	2,43	2,47	2,51	2,55	2,60	2,64	2,68	2,72	2,77	2,81	120
130	2,85	2,90	2,94	2,99	3,03	3,08	3,12	3,17	3,22	3,26	130
140	3,31	3,36	3,41	3,45	3,50	3,55	3,60	3,65	3,70	3,75	140
150	3,80	3,85	3,90	3,95	4,00	4,06	4,11	4,16	4,22	4,27	150
160	4,32	4,38	4,43	4,49	4,54	4,60	4,65	4,71	4,77	4,82	160
170	4,88	4,94	5,00	5,05	5,11	5,17	5,23	5,29	5,35	5,41	170
180	5,47	5,53	5,59	5,66	5,72	5,78	5,84	5,91	5,97	6,03	180
190	6,10	6,16	6,23	6,29	6,36	6,42	6,49	6,55	6,62	6,69	190
200	6,75	6,82	6,89	6,96	7,03	7,10	7,17	7,24	7,31	7,38	200
210	7,45	7,52	7,59	7,66	7,73	7,81	7,88	7,95	8,03	8,10	210
220	8,17	8,25	8,32	8,40	8,47	8,55	8,63	8,70	8,78	8,86	220
230	8,93	9,01	9,09	9,17	9,25	9,33	9,41	9,49	9,57	9,65	230
240	9,73	9,81	9,89	9,97	10,05	10,14	10,22	10,30	10,39	10,47	240
250	10,55	Zwischenwerte brauchen nicht eingeschaltet zu werden									

Hochwertiger Baustahl St 52, $\sigma_{zul} = 21$ kN/cm² (Fe 510-D1)

λ	0	1	2	3	4	5	6	7	8	9	λ
20	1,06	1,06	1,07	1,07	1,08	1,08	1,09	1,09	1,10	1,11	20
30	1,11	1,12	1,12	1,13	1,14	1,15	1,15	1,16	1,17	1,18	30
40	1,19	1,19	1,20	1,21	1,22	1,23	1,24	1,25	1,26	1,27	40
50	1,28	1,30	1,31	1,32	1,33	1,35	1,36	1,37	1,39	1,40	50
60	1,41	1,43	1,44	1,46	1,48	1,49	1,51	1,53	1,54	1,56	60
70	1,58	1,60	1,62	1,64	1,66	1,68	1,70	1,72	1,74	1,77	70
80	1,79	1,81	1,83	1,86	1,88	1,91	1,93	1,95	1,98	2,01	80
90	2,05	2,10	2,14	2,19	2,24	2,29	2,33	2,38	2,43	2,48	90
100	2,53	2,58	2,64	2,69	2,74	2,79	2,85	2,90	2,95	3,01	100
110	3,06	3,12	3,18	3,23	3,29	3,35	3,41	3,47	3,53	3,59	110
120	3,65	3,71	3,77	3,83	3,89	3,96	4,02	4,09	4,15	4,22	120
130	4,28	4,35	4,41	4,48	4,55	4,62	4,69	4,75	4,82	4,89	130
140	4,96	5,04	5,11	5,18	5,25	5,33	5,40	5,47	5,55	5,62	140
150	5,70	5,78	5,85	5,93	6,01	6,09	6,16	6,24	6,32	6,40	150
160	6,48	6,57	6,65	6,73	6,81	6,90	6,98	7,06	7,15	7,23	160
170	7,32	7,41	7,49	7,58	7,67	7,76	7,85	7,94	8,03	8,12	170
180	8,21	8,30	8,39	8,48	8,58	8,67	8,76	8,86	8,95	9,05	180
190	9,14	9,24	9,34	9,44	9,53	9,63	9,73	9,83	9,93	10,03	190
200	10,13	10,23	10,34	10,44	10,54	10,65	10,75	10,85	10,96	11,06	200
210	11,17	11,28	11,38	11,49	11,60	11,71	11,82	11,93	12,04	12,15	210
220	12,26	12,37	12,48	12,60	12,71	12,82	12,94	13,05	13,17	13,28	220
230	13,40	13,52	13,63	13,75	13,87	13,99	14,11	14,23	14,35	14,47	230
240	14,59	14,71	14,83	14,96	15,08	15,20	15,33	15,45	15,58	15,71	240
250	15,83	Zwischenwerte brauchen nicht eingeschaltet zu werden									

12. Berechnung der Knickfestigkeit von Stählen

Stab-kennzahl ζ	Stahl St 33 und St 37 (Fe 310/360)		Baustahl St 52 – 3N (Fe 510-D1)	
	Knickzahl ω	Schlankheitsgrad λ	Knickzahl ω	Schlankheitsgrad λ
21	1,04	20,6	1,06	20,4
25	1,05	24,4	1,08	24,1
30	1,07	29,0	1,10	28,6
35	1,10	33,4	1,13	32,9
40	1,12	37,8	1,16	37,1
45	1,15	42,0	1,19	41,2
50	1,18	46,0	1,23	45,1
55	1,21	50,0	1,27	48,8
60	1,24	53,8	1,31	52,5
65	1,27	57,6	1,35	55,9
70	1,31	61,2	1,40	59,2
75	1,35	64,6	1,45	62,4
80	1,38	68,1	1,50	65,4
85	1,42	71,3	1,55	68,3
90	1,46	74,4	1,60	71,1
95	1,51	77,4	1,65	73,8
100	1,55	80,3	1,71	76,5
105	1,59	83,2	1,77	79,0
110	1,64	85,9	1,82	81,5
115	1,68	88,6	1,88	83,9
120	1,73	91,3	1,94	86,2
125	1,77	93,8	2,00	88,4
130	1,82	96,3	2,07	90,4
135	1,87	98,7		
140	1,92	101,1		
145	1,97	103,4		
150	2,02	105,6		
160	2,12	110,0		
170	2,22	114,1	$\dfrac{\zeta}{62,83}$	$7,93\,\sqrt{\zeta}$
180	2,34	117,6		
>180	$\dfrac{\zeta}{76,95}$	$8,77\,\sqrt{\zeta}$		

Die Tabelle gewährleistet einen Sicherheitsgrad v_{max} = 2,74 bei λ = 100 und v = 2,50 bei λ = 120 und darüber.

13. Knickzahlen ω für Bauholz abh. vom Schlankheitsgrad λ:

λ	0	1	2	3	4	5	6	7	8	9
0	1,00	1,01	1,01	1,02	1,03	1,03	1,04	1,05	1,06	1,06
10	1,07	1,08	1,09	1,09	1,10	1,11	1,12	1,13	1,14	1,15
20	1,15	1,16	1,17	1,18	1,19	1,20	1,21	1,22	1,23	1,24
30	1,25	1,26	1,27	1,28	1,29	1,30	1,32	1,33	1,34	1,35
40	1,36	1,38	1,39	1,40	1,42	1,43	1,44	1,46	1,47	1,49
50	1,50	1,52	1,53	1,55	1,56	1,58	1,60	1,61	1,63	1,65
60	1,67	1,69	1,70	1,72	1,74	1,76	1,79	1,81	1,83	1,85
70	1,87	1,90	1,92	1,95	1,97	2,00	2,03	2,05	2,08	2,11
80	2,14	2,17	2,21	2,24	2,27	2,31	2,34	2,38	2,42	2,46
90	2,50	2,54	2,58	2,63	2,68	2,73	2,78	2,83	2,88	2,94
100	3,00	3,07	3,14	3,21	3,28	3,35	3,43	3,50	3,57	3,65
110	3,73	3,81	3,89	3,97	4,05	4,13	4,21	4,29	4,38	4,46
120	4,55	4,64	4,73	4,82	4,91	5,00	5,09	5,19	5,28	5,38
130	5,48	5,57	5,67	5,77	5,88	5,98	6,08	6,19	6,29	6,40
140	6,51	6,62	6,73	6,84	6,95	7,07	7,18	7,30	7,41	7,53
150	7,65	7,77	7,90	8,02	8,14	8,27	8,39	8,52	8,65	8,78
160	8,91	9,04	9,18	9,31	9,45	9,58	9,72	9,86	10,00	10,15
170	10,29	10,43	10,58	10,73	10,88	11,03	11,18	11,33	11,48	11,64
180	11,80	11,95	12,11	12,27	12,44	12,60	12,76	12,93	13,09	13,26
190	13,43	13,61	13,78	13,95	14,12	14,30	14,48	14,66	14,84	15,03
200	15,20	15,38	15,57	15,76	15,95	16,14	16,33	16,52	16,71	16,91
210	17,11	17,31	17,51	17,71	17,92	18,12	18,33	18,53	18,74	18,95
220	19,17	19,38	19,60	19,81	20,03	20,25	20,47	20,69	20,92	21,14
230	21,37	21,60	21,83	22,06	22,30	22,53	22,77	23,01	23,25	23,40
240	23,73	23,98	24,22	24,47	24,72	24,97	25,22	25,48	25,73	25,99
250	26,25									

Beispiel: Wenn $\lambda = 65$, dann Knickzahl $\omega = 1{,}76$

1. Formeln und SI-Einheiten: Übersicht

Größe	Formel-zei-chen	Einheiten		Formel (A Quer-schnittsfläche)
		Name	Abkürzung	
Spannung	U	Volt	V	$U = I \cdot R$
Stromstärke (od. J)	I	Ampere	A	$I = U/R$
Widerstand, Resistanz	R	Ohm	Ω	$R = U/I$
Leitwert, elektr.	G	Siemens	S, $1/\Omega$	$G = 1/R$
Spezif. el. Widerstand	ϱ	Ohm/m	Ωm; Vm/A	$\varrho = 1/\sigma$
El. Leitfähigkeit	$\gamma, \sigma, \varkappa$	Siemens/m	S/m; A/Vm	$\sigma = 1/\varrho$
Frequenz (c Licht-geschwindigkeit)	f	Hertz	Hz, (kHz)	$f = c/\lambda$
Wellenlänge	λ	Meter	m, (cm)	$\lambda = c/f$
Elektrizitätsladung	Q	Coulomb	C, As	$Q = I \cdot t$
Kapazität	C	Farad	F	$C = Q/U$
Induktivität	L	Henry	H; Vs/A	
Leistung	P	Watt, Joule/s	W; VA, J/s	$P = U \cdot I$
Arbeit	W, A	Joule	J; Ws	$W = P \cdot t$
Kraft, (Gewicht)	$F, (G)$	Joule/m	J/m; Ws/m	$F = W/1$
El. Feldstärke	E	Volt/m	V/m; N/C	$E = U/1$
Dielektrizitätskonst.*	ε	Farad/m	F/m; C/Vm	$\varepsilon = c \cdot 1/A$
El. Feldkonstante, Versch.	ε_0	Farad/m	F/m; C/Vm	$\varepsilon = \varepsilon_0 \cdot \varepsilon_r$
Dielektrizitätszahl*	ε_r	–	–	$\varepsilon_r = \varepsilon/\varepsilon_0$
Elektr. Fluß	ψ	Coulomb	C, As	
El. Flußdichte*	D	Coulomb/m^2	C/m^2	$D = Q/A$
El. Stromdichte	$S, (i)$	Ampere/m^2	A/m^2	$S = I/A$
El. Durchflutung	Θ	Ampere	A; J/Wb	$\Theta = H \cdot I$
Magn. Kraftfluß	Φ	Weber; (Maxwell)	Wb; VS; (M)	$\Phi = B \cdot A$
Magn. Spannung	V	Ampere	A; J/Wb	$V = H \cdot s$
Magn. Feldstärke	H	Amp./m; (Oerstedt)	A/m; N/Wb, (Ö)	$H = B/\mu = I \cdot w/l$
Magn. Induktion (Fluß-dichte)	B	Tesla; Weber/m^2 (Gauß)	T; Wb/m^2 (G)	$B = \mu \cdot H$
Magn. Feldkonstante	μ_0	Henry/m	H/m; Wb/Am	$\mu_0 = 4\pi/10^7$
Permeabilität, absolute	μ	Henry/m	H/m; Wb/Am	$\mu = B/H$
Permeabilitätszahl	μ_r	–	–	$\mu_r = \mu/\mu_0$
Magn. Polarisation	J, B_i	Tesla; Weber/m^2	T; Wb/m^2	$J = B - \mu_0$
Magnetisierung	M, H_i	Webermeter	Wbm; Vsm; A/m	$M = J/\mu_0 \cdot H$
Magn. Leitwert*	Δ	Henry	H; Vs/A	$\Delta = 1/R_m$
Magn. Widerstand*	R_m	1/Henry	1/H; A/Vs	$R_m = 1/A \cdot \mu_0$
El. Suszeptibilität	χ, χ_e	–	–	$\chi_e = \varepsilon - 1$
Magn. Suszeptibilität	$\varkappa, \chi_m$	–	–	$= M/H = \mu_r - 1$

*** Anmerkung:** Dielektrizitätskonstante = Permittivität; Dielektrizitätszahl = Permittivitätszahl; elektr. Flußdichte = elektr. Verschiebung; magnet. Leitwert = Permeanz; magnet. Widerstand = Reluktanz. el. Widerstand (R) = Wirkwiderstand; spez. el. Widerstand (ρ) = Resistivität; el. Leitfähigkeit (γ, σ, χ) = Konduktivität; Blindwiderstand (χ) = Reaktanz; Blindleitwert (B) = Suszeptanz; Scheinwiderstand (Z) = Impedanz; Scheinleitwert (V) = Admittanz.

2. Beziehung zwischen Strom, Spannung, Widerstand und Leistung

$$\text{Wirkstrom } J_w = J \cdot \cos\varphi \ [A] \qquad \text{Blindstrom } J_b = J \cdot \sin\varphi \ [A];$$
$$\text{Wirkwiderstand } R_w = \frac{U}{J} \cdot \cos\varphi \ [\Omega] \qquad \text{Blindwiderstand } X = \frac{U}{J} \sin\varphi \ [\Omega]$$

Stromart		Strom J $[A] =$	Spannung U $[V] =$	Widerstand R $[\Omega] =$	Wirkleistung $[W] = P_w = P$	Scheinleistung $[VA] = P_s = S$	Blindleistung $[Var] = P_b = Q$
Gleichstrom		$\dfrac{U}{R}$	$U = J \cdot R$	$R = \dfrac{U}{J}$	$U \cdot J = J^2 \cdot R = \dfrac{U^2}{R}$ Bei Dreileiter $(J_1 + J_2)\,U$	P_w	Null
Drehstrom — induktionsfrei	Dreieckspannung	$J_L = \dfrac{U_L}{R \cdot 1{,}73}$	$U_L = J \cdot R\,1{,}73$	$\dfrac{U_L \cdot \cos\varphi}{J_L \cdot 1{,}73}$	$U_2 \cdot J_2 \cdot 1{,}73$	P_w	Null
Drehstrom — induktionsfrei	Sternspannung	$\dfrac{U_L}{R}$	$U_L = J_L \cdot R\,\varphi$	$\dfrac{U_L}{J_L}$	$3\,J^2 \cdot R_1$ $\dfrac{U_L^2}{R_1}$	P_w	Null
Drehstrom — induktiv	Dreieckspannung	$J_L = \dfrac{U_L \cdot \cos\varphi}{1{,}73\,R_w}$	$U_L = \dfrac{J_L \cdot R_w \cdot 1{,}73}{\cos\varphi}$	$R_w = \dfrac{U_L \cdot \cos\varphi}{J \cdot 1{,}73}$	$U_2 \cdot J_L \cdot 1{,}73 \cdot \cos\varphi$ $P_s \cdot \cos\varphi = P_b \cdot \cot\varphi$	$U_L \cdot J_L \cdot 1{,}73$ $\dfrac{P_w}{\cos\varphi} = \dfrac{P_b}{\sin\varphi}$	$U_L \cdot J_L \cdot 1{,}73 \cdot \sin\varphi$ $P_w \cdot \tan\varphi$ $= P_s\ \sin\varphi$
Drehstrom — induktiv	Sternspannung	$\dfrac{U_L \cdot \cos\varphi}{R_w \cdot \varphi}$	$U_L = J \cdot R_w\varphi \cdot \cos\varphi$	$R_w = \dfrac{U_{ML} \cdot \cos\varphi}{J_L \cdot 1{,}73}$			
Einphasenstrom — Wechselstrom	induktionsfrei	$\dfrac{U}{R}$	$J \cdot R$	$\dfrac{U}{J}$	$U \cdot J = J^2 \cdot R_1 = \dfrac{U^2}{R}$	P_w	Null
Einphasenstrom — Wechselstrom	induktiv	$\dfrac{U \cdot \cos\varphi}{R_w}$	$\dfrac{J \cdot R_w}{\cos\varphi}$	$R_w = \dfrac{U \cdot \cos\varphi}{J}$	$U \cdot J \cdot \cos\varphi$	$U \cdot J$	$U \cdot J \cdot \sin\varphi$ $P_w \cdot \tan\varphi$

Wirkleistung $P_w = \sqrt{P_s^2 - P_b^2}$ in W

Scheinleistung $P_s = \sqrt{P_w^2 + P_b^2}$ in VA

Blindleistung $P_b = \sqrt{P_s^2 - P_w^2}$ in Var

U_L Außenleiterspannung

J_L Außenleiterstrom

J_{ML} Phasenstrom

R_1 Widerstand je Phase

R_{w1} Wirkwiderstand je Phase

$I = J$, wenn Verwechslung mit Länge möglich

3. Allgemeine Grundformeln

Ohmsches Gesetz	$U = J \cdot R \ [V]$	Gleichstrom-leistung	$P = U \cdot J \ [W]$
Stromwärme Arbeit	$A = J^2 \cdot R \cdot t \ [Ws]$	Wechselstrom-Wirkleistung	$P = U \cdot J \cdot \cos \varphi$
		Drehstrom Wirkleistung	$P = 1,73 \cdot U \cdot J \cdot \cos \varphi$
Widerstand einer Leitung	$R = \dfrac{2 \cdot l}{\varkappa \cdot A} \ [\Omega]$	Wirkungs-grad	$\eta = P_{ab}/P_{zu}$

4. Berechnung des Spannungsabfalls

Strom-art	Spannungsabfall $\triangle U = U_d \ [V]$	Leitungsquerschnitt A oder $S \ [mm^2]$
Gleichstr. u. Einph.- Wechselstrom	wenn der Strom bekannt ist $= \dfrac{2 \cdot l \cdot J}{\varkappa \cdot A} = 2 \cdot R_L \cdot J$	wenn der Strom bekannt ist $= \dfrac{2 \cdot l \cdot J}{\varkappa \cdot U_d}$
	wenn die Leistung bekannt ist $= \dfrac{2 \cdot l \cdot P}{\varkappa \cdot A \cdot U}$	wenn die Leistung bekannt ist $= \dfrac{2 \cdot l \cdot P}{\varkappa \cdot U_d \cdot U}$
Drehstrom	wenn der Strom bekannt ist $= \dfrac{1,73 \cdot l \cdot J \cdot \cos \varphi}{\varkappa \cdot A}$	wenn der Strom bekannt ist $= \dfrac{1,73 \cdot l \cdot J \cdot \cos \varphi}{\varkappa \cdot U_d}$
	wenn die Leistung bekannt ist $= \dfrac{l \cdot P_W}{\varkappa \cdot A \cdot U_L}$	wenn die Leistung bekannt ist $= \dfrac{l \cdot P_W}{\varkappa \cdot U_d \cdot U_L}$

Erläuterungen:

t	Zeit in Sekunden	$I =$	Stromstärke nur, wenn Verwechslung (mit l) ausgeschlossen ist
U	Betriebsspannung in V	$J = J_L$	Strom in einer Leitung in A, wenn
$W = A$	Arbeit in Ws (Wattsekunden)	l	Länge der Leitungsstrecke in m
$\varkappa = \sigma = \gamma$	Leitfähigkeit in S m/mm$^2 \cdot 10^{-6}$	$P =$	Leistung, P_w Wirkleistung in W
$\cos \varphi$	Leistungsfaktor	P_{ab}	abgegebene Leistung in W
J	Stromdichte (= I/A) in A/m^2	P_{zu}	zugeführte Leistung in W

5. Widerstandsgrößen der Wechselstromtechnik

Resistanz = Wirkwiderstand = Ohm'scher Widerstand $\qquad \Omega = \text{Ohm}$

$$R = \frac{U}{J} \cos \varphi = Z \cos \varphi = \sqrt{Z^2 - (X_i - X_c)^2} \qquad [\Omega]$$

Reaktanz = Blindwiderstand

$$X = R_b = \frac{U}{J} \sin \varphi = Z \cdot \sin \varphi = \sqrt{Z^2 - R^2} \qquad [\Omega]$$

Induktanz = Induktiver Blindwiderstand

$$X_i = R_L = X_L = \omega L = 2\pi f L = \frac{U}{J_L} \sin \varphi = \sqrt{Z^2 - R^2} \qquad [\Omega]$$

Kapazitanz = Kapazitiver Blindwiderstand

$$X_c = R_c = \frac{1}{\omega C} = \frac{1}{2\pi f C} = \frac{U}{J_c} \sin \varphi = \sqrt{Z^2 - R^2} \qquad [\Omega]$$

Impedanz = Scheinwiderstand

$$Z = R_s = \frac{U}{J} = \frac{R}{\cos \varphi} = \sqrt{R^2 + (X_i - X_c)^2} = \frac{\overset{\lambda}{U_{ML}}}{J} = \frac{\overset{\Delta}{U_L}}{\sqrt{3} \cdot J} \qquad [\Omega]$$

6. Leitwertgrößen der Wechselstromtechnik

Konduktanz = Wirkleitwert $\qquad S = \text{Siemens}$

$$G = \frac{R}{Z^2} = \frac{J}{U} \cos \varphi = Y \cdot \cos \varphi = \sqrt{Y^2 - (B_i - B_c)^2} \qquad [S]$$

Suszeptanz = Induktiver Blindleitwert

$$B_i = G_{BL} = \frac{1}{\omega L} = \frac{J_L}{U} \sin \varphi = \sqrt{Y^2 - G^2} \qquad [S]$$

Kondensanz = Kapazitiver Blindleitwert

$$B_c = G_{BC} = \omega C = \frac{J_c}{U} \sin \varphi = Y \cdot \sin \varphi = \sqrt{Y^2 - G^2} \qquad [S]$$

Admittanz = Scheinleitwert

$$Y = G_s = \frac{1}{Z} = \frac{J}{U} = \frac{G}{\cos \varphi} = \sqrt{G^2 + (B_i - B_c)^2} \qquad [S]$$

7. Schaltung von Widerständen und Stromquellen: Formeln

Reihenschaltung (in Serie)

$$R_{ges} = R_1 + R_2 + R_3$$

Gesamtwiderstand, Resistanz

$$R_{ges} = nR$$

bei n gleichen Widerständen

$$E_{ges} = E_1 + E_2 + E_3$$

Gesamtspannung

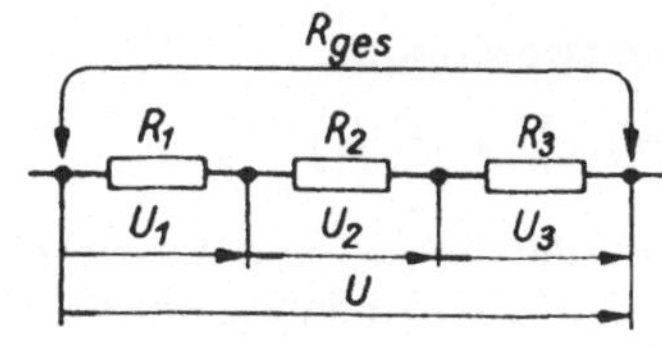

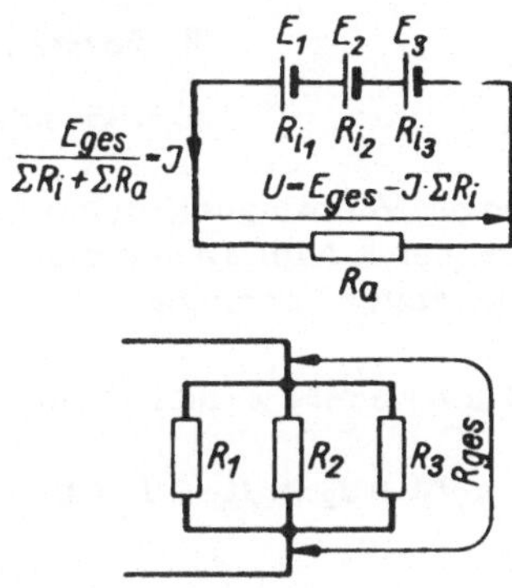

Parallelschaltung

$$\frac{1}{R_{ges}} = \frac{1}{R_1} + \frac{1}{R_2} + \frac{1}{R_3}$$

$$G_{ges} = G_1 + G_2 + G_3$$

$$R_{ges} = \frac{1}{\dfrac{1}{R_1} + \dfrac{1}{R_2} + \dfrac{1}{R_3}}$$

Gesamtwiderstand

$$R_{ges} = \frac{R_1 R_2}{R_1 + R_2}$$

bei 2 Widerständen

$$R_{ges} = \frac{R}{n}$$

bei n gleichen Widerständen

$$I = I_1 + I_2 + I_3$$

Gesamtstrom

Spannungsteiler (Potentiometer)

$$U_1 = U\,\frac{R_1}{R_1 + R_2}$$

unbelastet ($R_a = \infty$)

$$U_2 = U\,\frac{R_2}{R_1 + R_2}$$

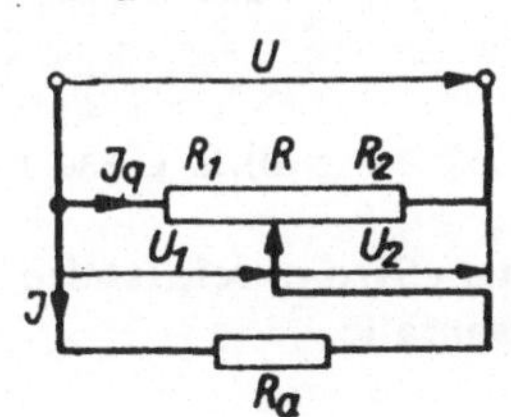

Querstrom $I_q = \dfrac{U}{R}$

$$U_1 = IR_a$$

belastet

$$I = \frac{UR_1}{R_1R_2 + R_aR}$$

$$= \frac{UR_1}{R(R_1 + R_a) - R_1^2}$$

8. Formeln für Stromverzweigungen

a) 1. Gesetz von Kirchhoff ($\sum I = 0$)

An jedem Verzweigungspunkt ist die Summe aller heran- und hinwegfließenden Ströme gleich Null. (Ankommende Ströme und wegfließende Ströme erhalten entgegengesetztes Vorzeichen.)

Für Knotenpunkt A (Bild a) gilt.

$$I_1 + I_2 + I_3 - I = 0$$

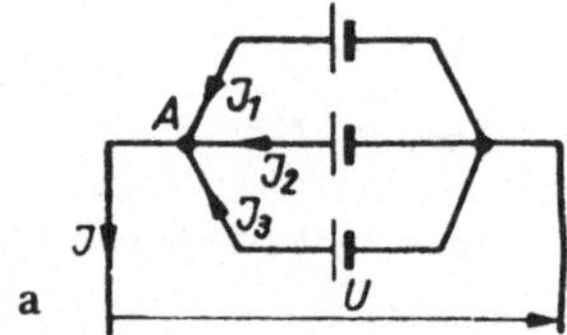

Bild a

Stromverzweigungen

2 Widerstände (Bild b)

R_p Ersatzwiderstand der Parallelschaltung Bild c

$$\frac{I_1}{I_2} = \frac{R_2}{R_1}$$

$$\frac{I_1}{I} = \frac{R_p}{R_1}; \quad \frac{I_2}{I} = \frac{R_p}{R_2}; \quad \frac{I_n}{I} = \frac{R_p}{R_n}$$

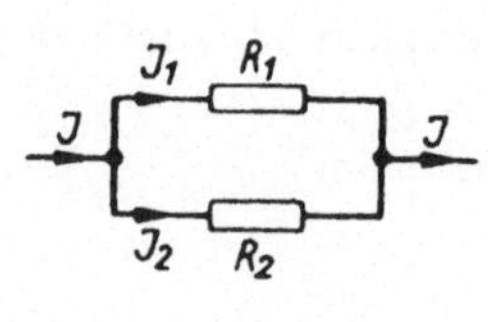

Bild b

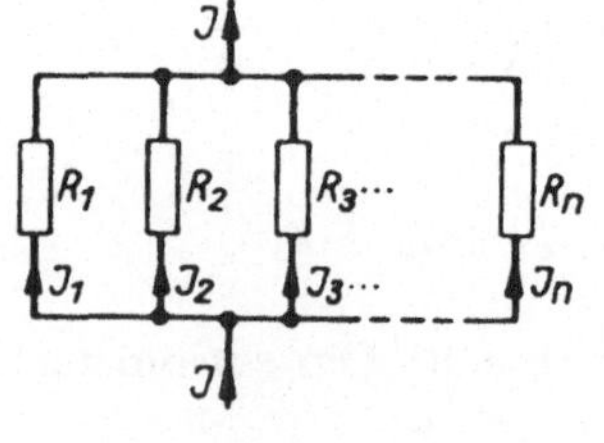

Bild c

b) 2. Gesetz von Kirchhoff ($\sum E = \sum IR = \sum U$)

In jedem Stromkreis ist die Summe der Urspannungen gleich der Summe der Spannungsabfälle.

9. Widerstand bei Temperaturänderungen: Formeln

Der Widerstand einer Leitung beträgt:

$$R = \varrho\ \frac{1}{A} = \frac{1}{\varkappa} \cdot \frac{1}{A}\ [\Omega]$$

$I =$ Leitungslänge [m]

$A =$ Leitungsquerschnitt [mm^2] (neuerdings auch mit Q oder S angegeben)

$\varrho =$ spezifischer Widerstand $\Omega \cdot$ mm^2/m

$\varkappa = \dfrac{1}{\varrho} =$ Leitwert $\cdot$ m/$\Omega \cdot$ mm^2 (1/Ω = S = Siemens); auch γ oder σ

$\alpha =$ Temperaturkoeffizient bei 20°C [in 1/K]

Die Werte für ϱ, $\varkappa$ uns α sind in der Tabelle (Technische Werte für verschiedene Werkstoffe) für eine Temperatur von 20°C angegeben.

Für eine andere Temperatur t_x wird $\varrho_x = \varrho_{20}\,[1 + \alpha\,(t_x - 20)]$

Der Leitungswiderstand wird damit $R_x = \varrho \cdot \dfrac{1}{A}\ \varrho_{20}\,[1 + \alpha\,(t_x - 20)]$

BEISPIEL: Der Widerstand einer Cu-Leitung von I = 100 m und A = 19 mm^2 beträgt bei 20° C:

$$R_{20} = \rho \cdot \frac{I}{A} = 0{,}0175 \cdot \frac{100}{10} = 0{,}175\ \Omega$$

Bei der Erhöhung der Leitertemperatur von 20° C auf 50° C (z.B. durch Stromerwärmung) erhöht sich der Leitungswiderstand auf

$$R_{50}\ \frac{100}{10} \cdot 0{,}0175\ [\,1 + 0{,}00392\,(50 - 20)\,] = 0{,}1956\ \Omega$$

Die Änderung des Widerstandes eines Leiters durch die Strombelastung kann bei der Berechnung der Übertragungsverluste von Bedeutung sein.

Berücksichtigung der Längsausdehnung bei Temperaturveränderungen

Temperaturschwankungen durch die Strombelastung bewirken nicht nur eine Widerstandsänderung des elektrischen Leiters, sondern auch eine Längsausdehnung. Diese können starke mechanische Beanspruchungen in den Leitern, an deren Stützpunkten und an Apparatanschlüssen hervorrufen. Sie sind deshalb bei Planungen elektrischer Anlagen zu berücksichtigen.

Die Längsausdehnung errechnet sich zu:

mit: $\Delta l = l_0 \cdot a \cdot \Delta t$

         $\Delta l =$ Längenzunahme bzw. -Abnahme [mm]

         $l_0 =$ Länge des Leiters [m] bei Verlegungstemperatur

         $\Delta t =$ Temperaturunterschied [°C] ; a Längenausdehnungszahl [1/K]

BEISPIEL: Für eine Stromschiene von 10 m Länge ergeben sich für 50° C Temperaturunterschied folgende Richtwerte:

bei Kupfer: $\Delta l =$ $10 \cdot 0{,}017 \cdot 50 =$ 8,5 mm
bei Aluminium: $\Delta l =$ $10 \cdot 0{,}023 \cdot 50 =$ 11,5 mm

10. Spezifischer elektrischer Widerstand von Leitern bei 20°C
(Widerstand eines Drahtes von 1 m Länge und 1 mm² Querschnitt)

Leiter	Spez. Elektr. Widerstand ϱ in $\Omega\,mm^2/m$	Elektr. Leitfähigkeit $\varkappa\,(=1/\varrho)$ in $m/\Omega\,mm^2$	Temperaturbeiwert α $\cdot\,10^{-3}$ in 1/K
Aluminium, 99,5 % Al, weich ..	0,0278	36	4
Al-Mg-Si	0,03 ··· 0,033	33 ··· 30	3,6
Al-Bronze, 90 % Cu, 10 % Al ..	0,13	7,7	3,2
Blei	0,208	4,8	4,0
Bronze, 88 % Cu, 12 % Sn	0,18	5,56	0,5
CrAl 20 5	1,37	0,73	0,05
CrAl 30 5	1,44	0,69	0,01
Chromnickel, Cekas	s. Ni Cr 80 20		
Dynamoblech	0,13	7,7	4,5
” legiert (1 ··· 5 % Si)	0,27 ··· 0,67	3,7 ··· 1,5	–
Gold	0,022	45	3,8
Gußeisen	0,60 ··· 1,60	1,67 ··· 0,625	1,9
Graphit und Retortenkohle	13 ··· 100	0,077 ··· 0,01	−0,8 ··· 0,2
Kadmium	0,077	13	4,2
Konstantan	0,49 ··· 0,51	2,04 ··· 1,96	−0,05
Kupfer, Leitungs-, weich	0,01754	57	3,9
Kupfer, Leitungs-, hart	0,01786	56	3,8
Magnesium	0,046	21,6	3,8
Manganin	0,43	2,33	0,01
Messing	0,07	14,3	1,3 ··· 1,9
Molybdän	0,054	18,5	4,3
Monelmetall	0,42	2,8	0,19
Neusilber	0,33	3,03	0,4
Ni Cr 30 20	1,04	0,96	0,24
Ni Cr 60 15	1,11	0,90	0,13
Ni Cr 80 20	1,09	0,92	0,04
Nickel	0,09	11,1	6,0
Nickelin	0,4	2,5	0,18 ··· 0,21
Platin	0,1	10	3,8 ··· 3,9
Quecksilber	0,958	1,04	0,90
Silber	0,0165	60,5	4,1
Stahl, 0,1 % C, 0,5 % Mn	0,13 ··· 0,15	7,7 ··· 6,7	4 ··· 5
Stahl, 0,25 % C, 0,3 % Si	0,18	5,5	4 ··· 5
Tantal	0,16	6,25	3,5
Tombak	0,05	20	–
Wismut	1,2	0,83	4,5
Wolfram	0,055	18,2	4,6
Zink	0,063	15,9	3,7
Zinn	0,12	8.33	4,4

Der Widerstand ist temperaturabhängig. Bei beliebiger Temperatur t ist $\varrho_t = \varrho_{20}\,[1 + \alpha\,(t - 20)]$; $\varkappa_t = \varkappa_{20}\,[1 - \alpha\,(t - 20)]$. Beispiel: Für Leitungskupfer bei t = 60° ist $\varrho_{60} = 0,01786\,(1 + 0,0038 \cdot 40)$ = 0,0206; $\varrho_{60} = 48,6$.

Beachte: Temperaturbeiwerk $\alpha = 4 \cdot 10^{-3} = 0,004$ 1/K.
Elektrischer Leitwert G = 1/R in $1/\Omega$ = S (Siemens)

21 – 8

11. Induktivität und Gegeninduktivität: Formeln

a) Induktivitäten bei Reihenschaltung

ohne gegenseitige Kopplung (entsprechend der Reihenschaltung von Widerständen)

$$L_g = L_1 + L_2 + L_3 + \ldots L_n$$

L_g = Gesamt-Induktivität

L_1, L_2, L_3, L_n = Einzel-Induktivität

$X_g = \omega (L_1 + L_2 + L_3 + \ldots L_n)$

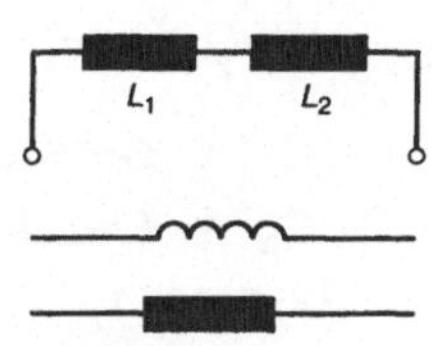

b) Induktivitäten bei Parallelschaltung

ohne gegenseitige Kopplung
(entsprechend der Parallelschaltung
von Widerständen)

Schaltzeichen eines
induktiven
Blindwiderstandes
(wahlweise Darstellung)

$$\frac{1}{L_g} = \frac{1}{L_1} + \frac{1}{L_2} + \frac{1}{L_3} + \ldots \frac{1}{L_n}$$

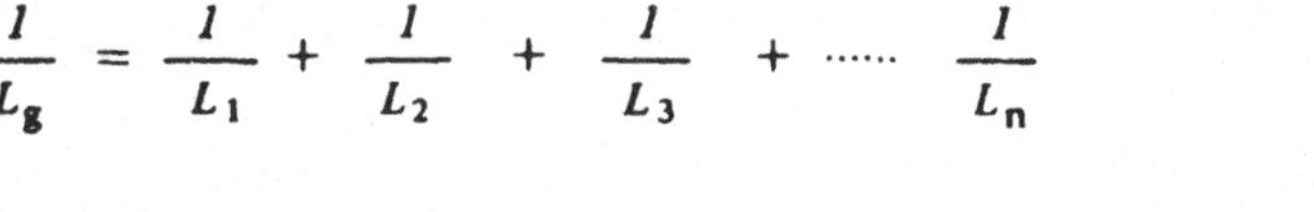

Bei zwei Parallel-Induktivitäten:

$$L_g = \frac{L_1 \cdot L_2}{L_1 + L_2} \quad ; \quad L_1 = \frac{L_2 \cdot L_g}{L_2 - L_g} \quad ; \quad L_2 = \frac{L_1 \cdot L_g}{L_1 - L_g}$$

Bei drei Parallel-Induktivitäten:

$$L_g = \frac{L_1 \cdot L_2 \cdot L_3}{L_2 \cdot L_3 + L_1 \cdot L_3 + L_1 \cdot L_2}$$

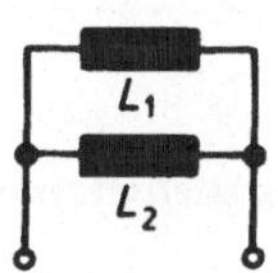

Bei n gleichen Parallel-Induktivitäten:

$$L_g = \frac{L_1}{n} \quad ; \quad X_g = \omega \left(\frac{1}{L_1} + \frac{1}{L_2} + \frac{1}{L_3} + \ldots \frac{1}{L_n} \right)^{-1}$$

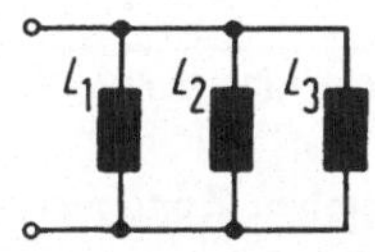

c) Gegeninduktivität

$$M = k \cdot \sqrt{L_1 \cdot L_2} = 10^{-8} \cdot N_2 \cdot \Phi_m / I_1 \text{ in H}$$

k = Kopplungskonstante (Allg. zwischen 0 und 1)

N = Windungszahl

Bei sinusförmigem Verlauf von I_1 ist die indu-
zierte Spannung in der Spule 2

$$U_2 = 4{,}44 \cdot \hat{B} \cdot A_{Fe} \cdot f \cdot N_2$$
$$= -j \cdot \omega \cdot M \cdot I_1 \text{ in V}$$

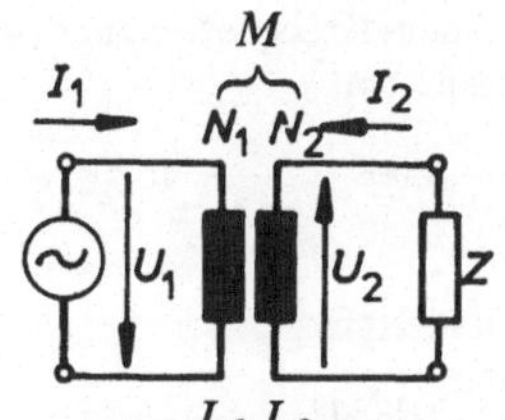

A_{Fe} = Wirksame Eisenquerschnitt

$\hat{B}$ = max. magn. Induktion

f = Frequenz

12. Kapazität bei Reihen- und Parallelschaltung: Formeln

a) Kondensatoren in Parallelschaltung
(entsprechend Widerständen in Reihe)

$$C_g = C_1 + C_2 + C_3 + \ldots C_n$$

C_g = Gesamtkapazität
C_1, C_2, C_3, C_n = Einzelkapazität
$I_g = I_1 + I_2 + I_3 + \ldots I_n$

b) Kondensatoren in Reihenschaltung
(entsprechend Widerständen in Parallelschaltung)

$$\frac{1}{C_g} = \frac{1}{C_1} + \frac{1}{C_2} + \frac{1}{C_3} + \ldots \frac{1}{C_n}$$

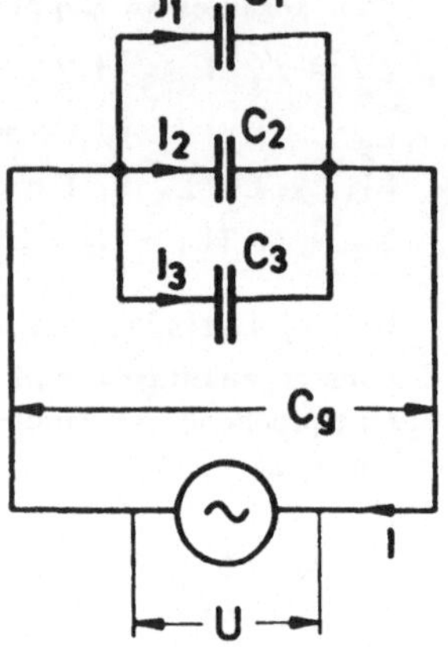

Bei zwei Kondensatoren in Reihe:

$$C_g = \frac{C_1 \cdot C_2}{C_1 + C_2} \quad ; \quad C_1 = \frac{C_2 \cdot C_g}{C_2 - C_g} \quad ; \quad C_2 = \frac{C_1 \cdot C_g}{C_1 - C_g}$$

Bei drei Kondensatoren in Reihe:

$$C_g = \frac{C_1 \cdot C_2 \cdot C_3}{C_2 \cdot C_3 + C_1 \cdot C_3 + C_1 \cdot C_2}$$

Bei n gleichen Kondensatoren in Reihe:

$$C_g = \frac{C_1}{n} \quad ; \quad U_g = U_1 + U_2 + U_3 + \ldots U_n$$

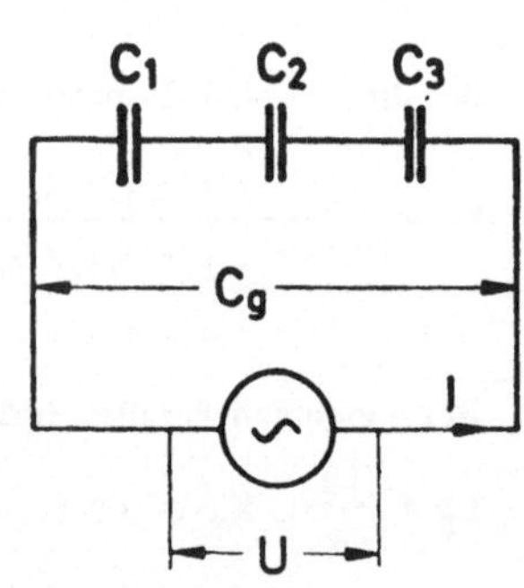

c) Kapazität von Bauteilen

Bei einem Kreisplattenpaar (mit dem Durchmesser d cm)

$$C = 0{,}069 \cdot \frac{d^2}{a} \text{ in pF}$$

Bei n Platten

$$C = 0{,}0884 \cdot \frac{A\varepsilon}{a} (n-1) \text{ in pF}$$

Dielektr. Leitfähigkeit $\varepsilon = D/E$

Luft, Vakuum	1
Papier	1,8 ⋯ 2,6
Glas	2 ⋯ 16
Glimmer	4 ⋯ 8
Pertinax	4,5 ⋯ 5
Condensa	40 ⋯ 80
Titanoxid	110 ⋯ 125
Ferroxcube	1 000 000
	in F/m

13. Elektrisches Feld: Formeln (Gesetz von Coulomb)

$E = U/s \; Q \, (4\,\pi \cdot \varepsilon_0 \cdot s^2)$ in V/m — Elektrische Feldstärke
s Luftweglänge

$F = EQ$ in N — Kraftwirkung (N); Q Ladung (in C = As)

$C = Q/U$ in C/V oder F — Elektrische Kapazität

$\varepsilon_0 = 0{,}08859 \cdot 10{-}12$ F/cm — Dielektrizitätskonstante für das Vakuum

$\varepsilon_0 = 0{,}8859$ pF/cm — = el. Feldkonstante

$D = \dfrac{Q}{A}$ in C/m^2 — el. Verschiebung = el. Flußdichte

ε_r — relative Dielektrizitätskonstante
= Permittivitätszahl

$\varepsilon = \varepsilon_0 \varepsilon_r$ — Absolute Dielektrizitätskonstante
= Permittivität

$C = \dfrac{\varepsilon_r \varepsilon_0 A}{l}$ in F bzw. C/V — Plattenkondensator

(2 Ladungen Q_1, Q_2 in As im Abstand s in cm üben eine Kraftwirkung F anziehend oder abstoßend aus, je nachdem, ob sie entgegengesetzt oder gleichnamig geladen sind.)

$$F = \frac{1}{4\pi\varepsilon_0} \; \frac{1}{\varepsilon_r} \; \frac{Q_1 Q_2}{s^2} = 0{,}898 \cdot 10^{12} \; \frac{1}{\varepsilon_r} \; \frac{Q_1 Q_2}{s^2}$$

in cm $F^{-1} \, \mathrm{A}^2 \, \mathrm{s}^2 \, \mathrm{cm}^{-2} = \mathrm{Ws\,cm}^{-1} = \mathrm{J\,cm}^{-1} = \mathrm{Nm\,cm}^{-1} = \mathrm{Nm/cm}$

$$F = 89{,}8 \cdot 10^{12} \; \frac{1}{\varepsilon_r} \; \frac{Q_1 Q_2}{s^2} \;\text{ in N}$$

Einzelne Kugel

Kugelradius r in cm

$E_r = \dfrac{U}{r}$ in V/cm — **Feldstärke an der Oberfläche**

14. Magnetisches Feld: Formeln

N Windungszahl (auch w)

Θ magnetischer Fluß

Θ Durchflutung, elektr.

$\Theta = IN$

R_m magnetischer Widerstand = Reluktanz

s Weglänge der magnetischen Feldlinien

A ganze Fläche des Flusses (auch S)
Magn. Spannung, Durchflutung, Amperewindungen, Magnetomotorische Kraft (MMK)

$$\Phi = \frac{\Theta}{R_m}$$

Ohmsches Gesetz für den Magnetkreis

$$R_m = \frac{s}{\mu A} = \frac{s}{\mu_0 \mu_r A}$$

$$\mu_0 = 1{,}257 \cdot 10^{-8}\,\text{H/cm}$$
$$= 0{,}4\pi \cdot 10^{-8}\,\text{H/cm}$$
$$= 0{,}4\pi \cdot 10^{-8}\,\text{Vs/A cm}$$

Induktionskonstante, magnet.

μ_r in Luft $\mu_L = 1{,}0000004$

Relative Permeabilität = Perm.zahl

$\mu = \mu_0 \mu_r$

Absolute Permeabilität

$$\Lambda = \frac{1}{R_m}\ \text{in H } (= \text{Wb/A})$$

Magnetischer Leitwert = Permeanz

$$H = \frac{\Theta}{s}\ \text{in A/m}$$

Magnetische Feldstärke, Erregung

$$H_1 s_1 + H_2 s_2 + \cdots + H_n s_n = \Sigma Hs$$

Reihenschaltung magn. Widerstände
(Addition der magn. Spannungen)

$$B = \mu_0 \mu_r H = \mu H = \frac{\Phi}{A}$$

Magnetische Induktion, Flußdichte

$$\Phi = \int B\,\mathrm{d}A$$

Allgemeine Definition des Flusses

$$H_L = \frac{I}{s} = \frac{I}{2\pi r}$$

Induktion des magnetischen Feldes in Luft um einen stromdurchflossenen Leiter im Abstand r

$$B_L = \mu_0 H_L$$

$$\mu_0 = 1{,}257 \cdot 10^{-8}\,\text{H/cm}$$

$$B_L = H_L \mu_0 \mu_r = H_L \mu_0$$

Induktion und Feldstärke in Luft

15. Formeln für Transformatoren

$N_1; N_2$ Windungen
f Frequenz in Hz

Θ_{max} Maximalwert des magnet.
       Flusses in A

Index 1 bedeutet eine Größe der Primärseite

Index 2 bedeutet eine Größe der Sekundärseite

Transformatorformel:

$$U = 4,44 \cdot f \cdot N \cdot \Phi_{max}$$
$$ = 4,44 \cdot f \cdot N \cdot A_{Fe} \cdot B_{max}$$

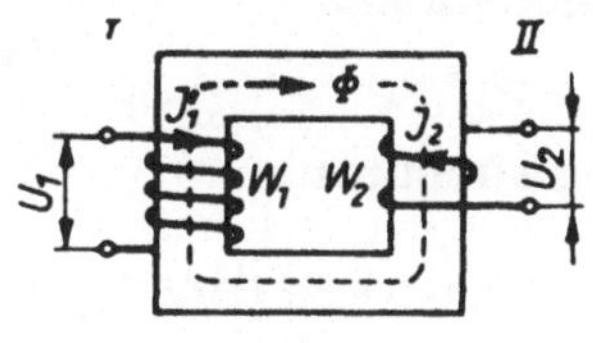

Bei Vernachlässigung der Transformatorverluste gilt   Bild a

$$\frac{U_1}{U_2} = \frac{N_1}{N_2} = \frac{I_2}{I_1}$$

$$B = \mu_r \mu_0 H = \frac{\Theta}{A_{Fe}} \ \text{in W/m}^2 = \text{T (Tesla)} \qquad \text{Magnetische Induktion, Flußdichte}$$

$$\mu_0 = 1,257 \cdot 10^{-8} \ \text{Vs/Acm}$$

A_{Fe} Eisenquerschnitt
m_{Fe} Eisenmasse

$$P_{Fe} \approx 1,25 \, v \cdot m_{Fe}$$

Ummagnetisierungsverluste
v Verlustziffer

$$P_{Cu} = I_1^2 R_K = U_K I_1$$

Stromwärmeverluste

$$R_K = R_1 + R_2 \left(\frac{N_1}{N_2}\right)^2$$

Kurzschlußwiderstand

$$U_K = \frac{P_{Cu}}{I_1} = I_1 R_K$$

Kurzschlußspannung

$$u_K = \frac{I_1 R_K}{U_1} \, 100\%$$

Kurzschlußspannung

$$\eta = \frac{P_2}{P_2 + P_{Fe} + P_{Cu}} \, 100\%$$

Wirkungsgrad des Transformators

16. Grundformeln der Hochfrequenztechnik

Ausbreitung – Geschwindigkeit

$$c_{(m/s)} = 3 \cdot 10^8; \qquad c_{(km/s)} = 3 \cdot 10^5$$

Schwingungsdauer

$$T_{(s)} = \frac{1}{f} \left(\frac{1}{\text{Hz}}\right) = 2\pi \sqrt{L\,C} \quad (\text{H, F})$$

Zeitkonstante

$$\tau_{(s)} = R\,C\,(\text{M}\,\Omega,\,\mu\,\text{F}) = \frac{L}{R}\left(\frac{\text{H}}{\Omega}\right)$$

Kreisfrequenz

$$\omega_{(s^{-1})} = 2\pi f\,(\text{Hz}) = \frac{1}{\sqrt{L\,C}} \qquad \left(\frac{1}{\text{H, F}}\right) \qquad \omega\,L_{(\text{H})} = \frac{1}{\omega\,C} \qquad \left(\frac{1}{\text{F}}\right)$$

$$\omega^2_{(s^{-2})} = \frac{1}{L\,C} \qquad \left(\frac{1}{\text{H, F}}\right) \qquad \omega\,C_{(\text{F})} = \frac{1}{\omega\,L} \qquad \left(\frac{1}{\text{H}}\right)$$

Frequenz

$$f_{(\text{Hz})} = \frac{1}{T}\left(\frac{1}{\text{s}}\right) = \frac{c}{\lambda} \qquad \left(\frac{\text{m/s}}{\text{m}}\right) \qquad f_{(\text{kHz})} = \frac{10^8}{2\pi\sqrt{10\,L\,C}} \qquad \left(\frac{1}{\text{cm, pF}}\right)$$

$$= \frac{3 \cdot 10^8}{\lambda} \qquad \left(\frac{1}{\text{m}}\right) \qquad = \frac{5030}{\sqrt{L\,C}} \qquad \left(\frac{1}{\text{mH, pF}}\right)$$

$$= \frac{1}{2\pi\sqrt{L\,C}} \qquad \left(\frac{1}{\text{H, F}}\right) \qquad = \frac{3 \cdot 10^7}{2\pi\sqrt{L\,C}} \qquad \left(\frac{1}{\text{cm, cm}}\right)$$

$$= \frac{3 \cdot 10^{10}}{2\pi\sqrt{L\,C}} \qquad \left(\frac{1}{\text{cm, cm}}\right) \qquad f_{(\text{MHz})} = \frac{3 \cdot 10^2}{\lambda} \qquad \left(\frac{1}{\text{m}}\right)$$

$$= \frac{4{,}78 \cdot 10^9}{\sqrt{L\,C}} \qquad \left(\frac{1}{\text{cm, cm}}\right) \qquad = \frac{1}{2\pi\sqrt{L\,C \cdot 10^{-3}}} \qquad \left(\frac{1}{\text{mH, pF}}\right)$$

$$= \frac{5{,}03 \cdot 10^6}{\sqrt{L\,C}} \qquad \left(\frac{1}{\text{mH, pF}}\right) \qquad = \frac{1}{0{,}1987\sqrt{L\,C}} \qquad \left(\frac{1}{\text{mH, pF}}\right)$$

$$f_{(\text{kHz})} = \frac{c}{\lambda}\left(\frac{\text{km/s}}{\text{m}}\right) = \frac{3 \cdot 10^5}{\lambda} \qquad \left(\frac{1}{\text{m}}\right) \qquad = \sqrt{\frac{25\,350}{L\,C}} \qquad \left(\frac{1}{\mu\text{H, pF}}\right)$$

$$= \frac{3 \cdot 10^6}{2\pi\sqrt{L\,C}} \qquad \left(\frac{1}{\mu\text{H, pF}}\right) \qquad = \frac{159}{\sqrt{L\,C}} \qquad \left(\frac{1}{\mu\text{H, pF}}\right)$$

Wellenlänge

$$\lambda_{(m)} = \frac{c}{f}\left(\frac{m/s}{Hz}\right) = \frac{3\cdot 10^8}{f} \qquad \left(\frac{1}{Hz}\right) \qquad \lambda_{(m)} = \frac{2\pi}{10^2}\sqrt{LC} \quad (cm, cm)$$

$$= \frac{c}{f}\left(\frac{km/s}{kHz}\right) = \frac{3\cdot 10^5}{f} \qquad \left(\frac{1}{kHz}\right) \qquad = \frac{2\pi}{3\cdot 10^2}\sqrt{10\,LC} \quad (cm, pF)$$

$$= \frac{c}{f}\left(\frac{1000\ km/s}{MHz}\right) = \frac{3\cdot 10^2}{f}\left(\frac{1}{MHz}\right) \qquad = 1884\sqrt{LC} \quad (\mu H, \mu F)$$

$$= 59{,}57\sqrt{LC} \quad (mH, pF)$$

gedämpfte Schwingung: $a^2 < \omega_0^{\,2}$

$$a = \frac{R}{2L} \qquad\qquad \text{Dämpfungsglied}$$

$$\omega = 2\pi f = \sqrt{\frac{1}{LC} - \frac{R^2}{4L^2}} \qquad\qquad \text{Kreisfrequenz}$$

$$= \sqrt{\frac{1}{LC} - a^2}$$

$$\omega \approx \frac{1}{\sqrt{LC}} = \omega_0 \qquad\qquad a^2 \ll \frac{1}{LC}$$

$$\mu_c = U_0\cdot e^{-at}\cdot\left(\cos\omega t + \frac{a}{\omega}\sin\omega t\right) \qquad \text{Kondensatorspannung}$$

$$\approx U_0 e^{-at}\cos\omega_0 t \qquad\qquad \frac{a}{\omega}\approx 0$$

$$i = -C\,\frac{du_c}{dt} = \frac{U_0}{\omega L}\,e^{-at}\sin\omega t \qquad \text{Entladestrom}$$

$$\approx I_0\,e^{-at}\sin\omega_0 t$$

$$\eta = \frac{\omega}{\omega_0} = \omega\sqrt{LC} \qquad\qquad \text{Frequenzverhältnis}$$

$$\sqrt{\frac{L}{C}} = Z, \text{ also } \omega L = \eta Z;$$

$$\omega C = \frac{\eta}{Z}$$

$$\sin\vartheta = \frac{R}{2}\sqrt{\frac{C}{L}} = \frac{R}{2Z} \qquad\qquad \begin{array}{l}\vartheta \ \ \text{Dämpfungswinkel des Stromes}\\ (R < 2Z)\end{array}$$

17. Formeln für Reihen-Schaltungen von R, L, C: Widerstand

Schaltung	Widerstandsoperator	tan φ
	absoluter Betrag Z in Ω Scheinwiderstand = = Impedanz =	**Spannungs- strahl gegen Stromstrahl um $\varphi°$ gedreht**
R	R	0
L	$\omega L = X_L$	$+\infty$ Spg. eilt Strom um 90° voraus
C	$\dfrac{1}{\omega C} = X_C$	$-\infty$ Spg. eilt Strom um 90° nach
$R \quad L$ (4)	$\sqrt{R^2 + (\omega L)^2}$	$\dfrac{\omega L}{R}$
$R \quad C$ (5)	$\sqrt{R^2 + \left(\dfrac{1}{\omega C}\right)^2}$	$-\dfrac{1}{R\omega C}$
$L \quad C$ (6)	$\omega L - \dfrac{1}{\omega C}$	$+\infty,$ wenn $\omega L > \dfrac{1}{\omega C}$; $-\infty,$ wenn $\omega L < \dfrac{1}{\omega C}$
$R \quad L \quad C$	$\sqrt{R^2 + \left(\omega L - \dfrac{1}{\omega C}\right)^2}$	$\dfrac{\omega L - \dfrac{1}{\omega C}}{R}$

Leitwertoperator	$\tan \varphi$
absoluter Betrag Y in S Scheinleitwert = Admittanz =	**Stromstrahl gegen Span- nungsstrahl um $\varphi°$ gedreht**

Schaltzeichen eines
induktiven
Blindwiderstandes
(wahlweise Darstellung)

$$\frac{1}{R} = G$$

$$0$$

$$\frac{1}{\omega L} = B_L$$

$$-\infty$$
**Strom eilt Spg.
um 90° nach**

$$\omega C = B_C$$

$$+\infty$$
**Strom eilt Spg.
um 90° voraus**

$$\sqrt{\left(\frac{R}{R^2 + (\omega L)^2}\right)^2 + \left(\frac{\omega L}{R^2 + (\omega L)^2}\right)^2}$$

$$-\frac{\omega L}{R}$$

$$\sqrt{\left(\frac{R}{R^2 + \left(\frac{1}{\omega C}\right)^2}\right)^2 + \left(\frac{\frac{1}{\omega C}}{R^2 + \left(\frac{1}{\omega C}\right)^2}\right)^2}$$

$$+\frac{1}{R \omega C}$$

$$-\infty, \text{ wenn}$$
$$\omega L > \frac{1}{\omega C} \, ;$$
$$+\infty, \text{ wenn}$$

$$\frac{1}{\omega L - \frac{1}{\omega C}}$$

$$\omega L < \frac{1}{\omega C}$$

$$\sqrt{\left(\frac{R}{R^2 + \left(\omega L - \frac{1}{\omega C}\right)^2}\right)^2 + \left(\frac{\omega L - \frac{1}{\omega C}}{R^2 + \left(\omega L - \frac{1}{\omega C}\right)^2}\right)^2}$$

$$-\frac{\omega L - \frac{1}{\omega C}}{R}$$

18. Formeln für Parallel-Schaltungen R, L, C: Widerstand

Schaltung	Widerstandsoperator
	absoluter Betrag Y in Ω Scheinwiderstand = Impedanz =
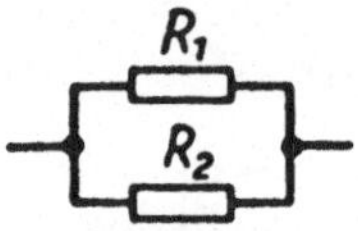	$\frac{R_1 R_2}{R_1 + R_2}$
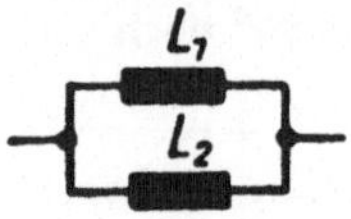	 Schaltzeichen eines induktiven Blindwiderstandes (wahlweise Darstellung) $\frac{\omega L_1 L_2}{L_1 + L_2}$
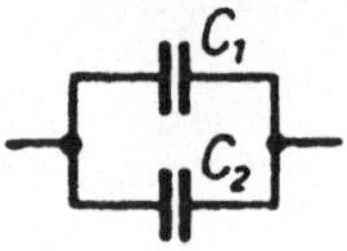	$\frac{1}{\omega(C_1 + C_2)}$
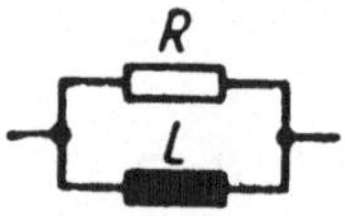	$\frac{R\omega L}{\sqrt{R^2 + (\omega L)^2}}$
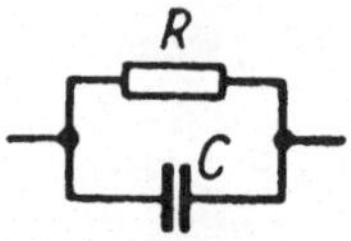	$\frac{R}{\sqrt{1 + (R\omega C)^2}}$
	$\frac{\omega L}{1 - \omega^2 LC}$
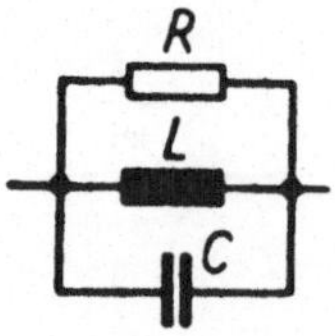	$\sqrt{\left[\frac{\frac{1}{R}}{\left(\frac{1}{R}\right)^2 + \left(\omega C - \frac{1}{\omega L}\right)^2}\right]^2 + \left[\frac{\omega C - \frac{1}{\omega L}}{\left(\frac{1}{R}\right)^2 + \left(\omega C - \frac{1}{\omega L}\right)^2}\right]^2}$

tan φ	Leitwertoperator	tan φ
Spannungsstrahl **gegen** **Stromstrahl** **um $\varphi°$ gedreht**	**absoluter Betrag** Y in S Scheinleitwert = Admittanz =	**Stromstrahl** **gegen Spannungs-** **strahl um $\varphi°$** **gedreht**
0	$\dfrac{R_1 + R_2}{R_1 R_2} = G$	**0**
$+\infty$	$\dfrac{L_1 + L_2}{\omega L_1 L_2} = B_L$	$-\infty$
$-\infty$	$\omega(C_1 + C_2) = B_C$	$+\infty$
$+\dfrac{R}{\omega L}$	$\dfrac{\sqrt{R^2 + (\omega L)^2}}{R\omega L}$	$-\dfrac{R}{\omega L}$
$-R\omega C$	$\dfrac{\sqrt{1 + (R\omega C)^2}}{R}$	$+R\omega C$
bei $(\omega^2 LC < 1) + \infty;$ $(\omega^2 LC > 1) - \infty$	$\dfrac{1 - \omega^2 LC}{\omega L}$	$-\infty$ **bei** $\omega^2 LC < 1;$ $+\infty$ **bei** $\omega^2 LC > 1;$
$-R\left(\omega C - \dfrac{1}{\omega L}\right)$	$\sqrt{\left(\dfrac{1}{R}\right)^2 + \left(\omega C - \dfrac{1}{\omega L}\right)^2}$	$R\left(\omega C - \dfrac{1}{\omega L}\right)$

19. Formeln für Reihen-Parallel-Schaltungen von R, L, C: Widerstand

Schaltung	Widerstandsoperator	tan φ
	absoluter Betrag Z in Ω Scheinwiderstand = Impedanz =	Spannungsstrahl gegen Stromstrahl um $\varphi°$ gedreht
R_1, R_2, L_1	$\sqrt{R_{1,2}'^2 + X'^2}$	$+\dfrac{X'}{R_{1,2}'}$
R_1, L_2, L_1	$\sqrt{R_1'^2 + X_{1,2}'^2}$	$+\dfrac{X_{1,2}'}{R_1'}$
R_1, C_2, L_1	$\sqrt{R_1'^2 \pm X_{1,2}'^2}$	$\pm\dfrac{X_{1,2}'}{R_1'}$
R_1, R_2, C_1	$\sqrt{R_{1,2}'^2 + X'^2}$	$-\dfrac{X'}{R_{1,2}'}$
R_1, L_2, C_1	$\sqrt{R_1'^2 \pm X_{1,2}'^2}$	$\pm\dfrac{X_{1,2}'}{R_1'}$
R_1, C_2, C_1	$\sqrt{R_1'^2 + X_{1,2}'^2}$	$-\dfrac{X_{1,2}'}{R_1'}$

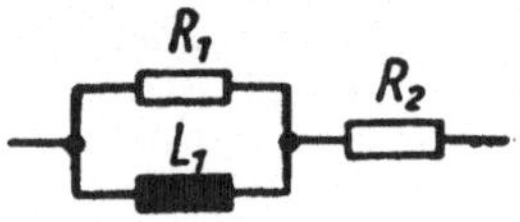

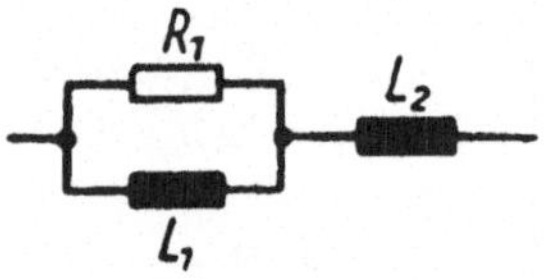

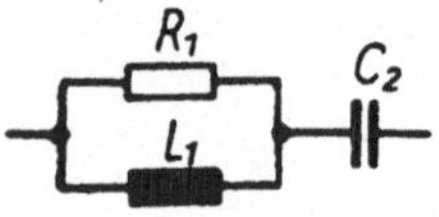

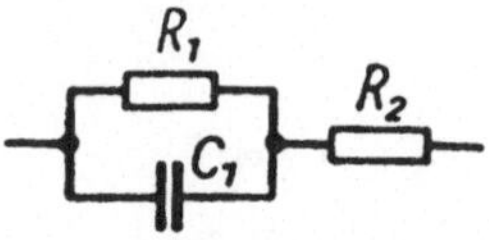

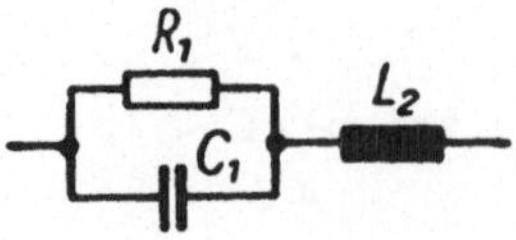

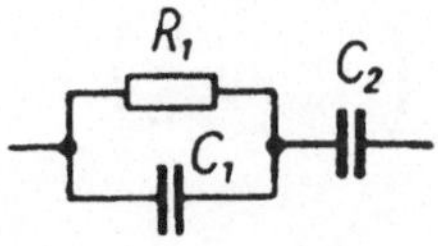

Schaltung	Widerstandsoperator	tan φ
	absoluter Betrag Z in Ω Scheinwiderstand = Impedanz =	Spannungsstrahl gegen Stromstrahl um $\varphi°$ gedreht
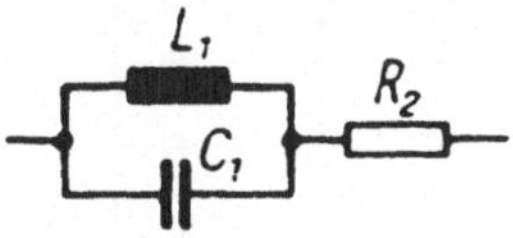 L_1, C_1, R_2	$\sqrt{R_2^2 + \left(\dfrac{\omega L_1}{1 - \omega^2 L_1 C_1}\right)^2}$	$\pm\,\dfrac{\omega L_1}{R_2(1 - \omega^2 L_1 C_1)}$
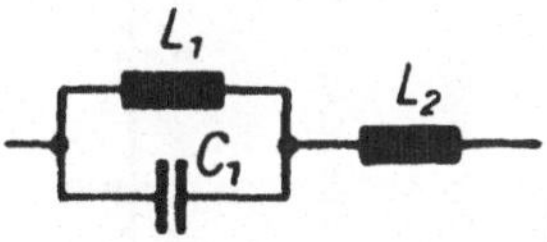 L_1, C_1, L_2	$\dfrac{\omega L_1}{1 - \omega^2 L_1 C_1} + \omega L_2$	$\pm\infty$
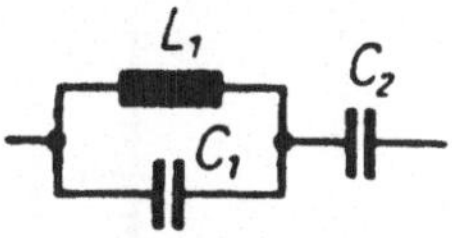 L_1, C_1, C_2	$\dfrac{\omega L_1}{1 - \omega^2 L_1 C_1} - \dfrac{1}{\omega C_2}$	$\mp\infty$
R_R, X_R	gegeben R_R und X_R $R_P = \dfrac{R_R^2 + X_R^2}{R_R}$	**Umwandlung einer Reihen- in Parallelschaltung**
R_P, X_P	$X_P = \dfrac{R_R^2 + X_R^2}{X_R}$	
R_P, X_P	gegeben R_P und X_P $R_R = \dfrac{X_P^2 R_P}{R_P^2 + X_P^2}$	**Umwandlung einer Parallel- in Reihenschaltung**
R_R, X_R	$X_R = \dfrac{R_P^2 X_P}{R_P^2 + X_P^2}$	Schaltzeichen eines induktiven Blindwiderstandes (wahlweise Darstellung)

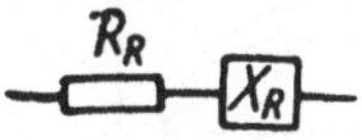

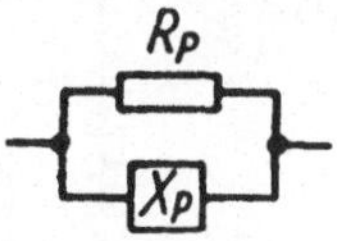

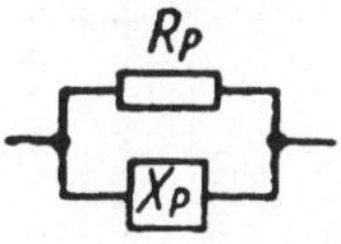

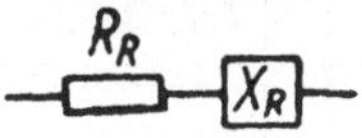

20. Wellenlängen und Frequenzen bei Rundfunk, Fernsehen und Radar

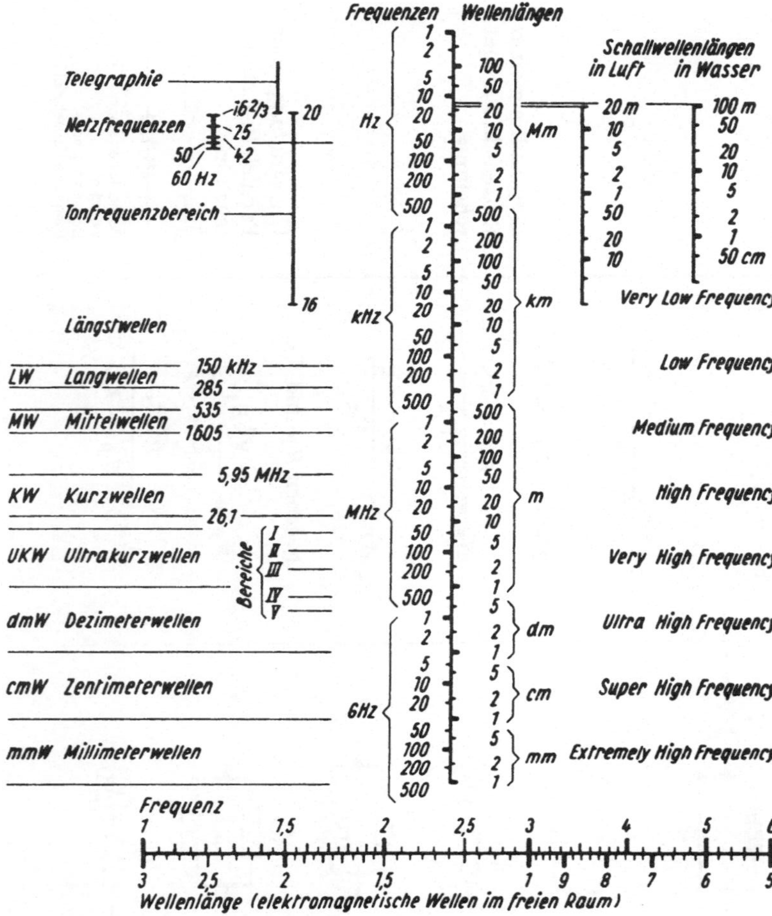

Frequenzen   Wellenlängen

Schallwellenlängen
in Luft   in Wasser

Telegraphie
Netzfrequenzen
16 2/3
25
42
50
60 Hz
20
16
Tonfrequenzbereich

Hz

Mm

20 m
10
5
2
1
50
20
10

100 m
50
20
10
5
2
1
50 cm

Very Low Frequency   VLF   Myrameter   Verkehr zwischen Feststationen
Low Frequency   LF   Kilometer   Verkehr zwischen Feststationen, Rundfunk
Medium Frequency   MF   Hektometer   Rundfunk; Schiffs-, Amateur-, Polizei-Funk
High Frequency   HF   Decameter   Küstenfunk, Flugfunk, Amateurfunk, Rundfunk für große Reichweiten, Elektromedizin
Very High Frequency   VHF   Meter   Polizeifunk, Richtverbindungen, Rundfunk, Fernsehen, Küstenfunk, Flugnavigation, Elektromedizin
Ultra High Frequency   UHF   Dezimeter   Flugnavigation, Fernseh-Programm-Übertragung, Richtverbindungen
Super High Frequency   SHF   Zentimeter   Navigationshilfe, Radar
Extremely High Frequency   EHF   Millimeter

km
m
dm
cm
mm

kHz
MHz
GHz

Längstwellen
LW   Langwellen   150 kHz
285
MW   Mittelwellen   535
1605
KW   Kurzwellen   5,95 MHz
26,1
UKW   Ultrakurzwellen
Bereiche
I
II
III
IV
V
dmW   Dezimeterwellen
cmW   Zentimeterwellen
mmW   Millimeterwellen

Frequenz
1   1,5   2   2,5   3   4   5   6   7   8   9   10
3   2,5   2   1,5   1   9   8   7   6   5   4   3
Wellenlänge (elektromagnetische Wellen im freien Raum)

21 - 22

1. Grundlagen der Wärmelehre

1.1 Allgemeine Grundlagen (Wärmelehre)

1. Druckmessung:

		Meßbereich in bar
Flüssigkeitsdruckmesser	a) U-Rohr-Manometer (Hg)	0,005 bis 1,5
	b) Gefäßmanometer (Hg)	bis 1
	c) Schrägrohrmanometer (Wasser)	0 bis 0,2
	d) Ringrohrmanometer	0,001 bis 0,25
Kolbendruckmesser	a) Einfach-Manometer	1 bis 100
	b) Differential-Manometer	bis 200
Federmanometer	a) Rohrfedermanometer	0 bis 8 (1000)
	b) Plattenfedermanometer	0 bis 25
	c) Kapselfedermanometer	0 bis 10 (6000)
	d) Wellrohrmanometer	0 bis 2,5
	e) Membranmanometer	bis 16
	f) Balgenfedermanometer	allg. bis 5

Druckeinheiten: SI-Einheit ist bar; 1 bar = 1,02 kp/cm^2 (at)

$$1 \text{ bar} = 10^5 \text{ N/m}^2; \ 1 \text{ kp/cm}^2 = 0,98 \text{ bar} \approx 1 \text{ bar}$$

Bisher übliche Einheiten (nicht mehr zulässig):

1 kp/cm^2(at) = 10 m WS; 1 atm = 760 Torr = 1,01 bar = 1,03 at;

1 Torr = 1 mm Hg (QS) = 1,33 mbar; 1 mm WS = 98,1 μbar = 1 kp/m^2; 1 m WS = 98,1 mbar.

---

2. Temperaturmessung

Die thermodynamische oder Kelvintemperatur T (früher „absolute Temperatur'' genannt) ist die Basisgröße des SI.

SI-Einheit: K (Kelvin); weitere Einheit ist ^{o}C

Beispiele: T = 320 K; also t = 320 K − 273 K = 47 ^{o}C

t = 20°C; also T = 273 K + 20 K = 293 K

---

3. Wärmeausdehnung

Bei **festen** und **flüssigen Stoffen** gilt mit großer Annäherung

$\Delta l = l_1 \ a(t_2 - t_1)$ in m/m; $\Delta V = V_2 - V_1 = V_1 \ \gamma(t_2 - t_1)$ in m^3/m^3

a = lineare Ausdehnungszahl; $\beta = 2a$ = Flächenausdehnungszahl (1/K)

$\gamma = 3a$ = kubische Ausdehnungszahl (Raumausdehnungszahl in 1/K)

Für **vollkommene Gase** ist $\gamma = 1/273, 16 \approx 0,003665$ ihres Volumens (1/K) bezogen auf das Volumen bei 0 ^{o}C, also ist das Volumen bei t ^{o}C:

$$V_t = V_0 \left(1 + \frac{t}{273}\right); \ \frac{V_1}{V_2} = \frac{273 + t_1}{273 + t_2} = \frac{T_1}{T_2} \ ; \text{Dichte } \rho = \frac{m}{V} = \frac{p}{R \cdot T} \ ; \rho_2 = \rho_1 \cdot \frac{p_2 T_1}{p_1 T_2}$$

Grundlagen der Wärmelehre

Lineare Wärmedehnzahl $a \cdot 10^{-4}$ bei t zwischen 20 und 100 °C (in mm/m K):

Aluminium	Gußeisen	Kupfer	Stahl
a = 0,023	0,0104	0,0163	0,0115

Gesteine, feuerfest	Kunststoff:			Wasser γ in $m^3/m^3 K$
	PE	PP	PVCh	
α = 0,025	0,2	0,18	0,095	0,00018 bei 20 °C
				0,00052 bei 60 °C
				0,00064 bei 80 °C

Beispiele:

1. Stahlstab mit Länge l_1 = 2 m (t_1 = 20 °C) wird auf Temperatur t_2 = 80 °C erwärmt.
Längenzunahme $\Delta l = l_1 \cdot a \, (t_2 - t_1) = 2 \cdot 0,0115 \, (80 - 20) = 1,38$ mm.
2. Wenn 1 m^3 Wasser von 20 °C auf 60 °C erwärmt wird, so wird das neue Volumen
$V_2 = V_1 \, (1 + \gamma \, \Delta t) = 1 \, (1 + 0,00018 \cdot 40) = 1,0072 \; m^3$.

---

4. Wärmeenergie (Wärmemenge) Q (in J, früher cal)
Aus Energie, das ist Arbeitsvermögen, entsteht Arbeit.
Wärmeenergie: ist die Energie der ungeordneten Bewegung der kleinsten Teilchen (Moleküle, Atome) der Körper.
Innere Energie U: ist die einem Körper innewohnende Wärmeenergie (in J oder Ws, früher cal).
Wärmeinhalt (Enthalpie) H (in J, früher cal): ist die Wärme, die in Körpern gleicher Temperatur enthalten ist (abhängig von der Masse m und der spezif. Wärme c).
Reaktionswärme: ist die bei chemischen Reaktionen oder Zustandsänderungen entwickelte oder verbrauchte Wärme.
Die in Brennstoffen (z.B. Kohle, Heizöl, Heizgas) aufgespeicherte **chemische Energie** wird durch Verbrennung in Wärmeenergie umgewandelt. Auch **Atomkern-** und **Sonnenenergie** kann in Wärmeenergie verwandelt werden (z.B. in Kernkraftwerken bzw. solartechnischen Energieanlagen).

Ein Maß für die Wärmeenergie ist in erster Linie die Temperatur; mit Temperaturänderungen sind Volumen-, Dichte- oder Druckänderungen verknüpft.

Verschiedene **Energieformen** (chemische, mechanische, thermische und elektrische Energie) sind gleichwertig und haben die gleiche Einheit:

mechanische Energie W = Wärmeenergie Q = elektrische Energie W

1 Nm	= 1 J	= 1 Ws
(früher kpm)	(früher cal)	

---

5. Spezifische Wärme (spezif. Wärmekapazität) c
Die spezif. Wärme c eines Körpers (mit Masse m in kg) ist die erforderliche Wärmemenge Q (in J, früher in cal), um die Temperatur von 1 kg des Körpers um 1 °C zu erhöhen.
SI-Einheit: J/kg K bzw. kJ/ kg K (kWs/kg K); 1 kcal/kg K = 4,19 kJ/kg K
Abhängigkeit von der Temperatur: $c = Q/m \, (t_2 - t_1) = Q/m \, (T_2 - T_1)$.
$Q = m \, c \, (t_2 - t_1)$ in J, wenn c in J/kg K; $q = c \, (t_2 - t_1)$ in J/kg

Grundlagen der Wärmelehre

Spezif. Wärme c in kJ/kg K (bei 20 °C): (Klammerwerte in kcal/kg K)

Aluminium	Gußeisen	Kupfer	Stahl
c = 0,89	0,523	0,385	0,477
(0,014)	(0,125)	(0,092)	(0,114)

Beton	Ziegel	Kunststoffe			Wasser (dest.)
c = 0,88	0,67	PE	PP	PVCh	4,19
(0,21)	(0,16)	1,93	1,68	1,005	(1,00)
		(0,46)	(0,40)	(0,24)	

Beispiel:
Um einen Kupferstab von 10 kg Gewicht von 20 °C (t_1) auf 220 °C (t_2) zu erwärmen, müssen ihm $0{,}385 \cdot 10 \cdot 200 = 770$ kJ zugeführt werden.

---

6. Wärmekapazität C: ist die Wärmemenge in kJ (früher kcal), die den ganzen Körper um
(Wasserwert) 1 °C erwärmt (Einheit: kJ/K).

Beispiel: Um 50 Liter Wasser (m = 50 kg) um 1 °C zu erwärmen, ist die Wärmemenge von
$C = c \cdot m = 4{,}19 \cdot 50 = 209{,}34$ kJ erforderlich (also etwa 209 kJ/K).

---

7. Mischungstemperatur t_m aus
Wärmeaufnahme = Wärmeabgabe; $m_1 \cdot c_1 (t_m - t_1) = m_2 \cdot c_2 (t_2 - t_m)$.

Beispiel: $m_1 = 50$ kg (Ltr.) Wasser von $t_1 = 17$ °C soll durch Mischen mit m_2 kg Wasser
von $t_2 = 80$ °C auf $t_m = 35$ °C erwärmt werden. Wieviel Wasser (m_2) von 80 °C
ist erforderlich?
Lösung: $c_1 = c_2 = 4{,}19$ (Wasser); sie können entfallen. $m_2 = m_1 (t_m - t_1)/$
$(t_2 - t_m) = 50(35-17)/(80-35) = 20$ kg.
Es werden 20 kg Wasser von 80 °C gebraucht, und man erhält also 50 + 20 =
70 kg Warmwasser von 35 °C (wenn die Gefäßerwärmung vernachlässigt werden kann).

Mischtemperatur $t_m = (c_1 m_1 t_1 + c_2 m_2 t_2)/(c_1 m_1 + c_2 m_2)$
Soll die Gefäßerwärmung berücksichtigt werden, so muß rechts noch $c_g \cdot m_g(t_m - t_1) =$
$C_g(t_m - t_1)$ hinzugefügt werden.

---

8. Schmelzwärme: ist die Wärmemenge q_s in kJ (früher kcal), die nötig ist, um 1 kg eines
festen Stoffes (z. B. Eis, Metall) bei seiner Schmelztemperatur in den flüssigen Zustand überzuführen (ohne Temperaturerhöhung der Flüssigkeit). SI-Einheit: kJ/kg (früher kcal/kg);
$q_s = m \cdot c(t_2 - t_1)$.

---

9. Verdampfungswärme: ist die Wärmemenge q_v in kJ (früher kcal), die man braucht, um 1 kg
Flüssigkeit bei der Siedetemperatur in Dampf zu überführen (ohne Erhöhung der Temperatur
und bei unveränderlichem äußeren Druck).
SI-Einheit: kJ/kg (früher kcal/kg); $q_v = m \cdot c (t_d - t_1)$.
Innere Verdampfungswärme q_{vi}: ist für Wasser = 2257 kJ/kg.

Fortsetzung

Grundlagen der Wärmelehre/Wärmeaustausch

Äußere Verdampfungswärme $q_{vä}$: ist abhängig von der Temperatur, bei der die Verdampfung stattfindet.

Beachte: Dieselbe Wärmemenge wird frei, wenn der Dampf kondensiert.

Beispiel: 1 kg Eis von $-15\,°C$ soll unter Druck $p = 1$ bar vollständig verdampft werden.
Eis hat $c = 2,1$ kJ/kg K.
Lösung: Eis von $-15\,°C$ auf $0\,°C$ erwärmen: $q_1 = m \cdot c(t_2 - t_1) = 2,1 \cdot 15 = 31,5$ kJ
Schmelzwärme $q_s = m \cdot 333$ kJ/kg $= 333$ kJ (bei $0\,°C$).
Wasser von $0\,°C$ auf $100\,°C$: $q_2 = m \cdot c(t_3 - t_2) = 4,2 \cdot 100 = 420$ kJ.
Verdampfungswärme $q_v = m \cdot q_{vi} = m \cdot 2257$ kJ/kg $= 2256$ kJ.
Zusammen müssen $Q = q_1 + q_s + q_2 + q_v = 3041,5$ kJ zugeführt werden.

1.2 Wärmeaustausch (Wärmeübertragung)

Wärmeaustausch kann erfolgen durch Wärmeleitung, Wärmedurchgang, Wärmestrahlung und Wärmeströmung (Konvektion, Mitführung).

In der technischen Praxis vollzieht sich die Wärmeübertragung meist gleichzeitig durch Leitung, Strahlung und Konvektion. Da die einzelnen Arten der Wärmeübertragung nach verschiedenen Gesetzen erfolgen, müssen sie gesondert behandelt werden.

1. Wärmeleitung (Wärmeleitzahl λ)

Überströmende stündliche Wärmemenge Q_h in W (Watt), früher kcal/h:

durch die ebene einschichtige **Wand** $\quad Q_h = \lambda A(t_i - t_a)/s;$

insgesamt $\quad Q = \lambda A \cdot z(t_i - t_a)\,s \quad$ (in Ws bzw. J)

durch eine ebene mehrschichtige Wand $\quad Q_h = A(t_i - t_a)/\Sigma(s/\lambda)$

durch eine **Rohrwand** $\quad Q_h = 2\pi \cdot L\lambda(t_i - t_a)/\ln(d_a/d_i)$

A $\quad$ Fläche (Querschnitt) in m; s Wanddicke, L Rohrlänge in m;

t_a und t_i Außen- und Innentemperatur in $°C$ (K); ln = nat. log.

d_a und d_i Außen- und Innendurchmesser des Rohres in m; z Zeit (h)

Wärmeleitzahlen λ in W/m K (Anhaltswerte, mit Temperatur veränderlich) bei $20\,°C$ (Klammerwerte in kcal/mh grd):

	Aluminium	Zink	Kupfer	Gußeisen	Stahl
$\lambda =$	233	114	$349 \cdots 465$	$41 \cdots 58$	$26 \cdots 52$
	(200)	(98)	$(300 \cdots 400)$	$(35 \cdots 50)$	$(22 \cdots 45)$

	Isolierstoffe	Ziegel	Beton	Kunststoffe		
				PE	PP	PVCh
$\lambda =$	0,12	$0,5 \cdots 0,8$	$0,8 \cdots 1,7$	0,43	0,22	0,16
	(0,1)	$(0,4 \cdots 0,7)$	$(0,7 \cdots 1,5)$	(0,37)	(0,19)	(0,14)

	Polystyrol, Glaswolle, Kork	Wasser	Luft
$\lambda =$	0,035	bei $20\,°C$ 0,555 (0,48)	bei $0\,°C$ 0,024 (0,021)
	(0,03)	bei $100\,°C$ 0,715 (0,62)	bei $100\,°C$ 0,031 (0,027)

Anwendung: Wärmeisolierstoffe, Kälteschutz, Heizkosteneinsparung, Wärmeaustauscher.

Grundlagen der Wärmelehre

2. Wärmeübergang (Wärmeströmung, Konvektion)

Für den Wärmeübergang von einem bewegten flüssigen bzw. gasförmigen Medium an eine Wand (Wärmeströmung in Flüssigkeiten und Gasen, z. B. bei der Warmwasserheizung) ergibt sich die **übertragene Wärmemenge** (Wärmestrom) zu:

$Q_{\ddot{u}} = \alpha\, A(t_w - t_m)$ in W (früher kcal/h)

Wärmeübergangszahl α in $W/m^2\,K$

$\alpha = Q/z \cdot A(t_w - t_m)$

Für Luft $\alpha = 5 + 3,4 \cdot v$

A	Heizfläche in m^2
t_w	Wandtemperatur in $°C$
t_m	Mediumtemperatur in $°C$
z	Zeit in h (Stunden)
v	Luftgeschwindigkeit (m/s)

Richtwerte für α in $W/m^2\,K$:

Luft: an Innenwand	8,2	Luft, Gase (b. freier Strömung)	$3 \cdots 18$
an Außenwand	30	Strömendes Wasser	$1150 \cdots 5800$
bei Stürmen	bis 100	Siedendes Wasser	$2300 \cdots 7000$
Kondensierender Wasserdampf	$9300 \cdots 15000$		

3. Wärmestrahlung (Strahlungszahl, Emissionskonstante C)

z. B. Sonne — Erde; wesensgleich dem Licht. Wärmeübertragung von dem warmen auf den kalten Körper, ohne Erwärmung des Zwischenraumes möglich.

Die **ausgestrahlte Wärmemenge** (Gesamtstrahlung) Q_s in J (Ws) wächst mit der Größe der strahlenden Flächen und mit der 4. Potenz der absoluten Temperatur des strahlenden Körpers; auch von der Oberflächenbeschaffenheit des bestrahlten Körpers abhängig.

$Q_h = C_s A\,(T_1/100)^4 - (T_2/100)^4$ in W (J/s), früher kcal/h.

Strahlungszahl C_s in $W/m^2 K^4$ (früher $kcal/m^2 h\,K$):

$C_s = 1/(1/C_1 + 1/C_2 - 1/4,96)$ $\qquad$ $Q_s = z\,Q_h$ in Ws oder J (früher kcal)

T_1, T_2 Oberflächentemperatur der strahlenden und der bestrahlten Fläche (K) und C_1 und C_2 zugehörende Strahlungszahlen. A Fläche in mm^2; z Stundenzahl (h).

Strahlungszahl C (in $W/m^2\,K^4$) (Richtwerte): Klammerwerte in $kcal/m^2 h\,grd^4$

Aluminium, Fläche (100 °C):		Emaillelack, weiß,	
poliert	0,30 (0,26)	Glas, Porzellan	5,23 (4,65)
sehr blank	1,16 (1,0)	Heizkörperfarben	$5,21 \cdots 5,35$
blank	2,32 (2,0)	braun/grau/weiß	$(4,5 \cdots 4,6)$
matt	3,48 (3,0)	Al-Lackfarben,	
rauh/dunkel	4,64 (4,0)	glänzend	2,23 (1,92)
Silber, poliert	0,12 (0,1)	**absolut schwarze**	
Dachpappe	5,36 (4,61)	**Fläche**	5,667 (4,873)
Ziegelstein, Putz	5,35 (4,6)	Gummi: hart, schwarz	5,46 (4,69)
Gußeisen	4,65 (4,0)	weich, grau	4,95 (4,26)
Schamotte	4,33 (3,72)	Kunststoffe, PP, PVC	5,13 (4,41)
Papier	5,30 (4,56)		
Holz	5,41 (4,65)		Fortsetzung

Grundlagen der Wärmelehre

Die durch Wärmestrahlung auf einen Körper fallende Energie kann in 3 Anteile zerlegt werden:
Reflektion r, Absorption a, Durchfluß d, so daß $r + a + d = 1$.
Für $r + d = 0$, wenn alle Strahlung restlos absorbiert wird ($a = 1$), spricht man vom „schwarzen" Körper.

Anwendung: Wärmestrahlung der Heizkörper, Wärme- und Kälteschutzmittel, Solarkoll.

---

4. Wärmedurchgang (Wärmeleitung + Wärmeübergang)
Wärmedurchgang Q in W (früher kcal/h)

durch eine ebene Wand $Q = k \cdot A(t_i - t_a)$	A Fläche (Querschnitt) in m^2
durch eine Rohrwand $\quad Q = k \cdot \pi L(t_i - t_a)$	t_i Innen-, t_a Außentemperatur in °C
Wärmedurchgangszahl k in W/m^2 K (früher $kcal/m^2 h$ grd):	L Rohrlänge in m s Wanddicke in m

für eine einschichtige Wand $k = 1/(1/\alpha_i + s/\lambda + 1\alpha_a)$
für eine mehrschichtige Wand muß die Summe s/λ eingesetzt werden.
k-Werte siehe entsprechende Tabellen.

---

5. Wärmeaustauscher

In einem Wärmeaustauscher strömen zwei durch eine Wand getrennte Medien von verschiedener Temperatur aneinander vorbei, wobei das kältere Medium erwärmt und das wärmere abgekühlt wird; die **Temperaturdifferenz** (Δt_m) der beiden Medien ist an jeder Stelle anders.
Wärmedurchgang $Q = k \cdot A\Delta t_m$ in W (früher kcal/h).

A ist Wärmeaustauschfläche in m^2
Es gilt für Wärmeaustauscher nach dem **Gleichstrom-** oder dem **Gegenstrom-** bzw. dem **Querstromprinzip** (Kreuzstromprinzip)

$\Delta t_m = \Delta t_{Gr} - \Delta t_{Kl}/\ln(\Delta t_{Gr}/\Delta t_{Kl})$
$\Delta t_{Gr} = \Delta t'_1 - \Delta t'_2$
$\Delta t_{Kl} = \Delta t''_1 - \Delta t''_2$

ln = natürl. Logarithmen
Einfachster Wärmeaustauscher ist ein ummanteltes Rohr. Alle Werte des größeren Rohres erhalten Index Gr, die des kleineren den Index Kl, die des wärmeren Mediums erhalten den Index 1, die des kälteren den Index 2.

Von Wärmeverlusten abgesehen ist die in der Zeiteinheit
a) vom wärmeren Medium abgegebene Wärmemenge $\dot{m}_1 c_1 (1'_1 - t''_2) = Q$
b) vom kälteren Medium aufgenommene Wärmemenge $\dot{m}_2 c_2 (t''_2 - t'_2) = Q$

Ein- und Austrittstemperaturen sind t'_i und t''_1 bzw. t''_2 und t'_2
Ausdrücke $\dot{m}_1 c_1 = W_1$ und $\dot{m}_2 c_2 = W_2$ bezeichnet man als Wasserwerte:
$W_1/W_2 = st_2/st_1$

2. Technische Thermodynamik

2.1 Größen, Beziehungen und Einheiten

T absolute Temperatur in K
$$T = (t/°C) + 273,15$$

$T,$ T_1, T_2 thermodyn. Temp. (K)

t Temperatur in $°C$

$t,$ t_1, t_2 Temperatur in $°C$
$$t = (T/K) - 273,15$$

p Druck, Gasdruck in mbar, hPa

p $= F/A$ absoluter Druck (N/m^2)
F Kraft (N), A Fläche (m^2)

P_L Bezugsdruck = Luftdruck (in N/m^2, mbar oder hPa)

Δp gemessener Druck gegenüber Umgebungsdruck p_L

$p_ü$ Überdruck $= p - p_L = \Delta p > 0$

p_u Unterdruck $= p_L - p = \Delta p < 0$

V Volumen einer Stoffmenge in m^3; $V = m \cdot v$

V_a $= (p_u/p_L)/100\,\% = $ relativer Unterdruck in % Vakuum

V_n Normvolumen in m^3 ($t = 0°C$, $p = 1013\,hPa$)

V_m $= V/n = $ molares Volumen in m^3/mol; n = Stoffmenge bzw. Molmenge in kmol

v spezifisches Volumen in m^3/kg; $v = V/m$

v_n spezif. Volumen im Normzustand in m^3/kg ($t = 0°C$, $p = 1013\,hPa$)

$\bar{v}$ molares Volumen in m^3/kmol

m Masse (Stoffmenge) in kg

n, z Molmenge (Stoffmenge) in kmol

ϱ Dichte, Gasdichte in kg/m^3; $\varrho = m/V = 1/v$ (spez. Masse)

ϱ_n Dichte eines Gases im Normzustand ($t = 0°C$, $p = 1013\,hPa$)

p_0, v_0, V_0 bei $t_0 = 0°C = T_0 = 273\,K$

p_1, v_1, V_1 bei t_1 bzw. T_1,

p_2, v_2, V_2 bei t_2 bzw. T_2

M Molmasse in kg/kmol

U Innere Engerie in kJ

H Enthalpie in kJ

S Entropie in kJ/K

u spezifische innere Energie in (kJ/kg)

h spezifische Enthalpie (in kJ/kg)

s spezifische Entropie (in kJ/kg K)

c spezifische Wärmekapazität (in J/kg K), ist abhängig von der Temp.; gibt an, welche Wärme Q einer Masse m zuzuführen bzw. zu entziehen ist, um seine Temp. Δt zu ändern

C Wärmekapazität $= m \cdot c$ in kJ/K

Q Wärme, Energie in kJ; zu- oder abgeführte Wärmemenge bei der Gasmenge (Masse m)

c_p spezifische Wärmekapazität bei konstantem Druck in kJ/kg K

c_v spezifische Wärmekapazität bei konstantem Volumen in kJ/kg K

c_{pm}, c_{vm} mittlere spezif. Wärmekapazität für den Bereich $t_2 - t_1$

$\bar{c}$ molare Wärmekapazität in kJ/kmol K

$\varkappa$ Isentropenexponent gleich Verhältnis der spezif. Wärmekapazitäten c_p/c_v)

n Polytropenexponent

q massebezogene Wärme (-menge) in J/kg bzw. kJ/kg $= Q/m$

l latente Wärme, massebezogene (in kJ/kg) = erforderliche Wärme zur Verwandlung: l_f, l_d, l_s

l_f Schmelzwärme bei festen Körpern (bei Schmelztemp. $°C$)

l_d Verdampfungswärme bei Flüssigkeiten (Siedetemp.: Flüssigkeit / gesätt. Dampf

l_s Sublimationswärme (Sublimationstemp.: fest/dampfförmig)

W mechanische Arbeit (in kJ), die von der Gasmenge m abgegeben (pos.) oder aufgenommen (neg.) wird: Raumänderungsarbeit

w spezifische Arbeit (in kJ/kg)

R spezielle Gaskonstante in kJ/kg K; $R = Q/m\,\Delta t = q/\Delta t$

W_t technische Arbeit in kJ

$\bar{R}, R_m$ allgemeine/molare Gaskonstante gleich 8,314 kJ/kmol K

$\dot{Q}, \phi$ Wärmestrom, -leistung (in kW, kJ/s); $\dot{q}$ (in kW/m^2)

---

* Die Maßeinheiten entsprechen den in der Praxis verwendeten Größenordnungen.

2.2. Ideale (vollkommene) Gase: Zustandsänderung

a) Spezifische Wärmekapazität c

Erwärmung bei konstantem Druck p: $\quad c_p$

Erwärmung bei konstantem Volumen V: $\quad c_v$

$\left.\right\}$ temperatur-abhängig (T) $\quad c_p > c_v$

Isentropenexponent $\varkappa = c_p/c_v$
(temperaturabhängig) $= 1 + (R/c_v)$

$c_p - c_v = R$

$c_p = \varkappa\, R/(\varkappa - 1) \qquad c_v = R/\varkappa - 1)$

$R = c_p\, \dfrac{\varkappa - 1}{\varkappa} = c_v\,(\varkappa - 1)$ (siehe Tafel)

Bei t bis 200°C:

Edelgase (He, Ar, Kr)	$\varkappa = 1{,}67$
Zweiatomige Gase (H_2, O_2, N_2, Luft)	$\varkappa = 1{,}41$
Dreiatomige Gase (CO_2, H_2O)	$\varkappa = 1{,}33$
Mit zunehmender Atomzahl	$\varkappa \to 1$

Wärmekapazität $C = m \cdot c$ (in kJ/K)

Thermische Kennwerte wichtiger Gase

Gase	O_2	N_2	Luft	H_2	CO	CO_2
R	259,8	296,8	287	4124	296,8	188,9
c_p	908	1039	1004	14380	1039	821
c_v	649	743	716	10260	743	632
$\varkappa$	1,4	1,4	1,4	1,4	1,4	1,3

b) Thermische Zustandsgleichungen idealer Gase

Für Gasmenge $m = 1$ kg
$p \cdot v = R \cdot T$ oder $p \cdot V = M \cdot R \cdot T$

R = spezielle Gaskonstante $= R_i$
Bezogen auf Stoff-/Molmenge n gilt, mit
$R_m = \bar{R} = 8314{,}3$ J/kmol K als **absoluten Gaskonstante,** für alle Gase gleich.

$R_m = \bar{R} = 8{,}314$ kJ/kmol K
(Auch molare oder allgemeine Gaskonstante)

(Auch R_i individuelle Gaskonstante genannt)

$p = \varrho \cdot R \cdot T$

$p \cdot V_m = R_m \cdot T$

$R_m = M \cdot R = \bar{R}$ bei M als Molmasse

$\varrho = M/22{,}4$ kg/m^3

Jede Zustandsänderung von Gasen läßt sich darstellen in der Form

$p \cdot v^n = $ const.

$p \cdot v/T = p_0 \cdot v_0/T_0;\ p \cdot v/T = p_0 \cdot V_0/T_0$

$p_1 \cdot v_1/T_1 = p_2 \cdot v_2/T_2;\ p_1 \cdot V_1/T_1 = p_2 \cdot V_2/T_2$

Anmerkung:

Zustandsgleichungen für **reale** (nicht-ideale) **Gase** und **Dämpfe** werden aus speziellen Gleichungen oder Diagramme ermittelt.

c) Hauptsätze der Thermodynamik

Zustandsänderungen werden hervorgerufen durch **Wechselwirkungen** des Systems mit der Umgebung. Diese werden mit dem 1. und 2. Hauptsatz berechnet.

1. Hauptsatz

geschlossene Systeme	offene Systeme
$q_{1,2} = w_{1,2} = u_2 - u_1$	$q_{1,2} + w_{t1,2} = h_2 - h_1$
$Q + W = U_2 - U_1$	$Q + W_t = H_2 - H_1$

Aussagen folgen aus dem allgemeinen **Erhaltungssatz** der **Energie**

Mechanische Arbeit und Wärme sind einander gleichwertig ($W_t \triangleq Q$)

2. Hauptsatz

für alle Systeme

$q_{1,2} = {_1}\int^2 T \cdot ds$

Aussagen für **Kreisprozesse** (Tab. 2.5)

$S_2 - S_1 = dS \geqq 0$

Kreisprozesse:
> irreversible
  reversible

$U = c_{vm} \cdot m \cdot t$ = innere Energie eines Körpers (Wärme, Energie)

$H = U + p \cdot v$ = Enthalpie = U + Verdrängungsarbeit $p \cdot V$

$\Delta S = S_2 - S_1$ = Entropie = Zustandsgröße, die von T, p und V abhängt. $dS = dQ/T$

Massebezogene Zustandsgrößen (m-bez.):

u = m-bez. Innere Energie

h = m-bez. Enthalpie

s = m-bez. Entropie

$w_{1,2}$ = m-bez. Volumenänderungsarbeit

$w_{t1,2}$ = m-bez. technische Arbeit

---

d) Thermische Zustandsänderungen

Isochore (Isovolume) $dv = 0$

v bzw. V = const.; $n = \infty$

$$p_1/p_2 = T_1/T_2 = \frac{T_0 + t_1}{T_0 + t_2}$$

$p/p_0 = T/T_0$; $p = p_0 (1 + \alpha \cdot t)$

$p/p_0 = (T_0 + t)/T_0$

Wärme

$Q = m \cdot c_v (T_2 - T_1) = U_2 - U_1$

$Q = V (p_2 - p_1)/(\chi - 1)$

$q = v (p_2 - p_1)/(\chi - 1)$

$q_{1,2} = u_2 - u_1 = (h_2 - h_1) - v (p_2 - p_1)$

(Bild 1 auf Seite 22-11)

Q = pos. + bei Wärmezuführung,
= neg. – bei Wärmeabführung
(siehe T, s-Diagramm)

W = pos. + bei Kompressionsarbeit,
neg. – bei Expansionsarbeit

W_t = pos. + bei Arbeitszuführung,
neg. – bei Arbeitsabführung
(siehe p, v-Diagramm)

Arbeit

$W = 0$; $w_{1,2} = 0$

$W_t = V (p_2 - p_1)$; $w_{t1,2} = v (p_2 - p_1)$

$\Delta S = S_2 - S_1$; $\Delta s = s_2 - s_1$

Thermische Zustandsänderung

Isobare p = const.

v/T = const.; $n = 0$

$v_1/v_2 = V_1/V_2 = T_1/T_2$

$\qquad = (T_0 + t_1)/(T_0 + t_2)$

Wärme

$Q = c_{pm} \cdot m \, (T_2 - T_1) = m \cdot q$

$Q = W \cdot \varkappa/(\varkappa - 1)$

$q = c_{pm} \, (T_2 - T_1) = c_{pm} \, (t_2 - t_1)$

$q = w \cdot \varkappa/(\varkappa - 1); \; q_{1,2} = h_2 - h_1$

$\varDelta U = U_1 - U_1 = c_{vm} \cdot m \, (T_2 - T_1)$

$S = S_2 - S_1 = c_p \cdot m \cdot \ln (T_2/T_1)$

$\qquad\quad = c_p \cdot m \cdot \ln (V_2/V_1)$

Gesetz von Gay-Lussac

Bild 2: T, s- und p, v-Diagramm

$v_1/T_1 = v_2/T_2; \; v/v_0 = T/T_0$

$v = v_0 \, (1 + \beta \cdot t)$

Arbeit

$W = p \, (V_2 - v_1) = m \cdot R \, (T_2 - T_1) = m \cdot w$

$W_t = 0;$

$w = p \, (v_2 - v_1); \; w_{1,2} = p \, (v_2 - v_1)$

$w_{t1,2} = 0$

Isotherme t, T = const.

$p \cdot V$ = const.; $n = 0$

$p \cdot v = R \cdot T$ = const. (gleichseitige Hyberbel)

$p_1 \cdot v_1 = p_2 \cdot v_2; \; p_1 \cdot V_1 = p_2 \cdot V_2$

$p_1/p_2 = v_2/v_1; \; p_1/p_2 = V_2/V_1$

Wärme:

$Q = -W; \; q = -w$

$U = U_2 - U_1 = 0$

$S = S_2 - S_1 = m \cdot R \ln (p_1/p_2)$

$\qquad\qquad\quad = m \cdot R \ln (V_2/V_1)$

Gesetz von Boyle-Mariotte

Bild 3: T, s- und p, v-Diagramm

Arbeit:

$W = p_1 \cdot V_1 \ln (p_2/p_1) = W_t$

$\quad = p_1 \cdot V_1 \ln (V_1/V_2)$

$\quad = m \cdot R \cdot T \ln (p_2/p_1)$

$\quad = m \cdot R \cdot T \ln (V_1/V_2)$

$w = R \cdot T \ln (v_2/v_1) = R \cdot T \ln (p_1/p_2)$

$w = p_1 \cdot v_1 \ln (p_1/p_2)$

$\quad = p_2 \cdot v_2 \ln (p_1/p_2)$

$w = p_1 \cdot v_1 \ln (v_2/v_1)$

$\quad = p_2 \cdot v_2 \ln (v_2/v_1)$

Isentrope $n = \varkappa$

$p \cdot v^{\varkappa}$ bzw. $p \cdot V^{\varkappa}$ = const.

$Q = 0; \; q_{1,2} = 0; \; S$ = const.

$p_1 \cdot v_1^{\varkappa} = p_2 \cdot v_2^{\varkappa}; \; p_2/p_1 = (v_1/v_2)^{\varkappa}$

$p_2/p_1 = (T_2/T_1)^{\frac{\varkappa}{\varkappa - 1}}$

$v_2/v_1 = (T_1/T_2)^{\frac{1}{\varkappa - 1}}$

$T_1/T_2 = (v_2/v_1)^{\varkappa - 1} \cdot (p_1/p_2)^{\frac{\varkappa - 1}{\varkappa}}$

Gesetz von Poisson

Bild 4: T, s- und p, v-Diagramm

Adiabatische Zustandsänderung:

keine Wärmezufuhr/-entziehung.

Arbeit:

$W = m \cdot w$

$w = c_{vm} \, (T_1 - T_2) = c_{vm} \, (t_1 - t_2)$

$w = \dfrac{R}{\varkappa - 1} \, (T_1 - T_2) = \dfrac{R}{\varkappa - 1} \, t_1 - t_2$

Thermische Zustandsänderungen
Wärme- und Arbeitsdiagramme (reversible Prozesse idealer Gase)

Wärmediagramm q_{12}
(T, s-Diagramm)

Arbeitsdiagramm w_{12}
(p, v-Diagramm) w_{t12}

<u>Isochore</u>
v = const.
dv = 0

(1)

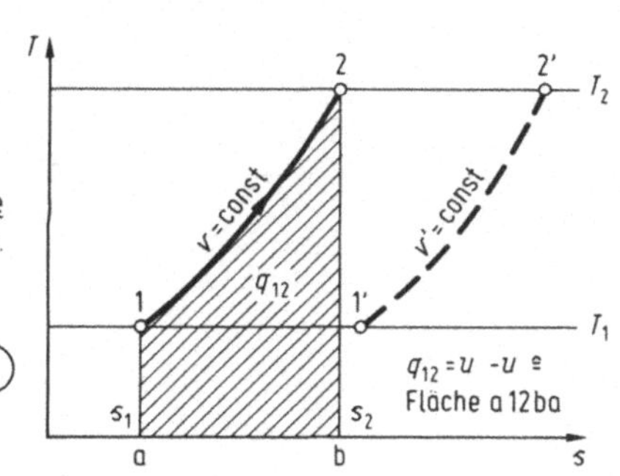

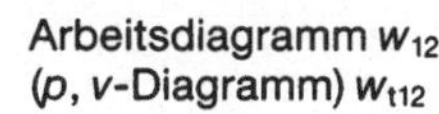

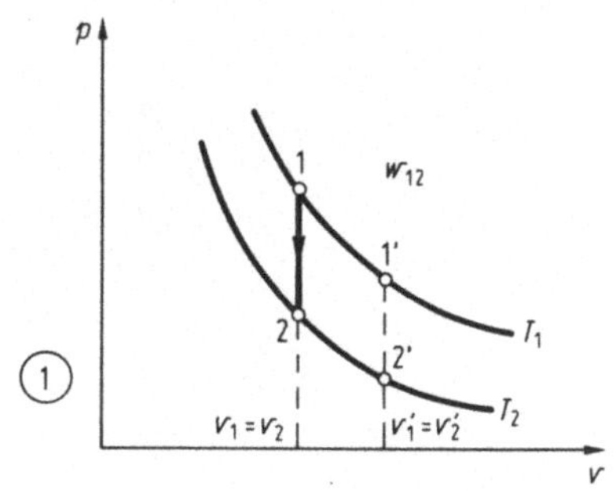

<u>Isobare</u>
p = const
dp = 0

(2)

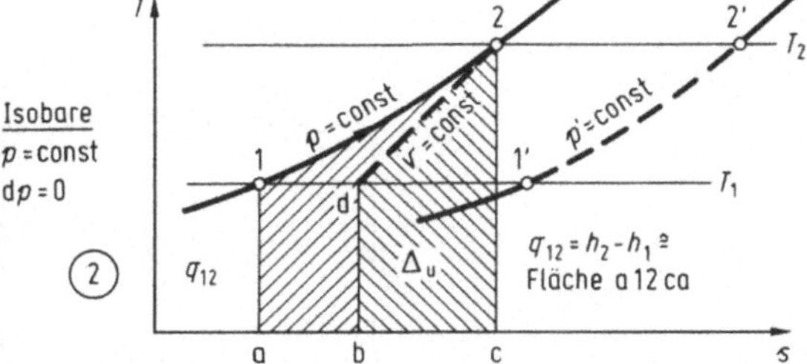

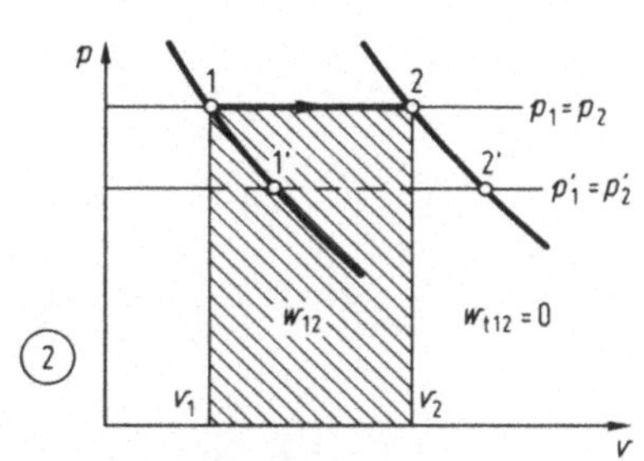

<u>Isotherme</u>
T = const
dT = 0

(3)

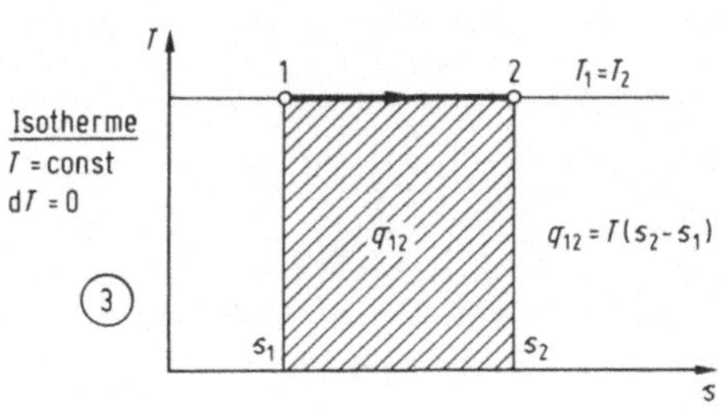

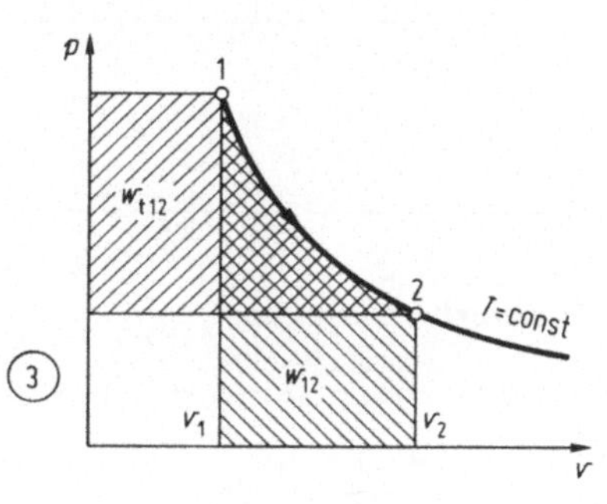

Thermische Zustandsänderungen
Wärme- und Arbeitsdiagramme (reversible Prozesse idealer Gase)

| Wärmediagramm q_{12}
(T, s-Diagramm) | Arbeitsdiagramm w_{12}
(p, v-Diagramm) w_{t12} |

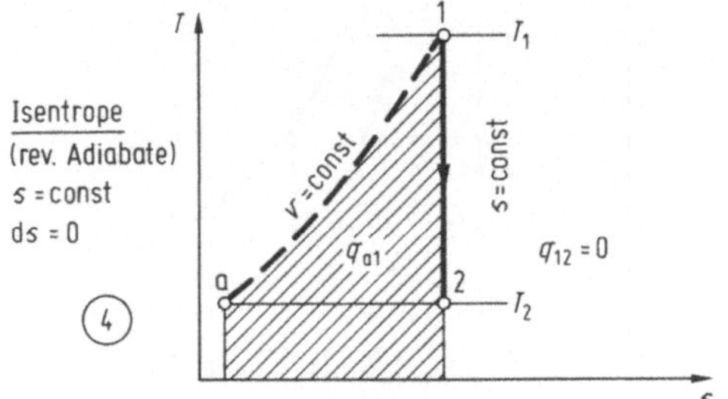

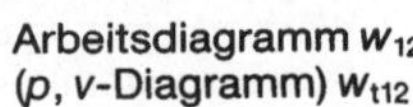

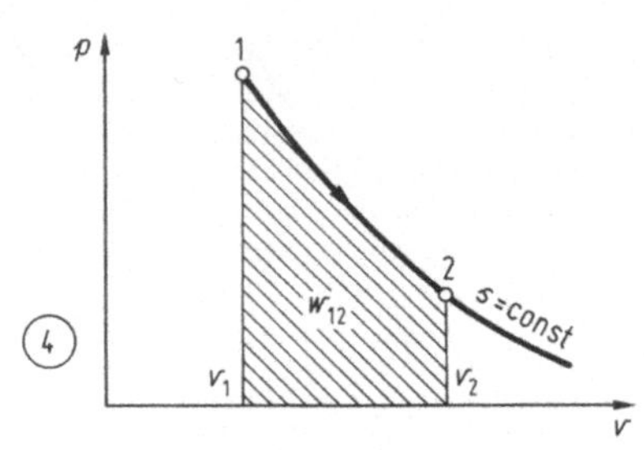

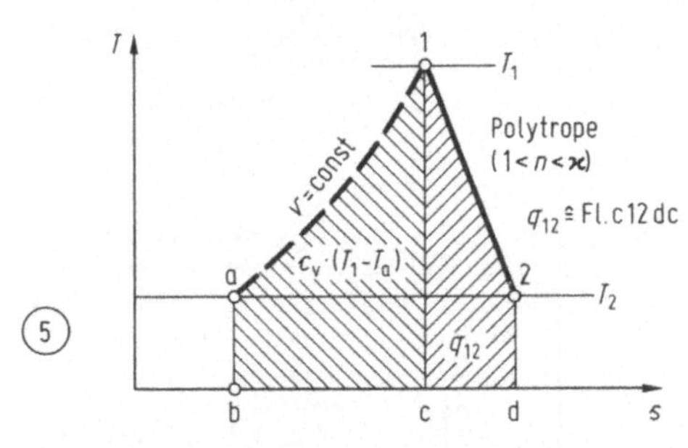

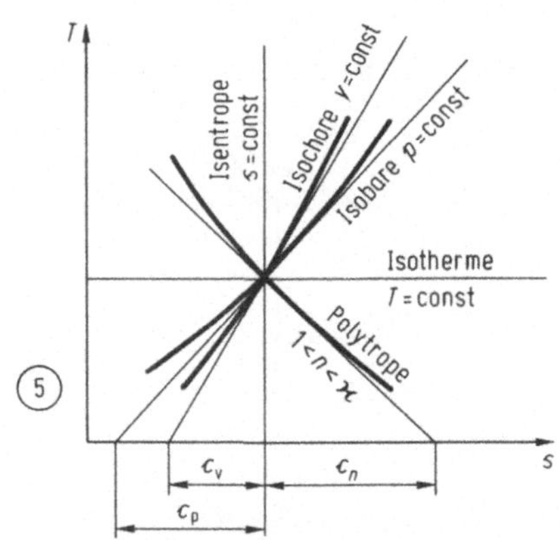

Arbeit: zu Isentrope

$$w = \frac{p_1 \cdot v_1}{\varkappa - 1}\,[1 - (v_1/v_2)^{\varkappa - 1}]$$

$$= \frac{p_1 \cdot v_1}{\varkappa - 1}\,(1 - (p_2/p_1)^{\frac{\varkappa - 1}{\varkappa}}$$

$$w = \frac{p_1 \cdot v_1}{\varkappa - 1}\,(1 - T_2/T_1)$$

$$w = \frac{R \cdot T_1}{\varkappa - 1}\,\left(1 - \frac{T_2}{T_1}\right)$$

$$w = c_{vm}\,(p_1 \cdot v_2 - p_2 \cdot v_2)/R$$

$$= (p_1 \cdot v_1 - p_2 \cdot v_2)/(\varkappa - 1)$$

$$w_{1,2} = u_1 - u_2 = (h_1 - h_2) - (p_1 \cdot v_1 - p_2 \cdot v_2)$$

$$w_{t1,2} = h_1 - h_2$$

Thermische Zustandsänderungen

Polytrope, beliebig; $n = $ const.

$$p \cdot v^n = \text{const.}$$

$$p \cdot V^n = \text{const.}$$

(höhere Hyperbel)

$$p_1 \cdot v_1^n = p_2 \cdot p_2^n; \; p_1 \cdot V_1^n = p_2 \cdot V_2^n$$

$$p_1/p_2 = (V_2/V_1)^n; \; c_n = c_{vm} \frac{n - \varkappa}{n - 1}$$

$$T_1/T_2 = (v_2/v_1)^{n-1} = (p_1/p_2)^{\frac{n-1}{n}}$$

$$T_1/T_2 = (V_2/V_1)^{n-1}$$

$$V_2/V_1 = (T_1/T_2)^{\frac{1}{n-1}}$$

Wärme:

$$Q = w(\varkappa - n)/(n - 1)$$

$$Q = m \cdot c_n (T_2 - T_1) = m \cdot c_n (t_2 - t_1)$$

$$q = w(\varkappa - n)/(\alpha - 1)$$

$$q_{1,2} = c_{vm} \cdot \frac{n - \varkappa}{n - 1} (T_2 - T_1)$$

$$q_{1,2} = c_n (T_2 - T_1) = c_n (t_2 - t_1)$$

Arbeit:

$$w_{t1,2} = \frac{n}{n - 1} R \cdot T_1 \left[1 - \left(\frac{p_2}{p_1}\right)^{\frac{n-1}{n}}\right]$$

$$= \frac{n}{n - 1} R(T_1 - T_2)$$

Polytropische Zustandsänderungen:

$n < \varkappa$ Wärmezufuhr

$n > \varkappa$ Wärmeabfuhr

Bild 5: T, s- und p, v-Diagramme sind beliebig

Wärme wird in solchem Maße zugeführt (oder entzogen), daß immer der gleiche Bruchteil davon eine Erhöhung der Temperatur herbeiführt.

Arbeit:

$$W = m \cdot w = \frac{1}{n - 1} m \cdot R (T_1 - T_2)$$

$$= \frac{1}{n - 1} (p_2 \cdot V_2 - p_1 \cdot V_1)$$

$$w = c_{vm} (T_1 - T_2) = c_{vm} (t_1 - t_2)$$

$$= (c_{vm}/R)(p_1 \cdot v_1 - p_2 \cdot v_2)$$

$$= (p_1 \cdot v_1 - p_2 \cdot v_2)/(n - 1)$$

$$= R (T_1 - T_2)/(n - 1)$$

$$= R (t_1 - t_2)/(n - 1)$$

$$w = (R \cdot T_1 [1 - (T_2/T_1)] \cdot \frac{1}{n - 1}$$

$$= (1 - T_2/T_1) \cdot (p_1 - v_1)/(n - 1)$$

$$= (c_n - c_{vm}) (T_2 - T_1)$$

$$= (c_n - c_{vm}) (t_2 - t_1)$$

$$w = \frac{p_1 \cdot v_1}{n - 1} (1 - (v_1/v_2)^{n-1})$$

$$= \frac{p_1 \cdot v_1}{n - 1} [1 - (p_2/p_1)^{\frac{n-1}{-n}}]$$

Weitere Formeln für w und $w_{1,2}$ erhält man also auch, wenn die Adiabate für $\varkappa$ in den Wert n eingesetzt wird (Polytropenexponent n).

Die Adiabate und Isotherme sind Sonderfälle der Polytrope mit $n = \varkappa$ bzw. $n = 1$.

$$\Delta S = S_2 - S_1 = c_v \cdot m \ln (T_2/T_1) \qquad \qquad \Delta S = c_v \cdot m \ln (p_2/p_1) + c_{pm} \ln (V_2/V_1)$$

Thermische Zustandsänderungen

$$\Delta S = c_v \; \frac{\varkappa - n}{1 - n} \; m \cdot \ln(T_2/T_1) \qquad\qquad \Delta S = c_{pm} \ln(T_2/T_1) - R \cdot m \cdot \ln(p_2/p_1)$$

Anmerkungen zu den Bildern 1 bis 5 (auf Seite 22–11 und 12):

zu Diagrammen	Bei reversiblen Prozessen stellt die Fläche zwischen der Kurve der Zustandsänderung
p, v-Diagramme	– und der **v-Achse** die massebezogene Volumenänderungsarbeit $w_{1,2}$ (im Bild w_{12}) dar.
T, s-Diagramme	– und der **s-Achse** die massebezogene Wärme $q_{1,2}$ (im Bild q_{12}) dar.

e) Zusammenfassung

Bezeichnung für **Prozeßlinien** (→ Iso-Prozeß; Zustandsänderung) in einem Diagrammfeld, die den Verlauf eines Prozesses wiedergeben unter den Nebenbedingungen wie:

gleichen Volumens V	Isochore	(Bild 1)
gleichen Druckes p	Isobare	(Bild 2)
gleicher Temperatur T	Isotherme	(Bild 3)
gleicher Entropie s	Isentrope	(Bild 4)
gleicher Enthalpie h	Isenthalpe	(Bild 5)
gleichen Feuchtegehaltes x	Isohygre	(Bild 6)

Beispiel: Auf den Isochoren (usw.) liegen alle Zustandspunkte gleichen Volumens (usw.)

Deutung der verschiedenen Zustandsänderungen als Sonderfälle des allgemeinen **polytropischen Gesetzes** $p \cdot V_{\pm}^{n} = $ const. (Bild 6).

Art der Zustandsänderung	Exponent $n=$	Spez. Wärmekapazität $c=$	Wärme $Q=$
Isochore $V=$ const.	∞	c_v	$c_v \cdot m\,(T_2 - T_1)$
Isobare $p=$ const.	0	c_p	$c_p \cdot m\,(T_2 - T_1)$
Isotherme $T=$ const.	1	$\pm\infty$	W
Isentrope $Q=0$	$\varkappa$	0	0
Polytrope	n	$c_v \cdot \dfrac{\varkappa - n}{1 - n}$	$\dfrac{n - \varkappa}{\varkappa - 1} \cdot W$

Gesamte zu- oder abgeführte Wärme/Arbeit

System	Wärme Q (in W)		Arbeit W (in J)
geschlossen offen	einmalig in Massenstrom (kontin.) $\dot{m}$ in kg/s	$Q_{1,2} = m \cdot q_{1,2}$ $\dot{Q}_{1,2} = \Phi_{1,2} = \dot{m} \cdot q_{1,2}$	$W_{1,2} = m \cdot w_{1,2}$ Leistung $P_{1,2} = \dot{m} \cdot w_{1,2}$

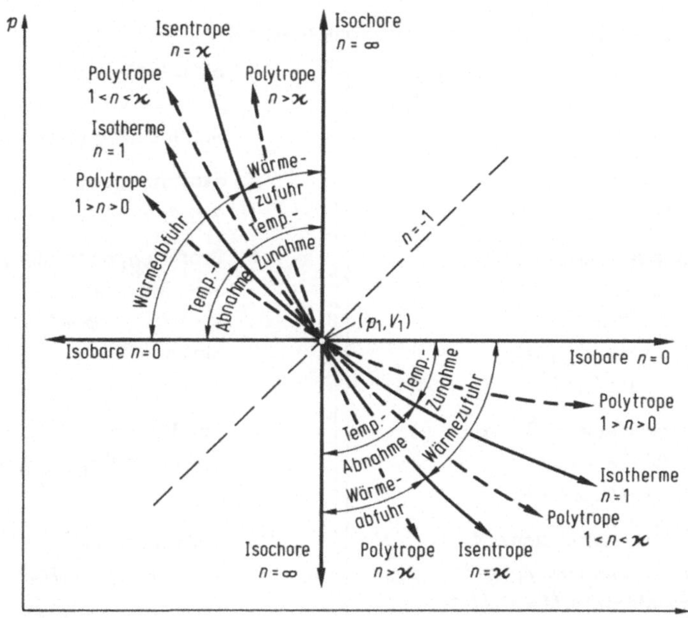

Bild 6

2.3 Gasgemische (Mischung von Gasen/Luft)

Hierfür gilt das **Daltonsche Gesetz:**

1. Jedes Gas eines Gasgemisches füllt den gesamten Raum so aus, als ob die anderen Gase nicht vorhanden sind.
2. Jedes Gas übt nur einen Teil des Gesamtdruckes des Gasgemisches aus. Der Gesamtdruck ist gleich der Summe der Teildrücke.
3. Der Anteil des Teildruckes eines Gases am Gesamtdruck des Gemisches ist gleich seinem Raumanteil.

m = Stoffmasse (kg/m^3)
M = molare Masse (kg/mol)
n = Stoffmenge; Molmenge
z (mol, bzw. kmol)

a) Größen einer Gasmischung (aus den Komponenten)

1. Einzelrauminhalte (Volumen) V

$$V_1 + V_2 + \cdots + V_n = \Sigma V_i$$

2. Einzeldrücke p

$$p_1 + p_2 + \cdots + p_n = p = \Sigma p_i$$

Summe der Partialdrücke

3. Einzelmassen m

$$m_1 + m_2 + \cdots + m_n = m = \Sigma m_1$$

4. Stoffmengen n

$$n_1 + n_2 + \cdots + n_n = n = \Sigma n_i$$

5. Massenanteile ζ (auch g)

$$\zeta_1 = m_1/m; \; \zeta_2 = m_2/m \text{ usw.}$$
$$\zeta_i = m_i/m; \; \zeta_i = 1$$
$$\zeta_i = \psi_i M_i/M = r_i M_i/M_m$$
$$= r_i R_m/R_i$$

6. Stoffmengenanteile ψ_i

einer Mischung

$$\psi = n_i/n; \qquad \psi_i = 1$$

Mol-Anteil $r_i = \psi_i$

7. Raumanteile einer Gaskomp. (r)

$$r_1 = V_1/V; \; r_2 = V_2/V \text{ usw.}$$
$$r_i = V_i/V = p_i/p; \; \Sigma r_i = 1$$

8. Teildrücke p

$$p_1 = m_1 \, (R_1/R) \, p = r_1 \, p \text{ usw.}$$

9. Scheinbare Molmasse M

$$M = m/n = \Sigma(M_i \, \psi_i); \; M_i = m_i/n$$

Molare Masse; $1/M = \Sigma \, (\zeta_i/M_i)$

$$M = r_1 M_1 + r_2 M_2 + \cdots = \Sigma r_i \cdot M_i$$
$$= 848/R_m$$

10. Teilvolumen V_i

$$V_i = m_i \, R_i \, T/p = n_i \, R_m \, T/p$$

11. Mischungsdruck p

$$p = m \, R_m \, t/V =$$
$$\frac{T}{V} \, \Sigma \, \frac{p_i V_i}{T_i} = \frac{T}{V} \, \Sigma m_i \cdot R_i$$

12. Gaskonstante der Mischung R

$$R_m = \Sigma \zeta_i \cdot R_i \text{ bzw. } \Sigma g_i \cdot R_i$$
$$R = R_m M_m = R_i M_i$$

13. Spezifische Wärmekapazität c

$$c_{vm} = c_{pm} - R; \; c_v = \Sigma \zeta_i \cdot c_{vi}$$
$$c_{pm} = \Sigma \, (\zeta_i \cdot c_{pmi}); \; c_p = \Sigma \zeta_i \cdot c_{pi}$$

Gasgemische (Mischung von Gasen)

14. Kalorische Zustandsgrößen einer Mischung

Innere Energie	$u = \Sigma\,(\zeta_i\,u_i);$	$U_m = m\,\Sigma\,(\zeta_i\,u_i)$
Enthalpie	$h = \Sigma\,(\zeta_i\,h_i);$	$H_m = m\,\Sigma\,(\zeta_i\,h_i)$
Entropie	$\Delta S = \Sigma\,m_i \cdot R_i\,ln\,(1/r_i)$	

---

b) Mischungstemperatur t

- bei **realen** Gasen und Dämpfen u. a. aus Diagrammen zu bestimmen.
- bei **idealen** Gasen nach folgenden Formeln:

Jedes Gas verhält sich so, als ob es allein den ganzen Raum einnehme.
Bei Mischung von Gasen mit den Drücken $p_1, p_2, p_3 \ldots$ und den Rauminhalten $V_1, V_2, V_3 \ldots$ wird bei unverändertem Gesamtrauminhalt $V = V_1 + V_2 + \ldots V_n$ die Mischungstemperatur errechnet.

$$t = \frac{c_{pm1}t_1m_1 + c_{pm2}t_2m_2 + \ldots c_{vmn}t_nm_n}{c_{pm} \cdot m}$$

c) Vermischung von Gasströmungen

Ohne Austausch von Arbeit und Wärme mit der Umgebung.

w = Geschwindigkeit des Stoffstromes (kinet. Energie ist im Verhältnis zur Enthalpie h sehr gering)

Index m = Mischung
$V_m = m\,R_m\,T_m/p$

Gaskonstante $R_m = \Sigma\zeta_i\,R_i$

$$m\,h + w^2/2 = m_i\,(h_i + w_i^2/2)$$
$$m\,h = \Sigma\,m_i\,h_i; \qquad h = \Sigma\,g_i\,h_i$$

Mischtemperatur:
$$T_m = \frac{\Sigma\,c_{pi}\,m_i\,T_i}{\Sigma\,c_{pi}\,m_i}$$

2.4 Thermische Arbeit und Energie

1. Raumänderungsarbeit W (in J)
   (äußere Arbeit)

$$W = {}_{v_1}\!\int^{v_2} p\,dv$$

ist die bei der Volumenänderung von V_1 (v_1) nach V_2 (v_2) eines Gases verrichtete Arbeit. Diese Arbeit erscheint im p, v-Diagramm als Fläche unter der Zustandskurve (Bild 1).

w = spezifische Raumänderungsarbeit
   (in J/kg, kJ/kg)
W, w = pos. + bei Expansionsarbeit
W, w = neg. – bei Kompressionsarbeit

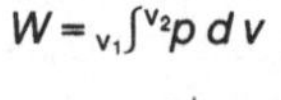

---

2. Technische Arbeit W_t (in J, kJ)
   (Betriebsarbeit)

$$W_t = W + p_1 \cdot V_1 - p_2 \cdot V_2$$
$$= -{}_{p_2}\!\int^{p_1} V\,dp$$
$$w_{t\,12} = {}_1\!\int^2 p\,dv$$

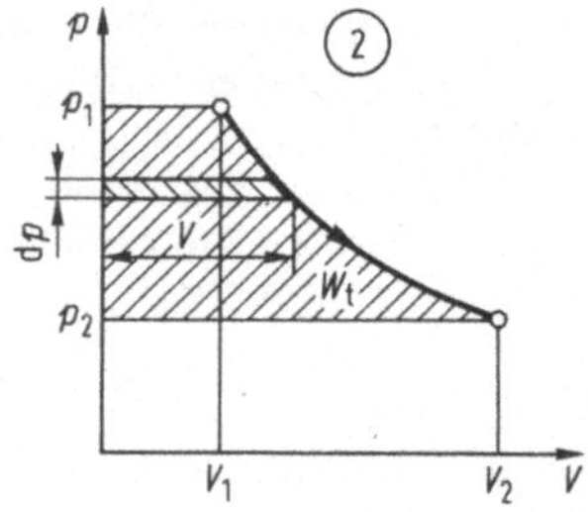

ist gesamte theoretische Arbeit einer Maschine, die in einem Arbeitsspiel eine Zustandsänderung des Arbeitsstoffes durchführt (Bild 2).
Diese Arbeit ist eine Zusammenfassung von:
· Füllungsarbeit $p_1 V_1$; $p_1 v_1$
· Raumänderungsarbeit W
· Ausschubarbeit $p_2 V_2$; $p_2 v_2$
= w_t spezif. technische Arbeit (in J/kg)
   W_t, w_t = pos. + bei Arbeitsabgabe
         neg. – bei Arbeitsaufwand

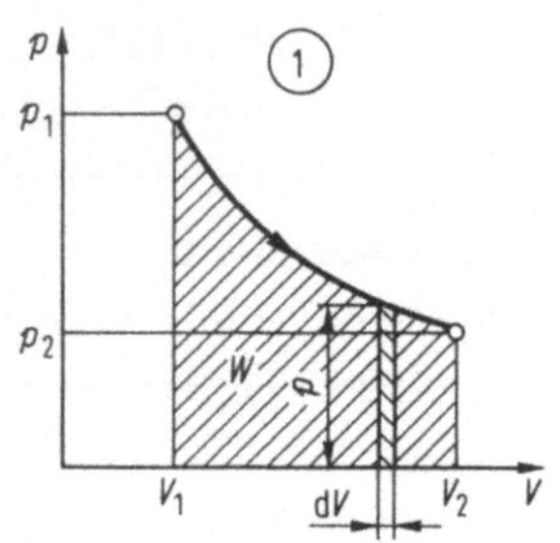

---

3. Innere Energie U (in J, kJ)

$$U = c_{vm} \cdot m \cdot t$$
$$U\,(t = 0) = 0$$

eines Körpers mit der Temperatur T (t) ist die Wärme (Wärmemenge, Energie), die auf dem Körper als fühlbare Wärme und innere Arbeit übergeht, wenn seine Temperatur von 0°C auf t in °C, bei konstantem Volumen (v = const.) erwärmt wird.

u = spezifische innere Energie (J/kg).

$$u = u_{v,\,T}$$

---

4. Enthalpie H (in J, kJ)

$$H = U + p \cdot V = c_{pm} \cdot m \cdot t$$
$$H\,(t = 0) = 0$$

ist die Summe aus der inneren Energie und der Verdrängungsarbeit $p \cdot V$.

h = spezifische Enthalpie
G = freie Enthalpie (in J, kJ)
g = spezifische freie Enthalpie (J, kg)

$$h = h_{p,\,T}$$

Fortsetzung

Thermische Arbeit und Energie

5. Entropie S (in J/K, kJ/K)

ist eine thermische (kalorische) Zustandsgröße, die von zwei der drei Zustandsgrößen T, p und v abhängt:
$dS = dQ/t$ (Bild 3)
s = spezifische Entropie (in J/kg K)

Im T, s-Diagramm erscheint die zu- bzw. abgeführte Wärme als Fläche unter der Zustandskurve.

$Q = {_1\!\int^2} T.\, dS$ (in J, kJ)

$dS = (dU + p \cdot dV)/T$

$\Delta S = S_2 - S_1;\ \Delta s = s_2 - s_1;\ s = s_{v,T}$

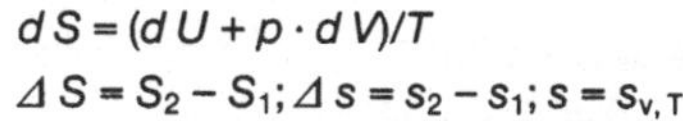

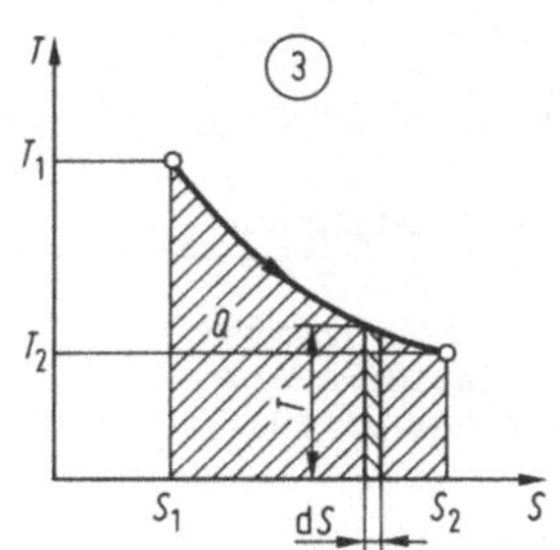

---

6. Energie E (in J, kJ)
(technische Arbeitsfähigkeit)

ist die maximale technische Arbeit, die aus einem Stoffstrom nutzbar gemacht wird.
Der Wert ergibt sich, wenn der Stoffstrom isentrop auf Umgebungstemperatur T_0 und dann isotherm auf dem Umgebungsdruck p_0 geführt wird (Bild 4).

Kennzeichnung der Indizes:
0 = Umgebungszustand;
1 = Anfangszustand
e = spezifische Exergie (in J/kg, kJ/kg)

$E = H_1 - H_0 = T_0\,(S_1 - S_0)$

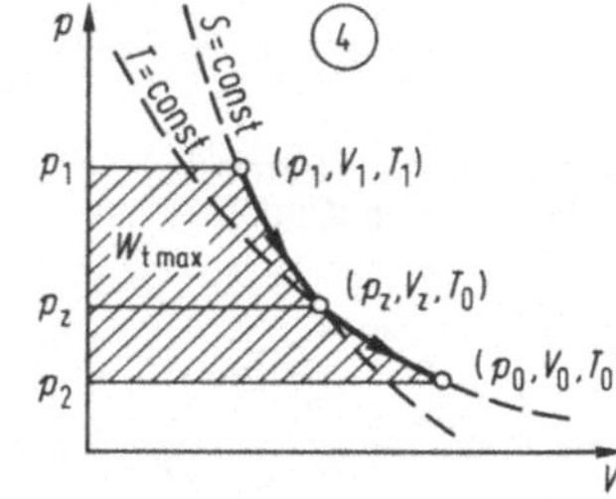

$e_2 - e_1 = h_2 - h_1 - T_u\,(s_2 - 1)$

---

7. Anergie B (in J, kJ)
stellt den Anteil der Energie (Enthalpie H_1) eines Stoffstromes dar, der nicht als Exergie (technische Arbeitsfähigkeit) dargestellt werden kann.

$B = H_0 + T_0\,(S_1 - S_0)$
$\quad = H_1 - E$

---

8. Freie Energie F (in J, kJ)
f = spezifische freie Energie (in J/kg, kJ/kg)

---

9. Wärmestrom $\dot{Q}$, Φ (in W = J/s)
$\dot{q} = \varphi$ = Wärmestromdichte (in W/m^2)

2.5 Wichtige Kreisprozesse: Grundformeln
für Wärme-, Kraft- und Arbeitsmaschinen

1. Wärme und Arbeit

Zugeführte Wärme Q_1, $Q_{zu} > 0$
Abgeführte Wärme Q_2, $Q_{ab} < 0$
Kreisprozeßarbeit
(in Arbeit umgesetzte Wärme;
W_t = techn. Arbeit)
Thermische Wirkungsgrad

$Q_{zu} + Q_{ab} + W = 0$

$W = Q_{zu} - Q_{ab};\ -W = Q_{zu} + Q_{ab}$

$W = \oint dW = \oint dW_t$

$\eta_{th} = W/Q_{zu} = (Q_{zu} - Q_{ab})/Q_{zu}$

2. Rechts-/Linksprozesse

a) Rechtsprozesse für Wärme-
   Kraftmaschinen (Bild 1)

$Q_{zu} + Q_{ab} > 0; \qquad W < 0$

$\eta_{th} = (Q_{zu} - Q_{ab})/Q_{zu} = 1 + (Q_{ab}/Q_{zu})$

$\qquad = |W|/Q_{zu}$

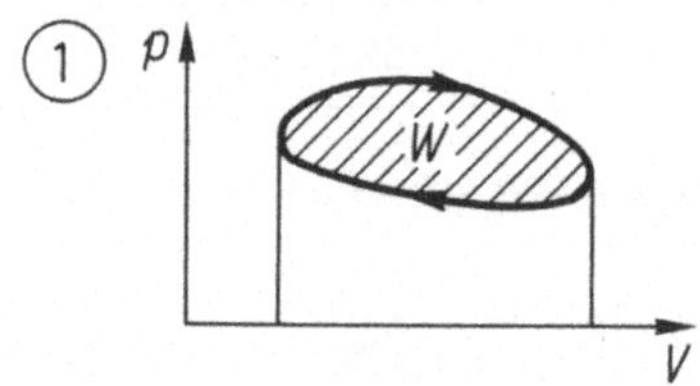

b) Linksprozesse für Wärme-
   Arbeitsmaschinen (Bild 2)

$Q_{zu} + Q_{ab} < 0$

$W > 0$

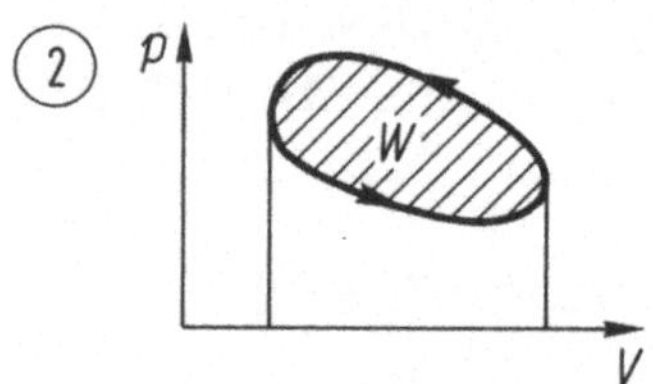

Wichtige Kreisprozesse

3. Carnotscher Kreisprozeß

Er besteht aus folgenden Zustandsänderungen (T = Temperatur) (Bild 3):

1–2: isotherme Ausdehnung bei Temp. T_I
2–3: isentrope Ausdehnung
3–4: isotherme Verdichtung bei Temp. T_{II}
4–1: isentrope Verdichtung

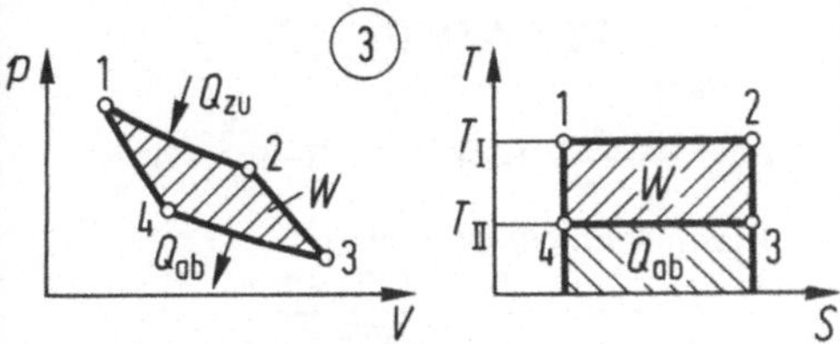

Wärme:
$$Q_{zu} = m \cdot R \cdot T_1 \, ln \, (V_2/V_1)$$
$$Q_{ab} = m \cdot R \cdot T_1 \, ln \, (V_4/T_3)$$

Arbeit:
$$W = m \cdot R \, (T_{II} - T_I) \, ln \, (V_2/V_1)$$

Thermische Wirkungsgrad
$$\eta_{th} = (T_I - T_{II}/T_I = 1 - (T_{II}/T_I)$$
$$= |W| / Q_1$$
$$T_I/T_{II} = (V_3/V_2)^{x-1} = (V_4/V_1)^{x-1)}$$
$$= (p_2/p_3)^{\frac{x-1}{-x}} = (p_1/p_4)^{\frac{x-1}{x}}$$
$$T_1 = T_2 = T_I; \; T_3 = T_4 = T_{II}$$
$$V_2/V_1 = V_3/V_4 = p_1/p_2 = p_4/p_3$$

4. Idealer Kreisprozeß des Ottomotors

Er besteht aus folgenden Zustandsänderungen (Bild 4)

1–2: isentrope Verdichtung
2–3: isobare Zufuhr der Wärme Q_{zu}
3–4: isentrope Ausdehnung
4–1: isochore Abfuhr der Wärme Q_{ab}

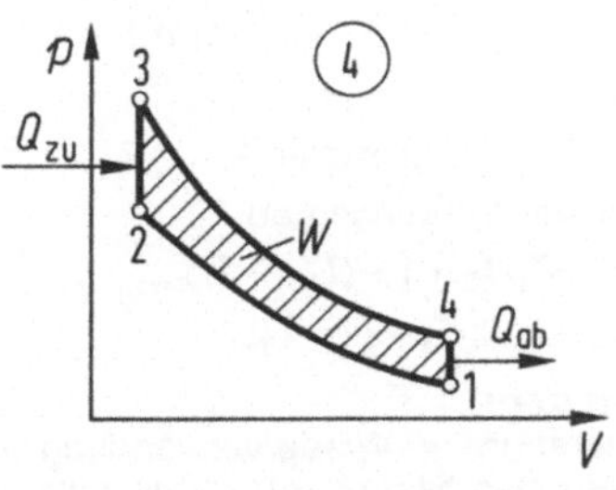

Wärme: $Q_{zu} = c_v \cdot m \, (T_3 - T_2)$
$$Q_{ab} = c_v \cdot m \, (T_1 - T_4)$$

Arbeit:
$$W = c_v \cdot m \cdot T_1 \, (1 - p_3/p_2) \, (\varepsilon^{x-1} - 1)$$

Verdichtungsverhältnis:
$$\varepsilon = V_1/V_2 = (p_2/p_1)^{1/x}$$

Thermische Wirkungsgrad:
$$\eta_{th} = 1 - (T_2/T_1) = 1 - (V_2/V_1)^{x-1}$$
$$= 1 - 1/\varepsilon^{x-1}$$

Wichtige Kreisprozesse

5. Idealer Kreisprozeß des Dieselmotors

Seilinger-Kreisprozeß
Er besteht aus folgenden Zustandsänderungen (Bild 5):

1–2: isentrope Verdichtung
2–3: isobare Zufuhr der Wärme Q_{zu}
3–4: isentrope Ausdehnung
4–1: isochore Abfuhr der Wärme Q_{ab}

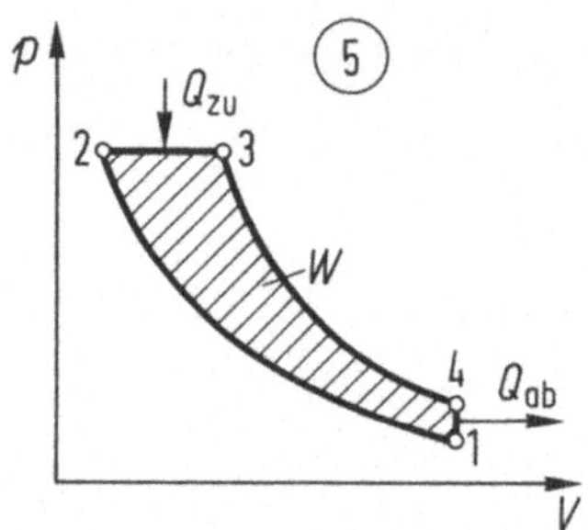

Gleichraum-Gleichdruck-Prozeß
Verdichtungsverhältnis:

$$\varepsilon = V_1/V_2 = (p_2/p_1)^{1/\varkappa}$$

Füllungsgrad:

$$\varrho = V_3/V_2 = T_3/T_2$$

Wärme: $Q_{zu} = c_p \cdot m \, (T_3 - T_2)$

$\qquad\quad Q_{ab} = c_v \cdot m \, (T_1 - T_4)$

Arbeit:

$$W = \frac{p_1 \cdot V_1}{1 - \varkappa} \left(\varkappa \cdot \varepsilon^{\varkappa - 1} \overset{\varrho}{(\varphi - 1)} - \overset{\varrho}{(\varphi^{\varkappa} - 1)}\right)$$

Thermische Wirkungsgrad:

$$\eta_{th} = 1 - \frac{1}{\varkappa} \cdot \frac{T_1}{T_2} \cdot \frac{T_4/T_1 - 1}{T_3/T_2 - 1}$$

$$= 1 - \frac{1}{\varkappa \cdot \varepsilon^{\varkappa - 1}} \; \frac{\varrho^{\varkappa} - 1}{\varrho - 1}$$

$$T_2/T_1 = (p_2/p_1)^{\frac{\varkappa - 1}{\varkappa}} = (V_1/V_2)^{\varkappa - 1}$$

$$= \varepsilon^{\varkappa - 1}$$

---

6. Idealer Kreisprozeß der Gasturbine und Strahltriebwerke

Er besteht aus folgenden Zustandsänderungen (Bild 6):

1–2: isotherme Kompression
mit der Wärmeabfuhr Q_{ab}
2–3: isobare (regenerative)
Wärmezufuhr Q_{23}
3–4: isotherme Expansion bei
Wärmezufuhr Q_{zu}
4–1: isobare (regenerative)
Wärmeabfuhr Q_{41}

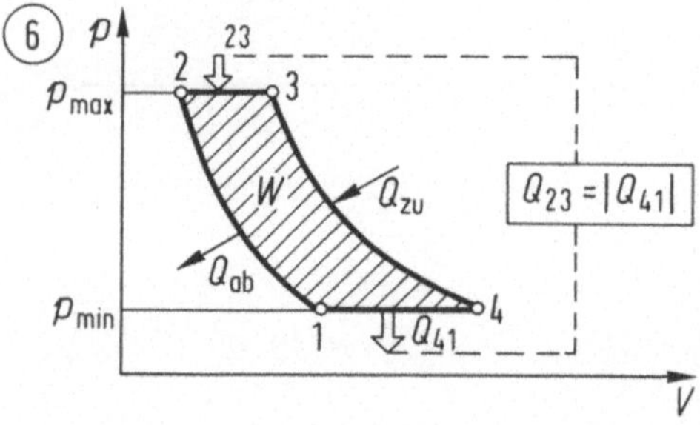

Ericson- oder Ackert-Keller-Prozeß

Wärme: $Q_{23} = |\, Q_{41}\,|$

$\qquad\quad Q_{zu} = m \cdot R \cdot T_3 \, ln \, (p_3/p_4)$

$\qquad\quad Q_{ab} = m \cdot R \cdot T_1 \, ln \, (p_1/p_2)$

Arbeit:

$$W = m \cdot R \, (T_1 - T_3) \, ln \, (p_3/p_4)$$

Thermische Wirkungsgrad:

$$\eta_{th} = 1 - (T_1/T_3 = 1 - (T_{min} - T_{max})$$

$$T_1 = T_2 = T_{min}; \; T_3 = T_4 = T_{max}$$

Anmerkung:
Regeneration = Wiederverwendung der abgegebenen Wärme zur Aufheizung des gleichen Arbeitsmittels.

Wichtige Kreisprozesse

7. Idealer Kreisprozeß der Heißluftmaschine

Der Joule-Kreisprozeß besteht aus folgenden Zustandsänderungen (Bild 7):

1–2: isentrope Kompression
2–3: isobare Wärmezufuhr Q_{zu}
3–4: isentrope Expansion
4–1: isobare Wärmeabfuhr Q_{ab}

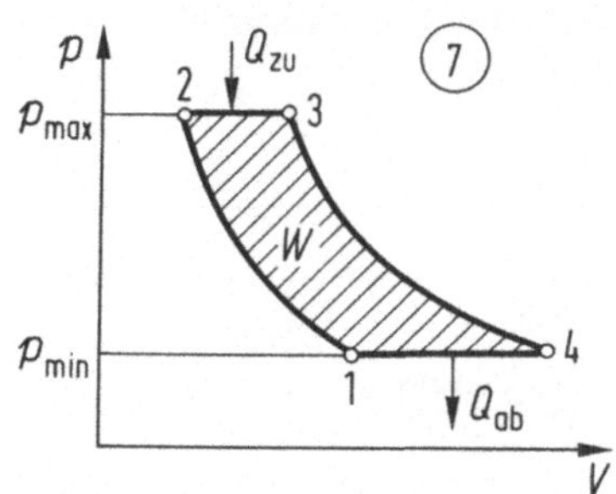

Wärme:

$$Q_{zu} = c_p \cdot m\,(T_1 - T_4)$$
$$Q_{ab} = c_p \cdot m\,(T_3 - T_2)$$

Arbeit:

$$W = c_p \cdot m\,(T_2 - T_3)\,(1 - T_1/T_2)$$

Thermische Wirkungsgrad

$$\eta_{th} = 1 - T/T_2$$
$$= 1 - (p_1/p_2)^{\frac{x-1}{x}}$$

Anmerkung:
Durch Regeneration kann der Wirkungsgrad verbessert werden.

8. Idealer Kreisprozeß der Kältemaschine (mit Kältemittelverdichter)

Der Prozeß ist ein linksläufiger Carnot-Prozeß, der aus folgenden Zustandsänderungen besteht (Bild 8):

1–2: Wärmeaufnahme Q_{zu} bei der konstanten Temperatur T_I
2–3: isentrope Verdichtung des Kältemittels
3–4: Wärmeabgabe Q_{ab} bei der konstanten Temperatur T_{II}
4–1: isentrope Ausdehnung

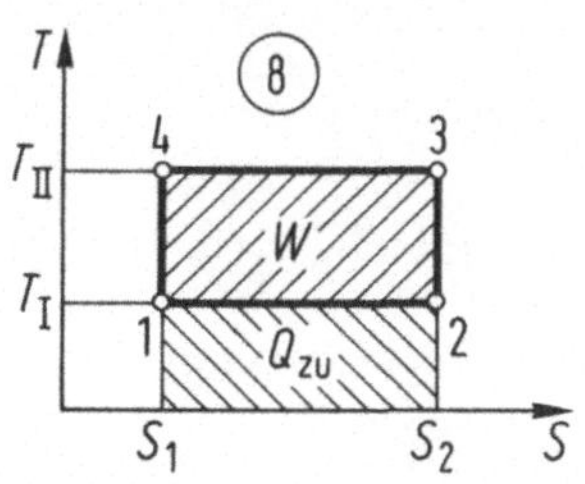

Wärmeaufnahme = Kälteerzeugung
$$Q_{zu} > 0$$

Wärmeabgabe $Q_{ab} < 0$

Leistungsziffer:

$$\varepsilon_k = Q_{zu}/W = Q_{zu}/(|\,Q_{ab}\,| - Q_{zu})$$
$$= T_I/(T_{II} - T)$$

spezifische Kälteleistung

$$q_k = 3600\,\varepsilon_k \ (\text{in kJ/kWh})$$

Arbeit (der Kältemaschine):

$$W = |\,Q_{ab}\,| - Q_{zu};\ W > 0$$

Wichtige Kreisprozesse

9. Idealer Kreisprozeß der Wärmepumpen (Wärmeerzeugung)

Er ist wie bei der Kältemaschine ein links-läufiger Carnot-Prozeß (siehe Bild 9):

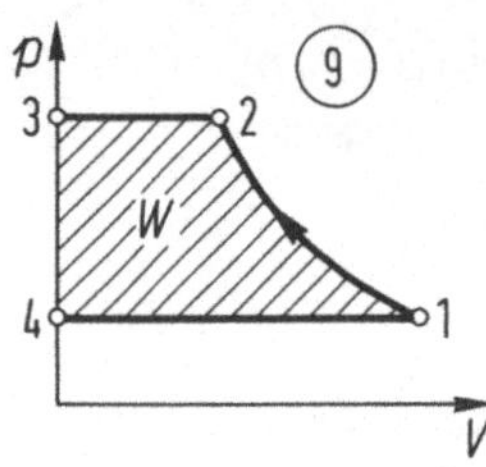

Die Wärmepumpe arbeitet prinzipiell wie eine Kältemaschine mit dem Unterschied, daß der Nutzen der Wärmepumpe in der oberhalb der Umgebungstemperatur T_u zu Heizzwecken ausgewertet wird.

Heizwärme: $|Q_{ab}| = Q_{zu} + W$

Spezifische Heizleistung:

$q_h = 3600\,\varepsilon_W = 3600 \cdot T_{II}/(T_{II} - T_I)$ (in kJ/kWh)

Leistungsziffer (der Wärmepumpe):

$\varepsilon_W = |Q_{ab}|/W = Q_{ab}|(|Q_{ab}| - Q_{zu})$

$\qquad = T_{II}/(T_{II} - T_I)$

10. Idealer Kreisprozeß des Kompressor (ohne schädlichen Raum).

Hierbei finden im Zylinder folgende Vorgänge statt (siehe Bild 9):

4–1: Ansaugen des zu verdichtenden Gases

1–2: polytrope Verdichtung des Gases

2–3: Ausschieben des verdichteten Gases

Abzuführende Wärmemenge bei der Verdichtung:

$$|Q| = \frac{x-n}{x-1} \cdot W/n$$

$$Q = c_v\,\frac{x-n}{1-n} \cdot m\,(T_2 - T_1)$$

Arbeitsaufwand des Verdichtens

$$W_t = \frac{n}{n-1} \cdot m \cdot R \cdot T_1\,[(p_2/p_1)^{\frac{n-1}{n}} - 1]$$

Wenn T_2 Temperatur der verdichteten Luft ist, ergibt sich

$$T_2/T_1 = (p_2/p_2)^{\frac{n-1}{n}}$$

2.6 Wärmeübertragungen: Grundformeln

| **Wärmetransport** | Formelzeichen/Einheiten |

Auf Grund des Temperaturunterschiedes zwischen zwei Punkten strömt Wärme $\dot{Q}$ von dem Punkt höherer Temperatur zum Punkt geringerer Temperatur.
Es können folgende Arten des Wärmetransportes unterschieden werden:

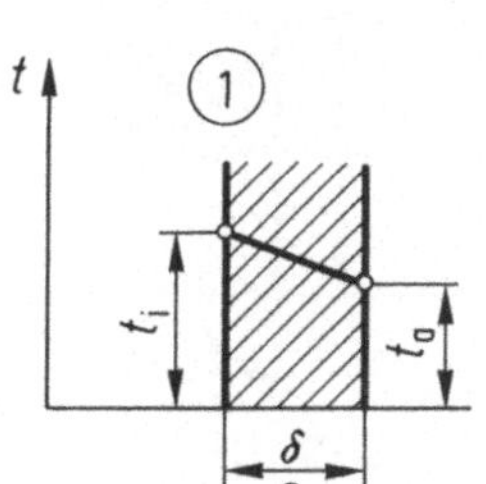

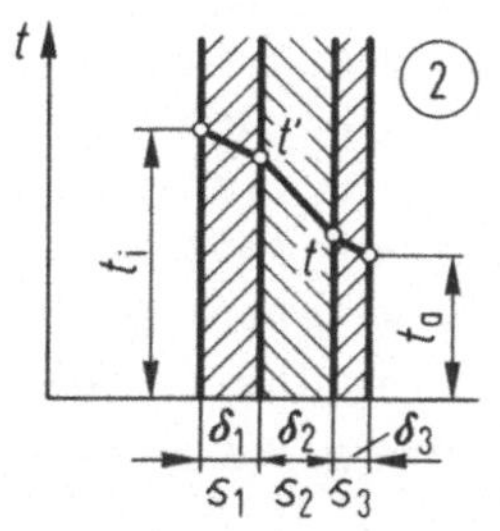

t = Temperatur des Mediums (in °C)
t_w = Wandtemperatur (in °C)
t_i, t_1 = Innen-Temperatur
t_a, t_2 = Außen-Temperatur
δ, s, s' = Wand-, Schichtdicke (in m)
  (nicht zu verwechseln mit spezif. Entropie)
A = Wärmedurchströmte Schicht oder Fläche (in m²)
$\dot{Q}$ = ϕ = Wärmestrom (in W bzw. J/s)
λ = Wärmeleitzahl (in W/m K)
α = Wärmeübergangskoeffizient (in W/m² K) (s. Tab. W/1,2(2), W/30)
k = Wärmedurchgangskoeffizient (in W/m² K) (s. Tab. W/1.2(4), W/30)
C = Strahlungskoeffizient (in W/m² K⁴)
$\dot{q}$ = φ = Wärmestromdichte (in W/m²)

---

1. Wärmeleitung
a) in ebener **Wand**
 • einschichtig (Bild 1)
 • mehrschichtig (Bild 2)

b) in **Rohrwand**
 • einschichtig (Bild 3)

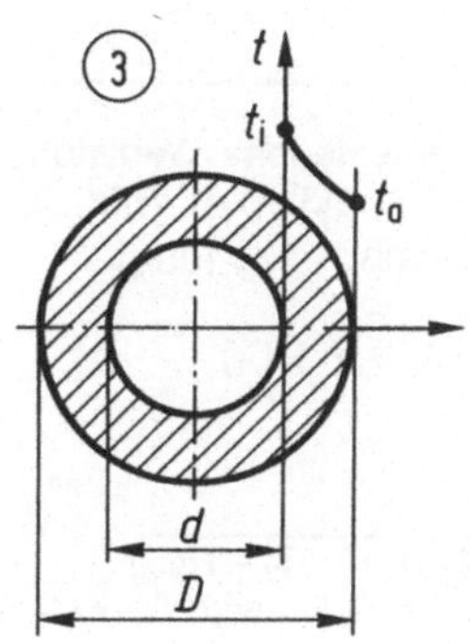

 • mehrschichtig

λ-Werte (siehe Tabellen W/1.2(1), W/12)

$$\dot{Q}_e \quad \phi_e = \lambda \cdot (t_{wi} - t_{wa}) \cdot A/\sigma$$

$$\dot{Q}_m = \Phi_m = A\,(t_i - t_a)\, /\, \Sigma\,(\delta/\lambda)$$

$$\dot{Q}_e = \phi_e = \lambda\,(t_{w1} - t_{w2})\, A_m/\delta$$
$$= 2\pi \cdot L \cdot /(t_i - t_a)/ln\,(D/d)$$

$$A_m = \pi \cdot d_m \cdot L;\ L = \text{Rohrlänge (in m)}$$

$$d_m = (D - d)/ln\,(D/d) = (d_2/d_1)/ln\,(d_2/d_1)$$

$D = d_2 = $ Rohraußendurchm. (in m)
$d = d_1 = $ Rohrinnendurchm. (in m)

$$\dot{Q}_m = \frac{2\,\pi \cdot L\,(t_i - t_a)}{\Sigma\,1/\lambda\,ln\,(D/d)}$$

Fortsetzung

Wärmeübertragungen

2. Wärmeübergang
von einem bewegten flüssigen bzw. gasförmigen Medium an eine Wand.

α-Werte siehe Tabellen W/1.2(2), W/30

$$\dot{Q}_\alpha = \phi_\alpha = \alpha \cdot A\,(t - t_w)$$

---

3. Wärmedurchgang
ist die Zusammenfassung aller am Wärmetransport beteiligten Einzelvorgänge.

  a) durch eine ebene **Wand:**

k-Werte siehe Tabellen W/1.2(4), W/30

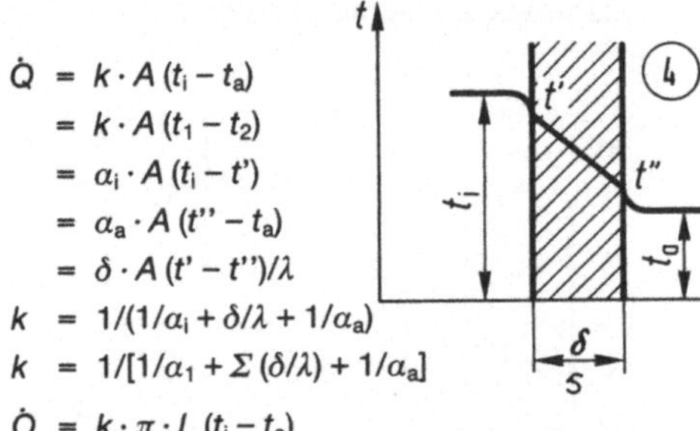

$$\begin{aligned}
\dot{Q} &= k \cdot A\,(t_i - t_a) \\
&= k \cdot A\,(t_1 - t_2) \\
&= \alpha_i \cdot A\,(t_i - t') \\
&= \alpha_a \cdot A\,(t'' - t_a) \\
&= \delta \cdot A\,(t' - t'')/\lambda
\end{aligned}$$

    ● einschichtig

    ● mehrschichtig

$$k = 1/(1/\alpha_i + \delta/\lambda + 1/\alpha_a)$$

$$k = 1/[1/\alpha_1 + \Sigma\,(\delta/\lambda) + 1/\alpha_a]$$

  b) durch eine **Rohrwand:**
    einschichtig

$$\dot{O} = k \cdot \pi \cdot L\,(t_i - t_a)$$
$$= \frac{1}{(1/\alpha_i \cdot d) + (1/2\,\lambda) \cdot \ln(D/d) + (1/\alpha_a D)}$$

  c) durch dünnwandige **Metall-Rohre**
    (λ-Einfluß ist minimal)

$$\dot{Q} = \alpha_i \cdot \pi \cdot D \cdot L\,(t_i - t_a),\ \text{wenn } \alpha_a < \alpha_i \text{ ist}$$
$$= \alpha_i \cdot \pi \cdot d \cdot L\,(t_i - t_a),\ \text{wenn } \alpha_i > \alpha_a \text{ ist}$$
$$= \frac{\alpha_i \cdot \alpha_a}{\alpha_i + \alpha_a} \cdot \frac{d+D}{2} \cdot \pi \cdot L\,(t_i - t_a,$$
$$\text{wenn } \alpha_1 \approx \alpha_2 \text{ ist}$$

  d) durch **isolierte Rohre**
    λ_I Werte der Isolierung
    D_I Außen∅ der Isolierung
    d_I Innen∅ der Isolierung

$$Q = \frac{\pi \cdot L\,(t_i - t_a)}{(1/2\,\lambda_I)\ln(D_I/d_I) + (1/\alpha_a \cdot D_I)}$$

---

4. Wärmestrahlung

  a) Wärmestrom durch Strahlung zwischen zwei parallelen Flächen (A_1, A_2)
    T = Temperatur in K

C-Werte für verschiedene Werkstoffarten siehe Tabellen W/1.2(3), W/9, W/30, S/9

$$\dot{Q} = C' \cdot A\,[(T_1/100)^4 - (T_2/100)_4]$$

  b) Resultierende Strahlungskoeffizient bei Strahlung zwischen parallelen Flächen

$$C' = 1/(1/C_1 + 1/C_2 - 1/C_s)$$

  c) Strahlungskoeffizient bei Strahlung zwischen Fläche A_2 (Umhüllung) und Fläche A_1)

$$C'' = \frac{1}{1/C_1 + A_1/A_2 \cdot (1/C_2 - 1/C_S)}$$
(Wenn $A_2 \approx A_1$ ist, wird $C'' = C_1$ sein)

  d) Strahlungskoeffizient des schwarzen Strahlers

$$C_s = 5{,}77\ W/m^2K^4$$

Fortsetzung

Wärmeübertragung

5. Konvektion
= Wärmetransport von einem Fluid an eine feste Wand oder umgekehrt (Moleküle als Träger der Masse)
Siehe auch Tab. W/1.2(2) und W/30

a) **Freie** Konvektion: Strömung bildet sich von allein aus (Auftrieb)

b) **Erzwungene** Konvektion: Strömung wird erzwungen

$$\dot{Q} = \phi = \alpha \cdot A\,(t - t_w)$$

---

6. Wärmeübertragung durch **Strahlung und Konvektion**

Wärmekoeffizient durch Strahlung

$\alpha \cdot$ Werte siehe Tabellen W/1.2/2

$$\dot{O} = (\alpha + \alpha_{Str}) \cdot A\,(t_1 - t_2)$$
$$= \alpha_{ges} \cdot A\,(t_1 - t_2)$$
$$\alpha_{Str} = (C''\,[T_1/100)^4 - (t_2/100)^4]/T_1 - T_2)$$

---

7. Wärmeaustausch

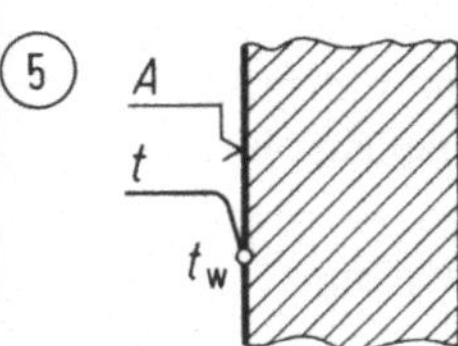

Für Gleich- und Gegenstromapparate (Bild 6 bzw. 7) gilt:

Gleichstrom   Groß
Gegenstrom   Klein

Anmerkung:
Bei Gegenströmen kann Δt_{gr} bzw. Δt_{kl} auch auf der jeweils anderen Seite des Wärmeübertragers liegen.
Bei Quer- bzw. Kreuzstromapparaten kann für die praktische Rechnung genügend genau Δt_m mit der Formel für einen Gegenstrom bestimmt werden.

Anwendung: Bei Wärmeaustauschern zur Übertragung der Wärme von einem Fluid auf ein anderes. (Siehe Tab. W/1.2(5) und W/30)

$$\dot{Q} = \phi = k \cdot A \cdot \Delta t_m$$

Δt_m = mittlere logarithm. Temperaturdifferenz der strömenden Medien längs der Wärmeübertragungsfläche.

$$\Delta t_m = \frac{\Delta t_{gr} - \Delta t_{kl}}{ln\,(\Delta t_{gr}/\Delta t_{kl})}$$

$$\Delta t_{gr} = t_1' - t_2'$$
$$\Delta t_{kl} = t_1'' - t_2''$$

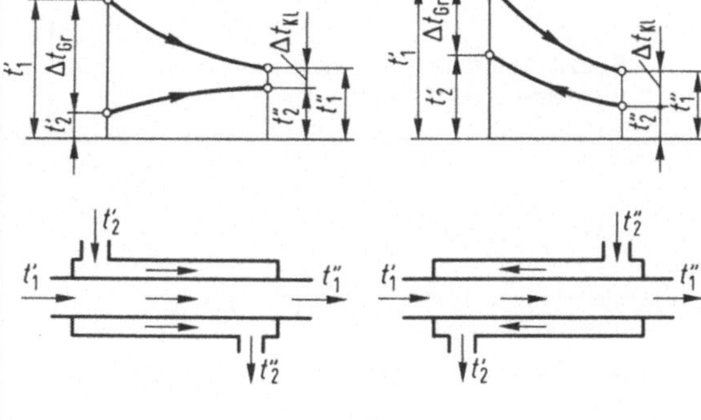

2.7. Thermodynamik der Dämpfe (Wasserdampf): Formeln

Wasserdampf ist das am häufigsten verwendete Arbeitsmittel bei der Umwandlung von Wärme in mechanische Arbeit

Thermische Größen	**Formeln**
a) Siedende Flüssigkeit h' = Enthalpie in kJ/kg u' = innere Energie in kJ/kg v' = spezif. Volumen in m^3/kg s' = Entropie in kJ/kg · K Da für Wasser die spez. Wärmekapazität c (in kJ/kg K) annähernd konstant ist, kann bis ungefähr $t = 150°C$ genügend genau gesetzt werden.	Für Zahlenwerte siehe Tab. W/19, 24 $h' = u' + p \cdot v'$ $\quad = c_{pm} \cdot t_s$ $u' = h' - p \cdot v'$ t_s = Siedetemperatur (Sättigungstemperatur in °C; T_s in K) $\left.\right\}\quad h' \approx u' \approx t_S$
b) Naßdampf (Zweiphasengemisch aus siedender Flüssigkeit und Sattdampf bei t_s) h_x = Enthalpie in kJ/kg u_x = innere Energie in kJ/kg v_x = spezif. Volumen in m^3/kg s_x = Entropie in kJ/kg · K	Spezifischer Dampfgehalt: $x = m'' / (m' + m'')$ in kg_D/kg_L Naßdampfmenge $m_x = m' + m''$ in kg Flüssigkeitsmenge im Naßdampf: $m' = (1 - x)\, m_x$ in kg Sattdampfmenge im Naßdampf: $m'' = x \cdot m_x$ in kg
1 kg Naßdampf = x kg Sattdampf + (1 − x) kg Flüssigkeit: Für Zahlenwerte siehe Tabellen W/21,22,29 Spezif. Volumen $v_x \approx x \cdot v''$ für kleine Drücke, wenn $v'' \gg v'$	$h_x = (1 - x)\, h' - x \cdot h''$ $\quad = h' - x\, (h'' - h')$ $u_x = (1 - x)\, u' + x \cdot u''$ $\quad = u' + x\, (u'' - u')$ $s_x = (1 - x)\, s' + x \cdot s''$ $\quad = s' + x\, (s'' - s')$ $v_x = (1 - x)\, v' + x \cdot v''$ $\quad v' + x\, (v'' - v')$

Thermodynamik der Dämpfe (Wasserdampf)

Thermische Größen	**Formeln**

c) Sattdampf (trocken gesättigter Dampf)

Für Zahlenwerte siehe Tabellen W/23···27

h'' = Enthalpie in kJ/kg

u'' = innere Energie in kJ/kg

s'' = Entropie in kJ/kg · K

v'' = spezif. Volumen in m³/kg

T_s = Sättigungstemperatur = Siedetemperatur in K, t_s in °C

Clausius-Clypeyronsche Gleichung

$h'' = h' + r$, wenn r Verdampfungswärme in kJ/kg

$$u'' = h'' - p \cdot v''$$

$$s'' = s' + \frac{h'' - h'}{T_s} = s' + (r/T_s)$$

$$r = h'' - h'$$

$$\frac{dp}{dT} = r / (v'' - v')\, T_s$$

---

d) Heißdampf (überhitzter Dampf)

Für Zahlenwerte siehe Tabellen W/24···29
(h, s-Diagramm für Wasserdampf)

h Enthalpie in kJ/kg

u innere Energie in kJ/kg

s Entropie in kJ/kg · K

v spezif. Volumen in m³/kg

c_{pm} = mittlere spezif. Wärmekapazität des überhitzten Dampfes (siehe Tab. W/15)

$$h = h'' + q_H \; ; \; q_H = c_{pm}\,(t - t_s)$$
spezif. Wärme des Heißdampfes (kJ/kg)

$$u = h - p \cdot c$$

$$s = s'' + c_{pm} \cdot ln\,(T/T_s)$$

2.8. Thermodynamik der feuchten Luft: Formeln
(Wasserdampf-Luft-Mischung)

Thermische Größen	**Formeln**

a) Feuchte Luft

m = Menge der feuchten luft (kg)

m_L = Menge der Trockenluft in der feuchten Luftmenge (kg)

m_D = Menge des Wasserdampfes in der feuchten Luftmenge (kg)

V_F = Volumen der Feuchtluft (m^3)

p = Druck der feuchten Luft (mbar bzw. hPa)

p_D = Teildruck des Wasserdampfes

p_D' = Sättigungsdruck (auch p_S) des Wasserdampfes bei der Temperatur t

p_L = Teildruck der Trockenluft (1 bar = 10^5 N/m^2 oder Pa = 100 kJ/m^3; 1 mbar = 1 hPa)

t = Temperatur der Feuchtluft (in °C); T in K

ϱ_D = Dichte des Wasserdampfes (in kg/m^3)

ϱ_D' = Dichte des Wasserdampfes bei Sättigung (in kg/m^3)

ϱ_{TL} = Dichte der Trockenluft (in kg/m^3)

v_F = spezif. Volumen der Feuchtluft in (m^3/kg trockener Luft) gleich (1 + x) kg Feuchtluft

v_F = spezif. Volumen der Feuchtluft (in m^3/kg feuchter Luft)

x = Feuchtegehalt der Feuchtluft (in kg Wasserdampf je kg Trockenluft)

x' = Feuchtegehalt bei Sättigung

h = Enthalpie der Feuchtluft (in kJ/kg Trockenluft, von 1 kg Trockenluft und x kg)

Q = Zustandsänderung bei x = const. (Wärme)

Relative Feuchte:

$$\varphi = p_D/p_D' = \varrho_D/\varrho_D'$$

Sättigungsgrad: $\psi = x/x'$

Feuchtgehalt:

$$x = m_D/m_L = \varrho_D/\varrho_{TL}$$
$$= 0{,}622\, p_D/(p - p_D)$$
$$= 0{,}622\, \varphi \cdot p_D'/(p - \varphi \cdot p_D')$$

Feuchtegehalt (bei Sättigung):

$$x' = 0{,}622\, p_D'/(p - p_D')$$

Teildruck der Trockenluft:

$$p_L = p - p_D = 0{,}622\, p/(0{,}622 + x)$$

Teildruck des Wasserdampfes:

$$p_D = \varphi \cdot p_D' = p - p_L = x \cdot p/(0{,}622 + x)$$

Enthalpie der Feuchtluft:

$$h = 1{,}004\ (kJ/kgK)\ t + x\ [2500\ (kJ/kg) + 1{,}86\ (kJ/kgK)\ t]$$

Spezif. Volumen:

$$v = R_L \cdot T \cdot (1 + 1{,}607\, x)/p$$
$$= R_D \cdot T \cdot (0{,}622 + x)/p$$
$$v_F = m_L \cdot v = m \cdot v_F$$
$$v_F = V_F/m = v/(1 + v)$$

Gaskonstante für Luft und Dampf:

$$R_L = 0{,}2871\ kJ/kg\ K$$
$$R_D = 0{,}4614\ kJ/kg\ K$$

Masse:

$$m = m_D + m_L = m_L\,(1 + x)$$
$$m_D = x \cdot m_L$$
$$m_L = m/(1 + x) = v_F/v$$
$$Q = m_L\,(h_2 - h_1)$$

Fortsetzung

Thermodynamik der feuchten Luft: Formeln

Thermische Größen	**Formeln**

b) Mischung zweier Luftmengen

Für die Mischung der Luftmenge m_1 vom Zustand t_1 und x_1 mit der Luftmenge m_2 vom Zustand t_2 und x_2 gelten folgende Formeln in der zweiten Spalte.

m_m = Masse der Luftmischung (in kg)

h_m = Enthalpie der Luftmischung (in kJ/kg)

x_m = Feuchtegehalt der Luftmischung (in kg/kg)

t_m = Temperatur der Luftmischung (in °C)

Der Zustandspunkt der Mischluft liegt im **h, x-Diagramm** (siehe Bild in Tab. W/21) auf der Verbindungsgeraden der beiden Zustandspunkte der Komponenten. Er teilt die Strecke im umgekehrten Verhältnis der beiden Reinluftmengen m_{L1} und m_{L2}.

$$m_m = m_1 + m_2$$
$$= m_{L1}(1 + x_1) + m_{L2}(1 + x_2)$$
$$h_m = \frac{m_{L1} \cdot h_1 + m_{L2} \cdot h_2}{m_{L1} + m_{L2}}$$
$$x_m = \frac{m_{L1} \cdot x_1 + m_{L2} \cdot x_2}{m_{L1} + m_{L2}}$$
$$t_m = \frac{h_m + 2500\,(kJ/kg) \cdot x_m}{1{,}004\,(kJ/kgK) + 1{,}86\,(kJ/kgK)}$$
$$m_{L2}/m_{L1} = (h_m - h_1)/(h_2 - h_m)$$
$$= (x_m - x_1)/(x_2 - x_m)$$
$$(m_{L1} + m_{L2})/m_{L2} = (h_2 - h_1)/(h_m - h_1)$$
$$= (x_2 - x_1)/(x_m - x_1)$$

Die Werte für h, v, x, φ und t können aus dem **h, x-Diagramm** für feuchte Luft entnommen werden (siehe Bild in Tabelle W/21).

3. Zulässige und unzulässige Einheiten der Wärmelehre

Größe	Formel-zeichen	Einheit	
		SI-Einheit	unzulässig sind:
Masse	m	kg	
Stoffmenge	n	mol	Mol
Dichte (spezifische Masse)	$\rho \, (= \gamma/g)$	kg/m^3	kg/dm^3, g/cm^3
Gewicht, Kraft	$F \, (= m \cdot g)$	N	kp
Wichte (spezifisches Gewicht)	$\gamma \, (= \rho \cdot g)$	N/m^3	kp/dm^3, p/cm^3
Volumen (z. B. Dampf, Flüssigkeit)	V	m^3 (dm^3)	dm^3, cm^3
Spezifisches Volumen	$v \, (= V/m)$	m^3/kg	dm^3/kg
Molare Masse	$M (= m/n)$	kg/mol	kg/Mol
Molares Volumen	$V_m (= V/n)$	m^3/mol	m^3/Mol
Druck (spezifische Kraft)	p	N/m^2; bar	$kp/cm^2 = at$
Geschwindigkeit	v, $c(w)$	m/s (m/min)	m/s (m/min)
Temperatur, thermodynamische	T, Θ	K	°K
Temperatur, kritische	T_k	K	°K
Temperatur, Sättigungs-	T_s	K	°K
Temperatur v. Eispunkt aus	t	°C	°C
Temperaturdifferenz	Δt, ΔT	°C; K	grd; °K
Gaskonstante, molare	R, R_m	J/mol K	kpm/Mol grd
Gaskonstante, spezifische (Stoff i)	R_i	J/kg K	kpm/kg grd
Arbeit (1 J = 1 Ws)	W, A	J (Joule), Nm	kpm, kcal
Spezifische Arbeit	w, (W_0, A_0)	J/kg	kpm/kg
Energie (1 J = 1 Ws)	E, W	J; Nm	kcal; kpm
Wärmeenergie, Wärmemenge, Wärme	Q	J; Nm	kcal
Spezifische Wärmemenge	q	J/kg	kcal/kg
Mechanisches Wärmeäquivalent	$E_0 = 1/427$		kcal/kpm
Spezifische Energie	e	$J/kg \, m^3 h$	$kcal/kg \, m^3 h$
Latente Wärmemenge	L	J	kcal
(Index: s Sublimieren, d Verdampfen, f Schmelzen, u Umwandlung)			
Spezif. latente Wärmemenge	l	J/kg	kcal/kg
Leistung (1 W = J/s)	P	W, kW; Nm/s	kpm/s (PS)
Wärmestrom, -leistung	Φ, (W)	W, kW, (kJ/s)	kcal/h
Wärmestromdichte	w, (q)	W/m^2	$kcal/m^2 h$
Wärmeleitfähigkeit, -zahl	λ	W/m K (kJ/m h K)	kcal/mh grd
Temperaturleitfähigkeit	$a = \lambda/\varrho \cdot c_p$		
Wärmeübergangskoeffizient, -zahl	α	$W/m^2 K$	$kcal/m^2 h$ grd
Wärmedurchgangskoeffizient, -zahl	k	$W/m^2 K$	$kcal/m^2 h$ grd
Ausdehnungskoeffizient, -zahl	α, γ	1/K, 1 °C	1/°K, 1/°C

Zulässige und unzulässige Einheiten der Wärmelehre

Größe	Formelzeichen	Einheit	
		SI-Einheit	unzulässig sind:
Spannungskoeffizient, -zahl	β	$1/K$	$1/^\circ K$
Kompressibilität	χ, x $(= \gamma/p \cdot \beta)$	m^2/N	m^2/kp
Innere Energie (Wärme)	U	J	kcal
Spez. innere Energie (Wärme)	$u (= U/m)$	J/kg	kcal/kg
Wärmekapazität	C	J/K	kcal/grd
Molare Wärmekapazität	$C_m (= C/n)$	$J/mol\ K$	kcal/Mol grd
Wärmekap. bei konst. Vol.	C_v	J/m^3	$kcal/m^3$
Wärmekap. bei konst. Druck	C_p	J/m^3	$kcal/m^3$
Spezif. Wärmekapazität	$c (= C/m)$	$J/kg\ K$	kcal/kg grd
Isobare spezif. Wärmekap.	c_p	$J/kg\ K$	kcal/kg grd
Isochore spezif. Wärmekap.	c_v	$J/kg\ K$	kcal/kg grd
Isentropenexponent	κ	—	—
Entropie	S	J/K	kcal/grd
Molare Entropie	$S_m (= S/n)$	$J/mol\ K$	kcal/Mol grd
Spezifische Entropie	$s (= S/m)$	$J/kg\ K$	kcal/kg grd
Enthalpie (Wärmeinhalt)	H, (I)	J	kcal
Heizwert, Brennwert	H; H_o, H_u	J/kg; kJ/kg	kcal/kg,
Gas		J/m^3; kJ/m^3	$kcal/m^3$
Spezifische Enthalpie (Wärmeinhalt)	$h\ (= H/n)$ (früher i)	J/kg	kcal/kg
Freie Enthalpie (Gibbs)	G	J	kcal
Molare Enthalpie	$G_m (= G/n)$	J/mol	kcal/Mol
Spezif. freie Enthalpie	$g\ (= G/m)$	J/kg	kcal/kg
Freie Energie (Helmholtz)	F	J	kcal
Molare freie Energie	$F_m (= F/n)$	J/mol	kcal/Mol
Spezif. freie Energie	$f (= u - Ts)$	J/kg	kcal/kg
Verdichtungsverhältnis	ϵ	—	—
Dynamische Zähigkeit	$\eta\ (= \varrho \cdot \nu)$	$Pa \cdot s$, Ns/m^2	P (Poise)
Kinematische Zähigkeit	ν	m^2/s	St (Stokes)

Bemerkung: Spezifische Größe = Größe je Einheit.

4. Physikalische Grundbegriffe der Wärmetechnik

Begriff	Erklärung
Wärme	Erscheinungsform der Energie, von der Volumen und Aggregatzustand eines Stoffes abhängen. Bei festen Körpern können die Stoffmoleküle nur um ihre Gleichgewichtslage schwingen. Bei stärkerer Bewegung lockert sich der Verband der Moleküle, der Körper dehnt sich und geht dann in den flüssigen Zustand über. Ebenso entsteht bei wachsender Molekülbewegung der gasförmige Zustand.
Wege der Wärmeübertragung	a) Wärmeleitung in festen, flüssigen und gasförmigen Körpern b) Wärmemitführung in flüssigen und gasförmigen Körpern c) Wärmestrahlung in gasgefüllten oder -leeren Körpern
Art der Übertragung a und b: stoffgebunden c: nicht stoffgebunden	zu a) Wärme wird von Teilchen zu Teilchen eines Stoffes geleitet. Gute Leitfähigkeit entspricht geringer Dämmfähigkeit. Stoff: fest, flüssig oder gasförmig zu b) Erwärmte Teilchen einer Flüssigkeit oder eines Gases werden umgelagert und mit kalten vermischt. Sie haben kälteren gegenüber infolge größeren Volumens einen Auftrieb. Diese Übertragung ist nur in flüssigen und gasförmigen Körpern möglich. zu c) Wärme strahlt als elektrisch-magnetische Schwingung durch gasförmige Körper oder den luftleeren Raum (z. B. von Sonne zur Erde). Die Strahlungsvorgänge im Bau sind oft unbemerkt, aber wirksam. Diese Übertragung ist nicht an das Vorhandensein von Stoff gebunden.
Konvektion (Umwälzung)	Erwärmte Luft steigt nach oben (Wärmemitführung), verursacht Umschichtung (Umwälzung) des Luftkörpers. Konvektion vermindert Wärmedämmung der Luftschicht, bewirkt Tauwassergefahr.
Tauwasser, Kondenswasser	Jeder Luftkörper enthält Wasserdampf (Wasser in Gasform, unsichtbar, geruchlos). Fähigkeit der Luft, Wasser in Gasform aufzunehmen, ist von ihrem Wärmezustand abhängig. Der wärmere Luftkörper kann mehr Wasserdampf aufnehmen als ein kalter. Kühlt ein Luftkörper so stark ab, daß sein Taupunkt unterschritten wird, wird Wasserdampf nicht mehr gebunden und zu Wasser verdichtet (kondensiert); es bildet sich „Tauwasser".
Taupunkt	Luft enthält fast nie so viel Wasserdampf, wie sie aufnehmen könnte, ist also selten gesättigt. Kühlt sie sich ab, so kann eine Temperatur erreicht werden, bei der sie mit dem (absolut) gleichen Wasserdampfgehalt gesättigt ist. Dies ist der Taupunkt. Er stellt also einen bestimmten Wärmezustand dar, z. B. +12,4 °C für eine Raumtemperatur von +18 °C bei 70 % rel. Luftfeuchtigkeit. Seine Lage ist für jeden Luftkörper verschieden, es ist oft wichtig, den Taupunkt zu ermitteln. Jede Unterkühlung unterhalb des Taupunktes bedingt das Auftreten von (Kondens-)Wasser.

Physikalische Grundbegriffe der Wärmetechnik

Rel. Luft-feuchtigkeit U in %
Setzt man die (absolut) vorhandene Menge des Wasser-dampfes ins Verhältnis zu der Dampfmenge, die der betr. Luftkörper (nach seiner Temperatur) aufnehmen kann, so erhält man den „relativen Feuchtigkeitsgehalt". Als Einheit wird 1 m³ Luftkörper gewählt, der Dampfgehalt kann in g Wasser oder auch als Dampfdruck in mm Hg (Quecksilbersäule) ausgedrückt werden.
$U = (\text{vorhand. Wasserdampf/Sättigungswert})\ 100\ \%$

Warmluft
Nur Warmluft kann größere Mengen an Wasserdampf enthalten. Wird sie abgekühlt, kann sich Kondenswasser bilden.

Kaltluft
Kalte Luft kann — auch bei Sättigung — nur geringe Mengen Wasser enthalten. Wird Kaltluft erwärmt, ist sie also (relativ) trocken, kann sie den Feuchtigkeitsgrad eines anderen Luftkörpers stark herabsetzen. Kaltluft (ohne Zuführung neuen Wasserdampfes) erwärmt, trocknet sehr stark und verhindert Nebel- und Wasserbildung.

Wasserdampf
Wasser im gasförmigen Aggregatzustand. (Ausdruck „Dampf" statt „Gas" ist üblich bei Stoffen, die als Flüssigkeit am häufigsten auftreten.) Wasserdampf ist völlig unsichtbar, nicht riechbar. „Dampf" im Volksmund (z. B. der weiße Dampf der Lokomotive) ist bereits flüssiges Wasser in Tröpfchenform, kondensiert infolge Abkühlung.

Dampf-diffusion
Ähnlich wie Wärme von Orten mit höherem Wärmestand nach Orten mit niedrigerem Wärmestand abwandert, wandert (diffundiert) Dampf von Orten mit höherem Dampfdruck zu Orten mit niedrigerem. Der warme Luftkörper wird fast immer den höheren Dampfdruck aufweisen. Im Winter wandert Wasserdampf (wie die Wärme) von innen nach außen. Im Hochsommer kann die Sonne Dampf nach innen drücken, wo er als Feuchtigkeitsniederschlag auftreten kann

Sperren und Dämmen
Die Dampfwanderung kann durch dampfundurchlässige Schichten völlig unterbunden (gesperrt) werden. Abfließender Wärme kann nur ein möglichst hoher Widerstand entgegengesetzt werden, d. h., sie ist nur zu dämmen (nicht zu sperren, nicht zu isolieren).

Wärme und Kälte
Jeder Wärmezustand auf der Erde bedeutet gegenüber dem absoluten Nullpunkt (−273,2 °C) eine beträchtliche Erwärmung. (Deshalb Wärmebrücken statt „Kältebrücken".) Nur in der Kühlindustrie, die ständig mit Temperaturen um und unter 0 °C arbeitet, sind die Begriffe „Kälte" für niedrige Temperaturen und „Isolieren" statt Dämmung üblich.

Fußwärme, Berührungs-wärme (Wärme-ableitung)
Ein Stoff, der spürbar bei Berührung Wärme des menschlichen Körpers ableitet und aufnimmt, fühlt sich kalt an. Tatsächlich sinkt die Temperatur der berührenden Körperfläche um einige Grade. Stoffe mit hoher Wärmeleitung, großem Speicherungsvermögen und Stoffwärme (spürbare Wärme) sind berührungskalt oder fußkalt (Schwerbeton, Stahl, Ziegel, Steine). Die Wärmeableitung ist nicht konstant, sie ist sofort nach Berührung am größten und sinkt dann meist ab. Berührungswärme ist bei Fußböden besonders wichtig.

5. Vergleich zwischen Fahrenheit- und Celsius-Temperaturskala

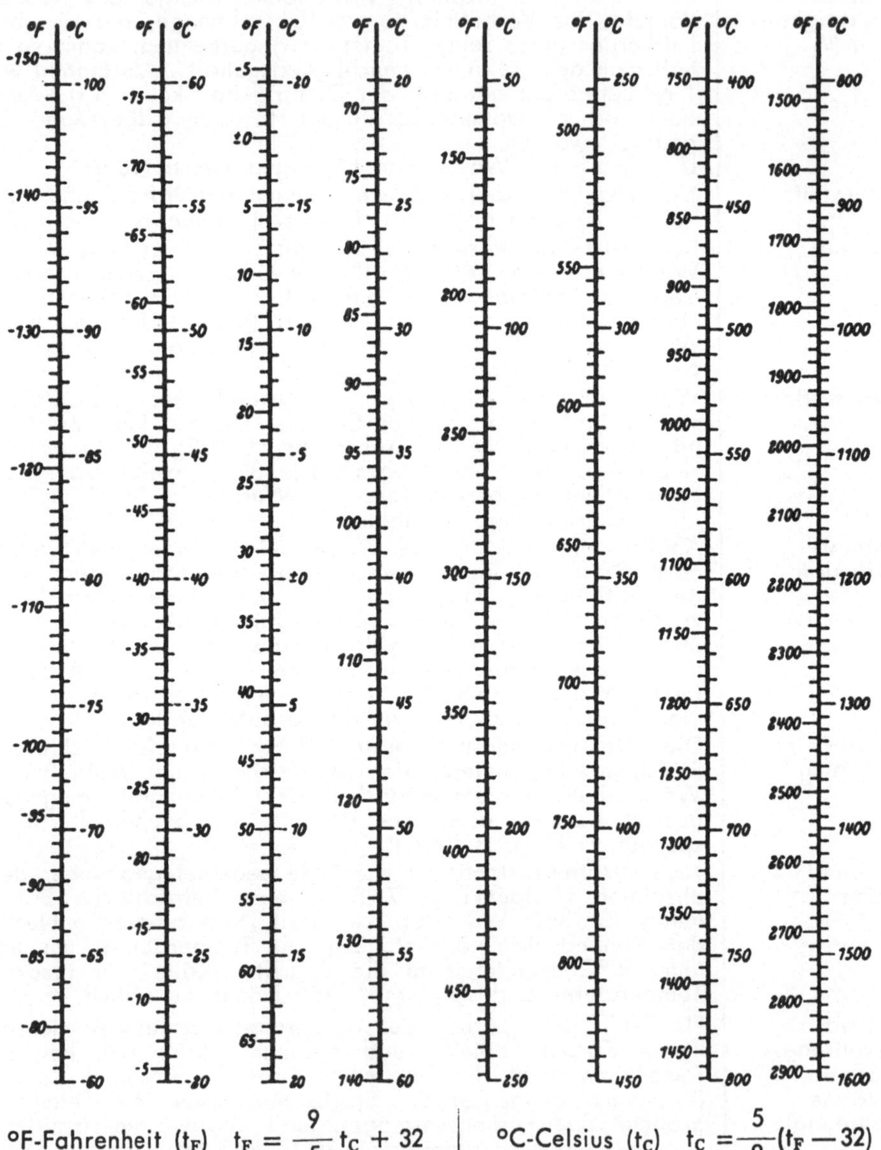

$$°F\text{-Fahrenheit } (t_F) \quad t_F = \frac{9}{5}\, t_C + 32 \qquad °C\text{-Celsius } (t_C) \quad t_C = \frac{5}{9}\,(t_F - 32)$$

Absolute Temperaturgrade (0 °C = 273,15 K)

$$K - \text{Kelvin} = °C \text{ absolut } (T_C) \qquad T_C = t_C + 273,2$$
$$^c R - \text{Rankine} = °F \text{ absolut } (T_F) \qquad T_F = t_F + 459,7$$

22 – 36

6. Temperatur-Meßfarbstifte, -Meßfarben und Schmelzsalze

a) Thermochrom-Farbstifte

Meßstift Nr. 2815/....	Farbe des Meßstiftes	Umschlagfarbe	Umschlag- temperatur [°C]
65	Hellbister/hellgrau	blau/hellblau	65
75	Hellumber/weiß	blau/blaßblau	75
100	Hellfleischfarben	ultramarinblau	100
120	Hellgraugrün/weiß	hellblau/blaßblau	120
150	Blaßlichtgrün	hellviolett	150
200	Blaugrün/blau	grau-schwarz	200
260	Saftgrün	schwarz	260
300	Seegrün	oliv	300
350	Hellbraun	orange	350
450	Blaßrosa	schwarz	450
510	Blaßgelb/hellgelb	ocker/gelborange	510
600	Dunkelblau	weiß	600

Bemerkung:

Die Farben werden auf die Meßstellen aufgestrichen.
Vorteilhaft für Temperaturüberwachungen beim Vorwärmen von Schweißteilen, für Anlaß-
temperaturen usw.

bister = Manganbraun; umber = Türkischbraun.

b) Temperaturmeßfarben (Thermocolore):
I. Einfach-Thermocolore

Farbe Nr.	Farbton der Ausgangsfarbe	Umschlagfarbe		Umschlag- temperatur [°C]
		1.	2.	
1a	Rosa	blau		40
2	Hellgrün	blau		60
2a	Blau	grün		80
3	Gelb	violett		110
4	Purpur	blau		140
4a	Blau	schwarz		165
5	Weiß	braun		175
6	Grün	braun		220
7	Gelb	rotbraun		290
8	Weiß	braun		340
9	Violett	weiß		440
10	Rosa	braunweiß		500
11	Blau	violett		580
12	Hellgrün/olivgrün	türkis/hellgrün		680

Farbe Nr.	Farbton der Ausgangsfarbe	Umschlagfarbe		Umschlag- temperatur [° C]
		1.	2.	

II. Mehrfach-Thermocolore

Farbe Nr.	Farbton der Ausgangsfarbe	1.	2.	Umschlagtemperatur [° C]
20	Hellrosa	hellblau	hellbraun	65 → 145
21	Graugrün	olivgrün	braun	145 → 175
22	Rosa	hellbraun	schwarz	175 → 220
23	Dunkelgelb	graugrün	rotbraun	220 → 290
24	Gelb	violett	braun	290 → 340

Bemerkung:

Die Farben werden mit Alkohol angerührt und auf die Meßstellen gestrichen. Vorteilhaft für sichtbare Temperaturbestimmung größerer Flächen.

c) Schmelzsalze

Salze	Meßbereich [° C]	Wirkungsweise
Acetylsalizylsäure	135...136	Mehrere Meßsalze mit verschie-
o-Chlorbenzolsäure	139...140	denen Schmelzpunkten werden
Anthranilsäure	144...145	an die Meßstelle gebracht und
Acet-Naphthalid	159...160	auf Schmelzen beobachtet
Acetylthioharnstoff	165...166	

Allgemeine Bemerkung:

Die Temperaturmeßfarben wechseln beim Überschreiten bestimmter Temperaturgrenzen ihre ursprüngliche Farbe.

Anwendung:

Temperaturprüfung bei der Warm- und Wärmebehandlung (Schmieden, Härten usw.) sowie Schweißen von Metallen, an Verbrennungskraftmaschinen sowie in der chemischen und Elektroindustrie.

7. Hilfsmittel zur Bestimmung von Vorwärmtemperaturen

(Verhalten der Stoffe bei verschiedenen Temperaturen)

Temperatur [° C]	Stoffe	Verhalten
160	Zucker	Schmelzpunkt
170	Zucker	bleibt 1 min farblos
180	Zucker	ist nach 50 s noch farblos, bei 60 s gelblich
183	Blei-Zinn-Legierung (38% Pb, 62% Sn)	Schmelzpunkt (wenn Blei Pb und Zinn Sn als Rein- metall vorliegen)
200	Blei-Zinn-Legierung (44% Pb, 56% Sn)	Schmelzpunkt
	Zucker	wird nach 5 s gelblich, nach 20 s goldgelb
225	Blei-Zinn-Legierung (55% Pb, 45% Sn)	Schmelzpunkt
	Zucker	ist nach 2 s gelblich, nach 5 s goldgelb
232	Zinn, rein	Schmelzpunkt

Temperatur [°C]	Stoffe	Verhalten
250	Blei-Zinn-Legierung (67% Pb, 33% Sn)	Schmelzpunkt
	Zucker	ist sofort goldgelb
	Seife, Kernseife	ist nach 10...20 s gelblich (wenn die Kernseife aus natürlichen Fettstoffen hergestellt ist)
275	Blei-Zinn-Legierung (79% Pb, 21% Sn)	Schmelzpunkt
300	Blei-Zinn-Legierung (90% Pb, 10% Sn)	Schmelzpunkt
	Kernseife	ist nach 5...10 s gelb
	Eichenholz, trocken	gibt beim Streichen unter schwachem Druck einen braunen Strich
327	Blei, rein	Schmelzpunkt
350	Kernseife	ist nach 5 s braun, nach 30 s dunkelbraun
	Tannen-, Fichtenholz, trocken	gibt beim Streichen unter leichtem Druck einen hellbraunen Strich
400	Tannen-, Fichtenholz, trocken	gibt beim langsamen Streichen unter leichtem Druck dunkelbraunen und bei raschem leichtem Streichen einen hellbraunen Strich
	Kernseife	ist nach 5 s schwarz und nach 10 s angetrocknet
500	Kernseife	ist nach 1 s schwarz und angetrocknet
	Tannen-, Fichtenholz, trocken	gibt bei raschem leichtem Streichen einen schwarzen Strich, der nach 5...10 s verschwunden ist
550	Tannen-, Fichtenholz, trocken	gibt bei leichtem Streichen einen schwarzen Strich, der nach 0,5...1 s verschwunden ist.

Bemerkung:
Eichenholz erzeugt bei 300° C schon einen braunen und bei höherer Temperatur einen braunschwarzen bis schwarzen Strich.

8. Glühfarben und zugehörige Temperaturen für Stähle

Farbe	Temperaturen des Stahles bei Erwärmung [°C]		
	Allgemein	nicht härtbarer Stahl	härtbarer Stahl
im Dunkeln rot		500	460
schwarzbraun/dunkelbraun	520...580	550	480
braunrot/beginnendes Rot	580...640	630	500
dunkelrot/Glühhitze	650...750	700	530
dunkelkirschrot	750...780	800	640
kirschrot	780...800	900	750
hellkirschrot	800...830	1000	810
hellrot	830...880	1160	860
gut hellrot/dunkelorange	860...950	1175	900
gelbrot/hellorange (lachsrot)	880...1050	1190	950
gelb/dunkelgelb/weißorange	1000...1150	1200	1000
hellgelb/weißorange	1100...1250	1230	1100
weiß/gelbweiß/zitronengelb	1200...1350	1260	1160
weißglühend (Weißglut)	1250...1350	1300	1200
Schweißhitze	—	1400	—
blendendweiß/Schweißtemperatur	—	1500	—

9. Schmelzpunkte der Segerkegel

Seger- kegel SK-Nr.	Schmelz- punkt °C	Seger- kegel SK-Nr.	Schmelz- punkt °C	Seger- kegel SK-Nr.	Schmelz- punkt °C
022	600	02 a	1060	19	1520
021	650	01 a	1080	20	1530
020	670	1 a	1100	26	1580
019	690	2 a	1120	27	1610
018	710	3 a	1140	28	1630
017	730	4 a	1160	29	1650
016	750	5 a	1180	30	1670
015 a	790	6 a	1200	31	1690
014 a	815	7	1230	32	1710
013 a	835	8	1250	33	1730
012 a	855	9	1280	34	1750
011 a	880	10	1300	35	1770
010 a	900	11	1320	36	1790
09 a	920	12	1350	37	1825
08 a	940	13	1380	38	1850
07 a	960	14	1410	39	1880
06 a	980	15	1435	40	1920
05 a	1000	16	1460	41	1960
04 a	1020	17	1480	42	2000
03 a	1040	18	1500		

Kegelfallpunkte der Segerkegel nach DIN 51 063
(Erhitzungsgeschwind. 150° C/h)

Seger- kegel SK-Nr.	Fallpunkte Normal	Fallpunkte Labor	Seger- kegel SK-Nr.	Fallpunkte Normal	Fallpunkte Labor	Seger- kegel SK-Nr.	Fall- punkte Labor
022	595	605	01a	1105	1125	26	1585
021	640	650	1a	1125	1145	27	1605
020	660	675	2a	1150	1165	28	1635
019	685	695	3a	1170	1185	29	1655
018	705	715	4a	1195	1220	30	1680
	730	735	5a	1215	1230	31	1695
016	755	760	6a	1240	1260	32	1710
015a	780	785	7	1260	1270	33	1730
014a	805	815	8	1280	1295	34	1755
013a	835	845	9	1300	1315	35	1780
012a	860	890	10	1320	1330	36	1805
011a	900	900	11	1340	1350	37	1830
010a	920	925	12	1360	1375	38	1855
09a	935	940	13	1380	1385	39	1875
08a	955	965	14	1400	1410	40	1900
07a	970	975	15	1425	1440	41	1940
06a	990	995	16	1445	1470	42	1980
05a	1000	1010	17	1480	1490		
04a	1025	1055	18	1500	1520		
03a	1055	1070	19	1515	1530		
02a	1085	1100	20	1530	1540		

10. Wärmeausdehnungszahl α von Metallen

Länge L eines Körpers bei Temperatur in K: $L = L_0\,[1 + \alpha\,(t - t_0)]$ in m;

Volumen V eines Körpers bei der Endtemperatur in K:

$V \approx V_0\,[1 + 3\alpha\,(t - t_0)]$ in m^3 oder $V \approx V_0\,[1 + \gamma\,(t - t_0)]$ in m^3;

L_0, V_0 in m bzw. m^3 Länge bzw. Volumen bei der Anfangstemperatur in K;

T (in K) $= t\,(°C) + 273{,}15$ K

α in m/m K lineare Wärmedehnzahl; voluminöse Wärmedehnzahl $\gamma = 3\alpha$ in m^3/m^3 K

Stoff	Lineare Wärmeausdehnungszahl $\alpha \times 10^{-6}$ (Richtwerte)	
	m/m K	bei K
Metalle		
Aluminium, 99,5%	24,0	293···373
Aluminium, 99,5%	28,5	293···873
Eisen, rein	11,7	273···373
Eisen, rein	22,2	1173···1273
Gußeisen (Grauguß)	10,4	273···373
Gußeisen (Grauguß)	12,8	273···773
Konstantan	15,2	273···373
Konstantan	16,8	273···773
Kupfer	16,2	273···373
Kupfer	18,1	273···773
Magnesium	24,5	273···373
Magnesium	29,8	273···773
Messing	19,0	273···373
Messing	21,6	273···773
Nickel	13,0	273···373
Nickel	16,8	273···1273
Quecksilber	181,0	
Silber	19,7	273···373
Silber	22,1	273···1073
Siluminguß (Al-Si-Legierung)	22,0	
Stahl, Chrom-Molybdänstahl	11,3	
Stahl, Qualitätsstahl	12,0	273···373
Stahl, Qualitätsstahl	14,1	273···773
Stahl, Edelstahl	11,7	273···373
Stahl, Edelstahl	13,8	273···773
Stahl, nichtrostend	9,2	
Stahl, Nickelstahl	5···12	273
Stahl, Schweißstahl	12,2	273···373
Stahl, Schweißstahl	14,0	273···773
Zink	16,5	273···373

11. Wärmeausdehnungszahl α von Baustoffen und Flüssigkeiten

Stoff	Lineare Wärmeausdehnungszahl $\alpha \times 10^{-6}$ (Richtwerte)	
	m/m K	bei K
Feuerfeste Steine		
Bauxitsteine	$5{,}2\cdots6{,}5$	$293\cdots1273$
Chromitsteine	$9{,}3\cdots9{,}1$	$293\cdots1273$
Karborundumsteine	$4{,}4\cdots5{,}4$	$293\cdots1273$
Korundsteine	$5{,}6\cdots7{,}0$	$293\cdots1273$
Magnesiamasse	$13{,}9\cdots14{,}5$	$293\cdots1273$
Magnesitsteine	$13{,}7\cdots14{,}5$	$293\cdots1273$
Quarzschamottesteine	$5{,}0\cdots6{,}3$	$293\cdots1273$
Schamottesteine, handelsüblich	$5{,}5\cdots6{,}8$	$293\cdots1273$
Silicumkarbidsteine	$4{,}7$	$273\cdots1173$
Sillimanitsteine	$4{,}9$	$293\cdots1273$
Silikasteine	$12{,}7\cdots15{,}4$	$293\cdots1273$
Zirkonoxydsteine	$5{,}0\cdots5{,}7$	$293\cdots1273$
Sonstige Stoffe		
Bakelit	$29{,}5$	$273\cdots373$
Glas, Thüringer	$9{,}3\cdots9{,}8$	$273\cdots373$
Glas, Jenaer	$3{,}5$	$273\cdots373$
Holz, parallel zur Faser	$3{,}7\cdots5{,}4$	$273\cdots308$
Holz, senkrecht zur Faser	$54{,}4\cdots34{,}0$	$273\cdots308$
Marmor	$11{,}7$	$288\cdots373$
Porzellan	$3{,}9\cdots5{,}0$	$273\cdots873$
Porzellan	$4{,}7\cdots5{,}9$	$273\cdots1473$
Quarzglas	$4{,}8$	$273\cdots1273$
Flüssigkeiten		
Erdöl	$650\cdots1200$	
Petroleum	$900\cdots1000$	
Quecksilber	181	
Schmieröl	$600\cdots700$	
Steinkohlenteer	$500\cdots700$	

Beispiele:
1) Aluminiumstab L_0 bei 293 K = 1,650 m
$\alpha = 28{,}5 \cdot 10^{-6}$ m/m K   Wie groß ist L bei 873 K?
$L = 1{,}650 \,[1 + 28{,}5 \cdot 10^{-6}\,(873 - 293)] = 1{,}677$ m

2) Schamottenmauerwerk V_0 bei 273 K = 1,0 m^3
$\alpha = 6{,}2 \cdot 10^{-6}$ m/m K oder 1/K.   Wie groß ist V bei 1273 K?
$V = [1{,}01 + 3 \cdot 6{,}2 \cdot 10^{-6}\,(1273 - 273)] = 1{,}019$ m^3; $\gamma = 3\alpha$ in m.

12. Wärmeleitzahl λ einiger Baustoffe und Metalle

Isolier- und Baustoffe	ϱ kg/m³	Wärmeleitzahl λ in W/cm K bei			
		373,15 K	573,15 K	873,15 K	1073,15 K
Asbest	540	$1,94 \cdot 10^{-3}$	$2,09 \cdot 10^{-3}$	$2,16 \cdot 10^{-3}$	$2,21 \cdot 10^{-3}$
Glasgespinst	90	$5,23 \cdot 10^{-4}$	$9,88 \cdot 10^{-4}$		
Glaswatte	100	$5,93 \cdot 10^{-4}$	$1,01 \cdot 10^{-3}$		
Mineralwolle	200 ⋯ 220	$5,35 \cdot 10^{-4}$	$7,67 \cdot 10^{-4}$	$9,3 \cdot 10^{-4}$	$1,16 \cdot 10^{-3}$
Schlackenwolle ..	180 ⋯ 200	$5,23 \cdot 10^{-4}$	$8,83 \cdot 10^{-4}$	$1,16 \cdot 10^{-3}$	
Bimsstein	600	$1,74 \cdot 10^{-3}$	$2,32 \cdot 10^{-3}$	$2,91 \cdot 10^{-3}$	
Diatomit F-Steine .	700	$1,98 \cdot 10^{-3}$	$2,32 \cdot 10^{-3}$	$2,85 \cdot 10^{-3}$	$3,14 \cdot 10^{-3}$
Feuerleichtsteine .	900	$2,20 \cdot 10^{-3}$	$2,66 \cdot 10^{-3}$	$3,25 \cdot 10^{-3}$	$3,60 \cdot 10^{-3}$
Schamottesteine .	1800 ⋯ 2000	$8,83 \cdot 10^{-3}$	$1,01 \cdot 10^{-2}$	$1,10 \cdot 10^{-2}$	$1,39 \cdot 10^{-2}$
Sterchamol 23 ...	380	$8,72 \cdot 10^{-4}$	$1,15 \cdot 10^{-3}$	$1,62 \cdot 10^{-3}$	$1,95 \cdot 10^{-3}$
Ziegelmauerwerk .	1420 ⋯ 1460	$2,56 \cdot 10^{-3}$	$3,60 \cdot 10^{-3}$	$4,65 \cdot 10^{-3}$	$5,23 \cdot 10^{-3}$
Sand	1200 ⋯ 1650	$3,49 \cdot 10^{-3}$			
Glas – Porzellan ..	2300 ⋯ 2500	$1,05 \cdot 10^{-2}$			
Schlacke (fest) ...	2700	$7,67 \cdot 10^{-3}$	$9,53 \cdot 10^{-3}$	$1,19 \cdot 10^{-2}$	$1,39 \cdot 10^{-2}$
Schlacke (flüssig) .	3500	4, 88 bei 1673 K			
Ölhaut (festgebrannt) ..	–	$1,16 \cdot 10^{-3}$			
Kesselstein (silikatreich)	300 ⋯ 1000	$8,14 \cdot 10^{-4}$	$1,74 \cdot 10^{-3}$		
Kesselstein (gipsreich)	2000 ⋯ 2500	$5,81 \cdot 10^{-3}$	$2,32 \cdot 10^{-2}$		

Metalle und Legierungen	kg/m³	Wärmeleitzahl λ in W/cm K bei			
		373,15 K	473,15 K	673,15 K	873,15 K
Aluminium 99,5 % .	2700	2,15	2,28	2,56	2,85
Kupfer	8930	3,78	3,72	3,66	
Nickel	8800	$5,35 \cdot 10^{-1}$	$4,88 \cdot 10^{-1}$		
Quecksilber	13596	$1,05 \cdot 10^{-1}$ bei 273 K			
Silber	10500	4,18 bei 113,15 − 373,15 K			
Zink	7100	1,1	1,05	$9,3 \cdot 10^{-1}$	
Zinn	7200 ⋯ 7500	$6,28 \cdot 10^{-1}$			
Elektron	1820	1,39	1,34	1,34	
Messing (30 % Z) .	8500	1,08	1,13	1,17	
Siluminguß	2650	1,55			
Gußeisen (GG)	7250	0,372 ⋯ 0,581	0,349 ⋯ 0,465		
Stahlguß	7650	$3,25 \cdot 10^{-1}$	$3,02 \cdot 10^{-1}$	$2,91 \cdot 10^{-1}$	
Kohlenstoffstahl ..	7850	$4,88 \cdot 10^{-1}$	$4,42 \cdot 10^{-1}$	$4,18 \cdot 10^{-1}$	
Mo-Stahl	7850	$3,72 \cdot 10^{-1}$	$3,49 \cdot 10^{-1}$	$3,02 \cdot 10^{-1}$	
Cr Mo-Stahl	7850	$3,25 \cdot 10^{-1}$	$3,02 \cdot 10^{-1}$	$2,56 \cdot 10^{-1}$	$2,09 \cdot 10^{-1}$
Cr Ni Mo-Stahl ...	7850	$1,63 \cdot 10^{-1}$	$1,51 \cdot 10^{-1}$	$1,39 \cdot 10^{-1}$	$1,16 \cdot 10^{-1}$
Austenit-Stahl	7850	$1,39 \cdot 10^{-1}$	$1,34 \cdot 10^{-1}$	$1,16 \cdot 10^{-1}$	$1,10 \cdot 10^{-1}$
Zunder an Stahl	–	$1,45 \cdot 10^{-2}$ (1173 K)	$1,63 \cdot 10^{-2}$ (1273 K)	$2,09 \cdot 10^{-2}$ (1473 K)	

13. Viskosität von reinem Wasser: abhängig von Temperatur
(nach DIN 51 550) Dichte

Temperatur t in K	Dichte ϱ g/cm^3	Dynamische Visosität η in Pas · 10^{-3}	Kinematische Viskosität ν in m^2/s · 10^{-6}
273	0,99984	1,792	1,792
278	0,99996	1,520	1,520
283	0,99970	1,307	1,307
288	0,99910	1,138	1,139
293	0,99820	1,002	1,0038
298	0,99705	0,890	0,893
303	0,99565	0,797	0,801
308	0,99403	0,719	0,724
313	0,99221	0,653	0,658
318	0,99022	0,598	0,604
323	0,98805	0,548	0,554
328	0,98570	0,505	0,512
333	0,98321	0,467	0,475
338	0,98057	0,434	0,443
343	0,97778	0,404	0,413
348	0,97486	0,378	0,388
353	0,97180	0,355	0,365
358	0,96862	0,334	0,345
363	0,96532	0,315	0,326
368	0,96189	0,298	0,310
373	0,95835	0,282	0,295

14. Thermische Kennwerte wichtiger Gase und Flüssigkeiten

14.1: Mol-Masse und Dichte

Stoff	Formel	Mol-masse $^{12}C = 12$	Dichte ϱ in kg/m³ gasförmig	kg/m³ flüssig
Wasserstoff	H_2	2,016	0,09	71 (20)
Sauerstoff	O_2	32,00	1,43	1195 (78)
Stickstoff	N_2	28,02	1,25	812 (77)
Luft		28,96	1,29	520 (127)
Chlor	Cl_2	70,91	3,21	1574 (233)
Wasser	H_2O	18,01	0,804	1000 (277)
Chlorwasserstoff	HCl	36,47	1,63	1194 (187)
Schwefelwasserstoff	H_2S	34,08	1,54	964 (213)
Schwefeldioxid	SO_2	64,07	2,93	1460 (263)
Ammoniak	NH_3	17,03	0,77	650 (263)
Kohlenmonoxid	CO	28,01	1,250	791 (82)
Kohlendioxid	CO_2	44,01	1,98	960 (267)

Anmerkungen zu den Kennwerten

Wenn die Angabe der Dichte in flüssigem Zustand sich nicht auf 293 K bezieht, dann ist die zugehörige Temperatur in Klammern beigefügt.

Wenn sich die Verdampfungswärme nicht auf die Temperatur des Siedepunktes bei 1,013 bar bezieht, ist die zugehörige Temperatur in Klammern hinzugesetzt.

Spez. Wärme bei konstantem Druck c_p. Wenn die Angabe sich nicht auf 293 bzw. 298 K bezieht, ist die zugehörige Temperatur in Klammern beigefügt.

Thermische Kennwerte wichtiger Gase und Flüssigkeiten

14.2: Kennwerte wärmetechnischer Eigenschaften

Stoff	Siedepunkt 1,013 bar °C	Siedepunkt 1,013 bar K	Verdampfungswärme kJ/kg	Spez. Wärmekap. c_p kJ/kgK	Schmelzpunkt T_s °C	Schmelzpunkt T_s K	Kritische Temp. T_k °C	Kritische Temp. T_k K	Kritischer Druck p_k bar
H_2	− 252,8	20,35	453,85 (291)	14,340	− 259,2	13,95	− 239,9	33,25	12,95
O_2	− 183,0	90,15	213,11 (321)	0,921	− 218,8	54,35	− 118,3	154,85	50,80
N_2	− 195,8	77,35	198,04	1,047	− 210,0	63,15	− 146,9	126,25	33,83
Luft	− 191,4	81,85	196,78	1,005	− 213,0	60,15	− 140,7	132,45	37,76
Cl_2	− 34,1	239,05	288,05	0,115	− 101,0	172,15	144,0	417,0	76,98
H_2O	100,00	373,15	2256,69	4,216	0,000	273,15	374,2	647,35	221,25
HCl	− 85,0	188,15	442,96	0,795	− 114,2	158,95	51,5	324,65	83,07
H_2S	− 60,2	212,95	548,47	1,005	− 85,7	187,45	100,4	373,55	90,13
SO_2	− 10,0	263,15	389,79	0,607	− 75,5	197,65	157,5	430,65	78,85
NH_3	− 31,0	242,15	1209,15	2,093	− 77,4	195,75	132,4	405,55	112,98
CO	− 191,6	81,55	216,04	1,017	− 205,1	68,05	− 140,2	132,95	35,01
CO_2	− 78,5	194,65	573,59	0,846	− 56,6	216,55	31,0	304,15	73,85

15. Spezifische Wärmekapazität c wichtiger Gase (Diagramm)

c_p = wahre spezif. Wärmekapazität (Strichpunkt-Linie)
c_{pm} = mittlere spezif. Wärmekapazität zwischen 273 und T in K (Volle Linie)

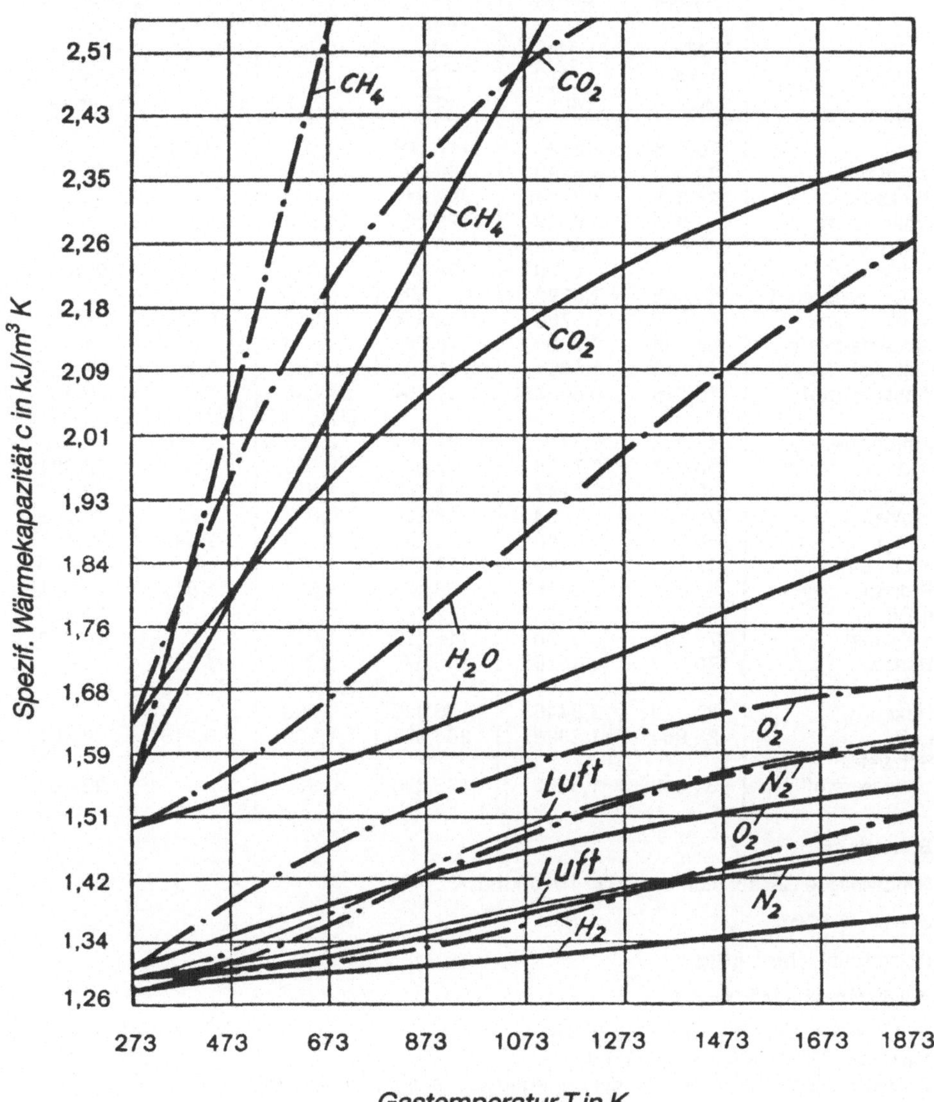

16. Thermische Kennwerte von reinen Gasen

Stoff	Mol-masse M in $\frac{kg}{kmol}$	Norm-dichte ϱ in $\frac{kg}{nm^3}$	Gas-kon-stante R in $\frac{m^3\,bar}{kg\,K}$	Spez. Wärme bei Normzustand c_p in	Spez. Wärme bei Normzustand c_v in kJ/kg K	Mol-volumen V $\frac{m^3}{kmol}$
Chlor	70,914	3,214	117,186	0,502	0,375	22,064
Sauerstoff	32,000	1,42895	259,688	0,914	0,654	22,394
Stickstoff	28,016	1,25046	296,610	1,039	0,743	22,427
Wasserstoff	2,016	0,08989	4122,000	14,248	10,12	
Stickoxid	30,008	1,3402	276,929	0,998	0,721	22,391
Kohlenoxid	28,011	1,25001	296,669	1,041	0,743	22,408
Chlorwasserstoff	36,465	1,6392	227,892	0,8	0,596	22,246
Kohlendioxid	44,011	1,9769	188,814	0,819	0,63	22,263
Schwefeldioxid	64,066	2,9262	129,712	0,608	0,479	21,894
Distickstoffoxid	44,016	1,9804	188,795	0,892	0,703	22,226
Wasserdampf	18,016	(0,80378)	461,254	1,855 (373,15)	1,39 (373,15)	(23,45)
Ammoniak	17,032	0,77142	487,904	2,056	1,566	22,078
Methan	16,043	0,7168	517,975	2,156	1,633	22,381
Acetylen	26,038	1,1747	319,143	1,513	1,216	22,166
Ethylen	28,054	1,2604	296,208	0,612	1,29	22,258
Ethan	30,070	1,3566	276,351	1,729	1,444	22,166
Propylen	42,081	1,9149	197,479	1,424		21,976
Propan	44,097	2,00963	188,452	1,507	1,311	21,943
n-Butan	58,124	2,73204	142,973	1,599		21,275
n-Pentan	72,151	3,21901	115,176	1,608		20,877
Benzol	78,114	3,48505	106,375	0,959 (373,15)	1,139 (373,15)	
Hexan	86,178	3,84483	96,426	1,608		
Luft	28,964	1,2928	286,907	1,005	0,716	22,401
Schwefel-wasserstoff	34,082	1,5362	243,820	0,963		22,186

Bemerkung

R individuelle Gaskonstante $= 8{,}31 \cdot 10^3$ J/kmol K

$c_p - c_v = 8{,}31/M$

Normdichte $= M/V_n$ in kg/m^3

Adiabatenexponent $x = c_p/c_v$

Molvolumen V_n bei Normzustand m^3/kg mol
1,013 bar, 273,15 K = Normzustand
Bei Flüssigkeiten beziehen sich die Angaben auf dampfförmigen Zustand

17. Ideale Gasgemische: Grundformeln für Molmasse/Wärmekapazität
mit mittlerem Adiabatenexponent $\varkappa$

Volumen- oder Molverhältnisse:

$$r_i = \frac{p_i}{p_{ges}} = \frac{p_i}{\sum\limits_{i=1}^{n} p_i}$$

Gewichts- oder Massenverhältnisse:

$$g_i = \frac{M_i\, r_i}{\sum\limits_{i=1}^{n} (M_i\, r_i)}$$

Molekulargewicht (Molmasse):

$$M = \sum\limits_{i=1}^{n} (M_i\, r_i)$$

Individuelle Gaskonstante:
(spezielle Gaskonstante R_i)

$$R = \sum\limits_{i=1}^{n} (g_i\, R_i) = \frac{R_0}{M}$$

Mittlere spez. Wärmekapazität bei konstantem Druck: $\quad c_{pm} = \sum\limits_{i=1}^{n} (g_i\, c_{pmi})$

Mittlerer Adiabatenexponent:

$$\varkappa = \frac{c_{pm}}{c_{pm} - R}$$

Index i $\quad$ bezogen auf Einzelgas

p_i $\quad$ Partialdruck des Einzelgases: (in bar oder hPa)

p_{ges} $\quad$ Gesamtdruck (in bar oder hPa)

n $\quad$ Anzahl der Einzelgase

R_0, R_m $\quad$ Allgemeine (universelle) Gaskonstante $= 8,31 \cdot 10^3$ $\quad$ J/kmol K

Synthese Gas bei 298 K

Gas	R in J/kmol K	c_{pmi} in kJ/kg K	$g_i \cdot c_{pmi}$ in kJ/kg K
H_2		14,34	2,4550
N_2	955,24	1,04	0,8246
Ar		0,52	0,0072
CH_4		2,23	0,0493
			3,361 $= c_{pm}$

18. Feuchte ideale Gase oder Gasgemische: Grundformeln

Molmasse, spezifische Wärmekapazität, Adiabaten-(Isentropen-) Exponent

Gaskonstante, Molekulargewicht, spezifische Wärmekapazität und Adiabatenexponent eines idealen Gases oder Gasgemisches, das mit dem Dampf eines anderen Stoffes, z. B. Wasserdampf, ganz oder teilweise gesättigt ist, lassen sich wie folgt berechnen:

$$R_f = \frac{x}{1+x}\, R_d + \frac{1}{1+x}\, R_{tr}$$

$$M_f = \frac{R_0}{R_f}$$

$$c_{pf} = \frac{x}{1+x}\, c_{pd} + \frac{1}{1+x}\, c_{ptr}$$

$$\varkappa_f = \frac{c_{pf}}{c_{pf} - R_f}$$

Hierin ist x der Dampfgehalt. Er beträgt:

$$x = \frac{R_{tr}}{R_d}\ \frac{\varphi p_s(t)}{p - \varphi p_s(t)}\ \frac{\text{kg Dampf}}{\text{kg trockenes Gas}}$$

Es ist teilweise üblich, unter einer in m³ angegebenen Gasmenge V_0 (bezogen auf 1,013 bar, 273,15 kg) eine trockene Gasmenge zu verstehen.
Bei vorgegebener relativer Feuchte errechnet sich das effektive Gasvolumen bei der Temperatur $T[K]$ und dem Gesamtdruck $p = 1,013$ bar, wie folgt:

Formelzeichen:

R individuelle Gaskonstante (in J/mol K)

M Molekulargewicht bzw. Molmasse (in kg/mol)

R_0 Allgemeine (universelle) Gaskonstante (in J/mol K)

c_p Spezifische Wärmekapazität bei konstantem Druck (in J/kg K)

$\varkappa$ Adiabatenexponent (Isentropenexponent)

p_s Dampfdruck bei der Temperatur t (in bar oder hPa)

p Gesamtdruck des Gas-Dampf-Gemisches (in bar oder hPa)

φ Relative Feuchte (in %)

Indizes:

f bezogen auf Gas-Dampf-Gemisch

d bezogen auf Dampf

tr bezogen auf trockenes Gas

19. Beziehung zwischen Wassertemperatur (Siedepunkt) und Unterdruck

Vakuum %	Temperatur t in °C	Druck p bar = · 10^3 hPa	Vakuum %	Temperatur t in °C	Druck p bar = · 10^3 hPa
99,40	0	0,0060	86,60	52	0,134
99,30	2	0,0070	85,20	54	0,148
99,20	4	0,0080	83,7	56	0,163
99,08	6	0,0092	82,1	58	0,179
98,95	8	0,0105	80,3	60	0,197
98,78	10	0,0121	78,4	62	0,216
98,62	12	0,0138	76,4	64	0,236
98,42	14	0,0158	74,2	66	0,258
98,14	16	0,0186	71,8	68	0,282
97,89	18	0,0211	69,3	70	0,307
97,62	20	0,0238	66,5	72	0,335
97,30	22	0,0270	63,5	74	0,365
96,95	24	0,0305	60,3	76	0,397
96,57	26	0,0343	56,9	78	0,431
96,14	28	0,0386	53,3	80	0,467
95,68	30	0,0432	49,4	82	0,506
95,14	32	0,0486	45,2	84	0,548
94,57	34	0,0543	40,7	86	0,593
93,94	36	0,0606	35,9	88	0,641
93,24	38	0,0676	30,8	90	0,692
92,48	40	0,0752	25,4	92	0,746
91,64	42	0,0836	19,6	94	0,804
90,70	44	0,0930	13,5	96	0,865
89,70	46	0,103	6,9	98	0,931
88,60	48	0,114	0	100	1,000
87,40	50	0,126	1 bar = 1000 mbar; 1 hPa = 100 Pa		

20. Gaskonstante R von feuchter Luft: nach Wasserdampf-Gehalt

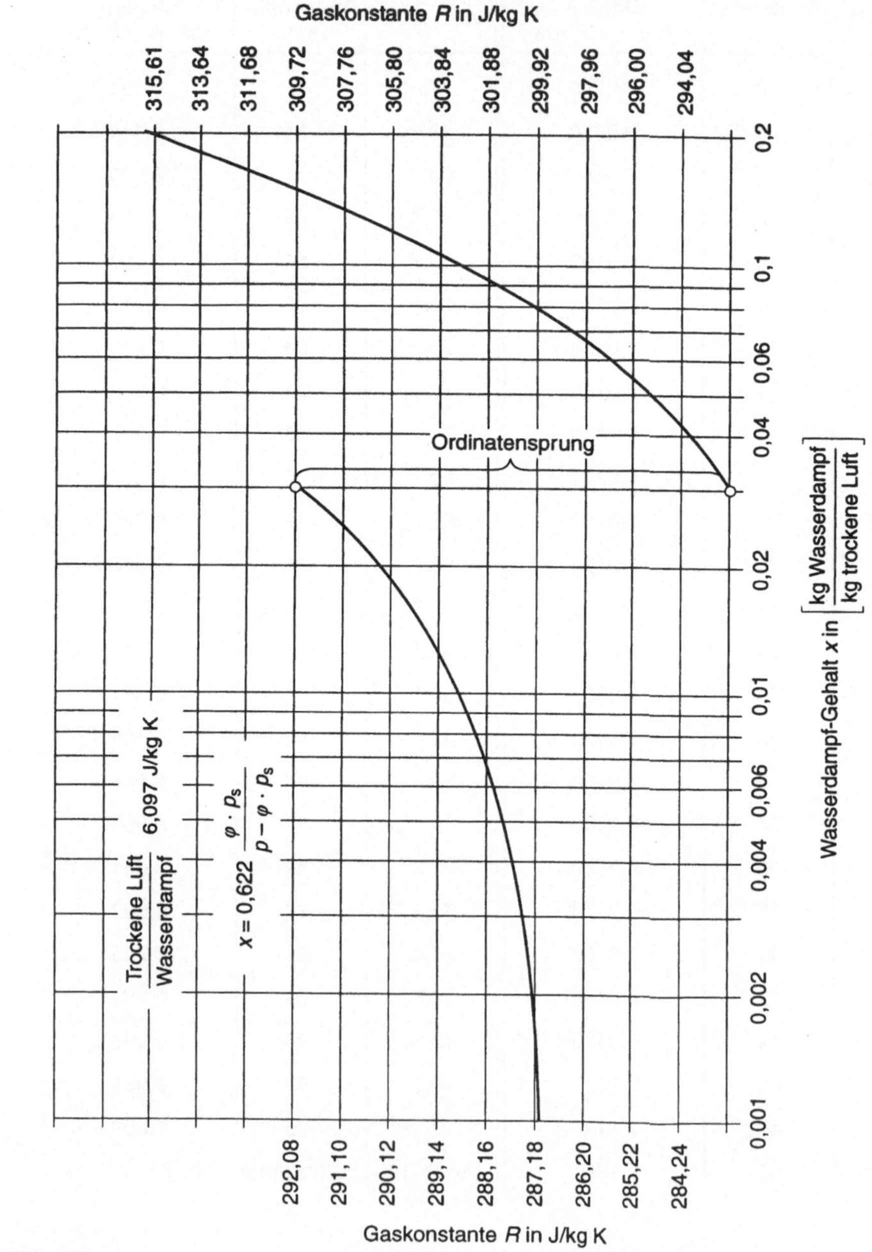

Bemerkung: Siehe auch h, x-Diagramm in Tab. W/21
p_s ist Sättigungsdruck in bar (oder hPa)

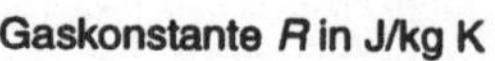

21. h, x-Diagramm: Wärmeinhalt und Feuchtigkeit der Luft
in Abhängigkeit von Temperatur t und Dampfdruck p

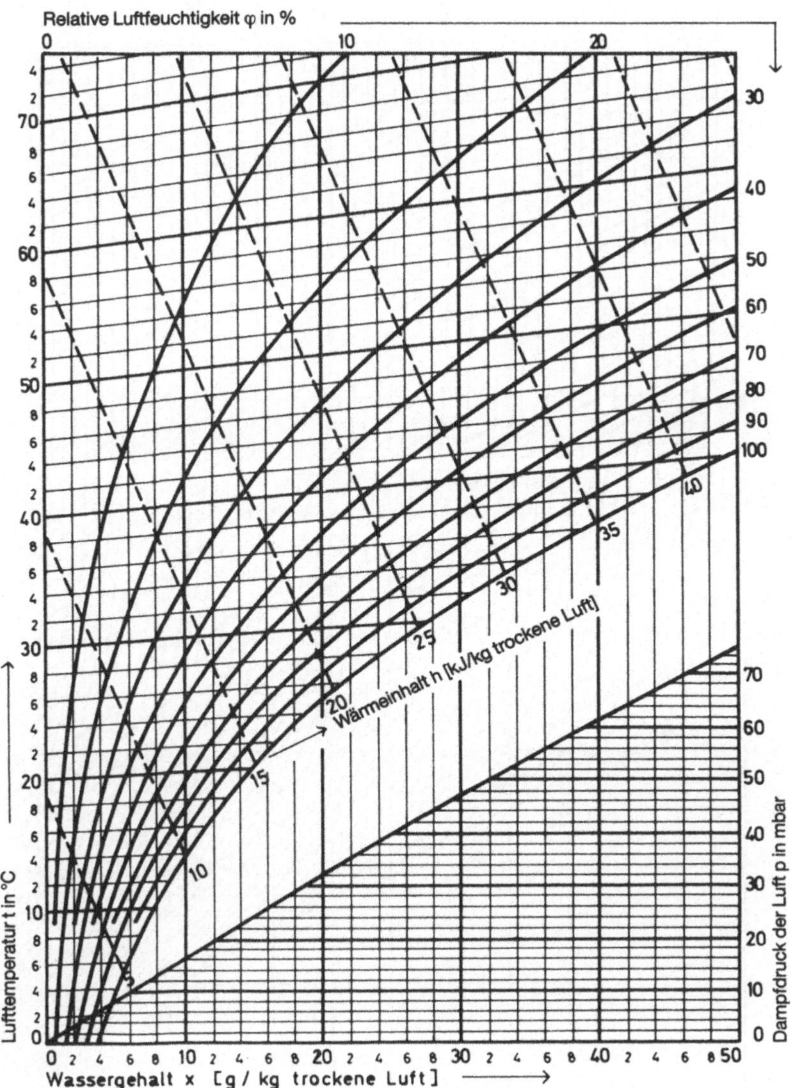

Bemerkungen: 1 bar = 1000 mbar = 1000 hPa; 1 mbar = 100 Pa = 1 hPa.
Die Unbehaglichkeit beginnt bei einer absoluten Feuchtigkeit x von mehr als 10 g/kg bzw.
11 g/m³ (bei 20°C).

22 – 53

22. h, s-Diagramm für Wasserdampf

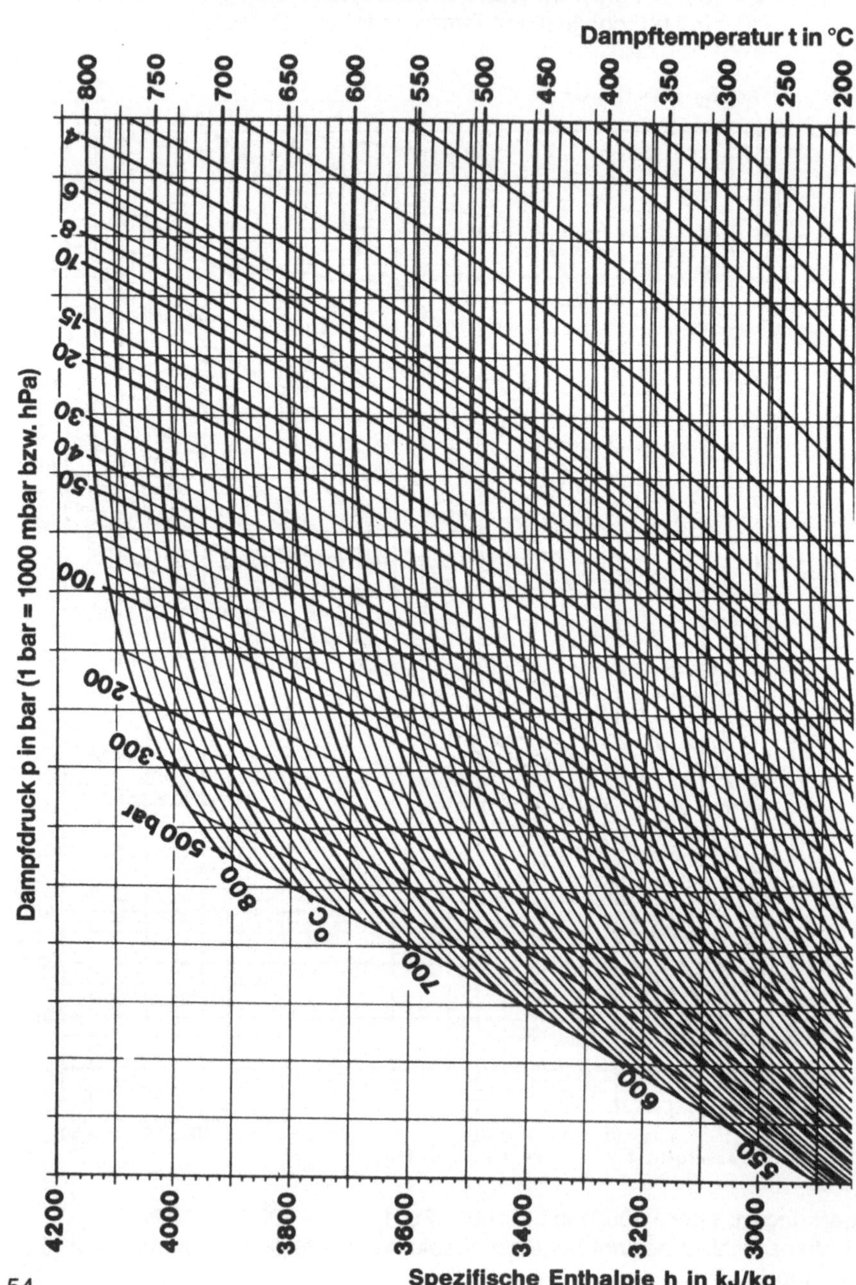

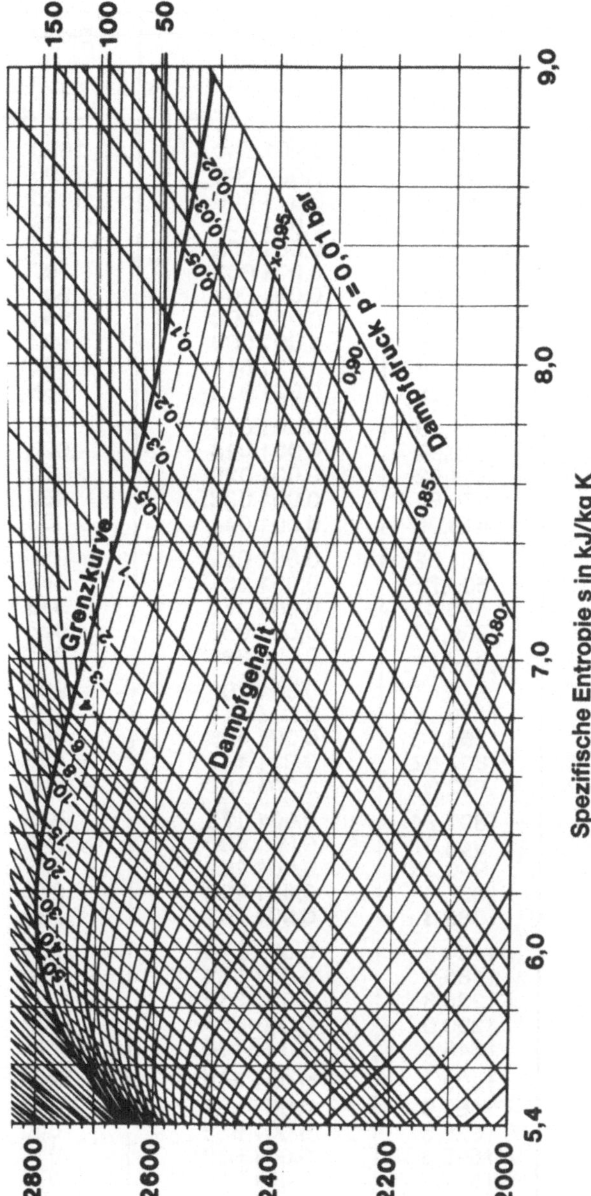
Spezifische Entropie s in kJ/kg K
Dampfdruck p = 0,01 bar
Grenzkurve
Dampfgehalt
150
100
50
9,0
8,0
7,0
6,0
5,4
2800
2600
2400
2200
2000
0,80
0,85
0,90
0,95
1 bar = 1000 mbar = 1000 hPa

23. Wasser im Sättigungszustand: Thermische Kenndaten

Tempe-ratur t in °C	Druck p in bar	Spezif. Enthalpie h in kJ/kg	Spezifisches volumen v in m³/kg	Dichte ϱ in kg/m³
0	0,006108	– 0,04	0,001 000	1000
5	0,008718	21,01	0,001 000	1000
10	0,012270	41,99	0,001 000	1000
15	0,017039	62,94	0,001 001	999
20	0,02337	83,86	0,001 002	998
25	0,03166	104,77	0,001 003	997
30	0,04241	125,66	0,001 004	996
35	0,05622	146,56	0,001 006	994
40	0,07375	167,45	0,001 008	992
45	0,09582	188,35	0,001 010	990
50	0,12335	209,26	0,001 012	988
60	0,19920	251,09	0,001 017	983
70	0,3116	292,97	0,001 023	978
80	0,4736	334,92	0,001 029	972
90	0,7011	376,94	0,001 036	965
100	1,0133	419,06	0,001 044	958
110	1,4327	461,32	0,001 052	951
120	1,9854	503,72	0,001 061	943
130	2,7013	546,31	0,001 070	935
140	3,614	589,10	0,001 080	926
150	4,760	632,15	0,001 091	917
160	6,181	675,47	0,001 102	907
170	7,920	719,12	0,001 114	898
180	10,027	763,12	0,001 128	887
190	12,551	807,52	0,001 142	876
200	15,549	852,37	0,001 157	864
210	19,077	897,74	0,001 173	853
220	23,198	943,67	0,001 190	840
230	27,976	990,26	0,001 209	827
240	33,478	1037,6	0,001 229	814
250	39,776	1085,8	0,001 251	799
260	46,943	1134,9	0,001 276	784
270	55,058	1185,2	0,001 302	768
280	64,202	1236,8	0,001 332	751
290	74,461	1290,0	0,001 366	732
300	85,927	1345,0	0,001 404	712
310	98,700	1402,4	0,001 448	691
320	112,89	1462,6	0,001 499	667
330	128,63	1526,5	0,001 562	640
340	146,05	1595,5	0,001 639	610
350	165,35	1671,9	0,001 741	574

24. Zustandsgrößen (p, t_s, v, h) von gesättigtem Wasserdampf

Bedeutung der Formelzeichen:

t_s = Sättigungstemperatur (in °C) des Sattdampfes
v' = Spezif. Volumen für Siedezustand (in m³/kg)
v″ = Spezif. Volumen des trocken gesättigten Dampfes (in m³/kg)
ϱ″ = 1/v = Dichte des trocken gesättigten Dampfes (in kg/m³)
h' = Spezif. Enthalpie (Wärmeinhalt) von Wasser (in kJ/kg)
h″ = Spezif. Enthalpie (Wärmeinhalt) von Dampf (kJ/kg)

p in bar	t_s °C	v' m³/kg	v'' m³/kg	ϱ'' kg/m³	h' kJ/kg	h'' kJ/kg	r kJ/kg
0,010	6,9828	0,0010001	129,20	0,007739	29,34	2514,4	2485,0
0,020	17,513	0,0010012	67,01	0,01492	73,46	2533,6	2460,2
0.040	28,983	0,0010040	34,80	0,02873	121,41	2554,5	2433,1
0,060	36,183	0,0010064	23,74	0,04212	151,50	2567,5	2416,0
0,080	41,534	0,0010084	18,10	0,05523	173,86	2577,1	2403,2
0,10	45,833	0,0010102	14,67	0,06814	191,83	2584,8	2392,9
0,15	53,997	0,0010140	10,02	0,09977	225,97	2599,2	2373,2
0,20	60,086	0,0010172	7,650	0,1307	251,45	2609,9	2358,4
0,30	69,124	0,0010223	5,229	0,1912	289,30	2625,4	2336,1
0,40	75,886	0,0010265	3,993	0,2504	317,65	2636,9	2319,2
0,50	81,345	0,0010301	3,240	0,3086	340,56	2646,0	2305,4
0,60	85,954	0,0010333	2,732	0,3661	359,93	2653,6	2293,6
0,80	93,512	0,0010387	2,087	0,4792	391,72	2665,8	2274,0
1,0	99,632	0,0010434	1,694	0,5904	417,51	2675,4	2257,9
1,2	104,81	0,0010476	1,428	0,7002	439,36	2683,4	2244,1
1,4	109,32	0,0010513	1,236	0,8088	458,42	2690,3	2231,9
1,6	113,32	0,0010547	1,091	0,9165	475,38	2696,2	2220,9
1,8	116,93	0,0010579	0,9772	1,023	490,70	2701,5	2210,8
2,0	120,23	0,0010608	0,8854	1,129	504,70	2706,3	2201,6
2,5	127,43	0,0010675	0,7184	1,392	535,34	2716,4	2181,0
3,0	133,54	0,0010735	0,6056	1,651	561,43	2724,7	2163,2
3,5	138,87	0,0010789	0,5240	1,908	584,27	2731,6	2147,4
4,0	143,62	0,0010839	0,4622	2,163	604,67	2737,6	2133,0
4,5	147,92	0,0010885	0,4138	2,417	623,16	2742,9	2119,7
5,0	151,84	0,0010928	0,3747	2,669	640,12	2747,5	2107,4
6,0	158,84	0,0011009	0,3155	3,170	670,42	2755,5	2085,0
7,0	164,96	0,0011082	0,2727	3,667	697,06	2762,0	2064,9
8,0	170,41	0,0011150	0,2403	4,162	720,94	2767,5	2046,5
9,0	175,36	0,0011213	0,2148	4,655	742,64	2772,1	2029,5
10,0	179,88	0,0011274	0,1943	5,147	762,61	2776,2	2013,6
11,0	184,07	0,0011331	0,1774	5,637	781,13	2779,7	1998,5
12,0	187,96	0,0011386	0,1632	6,127	798,43	2782,7	1984,3
13,0	191,61	0,0011438	0,1511	6,617	814,70	2785,4	1970,7
14,0	195,04	0,0011489	0,1407	7,106	830,08	2787,8	1957,7
15,0	198,29	0,0011539	0,1317	7,596	844,67	2789,9	1945,2

Zustandsgrößen (p, tₛ, v, h) von gesättigtem Wasserdampf

p	t_s	v'	v''	ϱ''	h'	h''	r
bar	°C	m³/kg	m³/kg	kg/m³	kJ/kg	kJ/kg	kJ/kg
16,0	201,37	0,0011586	0,1237	8,085	858,56	2791,7	1933,2
17,0	204,31	0,0011633	0,1166	8,575	871,84	2793,4	1921,5
18,0	207,11	0,0011678	0,1103	9,065	884,58	2794,8	1910,3
19,0	209,80	0,0011723	0,1047	9,555	896,81	2796,1	1899,3
20,0	212,37	0,0011766	0,09954	10,05	908,59	2797,2	1888,6
22,0	217,24	0,0011850	0,09065	11,03	930,95	2799,1	1868,1
24,0	221,78	0,0011932	0,08320	12,02	951,93	2800,4	1848,5
26,0	226,04	0,0012011	0,07686	13,01	971,72	2801,4	1829,6
28,0	230,05	0,0012088	0,07139	14,01	990,48	2802,0	1811,5
30	233,84	0,0012163	0,06663	15,01	1008,4	2802,3	1793,9
32	237,45	0,0012237	0,06244	16,02	1025,4	2802,3	1776,9
34	240,88	0,0012310	0,05873	17,03	1041,8	2802,1	1760,3
36	244,16	0,0012381	0,05541	18,05	1057,6	2801,7	1744,2
38	247,31	0,0012451	0,05244	19,07	1072,7	2801,1	1728,4
40	250,33	0,0012521	0,04975	20,10	1087,4	2800,3	1712,9
45	257,41	0,0012691	0,04404	22,71	1122,1	2797,7	1675,6
50	263,91	0,0012858	0,03943	25,36	1154,5	2794,2	1639,7
55	269,93	0,0013023	0,03563	28,07	1184,9	2789,9	1605,0
60	275,55	0,0013187	0,03244	30,83	1213,7	2785,0	1571,3
65	280,82	0,0013350	0,02972	33,65	1241,1	2779,5	1538,4
70	285,79	0,0013513	0,02737	36,53	1267,4	2773,5	1506,0
80	294,97	0,0013842	0,02353	42,51	1317,1	2759,9	1442,8
90	303,31	0,0014179	0,02050	48,79	1363,7	2744,6	1380,9
100	310,96	0,0014526	0,01804	55,43	1408,0	2727,7	1319,7
110	318,05	0,0014887	0,01601	62,48	1450,6	2709,3	1258,7
120	324,65	0,0015268	0,01428	70,01	1491,8	2689,2	1197,4
130	330,83	0,0015672	0,01280	78,14	1532,0	2667,0	1135,0
140	336,64	0,0016106	0,01150	86,99	1571,6	2642,4	1070,7
150	342,13	0,0016579	0,01034	96,71	1611,0	2615,0	1004,0
160	347,33	0,0017103	0,009308	107,4	1650,5	2584,9	934,3
180	356,96	0,0018399	0,007498	133,4	1734,8	2513,9	779,1
200	365,70	0,0020370	0,005877	170,2	1826,5	2418,4	591,9
220	373,69	0,0026714	0,003728	268,3	2011,1	2195,6	184,5

Anmerkung:
Im **Naßdampfgebiet** gilt: Spezifisches Volumen $v = v' + x \cdot (v'' - v')$
Spezifische Enthalpie (Wärmeinhalt) $h = h' + x \cdot r$

25. Spezif. Enthalpie h von überhitztem Dampf und Wasser

Wärmeinhalt bei Temperaturen von t = 250 bis 800°C

a) **Druck p von 1 bis 8 bar** (1 bar = 1000 mbar = 100 hPa)

Temp. t in °C	Spezifische Enthalpie (Wärmeinhalt) h in kJ/kg bei Druck p in bar							
	1	2	3	4	5	6	7	8
250	2974,5	2971,2	2967,9	2964,5	2961,1	2957,6	2954,0	2950,4
260	2994,4	2991,4	2988,2	2985,1	2981,9	2978,7	2975,4	2972,1
270	3014,4	3011,5	3008,6	3005,6	3002,7	2999,7	2996,6	2993,5
280	3034,4	3031,7	3028,9	3026,2	3023,4	3020,6	3017,7	3014,9
290	3054,4	3051,9	3049,3	3046,7	3044,1	3041,5	3038,8	3036,1
300	3074,5	3072,1	3069,7	3067,2	3064,8	3062,3	3059,8	3057,3
310	3094,6	3092,3	3090,0	3087,7	3085,4	3083,1	3080,7	3078,3
320	3114,8	3112,6	3110,5	3108,3	3106,1	3103,9	3101,6	3099,4
330	3135,0	3133,0	3130,9	3128,8	3126,7	3124,6	3122,5	3120,4
340	3155,3	3153,3	3151,4	3149,4	3147,4	3145,4	3143,4	3141,4
350	3175,6	3173,8	3171,9	3170,0	3168,1	3166,2	3164,3	3162,4
360	3196,0	3194,2	3192,4	3190,6	3188,8	3187,0	3185,2	3183,4
370	3216,5	3214,8	3213,1	3211,3	3209,6	3207,9	3206,1	3204,4
380	3237,0	3235,4	3233,7	3232,1	3230,4	3228,7	3227,1	3225,4
390	3257,6	3256,0	3254,4	3252,8	3251,2	3249,6	3248,0	3246,4
400	3278,2	3276,7	3275,2	3273,6	3272,1	3270,6	3269,0	3267,5
410	3298,9	3297,4	3296,0	3294,5	3293,0	3291,6	3290,1	3288,6
420	3319,7	3318,3	3316,8	3315,4	3314,0	3312,6	3311,2	3309,7
430	3340,5	3339,1	3337,8	3336,4	3335,0	3333,7	3332,3	3330,9
440	3361,4	3360,1	3358,8	3357,4	3356,1	3354,8	3353,4	3352,1
450	3382,4	3381,1	3379,8	3378,5	3377,2	3376,0	3374,7	3373,4
460	3403,4	3402,1	3400,9	3399,7	3398,4	3397,2	3395,9	3394,7
470	3424,5	3423,3	3422,1	3420,9	3419,7	3418,5	3417,3	3416,1
480	3445,6	3444,5	3443,3	3442,1	3441,0	3439,8	3438,6	3437,5
490	3466,9	3465,7	3464,6	3463,5	3462,3	3461,2	3460,1	3459,0
500	3488,1	3487,0	3486,0	3484,9	3483,8	3482,7	3481,6	3480,5
510	3509,5	3508,4	3507,4	3506,3	3505,3	3504,2	3503,1	3502,1
520	3530,9	3529,9	3528,9	3527,8	3526,8	3525,8	3524,7	3523,7
530	3552,4	3551,4	3550,4	3549,4	3548,4	3547,4	3546,4	3545,4
540	3574,0	3573,0	3572,0	3571,1	3570,1	3569,1	3568,1	3567,2
550	3595,6	3594,7	3593,7	3592,8	3591,8	3590,9	3589,9	3589,0
560	3617,3	3616,4	3615,5	3614,6	3613,6	3612,7	3611,8	3610,9
570	3639,1	3638,2	3637,3	3636,4	3635,5	3634,6	3633,7	3632,8
580	3660,9	3660,0	3659,2	3658,3	3657,4	3656,6	3655,7	3654,8
590	3682,8	3682,0	3681,1	3680,3	3679,4	3678,6	3677,8	3676,9
600	3704,8	3704,0	3703,2	3702,3	3701,5	3700,7	3699,9	3699,1
610	3726,8	3726,0	3725,2	3724,4	3723,6	3722,8	3722,1	3721,3
620	3748,9	3748,2	3747,4	3746,6	3745,8	3745,1	3744,3	3743,5
630	3771,1	3770,4	3769,6	3768,9	3768,1	3767,3	3766,6	3765,8
640	3793,4	3792,6	3791,9	3791,2	3790,4	3789,7	3789,0	3788,2

Fortsetzung

Spezifische Enthalpie h von überhitztem Dampf und Wasser

a) **Druck p von 1 bis 8 bar** (1 bar = 1000 mbar = 1000 hPa)

Temp. t in °C	Spezifische Enthalpie (Wärmeinhalt) h in kJ/kg bei Druck p in bar							
	1	2	3	4	5	6	7	8
650	3815,7	3815,0	3814,2	3813,5	3812,8	3812,1	3811,4	3810,7
660	3838,1	3837,4	3836,7	3836,0	3835,3	3834,6	3833,9	3833,2
670	3860,5	3859,8	3859,2	3858,5	3857,8	3857,1	3856,5	3855,8
680	3883,0	3882,4	3881,7	3881,0	3880,4	3879,7	3879,1	3878,4
690	3905,6	3905,0	3904,3	3903,7	3903,0	3902,4	3901,8	3901,1
700	3928,2	3927,6	3927,0	3926,4	3925,8	3925,1	3924,5	3923,9
710	3951,0	3950,4	3949,7	3949,1	3948,5	3947,9	3947,3	3946,7
720	3973,7	3973,1	3972,6	3972,0	3971,4	3970,8	3970,2	3969,6
730	3996,6	3996,0	3995,4	3994,9	3994,3	3993,7	3993,2	3992,6
740	4019,5	4018,9	4018,4	4017,3	4017,3	4016,7	4016,2	4015,6
750	4042,5	4041,9	4041,4	4040,8	4040,3	4039,8	4039,2	4038,7
760	4065,5	4065,0	4064,4	4063,9	4063,4	4062,9	4062,4	4061,8
770	4088,6	4088,1	4087,6	4087,1	4086,6	4086,1	4085,5	4085,0
780	4111,8	4111,3	4110,8	4110,3	4109,8	4109,3	4108,8	4108,3
790	4135,0	4134,5	4134,0	4133,5	4133,1	4132,6	4132,1	4131,6
800	4158,3	4157,8	4157,3	4156,9	4156,4	4155,9	4155,5	4155,0

Spezifische Enthalpie h von überhitztem Dampf und Wasser

b) **Druck p von 9 bis 16 bar** (1 bar = 1000 mbar = 1000 hPa)

Temp. t in °C	Spezifische Enthalpie (Wärmeinhalt) h in kJ/kg bei Druck p in bar							
	9	10	11	12	13	14	15	16
250	2946,8	2943,0	2939,3	2935,4	2931,5	2927,6	2923,5	2919,4
260	2968,7	2965,2	2961,8	2958,2	2954,7	2951,0	2947,3	2943,6
270	2990,4	2987,2	2984,0	2980,8	2977,5	2974,1	2970,7	2967,3
280	3012,0	3009,0	3006,0	3003,0	3000,0	2996,9	2993,7	2990,6
290	3033,4	3030,6	3027,9	3025,1	3022,2	3019,4	3016,5	3013,5
300	3054,7	3052,1	3049,6	3046,9	3044,3	3041,6	3038,9	3036,2
310	3076,0	3073,5	3071,1	3068,7	3066,2	3063,7	3061,2	3058,6
320	3097,1	3094,9	3092,6	3090,3	3088,0	3085,6	3083,3	3080,9
330	3118,3	3116,1	3114,0	3111,8	3109,6	3107,4	3105,2	3102,9
340	3139,4	3137,4	3135,3	3133,2	3131,2	3129,1	3127,0	3124,9
350	3160,5	3158,5	3156,6	3154,6	3152,7	3150,7	3148,7	3146,7
360	3181,6	3179,7	3177,9	3176,0	3174,1	3172,3	3170,4	3168,5
370	3202,6	3200,9	3199,1	3197,3	3195,6	3193,8	3192,0	3190,2
380	3223,7	3222,0	3220,3	3218,7	3217,0	3215,3	3213,5	3211,8
390	3244,8	3243,2	3241,6	3240,0	3238,3	3236,7	3235,1	3233,4
400	3266,0	3264,4	3262,9	3261,3	3259,7	3258,2	3256,6	3255,0
410	3287,1	3285,6	3284,1	3282,6	3281,1	3279,6	3278,1	3276,6
420	3308,3	3306,9	3305,4	3304,0	3302,5	3301,1	3299,7	3298,2
430	3329,5	3328,1	3326,8	3325,4	3324,0	3322,6	3321,2	3319,8
440	3350,8	3349,5	3348,1	3346,8	3345,4	3344,1	3342,8	3341,4
450	3372,1	3370,8	3369,5	3368,2	3366,9	3365,6	3364,3	3363,0
460	3393,5	3392,2	3391,0	3389,7	3388,5	3387,2	3386,0	3384,7
470	3414,9	3413,6	3412,4	3411,2	3410,0	3408,8	3407,6	3406,4
480	3436,3	3435,1	3434,0	3432,8	3431,6	3430,5	3429,3	3428,1
490	3457,8	3456,7	3455,6	3454,4	3453,3	3452,2	3451,0	3449,9
500	3479,4	3478,3	3477,2	3476,1	3475,0	3473,9	3472,8	3471,7
510	3501,0	3499,9	3498,9	3497,8	3496,7	3495,7	3494,6	3493,5
520	3522,7	3521,6	3520,6	3519,6	3518,5	3517,5	3516,5	3515,4
530	3544,4	3543,4	3542,4	3541,4	3540,4	3539,4	3538,4	3537,4
540	3566,2	3565,2	3564,3	3563,3	3562,3	3561,3	3560,4	3559,4
550	3588,1	3587,1	3586,2	3585,2	3584,3	3583,3	3582,4	3581,4
560	3610,0	3609,0	3608,1	3607,2	3606,3	3605,4	3604,5	3603,5
570	3631,9	3631,0	3630,2	3629,3	3628,4	3627,5	3626,6	3625,7
580	3654,0	3653,1	3652,2	3651,4	3650,5	3649,6	3648,8	3647,9
590	3676,1	3675,2	3674,4	3673,5	3672,7	3671,9	3671,0	3670,2
600	3698,2	3697,4	3696,6	3695,8	3695,0	3694,1	3693,3	3692,5
610	3720,5	3719,7	3718,9	3718,1	3717,3	3716,5	3715,7	3714,9
620	3742,7	3742,0	3741,2	3740,4	3739,6	3738,9	3738,1	3737,3
630	3765,1	3764,3	3763,6	3762,8	3762,1	3761,3	3760,6	3759,8
640	3787,5	3786,8	3786,0	3785,3	3784,6	3783,8	3783,1	3782,4

Fortsetzung

Spezifische Enthalpie h von überhitztem Dampf und Wasser

b) **Druck p von 9 bis 16 bar** (1 bar = 1000 mbar = 1000 hPa)

Temp. t in °C	Spezifische Enthalpie (Wärmeinhalt) h in kJ/kg bei Druck p in bar							
	9	10	11	12	13	14	15	16
650	3810,0	3809,3	3808,5	3807,8	3807,1	3806,4	3805,7	3805,0
660	3832,5	3831,8	3831,1	3830,4	3829,7	3829,0	3828,4	3827,7
670	3855,1	3854,4	3853,8	3853,1	3852,4	3851,7	3851,1	3850,4
680	3877,8	3877,1	3876,5	3875,8	3875,1	3874,5	3873,8	3873,2
690	3900,5	3899,9	3899,2	3898,6	3897,9	3897,3	3896,7	3896,0
700	3923,3	3922,7	3922,0	3921,4	3920,2	3920,2	3919,6	3918,9
710	3946,1	3945,5	3944,9	3944,3	3943,7	3943,1	3942,5	3941,9
720	3969,0	3968,5	3967,9	3967,3	3966,7	3966,1	3965,5	3964,9
730	3992,0	3991,4	3990,9	3990,3	3989,7	3989,2	3988,6	3988,0
740	4015,1	4014,5	4013,9	4013,4	4012,8	4012,3	4011,7	4011,2
750	4038,1	4037,6	4037,1	4036,5	4036,0	4035,5	4034,9	4034,4
760	4061,3	4060,8	4060,3	4059,7	4059,2	4058,7	4058,2	4057,6
770	4084,5	4084,0	4083,5	4083,0	4082,5	4082,0	4081,5	4081,0
780	4107,8	4107,3	4106,8	4106,3	4105,8	4105,3	4104,8	4104,3
790	4131,1	4130,7	4130,2	4129,7	4129,2	4128,7	4128,2	4127,8
800	4154,5	4154,1	4153,6	4153,1	4152,7	4152,2	4151,7	4151,3

Spezifische Enthalpie h von überhitztem Dampf und Wasser

c) **Druck p von 17 bis 28 bar** (1 bar = 1000 mbar = 1000 hPa)

Temp. t in °C	Spezifische Enthalpie (Wärmeinhalt) h in kJ/kg bei Druck p in bar							
	17	18	19	20	22	24	26	28
250	2915,3	2911,0	2906,7	2902,4	2893,4	2884,2	2874,7	2864,9
260	2939,8	2935,9	2932,0	2928,1	2920,0	2911,6	2903,0	2894,2
270	2963,8	2960,3	2956,7	2953,1	2945,7	2938,1	2930,3	2922,3
280	2987,4	2984,1	2980,9	2977,5	2970,8	2963,8	2956,7	2949,5
290	3010,6	3007,6	3004,6	3001,5	2995,3	2988,9	2982,4	2975,7
300	3033,5	3030,7	3027,9	3025,0	3019,3	3013,4	3007,4	3001,3
310	3056,1	3053,5	3050,9	3048,2	3042,9	3037,5	3031,9	3026,3
320	3078,5	3076,1	3073,6	3071,2	3066,2	3061,1	3056,0	3050,8
330	3100,7	3098,4	3096,1	3093,8	3089,2	3084,5	3079,7	3074,8
340	3122,8	3120,6	3118,5	3116,3	3112,0	3107,5	3103,0	3098,5
350	3144,7	3142,7	3140,7	3138,6	3134,5	3130,4	3126,1	3121,9
360	3166,6	3164,7	3162,8	3160,8	3156,9	3153,0	3149,0	3145,0
370	3188,4	3186,6	3184,7	3182,9	3179,2	3175,5	3171,7	3167,9
380	3210,1	3208,4	3206,6	3204,9	3201,4	3197,8	3194,3	3190,7
390	3231,8	3230,1	3228,5	3226,8	3223,5	3220,1	3216,7	3213,3
400	3253,5	3251,9	3250,3	3248,7	3245,5	3242,3	3239,0	3235,8
410	3275,1	3273,6	3272,1	3270,5	3267,5	3264,4	3261,3	3258,2
420	3296,8	3295,3	3293,8	3292,4	3289,4	3286,5	3283,5	3280,5
430	3318,4	3317,0	3315,6	3314,2	3311,4	3308,5	3305,7	3302,8
440	3340,1	3338,7	3337,4	3336,0	3333,3	3330,6	3327,8	3325,1
450	3361,7	3360,4	3359,1	3357,8	3355,2	3352,6	3349,9	3347,3
460	3383,4	3382,2	3380,9	3379,7	3377,1	3374,6	3372,1	3369,5
470	3405,2	3404,0	3402,7	3401,5	3399,1	3396,6	3394,2	3391,7
480	3426,9	3425,8	3424,6	3423,4	3421,1	3418,7	3416,3	3413,9
490	3448,7	3447,6	3446,5	3445,3	3443,0	3440,8	3438,5	3436,2
500	3470,6	3469,5	3468,4	3467,3	3465,1	3462,9	3460,6	3458,4
510	3492,5	3491,4	3490,3	3489,3	3487,1	3485,0	3482,8	3480,7
520	3514,4	3513,4	3512,3	3511,3	3509,2	3507,1	3505,1	3503,0
530	3536,4	3535,4	3534,4	3533,4	3531,3	3529,3	3527,3	3525,3
540	3558,4	3557,4	3556,5	3555,5	3553,5	3551,6	3549,6	3547,6
550	3580,5	3579,5	3578,6	3577,6	3575,7	3573,8	3571,9	3570,0
560	3602,6	3601,7	3600,8	3599,9	3598,0	3596,2	3594,3	3592,5
570	3624,8	3623,9	3623,0	3622,1	3620,3	3618,5	3616,7	3614,9
580	3647,0	3646,2	3645,3	3644,4	3642,7	3640,9	3639,2	3637,5
590	3669,3	3668,5	3667,6	3666,8	3665,1	3663,4	3661,7	3660,0
600	3691,7	3690,9	3690,0	3689,2	3687,6	3685,9	3684,3	3682,6
610	3714,1	3713,3	3712,5	3711,7	3710,1	3708,5	3706,9	3705,3
620	3736,5	3735,8	3735,0	3734,2	3732,7	3731,1	3729,6	3728,0
630	3759,1	3758,3	3757,6	3756,8	3755,3	3753,8	3752,3	3750,8
640	3781,6	3780,9	3780,2	3779,4	3778,0	3776,5	3775,0	3773,6

Fortsetzung

Spezifische Enthalpie h von überhitztem Dampf und Wasser

c) **Druck p von 17 bis 28 bar** (1 bar = 1000 mbar = 1000 hPa)

Temp. t in °C	Spezifische Enthalpie (Wärmeinhalt) h in kJ/kg bei Druck p in bar							
	17	18	19	20	22	24	26	28
650	3804,3	3803,6	3802,8	3802,1	3800,7	3799,3	3797,9	3796,4
660	3827,0	3826,3	3825,6	3824,9	3823,5	3822,1	3820,7	3819,3
670	3849,7	3849,0	3848,4	3847,7	3846,3	3845,0	3843,6	3842,3
680	3872,5	3871,9	3871,2	3870,6	3869,2	3867,9	3866,6	3865,3
690	3895,4	3894,8	3894,1	3893,5	3892,2	3890,9	3889,7	3888,4
700	3918,3	3917,7	3917,1	3916,5	3915,2	3914,0	3912,7	3911,5
710	3941,3	3940,7	3940,1	3939,5	3938,3	3937,1	3935,9	3934,7
720	3964,4	3963,8	3963,2	3962,6	3961,4	3960,3	3959,1	3957,9
730	3987,5	3986,9	3986,3	3985,7	3984,6	3983,5	3982,3	3981,2
740	4010,6	4010,1	4009,5	4009,0	4007,8	4006,7	4005,6	4004,5
750	4033,8	4033,3	4032,8	4032,2	4031,1	4030,1	4029,0	4027,9
760	4057,1	4056,6	4056,1	4055,5	4054,5	4053,4	4052,4	4051,4
770	4080,4	4079,9	4079,4	4078,9	4077,9	4076,9	4075,9	4074,8
780	4103,8	4103,3	4102,8	4102,3	4101,4	4100,4	4099,4	4098,4
790	4127,3	4126,8	4126,3	4125,8	4124,9	4123,9	4122,9	4122,0
800	4150,8	4150,3	4149,8	4149,4	4148,4	4147,5	4146,6	4145,6

Spezifische Enthalpie h von überhitztem Dampf und Wasser

d) **Druck p von 30 bis 90 bar** (1 bar = 1000 mbar = 1000 hPa)

Temp. t in °C	Spezifische Enthalpie (Wärmeinhalt) h in kJ/kg bei Druck p in bar							
	30	35	40	50	60	70	80	90
250	2854,8	2828,1	1085,8	1085,8	1085,8	1085,8	1085,8	1085,8
260	2885,1	2861,3	2835,6	1134,9	1134,7	1134,6	1134,5	1134,3
270	2914,1	2892,7	2869,8	2818,9	1185,1	1184,7	1184,4	1184,1
280	2942,0	2922,6	2902,0	2856,9	2804,9	1236,5	1236,0	1235,5
290	2968,9	2951,3	2932,7	2892,2	2846,7	2794,1	1289,5	1288,7
300	2995,1	2979,0	2962,0	2925,5	2885,0	2839,4	2786,8	1344,5
310	3020,5	3005,7	2990,2	2957,0	2920,7	2880,5	2835,2	2783,2
320	3045,4	3031,8	3017,5	2987,2	2954,2	2918,3	2878,7	2834,3
330	3069,9	3057,2	3044,0	3016,1	2986,1	2953,6	2918,4	2879,7
340	3093,9	3082,0	3069,8	3044,1	3016,5	2987,0	2955,3	2920,9
350	3117,5	3106,5	3095,1	3071,2	3045,8	3018,7	2989,9	2959,0
360	3140,9	3130,6	3119,9	3097,6	3074,0	3049,1	3022,7	2994,7
370	3164,1	3154,3	3144,3	3123,4	3101,5	3078,4	3054,0	3028,4
380	3187,0	3177,8	3168,4	3148,8	3128,3	3106,7	3084,2	3060,5
390	3209,8	3201,1	3192,1	3173,7	3154,4	3134,3	3113,3	3091,4
400	3232,5	3224,2	3215,7	3198,3	3180,1	3161,2	3141,6	3121,2
410	3255,1	3247,1	3239,1	3222,5	3205,4	3187,6	3169,2	3150,1
420	3277,5	3270,0	3262,3	3246,6	3230,3	3213,5	3196,2	3178,2
430	3299,9	3292,7	3285,4	3270,4	3254,9	3239,0	3222,6	3205,7
440	3322,3	3315,4	3308,3	3294,0	3279,3	3264,2	3248,7	3232,7
450	3344,6	3338,0	3331,2	3317,5	3303,5	3289,1	3274,3	3259,2
460	3367,0	3360,5	3354,0	3340,9	3327,4	3313,7	3299,7	3285,3
470	3389,3	3383,1	3376,8	3364,2	3351,3	3338,1	3324,7	3311,0
480	3411,6	3405,6	3399,6	3387,4	3375,0	3362,4	3349,6	3336,5
490	3433,9	3428,1	3422,3	3410,5	3398,6	3386,5	3374,3	3361,7
500	3456,2	3450,6	3445,0	3433,7	3422,2	3410,6	3398,8	3386,8
510	3478,5	3473,1	3467,7	3456,7	3445,7	3434,5	3423,1	3411,6
520	3500,9	3495,6	3490,4	3479,8	3469,1	3458,3	3447,4	3436,3
530	3523,3	3518,2	3513,1	3502,9	3492,5	3482,1	3471,6	3460,9
540	3545,7	3540,8	3535,8	3525,9	3515,9	3505,9	3495,7	3485,4
550	3568,1	3563,4	3558,6	3549,0	3539,3	3529,6	3519,7	3509,8
560	3590,6	3586,0	3581,4	3572,0	3562,7	3553,3	3543,8	3534,2
570	3613,2	3608,7	3604,2	3595,1	3586,0	3576,9	3567,7	3558,5
580	3635,7	3631,4	3627,0	3618,2	3609,4	3600,6	3591,7	3582,7
590	3658,3	3654,1	3649,9	3641,3	3632,8	3624,2	3615,6	3606,9
600	3681,0	3676,9	3672,8	3664,5	3656,2	3647,9	3639,5	3631,1
610	3703,7	3699,7	3695,7	3687,7	3679,6	3671,6	3663,4	3655,3
620	3726,5	3722,6	3718,7	3710,9	3703,1	3695,2	3687,4	3679,5
630	3749,3	3745,5	3741,7	3734,1	3726,5	3718,9	3711,3	3703,6
640	3772,1	3768,4	3764,8	3757,4	3750,0	3742,6	3735,2	3727,8

Fortsetzung

Spezifische Enthalpie h von überhitztem Dampf und Wasser

d) **Druck p von 30 bis 90 bar** (1 bar = 1000 mbar = 1000 hPa)

Temp. t in °C	Spezifische Enthalpie (Wärmeinhalt) h in kJ/kg bei Druck p in bar							
	30	35	40	50	60	70	80	90
650	3795,0	3791,4	3787,9	3780,7	3773,5	3766,4	3759,2	3752,0
660	3818,0	3814,5	3811,0	3804,1	3797,1	3790,1	3783,1	3776,1
670	3841,0	3837,6	3834,2	3827,5	3820,7	3813,9	3807,1	3800,3
680	3864,0	3860,7	3857,4	3850,9	3844,3	3837,7	3831,1	3824,5
690	3887,1	3883,9	3880,7	3874,3	3868,0	3861,6	3855,2	3848,8
700	3910,3	3907,2	3904,1	3897,9	3891,7	3885,4	3879,2	3873,0
710	3933,5	3930,5	3927,4	3921,4	3915,4	3909,3	3903,3	3897,2
720	3956,7	3953,8	3950,9	3945,0	3939,1	3933,3	3927,4	3921,5
730	3980,0	3977,2	3974,4	3968,7	3962,9	3957,2	3951,5	3945,8
740	4003,4	4000,6	3997,9	3992,3	3986,8	3981,2	3975,7	3970,2
750	4026,8	4024,1	4021,4	4016,1	4010,7	4005,3	3999,9	3994,5
760	4050,3	4047,7	4045,1	4039,8	4034,6	4029,4	4024,1	4018,9
770	4073,8	4071,3	4068,7	4063,6	4058,6	4053,5	4048,4	4043,3
780	4097,4	4094,9	4092,4	4087,5	4082,6	4077,6	4072,7	4067,7
790	4121,0	4118,6	4116,2	4111,4	4106,6	4101,8	4097,0	4092,2
800	4144,7	4142,4	4140,0	4135,3	4130,7	4126,0	4121,3	4116,7

Spezifische Enthalpie h von überhitztem Dampf und Wasser

e) Druck p von 100 bis 180 bar (1 bar = 1000 mbar = 1000 hPa)

Temp. t in °C	Spezifische Enthalpie (Wärmeinhalt) h in kJ/kg bei Druck p in bar							
	100	110	120	130	140	150	160	180
250	1085,8	1085,9	1085,9	1086,0	1086,1	1086,2	1086,3	1086,5
260	1134,2	1134,2	1134,1	1134,0	1134,0	1133,9	1133,9	1133,9
270	1183,9	1183,6	1183,4	1183,2	1183,0	1182,8	1182,6	1182,4
280	1235,0	1234,5	1234,1	1233,7	1233,3	1232,9	1232,6	1232,0
290	1287,9	1287,2	1286,5	1285,8	1285,2	1284,6	1284,0	1283,0
300	1343,4	1342,2	1341,2	1340,1	1339,2	1338,2	1337,4	1335,7
310	1402,2	1400,5	1398,8	1397,3	1395,9	1394,5	1393,2	1390,8
320	2783,5	2723,5	1460,8	1458,5	1456,3	1454,3	1452,4	1448,8
330	2836,5	2787,4	2730,2	1526,0	1522,6	1519,4	1516,4	1511,1
340	2883,4	2841,7	2794,7	2740,6	2675,7	1593,3	1588,3	1579,7
350	2925,8	2889,6	2849,7	2805,0	2754,2	2694,8	2620,8	1659,8
360	2964,8	2932,8	2898,1	2860,2	2818,1	2770,8	2716,5	2569,1
370	3001,3	2972,5	2941,8	2908,8	2873,0	2833,6	2789,9	2684,2
380	3035,7	3009,6	2982,0	2952,7	2921,4	2887,7	2851,1	2766,6
390	3068,5	3044,5	3019,4	2993,1	2965,2	2935,7	2904,1	2833,4
400	3099,9	3077,8	3054,8	3030,7	3005,6	2979,1	2951,3	2890,3
410	3130,3	3109,7	3088,4	3066,3	3043,3	3019,3	2994,3	2940,4
420	3159,7	3140,5	3120,7	3100,2	3079,0	3057,0	3034,2	2985,8
430	3188,3	3170,3	3151,8	3132,7	3113,0	3092,7	3071,8	3027,6
440	3216,2	3199,4	3182,0	3164,1	3145,8	3126,9	3107,5	3066,9
450	3243,6	3227,7	3211,4	3194,6	3177,4	3159,7	3141,6	3104,0
460	3270,5	3255,5	3240,0	3224,2	3208,1	3191,5	3174,5	3139,4
470	3297,0	3282,7	3268,1	3253,2	3237,9	3222,3	3206,4	3173,5
480	3323,2	3309,6	3295,7	3281,6	3267,1	3252,4	3237,4	3206,5
490	3349,0	3336,1	3322,9	3309,4	3295,7	3281,8	3267,6	3238,4
500	3374,6	3362,2	3349,6	3336,8	3323,8	3310,6	3297,1	3269,6
510	3400,0	3388,1	3376,1	3363,9	3351,5	3338,9	3326,1	3300,0
520	3425,1	3413,8	3402,3	3390,6	3378,8	3366,8	3354,6	3329,8
530	3450,2	3439,3	3428,2	3417,0	3405,7	3394,3	3382,7	3359,0
540	3475,1	3464,6	3454,0	3443,3	3432,4	3421,4	3410,3	3387,8
550	3499,8	3489,7	3479,6	3469,3	3458,8	3448,3	3437,7	3416,1
560	3524,5	3514,8	3505,0	3495,1	3485,1	3475,0	3464,8	3444,1
570	3549,2	3539,8	3530,3	3520,8	3511,1	3501,4	3491,6	3471,8
580	3573,7	3564,6	3555,5	3546,3	3537,0	3527,7	3518,3	3499,2
590	3598,2	3589,5	3580,6	3571,7	3562,8	3553,8	3544,7	3526,4
600	3622,7	3614,2	3605,7	3597,1	3588,5	3579,8	3571,0	3553,4
610	3647,1	3638,9	3630,7	3622,4	3614,0	3605,6	3597,2	3580,2
620	3671,6	3663,6	3655,6	3647,6	3639,5	3631,4	3623,3	3606,8
630	3696,0	3688,3	3680,5	3672,7	3664,9	3657,1	3649,2	3633,4
640	3720,4	3712,9	3705,4	3697,9	3690,3	3682,7	3675,1	3659,8

Fortsetzung

Spezifische Enthalpie h von überhitztem Dampf und Wasser

e) **Druck p von 100 bis 180 bar** (1 bar = 1000 mbar = 1000 hPa)

Temp. t in °C	Spezifische Enthalpie (Wärmeinhalt) h in kJ/kg bei Druck p in bar							
	100	110	120	130	140	150	160	180
650	3744,7	3737,5	3730,2	3722,9	3715,6	3708,3	3700,9	3686,1
660	3769,1	3762,1	3755,0	3748,0	3740,9	3733,8	3726,6	3712,3
670	3793,5	3786,7	3779,9	3773,0	3766,1	3759,2	3752,3	3738,4
680	3817,9	3811,3	3804,7	3798,0	3791,3	3784,7	3778,0	3764,5
690	3842,3	3835,9	3829,5	3823,0	3816,5	3810,1	3803,6	3790,5
700	3866,8	3860,5	3854,3	3848,0	3841,7	3835,4	3829,1	3816,5
710	3891,2	3885,1	3879,1	3873,0	3866,9	3860,8	3854,7	3842,4
720	3915,6	3909,8	3903,9	3898,0	3892,0	3886,1	3880,2	3868,3
730	3940,1	3934,4	3928,7	3922,9	3917,2	3911,5	3905,7	3894,2
740	3964,6	3959,0	3953,5	3947,9	3942,3	3936,8	3931,2	3920,0
750	3989,1	3983,7	3978,3	3972,9	3967,5	3962,1	3956,7	3945,8
760	4013,6	4008,4	4003,1	3997,9	3992,6	3987,4	3982,1	3971,6
770	4038,2	4033,1	4028,0	4022,9	4017,8	4012,7	4007,6	3997,4
780	4062,8	4057,8	4052,9	4047,9	4043,0	4038,0	4033,1	4023,1
790	4087,4	4082,6	4077,8	4072,9	4068,1	4063,3	4058,5	4048,9
800	4112,0	4107,3	4102,7	4098,0	4093,3	4088,6	4084,0	4074,6

Spezifische Enthalpie h von überhitztem Dampf und Wasser

f) Druck p von 200 bis 500 bar (1 bar = 1000 mbar = 1000 hPa)

Temp. t in °C	Spezifische Enthalpie (Wärmeinhalt) h in kJ/kg bei Druck p in bar							
	200	220	250	300	350	400	450	500
250	1086,7	1087,0	1087,5	1088,4	1089,5	1090,8	1092,1	1093,6
260	1134,0	1134,0	1134,2	1134,7	1135,4	1136,3	1137,3	1138,4
270	1182,1	1182,0	1181,8	1181,8	1182,0	1182,4	1183,0	1183,8
280	1231,4	1230,9	1230,3	1229,7	1229,3	1229,2	1229,4	1229,8
290	1282,0	1281,2	1280,0	1278,6	1277,5	1276,8	1276,5	1276,4
300	1334,3	1332,9	1331,1	1328,7	1326,8	1325,4	1324,4	1323,7
310	1388,6	1386,6	1383,9	1380,3	1377,3	1375,0	1373,2	1371,9
320	1445,6	1442,7	1438,9	1433,6	1429,4	1425,9	1423,2	1421,0
330	1506,4	1502,2	1496,7	1489,2	1483,3	1478,4	1474,5	1471,3
340	1572,5	1566,2	1558,3	1547,7	1539,5	1532,9	1527,5	1523,0
350	1647,2	1637,2	1625,1	1610,0	1598,7	1589,7	1582,4	1576,4
360	1742,9	1722,0	1701,1	1678,0	1662,3	1650,5	1641,3	1633,9
370	2527,6	18,42,3	1788,8	1749,0	1725,5	1709,0	1696,6	1686,8
380	2660,2	2504,4	1941,0	1837,7	1799,9	1776,4	1759,7	1746,8
390	2749,3	2645,9	2391,3	1959,1	1886,3	1850,7	1827,4	1810,5
400	2820,5	2738,8	2582,0	2161,8	1993,1	1934,1	1900,6	1877,7
410	2880,4	2812,6	2691,3	2394,5	2133,1	2031,2	1981,0	1949,4
420	2932,9	2874,6	2774,1	2558,0	2296,7	2145,7	2070,6	2026,6
430	2980,2	2928,8	2842,5	2668,8	2450,6	2272,8	2170,4	2110,1
440	3023,7	2977,5	2901,7	2754,0	2577,2	2399,4	2277,0	2199,7
450	3064,3	3022,3	2954,3	2825,6	2676,4	2515,6	2384,2	2293,2
460	3102,7	3064,0	3002,3	2887,7	2758,0	2617,1	2486,4	2387,2
470	3139,2	3103,4	3046,7	2943,3	2828,2	2704,4	2580,8	2478,4
480	3174,4	3141,0	3088,5	2993,9	2890,4	2779,8	2667,5	2564,9
490	3208,3	3177,0	3128,1	3040,9	2946,6	2846,5	2744,7	2646,6
500	3241,1	3211,7	3165,9	3085,0	2998,3	2906,8	2813,5	2723,0
510	3273,1	3245,3	3202,3	3126,7	3046,4	2962,2	2876,1	2791,8
520	3304,2	3278,0	3237,5	3166,6	3091,8	3013,7	2933,8	2854,9
530	3334,7	3309,9	3271,5	3204,8	3134,8	3062,1	2987,7	2913,7
540	3364,7	3341,0	3304,7	3241,7	3176,0	3108,0	3038,5	2968,9
550	3394,1	3371,6	3337,0	3277,4	3215,4	3151,6	3086,5	3021,1
560	3423,0	3401,6	3368,7	3312,1	3253,5	3193,4	3132,2	3070,7
570	3451,6	3431,1	3399,7	3345,9	3290,4	3233,6	3175,9	3118,0
580	3479,9	3460,2	3430,2	3378,9	3326,2	3272,4	3217,9	3163,2
590	3507,8	3489,0	3460,3	3411,2	3361,0	3309,9	3258,3	3206,6
600	3535,5	3517,4	3489,9	3443,0	3395,1	3346,4	3297,4	3248,3
610	3563,0	3545,6	3519,1	3474,2	3428,4	3382,0	3335,3	3288,6
620	3590,3	3573,5	3548,1	3505,0	3461,1	3416,7	3372,2	3327,7
630	3617,4	3601,2	3576,7	3535,3	3493,2	3450,8	3408,2	3365,7
640	3644,3	3628,7	3605,2	3565,3	3524,9	3484,2	3443,4	3402,7

Fortsetzung

Spezifische Enthalpie h von überhitztem Dampf und Wasser

f) **Druck p von 200 bis 500 bar** (1 bar = 1000 mbar = 1000 hPa)

Temp. t in °C	Spezifische Enthalpie (Wärmeinhalt) h in kJ/kg bei Druck p in bar							
	200	220	250	300	350	400	450	500
650	3671,1	3656,1	3633,4	3595,0	3556,1	3517,0	3477,8	3438,9
660	3697,9	3683,3	3661,4	3624,4	3587,0	3549,4	3511,7	3474,3
670	3724,5	3710,4	3689,2	3653,5	3617,5	3581,3	3545,1	3509,1
680	3751,0	3737,4	3716,9	3682,4	3647,7	3612,8	3577,9	3543,3
690	3777,4	3764,3	3744,5	3711,2	3677,6	3644,0	3610,3	3576,9
700	3803,8	3791,1	3771,9	3739,7	3707,3	3674,8	3642,4	3610,2
710	3830,1	3817,8	3799,2	3768,1	3736,8	3705,4	3674,1	3643,0
720	3856,4	3844,5	3826,5	3796,3	3766,1	3735,7	3705,5	3675,4
730	3882,6	3871,0	3853,6	3824,4	3795,2	3765,8	3736,6	3707,5
740	3908,8	3897,6	3880,7	3852,4	3824,1	3795,7	3767,5	3739,3
750	3935,0	3924,1	3907,7	3880,3	3852,9	3825,5	3798,1	3770,9
760	3961,1	3950,5	3934,6	3908,1	3881,6	3855,0	3828,5	3802,2
770	3987,2	3976,9	3961,5	3935,8	3910,1	3884,4	3858,7	3833,3
780	4013,2	4003,3	3988,4	3963,5	3938,5	3913,6	3888,8	3864,1
790	4039,3	4029,6	4015,1	3991,0	3966,9	3942,7	3918,7	3894,8
800	4065,3	4055,9	4041,9	4018,5	3995,1	3971,7	3948,4	3925,3

26. Trockene und gesättigte Luft: Teildruck und Wasserdampfgehalt

Abhängigkeit von der **Temperatur:**
- Dichte der trockenen und gesättigten Luft
- Teildruck (Sättigungsdruck) des Wasserdampfes
- Wasserdampfgehalt der gesättigten Luft (bei 1013 mbar, hPa)

Tempe-ratur	Dichte der		Teildruck (Sättigungsdruck) des Wasserdampfes der gesättigten Luft	Wasserdampfgehalt der gesättigten Luft	
	trockenen Luft	gesättigten Luft		je m³ dieser Luft	je kg trock. Luft d. gesätt. Luft
°C	kg/m³	kg/m³	mbar	g/m²	g/kg trock. Luft
− 20	1,396	−	1,23	1,06 -	0,76
− 15	1,369	−	1,90	1,62	1,17
− 10	1,342	−	2,78	2,30	1,72
− 5	1,317	−	3,90	3,37	2,56
± 0	1,293	1,290	6,12	4,88	3,8
5	1,270	1,267	8,71	6,82	5,5
10	1,248	1,242	12,2	9,37	7,6
15	1,226	1,218	17,0	12,78	10,6
20	1,205	1,194	23,3	17,18	14,4
25	1,185	1,170	31,6	22,87	20,0
30	1,165	1,146	42,3	30,13	27,1
35	1,146	1,122	56,1	39,6	36,4
40	1,128	1,097	73,7	51,1	48,7
45	1,110	1,070	95,6	65,3	64,7
50	1,093	1,044	123,0	82,7	86,2

27. Spezif. Volumen (Rauminhalt) von Wasserdampf (von 80 bis 220°C)

Druck p in bar	Sättigungs Temp. t_s in °C	Raum-Inhalt v m³/kg	80	100	110	120	130	140	160	180	200	220
0,01	6,698	131,7	—	—	—	—	—	—	—	—	—	—
0,02	17,204	68,27	—	—	—	—	—	—	—	—	—	—
0,04	28,641	35,46	—	—	—	—	—	—	—	—	—	—
0,06	35,82	24,19	—	—	—	—	—	—	—	—	—	—
0,08	41,16	18,45	—	—	—	—	—	—	—	—	—	—
0,1	45,5	14,95	16,59	17,54	18,01	18,48	18,95	19,43	20,37	21,31	22,25	23,20
0,2	59,7	7,80	8,283	8,758	8,995	9,232	9,469	9,705	10,18	10,65	11,12	11,59
0,4	75,4	4,07	4,125	4,367	4,487	4,606	4,725	4,844	5,081	5,319	5,555	5,792
0,6	85,5	2,78	—	2,903	2,984	3,064	3,144	3,224	3,383	3,541	3,700	3,858
0,8	93,0	2,13	—	2,170	2,232	2,293	2,354	2,414	2,533	2,653	2,772	2,891
1,0	99,1	1,73	—	1,730	1,781	1,830	1,879	1,927	2,024	2,120	2,215	2,311
1,2	104,3	1,46	—	—	1,479	1,521	1,563	1,603	1,648	1,764	1,844	1,924
1,4	108,7	1,26	—	—	1,264	1,301	1,337	1,372	1,441	1,510	1,579	1,648
1,6	112,7	1,11	—	—	—	1,135	1,167	1,198	1,259	1,320	1,380	1,440
1,8	116,3	0,995	—	—	—	1,006	1,035	1,063	1,118	1,172	1,226	1,279
2,0	119,6	0,902	—	—	—	0,903	0,929	0,955	1,004	1,053	1,102	1,150
2,2	122,7	0,825	—	—	—	—	0,843	0,866	0,912	0,956	1,001	1,045
2,4	125,5	0,760	—	—	—	—	0,770	0,792	0,834	0,876	0,916	0,957
2,6	128,1	0,705	—	—	—	—	0,709	0,730	0,769	0,807	0,845	0,882
2,8	130,6	0,658	—	—	—	—	—	0,676	0,713	0,749	0,784	0,819
3,0	132,9	0,617	—	—	—	—	—	0,630	0,664	0,698	0,731	0,763
3,2	135,1	0,580	—	—	—	—	—	0,589	0,622	0,653	0,684	0,715
3,4	137,2	0,548	—	—	—	—	—	0,553	0,584	0,614	0,643	0,672
3,6	139,2	0,520	—	—	—	—	—	0,521	0,551	0,579	0,607	0,634
3,8	141,1	0,494	—	—	—	—	—	—	0,521	0,548	0,574	0,601
4,0	142,9	0,471	—	—	—	—	—	—	0,494	0,520	0,545	0,570
4,2	144,7	0,450	—	—	—	—	—	—	0,470	0,495	0,519	0,542
4,4	146,4	0,430	—	—	—	—	—	—	0,448	0,471	0,495	0,517
4,6	148,0	0,413	—	—	—	—	—	—	0,427	0,450	0,472	0,494
4,8	149,6	0,397	—	—	—	—	—	—	0,409	0,431	0,452	0,473
5,0	151,1	0,382	—	—	—	—	—	—	0,392	0,413	0,434	0,454
6,0	158,1	0,321	—	—	—	—	—	—	0,323	0,342	0,359	0,377
7,0	164,2	0,278	—	—	—	—	—	—	—	0,291	0,306	0,321
8,0	169,6	0,245	—	—	—	—	—	—	—	0,253	0,267	0,280
9,0	174,5	0,219	—	—	—	—	—	—	—	0,223	0,235	0,247
10,0	179,0	0,198	—	—	—	—	—	—	—	0,199	0,211	0,222

28. Spezifisches Volumen v von überhitztem Dampf und Wasser

Rauminhalt in Abhängigkeit vom Druck p in bar (1 bar = 1000 mbar = 1000 hPa)

Druck p in bar	Spezifisches Volumen v in m^3/kg bei Temperatur t in °C										
	240	260	280	300	320	340	360	380	400	420	440
1	2,359	2,453	2,546	2,639	2,732	2,824	2,917	3,010	3,102	3,195	3,288
2	1,175	1,222	1,269	1,316	1,363	1,409	1,456	1,503	1,549	1,596	1,642
3	0,781	0,812	0,844	0,875	0,907	0,938	0,969	1,000	1,031	1,063	1,094
4	0,583	0,607	0,631	0,655	0,679	0,702	0,726	0,749	0,773	0,796	0,819
5	0,465	0,484	0,503	0,523	0,542	0,561	0,580	0,598	0,617	0,636	0,655
6	0,386	0,402	0,418	0,434	0,450	0,466	0,482	0,498	0,514	0,529	0,545
7	0,329	0,344	0,358	0,371	0,385	0,399	0,413	0,426	0,440	0,453	0,467
8	0,287	0,300	0,312	0,324	0,336	0,348	0,360	0,372	0,384	0,396	0,408
9	0,254	0,265	0,276	0,287	0,298	0,309	0,320	0,330	0,341	0,352	0,362
10	0,228	0,238	0,248	0,258	0,268	0,278	0,287	0,297	0,307	0,316	0,326
12	0,188	0,197	0,205	0,214	0,222	0,230	0,239	0,247	0,255	0,263	0,271
14	0,160	0,167	0,175	0,182	0,190	0,197	0,204	0,211	0,218	0,225	0,232
16	0,138	0,145	0,152	0,159	0,165	0,171	0,178	0,184	0,190	0,196	0,202
18	0,122	0,128	0,134	0,140	0,146	0,152	0,157	0,163	0,168	0,174	0,179
20	0,108	0,114	0,120	0,126	0,131	0,136	0,141	0,146	0,151	0,156	0,161
22	0,098	0,103	0,108	0,113	0,118	0,123	0,128	0,132	0,137	0,142	0,146
24	0,088	0,094	0,099	0,103	0,108	0,112	0,117	0,121	0,125	0,129	0,134
26	0,081	0,086	0,090	0,095	0,099	0,103	0,107	0,111	0,115	0,119	0,123
28	0,074	0,079	0,083	0,088	0,092	0,095	0,099	0,103	0,107	0,110	0,114
30	0,068	0,073	0,077	0,081	0,085	0,089	0,092	0,096	0,099	0,103	0,106
35	0,001	0,061	0,065	0,068	0,072	0,075	0,078	0,081	0,084	0,087	0,090
40	0,001	0,052	0,055	0,059	0,062	0,065	0,068	0,071	0,073	0,076	0,079
45	0,001	0,045	0,048	0,051	0,054	0,057	0,060	0,062	0,065	0,067	0,070
50	0,001	0,001	0,042	0,045	0,048	0,051	0,053	0,056	0,058	0,060	0,062
60	0,001	0,001	0,033	0,036	0,039	0,041	0,043	0,045	0,047	0,049	0,051
70	0,001	0,001	0,001	0,029	0,032	0,034	0,036	0,038	0,040	0,042	0,043
80	0,001	0,001	0,001	0,024	0,027	0,029	0,031	0,033	0,034	0,036	0,037
90	0,001	0,001	0,001	0,001	0,023	0,025	0,027	0,028	0,030	0,031	0,033
100	0,001	0,001	0,001	0,001	0,019	0,021	0,023	0,025	0,026	0,028	0,029
110	0,001	0,001	0,001	0,001	0,016	0,019	0,020	0,022	0,024	0,025	0,026
120	0,001	0,001	0,001	0,001	0,001	0,016	0,018	0,020	0,021	0,022	0,024
130	0,001	0,001	0,001	0,001	0,001	0,014	0,016	0,018	0,019	0,020	0,021
140	0,001	0,001	0,001	0,001	0,001	0,012	0,014	0,016	0,017	0,018	0,020
150	0,001	0,001	0,001	0,001	0,001	0,002	0,013	0,014	0,016	0,017	0,018
160	0,001	0,001	0,001	0,001	0,001	0,002	0,011	0,013	0,014	0,015	0,017
180	0,001	0,001	0,001	0,001	0,001	0,002	0,008	0,010	0,012	0,013	0,014
200	0,001	0,001	0,001	0,001	0,001	0,002	0,002	0,008	0,010	0,011	0,012
220	0,001	0,001	0,001	0,001	0,001	0,002	0,002	0,006	0,008	0,010	0,011
250	0,001	0,001	0,001	0,001	0,001	0,002	0,002	0,002	0,006	0,008	0,009
300	0,001	0,001	0,001	0,001	0,001	0,001	0,002	0,002	0,003	0,005	0,006
350	0,001	0,001	0,001	0,001	0,001	0,001	0,002	0,002	0,002	0,003	0,004
400	0,001	0,001	0,001	0,001	0,001	0,001	0,002	0,002	0,002	0,002	0,003
450	0,001	0,001	0,001	0,001	0,001	0,001	0,002	0,002	0,002	0,002	0,003
500	0,001	0,001	0,001	0,001	0,001	0,001	0,001	0,002	0,002	0,002	0,002

Fortsetzung

Spezifisches Volumen v von überhitztem Dampf und Wasser

Rauminhalt in Abhängigkeit vom Druck p in bar (1 bar = 1000 mbar = 1000 hPa)

Druck p in bar	Spezifisches Volumen v in m^3/kg bei Temperatur t in °C										
	460	480	500	520	540	560	600	650	700	750	800
1	3,380	3,473	3,565	3,658	3,750	3,843	4,028	4,259	4,490	4,721	4,952
2	1,689	1,735	1,781	1,828	1,874	1,920	2,013	2,129	2,244	2,360	2,475
3	1,125	1,156	1,187	1,218	1,249	1,279	1,341	1,419	1,496	1,573	1,650
4	0,843	0,866	0,889	0,913	0,936	0,959	1,005	1,063	1,121	1,179	1,237
5	0,673	0,692	0,711	0,729	0,748	0,767	0,804	0,850	0,897	0,943	0,990
6	0,561	0,576	0,592	0,607	0,623	0,639	0,670	0,708	0,747	0,786	0,825
7	0,480	0,494	0,507	0,520	0,534	0,547	0,574	0,607	0,640	0,673	0,707
8	0,420	0,431	0,443	0,455	0,467	0,478	0,502	0,531	0,560	0,589	0,618
9	0,373	0,383	0,394	0,404	0,415	0,425	0,446	0,472	0,498	0,524	0,549
10	0,335	0,345	0,354	0,363	0,373	0,382	0,401	0,424	0,448	0,471	0,494
12	0,279	0,287	0,295	0,302	0,310	0,318	0,334	0,353	0,373	0,392	0,412
14	0,238	0,245	0,252	0,259	0,266	0,272	0,286	0,303	0,319	0,336	0,353
16	0,208	0,214	0,220	0,226	0,232	0,238	0,250	0,265	0,279	0,294	0,309
18	0,185	0,190	0,195	0,201	0,206	0,211	0,222	0,235	0,248	0,261	0,274
20	0,166	0,171	0,176	0,180	0,185	0,190	0,200	0,211	0,223	0,235	0,247
22	0,150	0,155	0,159	0,164	0,168	0,172	0,181	0,192	0,203	0,213	0,224
24	0,138	0,142	0,146	0,150	0,154	0,158	0,166	0,176	0,186	0,196	0,205
26	0,127	0,131	0,134	0,138	0,142	0,146	0,153	0,162	0,171	0,180	0,190
28	0,118	0,121	0,125	0,128	0,132	0,135	0,142	0,151	0,159	0,167	0,176
30	0,109	0,113	0,116	0,119	0,123	0,126	0,132	0,140	0,148	0,156	0,164
35	0,093	0,096	0,099	0,102	0,105	0,108	0,113	0,120	0,127	0,134	0,141
40	0,081	0,084	0,086	0,089	0,091	0,094	0,099	0,105	0,111	0,117	0,123
45	0,072	0,074	0,076	0,079	0,081	0,083	0,088	0,093	0,098	0,104	0,109
50	0,064	0,066	0,068	0,071	0,073	0,075	0,079	0,084	0,088	0,093	0,098
60	0,053	0,055	0,057	0,058	0,060	0,062	0,065	0,069	0,073	0,078	0,082
70	0,045	0,047	0,048	0,050	0,051	0,053	0,056	0,059	0,063	0,066	0,070
80	0,039	0,040	0,042	0,043	0,044	0,046	0,048	0,052	0,055	0,058	0,061
90	0,034	0,035	0,037	0,038	0,039	0,040	0,043	0,046	0,049	0,051	0,054
100	0,030	0,032	0,033	0,034	0,035	0,036	0,038	0,041	0,044	0,046	0,049
110	0,027	0,028	0,030	0,031	0,032	0,033	0,035	0,037	0,039	0,042	0,044
120	0,025	0,026	0,027	0,028	0,029	0,030	0,032	0,034	0,036	0,038	0,040
130	0,022	0,023	0,024	0,025	0,026	0,027	0,029	0,031	0,033	0,035	0,037
140	0,021	0,022	0,023	0,023	0,024	0,025	0,027	0,029	0,031	0,033	0,034
150	0,019	0,020	0,021	0,022	0,023	0,023	0,025	0,027	0,029	0,030	0,032
160	0,018	0,018	0,019	0,020	0,021	0,022	0,023	0,025	0,027	0,028	0,030
180	0,015	0,016	0,017	0,018	0,018	0,019	0,020	0,022	0,024	0,025	0,027
200	0,013	0,014	0,015	0,016	0,016	0,017	0,018	0,020	0,021	0,023	0,024
220	0,012	0,012	0,013	0,014	0,014	0,015	0,016	0,018	0,019	0,020	0,022
250	0,010	0,010	0,011	0,012	0,012	0,013	0,014	0,015	0,017	0,018	0,019
300	0,007	0,008	0,009	0,009	0,010	0,010	0,011	0,013	0,014	0,015	0,016
350	0,005	0,006	0,007	0,008	0,008	0,009	0,010	0,011	0,011	0,012	0,013
400	0,004	0,005	0,006	0,006	0,007	0,007	0,008	0,009	0,010	0,011	0,011
450	0,003	0,004	0,005	0,005	0,006	0,006	0,007	0,008	0,009	0,009	0,010
500	0,003	0,003	0,004	0,004	0,005	0,005	0,006	0,007	0,008	0,008	0,009

29. Spezifisches Volumen v von überhitztem Wasserdampf (Diagramm)

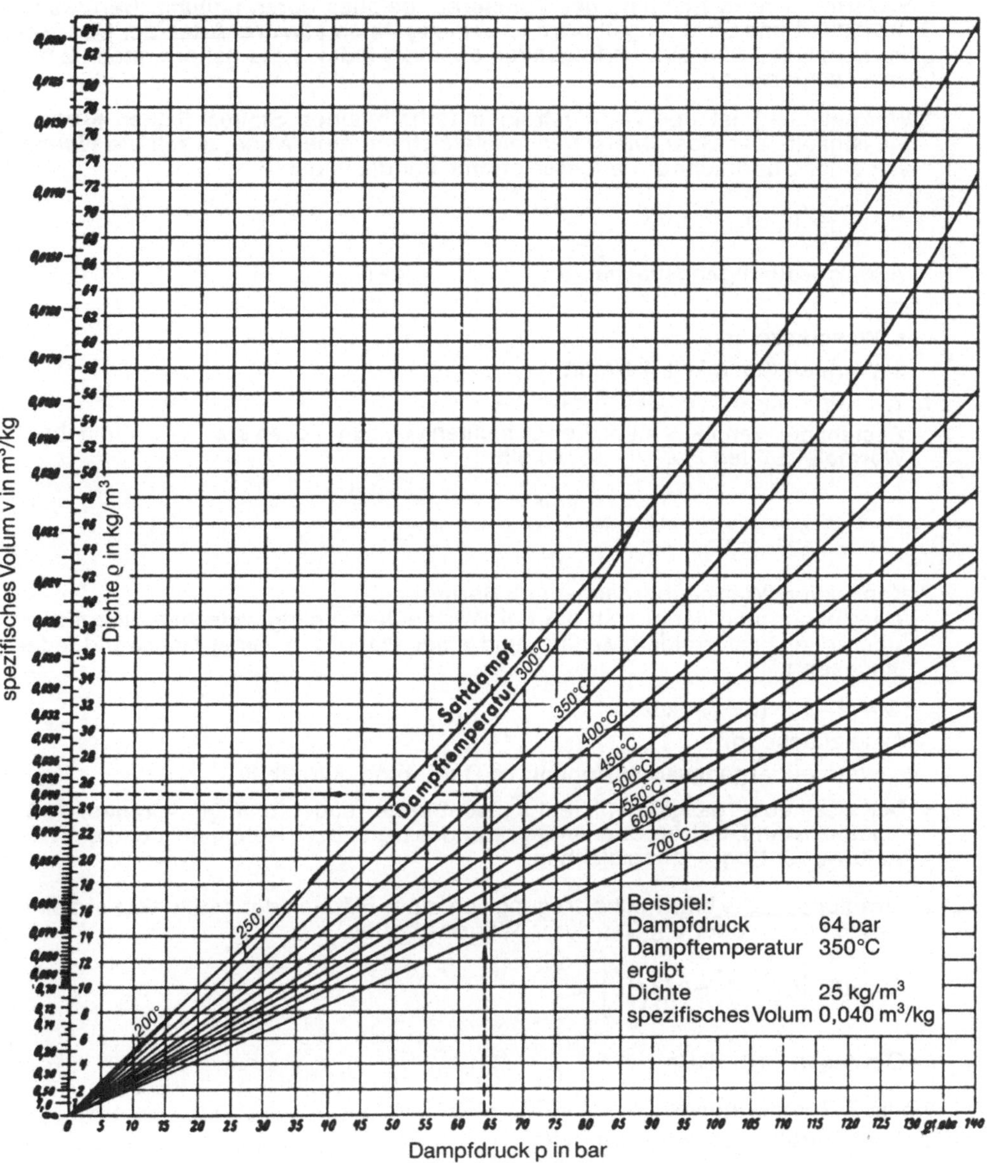

1 bar = 1000 mbar; 1 hPa = 100 Pa

30. Wärmeübertragung: Leitung, Konvektion, Durchgang (Formeln)

Die Wärme wird in Richtung des Temperaturgefälles durch Leitung, Berührung (Konvektion) und Strahlung übertragen. Häufig treten alle drei Arten der Übertragung nebeneinander auf. Im folgenden bedeutet Index 1 die höhere, Index 2 die tiefere Temperatur.

1. Wärmeleitung ist der Wärmestrom innerhalb eines Stoffes (fester Körper, Flüssigkeit oder Gas). Meist handelt es sich um eine Wand, durch die Wärme von einer Oberfläche zur anderen strömt. Für diese gilt:

$$Q = A \frac{\lambda}{s} (t_1 - t_2) \quad \text{kJ/h}$$

A Wärmedurchgangsfläche m²

m

s Wanddicke m

λ Wärmeleitfähigkeit kJ/mhK

t_1, t_2 Temperaturen der Oberfläche °C

Besteht die Wand aus mehreren Schichten von den Dicken $s, s', s'' \ldots$ und ihren Wärmeleitzahlen $\lambda, \lambda', \lambda'' \ldots$, so gilt:

$$Q = A \cdot \frac{1}{\dfrac{s}{\lambda} + \dfrac{s'}{\lambda'} + \dfrac{s''}{\lambda''}} \cdot (t_1 - t_2) \quad \text{kJ/h}$$

2. Konvektion (Wärmeübergang durch Berührung)
Wärmeübergang findet statt bei der Wärmeübertragung zwischen einem flüssigen oder gasförmigen Medium und einer Wand, z.B. einer Rohrwand, oder umgekehrt.

$$Q = A \cdot \alpha_B \cdot (t_1 - t_2) \quad \text{kJ/h}$$

A Heizfläche m²

α_B Wärmeübergangskoeffizient durch Berührung kJ/m²h K

Der Wärmeübergangskoeffizient α_B ist in erster Linie abhängig von dem Strömungszustand, der Art und Temperatur des Heiz- bzw. Kühlmittels und der Gestaltung der Begrenzungsflächen.

3. Strahlung ist die Wärmeübertragung von einer Fläche oder einem Gas auf eine zweite Fläche oder ein Gas durch Wärmestrahlen.

$$Q = AC \left[\left(\frac{T_1}{100}\right)^4 - \left(\frac{T_2}{100}\right)^4 \right] \quad \text{kJ/h}$$

$$Q = A \alpha_S (t_1 - t_2) \quad \text{kJ/h}$$

wobei T Temperatur K

C Strahlungszahl kJ/m²h K⁴

α_S Wärmeübergangszahl durch Strahlung

$$\alpha_S = \frac{C \cdot \left[\left(\frac{T_1}{100}\right)^4 - \left(\frac{T_2}{100}\right)^4 \right]}{t_1 - t_2} \quad \text{kJ/m²h K}$$

Wärmeübertragung: Leitung, Konvektion, Durchgang (Formeln)

4. Wärmedurchgang umfaßt die in der Praxis am meisten vorkommende Wärmeübertragung durch eine Wand hindurch von einem Stoff an einen anderen Stoff. Die stündlich übertragene Wärmemenge beträgt:

$$Q = A \cdot k \cdot \Delta t_m \quad \text{kJ/h}$$

Δt_m = mittlere log. Temperaturdifferenz in K zwischen dem wärmeabgebenden und dem wärmeaufnehmenden Mittel (vergleiche Seite 157, 158).

Bei Wärmeaustauschern wird die Wärmeaustauschfläche A meist auf Rohraußendurchmessern bezogen.

Für eine ebene einschichtige Wand ist die Wärmedurchgangszahl

$$k = \frac{1}{\frac{1}{\alpha_1} + \frac{s}{\lambda} + \frac{1}{\alpha_2}} \quad \text{kJ/m}^3\text{h K}$$

Bei Kessel- und Verdampferheizflächen ist $k \approx \alpha_1 = \alpha_e + \varkappa_s$

Bei Lufterhitzern und Überhitzern ist $k \approx \dfrac{\alpha_1 \cdot \alpha_2}{\alpha_1 + \alpha_2}$

Für ein Rohr mit dem Außendurchmesser d_a und Innendurchmesser d_i jeweils in m (z. B. bei Rohrbündelwärmeaustauschern) ist

$$k = \frac{1}{\frac{1}{\alpha_a} + \frac{d_a}{2\lambda} \ln \frac{d_a}{d_i} + \frac{d_a}{d_i \alpha_i} + \psi_a + \psi_i \frac{d_a}{d_i}}$$

Dabei ist α_a die Wärmeübergangszahl an der Außenseite, α_i dgl. an der Innenseite, ψ_a und ψ_i die entsprechenden Verschmutzungsfaktoren in m²hK/kJ. Für Näherungsrechnungen genügt meist obige Formel für ebene Wand.

31. Luftdruck je nach Ortshöhe

Ortshöhe in m	Mittlerer Luftdruck p_m in	
	Torr (früher)	mbar bzw. hPa
0	760	1013
100	751	1001
200	742	989
300	733	977
400	724	965
500	716	959
600	707	942
700	699	932
800	691	921
900	682	902
1000	674	894

32. Temperatur, Dichte und Rauminhalt des Wassers

Temp. t in °C	Dichte ϱ in t/m³	$\sqrt{\varrho}$	Raum- inhalt v m³/t	Temp. t in °C	Dichte ϱ in t/m³	$\sqrt{\varrho}$	Raum- inhalt v m³/t
0	0,99987	0,99993	1,00013	80	0,9718	0,9858	1,0290
2	0,99997	0,99998	1,00003	85	0,9687	0,9842	1,0324
4	1,00000	1,00000	1,00000	90	0,9653	0,9825	1,0359
6	0,99997	0,99998	1,00003	95	0,9619	0,9807	1,0396
8	0,99988	0,99994	1,00012	100	0,9584	0,9789	1,0434
10	0,99973	0,99987	1,00027	110	0,9510	0,9752	1,0515
12	0,99953	0,9998	1,00048	120	0,9435	0,9712	1,0600
14	0,99927	0,9996	1,00073	130	0,9351	0,9670	1,0694
16	0,99897	0,9995	1,00103	140	0,9263	0,9625	1,0795
18	0,99862	0,9994	1,00138	150	0,9172	0,9577	1,0903
20	0,99823	0,9990	1,00177	160	0,9076	0,9526	1,1018
22	0,99780	0,9988	1,00221	170	0,8973	0,9472	1,1145
24	0,99732	0,9986	1,00268	180	0,8866	0,9415	1,1279
26	0,99681	0,9983	1,00320	190	0,8750	0,9354	1,1429
28	0,99626	0,9981	1,00375	200	0,8628	0,9288	1,1590
30	0,99567	0,9977	1,00435	210	0,850	0,922	1,177
32	0,99505	0,9974	1,00497	220	0,837	0,915	1,195
34	0,99440	0,9972	1,00563	230	0,823	0,907	1,215
36	0,99372	0,9968	1,00632	240	0,809	0,900	1,236
38	0,99299	0,9964	1,00706	250	0,794	0,891	1,259
40	0,9922	0,9960	1,0078	260	0,779	0,883	1,283
45	0,9903	0,9951	1,0099	270	0,765	0,875	1,308
50	0,9881	0,9940	1,0121	280	0,75	0,866	1,34
55	0,9857	0,9927	1,0145	290	0,72	0,849	1,38
60	0,9832	0,9915	1,0171	300	0,70	0,837	1,42
65	0,9806	0,9902	1,0198	310	0,68	0,825	1,46
70	0,9778	0,9888	1,0227	320	0,66	0,812	1,51
75	0,9749	0,9874	1,0258				

33. Zündgruppen

Neue Bezeich-nung	Alte Bezeich-nung	Grenz-tempe-ratur[2]	Grenz-über-tempe-ratur[3]	Zulässig für Gase[1] mit einer Zündtemperatur von
G 1	(A)	360°C	320°C	über 450°C
G 2	(B)	240°C	200°C	über 300...450°C
G 3		160°C	120°C	über 200...300°C
	(C)	175°C	135°C	über 175...300°C
G 4		110°C	70°C	über 135...200°C
	(D)	120°C	80°C	über 120...175°C
G 5		80°C	40°C	100...135°C

1. Über die Zündtemperatur von Industriestauben gibt die VDE 0165 Auskunft
2. Grenztemperatur 20% niedriger als Zündtemperatur
3. Bezogen auf eine Raumtemperatur von 40°C

34. Zündgruppenzuordnung und Explosionsklassen (1–3)

der wichtigsten mit Luft brennbaren Stoffe (nach VDE 0171, § 13)

G 1	G 2	G 3	G 4	G 5	
Aceton Ammoniak Cyclohexanon Benzol (rein) Essigsäure Ethan Ethylacetat Ethylchlorid Ethylen Kohlenoxid Methan Methanol Naphthalin Propan Toluol	Ethylalkohol i-Amylacetat n-Butan n-Butyl- alkohol n-Propyl- alkohol Ethylglykol	Benzine Erdöl n-Hexan Terpentinöl	Acetaldehyd Ethylether		1
Ferngas					2
Wassergas Wasserstoff	Acetylen			Schwefel-kohlenstoff	3

35. Zündfähigkeit von Gasen und Dämpfen

Gas	Volumen-Prozent Gas im Gemisch mit Luft	
	untere Zündgrenze	obere Zündgrenze
Gichtgas	35	75
Generatorgas	15	75
Kohlenoxid	12,5	75
Wassergas	6	70
Ferngas	6	35
Steinkohlengas	5	30
Methan	5	15
Wasserstoff	4,1	75
Erdgas	4	17
Ethylalkohol	3,5	20
Ethylen	3	33,5
Ethan	3	14
Acetylen	2,3	82
Propylen	2,2	11,1
Propan	2,1	9,5
Butylen	1,7	9,0
Ethylether	1,7	48
Butan	1,5	8,5
Gasolin	1,4	8
Benzol	1,4	9,5
Benzin	1,3	7
Toluol	1,3	7
Schwefelkohlenstoff	1	50

1. Einteilung der Stoffe

Feste Körper haben eignes Volumen und eigne Form, die nur durch Aufwand äußerer Arbeit verändert werden können, sie besitzen „Form-Elastizität".

Flüssigkeiten besitzen eignes Volumen, aber keine eigne Form; sie nehmen schon unter dem Einfluß einer schwachen äußeren Kraft (zB. Erdanziehung) die durch die Gefäßwand bedingte Form an.

Gase haben weder eigne Form noch eignes Volumen, sie füllen jeden ihnen dargebotenen Raum gleichmäßig aus.

Metalle leiten Elektrizität und Wärme gut. Ihre elektrische Leitfähigkeit nimmt mit sinkender Temperatur zu. Sie besitzen sehr geringe Durchlässigkeit für Licht, hohes Rückstrahlvermögen (Metallglanz) und sind in festem Zustand kristallin. Sie bilden mit Säuren Salze.

Nichtmetalle leiten Elektrizität und Wärme schlecht. Sie sind kristallin oder amorph und meist durchscheinend.

Legierungen sind Metallgemische, die aus verschiedenen Metallen, oder Metallen und Nichtmetallen bestehen.

Metallkeramische Stoffe (Sintermetalle) sind aus Metall- oder Metallkarbidpulvern, auch zusammen mit Grafitpulvern, gepreßt und dann durch Erhitzen zum Verschweißen gebracht; erst durch dieses Verfahren ist es möglich geworden, hochschmelzende Metalle wie Wolfram, Molybdän, Tantal in der Technik zu verwenden. Anwendungsbeispiele: H a r t m e t a l l e (zB. Widia, Titanit), p o r i g e L a g e r m e t a l l e (Selbstschmier-Lagerbuchsen, Compobuchsen), W o l f r a m- und M o l y b d ä n d r ä h t e für Glühlampen, W o l f r a m k o n t a k t e, M e t a l l k o h l e n (zB. Kohlebürsten für Anlasser und Lichtmaschinen).

Silikone sind Kunststoffe, die aus einer Siliziumverbindung und einem Kohlenwasserstoffrest zusammengesetzt sind. Ausgangsstoffe: Sand, Salz und Kohle oder Erdöl. Eigenschaften: hohe Wärme- und Kältebeständigkeit (etwa $-80°$ bis $+200°C$), gute chemische Beständigkeit, schaumverhütend, wasserabweisend. Arten: f l ü s s i g e S i l i k o n e (Verwendung zB. als Bremsflüssigkeit in Kraftwagen), S i l i k o n ö l e u n d - f e t t e (sehr geringe Viskositätsänderung bei Temperaturwechsel), S i l i k o n h a r z e u n d - l a c k e, S i l i k o n k a u t s c h u k e (elastisch, Verwendung zB. als Isolierteile).

Lösungen sind Flüssigkeiten (oder auch feste Stoffe), die einen oder mehrere Stoffe in molekularer Verteilung in einem oder mehreren anderen Stoffen enthalten.

Säuren sind chemische Verbindungen, die als Kationen ausschließlich freie Wasserstoffionen (H^+) enthalten. Werden die freien Wasserstoffionen durch Metallionen ersetzt, so entstehen Salze.

Laugen oder **Basen** sind Stoffe, die als Anionen ausschließlich Hydroxylionen (OH^-) bilden; sie liefern mit Säuren unter Bildung von Wasser ($H^+ + OH^- \rightarrow H_2O$) Salze.

Der pH-**Wert** (Wasserstoffexponent, pH-Zahl) ist ein Maß für die Wasserstoffionenkonzentration; er gibt an, in welcher Zehnerpotenz von Litern einer Lösung 1 g Wasserstoffionen enthalten sind. Der pH-Wert des neutralen Wassers, das ebensoviel Wasserstoffionen H^+ wie Hydroxylionen OH^- enthält, ist 7, dh. 10^7 l Wasser enthalten 1 Grammion $= 1,008$ g Wasserstoffionen und 1 Grammion $= 17,008$ g Hydroxylionen. Ist der pH-Wert kleiner als 7, dh. überwiegt die Wasserstoffionenkonzentration, so ist die Lösung sauer, ist der pH-Wert größer als 7, so hat man es mit einer alkalischen Lösung oder Lauge zu tun.

2. Aufbau der Stoffe

Molekül = Aufbaueinheit der Stoffe

Atom = Aufbaueinheit der Moleküle; 1 Molekül aus mindestens 2 Atomen.

Bausteine des Atoms:
      Proton, Neutron, Elektron. Sie bilden Atomkern und Atomhülle

Atomkern besteht aus Protonen und Neutronen (Nukleonen).

Atomhülle besteht aus Elektronen.

Elektronen tragen die kleinstmögliche elektrische Ladung.

Protonen sind positiv elektrisch geladen.

Neutronen sind elektrisch neutral.

Elemente bestehen aus 1 oder mehreren chemisch gleichen Atomarten.

Isotopen sind Atomarten des gleichen Elementes mit gleicher Anzahl Protonen, jedoch verschiedener Anzahl Neutronen. Isotopen haben also verschiedene Massen, verhalten sich aber chemisch gleich.

Radioaktivität ist die Fähigkeit einiger Atomarten, durch nichts zu beeinflussenden Zerfall Strahlungen auszusenden, wodurch sie in andere umgewandelt werden. (Elemente mit Ordnungszahl ab 84).

Halbwertszeit ist die Zeit, in der die Hälfte der Atome eines radioaktiven Stoffes zerfallen. Für einen Stoff stets konstant.

Einsteinsche Energiegleichung
$$m = E/c^2; \quad E = m c^2$$
c = Lichtgeschwindigkeit

Masse ist äquivalent Energie.

Kernumwandlung ist Umwandlung eines Elementes in ein anderes durch Einbau eines Heliumkerns oder eines Protons oder Neutrons in einen Kern, wobei i. a. ein anderes Teilchen ausgeschleudert und kinetische Energie freigemacht wird.

Kernspaltung. Durch die verhältnismäßig geringe Energie eingeschossener Neutronen ein künstlich herbeigeführter Zerfall des Kerns eines schweren Elementes, z. B. Uran. Hierbei können neue Neutronen frei werden. (1 kg Uran entsprechen 3000 t Kohle.)

Wichte (γ) ist das Verhältnis der mittl. Gewichtskraft G eines Stoffes zu dem von ihm eingenommenen Raum V. (nicht nach SI)
$\gamma = G/V$ (auf der Erde verschieden groß); $\gamma = g \cdot \rho$, wenn g = 9,807 m/s².

Dichte (ρ) ist das Verhältnis der Masse m eines Stoffes zu dem von ihm eingenommenen Raum V, wenn m in kg, V in m³.
$\rho = m/V$ in kg/m³.

3. Elektromagnetische Strahlung

Ausbreitung mit Lichtgeschwindigkeit. Wellennatur. Keine Ablenkung durch elektrische oder magnetische Felder. Wellenlänge $\lambda = c/f = c \cdot T$ [km], $c =$ Lichtgeschwindigkeit $= 300000$ km/s, $f =$ Frequenz [Hz], $T =$ Schwingungsdauer [s].

Strahlenart Wellenlänge λ[1])	entsteht bei Energie-änderungen in	wird erzeugt durch	wird absorbiert durch (Beispiele)
Ultra- oder **Höhenstrahlen** 0,0002···0,02 pm	Nukleonen (Kernbausteinen)	hochenergetische Kernreaktionen	etwa 10 cm Blei
Gammastrahlen 0,5···27 pm	Atomkernen	Atomkernreaktionen und radioaktiver Zerfall	etwa 1 cm Blei
Röntgenstrahlen hart 5,7···80 pm (0,057···0,8 Å)	Inneren Elektronenschalen	Hochvakuum- u. Gasentladungsröhren bei hohen Betriebsspannungen	etwa 3···0,04 cm Al
weich 0,08···2 nm (0,8···20 Å)			etwa 400···1 μm Al, Knochen, Glas
ultraweich 2···37,5 nm (20···375 Å)			weniger als 1 μm Al, Luft
Lichtstrahlen ultraviolett (kurzwellig) 0,014···0,18 μm	äußeren Elektronenschalen	Funken-, Bogen-, Glimmentladung, in Luftleere, Quarzlampe usw.	Luft
ultraviolett (langwellig[2]) 0,18···0,36 μm			Quarz ($\lambda < 0,15\,\mu$m) Glas ($\lambda < 0,31\,\mu$m)
violett 0,36···0,42 μm blau 0,42···0,49 μm grün 0,49···0,53 μm gelb 0,53···0,65 μm rot 0,65···0,81 μm		Sonne, glühende Stoffe, usw.	undurchsichtige Stoffe,
Infrarot[3]) (Wärmestrahlen) 0,81···400 μm		erhitzte Körper[4])	Glas
Hertzsche Wellen 0,01···30 cm	Atomen oder Molekülen	Funkensender[5]), Laufzeitröhre	Metalle
Rundfunkwellen ultrakurz 0,3···10 m		Röhrensender, Funkensender	Metalle
kurz 10···100 m		Schwingkreis mit Kapazität und Induktivität	Ausbreitung dieser Wellen nicht mehr strahlenförmig, deshalb keine „Wellenschatten" in Tälern und hinter Bergen. Wellen werden an Heavisideschicht[6]) gebeugt und zur Erde zurückgelenkt. Mit zunehmender Wellenlänge tritt Raumwelle hinter Bodenwelle zurück.
mittel 200···600 m			
lang 600···3000 m			
Telegrafiewellen 3···30 km			

[1]) 1 pm $= 10^{-12}$ m, 1 nm $= 10^{-9}$ m, 1 μm $= 10^{-3}$ m; [2]) wirksamste Hautbestrahlung bei $\lambda = 0,30$ μm; [3]) oder „ultrarot" [4]) Für die Strahlung des „schwarzen Körpers" gilt: mittl. Wellenlänge γ (in μm) $= 2880/$absol. Temp. (K). Bei 15 °C ($= 288$ K) ist z. B. $\lambda = 2880/288 = 10$ μm, d. h. bei 15 °C liegt das Maximum der Wärmestrahlungsintensität bei $\lambda = 10$ μm; [5]) z. B. winzige Oszillatoren in Metallpulver. Å $=$ Ångstrom ($= 10^{-7}$ mm) $=$ unzulässig.

4. Korpuskularstrahlung

Geschwindigkeit kleiner als Lichtgeschwindigkeit. Elektrisch geladene Körperchen. Ablenkung durch elektr. und magnet. Felder: daraus Geschwindigkeit und Verhältnis Ladung : Masse bestimmbar

Strahlenart Wesen der Strahlung	Entstehung oder Erzeugung	Ausbreitung Geschwindigkeit v	Wirkung Anwendungsbeispiele
Kathodenstrahlen negativ geladene Elektronen	**Entladungen im Vakuum oder in stark verdünnten Gasen**	senkrecht von der Oberfläche der Kathode weg. $v = \sqrt{2U\,e/m}$ [cm/s][1]) $= 10^8$ [cm/s] bis 99% der Lichtgeschwindigkeit	Bei Auftreten auf Materie entsteht eine elektromagnetische Strahlung (umso kurzwelliger je schneller die Elektronen) Röntgenröhre, Elektronenmikroskop, Braunsche Röhre, (Bildwandler), Lumineszenzstrahler (Leuchtstoffröhren usw.), Kathodenstrahlzerstäubung
Kanalstrahlen positiv geladene Atomkerne oder Ionen des Füllgases	**Ionisation des Gases in der Röhre. Treten aus durchbohrter Kathode aus**	In einer den Kathodenstrahlen entgegengesetzten Richtung $v = 100...100000$ [km/s] je nach dem Verhältnis Ladung : Masse und angelegter Beschleunigungsspannung	**Leuchterscheinung** fluoreszierender Stoffe. Zerstäubung von Metallen (Kathodenzerstäubung) Massenspektrograph, Atomzertümmerungsanlagen
Alpha-Strahlen positiv geladene Heliumkerne (den Kanalstrahlen wesensgleich)	Durch radioaktiven Zerfall von Materie (Atomkernen) sowie durch künstliche Kernreaktionen — Herstellung auch in Elektronenschleuder (Betatron, Synchrotron, Kavitron, Rheotron) Nachbeschleuniger, Linearbeschleuniger, Zyklotron, Synchrozyklotron	Geradlinige Ausbreitung. Verhältnis der Reichweite von $\alpha : \beta : \gamma$-Strahlen $\approx 1 : 10^2 : 10^4$ — bei Thor. C' $v \approx 2\cdot10^9$ [cm/s] (Energie je Teilchen 8,6 MeV [2])	großes Ionisationsvermögen; geringe Durchdringungsfähigkeit: Reichweite (Thorium C') in Luft 8,6 cm, in Metallen etwa 0,1 mm. Einleitung künstlicher Kernreaktionen
Beta-Strahlen negativ geladene Elektronen oder auch positiv geladene Positronen		bis 99% der Lichtgeschwindigkeit	durchdringen noch 5 mm dickes Aluminiumblech Anwendung in Biologie u. Medizin zur inneren und äußeren Bestrahlung. Untersuchung von Austauschvorgängen in pflanzlichen und tierischen Körpern
Gamma-Strahlen keine Korpuskularstrahlung, sondern elektromagnetische		Lichtgeschwindigkeit	ähnlich den Röntgenstrahlen, nur energiereicher Radiumtherapie (Krebsbehandlung). Durchleuchten dickwandiger Gegenstände. Einleitung von Kernreaktionen

[1]) $e/m =$ Ladung/Masse des Elektrons $= 1,76\cdot10^{-8}$ [Amp Sek./g], $U =$ Spannung [V].
[2]) 1 [MeV] $= 4,46\cdot10^{-20}$ [kWh]

1. Elektrochemische Konstanten der Elemente

Element	Äqui-valent-gewicht	Wertig-keit	Ab-geschiedene Menge[1]) g/A · h	Schichtdicke[1]) nach 1 Stunde bei 1 A/dm² μ	Kathodische Stromausbeute üblicher Bäder %
Al	8,99	3	0,335	12,4	85—98[2])
Sb	40,6	3	1,51	22,5	90—100
As	24,9	3	0,932	16,4	~ 90
Pb	103,6	2	3,87	34,2	95—100
Cr	17,3	3	0,647	9,4	—
	8,65	6	0,324	4,7	10—18
Fe	27,9	2	1,04	13,2	95—100
	18,6	3	0,694	8,8	—
Au	197,1	1	7,35	38,1	70—90
	65,7	3	2,45	12,7	—
Cd	56,2	2	2,09	24,0	90—95
Co	29,5	2	1,099	12,3	90—100
	19,7	3	0,733	8,2	—
Cu	63,6	1	2,37	26,6	65—98
	31,8	2	1,19	13,4	97—100
Mg	12,2	2	0,454	26,7	—
Mn	27,5	2	1,02	13,6	60—75
	18,3	3	0,683	9,1	—
Ni	29,3	2	1,094	12,3	95—98
	19,6	3	0,729	8,2	—
Pd	53,4	2	1,99	16,7	8—20
Pt	48,8	4	1,82	8,5	30—100
Hg	200,6	1	7,48	—	—
Rh	34,3	3	1,28	10,3	80—85
Ag	107,9	1	4,02	38,3	98—100
Zn	32,7	2	1,22	17,2	85—98
Sn {	54,4	2	2,21	30,3	} 70—95
{	29,7	4	1,11	15,2	
Br	79,9	1	2,98		
Cl	35,5	1	1,32		
F	19,0	1	0,709		
J	126,9	1	4,74		
O	8,0000	2	0,299		
H	1,008	1	0,0376		

[1]) Bei 100 % Stromausbeute.   [2]) Aus wasserfreien Elektrolyten.

2. Periodensystem der Elemente

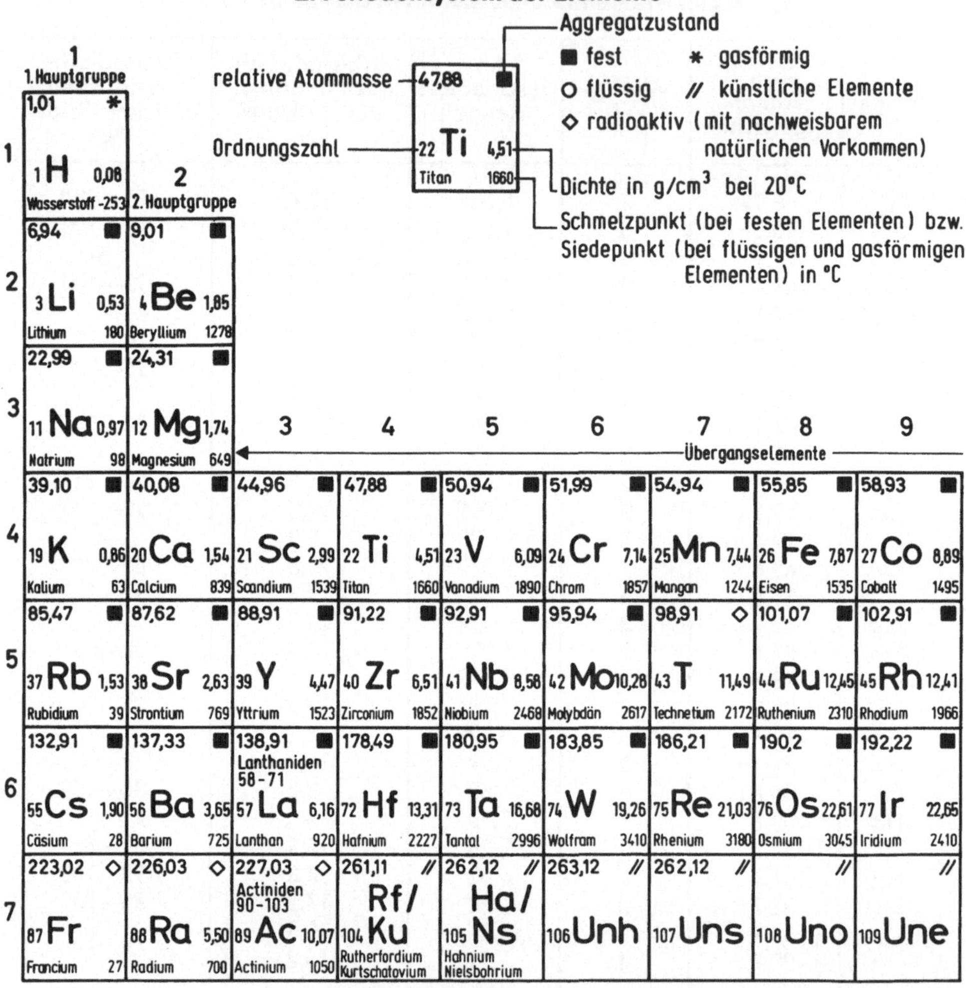

18
0. Hauptgruppe

			13 3. Hauptgr.	**14** 4. Hauptgr.	**15** 5. Hauptgr.	**16** 6. Hauptgr.	**17** 7. Hauptgr.	4,00 * 2 He 0,17 Helium -269
			10,81 ■ 5 B 2,46 Bor 2300	12,01 ■ 6 C 3,51 Kohlenstoff 3550	14,01 * 7 N 1,17 Stickstoff -196	15,99 * 8 O 1,33 Sauerstoff -183	18,99 * 9 F 1,58 Fluor -188	20,18 * 10 Ne 0,84 Neon -246
10	**11**	**12**	26,98 ■ 13 Al 2,70 Aluminium 660	28,09 ■ 14 Si 2,33 Silicium 1410	30,97 ■ 15 P 1,82 Phosphor 44	32,07 ■ 16 S 2,06 Schwefel 119	35,45 * 17 Cl 2,95 Chlor -34	39,95 * 18 Ar 1,66 Argon -186
58,69 ■ 28 Ni 8,91 Nickel 1453	63,55 ■ 29 Cu 8,92 Kupfer 1083	65,39 ■ 30 Zn 7,14 Zink 420	69,72 ■ 31 Ga 5,91 Gallium 30	72,61 ■ 32 Ge 5,32 Germanium 937	74,92 ■ 33 As 5,72 Arsen 613	78,96 ■ 34 Se 4,82 Selen 221	79,90 ○ 35 Br 3,14 Brom 59	83,80 * 36 Kr 3,48 Krypton -152
106,42 ■ 46 Pd 12,02 Palladium 1554	107,87 ■ 47 Ag 10,49 Silber 962	112,41 ■ 48 Cd 8,64 Cadmium 321	114,82 ■ 49 In 7,31 Indium 157	118,71 ■ 50 Sn 7,29 Zinn 232	121,75 ■ 51 Sb 6,69 Antimon 631	127,60 ■ 52 Te 6,25 Tellur 449	126,90 ■ 53 I 4,94 Iod 113	131,29 * 54 Xe 5,49 Xenon -107
195,08 ■ 78 Pt 21,45 Platin 1772	196,97 ■ 79 Au 19,32 Gold 1064	200,59 ○ 80 Hg 13,55 Quecksilber 357	204,38 ■ 81 Tl 11,85 Thallium 303	207,2 ■ 82 Pb 11,34 Blei 327	208,98 ■ 83 Bi 9,80 Bismut 271	208,98 ◇ 84 Po 9,20 Polonium 254	209,99 ◇ 85 At Astat 302	222,02 ◇ 86 Rn 9,23 Radon -62

157,25 ■ 64 Gd 7,89 Gadolinium 1311	158,93 ■ 65 Tb 8,25 Terbium 1360	162,50 ■ 66 Dy 8,56 Dysprosium 1409	164,93 ■ 67 Ho 8,78 Holmium 1470	167,26 ■ 68 Er 9,05 Erbium 1522	168,93 ■ 69 Tm 9,32 Thulium 1545	173,04 ■ 70 Yb 6,97 Ytterbium 824	174,97 ■ 71 Lu 9,84 Lutetium 1656
247,07 // 96 Cm 13,51 Curium 1340	247,07 // 97 Bk 13,25 Berkelium 986	251,08 // 98 Cf 15,1 Californium 900	252,08 // 99 Es Einsteinium	257,10 // 100 Fm Fermium	258,10 // 101 Md Mendelevium	259,10 // 102 No Nobelium	260,11 // 103 Lr Lawrencium

3. Elektrolytische Spannungsreihe

Angaben in Volt gegenüber einer Wasserstoffelektrode

Gold	+1,5	Kobalt		—0,26
Chlor	+1,36	Kadmium		—0,42
Brom	+1,09	Eisen		—0,43
Platin	+0,87	Chrom		—0,56
Quecksilber	+0,86	Zink		—0,76
Silber	+0,80	Aluminium, oxidiert	—0,7	—0,9
Jod	+0,58	Mangan		—1,1
Kupfer	+0,35	Aluminium, blank		—1,45
Arsen	+0,30	Magnesium		—1,87
Wismut	+0,20	Kalzium (Calcium)		—2,5
Antimon	+0,20	Natrium		—2,72
Wasserstoff	0,00	Barium		—2,8
Blei	—0,13	Kalium		—2,95
Zinn	—0,15	Lithium		—3,02
Nickel	—0,25			

Berühren sich zwei Metalle in Gegenwart von Wasser, Säuren usw., so findet eine elektrolytische Zersetzung desjenigen Metalles statt, das in der elektrolytischen Spannungsreihe den niedrigeren Platz hat. Das unedlere Element korrodiert, das edlere wird geschützt.

4. Thermoelektrische Spannungsreihe

Angaben in mV für 100° C Temperaturdifferenz

Chromnickel	+1,44	Manganin	—0,04
Eisen	+1,04	Aluminium	—0,36
Wolfram	+0,05	Platin	—0,76
Kupfer	0,00	Nickel	—2,26
Silber	—0,04	Konstantan	—4,16

5. Gewerbliche und chemische Benennung einiger technisch wichtiger Stoffe

Gewerbliche Benennung	Chemische Zusammenstellung	Chemische Formeln
Acetylengas	Acetylen	C_2H_2
Asbest (Bergflachs)	Ca-Mg-Silikate (Minerale)	
Benzol	Benzol	C_6H_6
Bleiweiß	Bas. Bleicarbonat	$Pb(OH)_2 \cdot 2\,PbCO_3$
Blutlaugensalz, gelb	Kaliumferrocyanid	$K_4Fe(CN)_4 \cdot 3\,H_2O$
Borax	Natriumtetraborat	$Na_2B_4O_7 \cdot 10\,H_2O$
Chlorkalk	Chlorkalk	$CaCl\,(OCl)$
Eisenchlorid	Ferrichlorid	$FeCl_3$
Eisenrost	Eisenoxidhydrat	$Fe(OH)_3$
Essig	Essigsäure	$CH_3 \cdot COOH$
Gips	Calciumsulfat	$CaSO_4 \cdot 2\,H_2O$
Glycerin	1, 2, 3-Propantriol	$C_3 \cdot H_5(OH)_3$
Grünspan	Bas. Kupferkarbonat	$CU(C_2H_3O_2)_2 \cdot Cu(OH)_2 \cdot 5\,H_2O$
Kalk, gebrannter	Calciumoxid	CaO
Kalk, gelöschter	Calciumhydroxid	$Ca(OH)_2$
Kalziumkarbid	Calciumcarbid	CaC_2
Kochsalz (Steinsalz)	Natriumchlorid	$NaCl$
Kohlenoxyd	Kohlenmonoxid	CO
Kohlensäure	Kohlendioxid	CO_2
Korund (Schmirgel)	Aluminiumoxid	Al_2O_3
Kreide, Kalkstein	Calciumkarbonat	$CaCO_3$
Kupfervitriol	Kupfersulfat	$CuSO_4$
Kupfervitriollösung		$CuSO_4 \cdot 5\,H_2O$
Lötsalz (in Lösung: Lötwasser)	Zinkchloridammoniak	$ZnCl_2 + 2\,NH_4Cl$
Mennige	Bleiorthoplumbat	Pb_3O_4
Ruß = Kohlenstoff	+ ölige Kohlenwasserstoffe (Teere)	
Salmiak	Ammoniumchlorid	NH_4Cl
Salmiakgeist	Ammoniak	$NH_2 \cdot H_2O$
Salpetersäure	Salpetersäure	HNO_3
Salzsäure	Chlorwasserstoffsäure	HCl
Schwefelsäure	Schwefelsäure	H_2SO_4
Soda (krist.)	Natriumkarbonat	$Na_2CO_3 \cdot 10\,H_2O$
Spiritus	Ethylalkohol	$C_2H_5 \cdot OH$

6. Dichte ϱ fester, flüssiger, gasförmiger Stoffe

Kennwerte von ϱ in kg/dm³ bzw. g/cm³: feste Stoffe und Flüssigkeiten von 288 ⋯ 293 K Temperatur;

Kennwerte von ϱ in kg/m³: Gase bei 1 bar und 273 K ([1] bezogen auf Luft)

Akrit-Schneidmetall	9,0	Dynamoblech	
Alaun	1,71	(hochleg. 4 % Si)	7,6
Aluminium (rein)	2,70	Eisen (rein)	7,87
Aluminium (gegossen)	2,56	Eisen (rein bei 1823 K)	7,207
Aluminium (gehämmert)	2,75	Eisen (rein bei 1873 K)	7,158
Aluminium (973 K)	2,38	Eisen (rein bei 1983 K)	7,057
Aluminium (1273 K)	2,30	Eisenoxyd	5,25
Aluminiumbronze	7,7	Feldspat	2,5 ⋯ 2,6
Anthrazit	1,4 ⋯ 1,7	Ferromangan	
Antimon	6,69	(mit 80 % Mn)	7,5
Arsen, grau (metallisch)	5,72	Fette (288 K)	0,92 ⋯ 0,94
Barium	3,6 ⋯ 3,8	Flußspat	3,15
Benzin (288 K)	0,68 ⋯ 0,72	Flußstahl	7,70 ⋯ 7,85
Benzol (273 K)	0,88	Formsand	2,1 ⋯ 2,2
Beryllium	1,86	Gießereikoks	1,6 ⋯ 1,9
Blei	11,34	Glas	2,4 ⋯ 3,9
Blei (600 K)	10,65	Glockenmetall	8,8
Blei (1004 K)	10,19	Gold (geprägt)	19,50
Blei (gewalzt)	11,4	Gold (gegossen)	19,25
Bleiweiß	6,7	Gold (1373 K)	19,25
Bronze (bei 6 ⋯ 20 % Zinn-		Gold (1573 K)	19,0
gehalt)	8,7 ⋯ 8,9	Grauguß GG	7,0 ⋯ 7,25
Bor (amorph)	2,34	Grubengas	0,56
Bor (kristallin)	3,33	Gußeisen (vgl. Grauguß)	
Brauneisenstein	3,4 ⋯ 4,0	Gußstahl	7,85
Braunkohle	1,2 ⋯ 1,5	Hochhofenschlacke	2,6 ⋯ 3,0
Braunkohle (geschüttet)	0,7	Hochtemperaturbest. Cr-	
Cer	6,8	Ni-Widerstandswerkstoff	8,4
Chrom	7,14	Holzkohle	0,3 ⋯ 0,5
Cr-Stahl (nichtrostend)	7,7	Jod	4,95
Cr-Ni-Stahl (nichtrostend)	7,85	Kadmium	8,64
Deltametall	8,6	Kalium	0,87
Dolomit	2,1 ⋯ 2,9	Kalilauge 11%ig	1,1

Dichte ϱ fester, flüssiger, gasförmiger Stoffe

Kalilauge 31 %ig	1,3	Natronlauge 37 % NaOH	1,4
Kalilauge 63 %ig	1,7	Natronlauge 47 % NaOH	1,5
Kalk gebrannt	2,8 ⋯ 3,2	Nickel	8,85
Kalk gelöscht	1,2 ⋯ 1,3	Nickel (1773 K)	7,76
Kalkstein	2,5 ⋯ 2,8	Ni-Stahl mit geringster	
Kaolin	2,2	Ausdehnung (36 % Ni)	8,13
Kobalt	8,71	Ni-Stahl m. hoher Anfangs-	
Kobalt-Magnetstahl		permeab. (50 % Ni)	8,19
(gehärtet)	7,75	Ni-Mn-Stahl (unmagnet.,	
Kochsalzlösung 14 % NaCl	1,1	15 % Ni, 5 % Mn)	8,03
Kochsalzlösung 26 % NaCl	1,2	Niob	8,56
Kohlenstoff, Diamant	3,51	Palladium	11,9
Kohlenstoff, Graphit	2,25	Petroleum	0,79 ⋯ 0,82
Kohlenstoff, Ruß	1,75	Phosphor rot	2,20
Kohlenoxid	0,97	Phosphor gelb	1,83
Kohlensäure (273 K)	0,94	Phosphorbronze	8,8
Kohlensäure, gasförmig	1,52	Platin	21,4
Koks in Stücken	0,6	Quecksilber	13,55
Kupfer gegossen	8,63 ⋯ 8,80	Raseneisenstein	2,6
Kupfer gewalzt	8,82 ⋯ 8,95	Rhodium	12,5
Kupfer (1373 K)	7,92	Roheisen, dunkelgrau	7,58 ⋯ 7,73
Kupfer (1873 K)	7,53	Roheisen, hellgrau	7,20
Kupolofenschlacke	2,8 ⋯ 3,0	Roheisen, weiß	7,0 ⋯ 7,13
Lagermetall, Weißmetall	7,1	Roteisenstein, Eisenglanz	4,9 ⋯ 5,3
Erd-, Ferngas	0,38 ⋯ 0,45	Sauerstoff	
Luft (1,013 bar; 273 K)	1,00	flüssig, 90,2 K)	1,142
Magnesium	1,74	Sauerstoff[1] (1,1)	1,429
Magneteisenstein	4,9 ⋯ 5,2	Salpetersäure[2]	1,513
Magnesit	3,0	Salzsäure 10 %ig	1,05
Mangan	7,3	Salzsäure 20 %ig	1,10
Meerwasser (277 K)	1,026	Salzsäure 30 %ig	1,15
Messing (gegossen)	8,4 ⋯ 8,7	Salzsäure 40 %ig	1,20
Messing (gezogen)	8,5 ⋯ 8,8	Sand, trocken	1,4 ⋯ 1,6
Mineralöle	0,90 ⋯ 0,93	Sandstein	2,2 ⋯ 2,5
Molybdän	10,2	Schamotte	1,8 ⋯ 2,2
Natrium	0,98	Schnellarbeitsstahl (SS) auf	
Natronlauge 9 % NaOH	1,1	Cr-Co-W-Grundlage	8,3 ⋯ 9,3
Natronlauge 18 % NaOH	1,2		

Dichte ϱ fester, flüssiger, gasförmiger Stoffe

Schnellarbeiterstahl auf		Stickoxidul	1,53
W-Karbid-Grundlage	13,5 ··· 14,5	Tantal	16,6
Schwefel, rhombisch	2,07	Thomasschlacke	2,6 ··· 3,2
Schwefel, monoklin	1,96	Tiegelstahl	7,85
Schwefeldioxid	2,23	Titan	4,50
Schwefelsäure		Ton, trocken	1,8
(1,013 bar 273 K)	2,15	Ton, frisch	2,4 ··· 2,6
Schwefelwasserstoff		Torf	0,4
(1,013 bar 273 K)	1,19	Uran	19,1
Schweißstahl	7,8	Vanadin	6,07
Siemens-Martin-Schlacke	2,5 ··· 3,0	Wasserdampf	
Silber	10,51	(1,013 bar 273 K)	0,62
Silber (1243 K)	9,32	Wasserstoff	0,089
Silber (1575 K)	9,00	Wasserstoff	
Silizium, kristallin	2,34	(flüssig, 20,5 K)	0,070
Silizium, graphitisch	2,00	Widia: Hartmetall (HM)	14,4
Siliziumeisen mit 7,5 % Si	7,35	Wismut	9,82
Siliziumeisen mit 20 % Si	6,70	Wolfram	19,1
Siliziumeisen mit 46 % Si	4,87	Zement	2,7 ··· 3,0
Siliziumeisen mit 95 % Si	2,32	Zement, erhärtet	2,3
Spateisenstein	3,7 ··· 3,9	Zink	7,14
Spiegeleisen mit 10 % Mn	7,60	Zink (692 K)	6,92
Stahlformguß	7,8	Zinn (tetragonal)	7,28
Steinkohle	1,2 ··· 1,5	Zinn (rhombisch)	5,75
Steinkohlenteer	1,1 ··· 1,26	Zinn (gegossen)	7,2
Steinsalz	2,28	Zinn (505 K)	6,99
Stickstoff[1] (0,97)	1,251	Zinnober	8,09
Stickstoff flüssig (77 K)	0,811	Zirkon	6,49
Stickoxid	1,04		

Bemerkung:
Kennwerte von Dichte ϱ:
in kg/dm³ bzw. g/cm³ der festen Stoffe und Flüssigkeiten (bei 288 ··· 293 K Temperatur)
in kg/m³ der Gase bei 1 bar und 273 K; ([1]) bezogen auf Luft)

Nachtrag

Aktivkohle	1,3 ··· 1,5	Kieselgur, lose	0,1 ··· 0,25
Alkohol, wasserfrei	0,79	Kork	0,24
Asbest	2,1 ··· 2,8	Leder, trocken	0,86
Beton	1,8 ··· 2,5	Marmor, gewöhnl.	2,0 ··· 2,85
Chlor [1])	3,22	Papier	0,7 ··· 1,1
Diamant	3,5 ··· 3,7	Porzellan	2,3 ··· 2,5
Gummi, roh	0,9 ··· 0,96	Schnee, lose	0,125
Eiche, lufttr.	0,7 ··· 1,04	Stahl	7,82 ··· 7,87
Kiefer	0,3 ··· 0,76	Torferde	0,64
Glycerin, wasserfrei	1,26	Ziegel, gewöhnl.	1,4 ··· 1,6
Kies	1,8 ··· 2,1		

7. Schmelz- und Siedetemperaturen, Schmelz- und Verdampfungswärme (bei 1,0 bar)

Stoff	Schmelz- bzw. Erstarrungs-Temperatur t_s [°C]	Schmelz- bzw. Erstarrungs-Wärme q_s [kJ/kg]	Verdampfungs-Temperatur T_v, t_v [°C]	Verdampfungs- bzw. Kondensationswärme r [kJ/kg]
Aluminium	658,9	356	2270	11732
Ammoniak	− 77,7	340	− 33,4*	1370
Antimon	630,5	168	1640	1257
Blei	327,4	23,9	1750	922
Eisen (rein)	1535	272	2730	6370
Roheisen, grau	1200	96	−	−
Roheisen, weiß	1130	138	−	−
Schmiedeeisen	1520	−	−	−
Stahl	1460	−	−	−
Email, (Schmelz-) farben	960	−	−	−
Ethyläther	− 118	−	34,5	377
Ethylolkohol	− 110	105*	78,3	842
Glas	90...1200	−	−	−
Gold	1063	67	2677	1760
Kadmium	320,9	55	767	1006
Kobalt	1490	281	3185	6495
Kochsalzlösung (ges.)	− 18	43	−	−
Kohlensäure	− 56	185	− 78,5**	575
Kupfer	1083	209	2330	4650
Leinöl	− 20	−	316	−
Magnesium	650	209	1110	5655
Mangan	1260	251	2100	4190
Messing	900...1130	−	−	−
Natrium	97,7	113	883	4190
Nickel	1452	293	3177	6200
Paraffin	54	147	300	−
Platin	1773	113	4300	2515
Porzellan	1550	−	−	−
Quarz	1470	10850	−	−
Quecksilber	− 38,87	11,7	356,9	302
Silber	960,8	105	1950	2180
Salpeter, Natron-	310	189	−	−
Wachs	64	−	−	−
Wasser	0	335	100	2260
Weichlote	130...200	−	−	−
Wismut	271	55	1560	−
Woodsches Metall	60	33	−	−
Zink	419,4	113	907	1800
Zinn	231,9	59	2337	2600

* bei krit. Druck 132 ** bei krit. Druck 31

8. Thermische Eigenschaften einiger Stoffe

Wärmestrahlungszahl C_s in 1 $\dfrac{W}{m^2 K^4} \approx 3,6 \dfrac{kJ}{m^2 h k^4}$

C_s in $kJ/m^2 h K^4$

Messing	1,05 — 4,2	Aluminium	1,09 — 1,47	abs. schwarzer Körper	20,78
Eichenholz	18,4	Eisenblech	5,03 — 18,9	Porzellan, glasiert	19,28
Asbestschiefer	19,7	Blei, grau	5,82		

	Dichte ϱ kg/dm³	Spez. Wärmekap. c in kJ/kg °C	Wärme-aus-dehnung α 0,0000 m/m °C	Wärme-leitzahl λ kJ/m h °C	Wärme-wider-stand r_w °C cm / Watt
Aluminium	2,702	0,909	238	755	0,48
Blei	11,39	0,130	290	122	2,96
Eisen, rein	7,86	0,465	123	255	1,4
Stahl	7,7	0,478	115	163	2,2
Kupfer	8,92	0,390	162	1425	0,25
Öl	0,8	1,886	$8 \cdot 10^{-4}$ †	0,4—0,63	860-575
Impr. Papiersol.	0,94	2,43	$6 \cdot 10^{-5}$ †	0,67	550
PVC	1,34	1,17	—	0,59	600
PET	0,92	2,30	—	1,01	350
Gummi	1,6	1,47	—	0,71	500
Erde (VDE-Wert)	—	—	—	5,15	70
Sand, trocken	1,5	0,71	—	1,22	296
Sand, feucht	2,1	—	—	6,79	53
Erde, sandig tr.	1,5	0,88	—	3,77	96
Erde, lehm. feucht	2,0	—	—	6,3—10,5	39
Schlacke, trocken	0,6	0,84	—	0,67	538
Gestein	2,0	—	—	9,22	58-34
Ziegelmauerwerk	2,6	0,84	—	3,14	115
Beton	2,3	0,88	—	2,9—5,5	123-66
Steinzeug	2,6	0,80	010	4,6	78
Quarzglas	2,2	0,71	005	5,0—7,1	71-55
Holz	0,6	2,51	—	0,42	860
Pappe	0,5	—	—	0,5—1,3	710-287
Korkplatten	0,2	2,10	—	0,13	2870
Glaswatte	20*	—	—	0,13	2870
Luft	1,2929*	1,01**	0,0037 †	0,08	4300
Wasserstoff	0,0899*	14,25**	0,0037 †	0,75	477

* kg/m^3 0 °C ** c_p (in kJ/m^3 °C) † Volumenausdehnung $r_w = 86/\lambda$

Für die Temperaturen t_1 und t_2 auf zwei konzentrischen Zylinderflächen mit den Radien r_1 und r_2 gilt die folgende Formel, wenn in dem inneren Zylinder je Meter und Stunde die Wärmemenge Q (in kJ) erzeugt wird und die Wärmeleitzahl der Zwischenschicht λ ist:

$$t_1 - t_2 = \frac{p}{2 \pi \lambda} \cdot 2,3 \lg \frac{r_2}{r_1}$$

Bei Drehstromkabeln ist $Q = 0,86 \cdot 3 \cdot J^2 \cdot R$, dabei ist R der Widerstand einer Ader in Ohm/m.

9. Chemische Beständigkeit von Werkstoffen für Rohre

Chemische Beanspruchung durch			St	B	K	Al	BA	StP	G	PVC	HG
Ammoniak, wäßrig	10%,	20°	2	2	5	1	3	1	—	1	1
Benzin	100%,	20°	—	—	—	—	2	1	1	1	5
Benzol	100%,	20°	2	1	2	1	2	1	1	5	5
Chlorkalklösung, konzentriert		20°	5	3	5	5	3	1	1	1	1
Chlorwasserlösung, gesättigt		20°	5	3	5	5	5	1	1	1	3
Essigsäure	10%,	20°	4	2	3	1	5	1	1	1	1
Ethylalkohol	100%,	20°	2	2	2	1	5	1	1	1	1
Fette, Fettsäuren		20°	2	—	2	3	5	1	1	1	5
Gerbsäure		20°	4	4	4	3	5	1	1	1	—
Kalilauge	5%,	20°	1	3	2	5	3	2	—	1	1
Kohlensäure		20°	3	1	1	1	3	1	1	1	1
Leuchtgas		20°	1	1	—	—	5	1	1	5	5
Maschinenöl		20°	—	—	—	—	3	1	1	1	3
Milchsäure	10%,	20°	2	3	2	1	5	1	1	1	1
Rohöl (Dieselöl)		20°	1	—	1	—	3	1	1	1	5
Salpetersäure	5%,	20°	5	5	4	2	5	1	1	1	1
Salpetersäure, konzentriert		20°	1	2	5	1	5	1	1	2	5
Salzsäure	5%,	20°	5	3	4	5	5	1	1	1	1
Salzsäure, konzentriert		20°	5	5	5	5	5	1	1	1	1
Schwefelsäure	5%,	20°	5	2	3	5	5	1	1	1	—
Schwefelsäure, konzentriert		20°	2	1	5	5	5	1	1	1	1
Seewasser		20°	5	2	4	5	3	1	1	1	1
Seifenlösung		20°	—	—	—	—	2	1	1	1	1
Wasser		20°	2	1	2	1	1	1	1	1	1
Wasser		100°	2	1 [3]	2	1	2	1	1	5	1
Weinsäure, jede Lösung		20°	4	2	4	2	5	1	1	1	1

[1] St Stahl, B Blei, K Kupfer, Al Aluminium, BA Beton- und Asbestzement, StP Steinzeug und Porzellan, G Glas, PVC Polyvinylchlorid, HG Hartgummi

[2] 1 beständig, 2 noch beständig, 3 bedingt beständig, 4 mangelhaft beständig, 5 unbeständig

[3] Für „weiches Wasser" Zinnmantelrohr

10. Raum- und Schüttgewichte
(zur überschläglichen Abschätzung von Gewicht und Raumbedarf)

	1 m³ wiegt kg	1 t beansprucht m³		1 m³ wiegt kg	1 t beansprucht m³
Aktivkohle	1400	0,77	Flußspat	2200	0,45
Aluminiumspäne	750	1,33	Gebläsesand	1350	0,74
Braunkohle:			Gußbruch	3300	0,3
roh	580	1,72	Gußspäne	2500	0,4
Briketts geschüttet	770	1,30	Holzkohle	200	5,00
Briketts gesetzt	1030	0,97	Kieselgur	1800	0,55
Staub	500	2,0	Kalkstein	1700	0,59
Dolomit	2000	0,5	Koks:		
Erze, reich:			Hochofenkoks	420	2,39
Afrau	2150	0,47	Brechkoks I, II	486	2,05
Buchenberg	2240	0,445	Brechkoks III, IV	514	1,95
Brasil	3540	0,28	Grus	595	1,69
Itabira	3930	0,25	Lehm	1500	0,67
Kiruna	3100	0,32	Magnesit	2200	0,45
Königszug	2560	0,39	Roheisenmasseln	3300	0,3
Malaespera Rost	2500	0,4	gestapelt	4000	0,25
Rif fein	2720	0,37	Schlacke:		
Rostspat (Bilbao)	2100	0,48	Hochofen-, Kupol-		
Rostspat (Siegen)	2500	0,40	ofen-	600	1,6
Roteisenstein			Siemens-Martin-		
(Brasil)	2800	0,36	Ofen-	2100	0,48
Rohspat	2400	0,42	Thomas-	2000	0,5
Wabana	2270	0,44	Walzen-	3000	0,33
Ställberg	2980	0,34	Sinterdolomit,		
Erze, arm:			gebrochen	1300	0,78
Bülten	1790	0,56	Stahlspäne	1500	0,67
Dogger	1820	0,55	Stahlwerkskalk	1000	1,0
Echte	1800	0,55	Steinkohle:		
Geislingen (fein)	1820	0,55	Kokskohle[1])		
Kahlenberg	1620	0,62	ungestampft	800	1,25
Kalaa-Djerda	1750	0,57	gestampft	950	1,05
Echte (fein)	1800	0,56	Förderkohle	860	1,16
Klippenflöz (grob)	1760	0,57	Stückkohle	790	1,27
Lenglern (grob)	1400	0,72	Nuß I, II	760	1,32
Minette	1580	0,63	Nuß III, IV, V	735	1,36
Peiner	1850	0,54	Feinkohle	840	1,19
Pegnitz (fein)	1470	0,68	Staub	600	1,67
Phosphat (fein)	1570	0,64	Stampfmasse	1250	0,8
Porta (grob)	1720	0,58	Schamotte	1500	0,67
Steinberg	1470	0,68	Silikasteine	1700	0,59
Konzentrate	1900	0,53	Walzzunder	1000	1,0
Abbrände:			bis	1800	0,53
fein (Hamborn)	1170	0,85	Zement	1200	0,8
Sinter	1000	1,0	Ziegelsteine:		
bis	1800	0,56	in Haufen	1200	0,8
Formsand	1500	0,67	gestapelt	1400	0,7

[1]) 10% Wasser. 80% < 2 mm Korngröße.

11. Schwindmaße von Metallen und Hölzern

a) Metallarten	Schwindmaße (absolute Schwindung		
	in der Länge	auf die Oberfläche	auf den Rauminhalt
Aluminium	1 : 56	1 : 28	1 : 19
Baustahl	1 : 64	1 : 32	1 : 21
Blei	1 : 92	1 : 46	1 : 31
Bronze	1 : 63	1 : 32	1 : 21
Glockenmetall	1 : 65	1 : 33	1 : 22
Gußeisen	1 : 96	1 : 48	1 : 32
Gußstahl	1 : 72	1 : 36	1 : 24
Hart-Stahlguß	1 : 72	1 : 36	1 : 24
Messing	1 : 65	1 : 32	1 : 22
Schmiedbarer Guß	1 : 48	1 : 24	1 : 16
Stabeisen, gewalzt	1 : 55	1 : 28	1 : 19
Stahlguß	1 : 50	1 : 25	1 : 17
Zink, gegossen	1 : 62	1 : 32	1 : 21
Zinn	1 : 128	1 : 64	1 : 43

b) Holzarten	Schwinden in % in Richtung		
	der Achse	des Halbmessers	der Sehne
Ahorn	0,072	3,35	6,59
Birke	0,222	3,86	9,30
Birnbaum	2,228	3,94	12,70
Eiche, jung	0,400	3,90	7,55
Erle	0,369	2,91	5,07
Fichte	0,076	2,41	6,18
Kiefer	0,120	3,04	5,72
Lärche	0,075	2,17	6,32
Linde	0,208	7,79	11,50
Peppel	0,125	2,59	6,40
Rotbuche	0,200	5,03	8,06
Tanne	0,122	2,91	6,72
Ulme	0,124	2,94	6,22
Weimutskiefer	0,160	1,80	5,00
Weißbuche	0,400	6,66	10,30

Schwindung = Maß- bzw. Volumenverringerung V_S:
1. von **Metallen** beim Erstarren in der Achsrichtung, z.B. Gußeisen 1/96 (oder auf die Oberfläche bzw. den Rauminhalt).
2. von **Hölzern** beim Austrocknen (von grün bis lufttrocken, Feuchte u = 12 %). Es schwindet z.B.:
   a) im Volumen V Eiche, Nuß 6 %, Nadelhölzer 3 ... 5 %.
   b) etwa Absolutschwindung β_{abs} (in %) z.B. Eiche in Richtung
   - der Achse (axial) 0,4,
   - der Radius (radial) 3,9,
   - der Sehne (tangential) 7,6,
   - des Fasers (allgemein 0,3) bis 1 %.
3. von Baustoffen (nach dem Abhärten), Längenänderung Δl in mm/m, z.B. bei Zementmörtel 0,3 ... 0,8, Beton 0,2 ... 0,4, Gasbeton 1 ... 3.

12. Einheitswiderstand, Einheitsleitwert und Wärmedehnzahl von Leitern (bei 20°C)

Elektr. Widerstand, Leitfähigkeit bei 1 m Länge und 1 mm² Querschnitt

Werkstoff	Einheitswiderstand ϱ in Ω/m	Einheitsleitwert $\varkappa$ in S/m	Wärmedehnzahl α in 1/K	Dichte ϱ kg/dm³
a) Reine Metalle				
Aluminium.	0,0282	35,4	+0,004	2,7
AlMg-Legier. . . .	0,028	35,4	+0,0036	2,7
Blei	0,21	4,8	+0,00387	11,34
Eisen (WM 13) . . .	0,13	7,7	+0,0048	7,9
Kupfer	0,0175	57,1	+0,0038	8,9
Nickel	0,10	10,0	+0,004	8,7
Platin	0,094	10,64	+0,0039	21,3
Quecksilber	0,95	1,05	+0,0009	13,55
Silber	0,016	62,5	+0,00377	10,5
Wolfram	0,055	18,2	+0,0041	19,1
Zink	0,06	16,5	+0,0037	7,1
Zinn	0,13	7,7	+0,0042	7,3
b) Legierungen				
Konstantan, Rheotan	0,50	2,0	− 0,000005	8,9
Neusilber 1	0,30	3,3	+0,0002···0,0007	8,7
Nickelin(2) 1 WM 30	0,30	3,3	+0,00023	8,7
Nickel-Chrom-Stahl.	1,0	1,0	+0,00025	8,3
Chromnickel (WM 100)	1,1	0,91	+0,00025	8,5
Stahlchromaluminium (WM 140) .	1,4	0,71	+0,002	7,2
Messing	0,074	13,5	+0,0015	8,6
Magnesium-Legier. .	0,0833	12···18	+0,0000255 bis +0,0000271	1,8
c) Sonstige Leiter				
Retortenkohle . . .	100	0,01		
Graphit	20···100	0,05···0,01	− 0,0002	
Kohlenstifte homog.	65	0,015		
Dochtkohlenstifte .	70	0,014	bis	≈0,2
Silit (Sic)	≈ 1000	0,001		
Glühsalz BaCl bei 1000	≈ 5000	0,0002	0,0007	

ϱ Einheitswiderstand (spezif. Widerstand) in $\Omega \cdot$ mm²/m

$\varkappa$ Einheitswert (spezif. Leitwert) in m/$\Omega \cdot$ mm² bzw. S (Siemens) je m

α Wärmedehnzahl in 1/K

13. Dielektrizitätskonstante und elektr. Durchschlagsfestigkeit von Isolierstoffen

Isolierstoffe (s. Dicke in mm) (Para = Kautschuk)	Dichte ϱ in kg/dm^3	Dielektrizitätszahl ε in F/cm^2	Elektrische Durchschlagsfestigkeit E_d in kV/mm
1. Feste Isolierstoffe			
Porzellan	2,3...2,5	≈ 6	30...35
Steatit	2,6...2,8	≈ 6	20...30
Steinzeug	$\approx$2,5	4,5	20...30
Kollektor- u. Heizmikanit	2,4...2,6	4,7...6,1	30...35
Braun- u. Formmikanit	2	4,5...5,5	30
Biegemikanit	2	4,5	20...28
Mikanitpapier			25...35
Mikanitleinen			15...35
Mikanitseide	} 2	} 3,5...4,3	
Mikanitbatist			} 20...40
Mikanitasbest			
Mikafolium	1,8	3 ..,4	25 (4 kV bei s = 0,15)
Naturglimmer (Blockgl.)	$\approx$2,6	4,7...6,7	bis 42
Quarz	1,8	4,4..,4,7	$\approx$40
Glas	2,6	3,2...5	10
Flintglas	2,9	3 ...9	20
Naturgummi (Reine Para)	0,93	2,3...2,8	
Vulkanisiert mit 60% Para	1,28		
Vulkanisiert mit 50% Para	1,42		} 10
Vulkanisiert mit 40% Para	1,65	} 2,94	
Vulkanisiert mit 33% Para	1,69		
Vulkanisiert mit 28% Para	1,78		
Hartgummi	1,2...1,7	2,5...4	8...10
Stahlgummi	1,4...1,7	4 ...5	8...11 } kV/mm
Stabilitartige Isolierstoffe	1,5...1,7	4 ...5	6... 8 } bei s = 5..10
Asbestkautschuk	1,9	4	2,5 } mm
Guttapercha	$\approx$1	2,5..,4,2	...10
Vulkanfieber	1,2...1,4	2,5	10
Plattenpreßspan s = 1 mm	1,3		10 : unter
Edelpreßspan s = 1 mm	1,4	} 2	13 : Öl
Rollenpreßspan s = 1 mm	1,2		13 : 37
Hartpapierplatten	1,15...1,42	13 trock	20 u. Öl senkrecht zur Schichtung.
Hartpapierrohre	1,05...1,2	} 4...5 — 2 trock.	2 u. Öl parallel zur Schichtung
Hartgewebe	1,3...1,4	4	8 : 6 kV/mm bei s = 5...10 mm
Ölpapier, Ölleinen, Ölseide	1,1...1,35	3...5	30...50
Isolierschlauch	$\approx$0,8	3...5	30 kV/mm (s)
Elektropape	$\approx$1,3	3,5	6 kV 2 bei s $<$
Marmor	2,72	$\approx$4	6 kV bei s $>$ 2 mm
Schiefer	2,8	$\approx$4	(1 min)

14. Heizwerte und Eigenschaften der wichtigsten Brennstoffe (Mittelwerte)

I. Feste Brennstoffe (1 kWh = 860 kcal)	H_u in kJ/kg	Aschegehalt in vH	Flüchtige Bestandteile in vH (wasserfrei)
Steinkohle			
Anthrazit	32 680	4–7	7–12
Esskohle	31 840	3–7 .	12–19
Magerkohle	31 430	4–7	7–12
Fettkohle	31 430	4–7	20–30
Gasflammkohle	30 170	4–6	30–38
Schles. Steinkohle	28 910	3–8	28–33
Sächs. Steinkohle	27 650	5–6	30–36
Braunkohle			
Böhm. Braunkohle	18 850	4–6	38–45
Mitteldeutsche Braunk.	10 060	5–9	20–25
Rheinische Braunkohle	8 380	3–6	20–27
Brk. Preßlinge	20 320	4–6	42–48
Koks			
Zechenkoks (lufttr.)	30 170	8	1
Gaskoks (lufttr.)	29 330	8–10	1
Steinkohlen-Schwelkoks	27 240	10–14	4–7
Braunkohlen-Schwelkoks	18 850	14–19	7–15
Torf (lufttr.)	14 670	10–12	47–50
Holz (lufttr.)	11 730 bis 14 690	1,5	70–75

II. Flüssige Brennstoffe	H_u in kJ/kg	Dichte in kg/m³	
Heizöl	39 800	1,220	
Gasöl	41 900	0,850	
Br. Teeröl	40 220	0,925	
St. Teeröl	37 290	1,050	
Benzin	42 740	0,720	
Benzol	39 810	0,860	
Propan	46 100	0,510	

III. Gasförmige Brennstoffe	H_u in kJ/m³	Dichte in kg/m³
Erdgas (BR)	28 070–32 680	
Koksofengas	20 110	0,42
Stadtgas, Ferngas	15 920–17 180	0,44
Generatorgas	5 030– 6 290	0,86
Hochofengas, Gichtgas	3 560– 4 190	0,99

1 kcal/kg ≈ 4,19 kJ/kg; 1 kWh = 3600 kJ; 1 kJ ≈ 0,24 kcal
kcal/kg ist als Einheit unzulässig

15. Zusammensetzung wichtiger Industriegase

Gasart	Mittlere Zusammensetzung in Vol.%							H_u	Abgas
	H_2	CO	CH_4	C_nH_m	CO_2	N_2	O_2	$\frac{kJ}{m^3}$	CO_2 max
Gichtgas	4	28	–	–	8	60	–	3980	23,1
Luftgas	6	23	3	0,2	5	62	–	4740	18,1
Mondgas	25	12	4	0,3	16	43	–	5830	18,3
Mischgas	12	28	3	0,2	3	54	–	5990	18,3
Wassergas	49	42	0,5	–	5	3	–	10900	21,2
Ruhrgas	56	5,5	23,5	2,2	2,3	10	0,5	16970	10,5
Erdgas	56	13	23	2,5	2	3,5	–	17390	10,9
Koksofengas	50	8	29	4	2	7	–	19190	11,0
Ferngas	51	8	32	4	3	2	–	20 370	11,1
Steinkohlen-schwelgas	27	7	48	13	3	2	–	28790	12,8

16. Dynamische Viskosität von Gasen:
$$\eta \, 10^{-6} \; [\text{in Ns/cm}^2 = \text{Pa} \cdot \text{s}]$$

Gas (bei 20 °C)	Formel	$\eta \cdot 10^{-6}$	
		Pa s	kp s/m^2
Ammoniak	NH_3	10,2	1,02
Ethylen	C_2H_4	10,3	1,03
Acetylen	C_2H_2	10,4	1,04
Chlor	Cl_2	13,5	1,35
Chlorwasserstoff	HCl	14,6	1,46
Kohlenmonoxid	CO	18,0	1,80
Kohlendioxid	CO_2	15,0	1,50
Luft	–	18,4	1,84
Methan	CH_4	11,0	1,10
Sauerstoff	O_2	20,7	2,07
Schwefeldioxid	SO_2	12,8	1,28
Distickstoffoxid	NO	19,2	1,92
Stickstoffmonoxid	N_2O	14,9	1,49
Stickstoff	N_2	17,8	1,78
Wasserstoff	H_2	9,0	0,90
Generatorgas	–	≈17,5	≈1,75
Hochofengas	–	≈17,8	≈1,78
Kokereigas	–	≈13,3	≈1,33
Ferngas, Erdgas	–	≈12,3	≈1,23

1 Pa s = 1 Ns/m^2 = 100 P (Poise) = 0,1 kps/m^2
1 kps/m^2 = 10 Pa s (Ns/m^2)
[Einheit kps/m^2 nur zum Vergleich, sonst unzulässig.]

17. Kinematische Viskosität von Wasser und Dampf: $\nu \cdot 10^6$ [m²/s]
(Wahrscheinlichkeitswerte **) (1 m²/s = 10^4 St)

Temperatur °C	0	20	50	100	150	200	300	374	400	500	1000	1500
Luft *) bei 1 bar	13	15	17	23	29	35	48	60	65	97	180	310
Rauchgase *) bei 1 bar	10	12	15	19	26	30	42	53	57	73	165	280
Wasser**) $\nu = 10^6$ x	1,8	1	0,55	0,29	0,22	0,21	0,20	0,2	–	–	–	–
Sattdampf**) $\nu = 10^6$ x	–	–	130	22	6,5	2,6	0,7	0,2	–	–	–	–
9 bar	–	–	–	–	–	3,8	5,8	7,3	7,8	10,3	–	–
22 bar	–	–	–	–	–	–	2,5	3,2	3,5	4,6	–	–
37 bar	–	–	–	–	–	–	1,6	2,0	2,2	2,7	–	–
58 bar	–	–	–	–	–	–	1,0	1,3	1,4	1,8	–	–
73 bar	–	–	–	–	–	–	0,8	1,0	1,1	1,5	–	–
115 bar	–	–	–	–	–	–	–	0,7	0,8	1,1	–	–
Krit. Druck 224 bar	–	–	–	–	–	–	–	0,2	0,3	0,7	–	–

(Linke Randbeschriftung: $\nu = 10^6$ x Heißdampf***) bei Überdruck von)

$\nu = \eta/\varrho$, wenn ϱ Dichte in kg/m³ ist

18. Wärmeleitzahl einiger Isolierstoffe (Dämmstoffe): nach Temp.

	λ (kJ/m h °C) bei					λ (kJ/m h °C) bei			
	100°	200°	300°	600°		200°	300°	600°	800°
Alfol-Isolierung					Steine				
Alfol-Knitterverf.	0,222	0,277	0,327	–	Dinas-Steine	3,100	3,230	3,90	4,74
Alfol-Planverf.	0,138	0,176	0,222	–	Magnesit-Steine	4,820	4,900	5,41	5,99
Asbest	0,699	0,725	0,754	0,78	Schamotte-Steine	2,140	2,600	4,02	5,03
Glasgesp., lose	0,189	0,264	0,356	–	Silika-Steine	2,350	2,640	3,69	5,66
Glaswatte	0,184	0,264	0,214	–	Kieselgurst. gebr.	0,344	0,406	0,60	0,72
Kieselgurmasse	0,356	0,385	0,415	0,49	desgl.	0,406	0,453	0,59	0,68
Kieselgur-Leichtmasse	0,235	0,260	0,285	0,37	desgl.	0,511	0,562	0,71	0,81
Magnesia-Steine	0,214	0,251	–	–	Sterchamol 20	0,679	0,704	0,77	0,82
Magnesiamasse	0,222	0,260	–	–	Sterchamol 23	0,365	0,415	0,58	0,70
Schlackenwolle	0,172	0,222	0,277	0,37	'' feuerlicht	0,880	0,960	1,17	1,30

19. Kinematische Viskosität ν von schweren Kraftstoffen

Kinematische Viskosität (Zähigkeit) ν in SI-Einheit m^2/s bzw. in Redwood-Sekunden oder Saybolt-Sekunden (nach ASTM American Siciety of Testing Material).

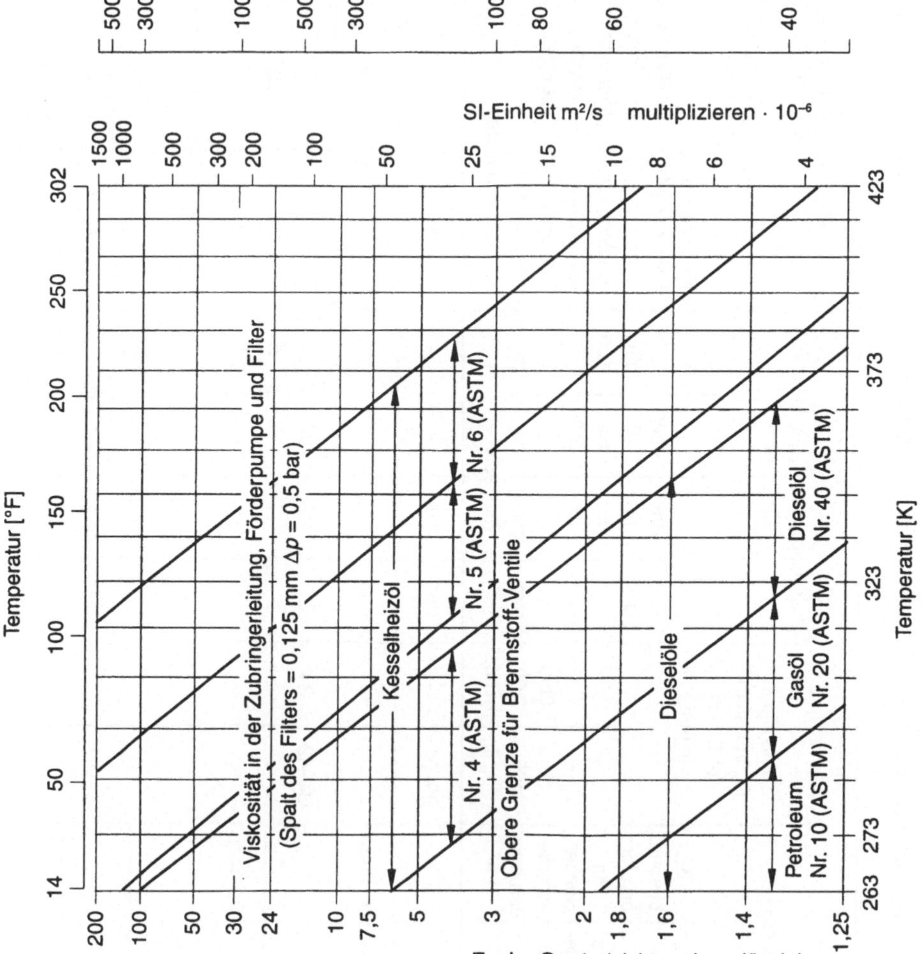

20. Festigkeit und Verwendung von Stählen nach DIN EN 10025 (früher DIN 17100)
Gewährleistung mechanische Eigenschaften im Lieferzustand (bei 20 °C) 1 kN/cm^2 = 10 N/mm^2

Stahlsorte der Gütegruppe[1]			Zugfestigkeit R_m in kN/cm^2 für Dicken in mm		Streckgrenze R_{eH} in kN/cm^2 für Dicken				Bruchdehnung A_5 in % für Dicken bis 1000 mm[2]			Biege-winkel von 180° im Faltversuch mit Dorndurchmesser von[3]
1 für allgemeine Anforderungen Fe	2 für höhere Anforderungen Fe	3 besond. beruhigt für Sonderanforderungen Fe	bis 100	über 100 mind.	bis 16 mm	über 16 bis 40 mm	über 40 bis 100 mm	über 100 mm	für Bleche u. Breitflachstahl normal geglüht, für alle anderen Erzeugnisse warmgewalzt (mindestens)	für Bleche und Breitflachstahl warmgewalzt (mindestens)	über 100 mm	
360-0 St 33			29–51	–	18,5	18	–	–	18[4]	18[4]	–	3 a
(St 34)	Nicht mehr genormt								27	25		1 a
	St 34-2		34–42	34	21	21	20	nach Vereinbarung	28	26	nach Vereinbarung	0,5 a
		St 34-3										
360-B St 37	St 37-2		34–47	37	23,5[5]	23,5[5]	22,5[5]		26	26		1 a
		St 37-3			23,5	23,5	21,5					

430-D1 St 44	St 44-2	41–56	42	27,5[5]	27,5[5]	23,5[5]	nach Vereinbarung	22	22	nach Vereinbarung	2 a
	St 44-3										
490-2 St 50	St 50-2	47–63	50	30	29	28		20	20		–
	St 52-3	49–63[6]	–	35,5	35,5	31,5		22	22		2 a
590-2 St 60	St 60-2	57–71	60	33,5	33,5	29,5		16	–		–
690-2	St 70-2	79–83	70	36	36	32,5		11	–		–

[1]) Zur Kennzeichnung der Erschmelzungs- und Vergießungsart müssen die Kurznamen der Stahlsorten nach Abschnitt 1.4 ergänzt werden, z.B.: U = unberuhigt vergossen, R = beruhigt gegossen, RR = besonders beruhigt vergossen (wie bei R St 37-2)

[2]) Die Werte gelten für Längsproben; bei Querproben dürfen sie um zwei Einheiten unterschritten werden.

[3]) α = Probendicke.

[4]) Für Dicken von 3 bis 40 mm.

[5]) Bei Grob- und Mittelblech sowie bei Breitflachstahl dürfen die Werte für die untere Streckgrenze um 2 kN/cm^2 niedriger, als in der Tafel angeführt, sein.

[6]) Eine untere Grenze von 50 kN/cm^2 und eine obere Grenze von 70 kN/cm^2 werden nicht beanstandet. 1 kN/cm^2 = 10 N/mm^2.

21. Vergütungsstähle, unlegiert (n. DIN 17 200; SEL)

Qualitätsstähle $R_{p0,2}$ Streck-, Dehngrenze, R_m Zugfest.

Kurzname nach DIN 17 006	Stoff-Nr. nach DIN 17 007	a) Chem. Zusammensetzung in % mind.			Geglüht Härte HB 30	b) Festigkeit (in kN/cm²) Vergütet (je nach d)			Kerb-schlag-zähigkeit 10 Nm/cm²
		C	Mn	P/S je <		Streck-grenze	Zug-festigkeit	Dehnung A_5 in %	
C 25	1.0611	0,22	0,45	0,045	155	86 … 30	70 … 55	19 … 22	7 … 8
C 35	1.0501	0,35	0,55	0,045	172	42 … 33	78 … 63	17 … 20	5 … 7
C 45	1.0503	0,45	0,65	0,045	206	48 … 36	85 … 70	14 … 18	3 … 5
C 60	1.0601	0,60	0,65	0,045	243	57 … 44	100 … 85	11 … 15	2 … 4
n. SEL									
C 35	1.1183	0,33	0,50	0,035	200	55 … 36	73 … 58	10 … 19	2 … 3
Cf 45	1.1193	0,45	0,55	0,035	206	48 … 41	80 … 63	14 … 16	3 … 5
Cf 53	1.1213	0,53	0,55	0,035	217	52 … 43	83 … 69	13 … 14	3 … 5
(Cf 56)	1.1214	0,56	0,55	0,035	224	52 … 40	100 … 65	13 … 16	–
Cf 70	1.1249	0,70	0,30	0,035	224	58 … 48	93 … 78	12 … 14	–

Si-Gehalt: ~ 0,25 %
bei C 75: ~ 0,35 %

n. DIN	c) Wärmebehandlungstemperatur (in °C)				d) Anwendungsbereiche
	Warm-formung	Weich-glühen	Normal-glühen	Härten Wasser/Öl	
C 25	1100 bis 850	650 bis 700	880 bis 900	860 bis 900	Für geringe Beanspruchungen: Fahrzeug- und Maschinenteile
C 35	1100 bis 850	650 bis 700	860 bis 890	840 bis 880	Für höhere Beanspruchungen: Fahrzeug- und Maschinenteile
C 45	1100 bis 850	650 bis 700	840 bis 870	820 bis 860	Triebwerksteile mittlerer Festigkeit
C 60	1050 bis 850	650 bis 700	820 bis 850	800 bis 840	Für höhere Beanspruchungen; Achsen, Bolzen, Spindeln, Wellen
n. DIN 17 21 (C 75)	1000 bis 800	600 bis 650	810 bis 840	780 bis 810	Höchste Verschleißfestigkeit; Maschinenteile Achsen, Zahnräder)
Cf 45	1100 bis 850	650 bis 700	840 bis 870	820 bis 860	Oberflächengehärtete Teile; Getriebewellen und -räder, Nocken-wellen, Kolbenbolzen, Kipphebel, Bohrspindeln
Cf 53	1050 bis 850	650 bis 700	820 bis 850	800 bis 840	
(Cf 56)	1050 bis 850	650 bis 700	820 bis 850	800 bis 840	Induktionsgehärtete Teile; Kolbenbolzen usw.
Cf 70	1000 bis 800	680 bis 710	810 bis 840	780 bis 840	Oberflächenhärtung; höchste Härte (dünnwandige Teile)

Anlassen: 530 bis 670°C (bei C 75: 420 bis 500°C)

24 – 22

22. Einsatzstähle, unlegiert (n. DIN 17210; SEL)

Kurzname nach DIN 17006	Stoff-Nr. nach DIN 17007	a) Chem. Zusammensetzung (in %)			Geglüht Härte HB 30	b) Festigkeit (in kN/cm² Einsatzgehärtet; im Kern			Kerbschlagzähigkeit Nm/cm²
		C	Mn	P/S je max		Streckgrenze	Zugfestigkeit	Dehnung A_5 in %	
C 10	1.0301	0,10	0,40	0,045	131	29,5	49 ... 64	16	90
Ck 10	1.1121	0,10	0,40	0,035	131	29,5	49 ... 64	16	90
C 15	1.0401	0,15	0,40	0,045	140	35,5	50 ... 65	14	80
Ck 15	1.1141	0,15	0,40	0,035	140	35,5	59 ... 79	14	80
(C 22)	1.0402	0,22	0,45	0,045	155	36	60 ... 80	12	70
(Ck 22)	1.1151	0,22	0,45	0,035	155	36	60 ... 80	12	70
		Si-Gehalt: $\approx$ 0,25 %						$L_o = 5\,d_o$	

	c) Wärmebehandlungstemp. (in °C) Werte für alle Sorten gültig	d) Anwendungsbereiche
C 10, Ck 10 C 15, Ck 15 (C 22, Ck 22)	Warmformung: 1100 ... 850°C Blindhärten: 780 ... 790°C Abkühlung in Wasser/Öl/Warmbad (180 ... 250°C) Einsetzen: 850 ... 930°C (850 ... 880) Härten (1. Härtung): 890 ... 920°C Zwischenglühen: 650 ... 680°C (Abkühlen in Luft oder Ofen) Schlußhärtung: 770 ... 800°C Normalglühen: 890 ... 920°C Anlassen: 150 ... 180°C (120 ... 200)	Mittlere Kernfestigkeit; für Bau- und Maschinenteile Kleine Maschinenteile; Bolzen, Büchsen, Gelenke, Hebel, Zapfen Für geringe Beanspruchungen; Fahrzeug- und Maschinenbauteile

1 kN/cm² = 10 N/m; Klammerangaben sind nicht genormt

23. Zugfestigkeit, Dehnung und Härte wichtiger Gebrauchsmetalle

Metall	Zustand	Streck-grenze N/mm^2	Zug-festigkeit N/mm^2	Bruch-dehnung A_5 in % >	Brinell-härte HB 30
Aluminium Al 99,5	weich	30 ... 80	50 ... 90	30 ... 16	20 ... 25
	hart	140...200	130...170	4 ... 8	35
Al-Leg. AlCuMg	weich	60...160	160...220	25 ... 15	40 ... 60
	hart	220	280	2	75 ... 100
Al-Leg. AlMgSi	weich	50 ... 80	110	15	35
	hart	150...200	170...280	3	55 ... 80
Al-Leg. AlMg3	weich	80	180	15 ... 17	45
	hart	180	260	3 ... 4	75
Al-Leg. G AlSiMg	unbe-handelt	100...130	150...200	5 ... 1	50 ... 70
(Kokillenguß)	ausge-härtet	160...290	200...300	4 ... 1	80 ... 100
Blei			14	60	4
Eisen, rein		120	220	50	60
Stahl mit 0,1 % C	geglüht	190...230	380...420	30	100
Stahl mit 0,85 % C		450	900	13	250
Stahl mit 5 % Ni, 0,2 % C	geglüht	400...450	350...700	22	160
	gehärtet	520...600	700...950	15	200
Stahl mit 18 % Cr, 8 % Ni	abge-schreckt	etwa 250	etwa 550...750	etwa 50	etwa 130 ...180
Gold	gezogen	140	270	50	18,5
Cadmium			64	17	16

1 kN/cm² = 10 N/mm²
1 N/m² = 1 Pa (Pascal); 1 N/mm²
Streckgrenze R_e bzw. $R_{p0,2}$; Zugfestigkeit R_m

Zugfestigkeit, Dehnung und Härte wichtiger Gebrauchsmetalle

Metall	Zustand	Streck-grenze N/mm^2	Zug-festigkeit N/mm^2	Bruch-dehnung A_5 in % >	Brinell-härte HB 30
Kupfer	weich	40...70	200...250	50...30	40 ... 50
	hart-gezogen	300...400	350...450	5...1	80 ... 100
Messing Ms 63	weich		400...500	35	65
Messing Ms 63	hart		470...580	15	110
Messing G Ms 63		80	150...200	7	60
Bronze G SnBz 10		50...80	200...220	8...10	75 ... 80
Bronze G SnBz 20		150	320	20	90 ... 100
Bronze AlBz 4	weich		300...380	50	60
	hart			8...15	130
Neusilber	geglüht	$\approx$ 150	$\approx$ 400	$\approx$ 40	$\approx$ 80
	hart	$\approx$ 500	$\approx$ 570	$\approx$ 9	$\approx$ 160
Magnesium			200	10	25
Mg-Leg. MgMn	geknetet	120...160	180...270	1,5...5	35 ... 42
Mg-Leg. MgAl 6	geknetet	180...240	260...320	16...8	60
Nickel Ni 98	weich	$\approx$ 120	400...450	$\approx$ 45	80 ... 90
	hart	$\approx$ 760	$\approx$ 800	$\approx$ 2	180 ... 200
Monel (67 % Ni, 28 % Cu)	kalt-verformt		788	19,5	200
Silverin (67 % Ni, 28 % Cu)	kaltverf.		650	10	179
	weich		460	$\approx$ 44	95
Platin	gezogen	260	340	50	55
Silber	angelassen	30	160	20...50	25
Zink (Reinzink)	gewalzt	150...180	200...250	20	55
	gewalzt u. geglüht	80...100	120...160	35...45	30 ... 35
					25
	gegossen	20	30	1	
Zn-Leg. D ZnAl 4			250...280	1,5	60 ... 70
Zinn			27,5	40	5

24 – 25

24. Dauerfestigkeit einiger Metalle (in kN/cm²)

Werkstoffbezeichng. Nach DIN 17006	Beispiel	Zustand	Zugfestigkeit R_m in kN/cm²	Streckgrenze R_e in kN/cm²	Wechselzugfestigk. $\sigma_{ws} \approx$	Wechselbiegefestigk. $\sigma_{wb} \approx$	Wechselverdrehfest. $\tau_w \approx$	Schwellfestigk. (Zug) $\sigma_{sch} \approx$	Bruchdehnung A_5 in %
a) Bandstahl und Stabstahl									
St 37	St 37-2		37	22	12	17	10	22	23
St 42	St 42-2		45	25	13,5	19	11	24,5	20
St 50	St 50-2		55	31	18	24	14	32	18
St 60	St 60-2		65	36	20	28	16	36	14
St 70	St 70-2		75	42	23	32	19	40	10
b) Stahllegierungen									
28 NiCr 6		weich	70	45	23	32	19	38	8—12
36 NiCr 6		hart	80	56	26	36	22	45	8—12
28 NiCr 10		weich	78	54	25	34	21	42	8—12
36 NiCr 10		hart	88	61	28	38	23	48	8—12
24 NiCr 14		weich	83	62	27	38	21	46	8—12
31 NiCr 14		hart	98	73	30	42	24	52	8—12
35 NiCr 18			115	92	35	46	28	60	4—7
	CrNiW		120	100	37	50	30	66	10
	Federst. (Cr)		120	105	36	54	30	—	10
	Federst. (Cr-Va)		145	115	39	60	32	—	9
GG-15	Gußeis. Ge 12.91		14,5	—	—	6,0	4,5	—	—
GG-25	Gußeis. Ge 24.91		25	—	—	9,0	7,5	—	—
GS	Stahlguß Stg gegl.		49,5	30	12	18	11	22	23
c) Buntmetalle									
	Kupfer	gezogen	35	29	—	12	5,0	—	17
	Messing	geglüht	34	11	—	15	8,5	—	45
	Bronze	gewalzt	57	43	—	13	7,5	—	21
d) Leichtmetalle									
Aluminium		geglüht	9,8	5,5	—	5	3	—	24
AlCuMg-Legierung			27	12	—	12	6,5	—	18
GAlSi			17,5	12	—	4,5	2,5	—	4,5
Mg-Gußlegierung			17	13	—	6,5	3,0	—	4,5
Mg-Preßlegierung		vergütet	36	20	—	13	8,0	—	14

Erläuterungen zum Begriff Dauerfestigkeit s. Tab. Fl/4

24–26

1. Masse von Stahlblechen bis 4,75 mm Dicke

(Mittel- und Feinbleche) (Normal-, Mittel- und Grobformat)
Mittelbleche = 3–4,75 mm Dicke, Feinbleche = unter 3 mm Dicke

Nummer	Dicke mm	Masse für 1 m² kg	Masse einer Tafel im Format von mm 1000 / 2000 kg	1250 / 2500 kg	1500 / 3000 kg	Nummer	Dicke mm	Masse für 1 m² kg	Masse einer Tafel im Format von mm 800 / 1600 kg	1000 / 2000 kg	1250 / 2500 kg	1500 / 3000 kg
3	$4^{1}/_{2}$	36	72	$112^{1}/_{2}$	162	15	$1^{1}/_{2}$	12	15,36	24	$37^{1}/_{2}$	54
4	$4^{1}/_{4}$	34	68	$106^{1}/_{4}$	153	16	1,375	11	14,08	22	$34^{1}/_{4}$	—
5	4	32	64	100	144	17	$1^{1}/_{4}$	10	12,8	20	$31^{1}/_{4}$	—
6	$3^{3}/_{4}$	30	60	$93^{3}/_{4}$	135	18	1,12	9	11,52	18	28	—
7	$3^{1}/_{2}$	28	56	$87^{1}/_{2}$	126	19	1	8	10,24	16	25	—
8	$3^{1}/_{4}$	26	52	$81^{1}/_{4}$	117	20	0,875	7	8,96	14	$21^{3}/_{4}$	—
9	3	24	48	75	108	21	0,75	6	7,68	12	$18^{3}/_{4}$	—
10	$2^{3}/_{4}$	22	44	$68^{3}/_{4}$	99	22	0,625	5	6,40	10	$15^{1}/_{2}$	—
11	$2^{1}/_{2}$	20	40	$62^{1}/_{2}$	90	23	0,562	$4^{1}/_{2}$	5,76	9	14	—
12	$2^{1}/_{4}$	18	36	$56^{1}/_{4}$	81	24	0,50	4	5,12	8	$12^{1}/_{2}$	—
13	2	16	32	50	72	25	0,438	$3^{1}/_{2}$	4,48	7	—	—
14	$1^{3}/_{4}$	14	28	$43^{3}/_{4}$	63	26	0,375	3	3,84	6	—	—

Vorstehende Gewichte sind auch für glatte verzinkte, verbleite und verzinnte (Weiß-)Bleche, sowie für dekapierte Stanz- und Tiefziehbleche maßgebend.

2. Masse von Stahlblechen über 5 mm

(Grobbleche = über 4,76 mm Dicke) in kg

Grobbleche

Dicke mm	Masse für 1 m² kg	Masse einer Tafel im Format von mm 1000 / 2000 kg	1250 / 2500 kg	1500 / 3000 kg
5	40	80	125	180
6	48	96	150	216
7	56	112	175	252
8	64	128	200	288
10	80	160	250	360
12	96	192	300	432
14	112	224	350	504
15	120	240	375	540
16	128	256	400	576
18	144	288	450	648
20	160	320	500	720
22	176	352	550	792
25	200	400	625	900
30	240	480	750	1080
40	320	640	1000	1440

Riffelbleche

Format mm	Tafelmasse bei einer Dicke ohne Riffel in mm 4	5	6	7	8	10
800 × 1600	48	58	68	78	—	—
1000 × 2000	76	95	112	124	138	172
1250 × 2500	120	150	175	195	220	—
1500 × 3000	171	207	241	—	315	387

Warzenbleche

Grunddicke	4	5	6	7	8	9	10	11	12	14 mm
Masse für 1 m² ca	33	42	50	57	65	73	80	87	93	113 kg

3. Masse von Rund- und Vierkantstahl (DIN 368, 176, 178)

Dichte $\rho = 7{,}85$ kg/dm³

Dicke in mm	Masse m in kg/lfd. m (▢)	Masse m in kg/lfd. m (◯)	Dicke in mm	Masse m in kg/lfd. m (▢)	Masse m in kg/lfd. m (◯)	Dicke in mm	Masse m in kg/lfd. m (▢)	Masse m in kg/lfd. m (◯)
5	0,196	0,154	50	19,625	15,414	180	254,340	199,759
6	0,283	0,222	52	21,226	16,671	185	268,666	211,011
7	0,385	0,302	54	22,891	17,978	190	283,385	222,571
8	0,502	0,395	56	24,618	19,335	195	298,496	234,439
9	0,636	0,499	58	26,407	20,740	200	314,000	246,616
10	0,785	0,617	60	28,260	22,195	205	329,896	259,101
11	0,950	0,746	62	30,175	23,700	210	346,185	271,894
12	1,130	0,888	64	32,154	25,253	215	362,866	284,996
13	1,327	1,042	66	34,195	26,856	220	379,940	298,405
14	1,539	1,208	68	36,298	28,509	225	397,406	312,125
15	1,766	1,387	70	38,465	30,210	230	415,265	326,150
16	2,010	1,578	72	40,694	31,961	235	433,516	340,484
17	2,269	1,782	74	42,987	33,762	240	452,160	355,127
18	2,543	1,998	76	45,342	35,611	245	471,196	370,078
19	2,834	2,226	78	47,759	37,510	250	490,625	385,338
20	3,140	2,466	80	50,240	39,459	255	510,446	400,905
21	3,462	2,719	85	56,716	44,545	260	530,660	416,781
22	3,799	2,984	90	63,585	49,940	265	551,266	432,965
23	4,153	3,261	95	70,846	55,643	270	572,265	449,458
24	4,522	3,551	100	78,500	61,654	275	593,656	466,258
25	4,906	3,853	105	84,546	67,974	280	615,440	483,367
26	5,307	4,168	110	94,985	74,601	285	637,616	500,785
27	5,723	4,495	115	103,816	81,537	290	660,185	518,510
28	6,154	4,834	120	113,040	88,782	295	683,146	536,544
29	6,602	5,185	125	122,656	96,334	300	706,500	554,886
30	7,065	5,549	130	132,665	104,195	305	730,246	573,536
32	8,038	6,313	135	143,066	112,364	310	754,385	592,495
34	9,075	7,127	140	153,860	120,842	315	778,916	611,762
36	10,174	7,990	145	165,046	129,628	320	803,840	631,337
38	11,335	8,903	150	176,625	138,722	325	829,156	651,220
40	12,560	9,865	155	188,596	148,124	330	854,865	671,412
42	13,847	10,876	160	200,960	157,834	335	880,966	691,912
44	15,198	11,936	165	213,716	168,853	340	907,460	712,720
46	16,611	13,046	170	226,865	178,180	345	934,346	733,837
48	18,086	14,205	175	240,406	188,815	350	961,625	755,262

Fertigfabrikate

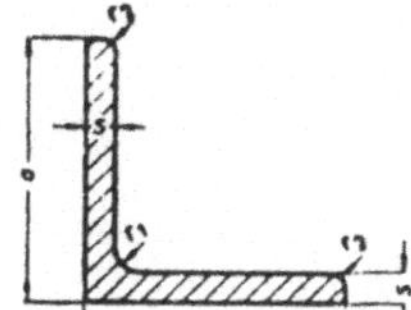

4. Gleichschenkliger L-Stahl rundkantig (z.T. nach DIN 1028)

Normallängen 3000 bis 12000 mm

Maße in mm — Gewichte — Statische Werte

Kurzzeichen L $a \cdot s$	$r_1 \cdot r_2$ mm	Querschnitt $A = s$ cm^2	Masse m in kg/m	J_x cm^4	W_x cm^3	i_x cm	J_y cm^4	W_y cm^3	i_y cm	e cm
20 · 3	3,5 – 2	1,12	0,88	0,39	0,28	0,59	0,15	0,18	0,37	0,60
20 · 4*	3,5 – 2	1,45	1,14	0,48	0,35	0,58	0,19	0,21	0,36	0,64
25 · 3	3,5 – 2	1,42	1,12	0,79	0,45	0,75	0,31	0,30	0,47	0,73
25 · 4	3,5 – 2	1,85	1,45	1,01	0,58	0,74	0,40	0,37	0,47	0,76
25 · 5*	3,5 – 2	2,26	1,77	1,18	0,69	0,72	0,50	0,44	0,47	0,80
30 · 3	5 – 2,5	1,74	1,36	1,41	0,65	0,90	0,57	0,48	0,57	0,84
30 · 4	5 – 2,5	2,27	1,78	1,81	0,86	0,89	0,76	0,61	0,58	0,89
30 · 5*	5 – 2,5	2,78	2,18	2,16	1,04	0,88	0,91	0,70	0,57	0,92
35 · 3*	5 – 2,5	2,04	1,61	2,29	0,90	1,06	0,95	0,70	0,68	0,96
35 · 4	5 – 2,5	2,67	2,10	2,96	1,18	1,05	1,24	0,88	0,68	1,00
35 · 5	5 – 2,5	3,28	2,57	3,56	1,45	1,04	1,49	1,10	0,67	1,04
35 · 6*	5 – 2,5	3,87	3,04	4,14	1,71	1,04	1,77	1,16	0,68	1,08
40 · 3*	6 – 3	2,35	1,86	3,45	1,18	1,21	1,44	0,95	0,78	1,07
40 · 4	6 – 3	3,08	2,42	4,48	1,56	1,21	1,86	1,18	0,78	1,12
40 · 5	6 – 3	3,79	2,97	5,43	1,91	1,20	2,22	1,35	0,77	1,16
40 · 6*	6 – 3	4,48	3,52	6,23	2,26	1,19	2,67	1,57	0,77	1,20
45 · 4	7 – 3,5	3,49	2,75	6,43	1,97	1,36	2,68	1,53	0,88	1,23
45 · 5	7 – 3,5	4,30	3,38	7,83	2,43	1,35	3,25	1,80	0,87	1,28
45 · 6*	7 – 3,5	5,09	4,00	9,16	2,88	1,34	3,83	2,05	0,87	1,32
45 · 7*	7 – 3,5	5,86	4,60	10,40	3,31	1,33	4,39	2,29	0,87	1,36
50 · 4*	7 – 3,5	3,89	3,07	8,97	2,46	1,52	3,73	1,94	0,98	1,36
50 · 5	7 – 3,5	4,80	3,77	11,00	3,05	1,51	4,59	2,32	0,98	1,40
50 · 6	7 – 3,5	5,69	4,47	12,28	3,61	1,50	5,24	2,57	0,96	1,45
50 · 7	7 – 3,5	6,56	5,15	14,60	4,15	1,49	6,02	2,85	0,96	1,49
50 · 8*	7 – 3,5	7,41	5,82	16,3	4,68	1,48	6,87	3,19	0,96	1,52
50 · 9*	7 – 3,5	8,24	6,47	17,90	5,20	1,47	7,67	3,47	0,97	1,56
55 · 5*	8 – 4	5,32	4,18	14,7	3,70	1,66	6,11	2,84	1,07	1,52
55 · 6	8 – 4	6,31	4,95	17,30	4,40	1,66	7,24	3,28	1,07	1,56
55 · 8*	8 – 4	8,23	6,46	22,10	5,72	1,64	9,35	4,03	1,07	1,64
55 · 10*	8 – 4	10,10	7,90	26,30	6,97	1,62	11,30	4,65	1,06	1,72
60 · 5	8 – 4	5,82	4,57	19,4	4,45	1,82	8,03	3,46	1,17	1,64
60 · 6	8 – 4	6,91	5,42	22,80	5,29	1,82	9,43	3,95	1,17	1,69
60 · 8	8 – 4	9,03	7,09	29,10	6,88	1,80	12,10	4,84	1,16	1,77
60 · 10*	8 – 4	11,10	8,69	34,90	8,41	1,78	14,60	5,57	1,15	1,85
65 · 6*	9 – 4,5	7,53	5,91	29,2	6,21	1,97	1,21	4,74	1,27	1,80
65 · 7	9 – 4,5	8,70	6,83	33,40	7,18	1,96	13,80	5,27	1,26	1,85
65 · 8*	9 – 4,5	9,85	7,73	37,5	8,13	1,95	15,6	5,84	1,26	1,89
65 · 9*	9 – 4,5	11,00	8,62	41,30	9,04	1,94	17,20	6,30	1,25	1,93
65 · 11*	9 – 4,5	13,20	10,30	48,80	10,80	1,91	20,70	7,31	1,25	2,00
70 · 6*	9 – 4,5	3,13	6,38	36,9	7,27	2,13	15,3	5,60	1,37	1,93
70 · 7	9 – 4,5	9,40	7,38	42,40	8,43	2,12	17,60	6,31	1,37	1,97
70 · 9	9 – 4,5	11,90	9,34	52,60	10,60	2,10	22,00	7,59	1,36	2,05
70 · 11*	9 – 4,5	14,30	11,20	61,80	12,70	2,08	26,00	8,64	1,35	2,13
75 · 6*	10 – 5	8,75	6,87	45,6	8,35	2,18	18,9	6,54	1,47	2,04
75 · 7	10 – 5	10,1	7,94	52,4	9,67	2,28	12,1	7,15	1,45	2,09
75 · 8*	10 – 5	11,50	9,03	58,90	11,00	2,26	24,40	8,11	1,46	2,13

* Nicht nach DIN 1028; e Schwerpunktabstand

Fertigfabrikate

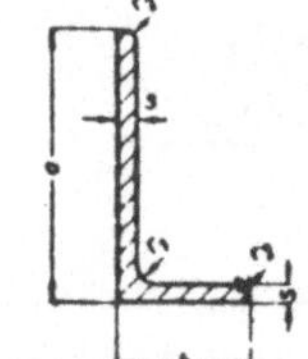

5. Ungleichschenkliger ∟-Stahl rundkantig (DIN 1029)

Normallängen 3000 bis 12000 mm

| Maße in mm | | | | | | | | | | | | |

Kurzzeichen ∟ $a \cdot b \cdot s$	r_1	r_2	Querschnitt $A = s$ cm²	Masse m in kg/m	e_x cm	e_y cm	J_x cm⁴	W_x cm³	i_x cm	J_y cm⁴	W_y cm³	i_y cm
30 · 20 · 3	3,5	2	1,42	1,11	0,99	0,50	1,25	0,62	0,94	0,44	0,29	0,56
30 · 20 · 4	3,5	2	1,85	1,45	1,03	0,54	1,59	0,81	0,95	0,55	0,38	0,55
40 · 20 · 3	3,5	2	1,72	1,35	1,43	0,44	2,79	1,08	1,27	0,47	0,30	0,52
40 · 20 · 4	3,5	2	2,25	1,77	1,47	0,48	3,59	1,42	1,26	0,60	0,39	0,52
45 · 30 · 3	4,5	2	2,19	1,72	1,43	0,70	4,47	1,46	1,43	1,60	0,70	0,86
45 · 30 · 4	4,5	2	2,87	2,25	1,48	0,74	5,78	1,91	1,42	2,05	0,91	0,85
45 · 30 · 5	4,5	2	3,53	2,77	1,52	0,78	6,99	2,35	1,41	2,47	1,11	0,84
50 · 40 · 4	4	2	3,46	2,71	1,52	1,03	8,54	2,47	1,57	4,86	1,64	1,19
50 · 40 · 5	4	2	4,27	3,35	1,56	1,07	10,4	3,02	1,56	5,89	2,01	1,18
60 · 30 · 5	6	3	4,29	3,37	2,15	0,68	15,6	4,04	1,90	2,60	1,12	0,78
60 · 30 · 7	6	3	5,85	4,59	2,24	0,76	20,7	5,50	1,88	3,41	1,52	0,76
60 · 40 · 5	6	3	4,79	3,76	1,96	0,97	17,2	4,25	1,89	6,11	2,02	1,13
60 · 40 · 6	6	3	5,68	4,46	2,00	1,01	20,1	5,03	1,88	7,12	2,38	1,12
60 · 40 · 7	6	3	6,55	5,14	2,04	1,05	23,0	5,79	1,87	8,07	2,74	1,11
65 · 50 · 5	6,5	3,5	5,54	4,35	1,99	1,25	23,1	5,11	2,04	11,9	3,18	1,47
65 · 50 · 7	6,5	3,5	7,60	5,97	2,07	1,33	31,0	6,99	2,02	15,8	4,31	1,44
65 · 50 · 9	6,5	3,5	9,58	7,52	2,15	1,41	38,2	8,77	2,00	19,4	5,39	1,42
75 · 50 · 5	6,5	3,5	6,04	4,74	2,40	1,17	34,4	6,74	2,39	12,3	3,21	1,43
75 · 50 · 7	6,5	3,5	8,30	6,51	2,48	1,25	46,4	9,24	2,36	16,5	4,39	1,41
75 · 50 · 9	6,5	3,5	10,5	8,23	2,56	1,32	57,4	11,6	2,34	20,2	5,49	1,39
75 · 55 · 5	7	3,5	6,30	4,95	2,31	1,33	35,5	6,84	2,37	16,2	3,89	1,60
75 · 55 · 7	7	3,5	8,66	6,80	2,40	1,41	47,9	9,39	2,35	21,8	5,32	1,59
75 · 55 · 8	7	3,5	9,81	7,70	2,43	1,45	53,8	10,6	2,34	24,3	6,00	1,57
75 · 55 · 9	7	3,5	10,9	8,59	2,47	1,48	59,4	11,8	2,33	26,8	6,66	1,57
80 · 40 · 6	7	3,5	6,89	5,41	2,85	0,88	44,9	8,73	2,55	7,59	2,44	1,05
80 · 40 · 8	7	3,5	9,01	7,07	2,94	0,95	57,6	11,4	2,53	9,68	3,18	1,04
80 · 65 · 6	8	4	8,41	6,60	2,39	1,65	52,8	9,41	2,51	31,2	6,44	1,93
80 · 65 · 8	8	4	11,0	8,66	2,47	1,73	68,1	12,3	2,49	40,1	8,41	1,91
80 · 65 · 10	8	4	13,6	10,7	2,55	1,81	82,2	15,1	2,46	48,3	10,3	1,89
90 · 60 · 6	7	3,5	8,69	6,82	2,89	1,41	71,7	11,7	2,87	25,8	5,61	1,72
90 · 60 · 8	7	3,5	11,4	8,96	2,97	1,49	92,5	15,4	2,85	33,0	7,31	1,70
100 · 50 · 6	9	4,5	8,73	6,85	3,49	1,04	89,7	13,8	3,20	15,3	3,86	1,32
100 · 50 · 8	9	4,5	11,5	8,99	3,59	1,13	116	18,0	3,18	19,5	5,04	1,31
100 · 50 · 10	9	4,5	14,1	11,1	3,67	1,20	141	22,2	3,16	23,4	6,17	1,29
100 · 65 · 7	10	5	11,2	8,77	3,23	1,51	113	16,6	3,17	37,6	7,54	1,84
100 · 65 · 9	10	5	14,2	11,1	3,32	1,59	141	21,0	3,15	46,7	9,52	1,82
100 · 65 · 11	10	5	17,1	13,4	3,40	1,67	167	25,3	3,13	55,1	11,4	1,80

Baustahl nach DIN EN 10 025 (früher DIN 17 100); e Schwerpunktabstand

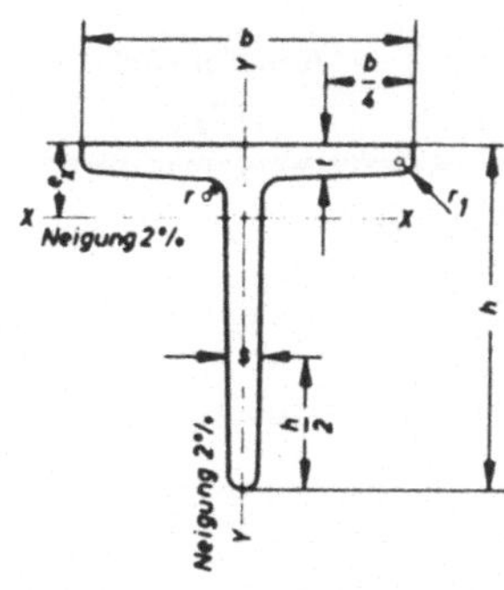

Fertigfabrikate

6. Rundkantiger T-Stahl (warmgewalzt) nach DIN 1024

a) Hochstegiger T-Stahl $b:h = 1:1$

$r = s$; $r_1 = r/2$ (auf halbe mm gerundet)

Bestellbeispiel:
220 t T 80 DIN 1024 — St 37.2 (oder — 1.0112)

| Be-zeich-nung T | Ab-messungen mm | | Quer-schnitt | Mas-se | | Für die Biegeachse | | | |
| | | | | | | x-x | | y-y | |
	$b = h$	$s = t$	$A = s$ cm²	m in kg/m	e_s cm	J_x cm⁴	i_x cm	J_y cm⁴	i_y cm
T 20	20	3	1,12	0,88	0,58	0,38	0,58	0,20	0,42
T 25	25	3,5	1,64	1,29	0,73	0,87	0,73	0,43	0,51
T 30	30	4	2,26	1,77	0,85	1,72	0,87	0,87	0,62
T 35	35	4,5	2,97	2,33	0,99	3,10	1,04	1,57	0,73
T 40	40	5	3,77	2,96	1,12	5,28	1,18	2,58	0,83
T 45	45	5,5	4,67	3,67	1,26	8,13	1,32	4,01	0,93
T 50	50	6	5,66	4,44	1,39	12,1	1,46	6,06	1,03
T 60	60	7	7,94	6,23	1,66	23,8	1,73	12,2	1,24
T 70	70	8	10,6	8,32	1,94	44,5	2,05	22,1	1,44
T 80	80	9	13,6	10,7	2,22	73,7	2,33	37,0	1,65
T 90	90	10	17,1	13,4	2,48	119	2,64	58,5	1,85
T 100	100	11	20,9	16,4	2,74	179	2,92	88,3	2,05
T 120	120	13	29,6	23,2	3,28	366	3,51	178	2,45
T 140	140	15	39,9	31,3	3,80	660	4,07	330	2,88

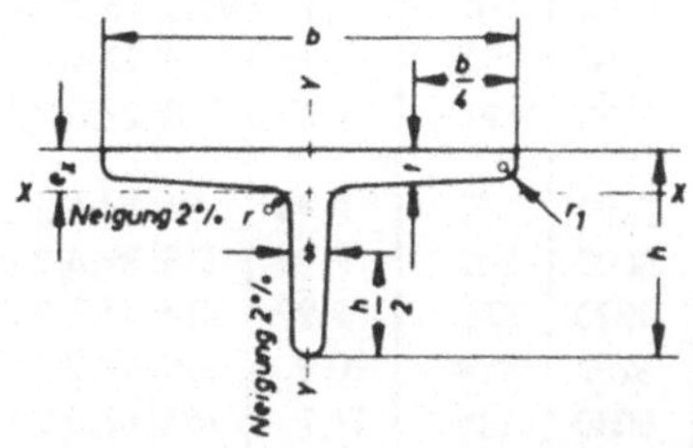

b) Breitfüßiger T-Stahl $b:h = 2:1$

$$h = \frac{b}{2}\ ;\ s = 0,15\,h + 1\ \text{mm};\ r = s$$

$$r_1 = \frac{r}{2}\ \text{(auf halbe mm gerundet)}$$

TB	h	b	$s = t$	A	m	e_s	J_x	i_x	J_y	i_y
TB 30	30	60	5,5	4,64	3,64	0,67	2,58	0,75	8,62	1,36
TB 35	35	70	6	5,94	4,66	0,77	4,49	0,87	15,1	1,59
TB 40	40	80	7	7,91	6,21	0,88	7,81	0,99	28,5	1,90
TB 50	50	100	8,5	12,0	9,42	1,09	18,7	1,25	67,7	2,38
TB 60	60	120	10	17,0	13,4	1,30	38,0	1,49	137	2,84

Regellängen: 3 bis 12 m; scharfkantiger T-Stahl siehe DIN 59 051
Baustahl nach DIN EN 10 025 (früher DIN 17 100)

7. U-Stahl Normalprofile (z.T. nach DIN 1026)

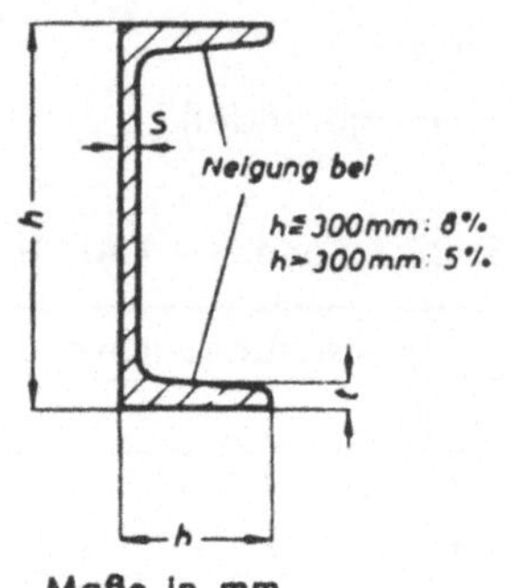

$$c = \frac{b}{2} \text{ bei } h \leqq 300 \text{ mm}$$

$$c = \frac{b - s}{2} \text{ bei } h > 300 \text{ mm}$$

J — Trägheitsmoment
W — Widerstandsmoment $\Big\}$ bezogen auf die zugehörige Biegeachse

$$i = \sqrt{\frac{J}{A}} = \text{Trägheits-halbmesser}$$

Normallängen 3 000 bis 15 000 mm

Kurz-zeichen ⎣	Abmessungen mm					Quer-schnitt	Mas-se	Für die Biegeachse					
								X – X			y – y		
	h	b	s	$t = r_1$	r_2	$A = s$ cm²	m in kg/m	J_x cm⁴	W_x cm³	i_x cm	J_y cm⁴	W_y cm³	i_y cm
80	80	45	6	8	4	11,0	8,64	106	26,5	3,10	19,4	6,36	1,33
100	100	50	6	8,5	4,5	13,5	10,6	206	41,2	3,91	29,3	8,49	1,47
120	120	55	7	9	4,5	17,0	13,4	364	60,7	4,62	43,2	11,1	1,59
140	140	60	7	10	5	20,4	16,0	605	86,4	5,45	62,7	14,8	1,75
160	160	65	7,5	10,5	5,5	24,0	18,8	925	116	6,21	85,3	18,3	1,89
180	180	70	8	11	5,5	28,0	22,3	1350	150	6,95	114	22,4	2,02
200	200	75	8,5	11,5	6	32,2	25,3	1910	191	7,70	148	27,0	2,14
220	220	80	9	12,5	6,5	37,4	30,0	2690	245	8,48	197	33,6	2,30
240	240	85	9,5	13	6,5	42,3	33,2	3600	300	9,22	248	39,6	2,42
260	260	90	10	14	7	48,3	39,0	4820	371	9,99	317	47,7	2,56
280	280	95	10	15	7,5	53,3	42,8	6280	448	10,9	399	57,2	2,74
300	300	100	10	16	8	58,8	48,0	8030	535	11,7	495	67,8	2,90
320	320	100	14	17,5	8,75	75,8	61,0	10870	679	12,1	597	80,6	2,81
350	350	100	14	16	8	77,3	62,0	12840	734	12,9	570	75,0	2,72
380	381	102	13,34	16	11,2	79,7	64,0	15730	826	14,1	613	78,4	2,78
400	400	110	14	18	9	91,5	74,0	20350	1020	14,9	846	102	3,04

Baustahl nach DIN EN 10 025 (früher DIN 17 100)

8. Schmale I-Träger (warmgewalzt) nach DIN 1025

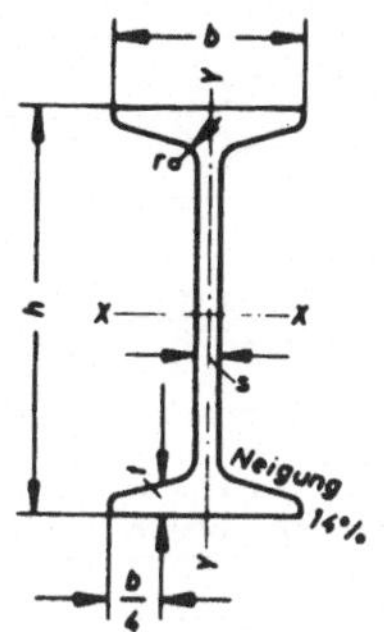

Schmale
I-Träger,
I-Reihe

Werte entsprechen Euronorm 24-62
Regellängen: 4 bis 15 m
Bezeichnung z. B.: „I 280 DIN 1025 - St 37-2"
oder „I 280 DIN 1025 - 1.0112"

Be-zeich-nung I	Abmessungen mm				Quer-schnitt	Ge-wicht	Für die Biegeachse x-x			Für die Biegeachse y-y		
	h	b	$s=r$	t	$A=s$ cm^2	m kg/m	J_x cm^4	W_x cm^3	i_x cm	J_y cm^4	W_y cm^3	i_y cm
80	80	42	3,9	5,9	7,57	5,94	77,8	19,5	3,20	6,29	3,00	0,91
100	100	50	4,5	6,8	10,6	8,34	171	34,2	4,01	12,2	4,88	1,07
120	120	58	5,1	7,7	14,2	11,1	328	54,7	4,81	21,5	7,41	1,23
140	140	66	5,7	8,6	18,2	14,3	573	81,9	5,61	35,2	10,7	1,40
160	160	74	6,3	9,5	22,8	17,9	935	117	6,40	54,7	14,8	1,55
180	180	82	6,9	10,4	27,9	21,9	1450	161	7,20	81,3	19,8	1,71
200	200	90	7,5	11,3	33,4	26,2	2140	214	8,00	117	26,0	1,87
220	220	98	8,1	12,2	39,5	31,1	3060	278	8,80	162	33,1	2,02
240	240	106	8,7	13,1	46,1	36,2	4250	354	9,59	221	41,7	2,20
260	260	113	9,4	14,1	53,3	41,9	5740	442	10,4	288	51,0	2,32
280	280	119	10,1	15,2	61,0	47,9	7590	542	11,1	364	61,2	2,45
300	300	125	10,8	16,2	69,0	54,2	9800	653	11,9	451	72,2	2,56
320	320	131	11,5	17,3	77,7	61,0	12510	782	12,7	555	84,7	2,67
340	340	137	12,2	18,3	86,7	68,0	15700	923	13,5	674	98,4	2,80
360	360	143	13,0	19,5	97,0	76,1	19610	1090	14,2	818	114	2,90
380	380	149	13,7	20,5	107	84,0	24010	1260	15,0	975	131	3,02
400	400	155	14,4	21,6	118	92,4	29210	1460	15,7	1160	149	3,13
425	425	163	15,3	23,0	132	104	36970	1740	16,7	1440	176	3,30
450	450	170	16,2	24,3	147	115	45850	2040	17,7	1730	203	3,43
475	475	178	17,1	25,6	163	128	56480	2380	18,6	2090	235	3,60
500	500	185	18,0	27,0	179	141	68740	2750	19,6	2480	268	3,72
550	550	200	19,0	30,0	212	166	99180	3610	21,6	3490	349	4,02
600	600	215	21,6	32,4	254	199	139000	4630	23,4	4670	434	4,30

Baustahl nach DIN EN 10 025 (früher DIN 17 100)

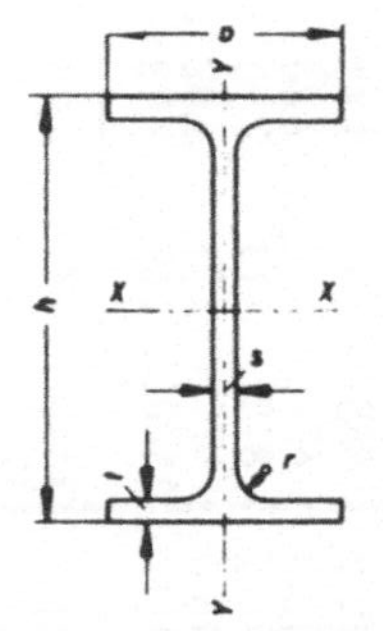

9. Mittelbreite I-Träger (warmgewalzt) nach DIN 1025

Europäische Parallelflanschträgerreihe (I PE)
I PE-Reihe Europa-Profil gemäß Euronorm 19

Handelsgewicht (in kg/m) ist allgemein etwa 32 % höher als Normalgewicht (7,85 kg/dm^3)
Baustahl nach DIN EN 10 025 (früher DIN 17 100)
Regellängen: 4 bis 15 m
Bezeichnung z. B. „I PE 240 DIN 1025 St 37"

| Be-zeich-nung I PE | Abmessungen mm | | | | | Quer-schnitt A = s cm² | Masse m in kg/m | Für die Biegeachse | | | | | |
| | h | b | s | t | r | | | x-x | | | y-y | | |
								I_x cm⁴	W_x cm³	i_x cm	I_y cm⁴	W_y cm³	i_y cm
80	80	46	3,8	5,2	5	7,64	6,00	80,1	20,0	3,24	8,49	3,69	1,05
100	100	55	4,1	5,7	7	10,3	8,10	171	34,2	4,07	15,9	5,79	1,24
120	120	64	4,4	6,3	7	13,2	10,4	318	53,0	4,90	27,7	8,65	1,45
140	140	73	4,7	6,9	7	16,4	12,9	541	77,3	5,74	44,9	12,3	1,65
160	160	82	5,0	7,4	9	20,1	15,8	869	109	6,58	68,3	16,7	1,84
180	180	91	5,3	8,0	9	23,9	18,8	1320	146	7,42	101	22,2	2,05
200	200	100	5,6	8,5	12	28,5	22,4	1940	194	8,26	142	28,5	2,24
220	220	110	5,9	9,2	12	33,4	26,2	2770	252	9,11	205	37,3	2,48
240	240	120	6,2	9,8	15	39,1	30,7	3890	324	9,97	284	47,3	2,69
270	270	135	6,6	10,2	15	45,9	36,1	5790	429	11,2	420	62,2	3,02
300	300	150	7,1	10,7	15	53,8	42,2	8360	557	12,5	604	80,5	3,35
330	330	160	7,5	11,5	18	62,6	49,1	11770	713	13,7	788	98,5	3,55
360	360	170	8,0	12,7	18	72,7	57,1	16270	904	15,0	1040	123	3,79
400	400	180	8,6	13,5	21	84,5	66,3	23130	1160	16,5	1320	146	3,95
450	450	190	9,4	14,6	21	98,8	77,6	33740	1500	18,5	1680	176	4,12
500	500	200	10,2	16,0	21	116	90,7	48200	1930	20,4	2140	214	4,31
550	550	210	11,1	17,2	24	134	106	67120	2440	22,3	2670	254	4,45
600	600	220	12,0	19,0	24	156	122	92080	3070	24,3	3390	308	4,66

Baustahl nach DIN EN 10 025 (früher DIN 17 100)

1. Formeln für Federn
a) Biegungsfedern
Gerade Biegungsfedern

Art der Feder	Zulässige Belastung F Federkonstante $c = F/f$	Durchbiegung f Raumziffer η
Rechteckfeder	$F = \dfrac{b\,h^2}{6} \cdot \dfrac{\sigma_{zul}}{l}$ $c = \dfrac{1}{4}\dfrac{b\,h^2}{l^3} \cdot E$	$f = \dfrac{F}{E \cdot J}\dfrac{l^2}{3} = 4\dfrac{l^3}{b\,h^3}\dfrac{F}{E}$ $= \dfrac{2}{3}\dfrac{l^2}{h}\dfrac{\sigma_{zul}}{E};\ \ \eta = \dfrac{1}{18}$
Dreieckfeder	$F = \dfrac{b\,h^2}{6} \cdot \dfrac{\sigma_{zul}}{l}$ $c = \dfrac{1}{6}\dfrac{b\,h^2}{l^3} \cdot E$	$f = \dfrac{F}{E \cdot J} \cdot \dfrac{l^3}{2} = 6\dfrac{l^3}{b\,h^3}\dfrac{F}{E}$ $= \dfrac{l^2}{h}\dfrac{\sigma_{zul}}{E};\ \ \eta = \dfrac{1}{6}$
Trapezfeder	$F = \dfrac{b_0 \cdot h^2}{6} \cdot \dfrac{\sigma_{zul}}{l}$ $c = \dfrac{1}{4\,\psi}\dfrac{b_0\,h^3}{l^3} \cdot E^{1)}$	$f = \psi\dfrac{F}{E \cdot J_0}\dfrac{l^3}{3} = 4\,\psi\dfrac{l^3}{b_0\,h^3}\dfrac{F}{E}$ $= \dfrac{2}{3}\psi\dfrac{l^2}{h}\dfrac{\sigma_{zul}}{E};$ $\eta = \dfrac{1}{9}\dfrac{\psi}{1+\beta}$ [1]
Geschichtete Trapezfeder	$F = \dfrac{b_0\,h^2}{6} \cdot \dfrac{\sigma_{zul}}{l}$ $= \dfrac{n\,b\,h^2}{6} \cdot \dfrac{\sigma_{zul}}{l}$ $c = \dfrac{1}{4\,\psi}\dfrac{n\,b\,h^2}{l}\sigma_{zul}$	$f = \psi\dfrac{F}{E\,J_0} \cdot \dfrac{l^2}{3}$ $= 4\,\psi \cdot \dfrac{l^3}{n\,b\,h^3} \cdot \dfrac{F}{E}$ $= \dfrac{2}{3}\psi\dfrac{l^2}{h} \cdot \dfrac{\sigma_{zul}}{E}$ $\eta = \dfrac{1}{9}\dfrac{\psi}{1+\beta}$

[1] $\beta = b_1 : b_0$; ψ ist in Abhängigkeit von β nachstehender Tafel zu entnehmen.

$\beta = 0$	0,1	0,2	0,3	0,4	0,5	0,6	0,7	0,8	0,9	1,0
$\psi = 1,500$	1,390	1,315	1,250	1,202	1,160	1,121	1,085	1,054	1,025	1,000

Formeln für Federn

Gewundene Biegungsfedern (l = gestreckte Länge der Federn)

Art der Feder	Zulässige Belastung F Federkonstante $c = \dfrac{M}{\varphi}$ bzw. $\dfrac{F}{l}$	Durchbiegung bzw. Verdrehungsweg f Raumziffer η
Gewundene Feder mit *rundem* Querschnitt	$F = \dfrac{\pi\, d^3}{32}\cdot\dfrac{\sigma_{zul}}{r}$ $c = \dfrac{\pi\, d^4}{64\, l}\, E$	$f = r\cdot\varphi = \dfrac{F}{E\cdot J}\, l\cdot r^2$ $= \dfrac{64}{\pi}\cdot\dfrac{F\, l\, r^2}{E\cdot d^4} = 2\,\dfrac{r\cdot l}{d}\cdot\dfrac{\sigma_{zul}}{E}$ $\eta = \dfrac{1}{8}$
Spiralfeder mit *recht-eckigem* Querschnitt	$F = \dfrac{b\, h^2}{6}\cdot\dfrac{\sigma_{zul}}{r}$ $c = \dfrac{1}{12}\dfrac{b\, h^3}{l}\cdot E$	$f = r\cdot\varphi = \dfrac{F}{E\cdot J}\, l\cdot r^2$ $= 12\,\dfrac{F\, l\, r^2}{E\, b\, h^3} = 2\,\dfrac{r\cdot l}{h}\cdot\dfrac{\sigma_{zul}}{E}$ $\eta = \dfrac{1}{6}$

b) Drehungsfedern

Art der Feder	Zulässige Belastung F Federkonstante c	Verdrehungsweg bzw. Ver- längerung f cm, Raumziffer η
Einfache Drehungsfeder mit *rundem* Querschnitt	$F = \dfrac{\pi}{16}\cdot\dfrac{d^3}{r}\,\tau_{zul}$ $c = \dfrac{\pi\, d^4}{32\, l}\cdot G$	$f = r\cdot\varphi = \dfrac{32\, r^2\, l}{\pi\, d^4}\cdot\dfrac{F}{G}$ $= 2\,\dfrac{r\cdot l}{d}\cdot\dfrac{\tau_{zul}}{G};\ \eta = \dfrac{1}{4}$
Zylindr. Schraubenfeder mit *rundem* Querschnitt	$\dfrac{1}{k_1}\cdot\dfrac{\pi}{16}\dfrac{d^3}{r}\cdot\tau_{zul}$ $c = \dfrac{1}{k_2}\cdot\dfrac{d^4}{64\, i\, r^3}\cdot G$	$f = k_2\cdot\dfrac{64\cdot l\cdot r^3}{d^4}\cdot\dfrac{F}{G}$ $= \dfrac{k_2}{k_1} = \dfrac{4\,\pi\, i\, r^2}{d}\cdot\dfrac{\tau_{zul}}{G}$ $= \dfrac{k_2}{k_1}\dfrac{2\, l\, r}{d}\cdot\dfrac{\tau_{zul}}{G}$ $\eta = \dfrac{1}{4\, k_1{}^2}$

Wenn $\xi = d/2\, r$ sehr klein ist, dann ist $k_1 \sim k_2 \sim 1$. Sonst ist unter Vernachlässigung der dritten Potenz von ξ:

$$k_1 = 1 + \frac{5}{4}\xi + \frac{7}{8}\xi^2;\quad k_2 = 1 - \frac{3}{16}\xi^{2\,1)}$$

Art der Feder	Zulässige Belastung F Federkonstante c	Verkürzung f cm Raumziffer η
Zylindrische Schraubenfedern mit *rechteckigem* Querschnitt	$F = \dfrac{c_1}{c_2} \cdot \dfrac{b^2 h}{r} \tau_{zul}$ $c = \dfrac{c}{2\pi} \cdot \dfrac{b^3 h}{i\, r^3} G$ $c_1 \approx \dfrac{1}{3}\left(1 - 0{,}63\dfrac{b}{h}\right)$, wenn $\dfrac{h}{b} > 4$; h = größere Rechteckseite $c_2 \approx 1$, wenn $\dfrac{h}{b} > 4$.	$f = \dfrac{2\pi}{c_1} \cdot \dfrac{l\, r^3}{b^3 h} \dfrac{F}{G}$ $= \dfrac{1}{c_1} \dfrac{l \cdot r^2}{b^3 h} \dfrac{F}{G}$ $\eta = \dfrac{c_1}{2\, c_3{}^2}$
Kegestumpffeder mit *rechteckigem* Querschnitt	$F = \dfrac{c_1}{c_2} \cdot \dfrac{b^2 h}{R} \tau_{zul}$ $c = \dfrac{2\, c_1}{\pi} \cdot \dfrac{b^2 h}{i\,(R+r)\,(R^2+r^2)} G$	$f = \dfrac{\pi}{2\, c_1} \dfrac{i\,(R+r)\,(R^2+r^2)}{b^3 h} \dfrac{F}{G}$ $= \dfrac{1}{2\, c_1} \dfrac{l\,(R^2+r^2)}{b\, h^3} \dfrac{F}{G}$ $= \dfrac{\pi}{2\, c_2} \dfrac{i\,(R+r)\,(R^2+r^2)}{R \cdot b} \dfrac{\tau_{zul}}{G}$ $= \dfrac{1}{2\, c_2} \dfrac{l\,(R^2+r^2)}{R \cdot b} \dfrac{\tau_{zul}}{G}$ $\eta = \dfrac{c_1}{2\, c_3{}^2} \cdot \dfrac{1}{2}\left[1 + \left(\dfrac{r}{R}\right)^2\right]$

2. Zulässige Belastung von zylindrischen Schraubenfedern

mit rundem Querschnitt in daN (für $\tau_{zul} = 40$ kN und $G = 7500$ kN/cm^2)

Äußerer Durchmesser der Feder mm	Drahtdurchmesser d mm											
	1	1,5	2	2,5	3	4	5	6	7	8	9	10
10	1,75	6,2	15,2	32	60	–	–	–	–	–	–	–
15	1,10	3,9	9,5	19	35	90	–	–	–	–	–	–
20	0,83	2,8	6,8	14	25	62	130	240	–	–	–	–
25	0,63	2,25	5,3	10	19	46	97	180	295	–	–	–
30	0,54	1,85	4,4	8,5	15,5	38	78	140	230	360	–	–
40	0,40	1,35	3,2	6,5	11,5	27,5	56	100	160	230	370	520
50	0,32	1,1	2,5	5,0	9,0	21,5	43	77	125	190	275	390
60	0,27	0,9	2,1	4,0	7,5	18	35	63	100	150	225	315
70	0,23	0,75	1,8	3,5	6,3	15	30	53	85	130	185	260
80	0,20	0,65	1,58	3,0	5,5	13	26	46	73	110	160	225
90	0,18	0,60	1,4	2,8	4,8	11,5	23	39	64	98	140	200
100	–	0,52	1,25	2,3	4,3	10,5	20,5	36	57	87	125	175

3. Formeln für normale Stirnrad-Verzahnung

Benennung	Kurz-Zeich.	Formeln
Übersetzungsverhältnis	i	$i = \dfrac{n_1}{n_2}$; $i = \dfrac{d_{o2}}{d_{o1}}$; $i = \dfrac{z_2}{z_1}$
Drehzahl je Minute Treibendes Rad (R_1)	n_1	$n_1 = i \cdot n_2$; $n_1 = n_2 \cdot \dfrac{z_2}{z_1}$
Drehzahl je Minute Getriebenes Rad (R_2)	n_2	$n_2 = \dfrac{n_1}{i}$; $n_2 = n_1 \cdot \dfrac{z_1}{z_2}$
Teilung auf dem Teilkreis in mm	t_o	$t_o = m \cdot \pi$; $t_o = \dfrac{d_o \cdot \pi}{z}$; $t_o = l_o + s$; $t_o = \dfrac{d_k \cdot \pi}{z+2}$
Modul in mm	m	$m = \dfrac{t_o}{\pi}$; $m = \dfrac{d_o}{z}$; $m = \dfrac{d_k}{z+2}$
Zähnezahl	z	$z = \dfrac{d_o}{m}$; $z = \dfrac{d_o \cdot \pi}{t_o}$; $z = \dfrac{d_k - 2m}{m}$
Teilkreisdurchmesser in mm	d_o	$d_o = z \cdot m$; $d_o = \dfrac{t_o}{\pi} \cdot z$; $d_o = d_k - 2m$
Kopfkreisdurchmesser in mm	d_k	$d_k = d_o + 2 \cdot m$; $d_k = m\,(z+2)$; $d_k = \dfrac{t_o}{\pi}(z+2)$
Fußkreisdurchmesser in mm	d_f	$d_f = d_o - 2 \cdot 1{,}2\,m$; $d_f = m\,(z - 2{,}4)$
Zahnhöhe in mm	h_s	$h_s = 2{,}2 \cdot m$; $h_s = h_k + h_f$
Kopfhöhe in mm	h_k	$h_k = 1 \cdot m$
Fußhöhe in mm	h_f	$h_f = 1{,}2 \cdot m$ (früher $1{,}166\,m$)
Zahndicke in mm	s	$s = \dfrac{t_o}{2}$; $s = \dfrac{m \cdot \pi}{2}$ — bei spielfreiem Eingriff im Teilkreis
Zahnlückenweite in mm	l_o	$l_o = \dfrac{t_o}{2}$; $l_o = \dfrac{m \cdot \pi}{2}$ — bei spielfreiem Eingriff im Teilkreis
Zahnbreite in mm	b	$b = $ normal $10 \cdot m$
Achsenabstand in mm	a	$a = \dfrac{d_{o1} + d_{o2}}{2}$; $a = m \cdot \dfrac{z_1 + z_2}{2}$
Kranzstärke in mm	k	$k = $ mind. $1{,}6 \cdot m$
Eingriffswinkel in Grad	α	$20°$, früher $15°$

Formeln für normale Stirnrad-Verzahnung

Die Berechnungsformeln gelten für Zahnräder mit Evolventenverzahnung. Vorteile gegenüber Zykloidenverzahnung: im Wälzverfahren herstellbar; unempfindlich gegen Achsenabstandsveränderung.

Der Teilkreis ist der Kreis, auf dem die Zahnteilung bei der Zahnerzeugung abgetragen wird (Erzeugungswälzbahn).

Der Modul ist genormt (DIN 780). Alle Stirnräder mit gleichem Modul können unabhängig von der Zähnezahl und von der Profilverschiebung mit dem gleichen Wälzfräser hergestellt werden.

Die Zahndicke wird im allgemeinen als Bogenmaß und ohne Toleranz angegeben, da ihre Messung schwierig ist. Statt dessen wird meist die Zahnweite geprüft.

Profilverschiebung wird angewendet zB. zur Erhöhung der Zahnfußfestigkeit, zum Vermeiden von Unterschnitt bei kleinen Zähnezahlen, zum Erreichen eines bestimmten Achsenabstands. Die Berechnungsformeln gelten für Zahnräder ohne und mit Profilverschiebung. Die Nennwerte x_1 und x_2 ergeben die Nennmaße der Zahndicke usw. (Flankenspiel = 0).

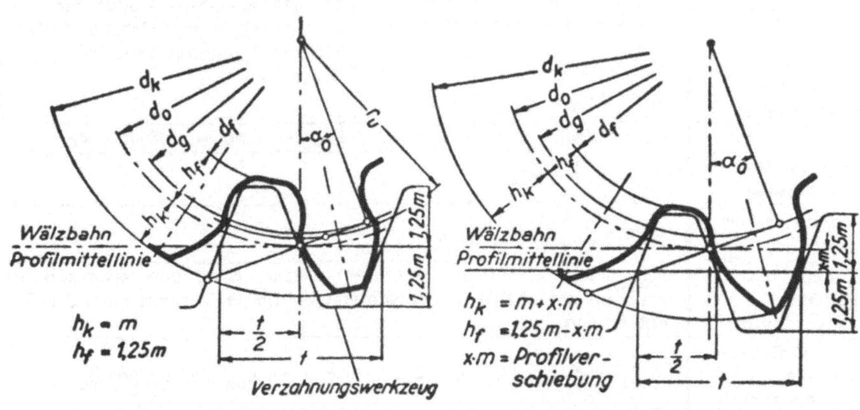

8 zähniges Rad ($\alpha_o = 20°$) ohne Profilverschiebung	8 zähniges Rad ($\alpha_o = 20°$) mit Profilverschiebung

a_o	Achsenabstand wenn $x_1 + x_2 = 0$	i	Übersetzung
a_w	Achsenabstand wenn $x_1 + x_2 \neq 0$	m	Modul [mm]
A_{oa}	oberes Achsenabstandsabmaß	n	Drehzahl [U/min]
A_{ua}	unteres Achsenabstandsabmaß	P	Leistung [kW]
A_{os}	oberes Zahndickenabmaß	s	Zahndicke (Bogenmaß) [mm]
A_{us}	unteres Zahndickenabmaß	$\overline{s}$	Zahndicke (Sehnenmaß) [mm]
A_{ow}	oberes Zahnweitenabmaß	S_d	Verdrehflankenspiel [mm]
A_{uw}	unteres Zahnweitenabmaß	t_o	Teilung im Teilkreis [mm]
b	Zahnbreite (Radbreite) [mm]	x	Profilverschiebungsfaktor
d_o	Teilkreisdurchmesser [mm]	z	Zähnezahl
d_f	Fußkreisdurchmesser [mm]	α_o	Eingriffwinkel wenn $x_1 + x_2 = 0$, halber Flankenwinkel des Bezugsprofils bzw. des Verzahnungswerkzeuges
d_g	Grundkreisdurchmesser [mm]		
d_k	Kopfkreisdurchmesser [mm]		
d_w	Wälzkreisdurchmesser [mm]		
h	Zahnhöhe [mm]	α_w	Eingriffwinkel wenn $x_1 + x_2 \neq 0$
h_f	Zahnfußtiefe [mm]	β	Schrägungswinkel
h_k	Zahnkopfhöhe [mm]		

26−5

4. Formeln für Schraubenrad-Verzahnung (Schrägverzahnung)

Zeiger n bedeutet Normalschnitt (= Schnitt in Richtung der Normalteilung t_n)

„ s „ Stirnschnitt (= „ „ „ „ Stirnteilung t_s)

	Normalschnitt	Stirnschnitt
Eingriffswinkel	Norm ist $\alpha_{on} = 20°$ Für $\alpha_{on} = 20°$ ist $\cos \alpha_{on} = 0{,}93969$ $\quad$ ev $\alpha_{on} = 0{,}014904$ $\quad \sin \alpha_{on} = 0{,}34202$ $\quad \tan \alpha_{on} = 0{,}36397$	Berechne $\tan \alpha_{os} = \dfrac{\tan \alpha_{on}}{\cos \beta_o}$ Ermittle dazu α_{os}, $\sin \alpha_{os}$, $\cos \alpha_{os}$, ev α_{os}, $\tan \alpha_{os}$ aus Tafel
Schrägungs-winkel	β_o bei einfachen Schrägzähnen nicht größer als etwa 25° wählen, da sonst die Axialkräfte zu groß werden. Die Schrägungsrichtung beider Räder muß entgegengesetzt sein.	
Modul	m_n der Modulreihe entnehmen	$m_s = \dfrac{m_n}{\cos \beta_o}$
Zahnbreite	b wählt man etwa $6\,m_n$ bis $10\,m_n$ (bei sehr genau bearbeiteten Zahnflanken bis zu $20\,m_n$)	Wenn noch nicht untersucht ist, ob der gewählte Modul für die zu übertragende Leistung festigkeitsmäßig genügt, muß dies jetzt geschehen.
Teilkreis-durchmesser	$d_o = z\,m_s = z\,m_n/\cos \beta_o$	
Teilkreisteilung	$t_{on} = \pi\,m_n$	$t_{os} = \pi\,m_s = \pi\,m_n/\cos \beta_o$
Grundkreis-durchmesser	$d_g = d_o \cos \alpha_{os}$	
Ideelle Zähne-zahl[1])	$z_i = z\,\dfrac{\text{ev } \alpha_{os}}{\text{ev } \alpha_{on}} \approx \dfrac{z}{\cos^3 \beta_o}$	
Zahndicken-abmaße (Stirnschnitt)	A_{os} (oberes) und A_{us} (unteres) entsprechend dem erforderlichen Flankenspiel und der gewünschten Qualität des Zahnrads aus DIN 3963 entnehmen	
Zahnweiten-abmaße (Normalschnitt)	$A_{ow} = A_{os} \cos \alpha_{os} \cos \beta_o$, $\qquad A_{uw} = A_{us} \cos \alpha_{os} \cos \beta_o$	
Verdreh-flankenspiel	Kleinstmaß $S_d' \approx A_{os}1 + A_{os}2 + 2\,A_{oa} \tan \alpha_{os}$ Größtmaß $S_d'' \approx A_{us}1 + A_{us}2 + 2\,A_{ua} \tan \alpha_{os}$	
Profilverschie-bungsfaktor	Das bei „Geradverzahnung" T/52 Gesagte gilt sinngemäß auch für Schrägverzahnung	
Zahndicke im Teilkr. (Bogenm.)	Nenn-maß $s_{on} = \dfrac{t_{on}}{2} + 2xm_n \tan \alpha_{on}$	$s_{os} = \dfrac{t_{os}}{2} + 2\,xm_n \tan \alpha_{os} = s_{on}/\cos \beta_o$
Zahnweite über z' Zähne	$w_n = m_n\,[\pi\,(z' - 0{,}5) + z\,\text{ev } \alpha_{os}] \cos \alpha_{on} + 2\,xm_n \sin \alpha_{on}$ (Nur meßbar, wenn $b > w_n \sin \beta$)	
Meßzähnezahl	$z' = z_i\,\dfrac{\alpha_{on}}{180} \sqrt{1 + \dfrac{4\,(z_i\,x + x^2)}{z_i^2 \sin \alpha_{on}}} + 0{,}5$	Nächstliegende ganze Zahl wählen
Fußkreis-durchmesser	Nennmaß $d_f = d_o - 2{,}5\,m_n + 2\,xm_n$	Beachte Hinweise bei Geradverzahnung

[1]) Die ideelle Zähnezahl eines Schrägzahnrads ist die Zähnezahl eines gedachten gerad-verzahnten Rads, dessen Teilung gleich der Normalteilung des Schrägzahnrads ist und dessen Teilkreishalbmesser gleich dem Krümmungshalbmesser im Scheitel der Ellipse ist, die im Normalschnitt des Schrägzahnrads entsteht.

5. Tragfähigkeit und Lebensdauer von Wälzlagern (Formeln)

$$k = \frac{F_{Qmax}}{D_w^2}$$

Spezifische Belastung k bei Punktberührung in N/mm^2

$$k = \frac{F_{Qmax}}{D_w l_{eff}}$$

Spezifische Belastung k bei Linienberührung in N/mm^2

$$F_{Qmax} = \frac{5F}{iz}$$

bei Radiallagern

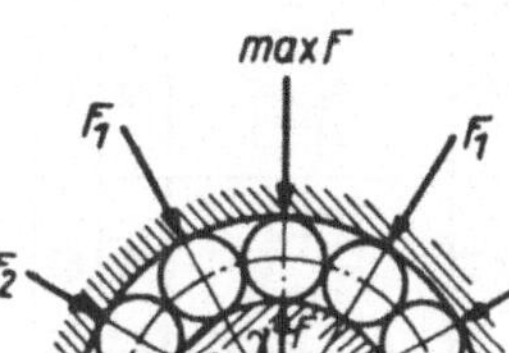

F_{Qmax} Belastung des am höchsten beanspr. Rollkörpers in N

$$F_{Qmax} = \frac{F}{z}$$

bei einreihigen Axiallagern
(n. Stribeck)

D_w Kugel- oder Rollen-Dmr. in mm

l_{eff} tatsächliche Berührungslängen zwischen Rolle und Rollbahn in mm

i Zahl der Rollkörperreihen
z Zahl der Rollkörper in einer Reihe
F zul. (oder äquivalente) Lagerbelastung in N

$$p_{max}^3 = \text{konst.} \cdot F_{Qmax}/D_w^2$$

Maximale Druckspannung p in Druckfläche in N/mm^2 bei Punktberührung (elliptische Druckfläche)

$$p_{max}^3 = \text{konst.} \cdot F_{Qmax}/D_w l_{eff}$$

Maximale Druckspannung p in N/mm^2 bei Linienberührung (rechteckige Druckfläche)

Statische (C_0) und dynamische Tragzahlen s. Tabellen in Handbüchern!

Lebensdauer

$$L = \left(\frac{C}{F}\right)^3 \quad \text{für Kugellager}$$

L Lebensdauer (in Millionen Umdrehungen)

$$L = \left(\frac{C}{F}\right)^{\frac{10}{3}} \quad \text{für Rollenlager}$$

C dynamische Tragezahl eines Lagers in N
F äquivalente Lagerbelastung in N

$$F = XF_r + YF_a$$

aus Tabellen:
X Beiwert für Einwirkung der Radialbelastung
Y Beiwert für Einwirkung der Axialbelastung

F_a Axialbelastung
F_r Radialbelastung

6. Merkmale und Anwendungsbereich der einzelnen Lager-Bauarten

Bauart	1	2	3	4	5	6	7	8	9	10	Bauart	1	2	3	4	5	6	7	8	9	10
	●	●	○	●	○	◐	●	●	●	◐		●	◐	◐	−	●	◐	●	−	−	○
	●	◐	○	●	○	○	○	○	○	●		●	◐	○	−	●	◐	●	−	−	○
	●	●	◐	◐	●	◐	●	●	●	○		●	●	○	◐	●	◐	●	◐	○	○
	●	●	○	◐	◐	○	●	●	●	○		●	◐	○	●	○	●	○	○	○	●
	●	●	○	●	○	○	○	◐	○	○		●	●	○	●	○	●	○	○	○	●
	●	◐	○	●	○	●	○	○	○	●		−	●	−	−	●	○	●	○	○	−
	●	○	●	−	●	◐	●	●	●	◐		−	●	−	−	●	○	○	○	○	−

Es bedeutet:

●	◐	○	−
uneingeschränkt verwendbar	nur mit Einschränkungen verwendbar	nicht verwendbar	entfällt

für
1. Radialbelastung
2. Axialbelastung
3. Längenausgleich innerhalb des Lagers bei Festsitz beider Ringe
4. Längenausgleich durch Schiebesitz in der Bohrung oder am Mantel
5. Einbaufälle, die zerlegbare Lager erfordern
6. Ausgleich von Fluchtfehlern
7. Ausführung in erhöhter Genauigkeit
8. Drehzahlen über den normalen Grenzen
9. Besonders geräuscharmen Lauf
10. Hülsenbefestigung

7. Wälzlager: Übersicht (nach DIN 623), Benennungen

Das Lager dient zur Übertragung von:	Radialkräften	Radialkräften und einseitig wirkenden Axialkräften	
Bildbeispiel			
Benennung	Nadellager	Schulterkugellager	Kegelrollenlager
Bildbeispiel			
Normblatt	DIN 617	DIN 615	DIN 720

Zylinderrollenlager		Schrägkugellager	
einreihig	zweireihig	einreihig	zweireihig [zu 2)]
DIN 5412	DIN 5412	DIN 628	DIN 628

Radialkräften und zweiseitig wirkenden Axialkräften [2)]		einseitig wirkenden Axialkräften	zweiseitig wirkenden Axialkräften
Rillenkugellager	Tonnenlager	Axial-Rillenkugellager	
DIN 625	DIN 635	DIN 711	DIN 715
Pendelkugellager	Pendelrollenlager	Axial-Pendelrollenlager	Axial-Rillenkugellager mit kugligen Gehäusescheiben
DIN 630	DIN 635	DIN 728	DIN 715

Normenhinweis
DIN 620 Toleranzen für Wälzlager.
DIN 622 Tragfähigkeit der Wälzlager.
DIN 5425 Passungen für den Einbau von Wälzlagern.

8. Buchsen für Gleitlager (DIN 1850)

Ausführungsformen und Abmessungen sind in DIN 1850 Tl. 1 bis 6 aufgenommen. Bauformen mit Schmierlöchern und -nuten nach DIN 1591 zeigt DIN 1850 Tl. 2.

Innendurchmesser d_1 der Buchse erhält vor dem Einpressen ein Übermaß, so daß nach dem Einbau das gewünschte Bohrungsmaß ohne Nacharbeit erreicht wird. Das **Spiel** wird in die Welle gelegt.

Werkstoffart (Buchse):	**Kupferleg.**	**Sintermetall**	**Kunstkohle**
Bauform (Buchse): (s. Bilder) nach DIN 1850 Teil	G und U 1	J, L und K 3	M und N 4
ISO-Toleranzfeld: Dmr. d_1 – vor d. Einpressen	E6	G7 Form J/V H6 Form K	F7
– nach d. Einpressen	H8	H7	H7
Dmr. d_2 –	$\leqq$ 120 s6 > 120 r6	r6	s6
Aufnahmebohrung	H7	H7 Form J/V H10 Form K	H7

Allgemeintoleranzen DIN 7168 – mittel

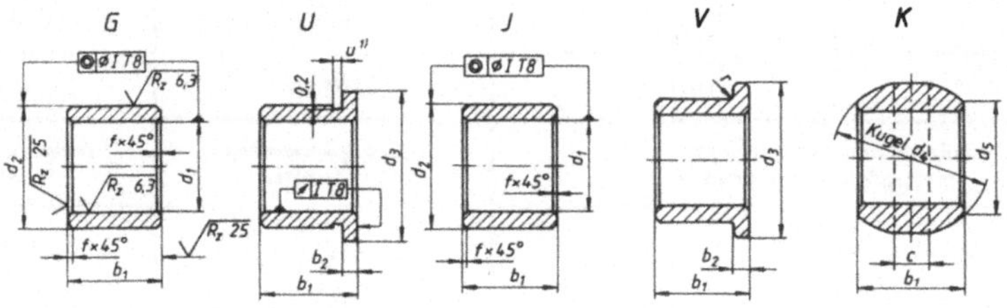

Abmessungen der Gleitlagerbuchsen (Auswahl)   Tol. d_3–d_{11}

d_1	**Form G** (glatt) d_2			b_1 (h 13)			f	d_1	d_2	d_3	**Form U** (mit Bund) b_1 (h 13)			b_2	f	u
	a	b	c	a	b	c					a	b	c			
10	12	14	16	6	10	–	0,3	10	16	20	8	10	–	3	0,3	1
14	16	18	20	10	15	20	0,5	14	20	25	10	15	20	3	0,5	1
20	23	24	26	15	20	30	0,5	20	26	32	15	20	30	3	0,5	1,5
22	25	26	28	15	20	30	0,5	22	28	34	15	20	30	3	0,5	1,5
25	28	30	32	20	30	40	0,5	25	32	38	20	30	40	4	0,5	1,5
28	32	34	36	20	30	40	0,5	28	36	42	20	30	40	4	0,5	1,5
30	34	36	38	20	30	40	0,5	30	38	44	20	30	40	4	0,5	2
32	36	38	40	20	30	40	0,8	32	40	46	20	30	40	4	0,8	2
35	39	41	45	30	40	50	0,8	35	45	50	30	40	50	5	0,8	2
40	44	48	50	30	40	60	0,8	40	50	58	30	40	60	5	0,8	2
45	50	53	55	30	40	60	0,8	45	55	63	30	40	60	5	0,8	1
50	55	58	60	40	50	60	0,8	50	60	68	40	50	60	5	0,8	2
60	65	70	75	40	60	80	0,8	60	75	83	40	60	80	7,5	0,8	2
80	85	90	95	60	80	100	1	80	95	105	60	80	120	10	1	3
100	110	115	120	80	100	120	1	100	120	130	80	100	120	10	1	3

Bezeichnung einer Buchse Form G von $d_1 = 20$, $d_2 = 24$ und b_1 (Reihe b) = 20 mm, aus CuSn 8: „Buchse DIN 1850 G 20 × 24 × 20 – CuSn 8".

9. Übersicht der Nietarten (Setz-, Schließkopf)

Nietkopf-Benennung	Kurz-zeichen	Form	Niete und Nietkopf-form nach	Verwendung als
Halbrund-kopf	R		DIN 660	Setzkopf (Schließkopf)
Flachrund-kopf	FR		DIN 674	Setzkopf (Schließkopf)
Linsenniet mit großem Kopf				Setzkopf (Schließkopf)
Senkniet mit großem Kopf		90°		Setzkopf (Schließkopf)
Senkkopf	S	75°	DIN 661	Setzkopf (Schließkopf)
Flachkopf	F			Schließkopf
Rohrniet	Ro			

Bemerkung: a) Niete bis 9 mm Durchmesser überwiegend für die Blechnietung.

b) Niete über 10 mm Durchmesser finden hauptsächlich Anwendung im Stahlbau (feste Nietverbindungen), Behälterbau (dichte Nietverbindungen) und Druckkesselbau (dichte und feste Nietverbindungen)

10. Genormte Schrauben und Muttern: Grundformen/Benennungen

(Ausführliche Angaben siehe „Taschenbuch für den Maschinenbau")

a) Sechskantschrauben

DIN	Benennung	Bild
601 931 960	Sechskantschrauben mit Teilgewinde	
558 933 961	Sechskantschrauben mit Ganzgewinde	
609 610 7968	Sechskant-Paßschrauben	
561	Sechskantschrauben mit Zapfen	
564	Sechskantschrauben mit Ansatzspitze	
6914	Sechskantschrauben mit großer Schlüsselweite (für HV-Verbindungen)	
6900	Kombi-Schrauben	

b) Innensechskantschrauben

DIN	Benennung	Bild
912 6912 7984	Zylinderschrauben mit Innensechskant	
7991	Senkschrauben mit Innensechskant	

c) Formen mit zusätzlichen Bestellangaben nach DIN 962: Auswahl

Form	Benennung	Bild
B	Schrauben mit Schaft-durchmesser ≈ Flankendurchmesser	
Ko	Schrauben ohne Kuppe	
L	Schrauben mit Linsenkuppe	
S	Schrauben mit Splintloch	
Sb	Schrauben mit Schabenut	
Sk	Schrauben mit Sicherungsloch *im Kopf*	
Sz	Schrauben mit Schlitz	
To	Schrauben ohne Telleransatz	

Genormte Schrauben und Muttern: Grundformen/Benennungen

d) Muttern

DIN	Benennung	Bild
934 955 970	Sechskantmuttern	
439 936	Flache Sechskantmuttern	
6915	Sechskantmuttern mit großer Schlüsselweite (für HV-Verbindungen)	
74 361	Sechskantmuttern mit Bund	
557	Vierkantmuttern	
935	Kronenmuttern	
937 979	Kronenmuttern niedrige Form	
928	Vierkant-Schweißmuttern	
929	Sechskant-Schweißmuttern	
980	Selbstsichernde Muttern, klemmend	

e) Technische Lieferbedingungen nach DIN

DIN-Nr. Teil	Titel
DIN 267	**Schrauben, Muttern und ähnliche Gewinde- und Formteile (neu: Mechanische Verbindungselemente)**
T. 1	Allgemeine Angaben
T. 2	Ausführungen und Maßgenauigkeit
T. 4	Festigkeitsklassen und Prüfverfahren für Muttern aus unlegierten oder niedrig legierten Stählen
T. 5	Prüfung und Abnahme
T. 6	Ausführungen und Maßgenauigkeit für Produktklasse F
T. 9	Teile mit galvanischen Überzügen
T. 10	Feuerverzinkte Teile
T. 11	Teile aus rost- und säurebeständigen Stählen
T. 12	Blechschrauben
T. 13	Teile für Schraubenverbindungen vorwiegend aus kaltzähen oder warmfesten Werkstoffen
T. 15	Festigkeitsklassen und Prüfverfahren für Sicherungsmuttern
T. 18	Teile aus Nichteisenmetallen
T. 19	Oberflächenfehler an Schrauben
T. 20	Oberflächenfehler an Muttern
T. 21	Aufweitversuch für Muttern
DIN ISO 898	**Mechanische Eigenschaften von Verbindungselementen**
T. 1	Schrauben
T. 2	Muttern mit festgelegten Prüfkräften
T. 5	Gewindestifte und ähnliche Teile mit Gewinde
DIN ISO 4759	**Mechanische Verbindungselemente**
T. 1	Toleranzen für Schrauben und Muttern mit Gewindedurchmesser von 1,6 bis 150 mm; Produktklassen A, B und C

11. Internationale Gewindearten (Auswahl)

Metrisches ISO-Gewinde, Flankenwinkel 60°

Metrisches Gewinde		Metrisches Feingewinde	
Gewinde-Außen-Ø mm	Steigung[1] mm	Gewinde-Außen-Ø mm	Steigung[1] mm
3	0,5	3	0,35
4	0,7	4	0,5
5	0,8	5	0,5
6	1	6	0,5
8	1,25	8	1
10	1,5	10	1
12	1,75	12	1,5
14	2	12	1
16	2	16	1,5
18	2,5	18	1,5
20	2,5	20	2
22	2,5	20	1,5
24	3	22	1,5
27	3	24	2
30	3,5	24	1,5

Zoll-Gewinde

Einheitsgewinde[2], Flankenwinkel 60° — britische Gewinde (Whitworth), Flankenwinkel 55°

Gewinde-Nenndurchmesser Zoll	UNC[2] (grob) Gewinde-Außen-Ø mm	UNC (grob) Gänge/Zoll	UNF[2] (fein) Gewinde-Außen-Ø mm	UNF (fein) Gänge/Zoll	NPTF (Rohrgew.) Gewinde-Außen-Ø mm	NPTF Gänge/Zoll	BSW (grob) Gewinde-Außen-Ø mm	BSW Gänge/Zoll	BSF (fein) Gewinde-Außen-Ø mm	BSF Gänge/Zoll	BSP (Rohrgew.) Gewinde-Außen-Ø mm	BSP Gänge/Zoll
1/8					10,29	27					9,73	28
3/16							4,76	24	4,76	32		
1/4	6,35	20	6,35	28	13,72	18	6,35	20	6,35	26	13,16	19
5/16	7,94	18	7,94	24			7,94	18	7,94	22		
3/8	9,53	16	9,53	24	17,15	18	9,53	16	9,53	20	16,66	19
7/16	11,11	14	11,11	20			11,11	14	11,11	18		
1/2	12,70	12[2]	12,70	20	20,34	14	12,70	12	12,70	16	20,96	14
9/16	14,29	12	14,29	18			14,29	12	14,29	16		
5/8	15,87	11	15,87	18			15,87	11	15,87	14		
3/4	19,05	10	19,05	16	26,47	14	19,05	10	19,05	12	26,44	14
7/8	22,22	9	22,22	14			22,22	9	22,22	11		
1	25,40	8	25,40	12[2]	33,3	11½	25,40	8	25,40	10	33,25	11

Bezeichnungsbeispiel:

8	1,25	8	1	1/4	6,35	20	6,35	28	13,72	18	6,35	18	6,35	26	13,16	19
M8		M8 × 1			1/4''-20UNC		1/4''-28 UNF		1/4''-18NPTF		1/4''-20BSW		1/4-26 BSF		13,16 / 19	

1/4-19 BSP oder R 1/4''

[1]) tragende Gewindetiefe etwa 0,65 × Steigung

[2] Das britisch-amerikanische Einheitsgewicht UNC und UNF entspricht im wesentlichen dem SAE-Gewinde. Abweichungen 1/2''-13 SAE und 1''-14 SAE. Allgemein wird Metrisches ISO-Gewinde und ISO-Feingewinde empfohlen (nach DIN 13 und 14)

12. Übersicht: Unterlegscheiben und Schraubensicherungen

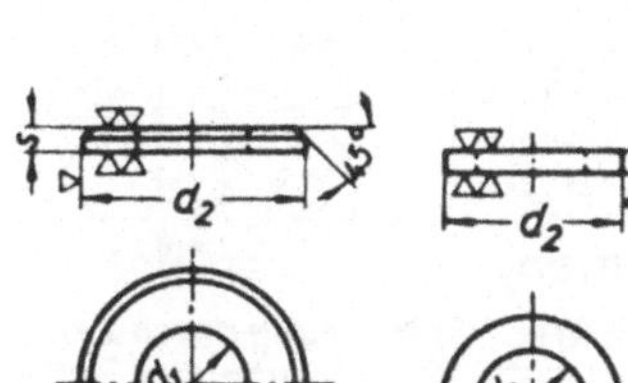
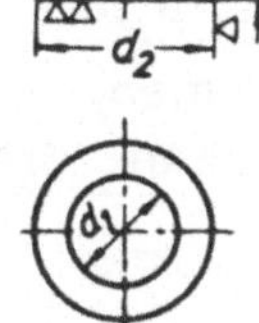

Scheibe 10,5 mit Fase
DIN 125

Scheibe 10,5
DIN 125

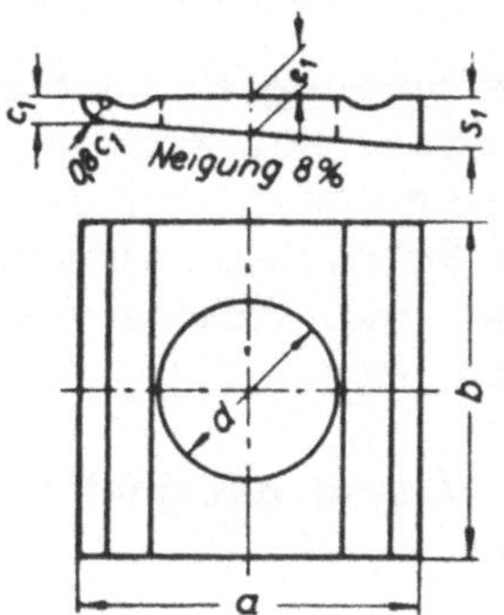

U-Scheibe 18 DIN 434

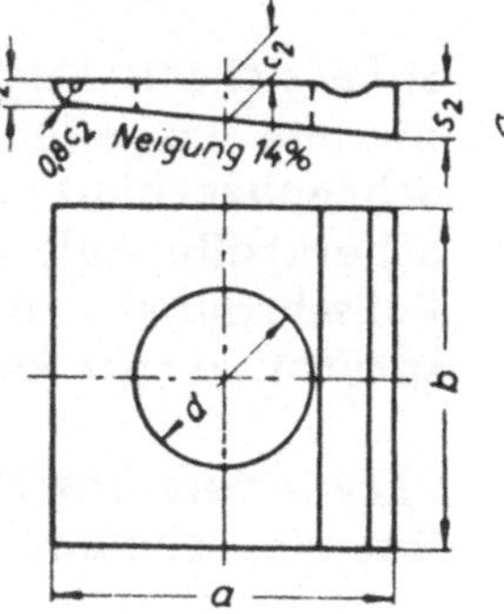

I-Scheibe 18 DIN 435

(Vierkantscheiben für U- und I-Träger)

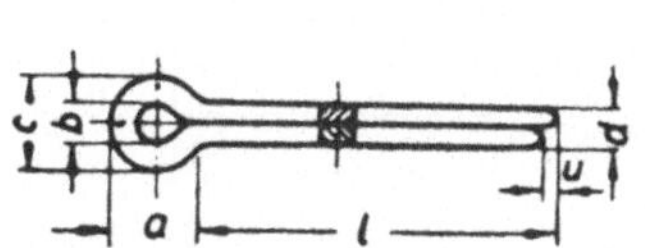

Splint 5×40 DIN 94

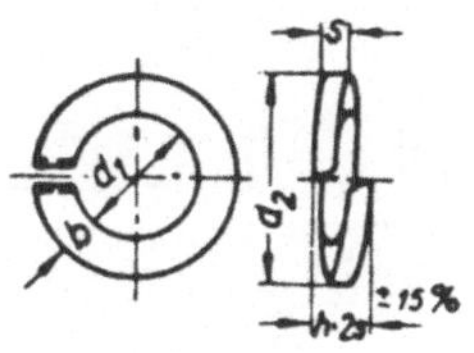

Federring B 12 DIN 127

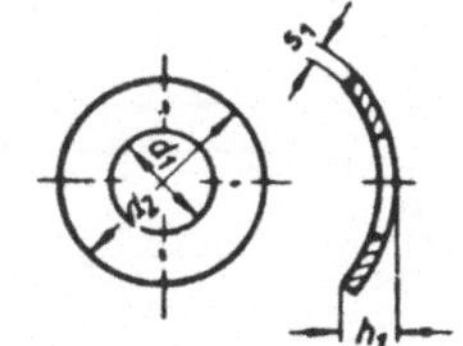

Federscheibe A 10 DIN 137

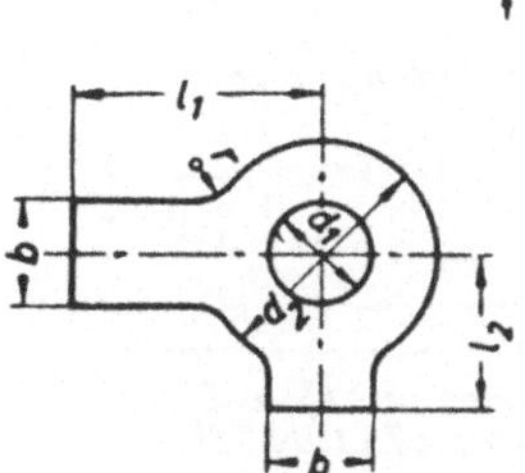

Sicherungsblech 8,4 DIN 463

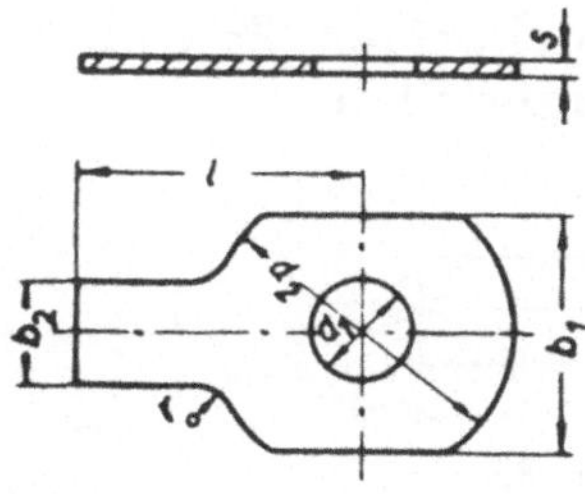

Sicherungsblech 8,4 DIN 93

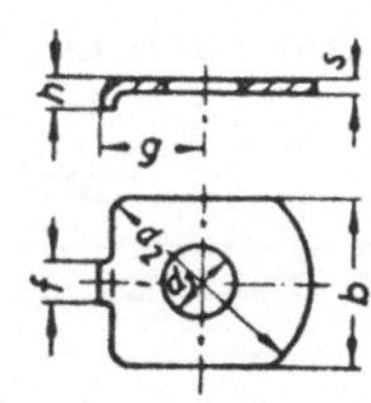

Sicherungsblech 6,4 DIN 432

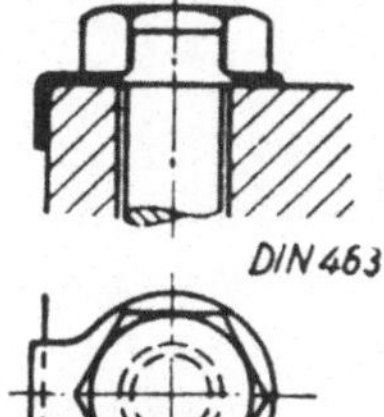

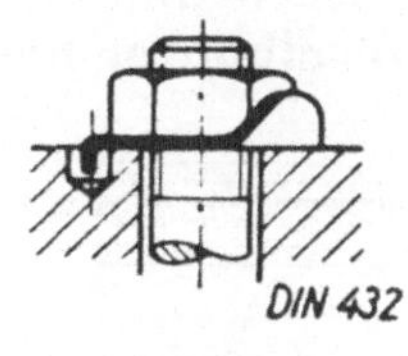
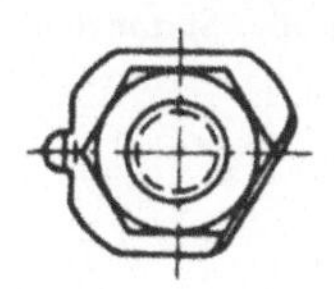

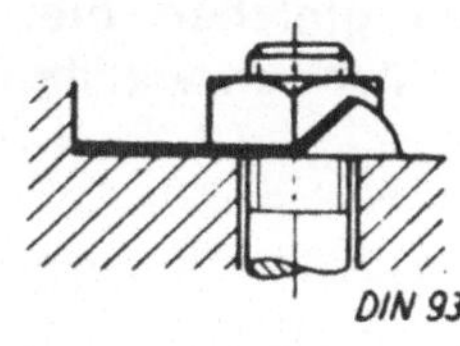
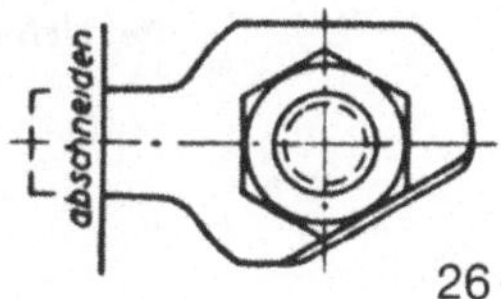

13. Stifte und Stiftverbindungen

Stifte sichern als Verbindungselement eine bestimmte Lage aneinanderliegender Teile. Bei Schraubverbindungen nehmen sie zusätzlich die Scherkräfte auf, da Schrauben, ausgenommen Paßschrauben, nicht auf Abscherung beansprucht werden sollen.

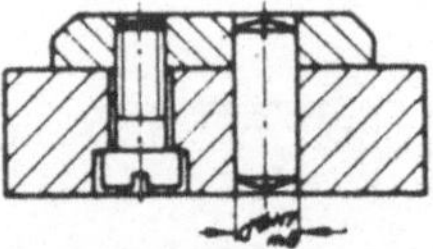

Befestigung durch Zylinderschraube und Zylinderstift

a)Zylinderstifte DIN 7 sind geeignet für nicht oder nur selten zu lösende Verbindungen.

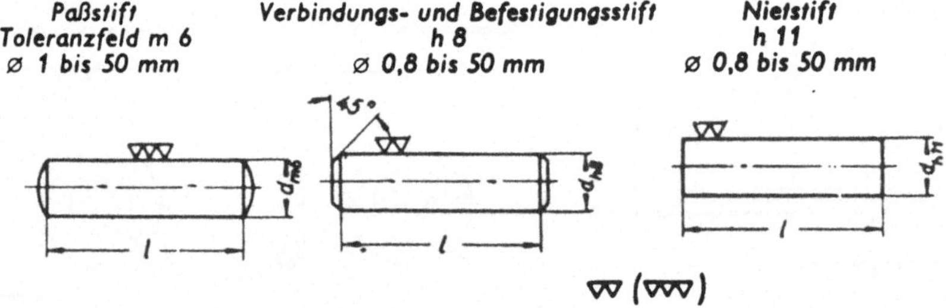

| Paßstift
Toleranzfeld m 6
⌀ 1 bis 50 mm | Verbindungs- und Befestigungsstift
h 8
⌀ 0,8 bis 50 mm | Nietstift
h 11
⌀ 0,8 bis 50 mm |

Bezeichnung (d × l), z. B.:

| Zylinderstift 5 m6 × 20 DIN 7 | Zylinderstift 5 h 8 × 20 DIN 7 | Zylinderstift 5 h 11 × 20 DIN 7 |

b)Kegelstifte: Die zugehörigen Bohrungen sind durch Kegelreibahlen nach DIN 9 herzustellen.

für lösbare Verbindungen

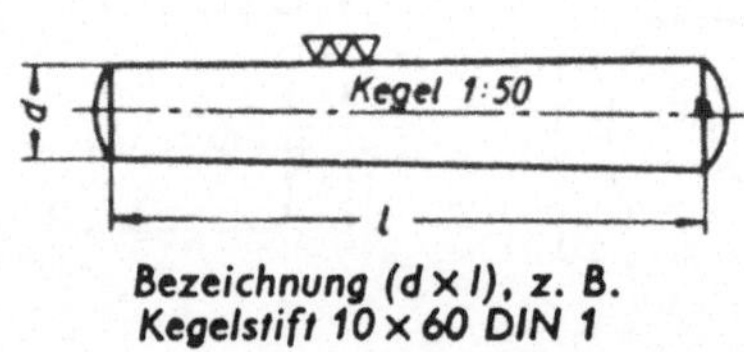

| Bezeichnung (d × l), z. B.
Kegelstift 10 × 60 DIN 1 | Bezeichnung (d × L), z. B.
Kegelstift 10 × 75 DIN 258 |

c)Spannstifte DIN 1481 schlägt man in Aufnahmebohrungen H12 mit den gleichen Nenndurchmessern der Spannstifte. Die Aufnahmebohrungen werden durch Spiralbohrer hergestellt.

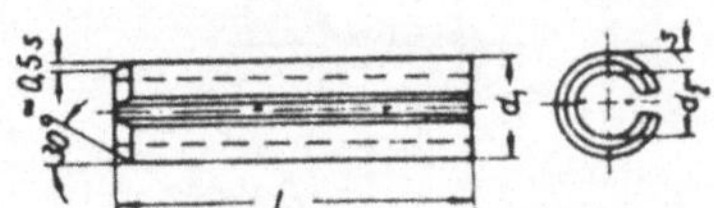

Bezeichnung (d × l), z. B.: Spannstift 6 × 32 DIN 1481

1. Grundbegriffe: Maße und Toleranzen (Auszug aus DIN 7182, T. 1)

Maß ist der Wert der physikalischen Größe „Länge"; Winkelmaß ist der Wert der physikalischen Größe „ebener Winkel". Zahlenwert und Einheit.

Nennmaß N ist das auf Zeichnungen, Schriftstücken usw. genannte Maß, auf welches die Abmaße bezogen werden (Bilder 1 bis 3); N dient zur Größenangabe und zur Gliederung des Anwendungsbereiches.

Paßmaß M_p ist auf Zeichnungen usw. ein durch Nennmaß mit Kurzzeichen oder mit Abmaßen bezeichnetes Maß, z.B. 25 f7 oder 25 h8; M ist ein toleriertes Maß für eine Paßfläche bzw. ein Paar Paßflächen (Innen- und Außen-).

Istmaß I ist die an einem bestimmten Werkstück durch **Messen** ermittelte Größe. Das Maß ist stets mit einer Meßunsicherheit behaftet (Bild 1).

Sollmaß S ist das Maß, von dem die Istmaße (I) so wenig wie möglich abweichen sollen.

Grenzmaße G sind die zwei auf Zeichnungen usw. angegebenen Maße, zwischen denen das Istmaß beliebig liegen darf, z.B. 24,90 und 25,15 mm (Mindest- und Höchstmaß).

Höchstmaß G_o (z.B. 25,15 mm) ist das größte, **Mindestmaß G_u** (z.B. 24,90 mm) das kleinste der beiden zugelassenen Grenzmaße (Bild 2).

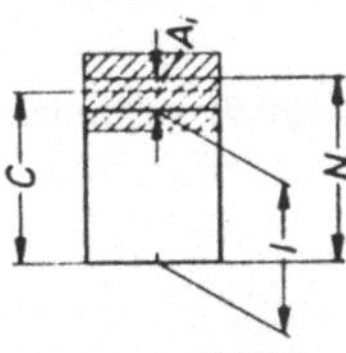

Bild 1.
Istmaß (I) und Ist-
abmaß (A_i); Mittenmaß (C)
und Nennmaß (N)

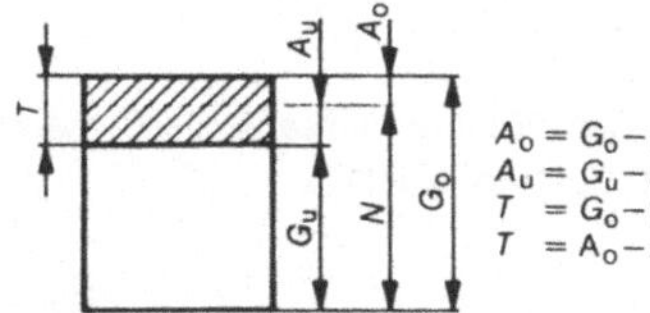

$$A_o = G_o - N$$
$$A_u = G_u - N$$
$$T = G_o - G_u$$
$$T = A_o - A_u$$

Bild 2.
Toleranzfeld (T)
Grenzmaße (G_u, G_o)
Grenzabmaße (A_u, A_o)
u. Nennmaß (N)

Abmaß A ist der Unterschied zwischen Maß und Nennmaß (DIN 55350 Tl. 12).

Istabmaß A_i ist der Unterschied zwischen Istmaß und Nennmaß (Bild 1).

Grenzabmaß ist das untere oder obere Grenzabmaß.

Oberes Grenzabmaß A_o ist der Unterschied zwischen Höchstmaß und Nennmaß (Bild 2 und 3).

Unteres Grenzabmaß A_u ist der Unterschied zwischen Mindestmaß und Nennmaß (Bild 2 und 3).

Grundbegriffe: Maße und Toleranzen

Grundabmaß ist das Grenzabmaß, das zusammen mit der Maßtoleranz die Lage des Toleranzfeldes festlegt; ISO-Grundabmaß ist A_g.

Winkelabmaß A_w ist Winkelmaß minus Winkelnennmaß (N_w).

Nullinie ist in der grafischen Darstellung der Toleranzfelder die dem Nennmaß und somit dem Grenzabmaß O entsprechende Bezugslinie für Abmaße (Bild 1 bis 3).

Einstellmaß ist das unter Berücksichtigung einer Werkzeugabnutzung vorgegebenes Maß im Toleranzfeld, das sich vom **Sollmaß** unterscheidet.

Prüfmaß ist ein toleriertes Maß, das bei der Prüfung (n. DIN 55350) bezüglich des Prüfumfangs besonders beachtet wird (n. DIN 406 z.B. 24).

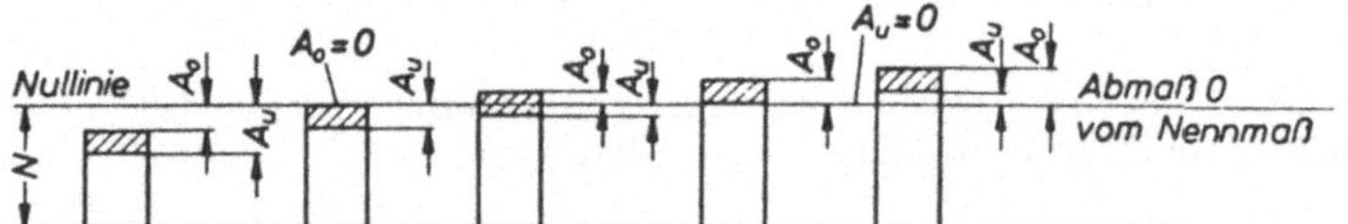

Bild 3. Obere und untere Grenzabmaße in Beziehung zum Nennmaß

Toleranz ist Höchstwert minus Mindestwert und auch obere Grenzabweichung minus unterer Grenzabweichung.

Maßtoleranz T ist der Unterschied zwischen dem Höchstmaß und dem Mindestmaß: kurz auch „Toleranz" genannt (Bild 4).

$$T = G_o - G_u, \text{ z.B. } 25^{+0,15}_{-0,10}, \text{ und zugleich } A_o - A_u.$$

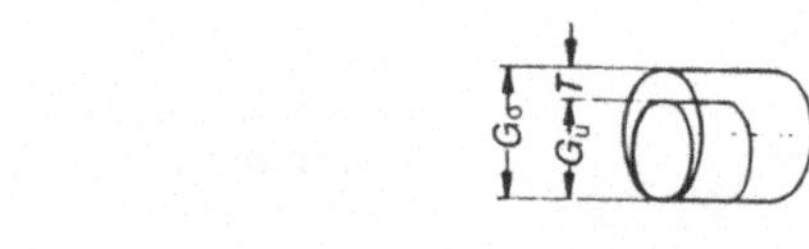

Bild 4.
Maßtoleranz

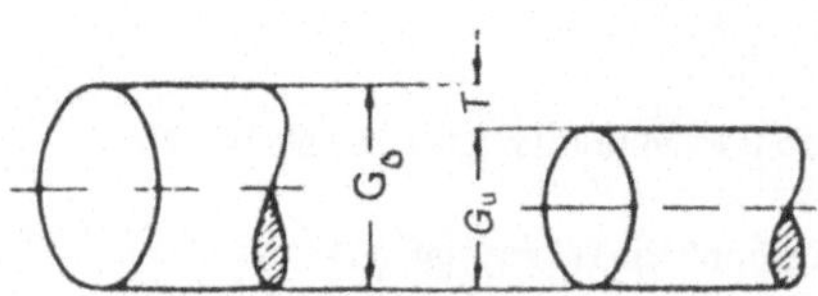

Toleranzbereich ist der Bereich zugelassener Werte zwischen Mindestwert und Höchstwert.

Toleranzfeld ist das Intervall zwischen Mindestmaß und Höchstmaß. Es ist in der grafischen Darstellung das Feld, das durch die Linien Höchstmaß und Mindestmaß begrenzt wird. Das Toleranzfeld gibt sowohl die Größe der Toleranz als auch ihre Lage zur Nullinie an (Bild 5).

Grundbegriffe: Maße und Toleranzen

Toleranzsystem ist ein System zur Bildung von Toleranzen und Grenzabweichungen. **ISO**-Toleranzsystem s. DIN 7150.

Grundtoleranz ist das einer Toleranzklasse (s. S. 14–5) und einem Nennmaßbereich zugeordnete, in einem Toleranzsystem festgelegte Maßsystem.

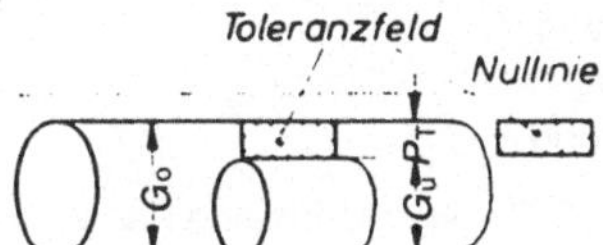

Bild 5.
Toleranzfeld

Toleranzreihe ist die bei einer vorgegebenen Toleranzklasse die einer Reihe von Nennmaßbereichen zugeordnete Reihe von Toleranzen.

Formtoleranz T_F ist die zulässige Abweichung von der vorgeschriebenen geometrischen Form (Zylinderform, Ebenheit, Parallelität, Rechtwinkeligkeit usw.); ist der Höchstwert für die Weite des zulässigen Bereiches für Formabweichungen (Bild 6). S. DIN ISO 1101.

Lagetoleranzen T_L ist der Höchstwert für die Weite des zulässigen Bereiches für Lageabweichungen (T_W = Winkeltoleranz).

Toleranzfaktor ist der als Funktion des Nennmaßbereiches festgelegte Faktor zur Berechnung einer Grundtoleranz; ISO-Toleranzfaktor ist i (bzw. I), früher „Toleranzeinheit".

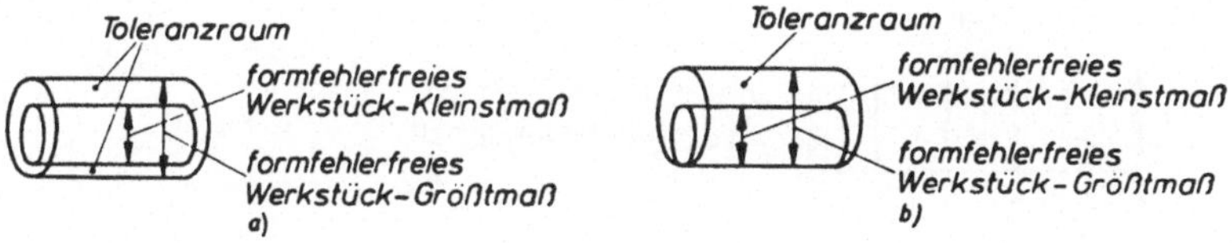

Bild 6.
Formtoleranz T_F

2. Passungen: Grundlagen (z.T. nach DIN 7182)

Passung *P* (Sitz) ist die allgemeine Bezeichnung für die Beziehung zwischen gepaarten Teilen (mit Innen- und Außen-Paßflächen), die sich aus dem Maßunterschied dieser Teile vor dem Paaren ergibt, z.B. zwischen Bohrung 25 H7 und Welle 25 m6.

Paßfläche ist jede der mit einem Paßmaß versehenen Flächen, an denen sich gepaarte Teile berühren oder an denen gegeneinander bewegliche Teile in Berührung kommen können (Paarung = Fügen der zusammengehörigen Paßteile/Formelemente).
a) Kreiszylinder. Paßflächen = Rundpassung
b) Ebene Paßflächenpaare = Flachpassung
c) Kreiskegelige Paßflächen = Kegelpassung

Paßteile sind Teile, mit einer oder mehreren Paßflächen, die für eine Passung bestimmt sind.
a) Außenteil;   b) Innenteil

Grenzpassung ist Mindestpassung P_u *oder Höchstpassung* P_o (der Innen- bzw. Außenfläche).

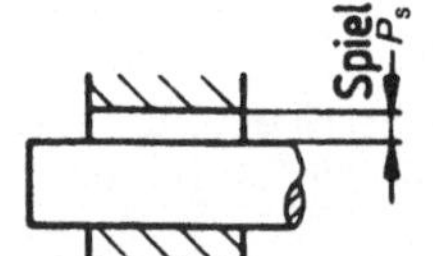

Bild 1.
Spiel P_s

Spiel P_S ist der Unterschied zwischen dem Innenmaß des Außenteils (z.B. der Bohrung) und dem Außenmaß des Innenteils (z.B. der Welle), wenn das Innenmaß größer als das Außenmaß (die Differenz positiv ist): **positive Passung** (Bild 1).

Übermaß $P_ü$ ist der Unterschied zwischen dem Außenmaß des Innenteils (z.B. der Welle) und dem Innenmaß des Außenteils (z.B. der Bohrung, Bild 2), wenn vor dem Paaren der Paßteile das Außenmaß größer ist als das Innenmaß. Übermaß kann als negatives Spiel angesehen und als **negative Passung** bezeichnet werden.

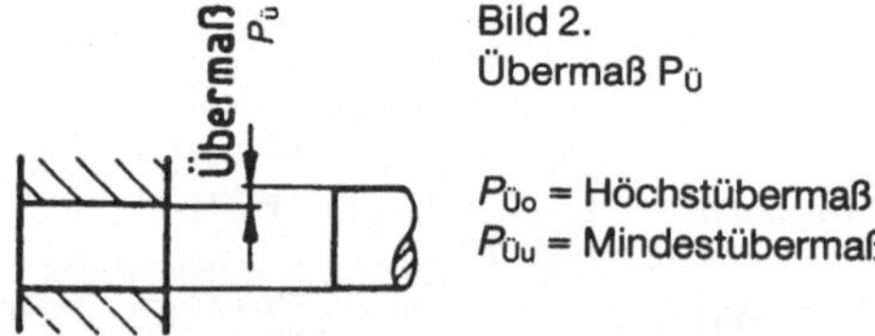

Bild 2.
Übermaß $P_ü$

$P_{üo}$ = Höchstübermaß
$P_{üu}$ = Mindestübermaß

Istpassung (P_{Im}) ist die als Ergebnis von Messungen festgestellte Passung.

Paßtoleranz P_T ist die Toleranz der Passung, nämlich die mögliche Schwankung des Spieles oder des Übermaßes zwischen den zu paarenden Teilen (P_T = Höchstpassung − Mindestpassung = $P_u - P_o$). Sie ist gleich der Summe der Toleranzen von Außenteil und Innenteil ($P_T = P_A + P_I$ bzw. $P_T = P_B + P_W$, d.h. Bohrung und Welle).

$$P_T = P_{So} - P_{Su} = P_{So} + P_{üo} = P_{üo} - P_{üu}$$

Paßtoleranzfelder, z.B. Spiel-, Übergangs- und Übermaß-Toleranzfeld, siehe Bild und Text auf Seite 14–8.

Paßsystem ist ein System zur Bildung von Paßtoleranzen (s.d.).
EB = ISO-Paßsystem „Einheitsbohrung"
EW = ISO-Paßsystem „Einheitswelle"

3. Paßsysteme: Grundlagen (z.T. nach DIN 7182)

Voraussetzung für die wirtschaftliche Fertigung austauschbarer Teile ist die Sicherung des **Zusammenpassens** der Teile in der gewünschten Güte und Toleranzklasse.
Paßsysteme dienen dieser Aufgabe durch Festlegen von **Grenzwerten** für die Maße der Teile (Formelemente). Werden diese Grenzwerte eingehalten, dann passen die Teile in der gewünschten Art.

Wirtschaftlich ist die Anwendung der Paßsysteme nur dann denkbar, wenn ein sinnvolles **Lehrensystem** die Grenzwerte werkstattmäßig zu messen gestattet und
wenn die Zahl der **Meßgrößen** durch Beschränkung auf normale Zahlenwerte soweit nur möglich verringert wird.
Außerdem ist eine einheitliche **Bezugstemperatur** für die Messungen nötig.

Ein **Paßsystem** ist eine systematische Reihe von Passungen, die durch Kombinieren bestimmter Toleranzfelder für Bohrungen und Wellen entsteht.

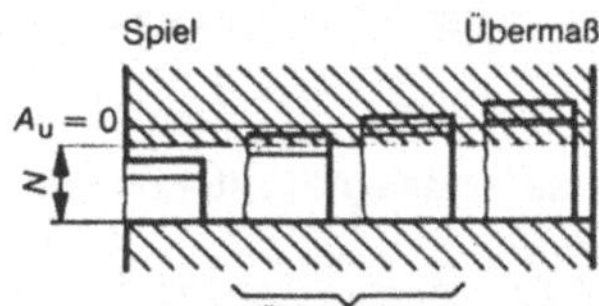

Bild 1. ISO-Paßsystem „Einheitsbohrung"

Bei **Rundpassungen** (Bohrungen und Wellen), unterscheidet man zwei Systeme:

1. **Einheitsbohrungs-System** (*EB*): Bohrung immer gleich ($A_u = o$), Welle erhält die Maßabweichungen, die den gewünschten Passungscharakter sichern.
2. **Einheitswellen-System** (*EW*): Welle immer gleich ($A_u = o$), Bohrung erhält die Maßabweichungen, die den gewünschten Passungscharakter sichern.

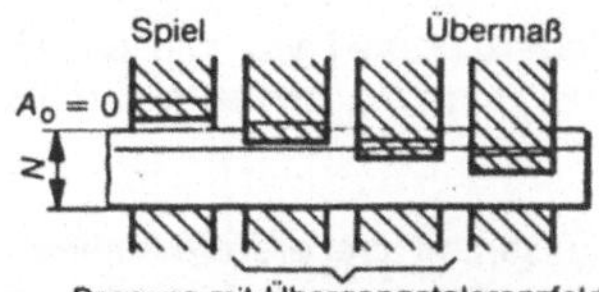

Bild 2. ISO-Paßsystem „Einheitswelle"

Innerhalb dieser beiden Systeme unterscheidet man **3 Gütegrade**:
Spielpassung; $P_{So} = G_{oB} - G_{uW}$; $P_{Su} = G_{uB} - G_{oW}$; $P_T = P_{So} - P_{Su}$

Übergangspassung:
(= Spiel- oder
Übermaß) $\quad P_o = G_{oB} - G_{uW}$; $P_u = G_{oW} - G_{uB}$; $P_T = P_o + P_u$

Übermaßpassung:
(früher Preß-
passung) $\quad P_o = G_{uW} - G_{oB}$; $P_u = G_{oW} - G_{uB}$; $P_T = P_u + P_o$

Jeder Gütegrad (jede Toleranzfeldlage) enthält verschiedene **Sitzarten**, deren Abmaße nach **Toleranzfaktoren** (früher Paß- bzw. Toleranzeinheiten) abgestuft sind. Der Toleranzfaktor *i* ist einheitlich über den gesamten Maßbereich gleich (siehe Tabelle PT/4). Beachte, daß eine **Grundtoleranz** aus zwei Faktoren errechnet wird. Erstens der Klassenfaktor und zweitens der Toleranzfaktor(i).

4. ISO Passungen

Das von der International Federation of the National Standardizing Organization, d.i. internationalen Vereinigung nationaler Normenausschüsse, aufgestellte System hat einen **Nennmaßbereich** von über 1,6 bis 500 mm (Nullinie ist als Begrenzungslinie geblieben). Ferner wird unterschieden zwischen dem Toleranzsystem, dem Paßsystem und dem Grenzmaßsystem für Lehren.

4.1 ISO-Toleranzsystem

System zur Bildung von Toleranzen und Grenzabweichungen. Der Begriff der Paß- und Toleranzeinheit ist dem des **ISO-Toleranzfaktors** gewichen. Dieser Toleranzfaktor i (l) in µm (= 0,001 mm) wird bestimmt zu

$$i = 0,45 \sqrt[3]{} + 0,001\ D,$$

worin D gleich dem geometrischen Mittel der beiden Grenzen eines Nennmaßbereiches in mm ist.

Toleranzfaktor ist der als Funktion des Nennmaßbereiches festgelegte Faktor zur Errechnung einer Grundtoleranz.

Klassenfaktor K ist der als Funktion der Toleranzklasse festgelegte Faktor zur Errechnung einer Grundtoleranz.

Toleranzklasse ist der Schlüssel für die Auswahl von Toleranzen, die unter etwa gleichen Bedingungen im allgemeinen annähernd gleiche Fertigungsschwierigkeiten verursachen (früher „Qualität" genannt).

Es werden in jedem Nennmaßbereich **20 Toleranzklassen** (Toleranzstufen) als Grundtoleranzen gebildet. Dabei bezieht sich der Begriff Toleranzklasse auf die Toleranz des einzelnen Stückes.
Die Grundtoleranzreihen werden mit IT 01, 0, 1 bis IT 18 (IT = ISO-Toleranzklasse) bezeichnet.
Die Klassen 01 bis 5 dienen vorwiegend für Lehren, 6 bis 11 für Passungen im allgemeinen **Maschinenbau** und 12 bis 18 für gröbere Fertigungstoleranzen.
Die Grundtoleranzen sind von IT 6 ab als Vielfache des Toleranzfaktors i geometrisch mit dem Stufensprung 1,6 gestaffelt. Ihre Zahlenwerte entsprechen damit der Normungszahlenreihe R 5 (vgl. DIN 323); siehe Tab. TP/5.

Die **Größe** der Toleranz liegt nun fest; ihre **Lage** zur Nullinie bestimmt aber erst die Abmessung der Bohrung oder der Welle eindeutig. Die Größe des **Toleranzfeldes** bestimmt sich aus Nennmaß und der Klasse der Passung. Die Angabe im Kurzzeichen erfolgt durch eine **Ziffer**.

Die **Toleranzfeldlage** wird für Bohrungen (Innenmaße) mit **großen** Buchstaben und für Wellen (Außenmaße) mit **kleinen** Buchstaben bezeichnet. Der Buchstabe **H** (Kleinstmaß = Nennmaß) entspricht der **Einheitsbohrung** (s. Bild 1 auf Seite 4–7), entsprechend **h** der **Einheitswelle** (Größtmaß = Nennmaß)
Je weiter nun ein Buchstabe des Alphabets von H bzw. h entfernt ist, desto weiter liegt das Toleranzfeld von der Nullinie ab. Dabei liegen die Toleranzen der Bohrungen A...G oberhalb von K...Z unterhalb der Nullinie,
die Toleranzen der Wellen a...g unterhalb und k...z oberhalb der Nullinie.

Größe und Lage der **Toleranzfelder** werden also durch die Angabe eines Buchstabens (= Lage) und einer Ziffer (= Toleranzklasse) bestimmt. Die **Art der Passung** wird durch entsprechende Wahl der Wellentoleranz bzw. der Bohrungstoleranz erreicht.

27–6

ISO-Passungen

Beispiele:
G7 ist eine Bohrung, deren Toleranzfeld oberhalb der Nullinie beginnt und der die Grundtoleranzreihe der Klasse 7 (IT 7) zugeordnet ist;
h11 bedeutet ein an der Nullinie beginnendes, nach Minus liegendes Toleranzfeld von Toleranzklasse 11.
Diese **Kurzzeichen** sind die Kennzeichen, welche im Schriftverkehr, auf Zeichnungen, bei Lehren usw. benutzt werden. Wird dabei eine bestimmte Paarung angegeben, so steht die Bezeichnung der Bohrung vor der der Welle, z.B. H7/m6. In Zeichnungen schreibt man das Kurzzeichen der Bohrung über das der Welle unter die Maßlinie.

Kennzeichnung eines **tolerierten Maßes**:
$$\text{Nennmaß + Toleranzfeldlage + Toleranzklasse, z.B. } 50 \, n \, 7$$

Kennzeichnung einer **Passung**:
Nennmaß der gepaarten Teile, z.B. 100   H7   (Toleranzfeld: Innenpaßmaß)
                              g6   (Toleranzfeld: Außenpaßmaß)

Zu beachten ist folgendes:
a) ISO-Toleranzen gelten nicht für **Absatzmaße** und **Lochmittenabstände**
b) Um in Konstruktion und bei Gestaltung die Funktion der Passung kostengünstig zu erzielen (z.B. geringe Zahl von Werkzeugen und Prüfmittel), müssen die genormte Abmaßen folgender Paßsysteme verwendet werden:
Einheitsbohrung nach DIN 7154,
Einheitswelle nach 7155,
engeres Auswahlsystem nach DIN 7157 (bevorzugt anzuwenden).
c) Während der **Toleranzfaktor** bei einem Nennmaßbereich für alle Toleranzklassen denselben Wert hat, besitzt der Klassenfaktor (K) bei einer Toleranzklasse für alle Nennmaßbereiche denselben Wert.
d) **Toleranzklasse** ist ein Anforderungsniveau. Die Qualität ist aber nach internationale Normung die „Beschaffenheit einer Einheit bezüglich ihre Eignung, festgestellte und vorausgesetzte Anforderungen zu erfüllen."
e) Für Nennmaßbereiche N über 500 mm wird der ISO-Toleranzfaktor I nach DIN 7172 (s. Tab. TP/9) gewählt.

Bild 1. ISO-Paßsystem

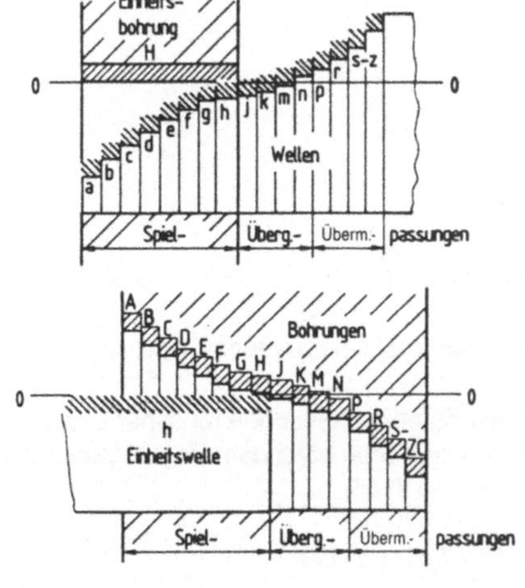

Grundsätze nach DIN ISO 8015:
a) Alle Maß-, Form- und Lagetoleranzen gelten unabhängig voneinander, jede **Toleranz** ist einzuhalten.
b) **Maßtoleranzen** begrenzen nur die **Istmaße** an einem Formelement, nicht seine Formabweichungen.

Allgemeintoleranz (früher „Freimaßtoleranz") ist die Toleranz gemäß einem Toleranzsystem, deren Anwendung auf das betrachtete Maß durch eine allgemeingültige Eintragung (s. DIN 7168) festgelegt wird. Toleranzsysteme für spezielle Fertigungsverfahren siehe DIN 1683 (Gußteile) und DIN 6930 (Stanzteile, spanlose Fert.).

ISO Passungen

4.2 ISO-Paßsystem

Beim ISO-Paßsystem ist eine **freizügige Paarung** der verschiedenen Bohrungen und Wellen möglich ohne die starre Bildung an die Systeme Einheitsbohrung und Einheitswelle.

Im ISO-Paßsystem liegen diese beiden Systeme dem Aufbau allerdings ebenfalls zugrunde. Es stellen die **H-Bohrungen** mit den Wellen a...z das Einheitsbohrungssystem, entsprechend die **h-Wellen** mit den Bohrungen A...Z das Einheitswellensystem im ISO-Paßsystem dar (vgl. DIN 7154 und 7155).

$$\text{Paßtoleranz } P_T = P_{So} - P_{Su} = P_{So} + P_{\ddot{U}o} - P_{\ddot{U}u}$$

Es werden **3 Passungsarten** unterschieden (s. Bild 2)

Spielpassungen	Übergangspassungen	Übermaßpassungen
(nur Spiel)	(Spiel oder Übermaß)	(früher Preßpassungen)

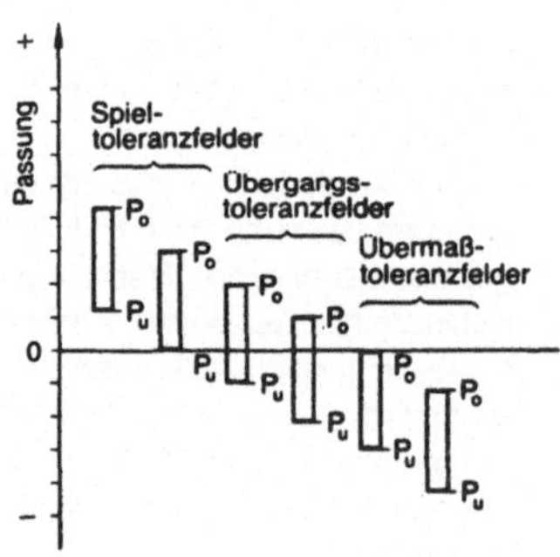

Bild 2. Passungsarten: mögliche Lagen von Paßtoleranzfeldern

Bohrungen für Spielpassungen sind A...H; Wellen entsprechend a...h.

J...Z bzw. j...z stellen Bohrungen bzw. Wellen für die Übergangs- und Übermaßpassungen dar.

Unter Passungsfamilie versteht man auch die Zusammenfassung aller Passungen mit einer Einheitsbohrung (H-Bohrung) bzw. einer Einheitswelle (h-Welle). Sie entsprechen etwa dem Begriff **Genauigkeitsgrad** (Gütegrad) des früheren DIN-Systems (vgl. DIN 7154 und 7155).

4.3 ISO-Grenzmaßsystem für Lehren (vgl. DIN 7150 Tl. 2, DIN 7162..7164)

Man unterscheidet:

Arbeitslehren: sie werden bei der Arbeit in der Werkstatt gebraucht.

Abnahmelehren: sie dienen zur Nachprüfung der Erzeugnisse durch Dritte. Abnahmelehren entsprechen im neuen Zustand abgenutzten Arbeitslehren (im ISO-Paßsystem nicht genormt). Die **Revisionslehre**, die vom Revisor im Betrieb benutzt wird, ist meist eine gering abgenutzte Arbeitslehre.

Prüflehren: sie dienen nur zur Prüfung der Arbeitslehren (im ISO-Paßsystem nur zum Teil genormt).

5. ISO-Grundtoleranzen für Längenmaße (Nach DIN 7151)

Sie gelten für alle Längenmaße wie Durchmesser, Längen, Breiten usw.

Werte in µm = 1/1000 mm. Bezeichnung der Grundtoleranzreihe von Toleranzklaase 4:ISO-Toleranzreihe 4, abgekürzt: IT 4

Tole-ranz-klasse in µm	Grund-tole-ranzen-reihe	1 bis 3	über 3 bis 6	über 6 bis 10	über 10 bis 18	über 18 bis 30	über 30 bis 50	über 50 bis 80	über 80 bis 120	über 120 bis 180	über 180 bis 250	über 250 bis 315	über 315 bis 400	über 400 bis 500	Tole-ranzen in i
1	IT 1	0,8	1	1	1,2	1,5	1,5	2	2,5	3,5	4,5	6	7	8	–
2	IT 2	1,2	1,5	1,5	2	2,5	2,5	3	4	5	7	8	9	10	–
3	IT 3	2	2,5	2,5	3	4	4	5	6	8	10	12	13	15	–
4	IT 4	3	4	4	5	6	7	8	10	12	14	16	18	20	–
5	IT 5	4	5	6	8	9	11	13	15	18	20	23	25	27	≈ 7
6	IT 6	6	8	9	11	13	16	19	22	25	29	32	36	40	10
7	IT 7	10	12	15	18	21	25	30	35	40	46	52	57	63	16
8	IT 8	14	18	22	27	33	39	46	54	63	72	81	89	97	25
9	IT 9	25	30	36	43	52	62	74	87	100	115	130	140	155	40
10	IT 10	40	48	58	70	84	100	120	140	160	185	210	230	250	64
11	IT 11	60	75	90	110	130	160	190	220	250	290	320	360	400	100
12	IT 12	100	120	150	180	210	250	300	350	400	460	520	570	630	160
13	IT 13	140	180	220	270	330	390	460	540	630	720	810	890	970	250
14	IT 14	250	300	360	430	520	620	740	870	1000	1150	1300	1400	1550	400
15	IT 15	400	480	580	700	840	1000	1200	1400	1600	1850	2100	2300	2500	640
16	IT 16	600	750	900	1100	1300	1600	1900	2200	2500	2900	3200	3600	4000	1000
17	IT 17	–	–	1500	1800	2100	2500	3000	3500	4000	4600	5200	5700	6300	1600
18	IT 18	–	–	–	2700	3300	3900	4600	5400	6300	7200	8100	8900	9700	2500
0	IT 0	0,5	0,6	0,6	0,8	1	1	1,2	1,5	2	3	4	5	6	–
01	IT 01	0,3	0,4	0,4	0,5	0,6	0,6	0,8	1	1,2	2	2,5	3	4	–

(Nennmaßbereich mm)

6. Bildung von Toleranzfeldern aus den ISO-Grundabmaßen (DIN 7152)

Nach dem ISO-Toleranzsystem können **beliebige Toleranzfelder** gebildet und zu Passungen gepaart werden. Um die Anzahl der Toleranzfelder zu beschränken, gibt DIN 7160/7161 (s. TP7/TP8) eine Auswahl gebräuchlicher Toleranzfelder, die den üblichen Ansprüchen des Maschinen- und Apparatebaus genügen. Eine noch engere allgemein gültige Auswahl wird in DIN 7157 (siehe Tab. TP/9) empfohlen.

6.1 Grundabmaße für Außenmaße (Wellen): Auswahl

a) **Obere Grenzabmaße** A_o (Werte nur mit **Minuszeichen** $-$)

in μm $\quad A_O = A_u +$ Grundtoleranz (s. Tab. 5)

Nennmaßbereich (mm) über	bis	Toleranz: Lage Qualität	d	e	f	g	h	js
					alle Qualitäten			
1	3		−20	−14	−6	−2	0	allgemein
3	6		−30	−20	−10	−4	0	± 1/2 IT
6	10		−40	−25	−13	−5	0	der jeweiligen
10	18		−50	−32	−16	−6	0	Qualität
18	30		−65	−40	−20	−7	0	
30	50		−80	−50	−25	−9	0	
50	80		−100	−60	−30	−10	0	
80	120		−120	−72	−36	−12	0	
120	180		−145	−85	−43	−14	0	

b) **Untere Grenzabmaße** A_u ($A_O -$ Grundtoleranz)

z.B. für Paßmaß „25 d 15'': $A_O = -65\ \mu$m,
Grundtol. Qual. 15 = 840 μm, also
$A_u = -65 - 840 = -905\ \mu$m.
somit 25 d15 = $^{-\ 0{,}065}_{-\ 0{,}905}$

Nennmaßbereich (mm) über	bis	Toleranz: Lage Qualität Klasse	i 5/6	7	k 3	4−7	ab 8	n	s	u
								alle (Qualitäten)/Klassen		
1	3		−2	−4	0	0	0	+4	+14	+18
3	6		−2	−4	0	+1	0	+8	+19	+23
6	10		−2	−5	0	+1	0	+10	+23	+28
10	18		−3	−6	0	+1	0	+12	+28	+33
18	30		−4	−8	0	+2	0	+15	+35	+41/48 (üb.24)
30	50		−5	−10	0	+2	0	+17	+43	+60/70 (üb.40)

   Fortsetzung

Bildung von Toleranzfeldern aus den ISO-Grundabmaßen (DIN 7152)
Grundabmaße für Außenmaße (Wellen): Auswahl

(Fortsetzung)

Nennmaßbereich (mm) über	bis	Toleranz: Lage Qualität i 5/6	7	k 3	4–7	ab 8	n	s	u
							alle Klassen (Qualitäten)		
50	65	−7	−12	0	+2	0	+20	+53	+87
65	80	−7	−12	0	+2	0	+20	+59	+102
80	100	−9	−15	0	+3	0	+23	+71	+124
100	120	−9	−15	0	+3	0	+23	+79	+144

Abmaße betragen bei „js": ±1/2 IT der jeweiligen Qualität

6.2 Grundabmaße für Innenmaße (Bohrungen): Auswahl

a) **Untere Grenzabmaße** A_u in μm ($A_u = A_o -$ Grundtoleranz (Tab. TP/5)

Nennmaßbereich (mm) über	bis	Toleranz: Lage Qualität	D	E	F	G	H	JS
			alle Klassen (Qualitäten)					
1	3		+20	+14	+6	+2	0	beträgt
3	6		+30	+20	+10	+4	0	±1/2 IT
6	10		+40	+25	+13	+5	0	der jeweiligen
10	18		+50	+32	+16	+6	0	Qualität
18	30		+65	+40	+20	+7	0	
30	50		+80	+50	+25	+9	0	
50	80		+100	+60	+30	+10	0	
80	120		+120	+72	+36	+12	0	
120	180		+145	+85	+43	+14	0	

Beispiel für Paßmaß „20 D10":

unteres Grenzabmaß A_u	+ 65
Grundtol. (Tag. TP/5)	+ 84
oberes Toleranzabmaß	+149
also 20 D10	$= 20^{+149}_{+65}$

Bildung von Toleranzfeldern aus den ISO-Grundabmaßen (DIN 7152)
Grundabmaße für Innenmaße (Bohrungen) : Auswahl

b) **Obere Grenzabmaße** A_o in μm ($A_o = A_u +$ Grundtol. (Tab. TP/5) Qual.

Nennmaßbereich (mm) über	bis	Toleranz: Lage (Qualität 6) Klasse 6	J 7	8	K bis 8 +Δ	N bis 8 +Δ	S ab 8	Δ-Wert 5	6	7	8
1	3	+2	+4	+6	0	−4	−14	Δ = 0			
3	6	+5	+6	+10	−1	−8	−19	1	3	4	6
6	10	+5	+8	+12	−1	−10	−23	2	3	6	7
10	18	+6	+10	+15	−1	−12	−28	3	3	7	9
18	30	+8	+12	+20	−2	−15	−35	3	4	8	12
30	50	+10	+14	+24	−2	−17	−43	4	5	9	14
50	80 S:65	+13	+18	+28	−2	−20	−53	5	6	11	16
	S:80						−59				
80	100	+16	+22	+34	−3	−23	−71	5	7	13	19
100	120	+16	+22	+34	−3	−23	−79				
120	180 S:140	+18	+26	+41	−3	−27	−92	6	7	15	23
	S:160						−100				
	S:180						−108				

Beispiel für Paßmaß „20 S8":

oberes Grenzabmaß $A_o = -35 + \Delta = -35 + 10\ = -35$

Grundtoleranz (Tab. TP/5), Q. 8 $= -33$

unteres Grenzabmaß $= -68$

also 20 S8 $= 20^{-035}_{-068}$

7. ISO-Abmaße für Außenmaße, Wellen (DIN 7160)

Auswahl

Nennmaßbereich (mm)		Grenzabmaße für Außenmaße (in µm) bei Toleranzklassen (Lage/Qual.)									
über	bis	g6	h6	h7	h8	h10	js6	js8	js9	m6	n6
von 1	3	−2 −8	0 −6	0 −10	0 −14	0 −40	±3	±7	±12,5	+8 +2	+10 +4
3	6	−4 −12	0 −8	0 −12	0 −18	0 −48	±4	±9	±15	+12 +4	+16 +8
6	10	−5 −14	0 −9	0 −15	0 −22	0 −58	±4,5	±11	±18	+15 +6	+19 +10
10	18	−6 −17	0 −11	0 −18	0 −27	0 −70	±5,5	±13,5	±21,5	+18 +7	+23 +12
18	30	−7 −20	0 −13	0 −21	0 −33	0 −84	±6,5	±16,5	±26	+21 +8	+28 +15
30	50	−9 −25	0 −16	0 −25	0 −39	0 −100	±8	±19,5	±31	+25 +9	+33 +17
50	80	−10 −29	0 −19	0 −30	0 −46	0 −120	±9,5	±23	±37	+30 +11	+39 +20
80	120	−12 −34	0 −22	0 −35	0 −54	0 −140	±11	±27	±43,5	+35 +13	+45 +23
120	180	−14 −39	0 −25	0 −40	0 −63	0 −160	±12,5	±31,5	±50	+40 +15	+52 +27
180	250	−15 −44	0 −29	0 −46	0 −72	0 −185	±14,5	±36	±57,5	+46 +17	+60 +31

8. ISO-Abmaße für Innenmaße, Bohrungen (DIN 7161)

Auswahl

Nennmaßbereich (mm)		Abmaße für Innenmaße (in µm) bei Toleranzklasse (Lage/Qual.)								
über	bis	H6	H7	H8	H9	H10	H12	J8	N9	P9
von 1	3	+6 / 0	+10 / 0	+14 / 0	+25 / 0	+40 / 0	+100 / 0	+6 / −8	−4 / −29	−6 / −31
3	6	+8 / 0	+12 / 0	+18 / 0	+30 / 0	+48 / 0	+120 / 0	+10 / −8	0 / −30	−12 / −42
6	10	+9 / 0	+15 / 0	+22 / 0	+36 / 0	+58 / 0	+150 / 0	+12 / −10	0 / −36	−15 / −51
10	18	+11 / 0	+18 / 0	+27 / 0	+43 / 0	+70 / 0	+180 / 0	+15 / −12	0 / −43	−18 / −61
18	30	+13 / 0	+21 / 0	+33 / 0	+52 / 0	+84 / 0	+210 / 0	+20 / −13	0 / −52	−22 / −74
30	50	+16 / 0	+25 / 0	+39 / 0	+62 / 0	+100 / 0	+250 / 0	+24 / −15	0 / −62	−26 / −88
50	80	+19 / 0	+30 / 0	+46 / 0	+74 / 0	+120 / 0	+300 / 0	+28 / −18	0 / −74	−32 / −106
80	120	+22 / 0	+35 / 0	+54 / 0	+87 / 0	+140 / 0	+350 / 0	+34 / −20	0 / −87	−37 / −124
120	180	+25 / 0	+40 / 0	+63 / 0	+100 / 0	+160 / 0	+400 / 0	+41 / −22	0 / −100	−43 / −143

Anmerkung: Die ISO-Toleranzfelder js und JS sind für alle Qualitäten von 1 bis 18 symmetrisch zur Nullinie (Plus-Minus-Toleranzen). Ihre Abmaße betragen ±1/2 IT der jeweiligen Qualität (s. Tab. TP/6).

9. ISO-Passungen der Auswahlreihe 1 (DIN 7157)

Passungskurzzeichen			Abmaß der mittl. Paßtoleranz, dargest. für Nennmaß 25 mm	Passung — Erläuterung in Tab. 10	
Einheitsbohrung	Einheitswelle	beliebig gepaart *)		Frühere Bezeichnung	
		D10 d9	+198		
	D10 h11		+172	Grobe Spielpassung	Spieltoleranzfelder (Spielpassungen)
		D10 e8	+163,5		
		E9 d9	+157		
H11 d9			+156		
	D10 h9		+133	Weite Spielpassung	
	E9 h11		+131		
		F8 d9	+127,5		
		E9 e8	+122,5		
		G7 d9	+108,5		
H8 d9			+107,5		
H7 d9			+101,5		
		E9 f7	+ 96,5		
		F8 e8	+ 93	Leichte Spielpassung	
	E9 h9		+ 92		
		G7 e8	+ 74		
H8 e8			+ 73		
		F8 f7	+ 67		
H7 e8			+ 67		
	F8 h9		+ 62,5		
		G7 f7	+ 48	Feinste Spielpassung	
H8 f7			+ 47		
	G7 h9		+ 43,5		
	F8 h6		+ 43		
H7 f7			+ 41		
	G7 h6		+ 24	Enge Spielpassung	
H11 h11	H11 h11		+130	Grobe Gleitpassung	Übergangstoleranzfelder (Übergangspassungen)
H11 h9	H11 h9		+ 91	Weite Gleitpassung	
H8 h9	H8 h9		+ 42,5	Leichte Gleitpassung	
H7 h9	H7 h9		+ 36,5		
H8 h9	H8 h6		+ 23	Feine Gleitpassung	
H7 h6	H7 h6		+ 17		
		F8 n6	+ 15	Schiebepassung	
		G7 n6	− 4	Treibpassung	
H8 n6			− 5		
		F8 s6	− 5		
H7 n6			− 11	Feste Passung	
		G7 s6	− 24	Leichte Preßpassung	Übermaßtoleranzfelder (Preßpassungen)
H8 s6			− 25		
		F8 u8¹)	− 28	Mittlere Preßpassung	
H7 s6			− 31		
		G7 u8¹)	− 47	Feste Preßpassung	
H9 u8¹)			− 48		
H7 u8¹)			− 54		

¹) u8 für Nennmaß über 24 mm; x8 für unter 24 mm

10. Erläuterung zu den Tabellen 6 bis 9
Anmerkungen zur Tabelle der ISO-Passungen

Die in DIN 7152, 7157, 7160 empfohlene Paarung der Toleranzfelder von Bohrungen und Wellen zu Passungen nach der berichtigten Auswahlreihe 1 bedeutet einen wichtigen Schritt zu einer rationelleren Ausnutzung der Lehren. Wenn heute die beliebige Paarung der Toleranzfelder noch ungewohnt ist, so liegt das in der geschichtlichen Entwicklung begründet.

Die früheren DIN-Passungen waren auf den Passungssystemen Einheitsbohrung und Einheitswelle aufgebaut. Da sie von fast allen europäischen Ländern übernommen wurden, behielt man die beiden Systeme bei, als die noch besseren ISO-Passungen geschaffen wurden. Es liegt nun nahe, die beliebige Paarung von Toleranzfeldern nach der 3. Spalte der Tab. 9 vorzugsweise anzuwenden, weil sie die wirtschaftlichste Ausnutzung der Lehren gewährleistet.

11. Allgemein-Toleranzen: Längen-, Winkel-, Radien-, und Formabmaße
(früher Freimaß-Toleranzen) Obere und untere Grenzabmaße (± ...) nach DIN 7168
Sie gelten:
a. Für **Längenmaße** (auch bei zusammengesetzten und dann gemeinsam bearbeiteten Teilen) wie Außenmaße, Innenmaße, Absatzmaße, Durchmesser, Breiten, Höhen, Dicken, Lochmittenabstände;

b. Für **Winkelmaße**: an Teilen, die spanend oder spanlos, wie z.B. Ziehen, Sicken und nach Verfahren der Stanztechnik gefertigt werden.

a) Zahlenwerte für **Längenmaße** (in mm) ± bei Toleranzklasse

Nennmaßbereich über	bis	fein **f**	mittel **m**	grob **g**	sehr grob **sg**
0,5	3	±0,05	±0,1	± 0,15	–
3	6	± 0,05	± 0,1	± 0,2	± 0,5
6	30	± 0,1	± 0,2	± 0,5	± 1
30	120	± 0,15	± 0,3	± 0,8	± 1,5
120	400	± 0,2	± 0,5	± 1,2	± 2
400	1000	± 0,3	± 0,8	± 2	± 3
1000	2000	± 0,5	± 1,2	± 3	± 4
2000	4000	± 0,8	± 2	± 4	± 6
4000	8000	–	± 3	± 5	± 8
8000	12000	–	± 4	± 6	± 10
12000	16000	–	± 5	± 7	± 12
16000	20000	–	± 6	± 8	± 12

b) Zahlenwerte für **Winkelmaße** (in ° und ') bei Toleranzklasse

Nennmeßbereich über	bis	fein/mittel **f/m**		grob **g**		sehr grob **sg**	
	10	± 1°	1,8 mm/10 cm	± 1°30'	2,6 mm/10 cm	± 3°	5,2 mm/10 cm
10	50	± 30'	0,9 mm/10 cm	± 50'	1,5 mm/10 cm	± 2°	3,5 mm/10 cm
50	120	± 20'	0,6 mm/10 cm	± 25'	0,7 mm/10 cm	± 1°	1,8 mm/10 cm
120	400	± 10'	0,3 mm/10 cm	± 15'	0,4 mm/10 cm	± 30'	0,9 mm/10 cm

Werte gelten nicht:
a. für Maße an Rundungen und an Schweißgruppen (nicht Bearbeitungsmaße);
b. für Winkelmaße an Genauigkeitskegeln und Rohrbogen sowie einer Kreisteilung.

Allgemein-Toleranzen: Längen-, Winkel-, Radien- und Formabmaße
c) Zahlenwerte für Rundungshalbmesser(r) und Fasen (in mm)

Nennmaßbereich		± bei Toleranzklasse (Genauigkeitsgrad)	
über	bis	fein/mittel *f/m*	grob/sehr grob *g/sg*
0,5	3	± 0,2	± 0,2
3	6	± 0,5	± 1
6	30	± 1	± 2
30	120	± 2	± 4
120	400	± 4	± 8

Zeichnungseintragung: z. B. für die Toleranzklasse „mittel" in das vorgesehene Feld des Schriftfeldes „DIN 7168-m".

d) Zahlenwerte für Form und Lage bei spanender Fertigung
(für durch Spanen entstandene Formelemente (DIN 7168 Tl. 2)

Allgemeintoleranz: Geradheit (Länge der betreffenden Linie)
(in mm) Ebenheit (größte Seitenlänge der Fläche)
Durchmesser der Kreisfläche

Nennmaßbereich		Toleranzklasse			
über	bis	R	S	T	U
	6	0,004	0,008	0,025	0,1
6	30	0,01	0,02	0,06	0,25
30	120	0,02	0,04	0,12	0,5
120	400	0,04	0,08	0,25	1
400	1000	0,07	0,15	0,4	1,5
1000	2000	0,1	0,2	0,6	2,5
2000	4000	–	0,3	0,9	3,5
4000	8000	–	0,4	1,2	5
8000		–	–	1,8	7
1. Rund-/Planlauf-Toleranz		0,1	0,2	0,5	1
2. Symmetrie-Toleranz		0,3	0,5	1	2

Parallelität: Die Begrenzung der Abweichung ergibt sich aus den Allgemeintoleranzen für die **Geradheit** oder **Ebenheit** bzw. aus der Toleranz für das Abstandsmaß der parallelen Linien oder Flächen. Dabei gilt das längere der beiden Formelemente als Bezugselement.

Rundheit: Allgemeintoleranz entspricht dem Zahlenwert der **Durchmessertoleranz,** sie ist aber nicht größer als die Werte für Rundlauf.

Zylindertoleranz: Allgemeintoleranzen sind hierfür nicht festgelegt.

Rechtwinkligkeit/Neigung: Allgemeintoleranzen sind hierfür nicht festgelegt; es können die für Winkel angewendet werden.

Koaxialität: Allgemeintoleranzen sind hierfür nicht festgelegt.

Bezeichnung für **Eintragung:** z. B. DIN 7168-mST" für Toleranzklasse m und Toleranzklasse S für Form und T für Lage.

1. Gesamtprozeß der Datenverarbeitung: Übersicht (DV-Stufen)

Verarbeitung umfaßt **Daten (Informationen)** aller Bereiche des technischen, wissenschaftlichen und gesellschaftlichen Geschehens.

Verhältnis von Art und Umfang sowie von Datenmenge der auszuführenden **Operationen** ist sehr unterschiedlich:

1. **Datenintensiver** Verarbeitungsprozeß

   Viele Daten sind in nur wenigen Rechenoperationen zu verarbeiten (z.B. in einer Sparkasse).

2. **Operationsintensiver** Verarbeitungsprozeß

   Aus wenigen Eingabedaten sind durch komplette Berechnungen (längere Rechenoperation) in unterschiedlichen Varianten die benötigten **Ausgabedaten** zu ermitteln (z.B. Ermittlung der Optimalwerte).

Die Datenverarbeitung kann sowohl **manuell** als auch **maschinell** erfolgen, je nach der Art und Menge der auszuführenden Arbeiten.

Verarbeitungsstufen (Prozeß der Verarbeitung)

Trennung der Stufen ist abhängig von:	a) dem angewendeten Verfahren; b) dem dabei erreichten Mechanisierungs- und Automatisierungsgrad.

Verarbeitungsstufe	Aufgabe / Funktion
1. **Datenerfassung**	entstandene Daten werden durch geeignete Zeichen dargestellt.
2. **Datenaufbereitung**	erfaßte Daten werden erforderlichenfalls so in ihrer Darstellung verändert und aufbewahrt, daß sie rationell verarbeitet werden können (bei Bedarf)
3. **Datentransport** **Datenbereitstellung** umfaßt die Punkte 1, 2 und 3	Beförderung der Daten vom Ort der Entstehung zum Ort der Verarbeitung. (Vor/während/nach der Datenerfassung oder -aufbereitung.)
4. **Datenverarbeitung** im engeren Sinn	ist die eigentliche Verarbeitung der Daten in mehreren **Arbeitsgängen** (eventuell zu wiederholen in gleicher oder veränderter Reihenfolge): a) Festlegen und Eingeben des **Programmes** für die Verarbeitung; b) **Eingabe** der erfaßten und aufbereiteten Daten; c) logisches **Ordnen** und **Speichern** der eingegebenen Daten (in eine verarbeitungsgerechte Form); d) rechnerisches **Zusammenführen** bzw. **Trennen** der Daten (entsprechend dem eingegebenen Programm); e) **Speichern** der Daten, wenn sie in weiteren folgenden Arbeitsgängen mit anderen Daten (nach demselben oder an-

Gesamtprozeß der Datenverarbeitung: Übersicht (DV-Stufen)

Verarbeitungsstufe	Aufgabe/Funktion
	deren Programm) noch ein- oder mehrfach zu verarbeiten sind;
	f) **Transport der Daten in der EDVA von und zu den Baugruppen** (die für die einzelnen Arbeitsgänge vorgesehen bzw. notwenig sind);
	g) **Ausgabe der Daten in der durch das Programm festgelegten Auswahl und Art** (in auswertungsgerechter Form).
5. Datenauswertung	der **Ausgabedaten**, so, daß sie die noch laufenden und geplanten Prozesse optimal beeinflussen werden.

Bemerkung: Verfahren der DV siehe auch Tab. CT 2

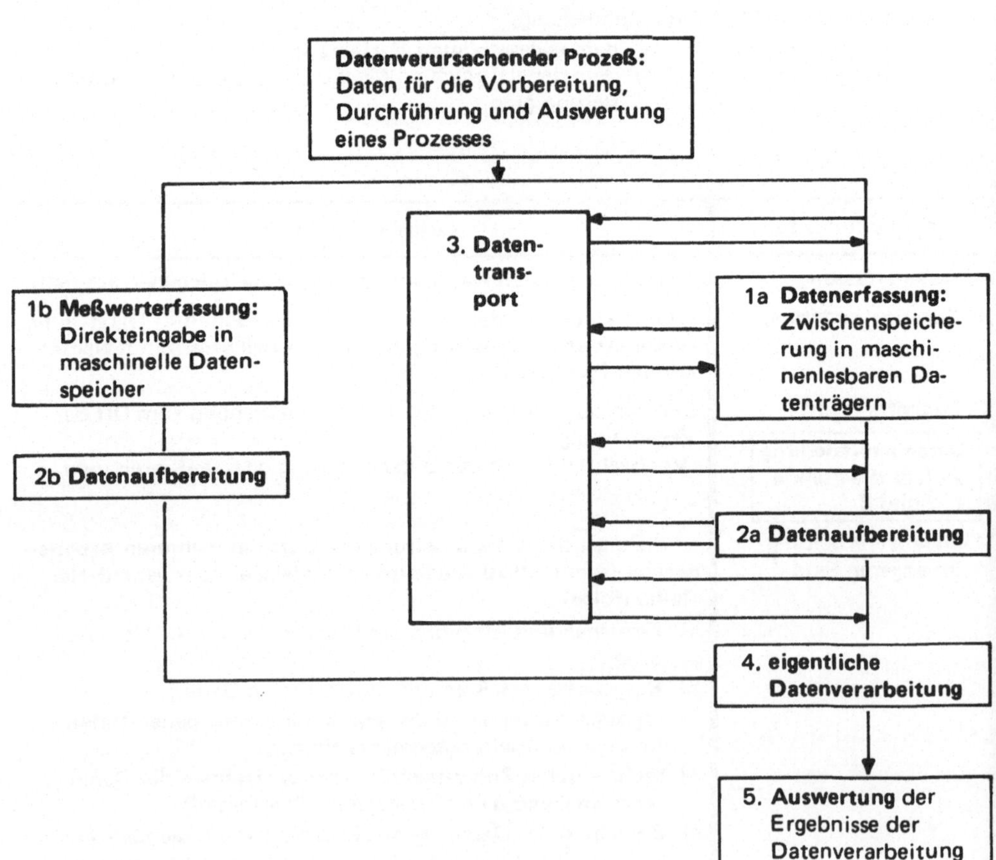

2. Die Bedeutung der Zentraleinheit

zur Daten- oder Informations-Eingabe und -Ausgabe

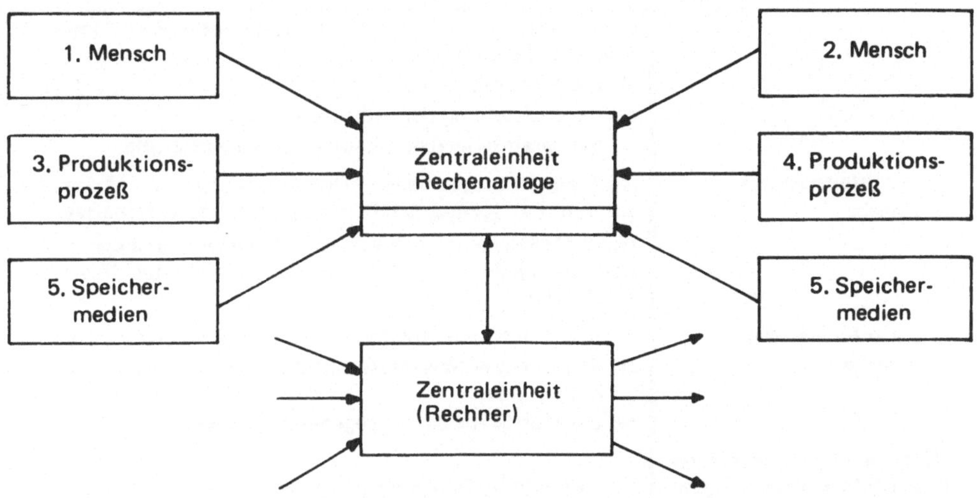

Zusammenarbeit der Zentraleinheit (Rechenanlage)	Geräte / Anwendung	
1/2. mit dem **Menschen** 1. zur **Informations-eingabe**	a) über Tastenfelder b) über elektrische Schreibmaschinen	sehr beschränkte Geschwindigkeit
	Allgemein nur für Eingabe von **Einzelinformationen, z.B.** 1. zur Beeinflussung des Programmablaufs; 2. zur Eingabe von Konstanten; 3. zur Testung der Anlage.	
2. zur **Informations-ausgabe**	a) optische Anzeige (z.B. Lampen, Schauzeichen, Sichtgerät)	zur Beobachtung spezieller Bearbeitungsabläufe
	b) elektrische Schreibmaschine	zur Ausgabe: 1. von Kontrolldaten und Weisungen für den Bediener; 2. von Buchungsergebnissen.
	Allgemein sehr beschränkte Geschwindigkeit.	
3/4. zum **Produktions-prozeß**	Besonders in der Automatisierung von Bedeutung, zur Erzielung einer optimalen Betriebsführung.	

Die Bedeutung der Zentraleinheit

Zusammenarbeit der Zentraleinheit (Rechenanlage)	Geräte / Anwendung
	Rechenanlage übernimmt (im Echtzeit- oder Real-Time- bzw. **RT-Betrieb**) z.B. a) die Prozeßführung; b) die Aufstellung der Störungsstatistik; c) die gesamte Datenerfassung und -registrierung.
3. zur **Informations-eingabe**	Nach einem vorgesehenen Programm werden die **Meßwerte** aus dem **Fertigungsprozeß** entnommen und verarbeitet. Wenn Meßwerte in analoger Form vorliegen (analoge Einstellsignale) sind **A/D-Umsetzer** (Analog-/Digital-Umsetzer) erforderlich.
4. zur **Informations-ausgabe**	Informationen zur Aussteuerung von **Stellgliedern**, die z.B. a) den Energie- bzw. Massenfluß in der **Regelstrecke** verändern oder b) zur Korrektur der vorgegebenen **Sollwerte**.
5/6. zu den **Speichermedien** 5. zur **Informationseingabe**	a) wenn große Datenmengen in der Zentraleinheit (Rechenanlage) eingegeben werden müssen; b) wenn eine Sofortbearbeitung der Informationen im **Echtzeitbetrieb** nicht erforderlich bzw. nicht möglich ist. **Datenträger** ist allgemein: a) zur **erstmaligen Dateneingabe** (in die Rechenanlage) z.B. Lochkarten, Lochstreifen und Belege mit maschinell lesbarer Schrift; b) zur Eingabe von **Zwischenergebnissen**, z.B. das Magnetband bzw. ein **Großraumspeicher**.
6. zur **Informationsausgabe**	zur Speicherung von Ergebnissen einer Bearbeitung für eine spätere Verarbeitung bzw. zur Listung (Tabellierung). Geräte als Datenträger z.B.: a) Schnelldrucker (mechanische/nichtmechanische); b) Lochkarten oder -streifen (nur in Sonderfällen); c) Magnetband (z.B. zur Archivierung).
7. zu einer anderen **Zentraleinheit** (Rechenanlage)	zwei Zentraleinheiten/Rechenanlagen sind erforderlich: a) wenn größere Entfernungen zu überbrücken sind (mit Hilfe von **Daten-Fernübertragungseinrichtungen**; b) wenn eine Großanlage mit mehreren **Satellitenanlagen** zusammenarbeiten soll (Zentralanlage enthält Daten auf Abruf).

3. Computer und Prozessoren: Aufbau und Anwendung

Bezeichnung	Aufbau und Erläuterung (Siehe Bild 1 auf Seite 27 – 8)

1. Computer	bestehen grundsätzlich aus:
	1. Zentraleinheit mit: • Steuerwerk,
	                        • Rechenwerk,
	                        • Arbeitsspeicher und
	                        • Ein-/Ausgabe-Steuerung
	2. Speichergeräte (Datenspeicher)
	3. Eingabe- und Ausgabegeräte sowie
	4. Dialoggeräte

2. Mikrocomputer (μC)	a) werden in der Regel für eine spezielle Aufgabe eingesetzt, z. B. häufig in
	     – Prozeß-Steuerungen und
	     – Prozeß-Überwachungen.
	b) bestehen aus
	    1. dem **Mikroprozessor** – also jenem Teil des Computers, der logische und arithmetische Operationen durchführen kann.
	    2. einem oder mehreren **Speichern** sowie
	    3. einer oder mehreren **Ein-/Ausgabe-Einrichtungen** (Kommunikations-Einrichtungen oder Geräte), über die der Mikroprozessor Befehle und Daten empfangen oder abgeben kann.

3. Mikroprozessor
 	
Anmerkungen
zu Punkte 2, 3
	a) ist dabei (siehe Punkt 2) die zentrale Intelligenz des Computers und wird deshalb auch **Zentrale Prozessor-Einheit**, kurz Zentraleinheit oder Kurzzeichen **CPU** (Central Prozessing Unit) genannt.
	b) enthält im Prinzip nur **Steuer-** und **Rechenwerk** ohne den Arbeitsspeicher.
	   – Durch zugeordnete Speicher läßt sich ihr „Gedächtnis" erweitern.
	c) ist eigentlich das „Herz" des Computers, das lediglich binär codierte Kommandos verarbeitet und z. B. 8, 16 oder 32 Bit gleichzeitig verarbeiten kann. Dadurch ergibt sich eine Vielzahl verschiedener Bit-Kombinationen, d. h. also interpretierbaren Kommandos der anderen Daten (Textzeilen, Grafikzeichen). – Siehe unter Datenspeicher.
	
	Moderne Mikrocomputer und -prozessoren haben zwei typische **Merkmale:**
	1. Wegen den sequentiellen Schaltungen, können sie Informationen **nicht gleichzeitig**, sondern nur nach und nach übernehmen oder abgeben.
	   – Obwohl sie langsamer als parallel arbeitende Gatterschaltungen funktionieren, reagieren sie doch schneller als die zugeordneten Ein-/Ausgabegeräte.

Computer und Prozessoren: Aufbau und Anwendung

Bezeichnung	Aufbau und Erläuterung

Aufbau und Erläuterung

2. Zum Ausführen der gewünschten Funktionen müssen dem Computer **Befehle** in einer optimal angepaßten Folge erteilt werden (**Programm**) genannt).
   - Die in der **Programmiersprache** verwendeten leicht verständlichen Kürzel für die einzelnen Befehle nennt man mnemonischen Code (leicht merkbare Code).
   - Die Befehle erscheinen auch noch in hexadezimaler oder in oktaler Zahlendarstellung (Maschinencode).

3. Zum jeweiligen Typ passend stehen **Steuerbausteine,** Speicher, Ein-/Ausgabe-Bausteine usw. zur Verfügung.
   - Die zueinander passenden **Bausteine** bilden ein System. Bausteine unterschiedlicher **Systeme** können nicht immer unmittelbar zusammenarbeiten.
   - Man unterscheidet Systeme mit 4 Bit, 8 Bit, 12 Bit und 16 Bit **Datenwortlänge.**

Anwendung des µP's z. B.

- mit **4-Bit-Wortlänge:** für eingeschränkte Einsatzbereiche, zum Teil in Zählern, kleinen Rechnern und Prozessoren.
- mit **8-Bit-Wortlänge** usw. (entspr. 1 Byte, kurz 1 K, usw.): allgemein für die Industrie, insbesondere
  - in elektronischen Datenverarbeitungsanlagen (DVA'n),
  - in der Fertigungstechnik, z. B. in numerisch gesteuerten (NC-)Werkzeugmaschinen, weiterhin bei CAD, CAE u. a.,
  - in der Fernschreibtechnik.

4. Datenspeicher (Speicher, s. a. Tab. CT/8)

a) sind zu unterscheiden nach **Art des Zugriffs**

1. Speicher mit **seriellem Zugriff**
   Hierbei kann die gespeicherte Information nur in einer bestimmten Reihenfolge eingeschrieben oder abgerufen (bzw. „ausgelesen") werden.
   Beispiel: **Magnetbandspeicher**
   Bei Mikrocomputern in Kompakt-Kassetten.
   Nachteil: Es muß, z. B. vom Bandanfang an, jede davorliegende Information sozusagen erst „übersprungen" bzw. darauf geprüft werden, ob sie schon die gewünschte ist. Zugriffszeit kann kurz aber auch sehr lang sein.

2. Speicher mit **wahlfreiem Zugriff** ("random access" = beliebiger Zugang)
   Hierbei ist jeder Speicherplatz in gleicher Zeit erreichbar. Zugriffszeit zum Aufsuchen und Lesen einer abgespeicherten Information und zum Übertragen ins Steuerwerk ist stets gleich, wenn die **Adresse** (s. d.) bekannt ist.

28 – 6

Computer und Prozessoren: Aufbau und Anwendung

Bezeichnung	Aufbau und Erläuterung

b) sind zu unterscheiden nach **Dauerhaftigkeit** des Speichers

1. **Flüchtige Speicher**
   Diese Speicherart wird auch **Schreib-/Lese-Speicher** genannt oder kurz mit **RAM** bezeichnet (= random access memory = Speicher mit wahlweisen Zugriff) (siehe Punkt 4/a2).
   Informationen sind meistens verloren, wenn die Versorgungsspannung (elektr.) aussetzt.
   Zu unterscheiden sind:
   - **dynamische RAMs** – jedes Bit wird in Form einer Kondensatorladung gespeichert, die zyklisch immer wieder aufgefrischt werden muß.
   - **statische RAMs** – im Prinzip aus **Flip-Flops** bestehend (auch bistabile Kippglieder genannt), die gesetzt bzw. nicht gesetzt sind.

   Anwendung: in µP-Systemen dient das RAM zum Aufnehmen der Informationen, die sich während des Programmablaufs ändern.
   - Das abzuarbeitende Programm befindet sich (mit bestimmten benötigten Fest-Werten) im ROM bzw. EPROM.
   - Bei der Programm-Entwicklung bzw. der Testphase wird das Programm jedoch im RAM abgelegt (zum eventuellen Ändern/Verbessern) und dann erst im EPROM übernommen.

2. **Festwert-Speicher**
   Diese Speicherart ist ein **reiner Lesespeicher**, kurz mit **ROM** bezeichnet (= read only memory = Nur-Lese-Speicher).
   Sie sind **nichtflüchtige** Speicher, weil sie auch ohne angelegte Versorgungsspannung die gespeicherten Informationen (die nicht geändert werden sollen) behalten.

   Ausführungen:
   - **ROMs** – Es wird (vom Hersteller) einmal die Information eingeschrieben (es wird programmiert).
   - **PROMs** (= programmable ROMs) – Es wird vom Anwender selbst programmiert.
   - **EPROMs** (= erasable PROMs) – Es kann vom Benutzer mit UV-Licht gelöscht (to erase = löschen) und anschließend wieder programmiert werden (mit einem Spezialgerät).
   - **EEPROMs** (= electrical erasable PROMs) – Es können die Informationen auf elektrischem Wege gelöscht werden.

Computer und Prozessoren: Aufbau und Anwendung

Bezeichnung	Aufbau und Erläuterung
5. Speicherkapazität	1 **Byte** (sprich baith), abgekürzt K, ist ein Datenwort von der Länge von 8 Bit (= Anzahl der Binärstellen). Die Kapazität von Datenspeichern wird sinnvoll in **K-Byte** angegeben, wobei 1 K-Byte = 2^{10} = 1024 Byte sind. Das bedeutet hier konkret, daß 1024 Wörter zu je 8 Bit Länge, also insgesamt 8192 Bit gespeichert werden können. **Beispiel:** **Adressen** mit einer Länge von 16 Bit können mit 2^{16} = 65536 Speicherplätze ansprechen. Der Speicher hat dann eine Kapazität von 64 K-Byte = 64 × 1024 = 65536 Bit.

Bild 1. Bedienungsperipherie (Ein-/Ausgabe).

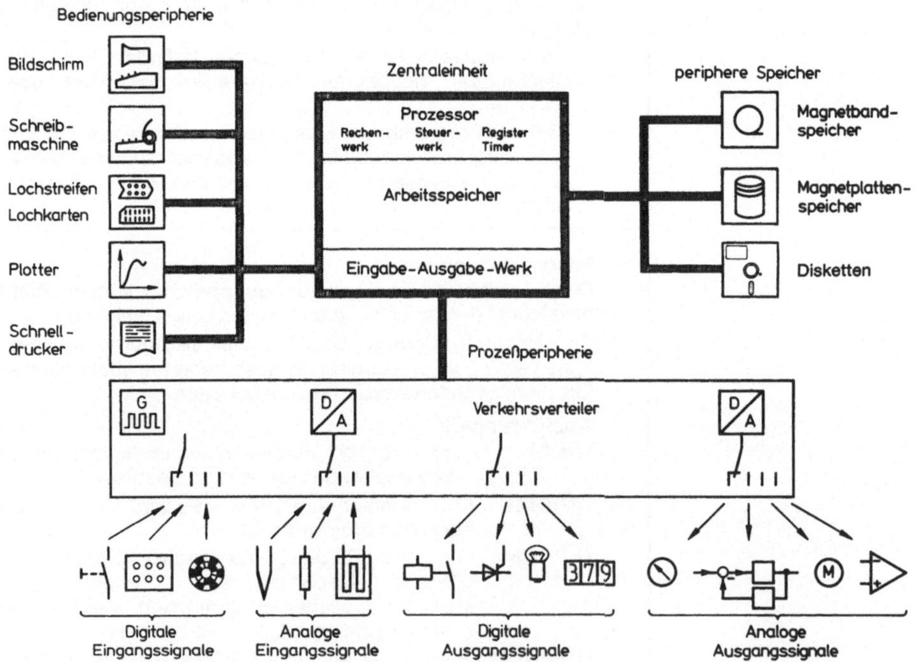

4. Arbeitsprinzip des Personal Computers (PC)

(Eine Kurzdarstellung über Arbeitsvorgang und Betriebssysteme)

Bezeichnung	Aufbau/Vorgang	Anmerkungen
1. Systemstart	wenn PC eingeschaltet wird: a) Mit dem ersten Taktimpuls nach dem Reset (= Rücksetz-Impuls) beginnt der **Zentral-Prozessor** ein in ihm selbst gespeichertes spezielles Programm abzuarbeiten. Die in ihm fest vorgegebene **Startadresse** enthält den ersten Code eines Kommandos zu einem Programm, das nicht geändert oder gelöscht werden kann (ROM). b) Das fest gespeicherte Programm, das gleich nach dem Einschalten abgearbeitet wird, nennt man **BIOS,** das eine Reihe von **Programmschritten** enthält, mit denen die Teileinheiten des Computers in einen grundlegenden Betriebszustand versetzt werden. c) Dabei wird auch der freie **Arbeitsspeicher** RAM geprüft. d) Dann spricht der **Prozessor** ein weiteres Programm an, um das eigentliche **Betriebssystem** des Computers zu starten (Vorgang wird booten oder urladen genannt).	Dieses Betriebssystem für PC wird z. B gewählt: **DOS** (= disk operating system = Disk-Betriebssystem) • nach IBM heißt es **PC-DOS** • nach Microsoft heißt es **MS-DOS** usw. ROM = read only memory = Nur-Lese-Speicher. **BIOS** = basic input output system = grundlegende Eingabe-/Ausgabe-Systeme. **RAM** = random access memory = wahlfreier Zugriffsspeicher. Siehe hierzu auch Punkt 4 dieser Tabelle. **Busse** sind die Verbindungen (Anschlüsse) zwischen Mikroprozessor, Speichern und Zusatzeinrichtungen.
2. Mikro-Prozessor (µP)	• ist der Kern des Personal Computers (PC), • verarbeitet ausschließlich Binärwerte (in denen alle Buchstaben, Zahlen und grafische Daten umgewandelt werden). • ist ein vollintegrierter **Festkörper**-Baustein. • ist ein Akkumulatorrechner mit einer Reihe von Daten- und Programmspeichern. • stellt vereinfacht dargestellt ein sogenanntes **Steuerwerk** und ein **Rechenwerk** dar.	Das heißt also, daß sämtliche Ein- und Ausgaben elektronische Zustände von 0 und 1 sind. µ Prozessor dient als **zentrale Recheneinheit** (deshalb auch **CPU** = central processing unit genannt) in Mikro-Computern. Beide Bestandteile sind auf einem Chip (= integrierter Schaltkreis) untergebracht (IC).

Arbeitsprinzip des Personal Computers (PC)

Bezeichnung	Aufbau/Vorgang	Anmerkungen
	Das **Steuerwerk** kann eingehende Befehlscodes interpretieren und läßt die sich daraus ergebenden Berechnungen durch das **Rechenwerk** durchführen. Die Ergebnisse (Lösungen) kommen – wiederum durch das Steuerwerk gesteuert – zur Ausgabe (z. B. Bildschirm, Drucker, Diskettenlaufwerk). Die Datenausgabe in den eigenen Speicher ist möglich.	Der Prozessor kann allgemein 16 Bit interpretieren. Dadurch können 65 536 verschiedene 8-Bit-Codes (bzw. 4096 2-Byte-Codes) ein-/ausgegeben werden. Neuere Computer (PCs) verarbeiten sogar 32 Bit, d. h. 131 072 verschiedene 8-Bit-Codes (bzw. 8192 2-Byte-Codes), also Befehlscodes.
Busse	Der Prozessor (z. B. von 16 Bit) enthält mehrere Anschlüsse, z. B.: • Bus für Betriebsspannung, mit 2 Leitungen. • **Adreßbus** – gestattet die Verwendung einer großen Zahl von Speicherplätzen, da sie 16 Bit umfassen (auch bei 8-Bit-Datensystem). • **Datenbus** mit 16 Leitungen. Umfaßt je nach Computersystem 4, 8, 12, 16 oder 32 Bit. • **Steuerbus** meist mit 9 Leitungen. Umfaßt in der Regel 6 Bit.	 Sie dienen zum Ansteuern (Ansprechen) einer bestimmten Speicherstelle des PCs). „Daten" bezeichnet Inhalt einer Speicherstelle.
Daten	Die Daten werden nur auf einen Schlag (mit einem Taktimpuls) über den Datenbus (z. B. mit 16 Leitungen) in eines der internen **Register** des Prozessors geladen und anschließend mit allen im Prozessor gesteuerten Mikrocodes verglichen.	Wird eine dieser Kodierungen erkannt, handelt es sich um einen **Befehl,** der dann vom Prozessor entsprechend ausgeführt wird.
3. Chip (Subtratplatte)	ist ein Paket von integrierten **Schaltkreisen** (IC = integrated circuit) die durch komplizierte Foto-Ätz-Verfahren nicht aus einzelnen elektronischen Bauelementen (Transistoren, Dioden) zusammengebaut, sondern direkt auf „Halbleitermaterial" durch wiederholtes Ätzen und Materialdampfen realisiert sind.	Diese Subtratplatte z. B. eines 32-Bit-Prozessors enthält über 200 000 Transistorfunktionen (Packungsdichte).

Arbeitsprinzip des Personal Computers (PC)

Bezeichnung	Aufbau/Vorgang	Anmerkungen

4. Betriebs-System
(BS)
 	
Beispiele
	a) ist ein Vermittler zwischen den einzelnen **Funktionseinheiten** des Computersystems (nach Programm).
	b) ist für jeden Computer unbedingt notwendig:
	• zum **Betreiben** von Anwenderprogrammen (z. B. für Datenerfassung, Buchführung, Textverarbeitung).
	• zur **Steuerung** von angeschlossenen Peripherie-Geräten (wie Drucker, Bildschirm, Maus, Akustikkoppler, Modem).
	c) gewährleistet, daß der Arbeitsspeicher des Computers exakt/korrekt verwaltet wird.
	1. BS für **Disketten:**
	  DOS (= disk operating system)
	  a) für **Einzelplatzsysteme**
	  MS DOS (von Fa. Microsoft)
	  PC DOS (von Fa. IBM)
	  usw.
	  b) für **Mehrplatzsysteme**
	  UNIX (von Fa. XENIX)
	  Concurrent DOS (von Fa. Digital Research)
	2. BS für **Steuerung:**
	  CP/M (= control program für microcomputers), ein BS, das die Ein-/Ausgabe zwischen dem Computer und den Peripherie-Geräten steuert (Tastatur, Diskettenlaufwerk, Bildschirm usw.)
		BS muß genau auf den **Prozessor** des Computers (PC) abgestimmt sein.
		BS ist kein Bestandteil der Hardware, sondern steht als **Programme** zur Verfügung:
		• teils in **ROM** (BIOS),
		• teils auf **Diskette** oder Festplatte.
		Verschiedene Betriebssysteme können nacheinander auf ein und demselben Computer arbeiten.
		Beispiele:
		Verwaltung beim Ablegen von Zwischenergebnissen aus Berechnungen in dafür reservierte Speicherbereiche.
		
		Auch Magnetplatten-Laufwerk
		
		Für Computeranlagen mit einem Eingabegerät und Bildschirm.
		
		Für mehrere Eingabegeräte mit Bildschirmen.
		
		Dieses BS hat viel an Bedeutung verloren; ohne Magnetplatten-Laufwerk lauffähig.

5. Arbeitsspeicher (Siehe Bild 1 auf S. 27 – 18)	a) umfaßt allgemein: 1. **ROM** (= read only memory), Nur-Lese-Speicher = **Fest**wertspeicher. 2. **RAM** (= random access memory) **Wahlfreier Zugriffsspeicher.**	Bekannte Daten stehen ständig zur Verfügung. (Festprogrammierter Speicher). Benutzung des RAMs ist von Programm zu Programm unterschiedlich (Siehe Bild 2 auf Seite 27 – 18).

Arbeitsprinzip des Personal Computers (PC)

Bezeichnung	Aufbau/Vorgang	Anmerkungen
	Die binären Inhalte der Speicherstellen (also Daten) sind immer nur während des Betriebs verfügbar und erlöschen (d. h. sie gehen verloren) beim Ausschalten. b) gibt es allgemein bei PCs mit Kapazitäten von 200, 300, 640 KByte bis 4 Megabyte. Zu beachten ist, daß zum Betrieb des Computers vom Programm selbst erheblich weniger Speicherplatz aus RAM zur Verfügung steht. Wird doch auch noch Speicherplatz aus dem RAM beansprucht: – vom Betriebssystem (etwa 16 bis 90 KByte oder mehr), – von Anwendungsprogrammen, – von Hintergrundprogrammen zur Erleichterung der Arbeit (z. B. durch Tastendruck realisiert).	Zum eventuellen Schutz vor Verlust der temporären Daten gibt es sogenannte Netzstabilisatoren und USV = unterbrechungsfreie Notstromversorgung (mit Batterien). Insbesondere bei großen EDV-Anlagen unbedingt erforderlich. Dadurch sind z. B. bei einem 640 KByte-Arbeitsspeicher die Grenzen der Speicherkapazität relativ rasch erreicht.
Puffer, Spooler	sind **Speicher-Nebensysteme,** die neben den Speichern ROM/RAM und den externen Speichern (z. B. Diskette, Festplatte, Magnetband), weitere Speichergeräte, die den Arbeitsspeicher des Computers während einer Datenausgabe unterstützen zur Geschwindigkeitsanpassung (Pufferung) zwischen Rechner und periphären Geräten. Unabhängig von Ein- und Ausgabe kann der Rechner weiter arbeiten. Die Pufferung kann auch in Arbeitsspeicher über eine spezielle Software (Spooler) erfolgen. Die vom Rechner ausgehenden und im Spooler zwischengelagerten Daten, werden je nach Verarbeitungsgeschwindigkeit des Peripheriegeräts automatisch wieder ausgegeben.	Während nach Abschluß der DVÜ der Computer wieder normal genutzt werden kann, arbeitet das langsamer arbeitende Ausgabegerät noch. Spooler kann auch eine **Wiederholstellung** einnehmen (z. B. zum Herstellen von Kopien eines Textes, während Computer wieder einen Neutext eingegeben wird. Diese Geräte dienen dazu, die an ein Peripheriegerät (z. B. Drucker bzw. Plotter) übertragenen Daten **zwischenzulagern** (auf Abruf). Grund: weil die Datenverarbeitungs/Übertragungsgeschwindigkeit (DVÜ-) des Rechners erheblich höher ist als die der Drucker oder Plotter. Beachte! Die **Speicherkapazität** von Spoolern liegen zwischen 10 KByte und 1 MByte (z. B. notwendig für Laserdrucker).

5. Technische Merkmale des Personal Computers (PC)

Aufbau	Ausführung	Anmerkungen
1. Personal Computer (PC)	engl. "personal" = persönlich PC ist also ein **persönlicher C.** (nicht Personal-C.), der am Arbeitsplatz zur Verfügung steht. PC sind Computer mit speziellen Merkmalen bzw. mit bestimmten Einsatzmöglichkeiten die bedeutend über das hinausgehen, was **Heim-Comp.** (HC, engl. home computer) bietet).	Äußerst flexibles Einsatzsystem. Anwender kann z. B. • Adreßdatenerfassung, • Briefe schreiben, • Stückliste anfertigen, • Buchführung erstellen, • Datenarchiv aufbauen, • technische Berechnungen durchführen (CAE, CAD, CIM), • Konstruktionszeichnungen anfertigen (CAD usw.), • grafische Bilder generieren. • Druckvorlagen erstellen.
Ausführungen (Beispiele)	a) als Portable PC (bis 25 kg) b) als Tragbare PC (bis 15 kg) c) als Laptop (bis 7 kg) d) als Hand-Held-Computer (leistungsfähiger Taschenrechner). e) Kompatible Systeme	Allgemeiner **Vorteil:** **Modularer Aufbau** (Systemarchitektur) des PCs., d. h. die Systeme sind ausbaufähig • der Grundausstattung, • einer Reihe von sogen. **Steckplätzen** (die freigelassen sind zur Aufnahme verschiedener Erweiterungen (z. B. von Speichern).
Einteilung	nach **Speicherkapazität** (Kurzzeichen): • **PC** – Pers. Comp. mit 2 Disketten-Läufer (je 360 KB). • **XT** – PC mit Disketten-Laufwerk (360 KByte) und Festplatte (bis zu 30 MB). • **AT** – PC mit hoher Speicherdichte: mit Disketten-Laufwerk (1,2 MByte), Festplatte (bis zu 80 MB). • **PS$_2$** – PC mit großer Leistung; 3,5 Zoll Diskettenlaufwerk (1,44 MB), Festplatte (bis 160 MB).	**Betriebssystem** (BS): je nach Hersteller des PCs, z. B. MS-DOS – System von Microsoft bzw. PC-DOS – System von IBM. DOS = disk operating Syst. bzw. OS 2 – (OS = Operating system). Beachte: Ohne Betriebssystem kann kein anderes Programm (Textverarbeitung, Datenverarbeitung u. a.) gestartet werden. Betriebssystem ist eines der wichtigsten **Systemprogramme** koordiniert und verwaltet die Anwenderprogramme durch Realisierung der folgenden Funktionen/Aufgaben:
Bemerkung	Grundsätzlich müssen verschiedene **Programme** (sog. Software) geladen werden, die • auf **Disketten** zur Verfügung stehen oder • auf **Festplatte** im PC (über 100 MByte) gespeichert sind.	• Rechenwerk steuern, • Durchführen aller Ein- und Ausgabeoperationen, • Ablaufplanung u. -steuerung (Auftragsfolgen), • Abwicklung von Zeitaufträgen, • Betriebsmittelverwaltung (z. B. Arbeitsspeicher) • Fehlerbehandlung usw.
Software	ist Sammelbezeichnung für alle Programme: • die die Funktionsweise des Rechners bestimmen, • die Anweisungen geben, die vom Rechner bearbeitet werden sollen. Zu unterscheiden: a) Anwenderprogramme b) Systemprogramme c) Übersetzungsprogramme	auch Dienstprogramme

Technische Merkmale des Personal Computers (PC)

Aufbau	Ausführung	Anmerkungen
Technische Merkmale **2. Zentraleinheit**	mit elektronischen Baugruppen sowie • Disketten-Laufwerken oder • Festplatten.	
3. Tastatur	separat	
4. Monitor-anschluß	Fernsehgerät nicht anschließbar	
5. Arbeitsspeicher	in Grundausstattung allgemein 640 KByte bis 4 MByte	
6. Bildschirm	Darstellung (bei Grundausstattung) von: • **Text** 80 Zeichen in 24 bis 25 Zeilen, • **Grafik** 640 × 400 Punkten in 2 bis 16 Farben.	
7. Disketten-Laufwerk	integriert (3,5 oder 5 ¼ Zoll) Kapazität 360 KByte, 1,2 MByte oder 1,44 MByte	
8. Festplatten-Laufwerk	Kapazität w. o. oder nachrüstbar	
9. Drucker	Anschlußmöglichkeit genormt	
10. Maus (Anschluß-möglichkeit)	Zur Steuerung eines Lichtzeigers, der Eingabemarke (Cursor).	Zum Anfertigen von Zeichnungen; Vereinfachung der Eingabe
11. Modem oder **Akkustikkoppler**	Anschlußmöglichkeit genormt.	Für Daten-Fernübertragung (Telefonverbindung)
12. Steckplätze (freigelassen)	meist in Form von Steckerleisten vorhanden (mit Steckkarten).	Zur Aufnahme 4 bis 8 verschiedene Erweiterungsgeräte
Merke! **Peripheriegeräte**	sind Eingabe- und Ausgabegeräte sowie Speichermedien (-geräte), die nicht direkt in der Computeranlage integriert sind, z. B. Drucker, Plotter, Monitore, Modem und Speicher-Nebensysteme. Hierzu zählen eventuell auch Grafiktabletts und Scanner.	Sie werden vielfach nicht als Bestandteil der Hardware betrachtet wie z. B. Maus und Tastatur.
Herstellermarken von PC	Apple – Commodore – IBM – Hewlett-Packard – Kontron – Olivetti – NCR – Philips – Sanyo – Siemens – Star – Triumph Adler – Compaq – Intertec – Tandy – Bull – Televideo – Wyse – Xerox	

6. Eingabegeräte (Eingabemedien) der Computertechnik (DVA)

Eingabegeräte geben allgemein Mitteilungen an den Computer

Gerätearten	Funktion/Anwendung	Erläuterung
a) für Massendaten	zur Erfassung von Massendaten.	
1. Tastatur (Keyboard)	Ähnelt vielfach der Schreibmaschinentastatur (DIN 2137). Allgemein mit • alphanumerischen Tasten • Dezimalblock-Tasten • Funktionstasten Bei **Personalcomputern** (PC) und **Terminals** sind noch eine Reihe von Sonderfunktionen und Tastenblöcken vorhanden:	Bedienung wie bei elektrischen Schreibmaschinen oben/links angeordnet mitte angeordnet rechts angeordnet Diese Tasten sind allgemein von dem alphanumerischen Tastenbereich getrennt (bei deutscher Tastatur Reihenfolge: QWERTZ)
	1. **Funktionstasten** Allgemein zum Betreiben des Anwenderprogramms. Es gibt unterschiedliche Tastaturen und Funktionen.	meist links angeordnet. Allgemein F 1 bis F 10 beschriftet; bei größeren EDV-Anlagen bis F 20.
	2. **Ziffernblock** mit Zahlen 0 bis 0. Es muß die „Num-Lock"-Taste gedrückt werden.	auf der rechten Seite der Tastatur
	3. **Cursor-Tasten** zur Steuerung der Eingabemarke (blinkend oder feststehend) auf dem Bildschirm; sie kennzeichnet oder markiert die aktuelle Eingabeposition bzw. -stelle.	Die Zifferntasten 0 bis 9 oft als Funktionstasten zur Cursor-Steuerung. Cursor-Richtungen sind durch Pfeile gekennzeichnet.
	4. **Control-Taste** (Ctrl-)	Beim Drücken werden bestimmte Befehle ausgeführt oder Funktionen aufgerufen.
	5. **Alternativ-Taste** (Alt-)	Zum Aufrufen von Grafik- und Sonderzeichen, die über die normale alphanumer. Tastatur nicht erreichbar sind.
	6. **Sondertasten** z. B. Esc = escape Shift caps lock return del = delete ins = insert usw.	 = Fluchtweg, Rettung: Abbruch = Wechsel, Veränderung der Buchstaben (klein/groß) = Zeichen sperren/festhalten für Groß-Buchstaben = Wagenrücklauf = löschen eines Zeichens = einfügen (für Anwendungsprogramm)

Eingabegeräte (Eingabemedien)

Gerätearten	Funktion/Anwendung	Erläuterung
2. **Lesestifte,** Lesepistole	sind beweglich und tasten entweder bestimmte Schrifttypen (OCR-Schrift oder Strichcodes) ab. Mit ihrer Hilfe werden die Waren erfaßt und die abgelesenen Informationen an die Kasse übertragen.	Sie werden häufig eingesetzt in Verbindung mit Datenkassen in Selbstbedienungs- bzw. Supermärkten
3. **Scanner** Abtaster	Diese Geräte sind fest im Kassen- bzw. Ladentisch eingebaut. Die Waren müssen im allgemeinen mit den Etiketten, die Schrift oder einen Code nach unten gekehrt über die Lesefenster geführt werden. Die vorhandenen fertigen Vorlagen werden optisch abgetastet, z. B. durch einen Laserstrahl. Besondere Anwendung: für Desktop Publishing = Schreibtisch-Publikationen von Werbebriefen, Zeitungen und Büchern komplett am Computer vorbereitet.	Das Gerät kann, ähnlich dem Grafiktablett (-tableau), die Bilddaten digitalisieren und dem Computer zur weiteren Verarbeitung zugänglich machen. Ein Abfahren der Vorlage mit einem Aufnehmer per Hand ist nicht notwendig. Auflösungsvermögen: normal 300×300 Punkte je Zoll, Hochleistungs-Scanner z. B. 800×800 Punkte/Zoll.
4. **Belegleser** OCR-Leser Markierungsleser	Sie eignen sich für die Eingabe beliebiger Daten und dienen z. B. zum Lesen der im Magnetstreifen einer Bahnkarte, Arbeitszeitkarte, Scheckkarte u. a. gespeicherten Daten (Informationen).	Im Gegensatz dazu sind Lesestifte und Scanner Geräte, die nur solche Daten erfassen, die bereits im voraus bekannt sind und in einer bestimmten Art und Weise aufbereitet sind.
b) **für steuernde Eingaben**		
5. **Lichtstifte, Lichtgriffel** (sendet kein Licht aus)	sind stiftähnliche Gebilde mit fotoempfindlichen Aufnehmer (Foto-Transistor oder -Diode) in der Spitze. Beim Berühren des **Bildschirms** mit dem Stift, fällt Licht durch ein Loch an der Spitze in das innere des Griffels. Über ein Kabel wird ein Signal an den Bildschirm gesendet. Man kann sogar mit einem Bleistift **Zeichnungen** anfertigen.	Mit Bildschirmsteuerung des Computers verbunden kann festgestellt und dem Prozessor gemeldet werden, wo sich der Lichtgriffel befindet. Der auf dem Bildschirm erzeugte Lichtpunkt wird von einem Elektronenstrahl erkannt. Arbeitsprozeß ist nur dann möglich, wenn der Computer einem grafikfähigen Bildschirm zur Verfügung steht.

Eingabegeräte (Eingabemedien)

Gerätearten	Funktion/Anwendung	Erläuterung
6. **Kontakt-Bildschirm** (Touch-Display)	sind berührungssensitive Bildschirme. Sie erlauben steuernde Eingaben (also Eingaben von **Befehlen**) an den Computer, durch Berührung des Bildschirms an einer bestimmten Stelle. Der Finger unterbricht bei der Berührung ein Netz aus Infrarot-Strahlen.	Es können beliebige Felder vorgegeben werden und mit Befehlen belegt werden, je nach dem zu bearbeitenden Programmteil.
7. **Grafiktableau** Grafiktablett	auch Digitalisier-Tablett bzw. **Digitalierer** genannt, ist eine schachbrettähnliche Kunststoffplatte, mit einem elektronisch wirksamen Raster, und ein **Stift** (oder eine Fadenkreuzlupe (als Aufnehmer). In jedem rechteckigen Feld kann ein bestimmter Inhalt zugeordnet werden, z. B. • Befehle, • graphische Elemente, • Texte. Die Inhalte werden im externen Computerspeicher abgelegt, können wieder aufgerufen und auf dem Bildschirm dargestellt werden, durch Antippen eines Feldes mit einem Stift. Dieser Stift ist mit dem Tableau verbunden.	Das Tableau ermöglicht auch das Anfertigen von Zeichnungen wie auf einem Blatt Papier. Es lassen sich beliebige Figuren auf das Tableau zeichnen, die unmittelbar auf den Bildschirm übertragen werden. Einsatz insbesondere bei **CAD-Anwendungen** (computergestützes Konstruieren). Auch geeignet für Diagramme oder ähnliches zur Verarbeitung der grafischen Daten, z. B. beim Abfahren des Aufnehmers.
8. **Maus**	Dieses Gerät, mit **Rollkugel** oder **Fotozelle** und 2 oder 3 Eingabetasten, hat kein Tableau. Es erlaubt eine sehr schnelle Bewegung auf dem Bildschirm (bzw. auf einer beliebigen Fläche). Die auf der Unterseite der Maus angeordnete Rollkugel bzw. Fotozelle ermittelt die zurückgelegte Strecke und bewegt den **Cursor** (Positionsanzeiger: Lichtfleck oder Pfeil). Durch Bewegen der Maus über eine feste Fläche kann der Cursor über den Bildschirm gesteuert werden.	Die Einsatzmöglichkeiten sind ähnlich den des Grafiktableaus. Besonders zur Eingabe von Text und Zahlen, zum Zeichnen von Linien, zum Positionieren von grafischen Bildern usw. geeignet. Die Tasten an der Oberseite des Geräts ermöglichen noch die Eingabe bestimmter Befehle (zur Arbeitserleichterung). Über die Eingabetasten können verschiedene Funktionen angewählt werden.

Eingabegeräte (Eingabemedien)

Gerätearten	Funktion/Anwendung	Erläuterung
9. **Steuerknüppel** **Joystic**	bestehen aus einem Kästchen mit meist mehreren oben angeordneten Griffen oder Knöpfen (Feuerknöpfe) und Tasten. Sie dienen dazu, dem Computer Befehle zu erteilen. Die Griff- oder Knopfbewegungen werden als Stromimpulse an den **Prozessor** übertragen und auf dem Bildschirm als kontinuierliche Bewegung dargestellt.	Steuerknüppel sind für Spielabläufe oder Spielprogramme unentbehrlich und steuern hauptsächlich Figuren beim Computerspiel. Die **Tasten** können zur Eingabe zusätzlicher Befehle (z. B. Ein- und Ausschalten) betätigt werden.
10. **Sprachein-** **gabegerät**		

Bild 1. Arbeitsprinzip eines Digitalrechners

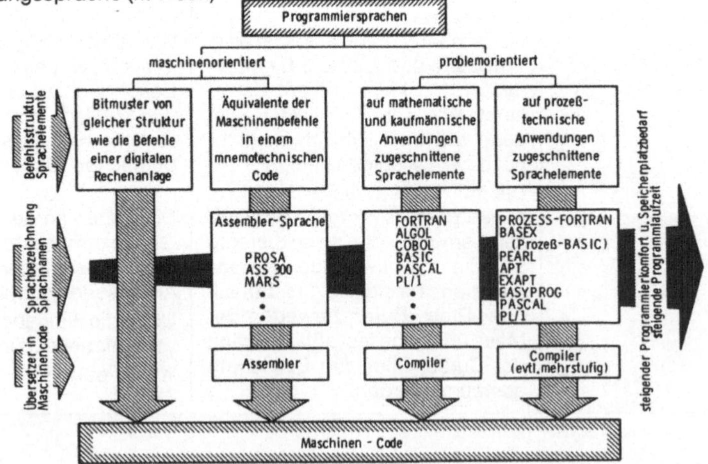

Bild 2. Einteilung der
Programmierungssprache (n. Weck)

28–18

7. Ausgabegeräte (Ausgabemedien) der Computertechnik (DVA)

Ausgabegeräte sind Apparate, welche die Sprache des Computers so darstellen, daß ein Mensch sie verstehen kann (sich also mit dem Computer „unterhalten" kann). Sie sind meist Peripheriegeräte.

Gerätearten	Funktion/Anwendung	Erläuterung
1. Zeilendisplay (-anzeige)	Allgemein zum Anzeigen weniger Informationen gleichzeitig: • bis 10 Zeichen bei Taschenrechnern, • bis 20 Zeichen und mind. 3 Zeilen bei Handrechnern und kleinen Tischrechnern.	Ergeben keine übersichtliche Darstellung der Ergebnisse/ Informationen. Hierzu ist ein Bildschirm (Fernsehgerät, Monitor) erforderlich. Die Darstellungsmöglichkeiten lassen sich vergrößern mittels einer Laufschrift.
2. Fernsehgerät (TV-Gerät)	zeigt sich als preiswerte Methode, einen Computer mit einem Bildschirm zu versehen. Man wird bevorzugt einen Monitor wählen, wenn längere Zeit gelesen werden soll und die grafische Darstellungen klare Konturen haben sollen.	Es reicht für viele Einsatzmöglichkeiten vollkommen aus. Es hat aber den Nachteil, daß es zu Augenbeschwerden führen kann, wegen geringer Auflösung und Flimmern des Bildes.
3. Monitor (als Hardware)	ist ein **Bildschirm,** der auch bei Computern die eingegebenen, gespeicherten oder berechneten Daten sichtbar macht bevor sie eventuell zur dauerhaften Ausgabe kommen (mit Drucker, Plotter). Hohe Qualität des Bildes und damit der grafischen Darstellung ist abhängig von der **Auflösung** und der **Bildfrequenz.** Das **Auflösungsvermögen** des Bildschirms ist abhängig von Anzahl der Punkte zur Darstellung eines Zeichens, die in einer bestimmten Punktmatrix dargestellt werden (bei PC: 5×7, 8×10 oder 9×11 Punkte). Dafür ist über den Bildschirm eine sog. Lochmarke (runde oder vierkante Löcher) gespannt. Durch diese trifft der Elektronenstrahl auf den Bildschirm. **Monitor-Grundtypen:** 1. Einfarben-, **Monochrom-Monitor.** Dieser Typ verliert zunehmend an Interesse.	Der Software-Monitor hat nur mit dem **Betriebssystem** zu tun. Verschiedene Grundmodelle können je nach Einsatzbedarf angeschlossen werden. Bei **EDV-Großanlagen** und **CAD-Anlagen** werden auch 2 Bildschirme angeschlossen: 1. für grafische Bilder, 2. für Text. **Zeichenschärfe** ist abhängig von Anzahl der **Pixel** (= picture elements = Bildelement) und deren Durchmesser (0,2 . . . 0,4 mm). Norm ist bei PC eine Lochmaske von 640×200 mm bzw. 400 Punkten. Die **Bildfrequenz** sagt aus, wie häufig das Bild pro Sekunde wiederholt wird (damit es sichtbar bleibt). Von beiden Typen werden verschiedene Modelle angeboten:

Ausgabegeräte (Ausgabemedien)

Gerätearten	Funktion/Anwendung	Erläuterung
	2. Farb-Monitor (Mehrfarben-). Er findet zunehmend Interesse. Er benötigt 3 Elektronenstrahlen, die äußerst präzise zusammenarbeiten müssen. Sie erzeugen Spektralfarben (rot, grün, blau), aus denen alle anderen Farben gebildet werden. Weiterhin werden angeboten: • Hochauflösende Monitore, insbesondere für Grafik (720 × 350, 1024 × 1024 Punkte u. a.). • Ganzseiten-Monitore; für Text und Grafik (für DIN-A4-Seite)	a) mit **Elektronenstrahltechnik** arbeitend für Text und Grafik; normale Auflösung 640 × 400 Punkte. b) mit **Plasmatechnik** arbeitend (flimmerarmer); Auflösung wie oben. Glaskammer (flach) ist mit Neongas gefüllt. c) mit **LCD-Technik** arbeitend (sehr flimmerarm). Anzeige wie bei Taschenrechner; Auflösung wie oben. Für tragbare Computer. Anmerkung: Nur Qualitäts-Monitore (mit hohem Auflösungsvermögen) zeigen ruhiges, scharfes Bild, saubere Farbmischung und -trennung; keinerlei Farbsäumen, keine eckige Randlinien.
4. Plotter	ist ein computergesteuertes **Zeichenwerkzeug** für Papiergrößen bis DIN-A0. Als Zeichenstifte stehen Bleistifte, Faserstifte, Tintenpatronen, Kugelminen und Tuschefüller (bis zu 10 Farben) zur Verfügung. Plotter geben die Ergebnisse der Datenverarbeitung in grafischer Form aus. Es sind zu unterscheiden: **1. Trommelplotter** Hierbei wird das Papier mit Hilfe kleiner Narbrädern über eine Trommel gezogen, während sich der Plotterkopf mit den Zeichenstiften horizontal bewegt. **2. Tischplotter** (Flachbettplotter). Hierbei liegt das Papier bewegungslos auf einer Zeichenfläche, während 2 Elektromotoren den Plotterkopf horizontal und vertikal bewegen. Diese Plotter können sowohl auf Papier als auch auf Karton zeichnen.	Allgemein zur sehr anschaulichen grafischen Darstellung von Registern, Übersichten, Tabellen und Tafeln. Besonders geeignet zur Ausgabe von Zeichnungen aus dem Ingenieurbau, Maschinenbau, Fahrzeug- und Flugzeugbau usw. Mit Laserdruckern werden allerdings höhere Ausgabequalität erreicht. Dieser Plottertyp arbeitet mit sehr hoher Geschwindigkeit (da nur wenige mechanische Teile vorhanden). Durch exaktes X/Y-Koordinatensystem, wird die Zeichenfläche in 1000 bis 30 000 und mehr Einzelschritte unterteilt. Geeignet für Blattgrößen über DIN A4 bis zu mehreren Quadratmetern.

Ausgabegeräte (Ausgabemedien)

Gerätearten	Funktion/Anwendung	Erläuterung
5. Drucker (Printer)	Sie ermöglichen das zu Papier bringen der Texte, Zahlen, Daten und Grafikzeichen, die • auf dem Bildschirm sichtbar und eventuell • auf Diskette/Festplatte gespeichert sind/werden. Zu unterscheiden sind: 1. **Impact (I-)Drucker:** Es findet direkte Berührung von Farbband und Papier durch mechanischen Anschlag statt. Beispiele: a) **Ganzzeichendrucker** (-darstellung) z. B. Typenraddrucker b) **I-Matrixdrucker** (-darstellung) z. B. Matrix-Nadeldrucker 2. **Non-Impact- (NI-)Drucker:** Es findet keine mechanische Berührung mit dem Papier statt. Beispiele: a) **Thermodrucker** – mit Wärme arbeitend. b) **Tintenstrahldrucker** – mit Tintendüsen arbeitend. c) **Laserdrucker** – Übertragung der Zeichen auf dem Papier findet nach dem xerografischen Verfahren statt (ähnlich wie bei einem Fotokopiergerät).	**Auswahlkriterien:** • Druckergeschwindigkeit (Zeit/s, Zeit/min), • Schriftbild, • Zeichensatz. Mehrere Durchschläge von einem Ausdruck sind möglich. Sie arbeiten mit Typenrad oder -korb bzw. Kugelkopf. Hierbei werden einzelne Zeichen durch Nadeln gebildet. Diese Drucker arbeiten ebenfalls mit einer Punktmatrix. Durchschläge sind nicht möglich. Kapazität z. B. 300 Punkte je Zoll (neuerdings auch mehr).
Druckertypen **5.1 Typenraddrucker**	Mit einem elektromagnetischen Hammer werden die Schriftzeichen des Typenrades als Ganzes gegen ein Farbband geschlagen und auf das Papier übertragen; Drucker arbeitet ähnlich wie eine elektronische Schreibmaschine. Druckkopf bewegt dabei horizontal ständig weiter. Druckgeschwindigkeit: zwischen 20 und 90 Zeichen je Sek.	**Vorteile:** • hervorragende Schriftqualität/ Schriftbild, • Auswechselbarkeit des Typenrades ermöglicht sehr unterschiedliche Schrifttypen. **Nachteile:** 1. Hohe Geräuschentwicklung (Lärmbelästigung) 2. geringe Druckgeschwindigkeit

Ausgabegeräte (Ausgabemedien)

Gerätearten	Funktion/Anwendung	Erläuterung

5.2 Nadeldrucker
(Matrixdrucker)
	Je nach Druckerqualität ist im Druckkopf eine Reihe von Nadeln (0,2 bis 0,3 mm $\varnothing$) übereinander angeordnet und zum Farbband geführt. **Punktdichte:** z. B. 7×9, 9×11, 18×24.
	Beim Ausdruck eines Zeichens bewegt sich der Druckkopf fortlaufend horziontal in winzigen Schritten. Er betätigt dabei jeweils die Nadeln, aus denen sich die Punktmatrix des Zeichens zusammensetzt.
	Verschiedene **Zeichensätzen;** Zeichen können gedehnt, kursiv und gesperrt geschrieben werden.
	Variationsmöglichkeit:
	• Vergrößerung der Schrift für Überschriften,
	• vertikale und diagonale Beschriftung,
	• Gestaltung von Formularen.
	Schriftqualität:
	• NLQ (= near letter quality)
	    = Normalschrift
	• HLQ (= high letter quality)
	    = Schönschrift
		Am weitest verbreiteter Drucker, da:
		• gutes Preis-Leistungs-Verhältnis gesichert,
		• hohe Geschwindigkeit erreichbar,
		• automatischer Einzelblatteinzug möglich ist.
		Weitere **Vorteile:**
		1. Sehr hohe Druckgeschwindigkeit (bis zu 800 Zeichen/Sek.) erreichbar.
		2. sehr geringe Lärmbelästigung.
		3. ausreichende Schriftqualität und Grafikfähigkeit.
		4. Umschaltbar von Korrespondenz- auf Protokolldruck.
		5. Drucker werden in allen Leistungs- und Preisklassen angeboten.
		
		allgemein 20 bis 80 Zeichen/Sek.
		
		allgemein 100 bis 500 (sogar bis 800) Zeichen/Sek.
		Normale Schreibmaschine hat nur 5–7 Anschläge/Sek.

5.3 Tintenstrahldrucker (-printer)	Hierbei werden mit einer Fluggeschwind. von ca. 700 km/h winzige Tintentröpfchen (0,15 mm $\varnothing$) gegen das Papier geschleudert. Zu unterscheiden sind: a) **Drop-on-demand-Printing** Die Tintenröhrchen aus Piezokeramik können durch elektr. Spannung ihre Durchmesser verändern. Durch die dadurch entstehende kurzzeitige Druckerhöhung werden die Tintentröpfchen ausgestoßen. b) **Continous-stream-Printing** Aus nur einer Düse wird ein Tintenstrahl mit hoher Geschwindigkeit ausgestoßen und in winzige Tröpfchen zersprüht bzw. zerstäubt.	Bei den Packard-Druckern wird das Tintentröpfchen durch Wärmeeinwirkung mittels eines Elektrowiderstands unter den Austrittsöffnungen (am Druckkopf) auf das Papier übertragen. **Vorteile:** 1. Äußerst geringe Geräuschentwicklung; 2. Hohe Druckgeschwindigkeit (bis zu 640 Zeichen/Sek.) erreichbar. 3. Schriftbild sehr gut, Zeichensatz variabel.

Ausgabegeräte (Ausgabemedien)

Gerätearten	Funktion/Anwendung	Erläuterung
5.4 **Thermodrucker** (-printer)	Einzelne Textzeichen werden (wie bei Nadel- und Tintenstrahldrucker) aus einer Matrix zusammengesetzt. Der Druckkopf ist mit einer Reihe von elektr. Widerständen versehen, die eng auf einem **Si-Chip** angeordnet sind. Die stromdurchflossenen Widerstände erhitzen sich und bringen die superdünne Wachsschicht (die zwischen 70 und 125°C) eines Spezialpapiers zum Schmelzen. Dadurch wird die darunterliegende Farbe (Grau) sichtbar. Diese Druckerart wird allgemein als kostengünstige Lösung bei Taschenrechnern mit geringer Zeilenbreite eingesetzt. Die erforderlichen Sonderpapiere ergeben hohe Folgekosten.	**Vorteile:** 1. Ziemlich geräuschlos (bis 50 dBA). 2. Qualitätsdrucker erreichen besondere Schriftqualität. 3. Zeichensatz variabel. **Nachteile:** 1. Niedrige Ausdruckgeschwindigkeit (wegen langsamer Abkühlung der Widerstände); 5 bis 10 Seiten/min erreichbar. 2. Spezialpapier erforderlich, das bei Licht und Sonne leicht vergilbt. 3. Drucker liefern nur Originale. **Wichtig!** Moderne Geräte enthalten eine Farbbandkassette, deren Material auf Normalpapier eingeschmolzen werden kann (Nachteil 2 entfällt dann).
5.5 **Typenkorbdrucker**	Dieses Gerät funktioniert prinzipiell in der gleichen Art und Weise wie ein Typenrad-Drucker (s. Punkt 5.1). Die Typen befinden sich aber auf der Außenseite der korbartig angeordneten Speichen. Zeichensatz ist fest.	Diese Drucker arbeiten verhältnismäßig langsam und sind dafür zu teuer. Einsatz ist nur im gewerblichen Bereich (bei Kleinrechnern) zu rechtfertigen. Schriftbild: sehr gut.
5.6 **Kugelkopfdrucker**	ist z. B. eine elektrische Schreibmaschine, die über eine spezielle „Schnittstelle" mit dem Computer verbunden werden kann. Nachträgliche Installierung der Schnittstelle ist problematisch (wegen Anpassungsaufwand). Drucker findet immer weniger Interesse.	Druckleistung ist vielfach niedrig (zwischen 15 und 20 Zeichen/Sek.). Zeichensatz ist fest. Schriftfeld: sehr gut. **Wichtig!** Kugelkopf-Schreibmaschine mit Anschlußmöglichkeit als Drucker ist im Anschaffungspreis zu teuer.
5.7 **Seiten-/ Zeilendrucker**	Bei diesen Drucktypen handelt es sich um Geräte: a) mit **Ganzzeichen**-Darstellung oder b) mit **Matrix**-Darstellung. Typische Merkmale dieser Druckerart: sie drucken nicht einzelne Zeichen, sondern entweder eine ganze Zeile oder eine ganze Seite **auf einmal.**	Zeichensatz ist fest. **Vorteile:** 1. Druckgeschwindigkeit ist ziemlich hoch (maximal 2000 Zeilen/min (wegen Massenträgheit). 2. Schriftbild ist sehr gut. **Wichtig!** Drucker sind teuer und Einsatz ist nur im gewerblichen Bereich zu rechtfertigen.

Ausgabegeräte (Ausgabemedien)

Gerätearten	Funktion/Anwendung	Erläuterung
5.8 **Laserdrucker**	Der von einer **Helium-Neon-Laserkanone** ausgestoßene Lichtstrahl wird: • durch drehbare 10- bis 12-Flächen-Polygonspiegel abgelenkten und gleichzeitig • durch einen sogenannten akustoopischen Strahlablenker in mehrere Teilbündel aufgespalten. Der modulierte **Laserstrahl** (Frequenz: 30 000 pro min.) trifft auf eine mit amorphen fotoleitfähigen Material beschichtete rotierende **Trommel** (n = 3000 U/min). Diese Trommel ist vorher durch eine **Korotron** (Hochspannungsdraht) elektrisch aufgeladen. Dadurch wird sie stellenweise entladen und das Text- und Grafikmuster als elektrostatisches Bild gespeichert. Anschließend kann der Text mit eisenhaltiger **Trockentinte** (Toner) auf Normal-Papier reproduziert werden (Xerografikverfahren).	Erreichbarer Datenausstoß von 6 bis 25 Seiten/min; entweder auf Bogen oder auf Endlospapier (zusammengefaltet) gedruckt. Mehrere Schrifttypen werden angeboten (Zeichensatz variabel) in Fonts oder Steckmodule. Drucktrommel, Toner- und Entwicklerkassette muß regelmäßig ausgewechselt werden. **Wichtig!** Vollständige Entladung der Trommel erfolgt durch sehr starke Belichtung. **Vorteile:** 1. Druckgeschwindigkeit ist extrem schnell. 2. Schriftbild ist sehr gut.
6. **Modem und Akustikkoppler**	sind erforderlich, wenn als Datenleitung zum Empfangen und Senden von Computerdaten das normale **Telefonnetz** oder das spezielle Datenkommunikationsnetz (z. B. Datex P) zur Verfügung steht. **Unterscheidungsmerkmale:** 1. **Modem:** Datenübertragung: bedienungslos möglich; Hörerabnahme nicht notwendig; automatisches Anwählen möglich. 2. **Akustikkoppler:** Datenübertragung: aktive Bedienung erforderlich. Hörerabnahme ist erforderlich; automatisches Anwählen ist nicht möglich.	Allgemein für **Datenfernübertragung** (DFÜ) angewendet. Gerät fest im Telefonnetz eingebaut. Genehmigungspflichtig (Zulassung v. d. Post). Unabhängig und transportable Anordnung: Gerät kann mit Klemme und Gummimanchetten an Hörer gekoppelt werden. Nicht genehmigungspflichtig.

8. Merkmale verschiedener Datenträger: Speichermedien

Datenträger	Vorteile	Nachteile
1. **Lochkarte** (heute technisch überholt)	– Lochungen in Klartext übersetzbar (Klarschriftzeile) – vielseitig einsetzbar – gut sortierbar – zur Erfassung kleiner Datenmengen geeignet – in Kartei verwendbar – auch für manuelle Verarbeitung geeignet	– geringe Speicherkapazität (Normal 80 Zeichen) – niedrige Lesegeschwindigkeit – hoher Zeitaufwand für Datenerfassung (Lochen und Prüfen) – relativ großer Platzbedarf – vielfach Lärmbelästigung
2. **Lochstreifen** (heute technisch) überholt)	– große Speicherkapazität im Vergleich zur Lochkarte (1200 bis 1600 Lochkarten = 1 Lochstreifen) – geringerer Platzbedarf als entsprechende Anzahl Lochkarten	– Vorsortieren der Daten erforderlich – Daten nur für Fachspezialisten lesbar – niedrige Lesegeschwindigkeit – Fehllochungen nur schwer korrigierbar – Reihenfolgezugriff (sequentieller Zugriff) – für manuelle Verarbeitung nicht geeignet
3. **Magnetband**	– große Speicherkapazität – hohe Lese- und Schreibgeschwindigkeit – Daten automatisch sortierbar – mehrmals verwendbar – relativ preiswerter Datenträger	– Daten nur maschinenlesbar – Reihenfolgezugriff (sequentieller Zugriff)
4. **Magnetbandkassette**	– Datenerfassung direkt am Arbeitsplatz – mehrmals verwendbar – einfache Handhabung und Aufbewahrung – geringer Platzbedarf – hohe Speicherkapazität (bis 60 000 000 Zeichen)	– Daten nur maschinenlesbar – normalerweise in großen EDV-Anlagen nicht verwendbar; die Daten müssen zunächst auf Magnetband übertragen werden.

Merkmale verschiedener Datenträger: Speichermedien

Datenträger	Vorteile	Nachteile
5. Magnetplatte Plattenstapel (z. B. 6 Platten)	– große Speicherkapazität (bis über 10 000 000 Zeichen je Seite) – hohe Lese- und Schreibgeschwindigkeit – schneller Direktzugriff – mehrmals verwendbar – beide Plattenseiten bespeicherbar – Daten automatisch sortierbar	– Daten nur maschinenlesbar – teurer als Magnetband
6. Diskette Floppy Disk	– direkter, wahlfreier Zugriff – mehrmals verwendbar – einfache Handhabung und Aufbewahrung	– Daten nur maschinenlesbar – normalerweise in großen EDV-Anlagen nicht anwendbar
7. Laserdisk (optische Speicher) WORM, CD-ROM	– große Speicherkapazität – hohe Lese- und Schreibgeschwindigkeit – schneller Direktzugriff – viel weniger störanfällig wie eine Festplatte	– teurer als alle anderen Geräte – Mehrfach Beschreiben nur beschränkt möglich
8. Markierungsbeleg	– für Anwender und Maschine lesbar – Urbeleg = maschinenlesbarer Beleg – für manuelle Verarbeitung geeignet	– nur für geringe Datenmengen geeignet – relativ zeitaufwendige Datenerfassung – materialaufwendige Darstellung aller möglichen Daten
9. Klarschriftbeleg	– für Anwender und Maschine lesbar – Urbeleg = maschinenlesbarer Beleg – sortierbar – handgeschriebene Zeichen verwendbar – für manuelle Verarbeitung geeignet – Kombination maschinen- und handgeschriebener Zeichen möglich	– Normzeichen erforderlich – relativ niedrige Lesegeschwindigkeit bei handschriftlichen Belegen – relativ zeitaufwendige Datenerfassung bei handgeschriebenen Zeichen; bedingt durch formale Genauigkeit – teure Lesegeräte

1. Beschreibungsschlüssel für NC-Werkzeugmaschinen

Genormt (nach DIN 66025):
Vierstellige Buchstabengruppe und dreistellige Zifferngruppe

1. Buchstabe — Steuerungsart	**P:** Punktsteuerung **L:** Streckensteuerung **C:** Bahnsteuerung
2. Buchstabe — Wortschreibweise	**A:** Adreß-Schreibweise **T:** Tabulator-Schreibweise
3. Buchstabe — Maßsystem für lineare Maßangaben	**M:** Maßangaben in Millimeter (mm) und dezimalen Bruchteilen **I:** Maßangaben in Inches (Zoll) und dezimalen Bruchteilen
4. Buchstabe — Maßsystem für rotatorische Maßangaben	**D:** Maßangaben in Grad und dezimalen Bruchteilen **R:** Maßangaben in Umdrehungen und dezimalen Bruchteilen

1. Ziffer	Sie gibt Auskunft über die Anzahl aller numerisch steuerbaren Positonierbewegungen der Werkzeugmaschine.
2. Ziffer	Sie gibt die Anzahl der mit Wörtern für Koordinaten numerisch steuerbaren Positionierbewegungen an.
3. Ziffer	Sie gibt die Anzahl der mit Wörtern für die Koordinaten programmierbaren gleichzeitig ausführbaren Positionierbewegungen an.

2. Symbole für NC-Werkzeugmaschinen (DIN 30 600, 55 003)
(Symbol, Bildzeichen und Begriff bzw. Bedeutung)

a) Grundsymbole

Symbol	Begriff	Symbol	Begriff
➡	Funktionspfeil	↦	Kompensation oder Verschiebung (Korrektur)
→	Richtungspfeil	⟩	Programm ohne Maschinenfunktionen
⊕	Bezugspunkt, Ursprung	⟩	Programm mit Maschinenfunktionen
⟩	Datenträger	⌀	Ändern
◇	Speicher	⌀	Wechsel
▢	Satz		

b) Programm, Satz, Speicher, Bezugspunkt, Korrektur

Symbol	Bedeutung	Symbol	Bedeutung
	Programmanfang		Programmende
	Programm einlesen (ohne Maschinenfunktionen)		Programm einlesen (mit Maschinenfunktionen)
	Satzweise Einlesen ohne Maschinenfunktionen; Auflösung durch Handbetätigung		Satzweise Einlesen mit Maschinenfunkt.; Auflösung durch Handbetätigung
	Programmspeicher		Dateneingabe extern
	Datenträger von externen Geräten		Datenausgabe aus einem Speicher
	Vorwarnung, Speicherüberlauf		Speicherüberlauf
	Speicherinhalt löschen		Speicherinhalt rücksetzen
	Daten im Speicher veränderung		Speicherfehler
	Programm verändern		Unterprogramm
	Unterprogrammspeicher		Programmende; Datenträgerrücklauf z. Programmanfang (ohne Maschinenfunktionen)
	Suchlauf, rückwärts zum Programmanfang (ohne Maschinenfunktionen)		Zwischenspeicher
	Datenträger fehlerhaft		Programmdaten fehlerhaft
	Vorlauf Datenträger (ohne Einlesen, ohne Maschinenfunktionen)		Rücklauf Datenträger (ohne Einlesen, ohne Maschinenfunktionen)
	Suchlauf vorwärts		Suchlauf rückwärts
	Dateneingabe in Speicher		Handeingabe
	Satznummer-Suche vorwärts		Satznummer-Suche rückwärts
	Hauptsatz-Suche vorwärts		Hauptsatz-Suche rückwärts
	Programmierter Halt (M 00)		Wahlweise programmierter Halt (M 01)
	Satzunterdrückung		Rücksetzen, Grundstellung
	Kontur Wiederanfahren		Löschen

Symbole für NC-Werkzeugmaschinen (Fortsetzung)

	Position		Positions-Istwert
	Positions-Sollwert programmiert		Positionsfehler
	Positionsgenauigkeit fein		Positionsgenauigkeit mittel
	Positionsgenauigkeit grob		Nullpunktverschiebung
	Koordinaten-Nullpunkt		Werkstück-Nullpunkt
	Referenzpunkt		Werkzeugkorrektur
	Werkzeugdurchmesser-Korrektur		Werkzeuglängen-Korrektur
	Werkzeugradius-Korrektur		Werkzeugschneidenradius-Korrektur
	Maßangabe absolut (Bezugsmaße)		Maßangaben relativ
	Normale Achssteuerung (die Maschine folgt dem Programm)		Achssteuerung im Spiegelbild (die Maschine spiegelt Programm)

c) Anzeigeelemente

	Ein		Aus
	Ein/Aus, stellend		Ein/Aus, tastend
	Vorbereiten		Vorbereitendes Schalten
	Zuschalten		Abschalten
	Start		Stop
	Schnellstart		Schnellstop
	Handbetätigung		Automatischer Ablauf
	Größe verändern		Größe bis zum Minimalwert verändern
	Größe bis zum Maximalwert verändern		Drehbewegung, rechts
	Drehbewegung, links		Drehbewegung, links-rechts

Symbole für NC-Werkzeugmaschinen (Fortsetzung)

Symbol	Bedeutung	Symbol	Bedeutung
	Drehbewegung, unterbrochen		Drehzahl, Umdrehungen, Drehen
	Einmalige Umdrehung		Umdrehung pro Minute
	Änderung der Drehzahl		Bewegung in Pfeilrichtung
	Bewegung in Pfeilrichtung, unterbrochen		Bewegung in Pfeilrichtung, begrenzt
	Bewegung in Pfeilrichtung aus Begrenzung		Bewegung in zwei Richtungen
	Bewegung in zwei Richtungen, begrenzt		Bewegung in einer Richtung, begrenzt
	Begrenzte Bewegung in Pfeilrichtung; hin und zurück		Oszillierende Bewegung, beiderseits begrenzt
	Geschwindigkeit		Schnelle Bewegung aus Begrenzung
	Schnelle Bewegung in eine Begrenzung		Temperatur, Thermometer
	Temperaturzunahme		Temperaturabnahme
	Getriebe, allgemein		Riementrieb
	Schaltgetriebe		Regelgetriebe
	Kupplung, allgemein		Bremsen
	Bremse lösen		Schmierung
	Einfüllöffnung; Einfüllen		Ablaßöffnung; Ablassen
	Überlauf		Festklemmen, Anpassen, Einspannen
	Lösen, Abheben		Mittelstellung
	Nachformen: Taster, Fühler abheben		Nachformen: Taster, Fühler anstellen
	Verriegeln		Entriegeln
	Saugen		Blasen

Symbole für NC-Werkzeugmaschinen (Fortsetzung)

〰	Vorschub, allgemein	〰	Vorschub, Eilgang
	Spanende Bearbeitung		drehendes Werkzeug
	Bohren		Fräsen
	Schleifen		Reiben
	Gewindeschneiden		Räumen
	Längsdrehen		Plandrehen
	Drehen, innen		Drehen, außen
	Nachformen, Schablone		Gesamtlöschen, Gesamtnullstellen

3. Steuerungsarten der NC-Werkzeugmaschinen
(nach Koordinatensystemen)

Steuerungsart	Wirkprinzip/Verfahrbewegung (Bilder)

3.1 Punktsteuerung

Mit dem **Werkzeug** können einzelne Punkte innerhalb eines Bearbeitungsfeldes angefahren werden. Das Werkzeug steht während der Verfahrbewegung nicht am Werkstück im Eingriff.

Die **Verfahrgeschwindigkeit** ist nicht unabhängig von der Bearbeitungstechnologie. Zwischen den Verfahrbewegungen in den einzelnen Verfahrrichtungen besteht kein mathematisch-geometrischer Funktionszusammenhang.

Anwendung: zum Positionieren ohne Werkzeugeingriff.

Anwendungsbeispiele:
– Blechabkantmaschinen (mit gesteuerten Verstellung von Anschlägen)
– Stanz- und Nibbelmaschinen
– Bohrmaschinen
– Punktschweißen
– Bohrwerke

Bild 1

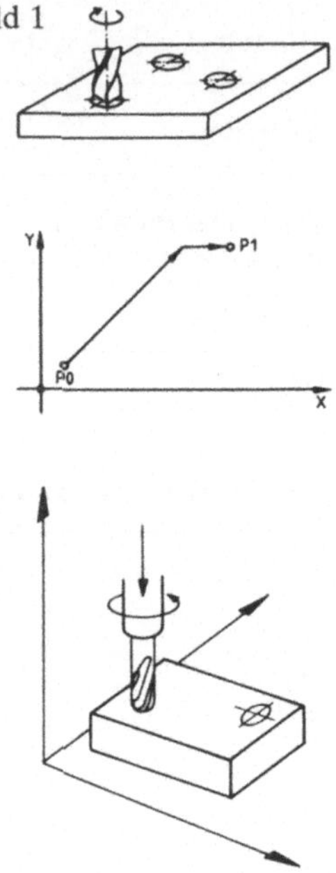

a

b

c

3.2 Streckensteuerung

Werkstückkonturen können nur parallel zu den Verfahrachsen der Maschinenschlitten gefertigt werden.

Das **Werkzeug** kann am Werkstück während der Verfahrbewegung im Eingriff stehen.

Die **Verfahrgeschwindigkeit** kann den technologischen Erfordernissen angepaßt werden. Die Steuerung kann aber keine geometrischen Funktionszusammenhänge zwischen den Bewegungen in den einzelnen Verfahrachsen verwirklichen. Da der Gleichlauf der Vorschubmotoren nicht hinreichend exakt ist, können auch keine unter 45° zu den Verfahrachsen verlaufenden Werkstück-Konturen gefertigt werden.

Bild 2

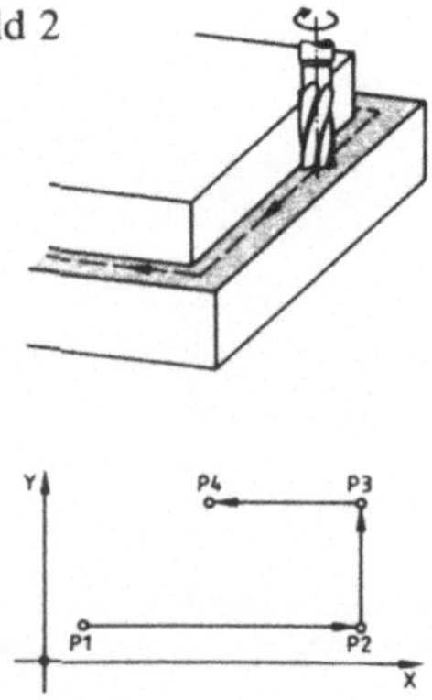

a

b

Steuerungsarten der NC-Werkzeugmaschinen (Fortsetzung)

Steuerungsart	Wirkprinzip/Verfahrbewegung
Anwendung: Wenn Bohrungen mittels Bohr- oder Ausdrehmaschinen gebohrt oder gerade bzw. parallel zu einer Maschinenachse verlaufende Flächen oder Kanten gefräst werden sollen, ist eine Streckensteuerung ausreichend. **Anwendungsbeispiele:** — einfache Drehmaschinen — einfache Fräsmaschinen — Bohrwerke	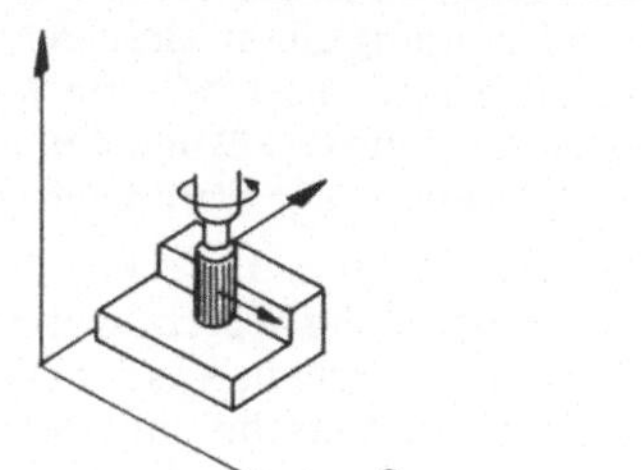

3.3 Bahnsteuerung

Universell einsetzbar, also vielseitigste Steuerungsart, die auch die Möglichkeit der Punkt- und Streckensteuerung umfaßt.

Das **Werkzeug** kann während der Verfahrbewegungen am Werkstück im Eingriff stehen.

Zwischen den lage- und geschwindigkeitsgeregelten **Verfahrbewegungen** lassen sich unterschiedliche geometrische Funktionszusammenhänge verwirklichen.

Je nach Anzahl der gleichzeitig mit funktionalem Zusammenhang steuerbaren **Achsen** unterscheidet man **2 D-, 3 D-, 4 D-** oder auch **2½ D-Steuerungen** (D = Direction, evtl. Dimensional). Bild 3 c = 2 D-St., Bild 3 d = 3 D-St.

Anwendung: allgemein, wenn schräge Flächen, Kreise oder beliebige Konturen gedreht, gefräst, geschnitten oder gezeichnet werden sollen.

Anwendungsbeispiele:
— NC-Drehmaschinen
— NC-Bohrmaschinen
— NC-Gewindebohrmaschinen
— NC-Fräsmaschinen
— NC-(DNC-)Bearbeitungszentren (horizontal / vertikal)
— NC-Nibbelmaschinen
— NC-Drahterodiermaschinen
— NC-Brennschneidmaschinen
— NC-Zeichenmaschinen

Bild 3

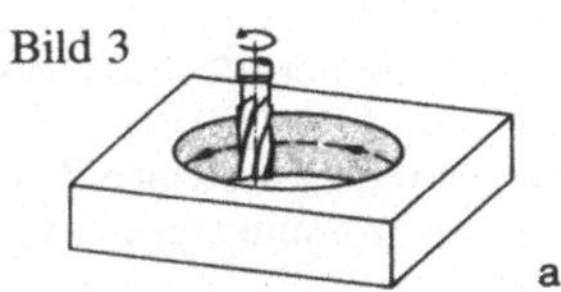

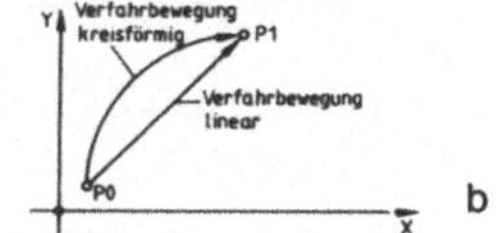

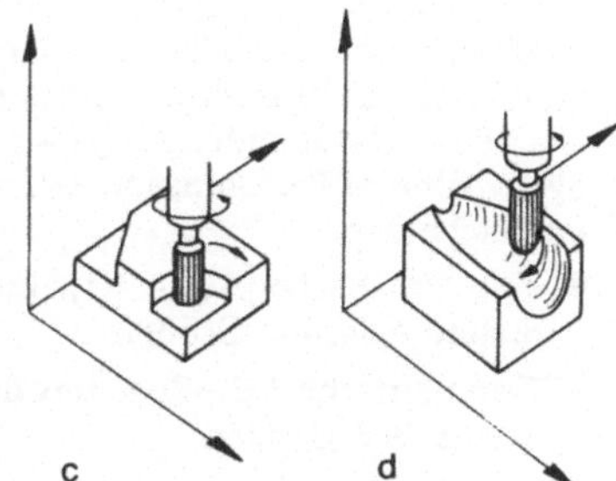

Anmerkung:
Numerische Steuerung (Numerical Control = NC) ist dadurch gekennzeichnet, daß die Eingangsgröße (x) dieser Steuerungen **binär-digitale Signale** sind. Die Eingangsgrößen werden in Form eines **Steuerungsprogramms** in die Steuerung eingegeben.

Steuerungsarten der NC-Werkzeugmaschinen (Fortsetzung)

Wichtig! (Siehe auch Seiten 14–16...22)

1. Die Steuerung dieser Maschinenarten besitzt eine als **Interpolator** bezeichnete fest verdrahtete oder – bei **CNC** – frei programmierbare Rechenschaltung. Diese berechnet zwischen Startpunkt (P0) und Zielpunkt (P1, P2 usw.) einer Bahnkurve laufend die aktuellen Sollpositionen der **Werkzeuglage.**

   Die vom Programm her beeinflußbare Rechenfrequenz bestimmt dabei die **Vorschubgeschwindigkeit** des Werkzeuges. Die berechneten Sollpositionen werden mit der Lage-Ist-Position verglichen. Aus der Differenz beider Werte leitet die Lageregelung die Stellbefehle für die Vorschubmotoren in den einzelnen Achsrichtungen ab.

2. Bei **DNC** kann die Interpolation auch in einem externen **Zentralrechner** ausgeführt werden. Die berechneten Lage-Sollwerte werden der NC-Maschine dann über Leitungsverbindung **(on line)** mitgeteilt.

3. Für die Zukunft der NC-Technik wird eine vollständige Umstellung auf CNC (Computerized NC) und DNC (Direct NC) sowie eine erhebliche Zunahme der Fertigung auf **flexiblen Fertigungssystemen (FFS)** vorausgesagt, unter Einbeziehung der AC (Adaptive Control = Anpassungsregelung).

4. Hauptaufgabe des **Zentralrechners** (CPU = central processor unit) ist die Verwaltung der CNC-Teileprogramme und ihre zeitrichtige Verteilung auf die nachgeschalteten CNC-Maschinen.
   Die Funktionen eines **DNC**-Systems sind im Bild 3.1 dargestellt. Man unterscheidet Massenspeicher und Arbeitsspeicher (RAM).

5. Bei der **Anpassungsregelung** (AC = adaptive control) wird der Istwert von Größen, die für den Fertigungsprozeß kennzeichnend sind, mit Meßgliedern (Sensoren) erfaßt und zur Prozeßregelung benutzt. Nach der zu erfüllenden Aufgabe des AC-Systems beim Fertigungsprozeß sind zu unterscheiden:

   ● Technologische AC – Regelung der technologischen Größen.

   ● Geometrische AC – Regelung der geometrischen Größen.

   – **ACC** (AC-Contraint) = Regelung der Spannungsgrößen (z. B. Schnittkraft F_c) auf vorgegeben Grenzwert.
   Ziel: Konstante Ausnutzung der Leistungsfähigkeit von Werkzeug und Maschine.

   – **ACO** (AC Optimization) = Regelung auf optimale Größe des gesamten Spanungsprozesses (Schnittbedingungen).

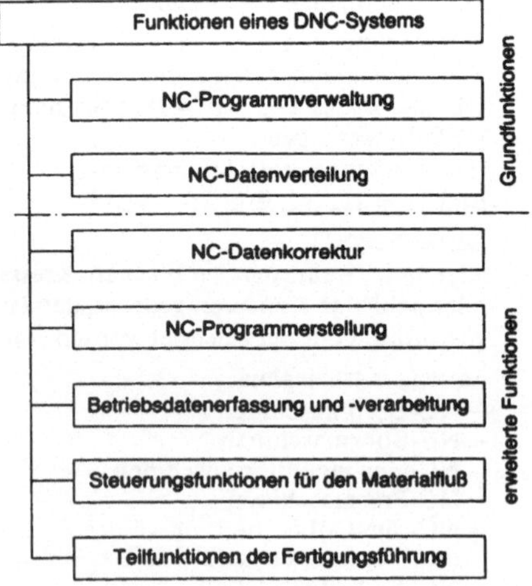

Bild 3.1

4. Koordinatenachsen und Bewegungsrichtungen für NC-Maschinen

Zur Vereinheitlichung der Programmierung numerisch gesteuerter Arbeitsmaschinen, sind die Koordinaten des Werkstückes und die Lage der Achsrichtungen (Bewegungsrichtungen) in DIN 66217 festgelegt.

Koordinatensystem	**Bilder / Beispiele**

Koordinatensystem

Verwendet wird ein **rechtshändiges, rechtwinkliges** Koordinatensystem mit den Achsen X, Y und Z (s. Bild 1), das auf die **Hauptführungsbahnen** der numerisch gesteuerten Arbeitsmaschine ausgerichtet ist. Dieses Koordinatensystem bezieht sich grundsätzlich auf das aufgespannte **Werkstück.**

Daraus ergibt sich folgende kurze **Programmierregel:** Das Werkstück steht still, nur das Werkzeug bewegt sich.
Beim Programmieren wird also immer angenommen, daß sich das Werkzeug relativ zum Koordinatensystem des stillstehend gedachten Werkstückes bewegt.

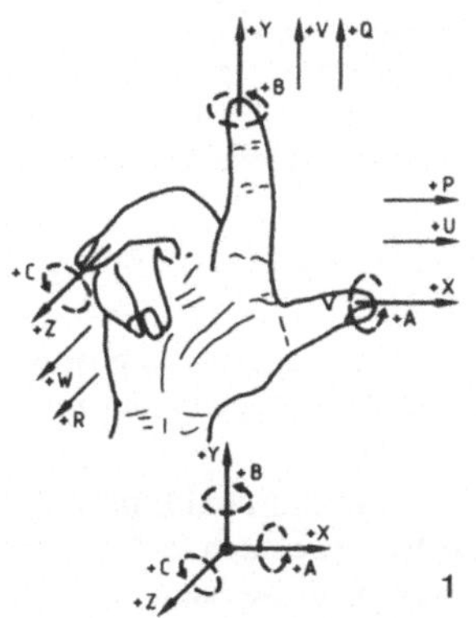

Bilder / Beispiele

2. Drehmaschine (X,Z-Achsen)

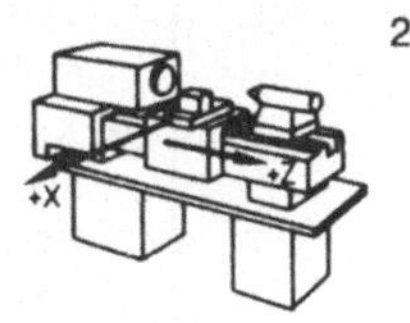

3. Konsol-Fräsmaschine (X, Y, Z-Achsen)

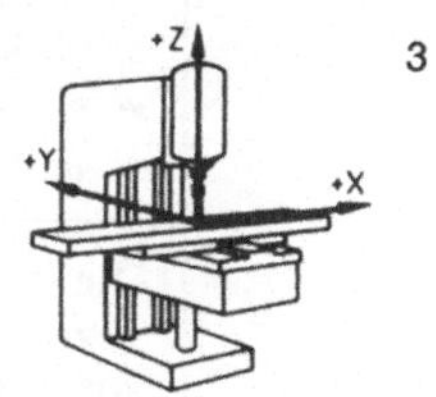

4. Zeichenmaschine (X, Y, Z-Achsen)

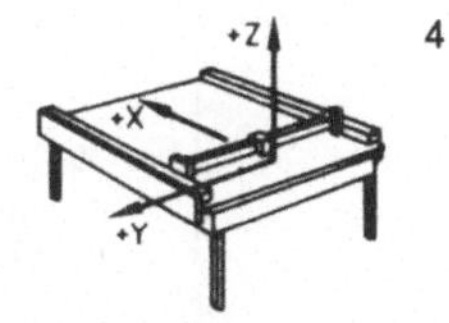

Ordnet man das Koordinatensystem einer Maschine zu, so kann je nach Aufbau der Maschine und der Funktion ihrer Bewegungsachsen das Koordinatensystem **als Ganzes** um die Koordinatenachsen gedreht werden.
Bei der Zuordnung an die Maschinenart orientiert man sich im allgemeinen an der **Arbeitsspindel.**

Anmerkung zu Bild 2:
Bei **Drehmaschinen** ist die Arbeitsspindel der Träger des rotierenden Werkstückes. Das Drehwerkzeug (z. B. Drehmeißel) führt die translatorischen Bewegungen in X- und Z-Richtung aus.
Zu Bild 3: Bei **Fräsmaschinen** ist die Arbeitsspindel der Träger des rotierenden Werkzeugs (z. B. Fräser)

Koordinatenachsen und Bewegungsrichtungen Fortsetzung)

Lage der Achsrichtung

1. Z-Achse	● Bei Maschinen mit nicht schwenkbarer Arbeitsspindel liegt die Z-Achse parallel zur Arbeitsspindelachse oder fällt mit dieser zusammen.
	● Ist eine schwenkbare Arbeitsspindel und nur in einer Schwenkposition zu **einer** Koordinatenachse parallel, dann ist diese Achse die Z-Achse.
	● Kann die Arbeitsspindel parallel zu **mehreren** Koordinatenachsen geschwenkt werden, dann ist die Z-Achse die auf der Haupt-Werkstückaufspannfläche senkrechtstehende Achse.
	● Ist eine schwenkbare Arbeitsspindel in Achsrichtung **verschiebbar,** wird diese Achse mit W bezeichnet (s. Bild 1).
	● Verfügt die Maschine über mehrere Arbeitsspindeln, ist die Spindel **Hauptspindel,** deren Achse vorzugsweise senkrecht auf der Werkstückaufspannfläche steht.
	● Bei Maschinen ohne Arbeitsspindel steht die Z-Achse senkrecht auf der Werkstückaufspannfläche.
2. X-Achse	Die X-Achse ist die Hauptachse in der Positionsebene, liegt paralell zur Werkstückaufspannfläche und verläuft vorzugsweise horizontal.
	a) Maschinen mit **rotierendem Werkzeug** (z. B. Bohrer, Senker, Gewindebohrer, Fräser; Bild 3):
	● Liegt die Z-Achse horizontal, verläuft die positive X-Achse nach rechts (von der Hauptspindel zum Werkstück geblickt).
	● Liegt die Z-Achse vertikal, verläuft bei Einständermaschinen die positive X-Achse nach rechts (von der Hauptspindel zum Ständer geblickt, siehe Bild 3).
	● Liegt die Z-Achse vertikal, verläuft bei Zweiständermaschinen die positive X-Achse nach rechts, wenn man von der Hauptspindel zum linken Ständer blickt.
	b) Maschinen mit **rotierendem Werkstück** (z. B. Drehmaschine):
	● Die X-Achse liegt radial zum Werkstück und verläuft von der Werkstückachse (Drehachse) zum Haupt-Werkzeugträger (siehe Bild 2).
	● **Programmierregel:** Bewegt sich das Drehwerkzeug auf das Werkstück zu, muß eine negative Bewegungsrichtung programmiert werden. Entfernt sich das Drehwerkzeug vom Werkstück, entsteht eine positive Bewegungsrichtung.

Koordinatenachsen und Bewegungsrichtungen Fortsetzung)

	c) Maschinen **ohne Arbeitsspindel**: ● Die X-Achse verläuft parallel zur Hauptbearbeitungs-richtung.
3. Y-Achse	Durch die Festlegung der Z- bzw. X-Achse ergibt sich die Lage der Y-Achse aus dem dreiachsigen Koordinatensystem.
4. Drehachsen	Sind bei numerisch gesteuerten Arbeitsmaschinen Drehachsen (z.B. Drehtische oder Schwenkeinrichtungen) vorhanden, werden diese mit **A**, **B** und **C** bezeichnet (Bild 1). Diese Drehbewegungen A, B und C werden entsprechend den translatorischen Achsen X, Y und Z zugeordnet. Blickt man bei einer Achse in die positive Richtung, so ist die Drehung im Uhrzeigersinn die positive Drehrichtung.
5. Zusätzliche Achsen	Sind zu X, Y und Z weitere unabhängig gesteuerte Achsen vorhanden, so werden diese mit **U**, **V** bzw. **W** bezeichnet (s. Bild 1). Weitere zu den Hauptachsen parallele Achsen werden mit **P**, **Q** bzw. **R** bezeichnet (s. Bild 1).

5. Bezugspunkte an Werkzeugmaschinen (Koordinatensystem)

Folgende Bezugspunkte sind wichtig für die **Programmierung** der Weginformationen und technologischen Informationen:

Bezeichnung / Erläuterung	Bilder
1. Maschinen-Nullpunkt M Liegt im Ursprung des **Maschinen**-Koordinaten-stystems unverändert fest und ist in der Maschine nicht verschiebbar. Beim Einrichten der NC-Maschine wird dieser M-Punkt von allen Maschinenschlitten über-fahren und damit alle Koordinaten-Anzeigen auf 0 (Null) gesetzt. Bei Drehmaschinen liegt M z. B. im Bereich des Futters, meist der Anschlagfläche des Spindelflansches.	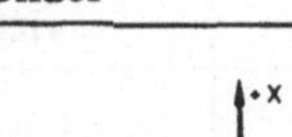
2. Werkstück-Nullpunkt W Ist identisch mit dem Ursprung des **Werkstück-**Koordinatensystems. Dieser wird vom Programmierer beliebig gewählt und gibt. den Punkt auf der **Fertigteilzeichnung** an, von dem alle Fertigungsmaße ausgehen. Die Differenz zwischen M und W wird der Steuerung als Nullpunkt-Verschiebung mit-geteilt. Durch diese Angabe beziehen sich alle programmierten Koordinatenwerte auf den W-Punkt.	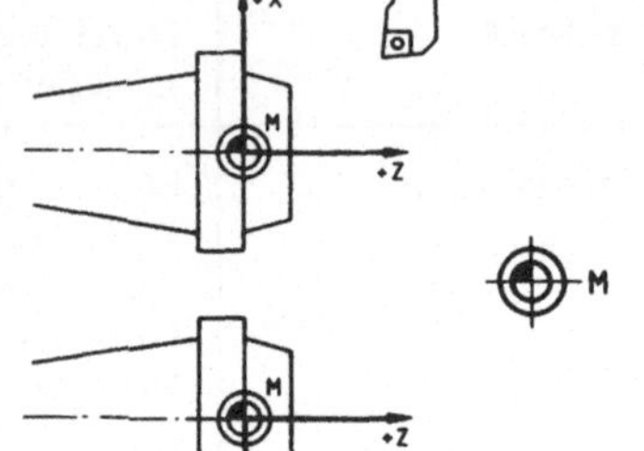
3. Programm-Nullpunkt P0 Gibt den Punkt an, bei dem sich das **Werkzeug** (z. B. Meißelspitze) zu Beginn der Bearbeitung befindet. Der W-Punkt ist dafür meist ungeeignet, da er z. B. bei Rohteilen im Werkstück liegt.	Ohne Bild (siehe Angabe in Tabelle NS/6) **Beachte !** P0-Punkt soll zweck-mäßig so gewählt werden, daß das Werkstück bzw. Werkzeug pro-blemlos gewechselt werden kann.
4. Maschinen-Referenzpunkt R Ist Hilfs-Maschinennullpunkt, der zweite Bezugspunkt auf den Achsen. Er ist erforderlich, wenn das aufgespannte Werkstück oder die Aufnahmevorrichtungen ein Anfahren des M-Punktes verhindern. Ausgangsstellung ist durch Markierung bzw. durch Nocken- oder Endschalter (am Maschinen-schlitten) festgehalten.	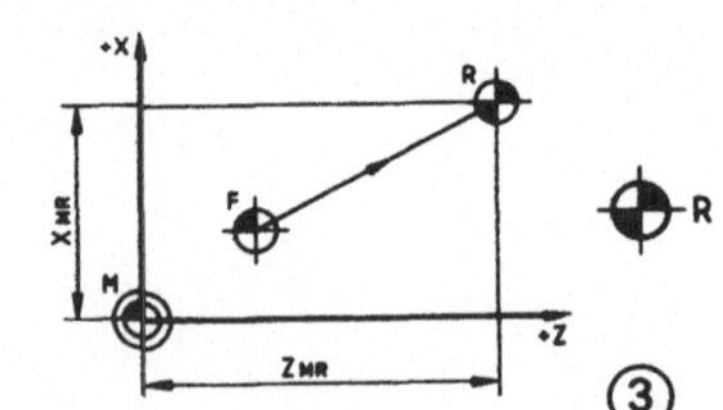

Bezugspunkte an Werkzeugmaschinen (Fortsetzung)

Bezeichnung / Erläuterung	**Bilder**

Sein Abstand zum M-Punkt muß bekannt sein.
Der F-Punkt (s. Nr. 9) kann in den
Referenzpunkt verlegt werden.

5. Anschlagpunkt A

Ist der Punkt, in dem das Werkstück gegen
das Spannzeug anschlägt. Er kann mit dem
Werkstück-Nullpunkt W zusammenfallen,
wenn die Anschlagfläche der Werkstücke eine
fertig bearbeitete Fläche ist und unbearbeitet
bleibt.

A-Punkt ist auf der Anschlagfläche
frei wählbar.

6. Startpunkt B

Ist für jeden Programmschritt frei wählbar
und im Programm festlegbar. Bei einigen
Steuerungssystemen wird B auch als Anfangs-
punkt bezeichnet.
Bei der Festlegung von A muß unbedingt auf
Kollisionsfreiheit geachtet werden.
A und R bzw. A und F sind zusammenlegbar.

7. Steuerungs-Nullpunkt C

Ist der Nullpunkt im Koordinatensystem,
der evtl. in den Werkstück-Nullpunkt W
verschoben werden kann.

8. Einstell-Nullpunkt E

Ist fester Punkt am Werkzeug-
einstellgerät.

9. Schlitten-Bezugspunkt F

Ist der auf dem Werkzeugträgerschlitten
festgelegte Punkt. Mit seiner Hilfe
können beliebige Stellungen im
Koordinatensystem beschrieben werden.

Bezugspunkte an Werkzeugmaschinen (Fortsetzung)

Bezeichnung / Erläuterung	Bilder
10. Werkzeughalter-Bezugspunkt N Wird allgemein dem Werkzeug-Karteiblatt entnommen.	(9) N (10) T
11. Werkzeugträger-Bezugspunkt T Dieser Punkt muß bei mehreren Werkzeugen (z. B. bei Revolverköpfen) mehrfach ermittelt werden.	**Anmerkung:** Mit den N und T-Punkten werden die Abstände der Werkzeugmaße zum Schlitten-Bezugspunkt F festgelegt.

12. Werkzeug-Bezugspunkt P
Dieser Punkt dient zur Bestimmung der Lage des Werkzeugs im Arbeitsraum der Maschine (Werkzeugmaschine).

Im Bild 11: x_M, z_M = Achsen des Maschinen-Koordinatensystems; x_W, z_W = Achsen des Werkstück-Koordinatensystems

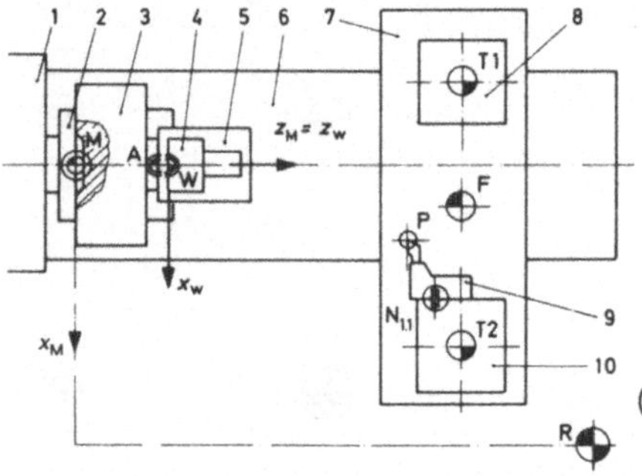

Bild 11: 1 Spindelstock; 2 Spindel-flansch; 3 Spannfutter; 4 Werkstück; 5 Ausgangsteil; 6 Maschinenbett; 7 Schlitten; 8 Werkzeugrevolver 1; 9 Werkzeughalter (mit Meißel); 10 Werkzeugrevolver 2.

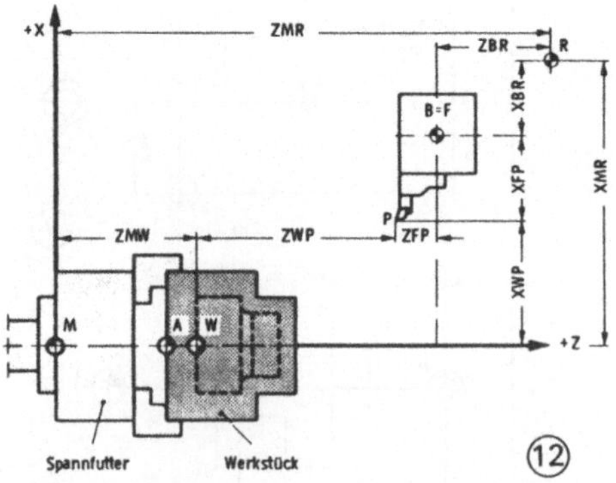

Im Bild 12:

XFP, ZFP	Werkzeugeinspann-längen
XBR, ZBR	Abstände Startpunkt-Referenzpunkt
XMR, ZMR	Abstände Maschinen-Nullpunkt-Referenz-punkt
XWP, ZWP	Werkzeug-Istposition im Werkstückkoordi-natensystem bei Programmstart
ZMW	Abstand Maschinen-Nullpunkt-Werkstück-Nullpunkt

6. Bezugsmaß- und Kettenmaß-Programmierung

P0 : Startposition (Startpunkt)
P1 : Zielposition (Zielpunkt)

a) Bezugsmaßprogrammierung (G90)

Bei der Bezugsmaßprogrammierung
(Wegbedingung **G90**) werden die Koordinaten
der Zielposition (des Zielpunktes) als
Absolutwerte auf den Nullpunkt des
Werkstück-Koordinatensystems bezogen
angegeben.

Programm:

```
N 001    G 90
N 002    G 01    X 120    Y 80    F 75
```

Beispiel – Bild 1

b) Kettenmaßprogrammierung (G91)

Bei der Kettenmaßprogrammierung
(Wegbedingung **G91**) werden die Koordinaten
der Zielposition (des Zielpunktes) als
Relativwerte von Start- und Zielpunkt
in den einzelnen Verfahrachsen angegeben.

Programm:

```
N 001    G 91
N 002    G 01    X 100    X 60    F 75
```

Beispiel – Bild 2

Informationsfluß der Lageinformation bei numerischer Steuerung (NC)

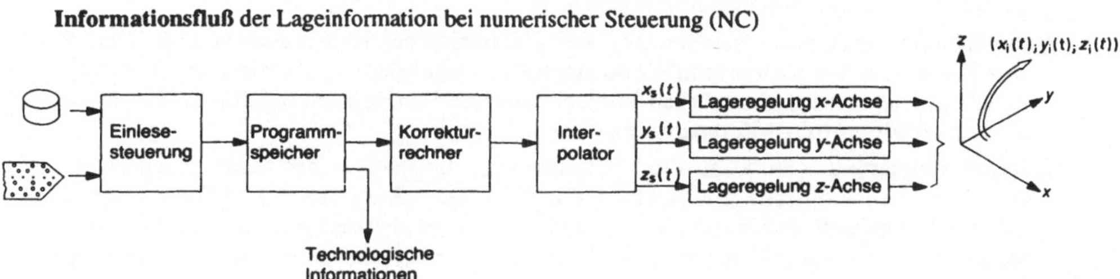

7. Numerische Steuerungen (NC, CNC): Bedeutung/Anwendung

Die numerische Steuerung (zahlenmäßige Steuerung) kann als Weiterentwicklung der Ablauf- oder **Taktketten-Steuerung** betrachtet werden. Bei ihr werden alle geometrischen und technologischen Daten für das **Bearbeitungsprogramm**, das beispielsweise auf einer Werkzeugmaschine ausgeführt werden soll, in Form von Zahlen (numerisch) eingegeben. Siehe Wirkungsschema einer numerischen Steuerung im Bild 7.1: 8-Lochstreifen für ein Bohrwerk. Alle erforderlichen Daten (beispielsweise Werkzeug- und Werkstückabmessungen, Zustellung, Längs-, Quer- und Vorschub, Schnittgeschwindigkeit) werden in Zahlen verschlüsselt der Maschine durch den **Informationsträger** (mit Programmplan oder -satz) eingegeben.

Mit Hilfe der numerischen Steuerung können über Lochkarten, Lochstreifen (Schaltfolgeplan Bild 7.2), Magnetbänder als Informationsträger (Datenträger) sowohl zeitabhängige und wegeabhängige als auch ablaufabhängige Programme gesteuert werden. Der Unterschied liegt in der Art, wie der nächste **Programmschritt** abgerufen wird, beispielsweise abhängig von einer Zeitvorgabe, einem Wege-Soll oder einer erfüllten Arbeitsoperation.

Eine numerisch gesteuerte Werkzeugmaschine wird allgemein kurz mit **NC-Maschine** bezeichnet (NC von numerically controlles). Entscheidend für die Wahl der NC-Werkzeugmaschine ist Art und Form des Werkstücks sowie seine Stückzahl (Losgröße).

Ein besonderes Merkmal der NC-Maschine ist die leichte Auswechselbarkeit des Informationsträgers (z. B. Lochstreifen oder -band von der Arbeitsvorbereitungs-Abteilung), der die numerische Steuerung mit Daten (bzw. Signalen) versorgt.

Elektrische, hydraulische und pneumatische Lochband-Steuerungen sind zeit- und wegabhängige frei programmierbare Steuerungen. Die **Programminformation** z. B. im Lochband (meist 8-Spurband) wird durch einen Lochband-Leser in entsprechende Informationen umgesetzt. Jede Zeile des Lochbandes entspricht einem Steuerungs-Ablaufschritt und enthält alle Programminformationen für den jeweiligen Schritt. Durch dieses Lochband mit 8 Spuren (für Befehlsinformationen) und eine 9. Spur (die sog. Transportspur o) kann das Schritt-Schaltwerk zeitabhängig oder wegabhängig eingesteuert werden.

Entsprechend dem Zusammenhang zwischen den **Arbeitsbewegungen** kann man folgende Numerik-Steuerungen unterscheiden (Bild 7.3):

a) **Punktsteuerung** (Positionssteuerung), beispielsweise bei Bohrmaschinen. In Prinzip wird hierbei das Werkstück zum Werkzeug (oder umgekehrt) positioniert. Dazu wird auf beliebigen, aber möglichst kurzen Wegen zwischen Punkten mit beliebiger Geschwindigkeit verfahren (ohne Zerspanung).

b) **Streckensteuerung** (Punkt-zu-Punkt-Steuerung), beispielsweise beim Nachformen (Kopierdrehen, Kopierfräsen u. a.) treppenartiger Bahn (X-/Y-Achse). In Prinzip bewegt das Werkstück sich relativ zum Werkzeug (oder umgekehrt) auf jeweils nur einer schlittengeführten Strecke. Gleichzeitig wird auf diesem Wege mit bestimmter Geschwindigkeit zerspant.

c) **Bahnsteuerung,** beispielsweise Nachbilden einer Kurve durch ein Werkzeug, X-/Y-/Achse (z. B. beim Fräsen). In Prinzip bewegt das Werkstück sich relativ zum Werkzeug (oder umgekehrt) auf einer beliebig gekrümmten Bahn. Gleichzeitig wird auf diese Bahn mit bestimmter Vorschubgeschwindigkeit zerspant, so daß zwischen den Koordinaten ein Funktionszusammenhang besteht.

Numerische Steuerungen (NC, CNC): Bedeutung/Anwendung

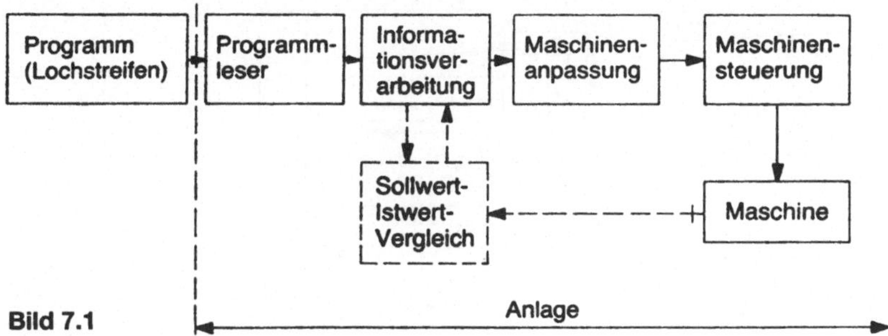

Bild 7.1

	Satzende
N 004	Satz-Nr. 4
G 03	Der Korrekturschalter 3 für die Werkzeuglängen-korrektur wird angewählt
X 148 95	Der Koordinatenwert $x = 148{,}95$ mm wird angefahren
Y 5380	Der Koordinatenwert $y = 53{,}60$ mm wird angefahren
F 99	Vorschubgröße : Eilgang
S 53	Die Drehzahl $45\,\text{min}^{-1}$ wird aufgerufen
T 27	Das Werkzeug Nr. 27 wird ausgewählt
M 03	Die Drehung der Spindel erfolgt im Uhrzeigersinn
	Satzende

Bild 7.2

Numerische Steuerungen (NC, CNC): Bedeutung/Anwendung

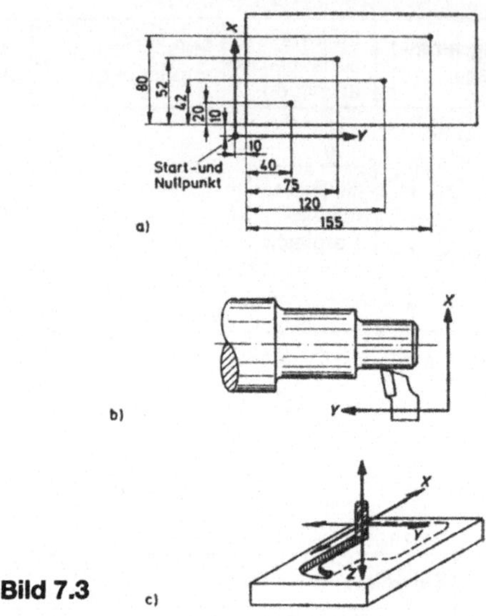

Bild 7.3

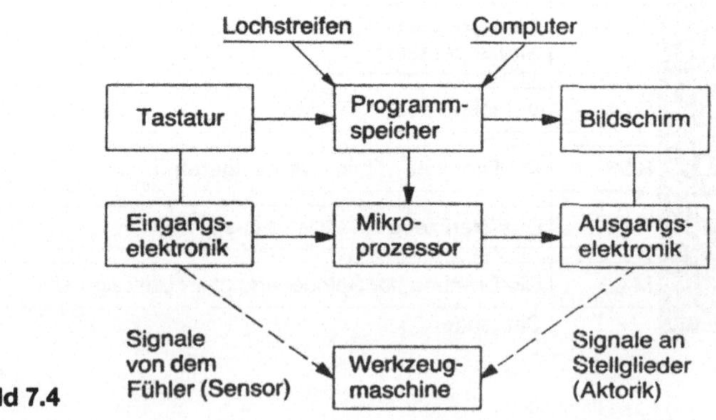

Bild 7.4

Numerische Steuerungen (NC, CNC): Bedeutung/Anwendung

Bahnsteuerungen sind für Dreh- und Fräsmaschinen sowie Brennschneidemaschinen geeignet.

Der Steuerung werden stets nur **Sollwerte** für die Position eingegeben. Die Positions-**Ist-werte** müssen mit den Positions-Sollwerten ständig verglichen werden, z. B. mit dem Soll-Istwert-Vergleicher (Bild 7.1) durch Einsatz von:

● **analogen Meßsystemen** — vergleichende Messung (Weg-, Temperatur-, Spannungsmes-sung u. a.);

● **digitalen Meßsystemen** — Zunahme anzeigende Messung (bei Wegmessung, Schaltvor-gänge);

● **gemischte Meßsystemen** — digital-absolute Wegmessung (Umsetzung digitaler Impulse in analoge Meßwerte und umgekehrt),
 — digital-inkrementale Wegmessung.

Das Arbeitsprogramm für eine bestimmte Bearbeitungsaufgabe einer NC-Maschine befin-det sich, wie bereits erwähnt, z. B. auf einem Lochstreifen. Dieser Streifen muß für jedes ein-zelne, zu bearbeitende Werkstück neu eingelesen werden. Da das Lesen des Lochstreifens ein teilweise mechanischer Vorgang ist, können Verschleißerscheinungen und dadurch Fehlerquellen auftreten.

Durch die Entwicklung der **CNC-Systeme** (Computer numerical control) konnten u. a. diese Nachteile beseitigt und sogar zusätzlich viele Vorteile geschaffen werden.

Ein CNC-System enthält ein eigenes Computersystem auf der Basis der Micro-Computer-(μC-)Technologie. Als Programmspeicher dient hier ein Halbleiter-Speicher. Der **Loch-streifen** wird nur dann benötigt, wenn das Arbeitsprogramm in den Halbleiter-Speicher transferiert wird (Programm-Eingabetechnik). Wirkungsschema und Schaltfolgeplan einer CNC-Steuerung siehe Bild 7.4.

CNC-Systeme haben bedeutende **Vorteile** und bieten zusätzlich folgende Möglichkeiten:

● Über entsprechende Schnittstellen können sie Programme direkt von externen Compu-tern übernehmen.

● Mit einer Tastatur und einem Bildschirm ausgestattet ist eine Programmierung direkt vor Ort durchführbar. (**Werkstatt-Programmierung** genannt).

● Wenn Tastatur und Bildschirm vorhanden sind, besteht die Möglichkeit Programme vor Ort zu ändern und zu optimieren. — Bei NC-Systemen sind Anpassungen und Änderun-gen wesentlich zeitaufwendiger.

● Mit Hilfe des Computers können umfangreichen Rechenoperationen (vor allem beim Bearbeiten von komplizierten Konturen notwendig) leicht programmiert werden.

● Der Computer kann die günstigsten Einstellwerte für Schnitt-, Vorschub- und Spann-geschwindigkeiten ermitteln, diese Werte fortlaufend kontrollieren und anpassen.

● Die CNC-Steuerung kann sich selbst überwachen und meldet dem Bediener selbständig vorkommende Fehler.

Für die **NC-** und **CNC-Programmierung** sind allgemein folgende anwendungsorientierte Programmiersprachen geeignet:
APT, EXAPT, EASIPROG, COBOL, MINIAPT, TELEAPT, AUTOPIT, …

8. Speicherprogrammierbare Steuerungen (SPS):

In ein **Automatisierungskonzept** werden zunehmend Werkzeugmaschinen einbezogen, die man mit einer speicherprogrammierbaren Steuerung (SPS) ausstattet.

Im Gegensatz zur Relaissteuerung ermöglicht die SPS umfassende Bedienerführung, Fehlerdiagnose und das Programmieren in der Arbeitsvorbereitung.

Prinzipieller Aufbau der SPS (Bild 8.1).

— Eine SPS besteht aus einem **Leitrechner**, der über einen Datenbus die Signaleingänge abfragt und die Signalausgänge ansteuert, gemäß dem im **Speicher** des Rechners vorhandenen Programm.

— Zur Stromversorgung des Rechners sowie der Ein- und Ausgänge ist ein **stabilisiertes Netzteil** vorhanden.

— SPS der einfacheren Ausführungen haben eine feste Zahl von **Ein- und Ausgängen**, aufwendigere Systeme sind über Erweiterungsgeräte nahezu beliebig ausbaubar.

— Unter **Signaleingängen** versteht man die Anschlußmöglichkeit von Befehlsgeräten wie Taster, Endschalter und Sensoren.

— **Signalausgänge** sind Anschlüsse für Relaisspulen, Magnetventile und Stellglieder allgemein.

— Dem Rechner ist ein **Programmspeicher** angegliedert. In diesen Speicher wird das Maschinenprogramm eingelesen, das für jeden Steuerungsschritt, den die Maschine ausführen soll, die notwendige Signalkombination enthält.

— Das **Programm** entsteht mit Eingabe über die Tastatur eines Programmiergerätes.

— Am Beginn der Entwicklung von SPS standen wenig komfortable **Programmiergeräte** mit einzeiligem Leuchtdiodendisplay (-anzeige). Inzwischen gibt es sehr komfortable Programmiergeräte mit Bildschirmanzeige und Disketten-Laufwerken, die ähnlich wie Personalcomputer gehandhabt werden können.

— In den **Schaltschrank** einer Werkzeugmaschine ist die SPS eingebaut.
Im **oberen** Teil befindet sich allgemein das Netzteil, der Prozessor, der Programmspeicher, mindestens vier Ein- und Ausgangsbaugruppen sowie die **Verbindungskarte** zu Erweiterungsgeräten.
Die **unteren** Einschübe enthalten die Erweiterungsgeräte mit weiteren Ein- und Ausgangsmodulen sowie die Klemmleisten.
Die **Bedientafel** oder das **Bedienpult** enthält zur Vereinfachung des Bedienens eine **Tabelle** der einzelnen Schaltschritte sowie eine **Grafik** der Einzelfunktionen.

— Der **Vorteil** der speicherprogrammierbaren Steuerung (SPS) liegt hauptsächlich darin, daß für den Aufbau des Schaltschranks und zur Verdrahtung der Werkzeugmaschine lediglich bekannt sein muß,

● auf welche Eingänge die Signalgeber der Maschine gelegt werden müssen und

● welche Ausgänge der Steuerung mit welchen Stellgliedern verbunden werden müssen.

Erst beim Einschalten der Maschine muß das **Programm** bekannt sein. Da es parallel zum Aufbau der Maschine, z. B. vom Elektrokonstrukteur geschrieben wird, werden die Zeiten für den Aufbau der Steuerungen bedeutend gekürzt.

— Die grafische Darstellung der **Einzelfunktionen** zeigt über Meldeleuchten den augenblicklichen Zustand der Maschine.

- Der entsprechende Text der Informationen zur **Fehlerbehebung** wird ebenfalls im Diagnosespeicher abgelegt (Bedienerführung). Neue Systeme gehen sogar soweit, daß an der Bildschirmanzeige **Maschinenbilder** dargestellt werden, die eine vereinfachte Fehlerbeseitigung ermöglichen. Anzeige blinkend oder durch Farbwechsel bzw. Helligkeitssteigerung. Verschiedene **Betriebszustände** können auf verschiedenen Bildern abgespeichert werden.

- Weil SPS immer **Zentralrechner** haben, können sie auch wie übliche Rechner erweitert und verwendet werden, z. B. zur Fehlerdiagnose. Das System hat meistens einen weiteren Speicher, der sämtliche Fehleradressen enthält. Zu jeder Fehleradresse steht im Speicher ein bestimmter Text. Stellt nun der Rechner einen nicht programmgemäßen Betriebszustand fest, so bildet er daraus die entsprechende Fehleradresse und zeigt den Fehlertext in der Anzeige an.

- Der **Steuerungstechniker** muß aber während des Steuerungsaufbaus die entsprechende Signalkombination festlegen, die als fehlerhaft zu beurteilen ist.

- Es können auch verschiedene **Betriebszustände** auf verschiedenen Bildern abgespeichert werden. Die einzelnen Bilder können dann über eine Tastatur vom Speicher abgerufen werden.

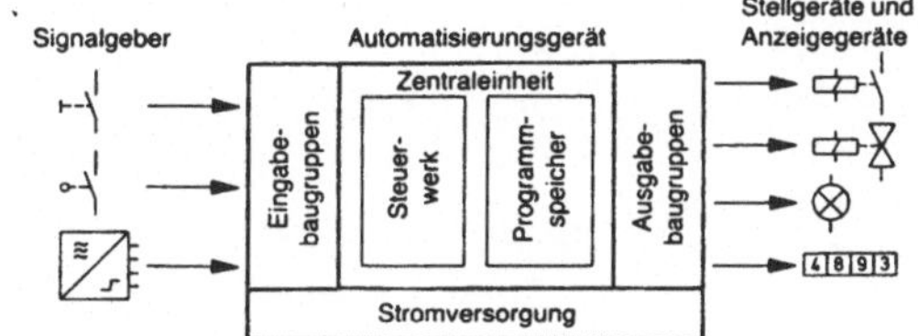

Bild 8.1

Zusammenfassung

Eine speicherprogrammierbare Steuerung (SPS; siehe Aufbau in Bild 8.1) besteht aus:

a) einem **Automatisierungsgerät;** es umfaßt allgemein

- die Stromversorgungseinheit,
- die Ein- und Ausgabebaugruppen (-geräte),
- die Zentraleinheit mit
  - dem Steuerwerk und
  - dem Programmspeicher, evtl.
  - den Zeit-Baugruppen (zur Realisierung von Zeitverzögrungen).

b) den **Signalgebern** (z. B. Endschalter, Taster, Näherungsschalter) und

c) den **Stellgeräten** (z. B. Hauptschütze, Magnetventile) sowie

d) den **Anzeigegeräten** (z. B. Meldeleuchten, Zifferanzeigen).

Im **CNC-Programm** enthaltene Schaltbefehle (z. B. Spindeldrehzahl und -drehrichtung, Werkzeugspeicherabruf und Kühlmittel-Einschaltbefehl) werden von der Steuerung in die Anpaßsteuerung weitergegeben.

Die **Anpaßsteuerungen** werden (siehe auch Seite 29–8):

- bei **NC**-Steuerungen elektromechanisch als Relaissteuerung realisiert;
- bei **CNC**-Steuerungen als speicherprogrammierbare Steuerungen (PC = programmable control) ausgeführt; meist modular in die CNC integriert (ohne Nahtstellen).

Die **DNC** (direct numerical control) ist die direkte Verbindung (on line) der CNC-Maschinen (evtl. mehrere NC-Arbeitsmaschinen) mit einem Rechner (Digitalrechner). Die Steuerungsinformationen werden vom Rechner nach dem Lochstreifenleser in die Steuerung der CNC-Maschinen eingegeben (BTR-Betrieb = behind tape reader).

Notizen

30 Anhang

DIN Normen (* bedeutet Normblatt in Überarbeitung)

DIN 5   Bl. 1/2 – Axonometrische Projektionen (Zeichnungen)
DIN 6   Darstellungen in Zeichnungen (Ansichten/Schnitte)
DIN 13   Metrisches ISO Gewinde
           Bl. 1 – Regelgewinde (d = 1–68)
           Bl. 2–11 – Feingewinde (P = o, 2–8)
           Bl. 12 – Regel-/Feingewinde, Auswahl nach d und P
           Bl. 13 – Gewindeübersicht für Schrauben und Muttern
           Bl. 14 – Grundlagen des Toleranzsystems
           Bl. 15 – Grundabmaße und Toleranzen
           Bl. 28 – Kernquerschnitte, Spannungsquerschnitte, Gewinde
DIN 15   T1/2 – Linien in Zeichnungen
DIN 30   Zeichnungen : vereinfachte Darstellungen
           T5–8 – Zeichnungsvereinfachung
DIN 76   Gewindeauslauf, Gestaltungen
DIN 78   Gewindeenden, Gestaltungen
DIN 109   Bl. 1 – Antriebselemente : Umfangsgeschwindigkeiten
DIN 199   Technische Zeichnungen : Benennungen
           T1–5 Begriffe im Zeichnungs- und Stücklistenwesen
DIN 202   Gewinde : Übersicht
DIN 267   Mechanische Verbindungselemente : Schrauben/Muttern u. ä.
           T1 – Allgemeine Angaben
           T2 – Ausführungen und Maßgenauigkeit
           T4 – Festigkeitsklassen/Prüfverfahren : Stahlmuttern
           T19/20 – Oberflächenfehler an Schrauben/Muttern
DIN 323   Bl.1 – Normzahlen und Normzahlreichen
DIN 332   T10 – Zentrierbohrungen : Angaben in techn. Zeichnungen
DIN 406   Maßeintragungen in Zeichnungen
           T2 – Regeln
           T3 – Bemaßung durch Koordinaten
DIN 475   T1 – Schlüsselweiten für Schrauben/Armaturen/Fittings
DIN 476   Papierendformate
DIN 780   T1/2 – Modulreihe für Zahnräder
DIN 823*   Blattgrößen: Technische Zeichnungen
DIN 824   Faltung auf Ablageformat: Technische Zeichnungen
DIN 868   Begriffe/Bestimmungsgrößen für Zahnräder, Zahnradpaare,
           Zahnradgetriebe
DIN 1301   T1 – Einheiten : Namen und Kurzzeichen
DIN 1302   Mathematische Begriffe / Zeichen : Allgemeine
DIN 1304   Allgemeine Formelzeichen
DIN 1305   Masse, Kraft, Gewichtskraft, Gewicht, Last : Begriffe
DIN 1306   Dichte: Begriffe/Angaben
DIN 1311   T1 – Schwingungslehre, kinematische: Begriffe
DIN 1314   Druck: Grundbegriffe/Einheiten
DIN 1315   Winkel: Begriffe, Einheiten
DIN 1318   Akustik/Mechan. Schwingungen: Lautstärkepegel
DIN 1319   T1–3 – Grundbegriffe der Meßtechnik
DIN 1320   Akustik/Mechan. Schwingungen: Grundbegriffe

DIN 1332   Akustik/Mechan. Schwingungen: Formelzeichen
DIN 1341   Wärmeübertragung: Grundbegriffe/Einheiten
DIN 1345   Thermodynamik: Formelzeichen/Einheiten
DIN 1353   Abkürzungen von Benennungen
              T1 − Elementarabkürzungen
              T2 − für Halbzeug
DIN 1912   T5 − Zeichner. Darstellung: Schweißen, Löten (Symbole)
DIN 3960   Begriffe u. Bestimmungsgrößen: Stirnräder/Stirnradpaare (Evolventenverzahn.)
DIN 3966   T.1/2 − Angaben für Verzahnungen in Zeichnungen
DIN 3998   T1 − Benennungen an Zahnrädern und Zahnradpaaren
DIN 4760   Gestaltabweichungen: Begriffe/Ordnungssystem
DIN 4761   Oberflächencharakter: Begriffe/Kurzzeichen
DIN 4766   T1 − Herstellverfahren der Rauheit von Oberflächen
DIN 5474   Zeichen der mathematischen Logik
DIN 5492   Strömungsmechanik: Formelzeichen
DIN 5497   Mechanik starrer Körper: Formelzeichen
DIN 6580−
     6584   Zerspantechnik: Begriffe/Formelzeichen
DIN 6771   T1 − Schriftfelder für Zeichnungen, Pläne, Listen
DIN 6771   T2/5 − Vordrucke für technische Unterlagen
DIN 6784   Werkstückkanten: Begriffe, Zeichnungsangaben
DIN 6785   Butzen an Drehteilen: Zeichnungsangaben
DIN 6789   Zeichnungssystematik: Begriffe, Richtlinien
DIN 6790   T1 − Wortangaben in technischen Zeichnungen
DIN 7150   T1 − ISO-Toleranzen und -Passungen für Längenmaße
DIN 7151   ISO-Grundtoleranzen für Längenmaße
DIN 7168   T1/2 − Allgemeintoleranzen: Form und Lage/Längen und Winkel
DIN 7182   T1 − Toleranzen und Passungen: Grundbegriffe
DIN 8589   T1−4 − Fertigungsverfahren Spanen: Unterteilung/Begr.
DIN 13 302   Mathematische Strukturen: Begriffe/Zeichen
DIN 13 316   Mechanik starrer Körper: Begriffe/Größen/Einheiten
DIN 13 317   Mechanik elastischer Körper: Begriffe/Größen/Einheiten
DIN 18 702   Zeichen für Vermessungsrisse: Karten und Pläne
DIN 19 052   T1 − Mikrofilmtechnik, Zeichnungsverfilmung
DIN 19 221   Steuern, Regeln, (Messen): Formelzeichen
DIN 24 260   T1 − Kreiselpumpen/-anlagen: Begriffe/Formelzeichen/Einheiten
DIN 24 901   T4 − Grafische Symbole für technische Zeichnungen
DIN 44 030   Messen/Steuern/Regeln: Lichtschranken/-taster: Begriffe
DIN 66 000   Mathematische Zeichen der Schaltalgebra

ISO-Normen
ISO 898   Mechanische Eigenschaften von Verbindungselementen
              T1/2 − Schrauben/Muttern
              T5 − Gewindestifte u.ä. Teile mit Gewinde
ISO 2162   Darstellung von Federn (Techn. Zeichnungen)
ISO 2203   Darstellung von Zahnrädern (techn. Zeichnungen)
ISO 3019   T2 − Fluidtechnik; Maße/Bezeichnungen
ISO 4391   Fluidtechnik; Hydraulik (Pumpen/Motoren: Größen/Definitionen/Formelzeichen
ISO 4759   Mechan. Verbindungselemente: Toleranzen für Schrauben und Muttern
ISO 5261   Technische Zeichnungen für Metallbau
ISO 6433   Positionsnummer (Techn. Zeichnungen)

Literaturverzeichnis

1. *Netz, H.* u.a.: Formeln der Mathematik, 6. Aufl. München: Hanser, 1986
2. *Schülke, S.*: Funktionswerte, Formeln. 3. Aufl. Stuttgart: Teubner, 1984
3. *Andrié; Meier*: Lineare Algebra und Geometrie für Ingenieure. 2. Aufl. Mannheim: Bibliographisches Institut, 1987
4. *Beiglböck, W.D.*: Lineare Algebra. Berlin: Springer, 2. A. 1992
5. *Grätzer, G.*: Universal Algebra. 3. Aufl. Berlin: Springer, 1990
6. *Papula, L.*: Mathematik, Formelsammlung für Ingenieure und Naturwissenschaftler. Wiesbaden: Vieweg, 7. A. 1994
7. *Köhler, H.*: Lineare Algebra, 2. Aufl. München: Hanser, 1987
8. *Meyberg, K.*: Algebra, 2. Aufl. München: Hanser, 1980
9. *Schwermer* u.a.: Arithmetik und Geometrie. CH-Basel: Birkhäuser, 1986
10. *Koecher, M.*: Lineare Algebra und analytische Geometrie. 2. Aufl. Berlin: Springer, 1985
11. *Mendelson, E.*: Boolesche Algebra und logische Schaltung. Hamburg: McGraw Hill, 1988
12. *Vogelmann, J.*: Darstellende Geometrie. 4. Aufl. Würzburg: Vogel, 1992
13. *Giering; Seybold*: Konstruktive Ingenieurgeometrie. 3. Aufl. München: Hanser, 1987
14. *Rehbock, F.*: Geometrische Perspektive. 3. Aufl. Berlin: Springer, 1992
15. *Graf; Barner*: Darstellende Geometrie. 11. Aufl. Wiesbaden: Quelle & Meyer, 1978
16. *Sigl, R.*: Ebene und sphär. Trigonometrie. Karlsruhe: Wichmann, 1977
17. *Walther, H.*: Anwendungen der Graphentheorie. Wiesbaden: Vieweg, 1979
18. *Lingenberg, R.*: Grundlagen der Geometrie. 4. Aufl. Mannheim: Bibliographisches Institut, 1991
19. *Brauner, H.*: Konstruktive Geometrie. Berlin: Springer, 1986
20. *Inhetveen, R.*: Konstruktive Geometrie. Mannheim: Bibliographisches Institut, 1983
21. *Laugwitz, D.*: Differentialgeometrie. Stuttgart: Teubner, 1980
22. *Brauner, H.*: Differentialgeometrie, Wiesbaden: Vieweg, 1981
23. *Berz, E.*: Infinitesimalrechnung. Wiesbaden: Vieweg, 1977
24. *Forster, O.*: Analysis. 4. Aufl. Wiesbaden: Vieweg, 1984
25. *Blatter, C.*: Analysis, 4. Aufl. Berlin: Springer, 1990
25. *Bourne; Kendall*: Vektoranalysis. Stuttgart: Teubner, 1988
27. *Alt, H.W.*: Lineare Funktionalanalysis Berlin: Springer, 1985
28. *Shampine; Gordon*: Computerlösung gewöhnlicher Differentialgleichungen. Wiesbaden: Vieweg, 1984
29. *Schwarz, H.R.*: Numerische Mathematik. Stuttgart: Teubner, 1986
30. *Seider, H.*: Numerische Mathematik für Ingenieure. 2. Aufl. München: Hanser, 1979
31. *Engeln-Müllges; Reutter*: Numerische Mathematik für Ingenieure. 5. Aufl. Mannheim: Bibliographisches Institut, 1987
32. *Becker, J.* u.a.: Numerische Mathematik für Ingenieure. 2. Aufl. Stuttgart: Teubner, 1985
33. *Heinhold; Gaede*: Ingenieur-Statistik. 5. Aufl. München: Oldenbourg 1989
34. *Borowkow, A.A.*: Wahrscheinlichkeitstheorie. Basel: Birkhäuser, 1976
35. *Hering, E.*: Physik für Ingenieure. Düsseldorf: VDI-Verlag, 1986
36. *Heywang; Nücke; Timm*: Physik für Techniker. 20. Aufl. Hamburg: Handwerk und Technik 1994
37. *Böge, A.*: Technische Mechanik: Grundlagen/Aufgaben, 23. Aufl. Wiesbaden: Vieweg, 1995
38. *Heywang; Nücke; Timm*: Physik für technische Berufe. 18. Aufl. Hamburg: Handwerk und Technik, 1986
39. *Kohlrausch, F.*: Praktische Physik. 24. Aufl. Stuttgart: Teubner, 1990
40. *Ludwig, G.*: Einführung in die Grundlagen der Theoretischen Physik. Wiesbaden: Vieweg, 1984
41. *Assmann, B.*: Technische Mechanik. Bd. 1, 13. A.; München: Oldenbourg, 1993
42. *Gross; Hauger* u.a.: Technische Mechanik. Berlin: Springer, 1986
43. *Fehling, J.R.*: Festigkeitslehre. Düsseldorf: VDI-Verlag, 1986
44. *Kabus, K.*: Mechanik und Festigkeitslehre. 4. Aufl. München: Hanser, 1993
45. *Herr, H.*: Technische Mechanik: Statik/Dynamik/Festigkeit. Wuppertal: Europa-Lehrmittel, 1986
46. *Bruhns/Lehmann, Th.*: Elemente der Mechanik. 4 Bde., 2. Aufl. Wiesbaden: Vieweg, 1985/95

47. *Mayer; Schwarz; Stanger*: Technische Mechanik und Festigkeitslehre. 4. Aufl. Hamburg: Handwerk und Technik, 1990
48. *Bohl, W.*: Technische Strömungslehre. 9. Aufl. Würzburg: Vogel, 1991
49. *Spurk, J.H.*: Strömungslehre, Einführung. Berlin: Springer, 1987
50. *Autorenteam*: Formeln des technischen Grundwissens. 2. Aufl. München: Hanser, 1976
51. *Netz, H.* u.a.: Formeln der Technik. 2. Aufl. München: Hanser, 1983
52. *Truckenbrodt, E.*: Fluidmechanik. 2. Aufl. Berlin: Springer, 1980
53. *Eck, B.*: Technische Strömungslehre. 8. Aufl. Berlin: Springer, 1981
54. *Wutz; Adam* u.a.: Theorie/Praxis der Vakuumtechnik. 5. Aufl. Wiesbaden: Vieweg, 1992
55. *Hagedorn, Otterbein*: Technische Schwingungslehre. Berlin: Springer, 1987
56. *Krist, Th.*: Hydraulik, Fluidtechnik, 8. Aufl. Würzburg: Vogel, 1996
57. *Magnus, K.*: Schwingungen. 4. Aufl. Stuttgart: Teubner, 1986
58. *Hecht, E.*: Optik. Hamburg: McGraw Hill, 1987
59. *Schröder, G.*: Technische Optik. 7. Aufl. Würzburg: Vogel, 1990
60. *Veit, Ivar*: Technische Akustik. 4. Aufl. Würzburg: Vogel, 1988
61. *Fricke, J.* u.a.: Schall und Schallschutz. Weinheim: Physik, 1993
62. *Wagner, W.*: Technische Wärmeübertragung, 4. A. Würzburg: Vogel, 1993
63. *Hetz, H.*: Handbuch Wärme, 3. Aufl.; Resch V.; 1991
64. *Becker, E.*: Technische Thermodynamik. Stuttgart: Teubner, 1985
65. *Martin; Schniewind*: Technische Wärmelehre. 2. Aufl. Berlin: Erich Schmidt Verlag, 1987
66. *Mitter, H.*: Elektrodynamik. Mannheim: Bibliographisches Institut, 1980
67. *Kröger; Unbehauen*: Technische Elektrodynamik. Stuttgart: Teubner, 1987
68. *Stumpf; Schule*: Elektrodynamik. 2. Aufl. Wiesbaden: Vieweg, 1981
69. *Ashby; Jones*: Ingenieur-Werkstoffe. Berlin: Springer, 1985
70. *Domke, W.*: Werkstoffkunde/Werkstoffprüfung. 10. Aufl. Essen: Girardet, 1986
71. *Weißbach, W.*: Werkstoffkunde/Werkstoffprüfung. 11. Aufl. Wiesbaden: Vieweg, 1994
72. *Ondracek, G.*: Werkstoffkunde. 2. Aufl. Ehingen: expert-verlag, 1986
73. *Lohmeyer, S.* u.a.: Edelstähle. Ehingen: expert-verlag, 1981
74. *Wranglen, G.*: Korrosion und Korrosionsschutz. Berlin: Springer, 1985
75. *Bohl, W.*: Strömungsmaschinen. 4. Aufl. Würzburg: Vogel, 1988
76. *Ringhandt, H.*: Feinwerkelemente. 2. Aufl. München: Hanser, 1980
77. *Spickermann, D.*: Werkstoffe in der Elektrotechnik. Würzburg: Vogel, 1983
78. *Decker, K.H.*: Maschinenelemente. 9. Aufl. München: Hanser, 1985
79. *Bernhardt, R.*: CAD/CAM, Technik/Praxis. Ehingen: expert-verlag, 1985
80. *Köhler/Rögnitz*: Maschinenteile. 7. Aufl. Stuttgart: Teubner, 1986
81. *Luft; Windemuth*: Maschinenelemente. 15. Aufl., Wiesbaden: Vieweg 1992
82. *Sauer; Krupstedt*: Informatik für Ingenieure. Stuttgart: Teubner, 1992
83. *Krist, Th.* u.a.: Meß-, Steuerungs-, Regelungstechnik. 4. Aufl.; Wiesbaden: Vieweg 1993
84. Krist, Th. u.a.: Hydraulik, Pneumatik, Fluidik, Pneulogik. 4. Aufl.; Wiesbaden: Vieweg, 1988
85. *Pahl; Beltz*: Konstruktionslehre. 3. Aufl. Berlin: Springer 1993
86. *Bergmann, W.*: Werkstofftechnik. Bd. 1, 2. München: Hanser 1984; 1987
87. *Helmerich; Schwindt*: CAD-Grundlagen. 3. Aufl. Würzburg: Vogel 1991
88. *Krist, Th.* u.a.: Automatisierung, Vorrichtungsbau. 2. Aufl., Wiesbaden: Vieweg 1997
89. *Krist, Th.* u.a.: Spanende Fertigungstechnik: Formeln + Tabellen; Wiesbaden: Vieweg, 1996
90. *Krist, Th.* u.a.: Handbuch für den Maschinenbau. 10. Aufl., Wiesbaden: Vieweg; 1997
91. *Krist, Th.* u.a.: Spanlose Fertigungstechnik: Formeln + Tabellen; 6. A.; Wiesbaden: Vieweg, 1997
92. *Krist, Th.* u.a.: Schweißtechnik; Elektro-, Schutzgas-, Gasschweißen; Formeln und Tabellen; 4. Aufl.: Wiesbaden: Vieweg, 1996

Stichwortverzeichnis

Abkürzungen:
Bel. = Belastung; Ber. = Berechnungen; Def. = Definition; Eig. = Eigenschaften; el. = elektrische; Fest. = Festigkeit; Fo. = Formeln; Gew. = Gewichte (Masse); G. = Geom. = Geometrie; Math. = Mathematik; therm. = thermische